UTB

UTB **8393**

Eine Arbeitsgemeinschaft der Verlage

Böhlau Verlag · Köln · Weimar · Wien
Verlag Barbara Budrich · Opladen · Farmington Hills
facultas.wuv · Wien
Wilhelm Fink · München
A. Francke Verlag · Tübingen und Basel
Haupt Verlag · Bern · Stuttgart · Wien
Julius Klinkhardt Verlagsbuchhandlung · Bad Heilbrunn
Lucius & Lucius Verlagsgesellschaft · Stuttgart
Mohr Siebeck · Tübingen
C. F. Müller Verlag · Heidelberg
Orell Füssli Verlag · Zürich
Verlag Recht und Wirtschaft · Frankfurt am Main
Ernst Reinhardt Verlag · München · Basel
Ferdinand Schöningh · Paderborn · München · Wien · Zürich
Eugen Ulmer Verlag · Stuttgart
UVK Verlagsgesellschaft · Konstanz
Vandenhoeck & Ruprecht · Göttingen
vdf Hochschulverlag AG an der ETH Zürich

Dieter Heß

Pflanzenphysiologie

Grundlagen der Physiologie und Biotechnologie der Pflanzen

11., komplett neu bearbeitete und neu gestaltete Auflage

388 Abbildungen
15 Tabellen

Verlag Eugen Ulmer Stuttgart

Dieter Hess, geb. 1933 in Karlsruhe. Studium der Biologie und Chemie in Freiburg i. Br. und Tübingen. Promotion 1957 im Fach Botanik bei F. Oehlkers in Freiburg i. Br.. Assistent am Botanischen Institut der Universität Freiburg 1957 bis 1961. Habilitation 1961 für Botanik an der Universität Freiburg i. Br.. 1961 Fortbildung in Biochemie bei F. Lynen in München. 1962 bis 1967 wiss. Mitarbeiter am Max-Planck-Institut für Züchtungsforschung, Abt. Genetik, in Köln. In dieser Zeit Stellenangebote als wiss. Mitarbeiter von R.G.Stanley, University of Florida, Gainesville, USA, und B. L.Turner, University of Texas, Austin, USA.
Rufe:
1966 Associate Pofessor Genetic Biology, Purdue University, Lafayette, USA.
1966 Ordentlicher Professor Pflanzenphysiologie, Ruhr-Universität Bochum. Bochum.
1966 Ordentlicher Professor Botanische Entwcklungsphysiologie, Universität Hohenheim, Stuttgart.
1974 Ordentlicher Professor Allgemeine Genetik, Universität Regensburg, Regensburg.

Seit 1967 ordentlicher Professor, Direktor des Instituts für Physiologie und Biotechnologie der Pflanzen (Bezeichnung seit 1998) der Universität Hohenheim. 2001 Entpflichtung, 2002 Selbstvertretung, 2002 - 2004 Leiter der Gruppe Gentechnologie an der Universität Hohenheim. Hauptarbeitsgebiete: Molekularbiologie höherer Pflanzen, Biotechnologie der Pflanzen, Blütenbiologie.

Das Buch wurde ins Chinesische, Englische (auch englische UNESCO-Ausgabe), Japanische, Spanische, Tschechische und Ungarische übersetzt.

Bibliografische Information der deutschen Nationalbibliothek
Die Deutsche Nationalbibliothek verzeichnet diese Publikation in der Deutschen Nationalbibliografie; detaillierte bibliografische Daten sind im Internet über http://dnb.d-nb.de abrufbar.

ISBN 978-3-8001-2885-3 (Ulmer)
ISBN 978-3-8252-8393-3 (UTB)

Wollgrasweg 41, 70599 Stuttgart (Hohenheim)
E-Mail: info@ulmer.de
Internet: www.ulmer.de
Lektorat: Alessandra Kreibaum
Herstellung: Jürgen Sprenzel
Entwurf Umschlag und Innenlayout: Atelier Reichert, Stuttgart
Satz: r&p digitale medien, Echterdingen
Druck und Bindung: Egedsa, Sabadell, Spanien
Printed in Spain

ISBN 978-3-8252-8393-3 (UTB-Bestellnummer)

Inhaltsverzeichnis

C Stoffwechsel

D Transport

E Entwicklung

Vorwort zur 1. Auflage

Meiner Mutter †

In den vergangenen Jahren hat die Molekularbiologie in allen Teilbereichen der Botanik Einzug gehalten. Ganz besonders gilt das für die Pflanzenphysiologie. Im vorliegenden Buch wird der Versuch unternommen, auf der Basis molekularbiologischer Daten eine Einführung in die Stoffwechsel- und Entwicklungsphysiologie der höheren Pflanzen zu geben. Von der heterokatalytischen Funktion der DNS ausgehend wird in den ersten zehn Kapiteln der Stoffwechsel, von der autokatalytischen Funktion der DNS ausgehend in den folgenden neun Kapiteln, von mehr stoffwechsel-physiologisch orientierten Einschüben abgesehen, die Entwicklung dargestellt. Beide Bereiche der Pflanzenphysiologie sind so eng verzahnt, daß eine derart integrierte Darstellung nicht nur möglich, sondern sogar wünschenswert erschien.

Im Gegensatz zu anderen Darstellungen wird wenigstens versucht, Stoffwechsel und Entwicklung *gleichgewichtig* herauszuarbeiten. Vor allem werden auch die sog. „sekundären" Pflanzenstoffe, die nicht nur für den Biologen, sondern auch den Pharmazeuten, Nahrungsmitteltechnologen, Techniker und Landwirt von wesentlichem Interesse sind, wenigstens einigermaßen adäquat abehandelt. Dass die Fülle des Stoffs eine exemplarische Darstellungsweise bedingte, ist selbstverständlich.

Das Buch ist für Anfänger gedacht. Dementsprechend musste teilweise simplifziert werden. Aber es konnte nicht darauf verzichtet werden, weiterführende Hypothesen zu erwähnen. Denn auch der Anfänger sollte erfahren, wie man auf Grund bestimmter Fakten zunächst Arbeitshypothesen aufstellt, die es dann zu beweisen oder zu widerlegen gilt.

In diesem Zusammenhang stellt sich die Frage, welche Kenntnisse von dem eben angesprochenen „Anfänger" erwartet werden sollten. Er sollte über ein gutes Lehrbuch der Allgemeinen Botanik verfügen, etwa den „Nultsch". Hauptfachbotaniker werden ohnedies auch den „Strasburger" besitzen. Unser Anfänger sollte die Bücher aber nicht nur besitzen, sondern auch mit ihnen arbeiten! Vor allem aber sollte sich der Biologe schon im ersten Semester Karlsons „Kurzes Lehrbuch der Biochemie" als ständigen Begleiter zulegen. Das bedeutet keinesfalls, dass er den dort gebotenen Stoff bereits beherrschen müsste. Aber er sollte immer wieder nachlesen und sich so langsam einarbeiten.

Auf eine Schilderung der Methodik musste, von kurzen Hinweisen abgesehen, verzichtet werden, um den Rahmen des Buches nicht hinsichtlich des Umfanges und des Preises zu sprengen. Aber hierfür gibt es Angaben in jedem biochemisch orientierten Lehrbuch und auch kurzgefasste Einführungen in Buchform, so z. B. E. S. Lenhoff „Tools of Biology".

Der Verfasser hofft, dass sein Buch nicht nur den Studierenden der Biologie und benachbarter Disziplinen in ihren ersten Semestern, sondern auch Lehrkräften an höheren Schulen von Nutzen sein kann, die sich über neuere Entwicklungen im Bereich der Pflanzenphysiologie informieren und den einen oder anderen Sachverhalt auch im Unterricht berücksichtigen möchten.

Recht herzlich danken möchte der Verfasser seinem Verleger, Herrn Roland Ulmer, und dessen Mitarbeitern für die gute Zusammenarbeit, ebenso Herrn Ekkehart Volk für seine Sorgfalt bei der Ausführung der Zeichnungen. Und Dank gebührt auch Frau und Tochter, die für die „Überstundenarbeit" volles Verständnis bewiesen.

Am Ende dieses Vorwortes aber soll ein Wunsch stehen: Möge es den Wissenschaftlern an den deutschen Universitäten auch in Zukunft nicht durch Entscheidungen einer kurzfristig orientierten Politik verwehrt werden, an der Klärung der für uns alle zentral wichtigen Fragen der modernen Biologie aktiv mitzuarbeiten!

Stuttgart-Hohenheim, im Juli 1970 Dieter Heß

Vorwort zur 11. Auflage

Die erste Auflage der Pflanzenphysiologie wurde 1970 von Roland Ulmer herausgebracht. Diese 11.Auflage erscheint nach Weitergabe der Verlagsleitung an seinen Sohn Matthias. Über Generationen und Auflagen hinweg blieb die gute Zusammenarbeit zwischen Verlag und Autor unverändert. Für die vorliegende Auflage möchte ich besonders Frau Dr. N. Kneissler in der Programmleitung, Frau A. Kreibaum im Lektorat und Herrn J. Sprenzel in der Herstellung danken. Frau Sabine Seifert fertigte mit Verständnis und Einfühlungsvermögen die Zeichnungen an, vielfach nach Vorlagen des Autors. Ein neues Layout mit nun durchgehend vierfarbiger Darstellung erforderte ein entsprechendes Engagement aller Beteiligten. In diesem Zusammenhang möchte ich auch Kollegen und Freunden in aller Welt, darunter vielen ehemaligen Mitarbeitern, für die Bereitstellung von Farbfotos danken

Die äußere Form ist wichtig, doch wäre sie nichts ohne einen entsprechenden Inhalt. Er wurde in dieser Auflage grundlegend umgestaltet, gestrafft und thematisch erweitert. Die Gentechnik, ohne die viele pflanzenphysiologische Laboratorien nicht auskommen könnten, war schon in den vorhergehenden Auflagen berücksichtigt worden, wird aber nun ausgebaut. Ihre Grundlagen finden sich in einem eigenen Kapitel, Fallbeispiele in den nachfolgenden Kapiteln. Gewebekulturen, auf denen viele Verfahren des Gentransfers basieren, die aber auch davon abgesehen von hoher Relevanz in Forschung und Praxis sind, wurden ebenfalls in einem eigenen Kapitel berücksichtigt. Damit deckt das Buch die Biotechnik in wesentlichen Aspekten ab.

Neu ist auch die Aufnahme wichtiger Bereiche der Bewegungsphysiologie. Dazu gehören außer einigen Nastien insbesondere Gravi- und Phototropismus, in denen in den letzten Jahren entscheidende Fortschritte gemacht wurden. Ebenfalls neu ist auch ein Kapitel über PCD und Seneszenz. Damit wird die Darstellung der Pflanzenphysiologie wesentlich abgerundet. Dabei wurde das Schwergewicht wie schon bisher auf biochemische und molekulare Daten gelegt.

Das Buch entspricht den Anforderungen für den Bachelor oder die Zwischenpüfung bzw. das Vordiplom, geht aber insbesondere in manchen Boxen in Richtung Master oder auch Staatsexamen darüber hinaus. Dementsprechend wurden Quellenangaben zu Übersichtsreferaten, „Meilensteinen“ der Forschung und weiteren Originalarbeiten eingebracht. Dabei wurden ältere Arbeiten nicht vernachlässigt. Denn sie legten die Basis für die Erfolge der modernen Pflanzenphysiologie.

Der Autor hofft, dass die neue Pflanzenphysiologie wieder eine freundliche Aufnahme an Universitäten und anderen Hochschulen findet, aber auch bei Kollegen im Lehramt und in der Wirtschaft, die sich einen Überblick über ein faszinierendes, rasch wachsendes Teilgebiet der Biologie verschaffen oder ihr Wissen aktualisieren möchten.

Hohenheim, Januar 2008 Dieter Heß

Das Programm

Die Entwicklung einer Pflanze ist eine Folge von Merkmalsbildungen: ein Same keimt und entwickelt sich zum Keimling. Der Keimling ergrünt und bildet einen Spross mit Folgeblättern und schließlich Blüten. Samen und Frucht schließen den Kreislauf, der bei mehrjährigen Pflanzen vielfach wiederholt werden kann. Doch früher oder später kommt es zur Seneszenz und zum Absterben der Pflanze. Dementsprechend gliedert man den Entwicklungszyklus nach einem Vorschlag von Oehlkers (1956) in die **embryonale Phase**, die **Keimlingsphase** (**unselbständige vegetative Phase**), die **vegetative Phase**, die **reproduktive Phase** und, später zwingend hinzugefügt, **die Phase der Seneszenz und des Zelltods** (Abb. 1.1).

Jede Merkmalsbildung besteht aus einer Vielzahl ineinander verflochtener chemischer Reaktionsketten. Sie sind genetisch gesteuert. Doch Abb. 1.1 lässt auch die Abhängigkeit von Außenfaktoren erkennen, die auf die Genexpression Einfluss nehmen.

Wir werden uns in diesem Buch zuerst mit dem genetischen Material und seiner Expression be-

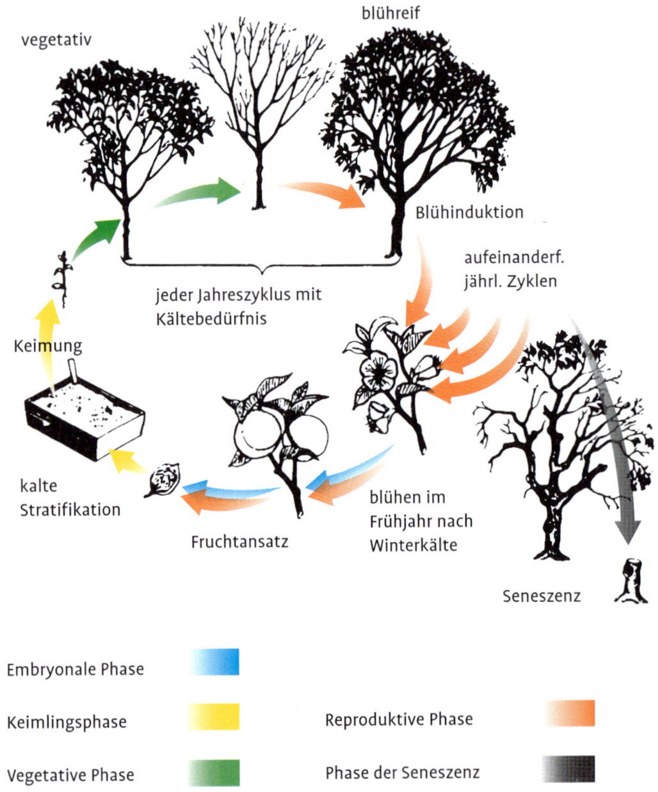

Abb. 1.1
Schema der Entwicklung eines vieljährigen Holzgewächses am Beispiel des Pfirsichs (*Prunus persica*). Der Same keimt nach einer kalten Stratifikation (**Keimlingsphase**) und entwickelt sich zu einem Baum. Nach ein bis drei Jahren ist die **vegetative Phase** beendet. Der Baum wird blühreif. Nach Einwirken der winterlichen Kälte kommt es zum Blühen und Fruchten (**reproduktive Phase**; im Samen entwickelt sich paralell dazu der Embryo = **embryonale Phase**). Dieser Jahreszyklus wiederholt sich, wobei jedes Mal die Kälte die Voraussetzung für das Blühen ist. Allmählich altert der Baum und geht nach einem längeren **Stadium der Seneszenz** zugrunde. Eine Verjüngung ist durch Stockausschläge aus dem Baumstumpf möglich, solang er noch nicht zu weit abgestorben ist (verändert nach JANICK et al. 1969).

fassen. Nach einem Einschub zu grundlegenden Methoden der Biotechnik, die in Forschung und Praxis routinemäßig Verwendung finden, werden der Stoffwechsel und anschließend der Stofftransport besprochen. Erst danach ist eine Behandlung der Entwicklung sinnvoll. Was sie angeht, werden vorweg Grundlagen von Wachstum und Entwicklung (Phytohormone, morphogenetische Pigmentsysteme, Wachstum, Grundlagen der Differenzierung) besprochen, die in allen Lebensphasen wichtig sind. Danach wird nach den erwähnten Lebensphasen gegliedert. Dabei werden die belebten und unbelebten Außenfaktoren berücksichtigt, die ständig auf unsere Pflanzen Einfluss nehmen. So werden in den Kapiteln zur vegetativen Phase nicht nur Allelopathie, Phytopathologie, Herbivorie und Symbiose (belebte Außenfaktoren), sondern auch Photo- und Gravitropismus und Stressphysiologie (unbelebte Außenfaktoren) behandelt. Kapitel über die reproduktive Phase sowie Seneszenz und Zelltod schließen das Buch ab.

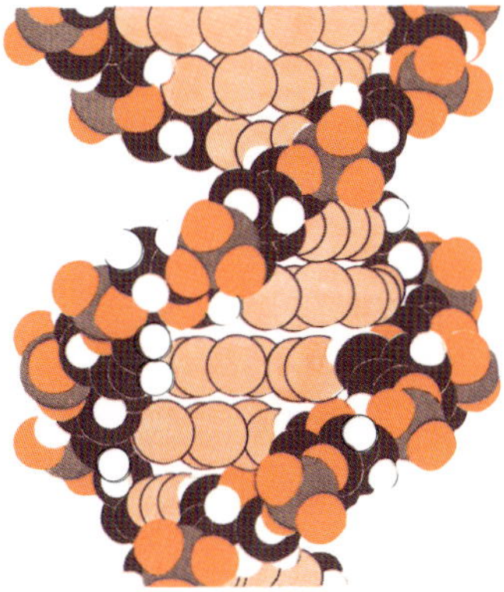

A

Nucleinsäuren: Struktur und Expression

1 Die Struktur der Nucleinsäuren

INHALT

Nucleinsäuren sind die primären Informationsträger, in Zellen DNA und in vielen phytopathogenen Viren RNA. Die Struktur beider Nucleinsäuren wird besprochen. In diesem Kapitel befassen wir uns also mit struktureller Genomik. Das Kettenabbruchverfahren erlaubt die Sequenzierung der DNA. Die DNA-Doppelhelix wird eingeführt und ihre Organisation in Chromosomen geschildert. Strukturelemente dabei sind die aus DNA und Histonen aufgebauten Nucleosomen. Über Veränderungen der Histone lässt sich der Kondensationszustand des Chromatins steuern. Zu einer Expression kommt es nur im aufgelockerten Chromatin.

DEFINITION

Unter **Genom** im weiteren Sinn versteht man die Gesamtheit der Gene eines Virus oder Organismus. Bei Eukaryonten wird als Genom im engeren Sinn oder **Nucleom** die Gesamtheit der Gene auf den Chromosomen, als **Plastom** die Gesamtheit der Gene in den Plastiden und als **Chondriom** die Gesamtheit der Gene in den Mitochondrien bezeichnet. **Genomik** ist die analytische Erfassung von Struktur (**strukturelle Genomik**) und Funktion (**funktionelle Genomik**) des Genoms.

Seit den Transformationsexperimenten Averys' an Pneumokokken (1944) steht fest, dass es sich bei dem genetischen Material in der Regel um einen bestimmten Typ von Nucleinsäuren, nämlich Desoxyribonucleinsäuren (**d**eoxyribo**n**ucleic **a**cid = **DNA**) handelt (→ Box 1.1.). Doch kann, zum Beispiel bei den meisten Pflanzenviren, auch ein zweiter Nucleinsäurentyp, die Ribonucleinsäure (**r**ibo**n**ucleic **a**cid = **RNA**), primärer Träger der genetischen Information sein. Aber auch dann, wenn es sich bei dem primären Informationsträger um DNA handelt, spielt RNA bei der Expression der aus DNA bestehenden Gene eine ausschlaggebende Rolle.

Abb. 1.2
Transformation bei Pneumokokken. DNA aus dem S-Stamm wird in einige Bakterien des R-Stammes übertragen, die daraufhin wie die Bakterien des S-Stammes Kapseln ausbilden (KAUDEWITZ 1958).

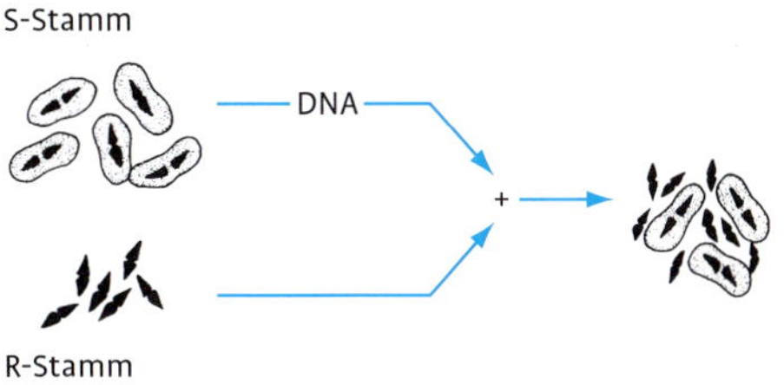

DEFINITION

Genetisch stabile Veränderungen durch experimentelle Genübertragung nennt man (genetische) **Transformationen,** die übertragenen Fremdgene **Transgene.** Transformationen liefern Transformanten, transgene Organismen oder **g**entechnisch **v**eränderte **O**rganismen **(GVOs). Gv** bedeutet **g**entechnisch **v**erändert.

BOX 1.1

Averys' Transformationsexperimente

Mit den Experimenten Averys' (1) begann im Jahre 1944 das Zeitalter der molekularen Genetik. Versuchsobjekte waren Pneumokokken, Bakterien also, die unter anderem als Erreger von Lungenentzündungen bekannt sind. Bei manchen ihrer Stämme sind die einzelnen Bakterien von einer Polysaccharid-Kapsel umgeben. Die Kapsel schützt die Bakterien vor dem Angriff von Enzymen des befallenen Organismus. Bakterien mit Kapseln können sich deshalb im Wirtsorganismus vermehren und werden so virulent. In der Petrischale bilden sie Kolonien mit einer glatten Oberfläche. Man spricht deshalb von S-Stämmen (engl. smooth = glatt). Andere Pneumokokkenstämme besitzen keine schützende Kapsel. Sie sind infolgedessen auch nicht virulent. Ihre Kolonien weisen eine raue Oberfläche auf, daher die Bezeichnung R-Stämme (engl. rough = rau).
Avery isolierte DNA aus S-Stämmen und übertrug sie in Kulturen von R-Stämmen. Ein geringer Prozentsatz (in diesen Versuchen unter 1 %) der so behandelten R-Bakterien bildete daraufhin Kapseln aus (Abb. 1.2). Die einmal erworbene Fähigkeit zur Kapselbildung wurde von den Nachkommenschaften konstant beibehalten. Es war also gelungen, das Gen für Kapselbildung zu übertragen, und dieses Gen musste sich in der DNA befunden haben, mit der die R-Stämme behandelt worden waren. Damit war bewiesen, dass DNA genetisches Material sein kann.

[1] Avery et al. 1944.

1.1 Bausteine der Nucleinsäuren

Alle Nucleinsäuren bauen sich prinzipiell aus drei Gruppen von Substanzen auf: aus stickstoffhaltigen **zyklischen Basen**, aus **Pentosen**, das sind Zucker mit fünf Kohlenstoffatomen, und aus **anorganischem Phosphat** (Abb. 1.3, Tab. 1.1). Je nachdem, welche Basen und welche Zucker sich am Aufbau der Nucleinsäuren beteiligen, unterscheidet man zwischen den beiden erwähnten Nucleinsäuren, der DNA und RNA. Jede dieser Gruppen ist in sich heterogen. Es gibt nicht eine DNA, sondern unzählige verschiedene Sorten von DNA, und es gibt nicht eine RNA, sondern es gibt drei große Untergruppen von RNA und jede dieser drei Untergruppen gliedert sich wieder in eine Vielzahl verschiedener Sorten.

Die Basenbausteine der **DNA** sind die Purinbasen **Adenin** (A) und **Guanin** (G) und die Pyrimidinbasen **Cytosin** (C) und **Thymin** (T). Der Pentosezucker der DNA ist die **2-Desoxyribose**.

Die **RNA** führt ebenfalls die Purinbasen **Adenin** und **Guanin** und die Pyrimidinbase **Cytosin**. Die zweite Pyrimidinbase ist aber nicht Thymin, sondern **Uracil** (U). Auch der Pentosezucker ist ein anderer: die RNA enthält **Ribose**.

Zu den genannten Basen kommt noch eine Reihe seltener Basenbausteine. Von ihnen soll das 5-Methylcytosin (5-MC) erwähnt werden, weil es unter den seltenen Basen relativ häufig in der DNA höherer Pflanzen vorkommt.

Stellen wir noch einmal deutlich heraus, in welchen Bausteinen sich DNA und RNA voneinander unterscheiden: DNA enthält die Pyrimidinbase Thymin, RNA stattdessen die Pyrimidinbase Uracil. Der Pentosezucker der DNA ist die 2-Desoxyribose, der Pentosezucker der RNA die Ribose.

1.2 Nucleoside, Nucleotide, Polynucleotide

Die drei genannten Bausteintypen, die Basen, die Pentosezucker und das Phosphat, bauen in gesetzmäßiger Weise die Nucleinsäuren auf (Abb. 1.4, Tab. 1.1).

Zunächst einmal kann die Base mit dem Pentosezucker über eines ihrer Stickstoffatome verbunden werden. Man nennt die resultierende Verbindung ein **Nucleosid**. Besetzt man dann ein Hydroxyl des Pentosezuckers mit anorganischem Phosphat, so erhält man ein **Nucleotid**. Viele Nucleotide schließlich treten zu **Polynucleotiden** zusammen. Die Verbindung zwischen den einzelnen Nucleotiden wird jeweils über das Phosphat gelegt.

Abb. 1.3
Die Bausteine der Nucleinsäuren.

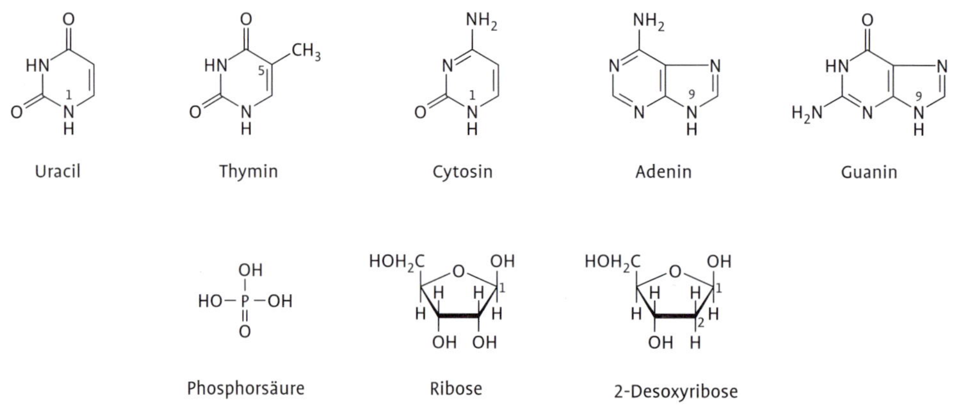

Tab. 1.1
Bezeichnungen der Nucleoside und Nucleotide in DNA und RNA, ph = Phosphat, d = desoxy- (wird oft fortgelassen, wenn es sich klar ersichtlich um d-Verbindungen handeln muss)

Base	Abkürzung	RNA Nucleosid	Nucleotid
Thymin	T	–	–
Cytosin	C	Cytidin	Cytidin-5′-ph
Uracil	U	Uridin	Uridin-5′-ph
Adenin	A	Adenosin	Adenosin-5′-ph
Guanin	G	Guanosin	Guanosin-5′-ph
Base	**Abkürzung**	**DNA Nucleosid**	**Nucleotid**
Thymin	T	d-Thymidin	d-Thymidin-5′-ph
Cytosin	C	d-Cytidin	d-Cytidin-5′-ph
Urttacil	U	–	–
Adenin	A	d-Adenosin	d-Adenosin-5′-ph
Guanin	G	d-Guanosin	d-Guanosin-5′-ph

Fragen wir uns nun noch, welche funktionellen Gruppen sich am Zustandekommen dieser Bindungen beteiligen. Bei der Bildung eines Nucleosids reagiert ein Wasserstoff am Stickstoff Nr. 1 einer Pyrimidinbase oder am Stickstoff Nr. 9 einer Purinbase mit der Hydroxylgruppe am Kohlenstoffatom 1 des Pentosezuckers unter Wasserabspaltung. Die Zuckerchemie lehrt uns, dass dieses Hydroxyl am Kohlenstoffatom Nr. 1 ein glykosidisches Hydroxyl ist. Das Nucleosid ist dementsprechend ein N-Glykosid.

Abb. 1.4
Der Aufbau von Nucleosiden, Nucleotiden und Polynucleotiden. P = Phosphat.

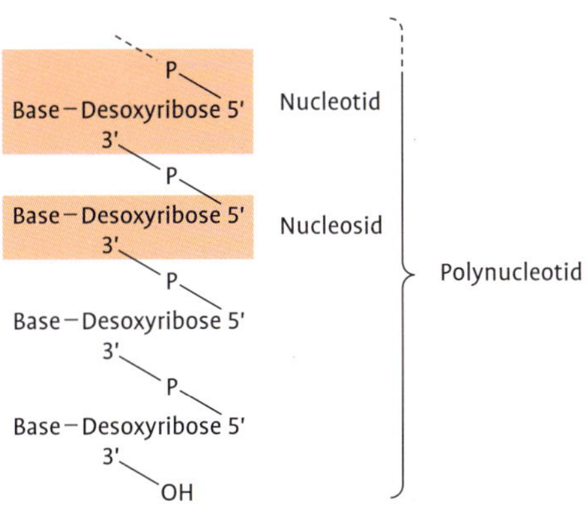

Die Bildung des Nucleotids erfolgt über eine Esterbildung zwischen dem Hydroxyl am Kohlenstoffatom Nr. 5′ – im Verbund mit der Base werden die C-Atome der Pentose als 1′, 2′ etc. durchnumeriert – der Pentose und dem Phosphat. Das Nucleotid ist also jeweils der Phosphorsäureester des betreffenden Nucleosids.
Nun bleiben uns noch die Bindungen zwischen den einzelnen Nucleotiden. Das Hydroxyl am Kohlenstoffatom Nr. 3′ der betreffenden Pentose reagiert unter Wasserabspaltung mit einem Hydroxyl der Phosphorsäure des nächsten Nucleotids.
Polynucleotide sind lange Stränge mit einer ausgesprochenen Polarität. Die Polarität liegt darin, dass wir immer die Reihenfolge Pentose-3′-Phosphat-5′-Pentose-3′ auffinden, oder auch umgekehrt, je nachdem an welchem Ende man zu zählen beginnt. Am Anfang einer solchen Kette steht ein Nucleotid mit einem Phosphatrest am Kohlenstoffatom 5′, am Ende dieser Kette ein Nucleotid mit einem freien Hydroxyl am Kohlenstoffatom Nr. 3′.
Die Basensequenz einer DNA wird meistens über das **Kettenabbruch**-Verfahren nach Sanger (1977) (→ Box 1.2) ermittelt. Die erste höhere Pflanze, bei der im Jahr 2000 das Genom des Zellkerns, das Nucleom, vollständig sequenziert werden konnte, war die Modellpflanze Acker-Schmalwand (*Arabidopsis thaliana;* Seite 84).

BOX 1.2

Das Kettenabbruch-Verfahren der DNA-Sequenzierung

Um das Verfahren (1) zu verstehen, sollten die Grundzüge der DNA-Replikation nachgelesen werden. Die dabei normalerweise als DNA-Bausteine dienenden Desoxynucleosid-triphosphate besitzen in Position 3′ eine Hydroxylgruppe, an der das nächste Desoxynucleosid-triphosphat angeschlossen wird. Wird in eine wachsende Kette ein **Di**desoxynucleosid-triphosphat (Abb. 1.5) eingebaut, dem diese Hydroxylgruppe fehlt, ist der Anschluss und damit die Kettenverlängerung nicht mehr möglich. Die Kette bricht ab.

Die zu sequenzierende DNA wird in ihre Einzelstränge zerlegt (Abb. 1.6). Einer der Einzelstränge (grau) dient dann als Matrize für die Replikation im Reagenzglas. Die Basensequenz der Matrize ist in Wirklichkeit unbekannt. Die Replikation erfolgt in vier parallelen Ansätzen. Alle vier Ansätze enthalten gleichermaßen die DNA-Matrizen, einen kurzen DNA-Primer (braun), eine DNA-Polymerase, die am Primer ansetzt und die Replikation durchführt, und einen Überschuss an den normalen DNA-Bausteinen (grün), den Desoxyribonucleosid-triphosphaten Adenin (dATP), Thymin (dTPP), Cytidin (dCTP) und Guanin (dGTP). Zusätzlich enthalten die vier Ansätze in geringen Mengen ein jeweils anderes Didesoxyribonucleosid-triphosphat (rot), der erste ddATP, der zweite ddTTP, der dritte ddCTP und der vierte ddGTP. Die Didesoxy-Derivate sind über Radioaktivität oder Fluoreszenz markiert. Die DNA-Replikation wird in jedem Ansatz an den entsprechenden komplementären Positionen durch Einbau der Desoxy-Verbindungen abgebrochen. In jedem Ansatz findet sich dann eine Serie verschieden langer DNA-Fragmente. Sie werden über Gelektrophorese aufgetrennt und an Hand ihrer Markierung im Gel lokalisiert. Je kleiner die Fragmente sind, desto schneller wandern sie im elektrischen Feld. Die kleinsten Fragmente liegen im Bild also unten (vgl. a, b, c in der linken Spur). Dann liest man in jedem Ansatz ab, in welcher Position sich ein A, T, C oder G, jeweils als markiertes Didesoxy-Derivat, befindet. Damit hat man die Basensequenz des nicht als Matrize eingesetzten Einzelstrangs (grün) in der ursprünglichen DNA-Doppelhelix ermittelt. Die komplementäre Basensequenz der Matrize (grau) ergibt sich daraus. Die Analysen werden heute computergesteuert in Automaten durchgeführt.

[1] Sanger et al. (1977).

Ihr Genom besteht aus 125 Megabasenpaaren (1 Mbp = 1 Million Basenpaare). Rund 25 000 Gene sind in ihm enthalten. Das ebenfalls komplett sequenzierte Kern-Genom des Reises (*Oryza sativa*) weist rund 400 Mbp mit ca. 37 000 Genen auf.

1.3 Die DNA-Doppelhelix

Die Polynucleotidstränge der DNA liegen nur in seltenen Fällen als Einzelstränge vor. In der Regel treten zwei DNA-Einzelstränge zu einem schraubenförmig gewundenen DNA-Doppelstrang zusammen. 1953 veröffentlichten Watson und Crick unter Einbezug auch der Daten von KollegInnen ein entsprechendes Modell der DNA-Struktur, demzufolge die DNA aus einer Doppelwendel, einer **Doppelhelix** besteht (Abb. 1.7). An der Bildung dieser Helix beteiligen sich zwei DNA-Stränge **gegenläufiger Polarität**. An dem Ende der Helix, an dem das 3′-Hydroxylende des einen DNA-Stranges liegt, findet sich also das 5′-Phosphatende des anderen DNA-Stranges. Die beiden DNA-Stränge werden durch Wasserstoffbindungen zwischen den Purin- und Pyrimidinbasen zusammengehalten. Denn die Purin- und Pyrimidinbasen stehen vom Rückgrat der Wendeln, die aus Zucker-Phosphat-Sequenzen gebildet werden, nach innen ab. Dabei ergibt sich Gelegenheit, Wasserstoffbrücken zwischen den Basen der

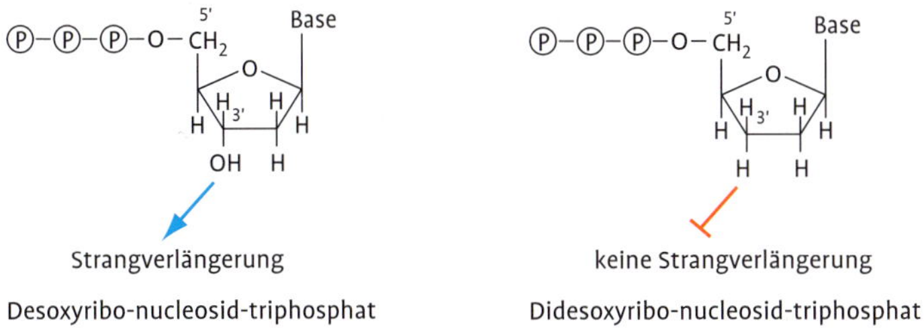

Abb. 1.5
Desoxy- und Didesoxynucleosid-triphosphat.

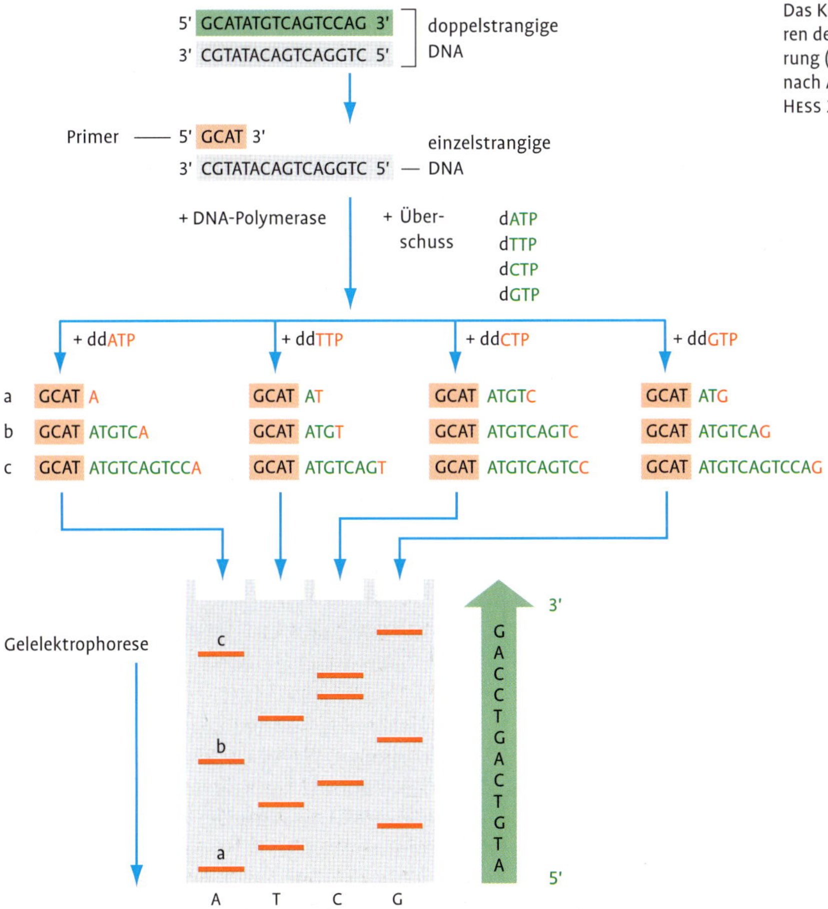

Abb. 1.6
Das Kettenabbruchverfahren der DNA-Sequenzierung (→ Text) (verändert nach ALBERTS et al. aus HESS 2004).

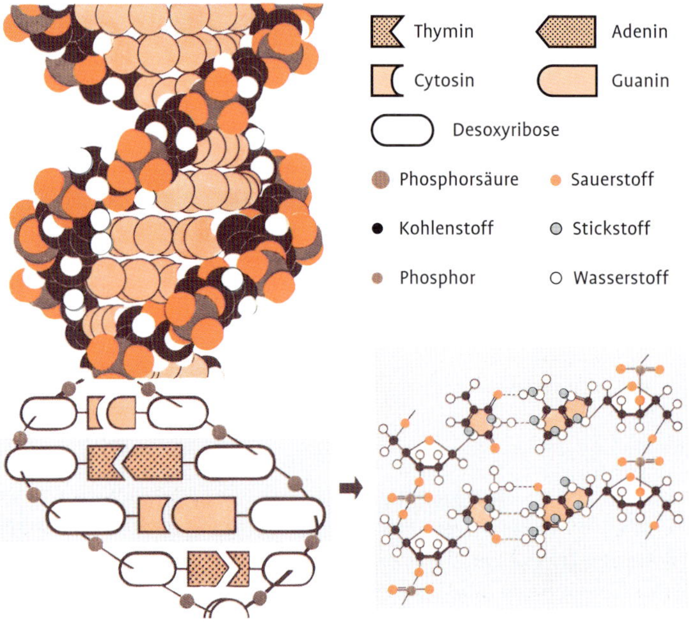

Abb. 1.7
Schema der DNA-Doppelhelix (Ausschnitt). Zwei DNA-Einzelstränge mit gegenläufiger Polarität lagern sich zu einer Doppelwendel (Doppelhelix) zusammen. Das Rückgrat jedes Stranges bildet eine abwechselnd aus 2-Desoxyribose und Phosphat aufgebaute Kette. Von ihr stehen nach innen Purin- und Pyrimidin-Basen ab. Wasserstoffbrücken zwischen den Basen verbinden Guanin auf dem einen mit Cytosin auf dem anderen Strang und ebenso Adenin mit Thymin (Details rechts unten). Dieses Prinzip der Basenpaarung hat zur Folge, dass die beiden Einzelstränge antiparallel und einander komplementär sind (Hess 1982).

beiden Stränge zu schlagen. Man spricht hier von einer **Basenpaarung**. Sie folgt einer strengen Gesetzmäßigkeit, die man als das **Gesetz der Basenpaarung** bezeichnet hat. Es paart sich nämlich immer ein Cytosin bzw. Methylcytosin auf dem einen Strang mit einem Guanin auf dem anderen Strang und ein Thymin auf dem einen Strang mit einem Adenin auf dem anderen Strang. Zwischen Cytosin bzw. 5-Methylcytosin und Guanin können drei, zwischen Thymin und Adenin können zwei Wasserstoffbindungen ausgebildet werden (Abb. 1.7). Das Gesetz der Basenpaarung bringt es mit sich, dass die beiden DNA-Stränge in ihrer Basensequenz einander **komplementär** sind.

HINWEIS
Die beliebte ansteigende Spirale gibt es nicht. Denn die Spirale bleibt in zwei Dimensionen. Sobald eine Raumstruktur ausgebildet wird, also die dritte Dimension erreicht wird, handelt es sich wie bei der DNA um eine Schraube, Wendel oder Helix.

1.4 Die Organisation der DNA in den Chromosomen

Die chromosomale Substanz, das **Chromatin**, setzt sich aus DNA und Proteinen zusammen, wenn man von RNA absieht, die gerade gebildet wurde. Die Proteine ihrerseits gliedern sich in die mengenmäßig vorherrschenden **Histone** und in die **Nicht-Histone** (Abb. 1.8).

1.4.1 Histone

Die Histone sind basische Proteine, was auf ihren hohen Gehalt an den basischen Aminosäuren Arginin und Lysin zurückzuführen ist. Bei entsprechender Auftrennung erhält man fünf Histonfraktionen, H1, H3, H2B, H2A und H4 (Abb. 1.8). Fraktion H1 kann nicht nur von Pflanzenart zu Pflanzenart verschieden sein, sie ist auch aus mehreren bis vielen Polypeptiden zusammengesetzt. Die anderen vier Histonfraktionen werden von je einem Polypeptid gestellt. Sie sind in verschiedenen Eukaryonten fast gleich. Falls Un-

Abb. 1.8
Die chromosomalen Proteine. Trennung über Polyacrylamid-Gelelektrophorese. Fünf Histonfraktionen lassen sich fassen (verändert nach FELLENBERG 1974).

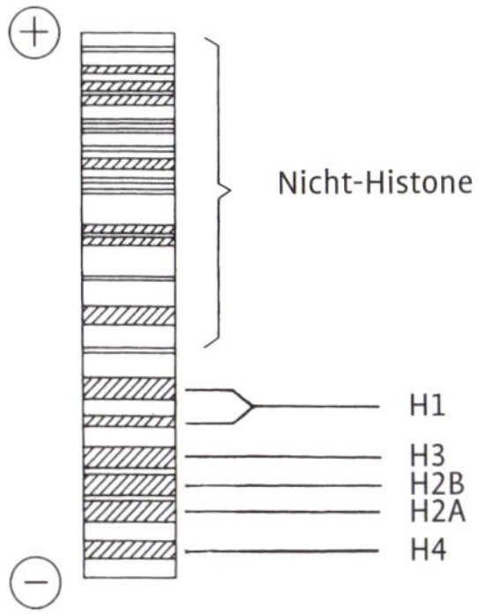

terschiede auftreten ist das auf Veränderungen im betreffenden Polypeptid zurückzuführen. H4 aus Erbsenkeimlingen und Kalbsthymus zum Beispiel weisen nur vier Unterschiede auf: an zwei Stellen sind Aminosäuren ausgetauscht, wozu der Austausch jeweils nur einer Base im codierenden Triplett ausreicht, und an zwei anderen Stellen sind zwar die gleichen Aminosäuren vorhanden, aber sie sind unterschiedlich modifiziert. Diese Modifikation erfolgt erst nach der Translation durch Acetylierungen. Der konservierte Charakter der vier Histone lässt zentrale Funktionen vermuten.

1.4.2 Nucleosomen

In der Tat sind die Histone unerlässliche Bestandteile der Chromosomenstruktur, wobei die Funktion der eben genannten vier Histone sich von der des H1 wesentlich unterscheidet. Denn die **Core-Histone** H3, H2B, H2A und H4 bilden ein Oktamer, in dem sich je zwei der genannten Polypeptide finden. Über den scheibenförmigen Kern aus Histonen legt sich die DNA in zwei Windungen, die 146 Basenpaare enthalten. Die DNA-Wendel setzt sich außerhalb dieser Perle in eine Verbinder-DNA (linker-DNA) unterschiedlicher Länge fort. Im Mittel sind es bei Pflanzen 60 Basenpaare, die auf die Verbinder-DNA entfallen. Nun fehlt noch das **Histon H1**. Es findet sich auf der Verbinder-DNA außerhalb der Perle, aber nahe an sie herangerückt. Was wir damit kennen gelernt haben, ist ein **Nucleosom** (Abb. 1.9). Zahlreiche hintereinander gereihte Nucleosomen machen die Perlenkettenstruktur des Chromatins aus. Auf den nucleosomenfreien Strangabschnitten sind Nicht-Histone lokalisiert. Ein Teil von ihnen gehört zu den regulatorisch

Seitenansicht eines Solenoides

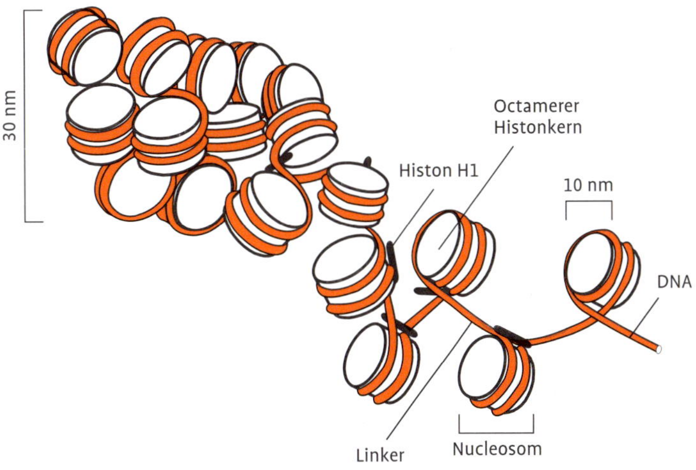

Abb. 1.9
Modellvorstellung zur Nucleosomenstruktur des Chromatins. Rechts einzelne Nucleosomen, links die durch Aufwinden der Perlenkette übergeordnete Struktur eines Solenoids. Man stellt sich vor, Solenoide könnten dann zu einer Struktur höherer Ordnung aufgewunden werden. Dieses Aufwinden zu jeweils übergeordneten Strukturen setzt sich fort, bis die Organisationsstufe einer Chromatide, also eines nicht-replizierten Chromosoms erreicht wird (verändert nach LODISH et al. 1995).

aktiven Proteinen, ein anderer stellt Strukturproteine.
Doch damit haben wir erst die niedrigste Struktureinheit des Chromatins erfasst. Denn die Nucleosomen-Perlenkette bildet eine Reihe weiterer, übergeordneter Raumstrukturen, zunächst das Solenoid (Abb. 1.9), die schließlich zum mikroskopisch sichtbaren Chromosom überleiten. Wir können hier darauf nicht im Detail eingehen. Doch beim Zustandekommen dieser übergeordneten Strukturen fungiert Histon H1 dadurch als Klebemittel, dass es mit anderen Oktameren und Linker-DNA Kontakt aufnimmt.

▶ **Änderung des Kondensationszustands des Chromatins und Transkription.** Der Kondensationszustand der Nucleosomen (Abb. 1.10) kann durch Veränderungen vor allem der Core-Histone gesteuert werden. An ihren N-terminalen Enden können Acetylierungen, Methylierungen, Phosphorylierungen, Glykosidierungen und weitere Veränderungen statffinden, die den Faltungszustand des Chromatins beeinflussen. Transacetylasen zum Beispiel führen Acetylgruppen in alle Histone, also in die Core-Histone ebenso wie in H1 ein. Das bedeutet eine Lockerung des Nucleosomen-Verbunds und der auf ihm basierenden übergeordneten Strukturen. Einer der Deutungen ist, die Histonschwänze könnten nach der Acetylierung nicht mehr in der Lage sein, andere Proteine zu binden, die mit der Kondensation des Chromatins zu tun haben. Fest steht, dass die DNA für die Transkription (Seite 27) besser zugänglich wird. Umgekehrt können die Acetylgruppen durch Deacetylasen auch wieder problemlos entfernt werden, wodurch die Transkription erschwert wird.

Abb. 1.10
Kondensationszustand der Histone in Pollen der Päonie (*Päonia tenuifolia*). Es wurde auf lysinreiche Histone angefärbt. Im physiologisch inaktiven Kern der generativen Zelle (→ Seite 283) sind die Histone dicht gepackt und liefern eine grüne Färbung. Der Kern der vegetativen Zelle ist hoch aktiv; seine dekondensierten Histone lassen sich nicht sichtbar anfärben. Der vegetative Kern ist nur über eine leichte Unschärfe fassbar (Foto J. SAUTER; Lit. SAUTER und MARQUARDT 1967).

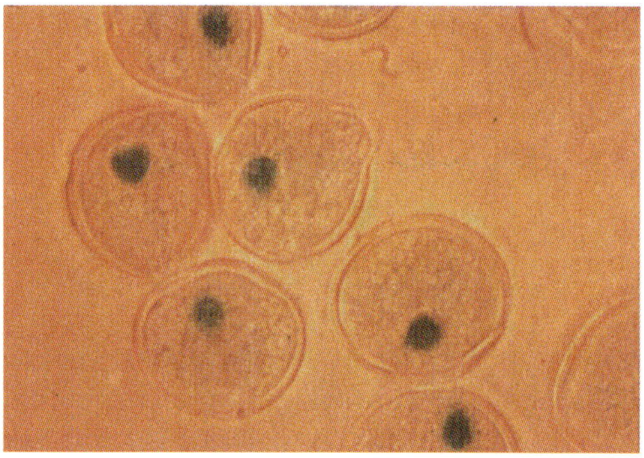

FRAGEN
(Seitenverweise zur Beantwortung)

- Welche Basenbausteine finden sich in der DNA, welche in der RNA? (Seite 26)
- Aus welchen Bausteinen besteht ein Nucleosid, ein Nucleotid? (Seiten 16, 17)
- Beschreiben Sie den Aufbau der DNA-Doppelhelix! (Seite 18)
- Nennen sie die Basenpaarungen in der DNA! (Seite 20)
- Beschreiben Sie den Aufbau eines Nucleosoms! (Seite 21)
- Inwiefern unterscheiden sich die Histone H1 von den anderen Histonfraktionen? (Seiten 20, 22)

2 Die Expression der Gene

INHALT

Gene aus dem Zellkern von Eukaryonten bestehen aus einer in Introns und Extrons gestückelten codierenden Sequenz und flankierenden Expressionssignalen. Diese finden sich vor allem stromaufwärts in der Promotor-Region, in der die Enzyme der Transkription, die RNA-Polymerasen ansetzen. Die Expression der Gene erfolgt in mehreren Schritten. In der Transkription kommt es zu einer Umschreibung des DNA-Codes in einen RNA-Code. Im Processing werden alle RNA-Typen, die polypeptid-codierenden mRNAs ebenso wie die rRNAs und die tRNAs, beide mit Hilfsfunktionen bei der nachfolgenden Translation, funktionsfähig gemacht. Die Translation der mRNA, die Umsetzung ihres Codes in Polypeptide, findet in Ribosomen statt. Die Ribosomen des Zellkerns von Eukaryonten und diejenigen in Mitochondrien und Plastiden unterscheiden sich; die letztgenannten ähneln in ihrer Struktur und in weiteren Eigenschaften den Ribosomen von Bakterien. Über die Translation entstehen zunächst Primärstrukturen. Die gebildeten Polypeptide müssen zur Funktionsfähigkeit dann noch posttranslationalen Modifikationen unterzogen werden (Seite 47).

Die DNA muss als genetisches Material zwei Anforderungen entsprechen:

- Sie muss identisch reduplizierbar sein. Denn nur so ist es möglich, das genetische Material von Zelle zu Zelle, von Organismus zu Organismus konstant weiterzugeben. Diese **Replikation** (= Reduplikation) der DNA wird auf Seite 258 besprochen.
- Sie muss steuernd in die Merkmalsbildung eingreifen. Man spricht hier von der **Expression der DNA** – und das bedeutet der Gene – bei der Merkmalsbildung. Da die sichtbaren Merkmale auf bestimmte biochemische Umsetzungen zurückgehen, können wir einengen und von der DNA erwarten, dass sie letztlich chemische Reaktionen steuern kann, zum Beispiel über die Bereitstellung von Enzymen. Enzyme oder zumindest ihre Apoproteine sind Polypeptide oder bauen sich aus ihnen auf. In der Tat bedeutet die Expression in der Regel eine **Bereitstellung von Polypeptiden.** Bei ihnen handelt es sich allerdings nicht nur um Enzyme, sondern um Polypeptide mit den verschiedensten Funktionen innerhalb oder auch außerhalb der Zellen.

2.1 Die Struktur der Gene im Zellkern von Eukaryonten

Seit 1977 hat man für zunehmend mehr Gene bewiesen, das sie gestückelt sind: polypeptid-codierende DNA-Abschnitte des betreffenden Gens, die **Exons** (expressed regions), wechseln mit nicht-codierenden DNA-Abschnitten, den **Introns** (intervening regions), ab (Abb. 2.1). Beide werden transkribiert. Die transkribierbaren Sequenzen werden beidseitig, besonders ausgeprägt in der **Promotor-Region**, von **Expressionssignalen** flankiert (Seite 26).
Die → Definition eines Eukaryonten-Gens berück-

Abb. 2.1
Schema eines Eukaryonten-Gens mit Transkription und Processing der mRNA. In der Promotorregion befindet sich im Bereich der TATA-Box die Ansatzstelle für die RNA-Polymerase. Die Transkription kann über die polypeptid-codierende Sequenz hinausschießen. Im Processing wird die betreffende RNA entfernt, am nun endgültigen 3′-Ende eine Poly-A-Sequenz unter Steuerung durch das Poly-A-Signal (PA), aber ohne Codierung angehängt und am 5′-Ende die Kappe gebildet (**a**). Außerdem wird die den Introns entsprechende DNA über das Spleißen eliminiert (**b**). RE = regulatorische Sequenzen wie Enhancer, Silencer, Ansatzstellen für Transkriptionsfaktoren (→ Text).

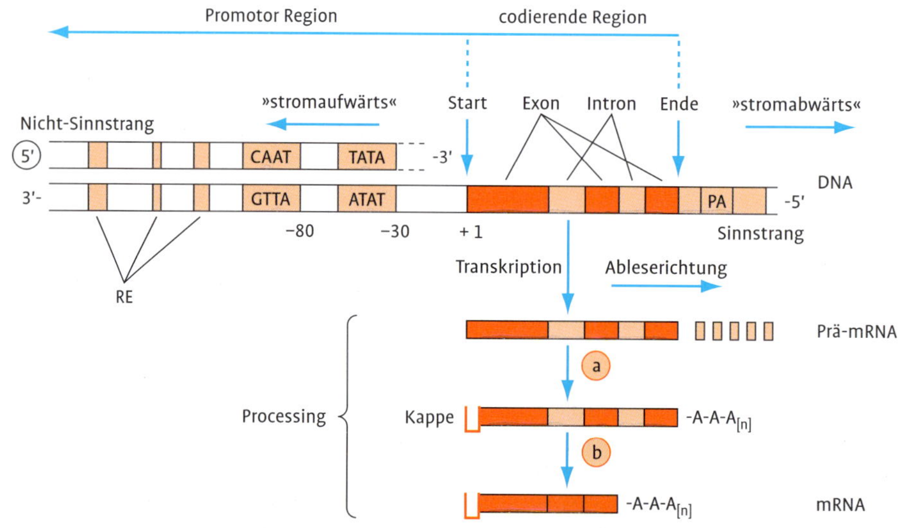

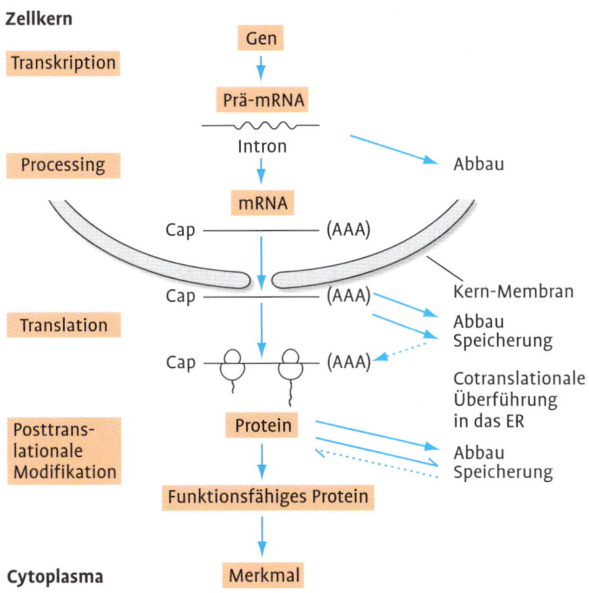

Abb. 2.2
Das Konzept der Genexpression. Zugrunde gelegt wurde ein Gen im Zellkern von Eukaryonten. rRNA und tRNA wurden hier nicht berücksichtigt.

sichtigt, dass an ihm außer mRNAs, die in Polypeptide translatiert werden, auch rRNAs und tRNAs (→ unten) gebildet werden können.

DEFINITION

Gene sind DNA-Sequenzen mit der Funktion, genspezifische RNA zu bilden. Bei Eukaryonten bestehen sie aus einer in RNA transkribierbaren Sequenz, über die ein genspezifisches Polypeptid codiert werden *kann*, und aus Expressionssignalen.

2.2 Das Konzept der Genexpression

Bevor wir auf einige Details eingehen, sei das Konzept der Genexpression (Abb. 2.2) vorangestellt. Die Expresssion bis zum funktionsfähigen Protein verläuft in vier Etappen: der Transkription, dem Processing der RNA, der Translation und posttranslationalen Modifikationen der Polypeptide.

In der **Transkription** wird die in einem bestimmten Abschnitt eines DNA-Einzelstranges enthaltene genetische Information auf RNA umgeschrieben. Dabei entstehen zunächst **Primärtranskripte**, die noch nicht funktionsfähig sind. Das gilt für alle drei Gruppen von RNA, die wir noch kennenlernen werden: die mRNA, rRNA und tRNA. Die Primärtranskripte sind Vorstufen dieser drei RNA-Sorten. Dementsprechend spricht man von **Prä-mRNA, Prä-rRNA** und **Prä-tRNA** .
Im anschließenden **Processing** werden die Primärtranskripte funktionsfähig gemacht. Am Ende dieser Phase stehen demnach **mRNA, rRNA** und **tRNA**.
In der letzten Etappe, der **Translation**, wird die in der mRNA enthaltene genetische Information in die Bildung genspezifischer Polypeptide umgesetzt. Die rRNA und die tRNA haben dabei Hilfsfunktionen. Die Polypeptide unterliegen dann noch posttranslationalen Modifikationen (Seite 47).
Soweit das grobe Konzept, das zu einer ersten Übersicht verhelfen soll. Nun einige Details.

2.3 Transkription

Die in der DNA enthaltene genetische Information wird mit Hilfe bestimmter Enzyme, der DNA-abhängigen **RNA-Polymerasen** abgelesen und in RNA umgeschrieben. Bei den Eukaryonten ist die **RNA-Polymerase II** für die Transkription polypeptid-codierender Sequenzen auf den Chromosomen zuständig. Die Polymerasen bestehen aus mehreren Untereinheiten, über die auch der Kontakt mit der auszuwertenden DNA hergestellt wird. Denn diese DNA enthält Ansatzstellen für die RNA-Polymerasen. Man nennt diese DNA-Abschnitte **Promotoren** (im eigentlichen Sinn). Von ihnen aus gleiten die Polymerasen dann an der DNA der Gene entlang und lesen sie ab (Abb. 2.3).

2.3.1 Die Promotor-Region

Bei Eukaryonten findet sich nicht nur ein Promotor im engeren Sinn, die Ansatzstelle für RNA-Polymerasen (TATA-Box, s.unten), sondern eine komplex gebaute Promotor-Region (Abb. 2.1), die wichtige **Expressionssignale** enthält. Zu ihnen gehören **Start-Codons**, an denen die Transkription beginnt. Das wichtigste von ihnen ist ATG (→ Box 2.1). Ihr erstes Nucleotid trägt die Zahl +1. Vom Startpunkt der Transkription aus liegen bezogen auf den Nicht-Sinnstrang die DNA-Sequenzen in 5′-Richtung stromaufwärts, die in 3′-Richtung stromabwärts. Bei der Zählung stromaufwärts erhalten die Nucleotide ein negatives Vorzeichen. Die Transkription läuft vom Start-Codon aus stromabwärts bis zu einem der **Terminations-Codons** (Abb. 2.6), an dem sie abbricht.

Nun zu weiteren funktionell wichtigen Abschnitten in der Promotor-Region, die stromaufwärts liegen und den Beginn der Transkription steuern. Die betreffenden DNA-Sequenzen sind AT-reich. In ihnen finden sich Boxen, die bei verschiedenen Eukaryonten eine einigermaßen ähnliche Nucleotidsequenz aufweisen. In solchen Fällen spricht man von **konservierten Regionen**. Der konservierte Charakter ist schon ein erster Hinweis darauf, dass die betreffenden Sequenzen zentral wichtig sind. Sonst wären sie im Laufe der Evolution kaum erhalten geblieben. Zu ihnen gehören die **TATA-Box** etwa 30 Nucleotide und die **CAAT-Box** ungefähr 80 Nucleotide stromaufwärts des Startcodons und Ansatzstellen für allgemeine Transkriptionsfaktoren (→ unten).

Besonders bei der **TATA-Box** besteht kein Zweifel an einem Zusammenhang mit dem Beginn der Transkription. Denn die jeweils zuständige RNA-Polymerase nimmt mit ihr über spezielle Bindungsproteine (→ unten) Kontakt auf. Über die TATA-Box werden die RNA-Polymerasen also eingewiesen. Bei ihr handelt es sich um den Promotor im engeren Sinn, den **Basis-Promotor**.

Ohne **allgemeine Transkriptionsfaktoren** von Proteincharakter, die bei jeder Transkription mitwirken müssen, kann die codierende Region nicht abgelesen werden. So vermitteln sie als Bindungsproteine den Kontakt zwischen der RNA-Polymerase II und der TATA-Box. **Spezifische Transkriptionsfaktoren** werden nur für die Transkription bestimmter Gene benötigt.

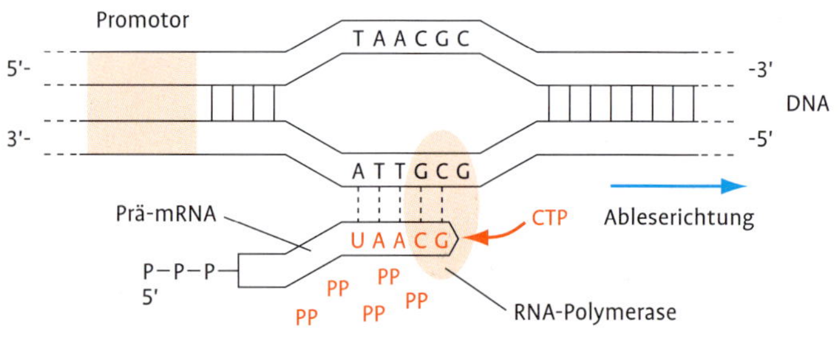

Abb. 2.3
Schema der Transkription. RNA-Poylmerase II liest den Sinnstrang der DNA in 5′-Richtung ab. Die Bausteine sind Nucleosid-triphosphate, hier zuletzt CTP. Unter Abspaltung von Pyrophosphat (PP) werden sie an die wachsende RNA angeschlossen. Bei der Anlagerung des ersten Nucleosid-triphosphates an den Sinnstrang wird kein PP abgespalten. Deshalb beginnt die RNA mit PPP.

BOX 2.1

Transkriptionsfaktoren

Transkriptionsfaktoren bestehen in der Regel aus zwei Polypeptiden, die gleich oder verschieden sein können (homodimere oder heterodimere Transkriptionsfaktoren). Sie weisen zwei funktionell wichtige Regionen auf: eine Domäne zur Bindung an eine bestimmte DNA-Sequenz und eine Domäne zur Förderung der Transkription. Eine Domäne zur Bindung von weiteren Liganden kann hinzukommen. Man kennt mehrere Typen, darunter die **Leucin-Zipper** (Abb. 2.4). Dabei handelt es sich um homodimere Proteine mit einer DNA-Bindungs-Domäne aus basischen Aminosäuren, die sich leicht an DNA fixieren. Im Anschluss an sie weist jede der beiden Polypeptidketten vier bis fünf Leucin-Einheiten auf. Dabei folgt an siebter Stelle nach einem Leucin wieder ein Leucin. Diese Abfolge führt dazu, dass die Leucin-Reste auf der gleichen Seite der Helix als hydrophober Streifen übereinander stehen. Dieser Streifen schließt sich mit der hydrophoben Leucin-haltigen Kette des zweiten Proteins zum Leucin-Reißverschluss zusammen.
Bei einer Variante der Leucin-Zipper, den basischen Zippern, ist Leucin teilweise durch andere hydrophobe Aminosäuren ersetzt. Leucin-Zipper und basische Zipper fasst man auch als **basische Leucin-Zipper** zusammen. Sie sind die häufigste Gruppe der Transkriptionsfaktoren in Pflanzen.

Hinzu kommen noch weitere Regulationselemente, die die Stärke der Transkription beeinflussen. Sie liegen meistens ebenfalls stromaufwärts der CAAT-Box. An ihnen setzen bestimmte Faktoren an, in einigen Fällen nachgewiesenermaßen Proteine, die die Transkription verstärken oder abschwächen. Dementsprechend nennt man diese DNA-Abschnitte **Enhancer** (Verstärkung) oder **Silencer** (Abschwächung).
Die Regulationselemente können weit stromaufwärs der TATA-Box oder sogar stromabwärts der codierenden Sequenz liegen. Damit überhaupt ein Kontakt zwischen distalen Expressionssignalen und der Promotorregion im engeren Sinn zustande kommen kann, nimmt man eine Schleifenbildung an (Abb. 2.5).

Abb. 2.4
Schema eines Leucin-Reißverschlusses (Leucin-Zipper) in einem dimeren Transkriptionsfaktor. Leu = Leucin; DNA-BDo = DNA-Bindungsdomäne (verändert nach STRYER 1996).

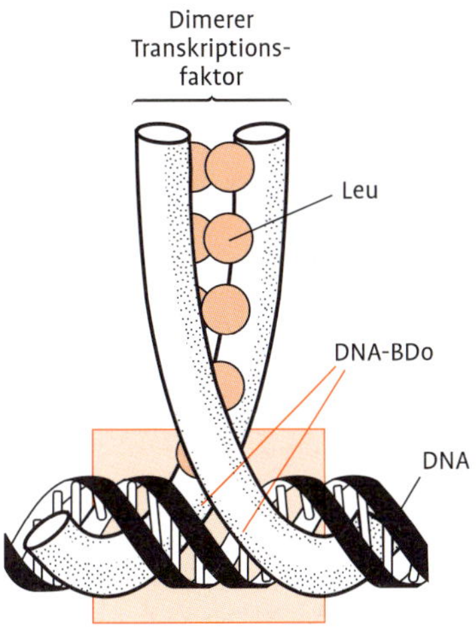

2.3.2 Transkription

Transkribiert wird nur einer der beiden Einzelstränge einer DNA-Doppelhelix, der **codogene Strang** oder Sinnstrang (Abb. 2.1). Der zweite Strang ist nicht-codogen. Der codogene Strang dient als Matrize für die Synthese einer komplementären RNA. Das ordnende Prinzip ist die Basenpaarung. Bei der Synthese der RNA entspricht immer einem Adenin auf der DNA ein Uracil auf der RNA, einem Guanin auf der DNA ein Cytosin auf der RNA und umgekehrt. Wir finden also Basenpaare ganz ähnlich wie auch zwischen den beiden Strängen einer DNA-Doppelhelix, nur tritt in der RNA Uracil an die Stelle von Thymin.
Das Ausgangsmaterial für die Bildung der RNA

sind nicht Nucleotide oder gar freie Basen, sondern **Nucleosid-5′-triphosphate**. Sie sind es, die sich entlang der DNA-Matrize nach den Regeln der Basenpaarung anordnen. Die RNA-Polymerasen spalten von den Triphosphaten Pyrophosphat ab und verknüpfen die resultierenden Nucleosid-5′-monophosphate = Nucleotide zur RNA. Die Spaltung der Triphosphate liefert die dazu benötigte Energie.
Produkte der Transkription sind die **Primärtranskripte**. Sie enthalten oft noch RNA ohne erkennbare Funktion bei der Translation. Damit lässt sich vorhersagen, dass diese funktionslose RNA wohl in einem Processing entfernt werden wird.

Abb. 2.5
Schleifenstruktur (Schema). Durch sie wird ermöglicht, dass auch weit von der TATA-Box entfernte Expressionssignale räumlich zum Zug kommen können. Zuerst setzt sich ein allgemeines Transkriptionssignal AT an die TATA-Box. Weitere allgemeine Transkriptionssignale (kleine Kreise) und die RNA-Polymerase II (PII) folgen. Ein von der TATA-Box weit entferntes Enhancer-Element bindet im Beispiel ein Aktivator-Protein A. Wegen der Schleifenstruktur kann es dennoch auf den Komplex mit RNA-Polymerase II fördernd einwirken.

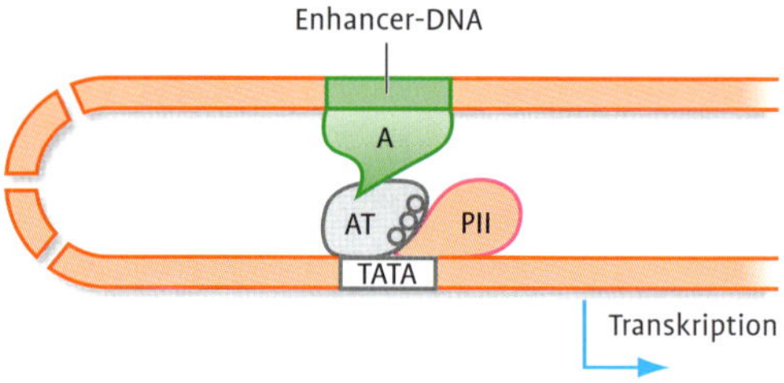

BOX 2.2

Der genetische Code

Bei der Gen-Expression (Abb. 2.2) fließt die genetische Information quasi von DNA über RNA zum Polypeptid. In welcher Form ist die genetische Information in den genannten Makromolekülen enthalten, mit anderen Worten: Welches ist der genetische Code?
Die Buchstaben des genetischen Codes sind die einzelnen Nucleotide. Je drei solcher Nucleotide, ein **Nucleotid-Triplett**, bilden ein Code-Wort oder **Codon**. Nun beteiligen sich zwei Nucleinsäuren an der Realisation der genetischen Information, DNA und RNA. Was nennt man ein Codon? Ein Nucleotid-Triplett auf der DNA oder ein Nucleotid-Triplett auf der RNA?
Der genetische Code wurde unter anderem in Experimenten mit synthetischen Ribonucleinsäuren entschlüsselt. Damit wird es verständlich, dass man als **Codon ein Nucleotid-Triplett auf einer mRNA** bezeichnet, das für den Einbau einer bestimmten Aminosäure in Polypeptid zuständig ist. Die mRNA ist diejenige Sorte RNA, die die genetische Information für die Bildung von Polypeptiden enthält. Dementsprechend werden die drei Buchstaben eines Codons in der in 5′→3′-Richtung gelesen, das ist die Richtung, in der die mRNA bei der Translation ausgewertet wird. Dem **Codon** auf der mRNA entprechen das **Codogen** auf der DNA und das **Anticodon** in der t-RNA (Abb. 2.6).
Die Beweisführung begann damit, dass in ein zellfreies System, das alle anderen für die Polypeptidsynthese notwendigen Faktoren enthielt, eine synthetische mRNA einbracht wurde, die nur aus Uracil-Nucleotiden bestand (1). Unter dem Diktat dieses Poly-U wurde ein Polypeptid gebildet, das fast nur aus Phenylalanin bestand. Bei Annahme eines Dreier-Codes musste das Code-Wort für den Einbau von Phenylalanin ins Polypeptid demnach UUU sein. Weitere Versuche führten schließlich zur Entschlüsselung der Codons für alle Protein-Aminosäuren. Damit war der **RNA-Code** entschlüsselt (Abb. 2.7).

[1] Nirenberg and Matthaei (1961).

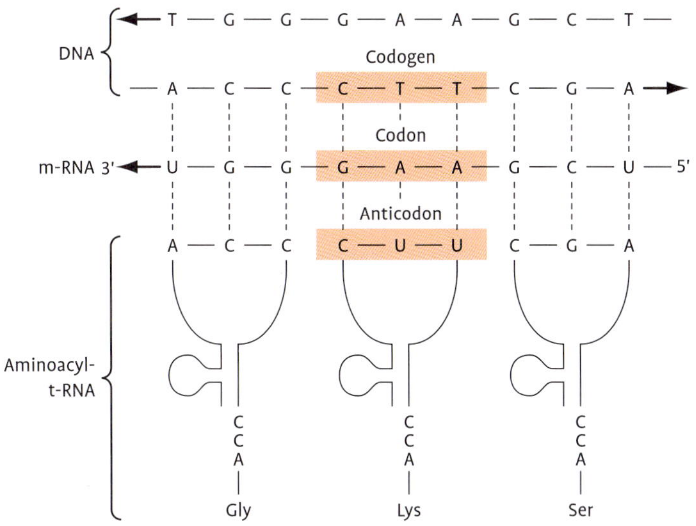

Abb. 2.6
Codogen, Codon und Anticodon (verändert nach HESS 1982).

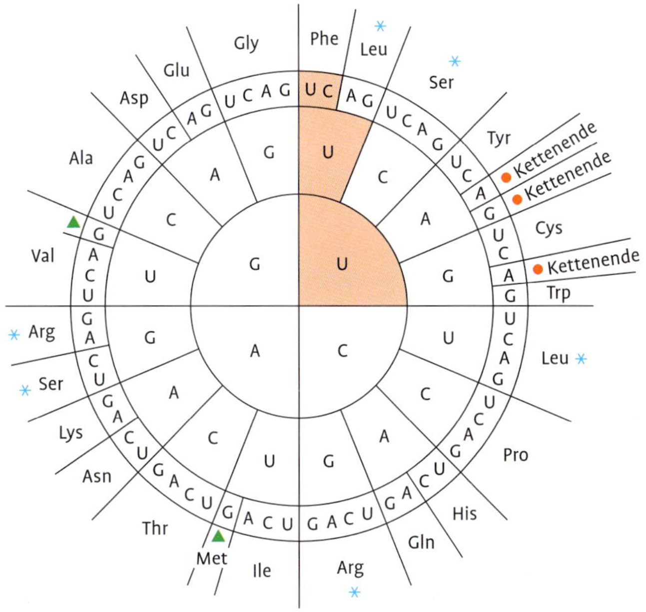

Abb. 2.7
Der mRNA-Code in Form der Code-Sonne. Die Codons werden durch Lesen von innen (entspricht dem jeweiligen 5′-Ende) nach außen (entspricht dem jeweiligen 3′-Ende) zusammengestellt. UUU und ebenso UUC bedeuten Einbau von Phenylalanin (verändert nach BRESCH und HAUSMANN 1972).

- ✳ zweimal auftretende Aminosäuren
- ● Terminations-Codonen
- ▲ Starter-Codonen, die am Anfang der Translation stehend stets das Start-Methionin einbauen, in der Mitte des Messengers aber die in der Sonne angegebenen Aminosäuren

2.4 Processing der Primärtranskripte

Bei der Transkription wurde ein Abschnitt eines DNA-Einzelstranges in eine komplementäre RNA umgeschrieben. Dabei wurde der DNA-Code in einen RNA-Code überführt. Die resultierenden Primärtranskripte enthalten aber noch RNA, die bei der Translation nicht benötigt wird. Im Processing wird

- diese RNA eliminiert
- und die jeweils verbleibende RNA durch eine Reihe weiterer Veränderungen funktionstüchtig gemacht. Diese Modifikationen sind je nach den beteiligten RNA-Klassen im Detail verschieden.

Damit steht aber auch schon das Programm dieses Abschnitts fest. Die drei großen RNA-Klassen müssen charakterisiert und das jeweilige Processing beschrieben werden.

2.4.1 mRNA, Prä-mRNA und ihr Processing

Die **mRNA** enthält die genetische Information zur genspezifischen Polypeptidsynthese. Sie trägt diese Information aus dem Zellkern ins Cytoplasma, wo an Ribosomen (Seite 31) die Polypeptidbildung (Translation, Seite 34) stattfindet. Wegen dieser Botenfunktion erhielt sie ihren Namen (mRNA = engl. messenger-RNA = Boten-RNA). Das Primärtranskript wird über folgende Etappen des Processings in funktionsfähige mRNA überführt:

Spleißen: Da Exons wie Introns transkribiert werden, entsteht eine Prä-mRNA, die polpeptid-codierende und nicht-codierende Sequenzen aufweist (Abb. 2.1). Meistens nennt man auch sie – nicht ganz korrekt – Exons und Introns. Beim Processing werden die nicht-codierenden Introns herausgeschnitten und die dadurch freigesetzten Exons zur reifen mRNA zusammengefügt, gespleißt. Dieses Spleißen muss mit äußerster Genauigkeit erfolgen. Wird dabei nur ein Nucleotid zu viel oder zu wenig eliminiert, kommt es in der RNA zu einer Verschiebung des Leserasters für die Translation und zu entsprechenden Schadwirkungen.

Das Spleißen erfolgt mit Hilfe von **Spleißosomen**. Sie bestehen aus einigen kleinen nucleären Ribonucleoprotein-Partikeln (small nuclear ribonucleoprotein particles = snRNPs), die sich jeweils aus kleinen Polypeptiden und ebenfalls kleinen RNAs zusammensetzen sowie weiteren Polypeptiden. Die RNAs weisen katalytische Fähigkeiten auf und führen das Spleißen durch. Man kann sie deshalb als **Ribozyme** bezeichnen. Sie können auch ein **alternatives Spleißen** (→ Box 2.3) bewerkstelligen.

BOX 2.3

Alternatives Spleißen

Die Frage liegt nahe, warum Eukaryonten-Gene überhaupt gestückelt sind. Denn das scheint nur zu unnötigen Komplikationen beim Processing der Prä-mRNA zu führen. Die Antwort kam von Untersuchungen an tierischen Organismen, weil es bei Pflanzen schwierig ist, das Spleißen in vitro zu verfolgen: über **alternatives Spleißen** können Familien nahe verwandter Polypeptide entstehen, die eine Anpassung an besondere Bedingungen erlauben. Denn die Spleißosomen arbeiten nicht immer so korrekt, wie in Abb. 2.1. Es kann vorkommen, dass sie nicht nur die RNA-Introns herausschneiden, sondern mit ihnen auch ein RNA-Exon (Abb. 2.8). Das hängt davon ab, wo innerhalb der Prä-mRNA die Spleißosomen ansetzen. Die einzelnen snRNPs weisen unterschiedliche Spezifitäten auf. Da das alternative Spleißen nicht wie in unserem Beispiel nur ein RNA-Exon sondern mehrere von ihnen in wechselnden Kombinationen betreffen kann, resultieren so ganze Familien von verschiedenen, aber doch verwandten Polypeptiden.

Abb. 2.8
Spleißen und alternatives Spleißen (Schema). E = Exon-RNAs, numeriert; I = Intron-RNAs. ▶ Ansatzstellen für Speißosomen. Beim alternativen Spleißen geht Exon-RNA 2 verloren.

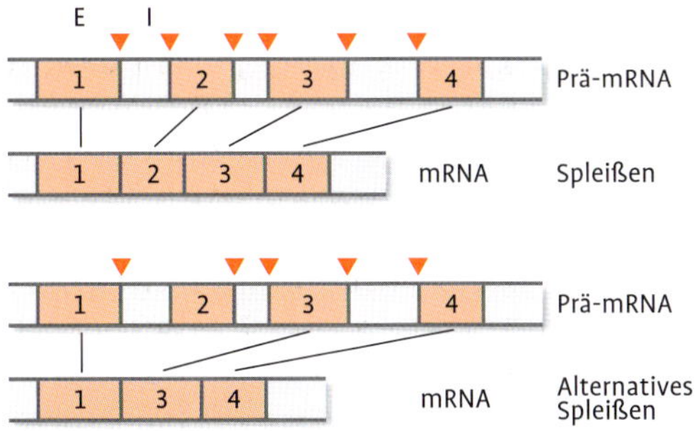

▶ **Modifikationen der Kettenenden.** Weitere Veränderungen im Verlauf des Processings bestehen in Veränderungen beider Kettenenden (Abb. 2.1). Am 5′-Ende bildet sich eine **Kappe.** Sie besteht aus einem am N-Atom 7 methylierten Guanosinrest, der mit der Kette über drei Phosphateinheiten in Verbindung steht. Die Kappenbildung erleichtert die Translation. Sie erfolgt schon am Primärtranskript.
Am 3′-Ende wird ohne Codierung eine **Poly-A-Sequenz** angehängt. Dabei handelt es sich um 100 bis 200 Adenin-haltige Nucleotide. Diese Polyadenylierung ist für die mRNA der Eukaryonten charakteristisch und fehlt hier nur bei der mRNA für Histone. Die Poly-A-Sequenz trägt zur Stabilisierung der mRNA bei ihrem Transport aus dem Zellkern ins Cytoplasma bei.
Alle Schritte des Processings finden nicht an freier Prä-mRNA statt, die zu labil wäre. Vielmehr assoziiert die Prä-mRNA schon während der Transkription mit stabilisierenden Ribonucleoproteinen.

2.4.2 Ribosomen, rRNA, Polyribosomen, Prä-rRNA und ihr Processing

Bei der rRNA handelt es sich, wie der Name sagt, um die RNA der Ribosomen (rRNA = ribosomale RNA). Die Besprechung der rRNA wäre ohne ein Eingehen auf die Ribosomen unvollständig. Geben wir deshalb hier eine knappe Charakterisierung der Ribosomen, der Organellen der Polypeptidsynthese.
▶ **Ribosomen.** Ribosomen (Tab. 2.1) sind mehr oder weniger rundliche Organellen, die zu annähernd 60 % aus RNA und 40 % aus Protein bestehen.
Bei Bakterien, etwa der gut untersuchten *E. coli*, sind die Ribosomen durch die Sedimentationskonstante 70 (70S-Ribosomen) gekennzeichnet. Entzieht man einer Suspension dieser Ribosomen Mg^{2+}, so zerfallen sie in je eine größere Untereinheit zu 50S und je eine kleinere Untereinheit zu 30S. Bei höheren Pflanzen – und entsprechend

		Svedberg-Einheiten, S			Zahl der Proteine
		Ribosom	Untereinheit	RNAs	
Pflanzen	Cytosol	80	40	18	bis 35
			60	28, 5,8, 5	bis 50
	Plastiden	70	30	16	22–31
			50	23, 5, 4,5	32–36
	Mitochondrien	bis 70	30	18	> 25
			50	26,5	> 30
Prokaryonten		70	30	16	21
			50	23,5	31

Tab. 2.1
Zusammensetzung und Eigenschaften von Ribosomen aus Pflanzen und Prokaryonten (nach BUCHANAN et al. 2000)

bei Tieren – finden sich mehrere Typen von Ribosomen. In den Mitochondrien und in den Plastiden handelt es sich um **70S-Ribosomen**, die sich etwas voneinander unterscheiden, aber insgesamt denjenigen bei Bakterien ähneln, ein Befund, der für das Zutreffen der Endosymbionten-Hypothese spricht. Im Cytoplasma dagegen liegen größere **80S-Ribosomen** vor, die bei Mg^{2+}-Entzug in je eine **60S- und je eine 40S-Untereinheit** zerfallen. Die gut untersuchten cytoplasmatischen Ribosomen der Erbse (*Pisum sativum*) besitzen die Gestalt eines Sphäroids mit Achsen von 250 und 160 Å Länge.

Die **rRNA** kann bis zu 90 % der zellulären RNA ausmachen. Bei den **80S-Ribosomen** gliedert sie sich in vier Sorten: Die 28S-, 18S-, 5,8S- und die 5S-rRNA. Die 28S-, 5,8S- und 5S-rRNA sind in der großen, die 18S-rRNA ist in der kleinen Untereinheit lokalisiert.

Bei den **70S-Ribosomen** fehlt die 5,8S-rRNA. Der 28S-rRNA entspricht die etwas kleinere 23S-rRNA, der 18S-rRNA die 16S-rRNA. 23S- und 5S-rRNA befinden sich in der großen, die 16S-rRNA in der kleinen Untereinheit.

Abb. 2.9
Transkriptionseinheit für rRNA bei Eukaryonten und das Processing der Prä-rRNAs. Die den Zwischenstücken entsprechende RNA wird eliminiert. Diese Zwischenstücke dürfen nicht mit Introns verwechselt werden. Denn sie liegen nicht wie Introns inmitten eines Gens, sondern zwischen den rRNA-Genen. Zum Processing gehören hier auch Methylierungen. Sie wurden nicht dargestellt.

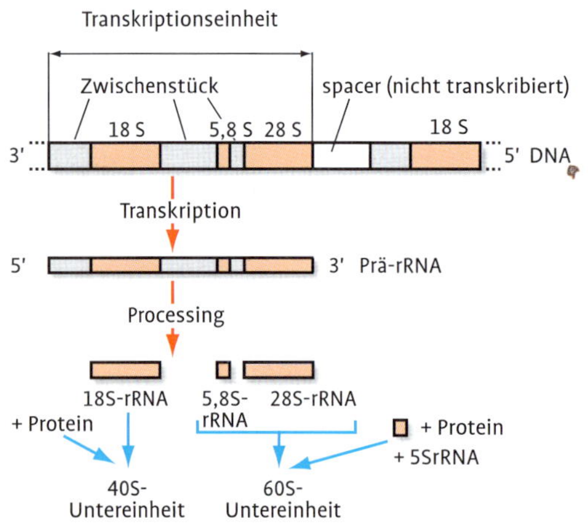

▶ **Polysomen** (Polyribosomen) sind Assoziationen zwischen mRNA und mehreren bis vielen Ribosomen. Die Ribosomen sind dabei auf der mRNA wie Perlen auf einer Schnur aufgereiht. Meist handelt es sich nur um ein halbes Dutzend Ribosomen. Elektronenoptische Aufnahmen von Polyribosomen lassen oft eine in Aufsicht spiralförmige Struktur erkennen.

Polyribosomen sind Orte intensiver Polypeptidsynthese. Frei finden sie sich im Cytoplasma und gebunden auf dem **E**ndoplasmatischen **R**eticulum (**ER**; Seite 139).

Processing. Besprochen wird nur das Processing der RNA der 80S-Ribosomen des Cytosols (Abb. 2.9), das auch bei Pflanzen gut untersucht ist.

▶ **Ort des Processings.** Zunächst müssen wir uns darüber orientieren, wo die betreffende Prä-rRNA entsteht. Die 28S-, 18S- und 5,8S-Prä-rRNA werden am **Nucleolus-Organisator** gebildet. Dabei handelt es sich um denjenigen DNA-Abschnitt bestimmter Chromosomen, an dem der Nucleolus entsteht. Und der Nucleolus wiederum besteht im Wesentlichen aus dem Nucleolus-Organisator, von ihm aus gebildeter RNA und ribosomalem Protein. RNA und Proteine assoziieren schon im Nucleolus zu Ribosomenuntereinheiten. Die 5S-rRNA wird von Genen außerhalb des Nucleolus-Organisators gebildet, dann ebenfalls in den Nucleolus überführt und dort in die große Ribosomenuntereinheit integriert.

▶ **Transkriptionseinheit.** Einen DNA-Abschnitt mit mehreren Genen, an dem eine ununterbrochene RNA-Sequenz transkribiert wird, nennt man Transkriptionseinheit. Sie kann codierende und nicht-codierende DNA einschließen. Die codierende DNA kann dabei aus einem oder aus mehreren Genen bestehen, und das gerade auch bei bestimmten Genen für rRNA. Denn in der DNA des Nucleolus-Organisators finden sich Transkriptionseinheiten, die aus je einem 18S-, 5,8S- und 28S-Gen sowie nicht-codierender, aber transkribierter DNA bestehen. Viele solcher Transkriptionseinheiten sind hintereinander gereiht. Zwischen ihnen liegen jeweils Trennzonen (spacer), die nicht transkribiert werden (Abb. 2.9).

Abb. 2.10
Strukturformeln einiger ungewöhnlicher Basen (oben) und Nucleoside (unten) in tRNa. Die Veränderungen gegenüber den normalen RNA-Basen bzw. Nucleosiden sind hervorgehoben.

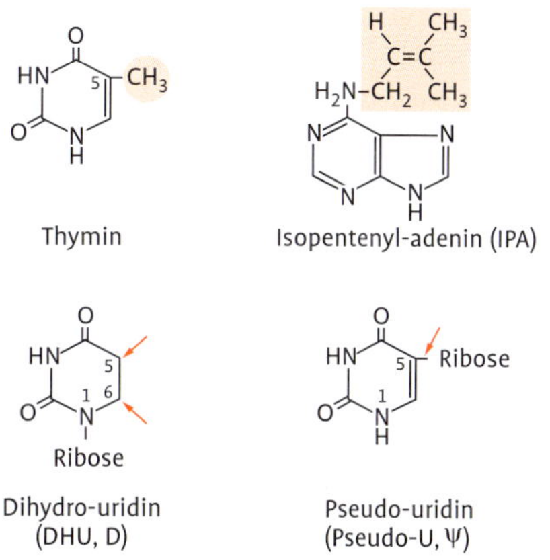

▶ **Processing im Nucleolus.** An jeder, oder zumindest an vielen dieser Transkriptionseinheiten entsteht eine Prä-rRNA, die noch im Nucleolus dem Processing unterworfen wird. Wesentlich dabei ist auch eine Methylierung, teils in der Ribose, teils in den Basen. Sie erfolgt schon am Primärtranskript, und zwar nur in den codierenden RNA-Abschnitten. Ohne diese Methylierung funktioniert die rRNA bei der Translation nicht. Anschließend werden die nicht-codierenden RNA-Abschnitte herausgeschnitten. Die freigesetzte 5,8S-rRNA wird mit der ebenfalls freigesetzten 28S-rRNA assoziiert. Dann wird noch die 5S-r-RNA von außerhalb des Nucleolus eingefügt. Und schließlich kommt es noch zur Assoziation mit den entsprechenden Proteinen: Fertig ist die **große Ribosomenuntereinheit!**
Ganz entsprechend entsteht die **kleine Untereinheit** dadurch, dass die 18S-rRNA methyliert, herausgeschnitten und in Proteinkomplexe überführt wird. Beide Ribosomenuntereinheiten gelangen dann aus dem Nucleolus und dem Zellkern heraus ins Cytoplasma, wo sie für die Transkription zur Verfügung stehen.

2.4.3 tRNA, Prä-tRNA und ihr Processing

Die **tRNA** hat, wie bei der Besprechung der Translation deutlich werden wird, eine **Adapter-Funktion** beim Einbringen der Aminosäuren in die an der Matrize der mRNA wachsende Polypeptidkette. Für jede Protein-Aminosäure gibt es mindestens eine tRNA, die spezifisch auf die jeweilige Aminosäure zugeschnitten ist.
Bei diesen tRNAs handelt es sich um relativ kleine Moleküle aus so um die 80 Nucleotiden. Zu den Basenbausteinen gehören häufig seltene Purine und Pyrimidine (Abb. 2.10). Der RNA-Strang paart streckenweise mit sich selbst, wodurch in zweidimensionaler Darstellungsweise kleeblattartige Strukturen entstehen. Sie lassen Gemeinsamkeiten verschiedener tRNAs erkennen. So besitzt jede tRNA mindestens drei funktionell wichtige Regionen (Abb. 2.11):

- Die **Aminosäuren-Akzeptorregion**. Sie befindet sich am Stamm des Kleeblatts. Der eine der beiden gepaarten RNA-Einzelstränge ist etwas länger und endet mit der Sequenz-CCA. Diese Region findet sich in allen tRNAs gleichermaßen, unabhängig davon, welche Aminosäure sie aufnehmen. An das endständige, adeninhaltige Nucleotid wird der Rest der Aminosäure (Aminoacyl-Rest) gebunden, für die die betreffende tRNA spezifisch ist.
- Das **Anticodon** (Abb. 2.6) fungiert als Matrizenerkennungsregion. Denn es handelt sich um ein Nucleotidtriplett, das sich mit dem komplementären Codon auf der mRNA paart. Die Amino-acyl-tRNA und mit ihr die jeweilige Aminosäure wird so entsprechend dem Code der mRNA in Position gebracht.
- Die **Erkennungsregion(en)** für die Amino-acyl-tRNA-Synthase. Bei der Amino-acyl-t-RNA-Synthase handelt es sich um ein Enzym, das hochspezifisch eine ganz bestimmte Amino-acyl-gruppe auf die entsprechende tRNA überträgt. Auf der tRNA finden sich wohl mehrere Strukturen, darunter das Anticodon, die im Kontakt mit Amino-acyl-tRNA-Synthasen für die Auswahl (Erkennung) der passenden Amino-acyl-tRNA-Synthase sorgen.

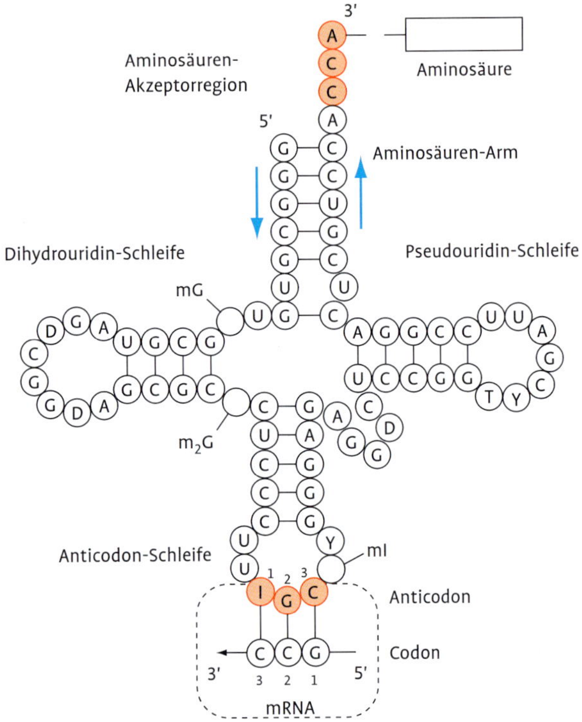

Abb. 2.11
Die Primärstruktur der Phenylalanyl-tRNA aus Hefe mit ihren funktionell wichtigen Regionen. Ungewöhnliche Basen wie Dihydrouridin (D), Thymin (T), Pseudouridin (Y), einfach methyliertes Guanin (MG), doppelt methyliertes Guanin (m_2G), Inosin (I), einfach methyliertes Inosin (mI) kommen erst über entsprechende Veränderungen der normalen Basen in der schon bestehenden Polynucleotidkette zustande. Einige dieser selteneren Basen sind in Abb. 2.10 wiedergegeben (verändert nach Darnell et al. 1986).

▶ **Processing.** Auch die tRNA wird aus größeren Präkursor-Molekülen herausgeschnitten. Noch während dieses Vorgangs beginnen schon die Modifikationen der tRNA-Nucleotide, über die es zum für die tRNA charakteristischen Auftreten abwegig gebauter Bestandteile wie zum Beispiel Isopentenyl-adenin, Dihydrouridin oder Pseudouridin kommt. Über eine Methylierung von Uracil findet sich auch regelwidrig Thymin in der tRNA (Abb. 2.10). Meistens bildet sich auch das CCA-Ende erst über das Processing: die ursprünglich endständigen Nucleotide werden entfernt und durch die Aminosäuren-Akzeptorsequenz ersetzt.

2.5 Translation

Zur Translation müsssen die dafür benötigten RNAs aus dem Zellkern ins Cytoplasma transferiert werden. Das geschieht über Kernporen.

2.5.1 Aktivierung und Übertragung der Aminosäuren auf tRNA

Bevor Aminosäuren zur Polypeptidsynthese verwendet werden können, müssen sie zunächst aktiviert werden. Diese Aktivierungen erfolgen wie in der lebenden Zelle meistens mit Hilfe des Energiespeichers ATP. In einer daran anschließenden Reaktion werden die Aminosäurenreste (Amino-acyl-Reste) dann auf tRNA übertragen:

- **Aktivierung**
  Aminosäure + ATP + Enzym = Amino-acyl-AMP-Enzym + PPi

- **Übertragung**
  Amino-acyl-AMP-Enzym + tRNA = Amino-acyl-tRNA + AMP + Enzym

Bei der Aktivierung bildet sich also unter Abspaltung von Pyrophosphat (PPi) das Monoadenylat der eingesetzten Aminosäure, das an das katalysierende Enzym gebunden bleibt. In der zweiten Reaktion wird der Aminosäurenrest auf tRNA übertragen. AMP und Enzym werden dabei frei. Weil das Enzym letztlich Amino-acyl-tRNA produziert, hat man es mit dem schönen Namen **Amino-acyl-tRNA-Synthase** belegt.
Für jede Protein-Aminosäure gibt es mindestens eine tRNA und eine entsprechende Synthase. Das Enzym selektioniert die zugehörige Aminosäure, aktiviert sie, und überträgt dann den Amino-acyl-Rest auf die betreffende tRNA. Dass dabei natürlich auch die richtige tRNA von der Synthase erkannt werden muss, war eben herausgestellt worden. Bei der Übertragung der Aminosäuren auf tRNA findet sich demnach eine doppelte Kontrolle: Erstens muss die richtige Aminosäure von der Synthase erfasst werden, und zweitens muss das Enzym dann die richtige tRNA erkennen. Damit wird die Spezifität der Übertragung hochgradig abgesichert.

2.5.2 Translation an Ribosomen (und Polysomen)

Gehen wir jetzt zur Translation, also zur Polypeptidsynthese über. Dabei wollen wir zuerst besprechen, wie die Translation an einem einzelnen Ribosom abläuft und dann noch auf Polysomen eingehen. Die Translation gliedert sich in die Teilprozesse der Initiation, Elongation und Termination.

▶ **Initiation.** Unerwartet mag erscheinen, dass die Initiation (Startreaktion) nicht von einem kompletten Ribosom ausgeht. Vielmehr bildet sich zuerst aus der **kleineren Ribosomenuntereinheit** (30S bzw. 40S) und der mRNA mit Hilfe spezieller Hilfsproteine, der Initiationsfaktoren, ein **Initiationskomplex**, in den dann auch noch die startende Amino-acyl-tRNA eingeht. Sie wird

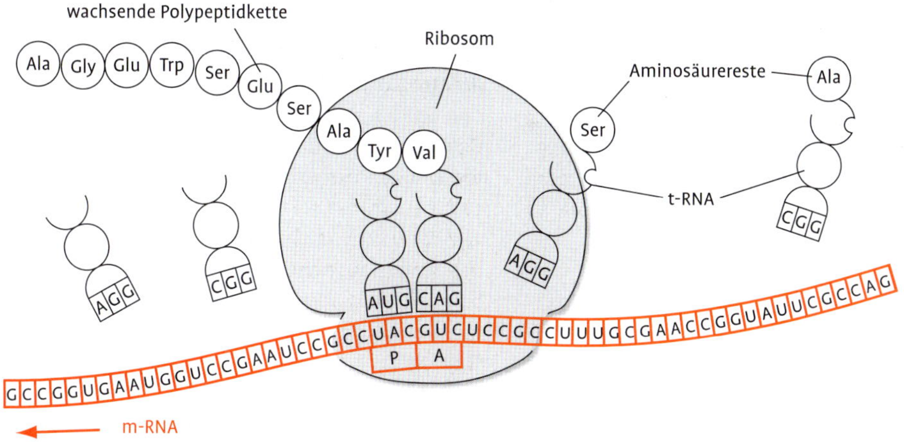

Abb. 2.12
Schema einer laufenden Translation (Elongation). Im Ribosom befinden sich die Peptid-Bindungsstelle (P) und die Bindungsstelle (A) für Aminoacyl-tRNAs. Eine Val-tRNA hat sich mit ihrem Anticodon in A an das Codon für Val gebunden. Val wird gerade über eine Peptidbindung an das endständige Tyr der wachsenden Polpetidkette angehängt. Gleichzeitig wird die Aminoacyl-tRNA für Tyr frei, ebenso wie einige vorhergehende tRNAs, die links zu sehen sind. Der nächste Schritt ist die Translokation: die mRNA mitsamt der Val-tRNA mit der anhängenden Polypeptidkette wird nach links in P versetzt. Ein neues Codon wird in A exponiert. Eine Ser-tRNA wird sich daran anlagern. Ser wird dann an das Val der Polypeptidkette angehängt usf. (verändert nach Kimball 1970).

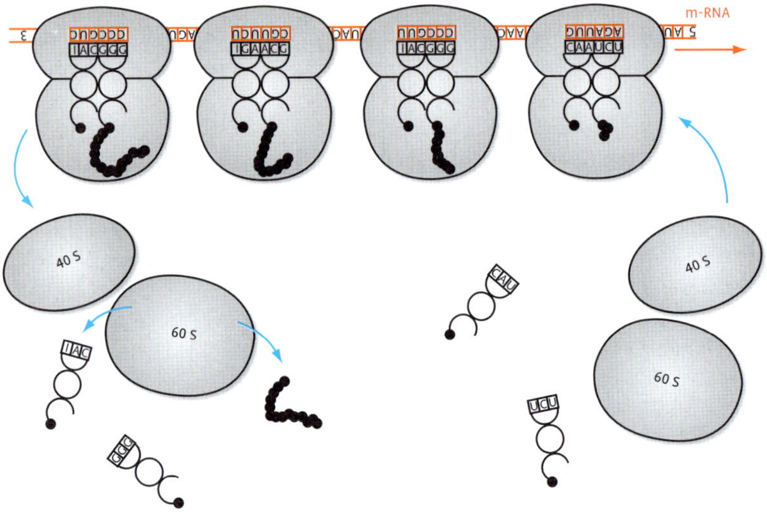

Abb. 2.13
Translation im Verband des Polyribosoms. Das Ribosom ganz rechts hat gerade mit der Translation begonnen, im Ribosom ganz links ist sie beendet. Nach der Translation werden nicht ganze Ribosomen, sondern Untereinheiten frei, die dann erneut eingesetzt werden können (Ribosomen-Zyklus) (verändert nach BENNETT 1970).

an die kleine Untereinheit gebunden und außerdem an das Anticodon der betreffenden mRNA adaptiert.
Bei Bakterien erfolgt der Start mit **Formyl-methionyl-tRNA**. Dabei handelt es sich um einen an die entsprechende tRNA gebundenen Methionyl-Rest, der in seiner Aminogruppe noch eine Formylkomponente trägt. Sie wird erst nach Fertigstellung der Methionyl-tRNA eingefügt.
Auch in den ribosomalen Systemen der Mitochondrien und Plastiden höherer Pflanzen erfolgt der Start mit Hilfe von Formyl-methionyl-tRNA – ein weiterer Punkt zugunsten der Endosymbiontenhypothese (→ Seite 93) –, nicht aber in den cytoplasmatischen Systemen. Denn an den 80S-Ribosomen des Cytoplasmas ist **Methionyl-tRNA** der Starter.
Erst nach Bildung des Initiationskomplexes tritt auch die größere Ribosomenuntereinheit (50S bzw. 60S) hinzu. Nun kann die Elongation beginnen.

▶ **Elongation**. Für die Elongation, die wiederum spezielle Hilfsproteine benötigt, die Elongationsfaktoren, sind zwei Positionen am nun funktionsfähigen Ribosom besonders wichtig, die Bindungsstelle für Amino-acyl-tRNA (A in Abb. 2.12) und die Bindungsstelle für die wachsende Peptidkette, für Peptidyl-tRNA (P in Abb. 2.12). Greifen wir einen Ausschnitt aus der Elongation heraus. In Position A wird ein bestimmtes Codon der mRNA exponiert, in Abb. 2.12 GUC. Das Codon kann nun abgelesen werden. Dieses Ablesen erfolgt so, dass sich eine Amino-acyl-tRNA mit einem komplementären Anticodon an das Codon anlagert. P ist mit einer Peptidyl-tRNA besetzt, die sich mit der mRNA über das Anticodon ihrer tRNA paart. Beim Start, das sei eingefügt, sitzt an Stelle der Peptidyl-tRNA die startende Amino-

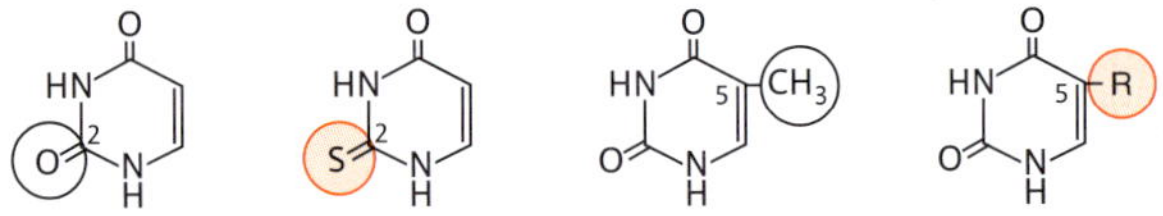

Uracil | 2-Thiouracil | Thymin | 5-Bromuracil: R=Br, 5-Floururacil: R=Fl

Abb. 2.14
Strukturanaloge von Basen der Nucleinsäuren.

acyl-tRNA, also etwa Methionyl-tRNA. Mit Hilfe der entsprechenden Enzyme, die auch zu den Elongationsfaktoren zählen, wird nun eine Peptidbindung zwischen der in A befindlichen Amino-acyl-tRNA und der in P sitzenden Peptidyl-tRNA gelegt. Gleichzeitig wird die Bindung der Peptidkette an ihre tRNA gelöst. Diese tRNA wird freigesetzt und steht zur Übernahme einer weiteren Aminosäure bereit. Die verlängerte Peptidkette ist nun an der tRNA befestigt, die die neue Aminosäure eingebracht hatte. Und diese tRNA befindet sich zunächst noch in Position A, aber nicht lange. Denn in der sogenannten **Translokation** wird nun die mRNA mitsamt der auf ihrem Codon fixierten Peptidyl-tRNA nach Position P verrückt. In Position A wird damit ein neues Codewort ablesbar.

▶ **Termination.** Das Heranführen und Verknüpfen der Aminosäuren wiederholt sich so lange, bis die gesamte mRNA abgelesen ist. Dann signalisieren bestimmte Codeworte den Abschluß der Kettenverlängerung, die Termination. Auch hier spielen spezielle Terminationsfaktoren von Proteincharakter mit. Die Polypeptidkette löst sich von der tRNA und damit vom Ribosom. Auch tRNA, mRNA und Ribosom lösen sich voneinan-

BOX 2.4

Antimetabolite der Transkription und Translation zum Nachweis von Genaktivität

Niedermolekulare Teilnehmer am Stoffwechsel nennt man **Metabolite.** Zu ihnen gehören Ausgangstoffe, Intermediärstufen und Endprodukte. Substanzen, die den Stoffwechsel blockieren, sind dementsprechend **Antimetabolite**. Von ihnen sind hier Strukturanaloge und Antibiotika von Interesse.

▶ **Strukturanaloge** (Abb. 2.14). Meist handelt es sich um synthetische Substanzen, die natürlichen Metaboliten stark ähneln. Sie können deshalb an deren Stelle **eingebaut** werden, zum Beispiel 2-Thiouracil anstatt Uracil in RNA, 5-Bromuracil anstatt Thymin in DNA, Ethionin anstatt Methionin in Protein. Dann entstehen veränderte Nucleinsäuren bzw. Proteine, die ihren Funktionen nicht mehr oder nicht mehr ausreichend nachkommen können. Außerdem können Enzyme der Nucleinsäuren- oder Proteinbiosynthese **kompetitiv gehemmt werden** (Seite 47).

▶ **Antibiotika.** Von den Antibiotika interessieren hier nur diejenigen, die die **Expression der Gene** stören. So ist Actinomycin C1 ein Hemmstoff der Transkription, Puromycin, Chloramphenicol, Streptomycin und Cycloheximid sind Hemmstoffe der Translation.

▶ Actinomycin C1 (inkorrekt oft Actinomycin D genannt; Abb. 2.15). lagert sich an das Stickstoffatom 7 des in der DNA befindlichen Guanins an. Dadurch wird die DNA kaschiert und die Tätigkeit der RNA-Polymerasen blockiert.

▶ Chloramphenicol und Cycloheximid (Abb. 2.16). Beide hemmen die Translation, nur an jeweils anderen Ribosomen: Chloramphenicol an den 70S-Ribosomen der Prokaryonten, Plastiden und Mitochondrien, Cycloheximid an den 80S-Ribosomen im Cytoplasma der Eukaryonten. Damit ergibt sich die Möglichkeit, über den Einsatz der beiden Antibiotika den Ort der Translation in den Zellen von Eukaryonten zu bestimmen. Wenn zum Beispiel die Bildung eines bestimmten Polypeptids nach Zusatz von Chloramphenicol nicht mehr stattfindet, während Cycloheximid ohne Einfluss bleibt, so findet die betreffende Translation mit hoher Wahrscheinlichkeit in den Mitochondrien oder Plastiden statt, nicht im Cytoplasma (Seite 92).

Bei Einsatz der genannten Antimetaboliten kommt es zu einer Störung der Transkription bzw. Translation. Damit kann man mit ihrer Hilfe herausfinden, ob eine bestimmte Merkmalsbildung auf die Expression von Genen zurückgeht oder nicht. Jedoch kann es insbesondere bei höheren Dosen der Hemmstoffe auch zu unspezifisch toxischen Wirkungen kommen. Entsprechende Absicherungen sind also notwendig. Wir werden fallweise darauf eingehen.

Abb. 2.15
Actinomycin C_1 (= D). Die Aminosäuren in den beiden Peptidringen sind durch ihre Anfangsbuchstaben gekennzeichnet. Sar = Sarkosin, Meval = Methylvalin. Sie sind meist nicht normal. Die Ringe sind dadurch gegen den Abbau durch körpereigene Enzyme geschützt.

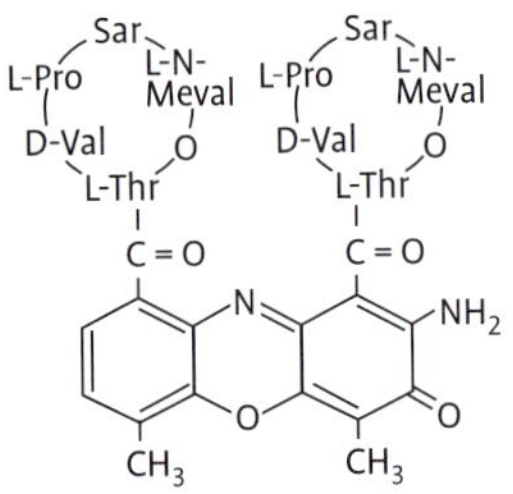

Abb. 2.16
Chloramphenicol, ein Hemmstoff der Translation an 70S-Ribosomen, und Cycloheximid, ein Hemmstoff der Translation an 80S-Ribosomen.

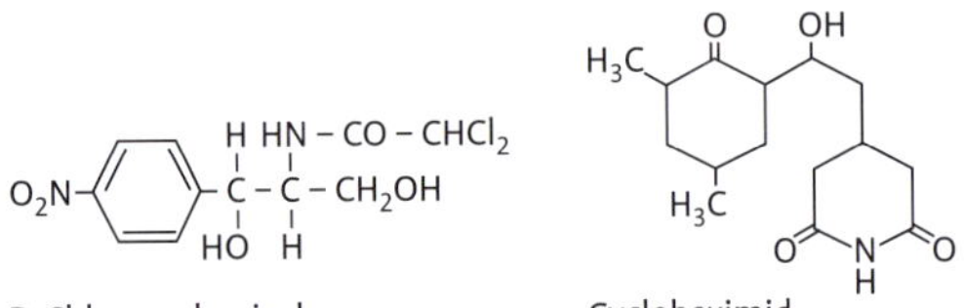

D-Chloramphenicol Cycloheximid

der. Das Ribosom wird jedoch nicht als Ganzes freigesetzt, sondern **zerfällt in seine Untereinheiten**. Diese können dann wieder in einen neuen Initiationskomplex eingehen. Man spricht hier von einem **Ribosomenzyklus** (Abb. 2.13).

▶ **Translation an Polysomen** (Polyribosomen). In einem solchen Verband findet an jedem einzelnen Ribosom die Translation nach dem eben skizzierten Mechanismus statt (Abb. 2.13). Zu einem gegebenen Zeitpunkt ist dabei jedes dieser Ribosomen mit dem Ablesen der betreffenden mRNA verschieden weit gekommen. Wenn wir die mRNA von links nach rechts hindurchziehen, so hat ein Ribosom am linken Ende das Ablesen schon fast abgeschlossen und trägt dementsprechend eine beinahe fertiggestellte Polypeptidkette. Ein Ribosom am rechten Ende dagegen hat mit dem Ablesen eben erst begonnen. An ihm sitzt dann eine erst sehr kurze Polypeptidkette.

In einem Polysom können pro Zeiteinheit mehr Moleküle Polypeptid gebildet werden als an einer mRNA, die man zuerst vollständig durch das eine und dann durch das nächste Ribosom hindurchzieht. Polysomen sind also eine ökonomische Einrichtung.

FRAGEN
(Seitenverweise zur Beantwortung)

- Nennen Sie die Etappen der Genexpression bis zum funktionsfähigen Polypeptid! (Seite 25)
- Was versteht man unter gestückelten Genen? (Seite 24)
- Nennen Sie Expressionssignale in der Promotor-Region (im weiteren Sinn)! (Seite 26)
- Im Bereich welcher Box setzten RNA-Polymerasen an? (Seite 26)
- Welches ist die für die Transkription von proteincodierenden Genen im Zellkern zuständige RNA-Polymerase? (Seite 26)
- Schildern Sie das Processing einer Prä-mRNA! (Seite 30)
- Was verstehen Sie unter Codogen, Codon und Anticodon? (Seiten 28, 29)
- Aus wie vielen Basen-Buchstaben bestehen die Codons des genetischen Codes? (Seite 28)
- Nennen Sie die Codons für den Einbau von Glycin! (Seite 29)
- Wie setzt sich der Initiationskomplex der Translation zusammen? (Seite 35)

3 Photosynthetische Nitratassimilation, Aminosäuren und Proteine

INHALT

Bei der Besprechung der Translation hatten wir die Aminosäuren als gegeben hingenommen. Wir müssen nun noch einige Daten zu ihrer Biosynthese nachtragen. Namensgebend ist eine Aminogruppe, die sich bei allen häufigen Aminosäuren in α-Stellung zu einer Carboxylgruppe befindet. Bei der Anlieferung des entsprechend reduzierten N fällt die photosynthetische Nitratassimilation in der **vegetativen Lebensphase** besonders ins Gewicht. Der reduzierte N wird auf Glutamat als primären H_2N-Akzeptor übertragen und dann durch Transaminierungen an andere C-Skelette weitergegeben. So entstehen die verschiedenen Aminosäuren-Familien. Die Bildung der aromatischen Aminosäuren auf dem Shikimisäure-Weg wird genauer geschildert. Danach werden wir auf die über die Translation gebildeten Polypeptide zurückkommen und uns über ihre Organisation zu funktionsfähigen Proteinen über die Ausbildung von sekundären, tertiären und quartären Proteinstrukturen orientieren. Ein Abschnitt über die Regulation der Enzymaktivität folgt. Zuletzt wird noch der Abbau der Proteine nach Ubiquitinierung besprochen.

3.1 Photosynthetische Nitratassimilation

Höhere Pflanzen können auch NH_4^+-Ionen aus dem Boden aufnehmen oder von Symbionten beziehen. Dann stellt sich das Problem der N-Reduktion nicht. Für Pflanzen, die keine Symbiose eingehen, ist jedoch das Nitrat des Bodens die wichtigste Stickstoffquelle. Es wird überwiegend von Bakterien angeliefert. Der von Bakterien und anderen Mikroorganismen durchgeführter Abbau stickstoffhaltiger organischer Substanzen verläuft als Ammonifikation bis zum Ammoniak und von dort als Nitrifikation weiter bis zum Nitrat (Abb. 3.1). Soll Nitrat von Pflanzen für die Synthese von Aminosäuren und dann weiteren N-haltigen Verbindungen eingesetzt werden, muss es auf die Stufe der Aminogruppen, also von $-NH_2$ reduziert werden. Man spricht hier von einer **Nitratassimilation**. Sie findet sich auch in nicht-grünen Entwicklungsstadien und Pflanzenteilen wie Wurzeln. Doch quantitativ gesehen ist die Nitratassimilation in grünen, belichteten Pflanze wichtiger. Sie nutzt Produkte der Primärprozesse der Photosynthese, daher ihr Name **photosynthetische Nitratassimilation.**

3.1.1 Nitratreduktase: Reduktion des Nitrats zu Nitrit

Die erste Etappe der Nitratassimilation ist die Reduzierung des Nitrats zu Nitrit. In höheren Pflanzen finden sich mehrere verschiedene Nitratreduktasen. Die wichtigste, im Cytosol von grünen Mesophyllzellen lokalisierte Nitratreduktase besteht aus zwei identischen Untereinheiten. Jede bezieht die benötigten Elektronen aus NADH + H^+ und leitet sie über drei Redoxsysteme, FAD, Cytochrom b_{557} und einen Molybdän-Cofaktor (Mo-Co), bei dem es sich um an Pterin gebundenes Mo handelt, zum Nitrat, das zu Nitrit reduziert wird (Abb. 3.2).

Bei der Nitratreduktase handelt es sich um ein bekanntes Beispiel für ein induzierbares Enzym. Denn seine Synthese kann durch Zufuhr seines Substrats Nitrat ausgelöst werden.

Abb. 3.1
Der Stickstoffkreislauf. Die im laufenden Kapitel genauer behandelten Abschnitte sind rot gehalten. Die Biologische Stickstoff-Fixierung wird auf Seite 349 behandelt (verändert nach POSTGATE 1978).

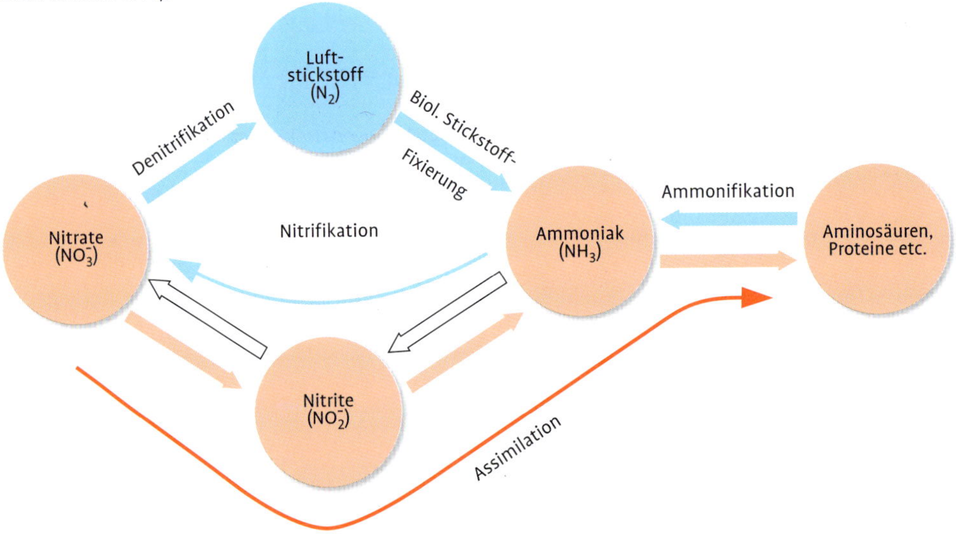

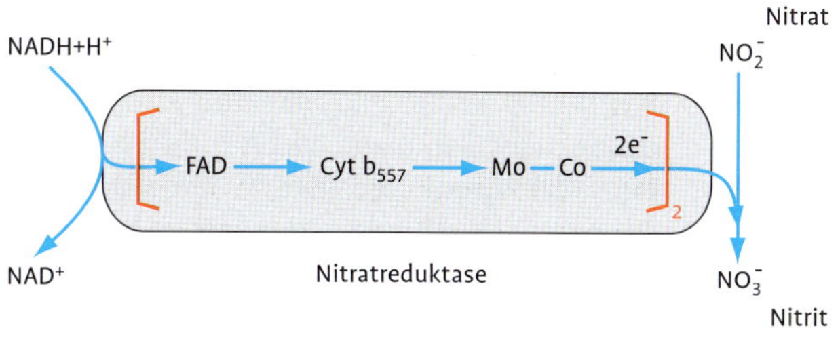

Abb. 3.2
Aktionsschema der Nitratreduktase in grünen Blättern.

3.1.2 Nitritreduktase: Reduktion des Nitrits zu Ammoniak

Von mehreren Nitritreduktasen interessiert hier die Nitritreduktase in Chloroplasten. Sie verwendet als Elektronendonor Ferredoxin. Im Enzymkomplex findet sich ein FeS-Zentrum, das direkt mit Sirohäm, einem Redoxsystem vom Häm-Typ verbunden ist. Über den monomer vorliegenden Enzymkomplex werden die Elektronen zur Reduktion von Nitrit zu Ammoniak eingesetzt (Abb. 3.3). Das Chloroplasten-Enzym arbeitet deshalb besonders effektiv, weil es aus den Primärprozessen der Photosynthese stammendes reduziertes Ferredoxin als Elektronendonator nutzt.

Abb. 3.3
Aktionsschema der Nitritreduktase in Chloroplasten.

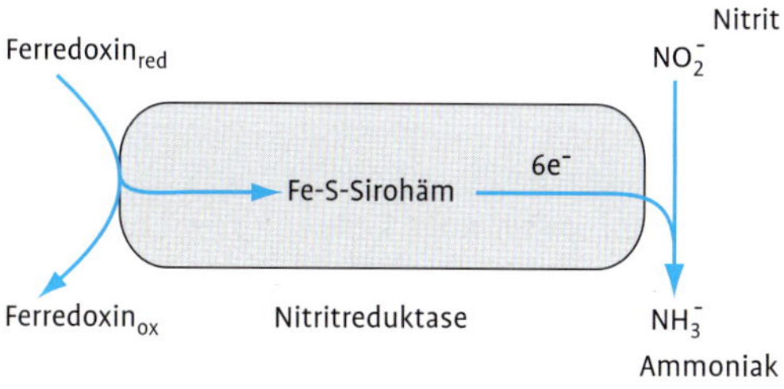

3.2 Glutamat als primärer NH_3-Akzeptor

Der Stickstoff ist bis zur Stufe von NH_3 reduziert, das als $-NH_2$ in C-Skelette eingeführt wird. Der dabei in Pflanzen wichtigste **primäre Akzeptor für die Aminogruppe ist Glutamat** (Abb. 3.4). Es wird von der Glutamin-Synthetase unter ATP-Verbrauch in sein Amid Glutamin überführt.

Glutamin, das vorübergehend einen Aminogruppenspeicher darstellen kann, gibt die amidartig gebundene NH_2-Gruppe an α-Oxoglutarat (α-Ketoglutarat) ab, wobei es selbst in Glutamat übergeht. Im Zuge einer reduktiven Aminierung bildet sich ein zweites Molekül Glutamat. Das hier tätige Enzym ist die Glutamat-Synthase. Das Chloroplastenenzym verwendet Ferredoxin als Elektronendonator.

Produkte der Aktivität der Glutamat-Synthase sind zwei Einheiten Glutamat. Sie können als NH_3-Akzeptoren, aber auch zu Transaminierungen verwendet werden.

MERKSATZ
Synthasen arbeiten ohne, **Synthetasen** mit ATP.

3.3 Gentechnik und Basta-resistenter Mais

Bei **Basta** handelt es sich um den Handelsnamen für ein **Totalherbizid** mit Phosphinothricin (PPT) als Wirkkomponente. PPT hemmt kompetitiv die Glutamin-Synthetase (Abb. 3.4). Damit reichert sich das nicht mehr umgesetzte Zellgift Ammoniak an – mit tödlichen Folgen.

Total- oder beschwichtigender ausgedrückt **Breitbandherbizide** haben ihren Namen daher, dass sie bei allen Pflanzen wirken, weil sie an lebenswichtigen Stellen eingreifen. Erst in Kombination mit gentechnisch resistenten Pflanzen lassen sich die Totalherbizide voll einsetzen, weil sonst auch die Kulturpflanzen abgetötet würden. Basta wird in der Natur schnell abgebaut – ein Vorteil für seinen Einsatz in der landwirtschaftlichen Praxis.

In Protoplasten des Maises wurde das bakterielle *pat*-Gen übertragen. Es codiert für ein Enzym, das PPT durch Acetylierung inaktiviert. Aus solchen Protoplasten regenerierte Maispflanzen waren PPT-resistent (Abb. 3.5). Ihre Nachkommen werden bereits seit langen Jahren im Ausland feldmäßig angebaut, ohne dass es zu gravierenden Einwänden gekommen wäre. In Deutschland hatten jedoch schon die ersten Freilandversuche eine lebhafte Debatte um das Pro und Contra ausgelöst. Nur einige wenige Angaben aus einer ins Unendliche ausufernden Diskussion:

Abb. 3.4
Der Glutamat-Synthese-Zyklus und seine Hemmung durch PPT (**Phos**p**hino**t**hricin). 1 = Glutamin-Synthetase, 2 = Glutamat-Synthase, Fd = Ferredoxin, 2-Qxoglutarat = α-Ketoglutarat.

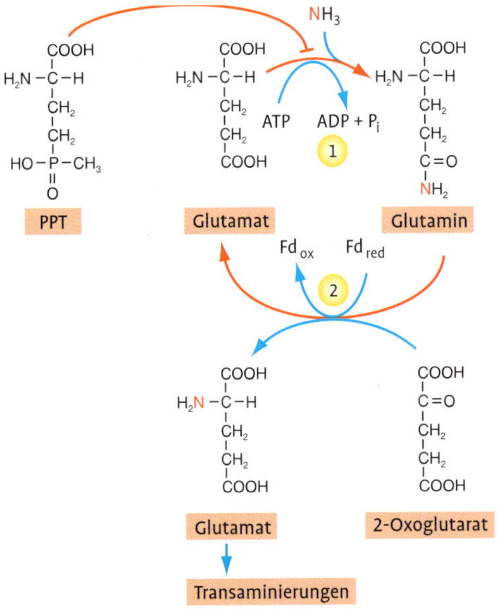

▶ **Mögliche Nachteile.** Für den Landwirt liegt die Versuchung nahe, höhere Mengen an Totalherbizid einzusetzen, wenn es nicht zu kostspielig ist. Denn den transgenen Kulturpflanzen kann es ja nicht schaden – und die Unkräuter gehen umso sicherer zugrunde! Die Folge könnte eine höhere Belastung des Grundwassers sein, auch wenn das Totalherbizid rasch abgebaut wird. Allzu schnell darf es ja nicht degradiert werden, wenn es überhaupt wirken soll.

▶ **Vorteile.** Entsprechend transgene Pflanzen bringen jedoch auch eine Reihe von ökologischen und gegebenenfalls finanziellen Vorteilen für den Landwirt mit sich: Ersatz der oft bedenklicheren bisher eingesetzten Herbizide; in der Regel nur eine einmalige anstatt wiederholter Behandlungen, dadurch eine geringere Umweltbelastung; außerdem auch Einsparen von Diesel und Verringerung des CO_2-Ausstoßes (was in den USA allerdings angesichts des sonstigen CO_2-Ausstoßes fast vernachlässigt werden kann!); Behandlung des Bodens nicht vor dem Aufwachsen der Pflanzen, sondern erst unter den bereits aufgewachsenen Pflanzen, dadurch Schutz des zwischen den Pflanzen offenen Bodens gegen Erosion durch die zunächst aufkommenden Unkräuter; außerdem Schutz gegen zu starke Insolation des Bodens; Bilden von Mulch aus den nach der Behandlung abgestorbenen Unkräutern unter den transgenen Kulturpflanzen, wodurch der Boden weiterhin geschützt bleibt und auch das Wachstum des Maises gefördert werden kann. Vielfach erhielt man bei transgenen Pflanzen auch höhere Erträge. Man sollte in jedem Einzelfall abwägen, ob der Einsatz transgen herbizidresistenter Pflanzen nicht nur ökonomische, sondern auch ökologische Vorteile mit sich bringt.

Abb. 3.5
Basta-resistenter transgener Mais. Mit der Protoplastentechnik war das *pat*-Gen übertragen worden. 10 Tage nach Behandlung mit 2 kg/ha Glufosinat (PPT-Handelspräparat). Links eine bereits abgestorbene Kontrolle, rechts eine für *pat* transgene Pflanze (Foto G. Donn; Hess 1992).

3.4 Transaminierungen

Glutamat kann die NH_2-Gruppe an eine ganze Reihe von α-Ketosäuren, zum Beispeil Pyruvat oder Oxalacetat abgeben (Abb. 3.6). Glutamat wird dabei wieder zur entsprechenden α-Ketosäure, der α-Ketoglutarsäure, die anderen α-Ketosäuren zu den entsprechenden Aminosäuren: Pyruvat zu Alanin, Oxalacetat zu Asparaginsäure. Die reversible Übertragung einer Aminogruppe auf eine α-Ketosäure bezeichnet man als **Transaminierung**, die katalysierenden Enzyme als **Transaminasen.** Ihr Coenzym ist Pyridoxalphosphat (Vitamin b_6). Auf diese Weise entsteht eine ganze Reihe von Aminosäuren. Transaminierungen können ebenfalls in Chloroplasten stattfinden, aber auch im Cytosol und anderen Organellen.

DEFINITION
Aminosäuren bestehen aus einem zentralen α-C-Atom, das die namengebende Aminogruppe, ein H-Atom und eine jeweils wechselnde Seitenkette trägt. Die Seitenketten bedingen die spezifischen Eigenschaften der Aminosäuren.

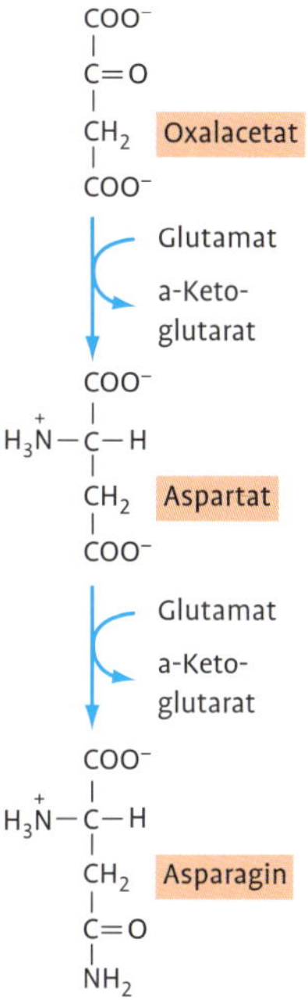

Abb. 3.6
Transaminierung von Glutamat auf Oxalacetat (Bildung von Aspartat) und von Glutamat auf Aspartat (Bildung von Asparagin). Aspartat kann außer Transport- auch Speicherform für N sein. Das freigesetzte α-Ketoglutarat wird in den Glutamat-Synthese-Zyklus eingeschleust (→ Abb.3.4, dort auch Strukturformeln von Glutamat und α-Ketoglutarat).

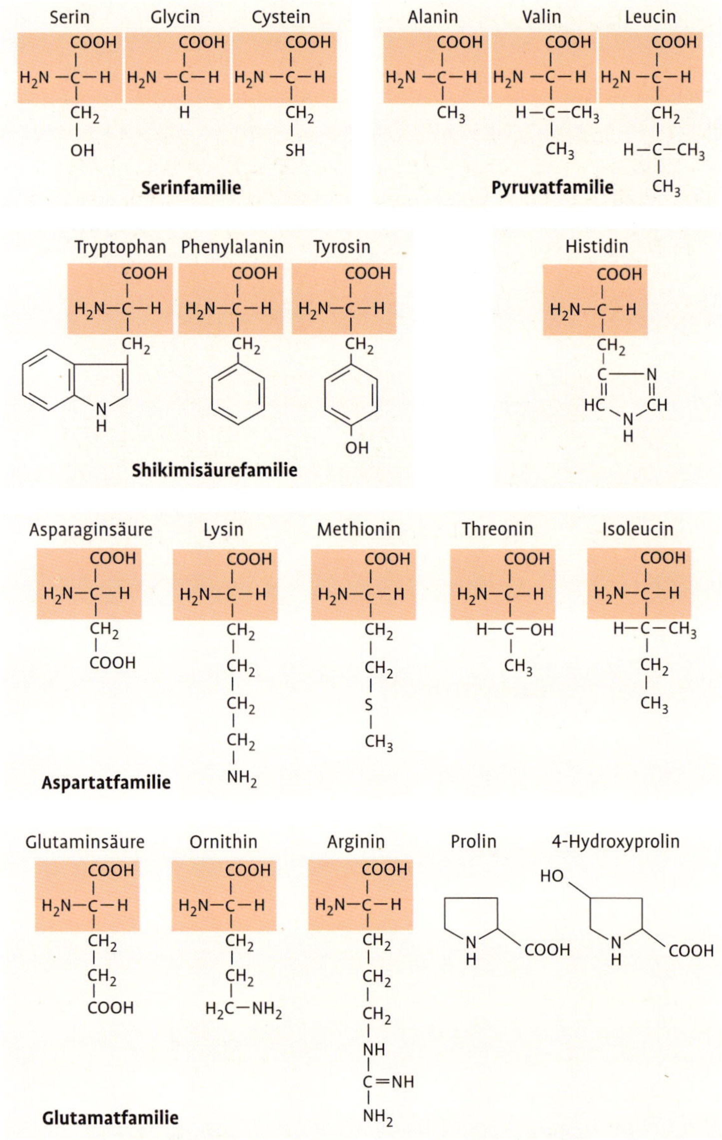

Abb. 3.7
Die wichtigsten Aminosäuren-Familien. Es handelt sich um Aminosäuren, die auch in Proteinen vorkommen. Sie wurden in der nicht-dissoziierten Form wiedergegeben.

3.5 Die Herkunft des C-Skeletts der Aminosäuren: Aminosäuren-Familien

Für einige Aminosäuren hatten wir die Herkunft des C-Skeletts eben schon angegeben. So führt die Glutaminsäure das C-Skelett des α-Ketoglutarats, die Asparaginsäure das des Oxalacetats und das Alanin das des Pyruvats. Alle drei Substanzen leiten sich aus dem Abbau von Kohlenhydraten ab (Seite 116). Sie sind Vorstufen für jeweils eine ganze Reihe weiterer Aminosäuren, die Glutamat-, Aspartat- und Pyruvat-Familie. Eine Möglichkeit der Biosynthese von Glycin und Serin in der Serin-Familie werden wir bei der Besprechung des Glykolat-Zyklus kennenlernen (Seite 113). Abb. 3.7. orientiert über die wichtigsten Aminosäuren-Familien. Isoliert steht das Histidin, auf dessen kompliziertere Biosynthese wir nicht eingehen können.

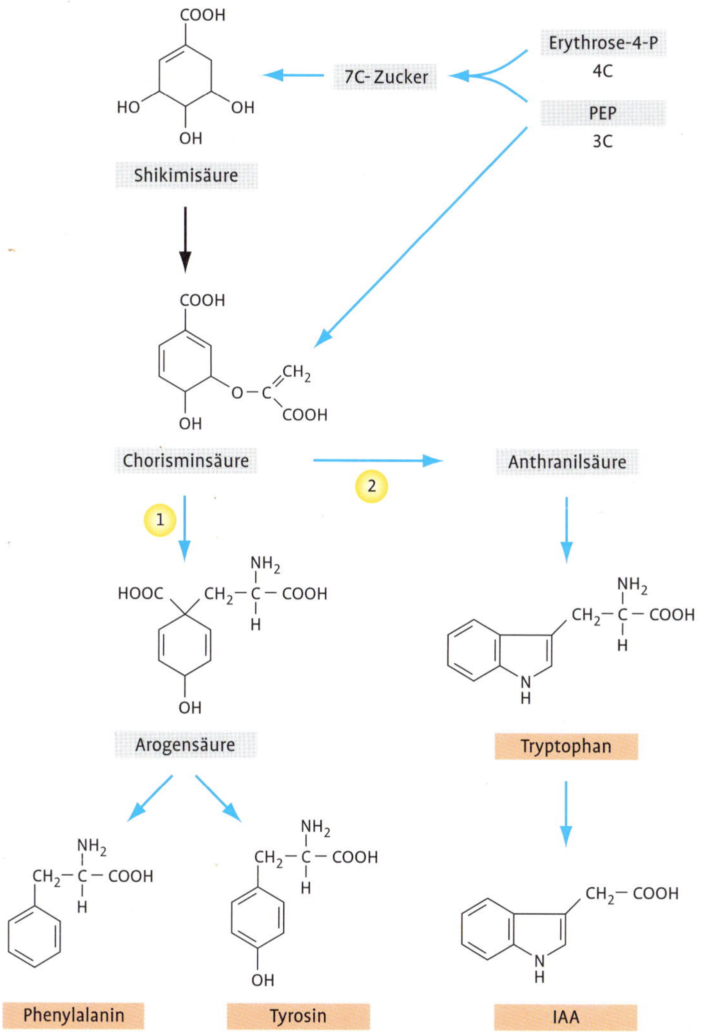

Abb. 3.8
Der Shikimisäure-Weg. Vereinfachte Darstellung mit den wichtigsten Zwischenstufen. Beispielsweise kommt man von der Shikimisäure zur Chorisminsäure in drei Schritten.
1 Chorismat-Mutase, überführt Chorismat (Chorisminsäure) in die nicht eingezeichnete Prephensäure.
2 Anthranilat-Synthase.

3.6 Der Shikimisäure-Weg zu aromatischen Aminosäuren

Etwas komplizierter ist die Entstehung des aromatischen Ringsystems bei Phenylalanin, Tyrosin und Tryptophan, den Aminosäuren der Shikimisäure-Familie. Tyrosin und mehr noch Phenylalanin sind die wichtigsten Ausgangssubstanzen für die Biosynthese der Phenole (Seite 169). Von Tryptophan führt ein Weg zum Phytohormon IAA (Seite 230). Der **Shikimisäure-Weg** wird in vereinfachter Form besprochen (Abb. 3.8).
Bei Pflanzen läuft der Weg in Chloroplasten ab. Die ersten Reaktionen nutzen Substanzen, die wir noch kennenlernen werden. D-Erythrose-4-phosphat mit 4C wird aus dem Calvin-Zyklus (Seite 108) abgezweigt, Phosphoenolpyruvat (PEP) mit 3C wird aus der Glykolyse (Seite 117) in die Chloroplasten eingebracht. Beide werden dort zu Sedoheptulose-1,7-bisphosphat vereinigt, einem 7C-Zucker ebenfalls im Calvin-Zyklus, der zyklisiert und in mehreren Schritten in die namengebende **Shikimisäure** überführt wird.

Abb. 3.9
Hemmung der EPSP-Synthase und damit des Shikimisäure-Wegs durch Glyphosat (Handelsname Roundup). Das Enzym katalysiert normalerweise das Einbringen einer zweiten Einheit PEP in Shikimisäure-3-Phopshat (→ Abb. 3.8).

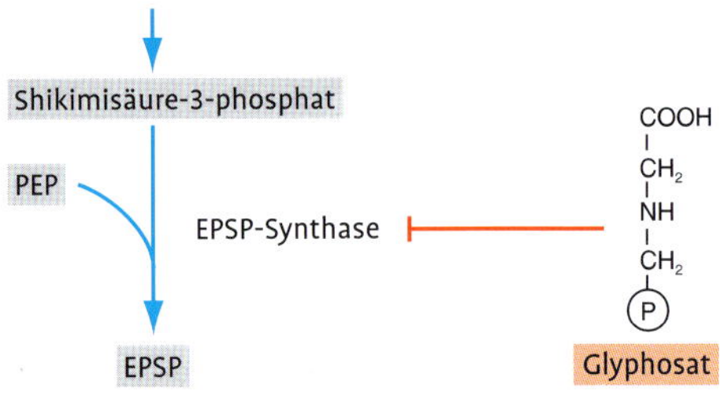

Durch Ansetzen eines weiteren PEP bildet sich **Chorisminsäure.** Ihr Name (gr. chorisma = Trennung) ist Programm: der Weg über Anthranilsäure zu **Tryptophan** und weiter zu **IAA** trennt sich bei ihr von einem zweiten Weg, der zunächst zu Prephensäure (in Abb. 3.6 nicht eingezeichnet, und dann zu Arogensäure führt. Diese trägt in der Seitenkette schon eine Aminogruppe, die über

BOX 3.1

Gentechnik und Shikimisäure-Weg: Resistenz gegen Round up

Glyphosat ist ein Totalherbizid, das PEP einigermaßen ähnlich ist. Es verdrängt deshalb PEP kompetitiv von der EPSP-Synthase. Das Enzym überführt Shikimisäure-3-phosphat durch Einbringen von PEP in EPSP in 5′-**E**nol**p**yruvyl**s**hikimisäure-3-**p**hosphat (Abb. 3.9). Auch der Gegner allzu leichtfertig benutzter Abkürzungen wird hier nichts gegen das Kürzel EPSP-Synthase einzuwenden haben! Die betreffende Reaktion ist im vereinfachten Shikimisäure-Weg der Abb. 3.8 nicht angegeben. Sie ist dort zwischen Shikimisäure und Chorisminsäure anzusetzen. Wird sie blockiert, fällt der weitere Shikimisäure-Weg mit seinen Verzweigungen aus.
Kein Wunder, dass das hochwirksame und übrigens leicht abbaubare Glyphosat unter dem Handelsnamen **Roundup** weltweit zur Unkrautbekämpfung eingesetzt wird. Resistenz gegen Glyphosat wird heute vor allem dadurch erreicht, dass aus Bakterien veränderte EPSP-Gene übertragen wurden. Die von ihnen codierte EPSP-Synthase weist eine andere Aminosäurensequenz aus, ist aber trotzdem voll aktiv. Sie ließ sich jedoch durch Glyphosat nicht mehr hemmen. Von verschiedenen Kulturpflanzen gibt es glyphosat-resistente Transformanten. Am bekanntesten sind die glyphosat-resistenten Roundup-Ready-Soja-Bohnen (Abb. 3.10). 1994 wurden sie zum ersten Mal in den USA zugelassen, 2003 nahmen sie schon 70 % der Soja-Anbaufläche in den USA ein. Soja stellt weltweit die meisten transgenen Pflanzen.
Ähnliche Nach- und Vorteile wie bei Basta (Seite 42) werden auch hier diskutiert.

eine Transaminase von Glutamat aus übertragen wurde. Von ihr geht es weiter zu **Phenylalanin** und **Tyrosin**.

Die Enzymaktivitäten auf den Verzweigungen des Shikimisäure-Wegs werden detailliert reguliert, um weder zu wenig noch zu viel an den Endprodukten zu erhalten (Seite 49).

3.7 Posttranslationale Modifikationen der Polypeptide

Über posttranslationale Modifikationen der über die Translation angelieferten Polypeptide kommt es zu funktionsfähigen Proteinen. Besonders wichtig ist, dass sich eine Hierarchie an Organisationsformen ausbildet, die man als primäre, sekundäre, tertiäre und quartäre Struktur bezeichnet (Abb. 3.11). Wir sind hier im Bereich der Proteomik (→ Definition).

Abb. 3.10
Glyphosat-resistente Soja (rechts). Links Kontrolle. Beide Pflanzen 14 Tage nach Besprühen mit der gleichen Menge an Glyphosat (Foto R. FRALEY; HESS 1992).

DEFINITION
Unter **Proteom** versteht man die Gesamtausstattung eines Organismus mit Proteinen, die je nach den speziellen Bedingungen stark wechseln kann, unter **Proteomik** die analytische Erfassung des Proteoms.

▶ **Primäre Struktur**. Unter ihr versteht man die Reihenfolge der einzelnen Aminosäuren in der Polypeptidkette. Diese Aminosäurensequenz wird wie geschildert in der Transkription und Translation festgelegt. Die Bindungen, über die die primäre Struktur fixiert wird, sind die Peptidbindungen zwischen den verschiedenen Aminosäurenresten.

▶ **Sekundäre Struktur**. Jeder einzelnen Polypeptidkette kommt unter natürlichen Bedingungen eine bestimmte räumliche Struktur, eine natürliche Konformation zu. Diese Struktur wird in erster Linie durch Wasserstoffbrückenbindungen zwischen dem Sauerstoff und dem Stickstoff der Peptidbindungen aufrechterhalten. Eine so entstandene Raumstruktur einer Polypeptidkette nennt man sekundär. Eine bekannte Sekundärstruktur ist die von Pauling analysierte α-Helix. Eine andere häufige sekundäre Organisationsform ist das Faltblatt.

▶ **Tertiäre Struktur**. Bislang sprachen wir nur von Beziehungen zwischen den **Peptidbindungen** innerhalb einer gegebenen Polypeptidkette. Nun können aber auch die **Seitenketten** einer solchen Polypeptidkette miteinander in Kontakt treten. An Bindungen kommen in Frage: vor allem wiederum Wasserstoffbrückenbindungen, dann hydrophobe Bindungen und schließlich auch Disulfidbrücken, die zwischen zwei SH-Gruppen geschlagen werden (Abb. 3.12). Eine Raumstruktur, die derart durch Wechselwirkungen zwischen den Seitenketten eines Polypeptides zustande kommt, nennt man tertiär. Sie ist der Sekundärstruktur übergeordnet, das heißt eine Sekundärstruktur, etwa die α-Helix, kann zu einer bestimmten tertiären Konformation zusammengelegt werden.

▶ **Quartäre Struktur.** Nun müssen wir erneut einen Sprung ins Komplexere tun: Wir beschränken uns nicht mehr wie bei der primären, sekundären und tertiären Struktur auf eine einzige

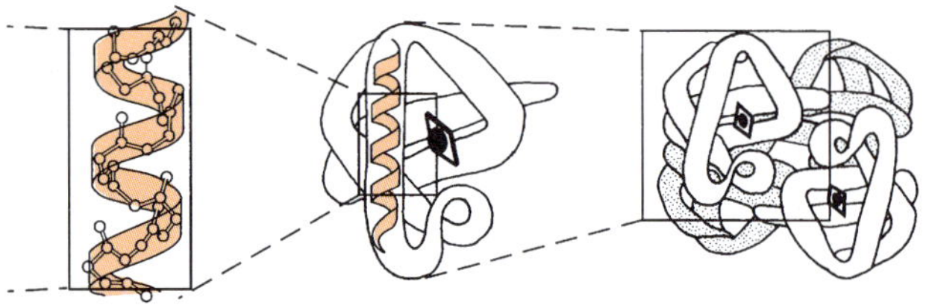

Abb. 3.11
Organisationsformen von Proteinen. Die **Primärstruktur** ist durch die Aminosäurensequenz im Polypeptid gegeben. Sie formt sich noch während der Translation zur **Sekundärstruktur** um, im Beispiel zu der häufig vorkommenden α-Helix. Die α-Helix ihrerseits nimmt eine übergeordnete Konformation an, die **Tertiärstruktur**. Dabei sind die in Abb. 3.12 gezeigten Bindungen wichtig. Bislang war immer nur **eine** Polypeptidkette im Spiel. **Mehrere** Polypeptidketten bilden dann die **Quartärstruktur**. Bei der im Bild gezeigten Tertiärstruktur handelt es sich um eine Polypeptidkette des Hämoglobins, bei der Quartärstruktur um ein komplettes, aus vier Polypeptidketten bestehendes Hämoglobin. Das jeweils eingefügte Häm ist sichtbar (verändert nach LEHNINGER et al. 1994).

Polypeptidkette, sondern bringen zwei bis mehrere Polypeptidketten ins Spiel. Ebenso wie die Seitenketten innerhalb eines gegebenen Polypeptides können auch die Seitenketten mehrerer verschiedener Polypeptide miteinander in Verbindung treten. Die Bindungstypen sind dieselben wie im Fall der Tertiärstruktur. Peptidbindungen, die zwischen bestimmten Seitenketten möglich wären, werden definitionsgemäß ausgeschlossen. Eine Struktur, die so durch eine Assoziation mehrerer Polypeptidketten über Wechselwirkungen zwischen ihren Seitenketten – nur nicht über Peptidbindungen – zustande kommt, bezeichnet man als quartär.

▶ **Chaperone** und **Chaperonine** (Seite 321). Beides sind Hilfsproteine, die nicht-kovalent an Polypeptidketten binden. Einerseits können sie eine Faltung verhindern und so die Passage von Polypeptiden durch Membranen erleichtern (Seite 208), andererseits sorgen sie unter ATP-Verbrauch für eine **korrekte Tertiär-Faltung**. Bei den meisten Polypeptiden kann die Tertiär-Struktur nur mit ihrer Hilfe eingenommen werden. Auch bei **Ausbildung der Quartärstruktur** unterbinden sie unerwünschte Querreaktionen. Dabei können Chaperone und Chaperonine einen Käfig bilden, der die Polypeptide erst freigibt, wenn sie die korrekte Organisationsform eingenommen haben. Für weitere Funktionen von HSPs/Chaperonen → Seite 319.

Nach dem Übergang in die korrekte Organisationsform sind funktionelle Proteine insoweit fertiggestellt, dass ihre Aktivität reguliert werden kann.

Abb. 3.12
Bindungstypen bei der Entstehung der Tertiärstruktur von Proteinen. **a** Disulfidbrücke (kovalente Bindung), **b** hydrophobe Bindungen, **c** Wasserstoffbrücken, **d** Ionenbindung. b, c und d sind nicht-kovalente, schwächere Bindungen. Eine Sekundärstruktur wie die α-Helix (graues Band) erhält so eine tertiäre Konformation (verändert nach LYNEN 1969).

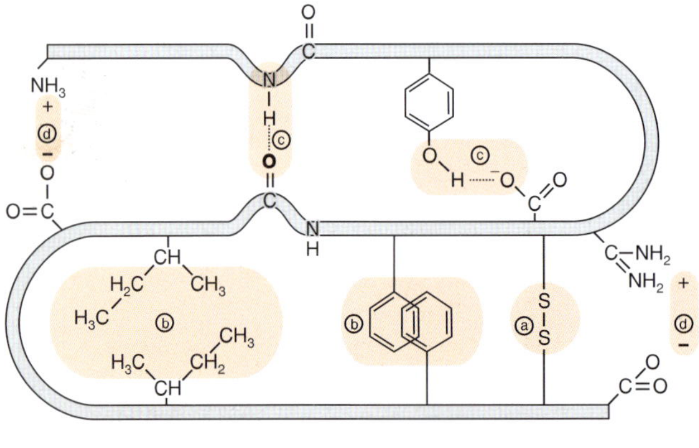

3.8 Regulation der Enzymaktivität

Bei der Regulation der Enzymaktivität wird zwischen der Regulation am Enzymprotein und weiteren Regulationsmechanismen unterschieden, die nicht das Enzymprotein betreffen, sondern über die Bereitstellung von Coenzymen, weiteren Cofaktoren oder Substraten wirksam werden. Diese Regulationsmechanismen fasst man zuweilen unter dem Begriff Enzymatische Regulation zusammen.
Wir wollen hier nur auf Möglichkeiten der **Regulation am Enzymprotein** eingehen. Bei **isosterischen und allosterischen Effekten** bleibt die chemische Zusammensetzung der Enzyme unverändert. Im Gegensatz dazu wird sie über die häufigen **Phosphorylierungen** zur Enzymaktivierung modifiziert.

3.8.1 Isosterische Effekte

Substanzen, die den normalen Substraten strukturmäßig ähneln, werden am gleichen Ort wie die normalen Substrate gebunden (Abb. 3.13). Diese Substanzen sind aber trotz aller Ähnlichkeit vom normalen Substrat so sehr verschieden, dass sie nicht umgesetzt werden. Damit ist das betreffende Enzymprotein blockiert (Abb. 3.13). Man spricht hier auch von einer **kompetitiven Hemmung.** Die **Konformation wird dabei nicht verändert**, daher der Name (gr. isos = gleich; stereos = räumlich).

3.8.2 Allosterische Effekte

Aktivitätshemmende oder -fördernde Substanzen werden nicht am Bindungsort für das Substrat, sondern an anderen Stellen, den allosterischen Bindungsorten gebunden. Allosterisch regulierbare Enzyme sind in der Regel quartäre Strukturen aus mindestens zwei Polypeptiduntereinheiten, die sich gegenseitig beeinflussen. Ein gegebenes Enzym kann mehrere allosterische Bindungsorte aufweisen. Ist ein allosterischer Bindungsort mit einer fördernden oder hemmenden Substanz besetzt, kommt es zu **Änderungen in der Konformation des Enzymproteins (**daher der Name: gr. allos = ein anderer; gr. stereos = räumlich), die eine Erhöhung oder eine Hemmung der Enzymaktivität zur Folge haben können.
Meist hemmen oder fördern die Endprodukte von Reaktionsketten das Enzym am Beginn der be-

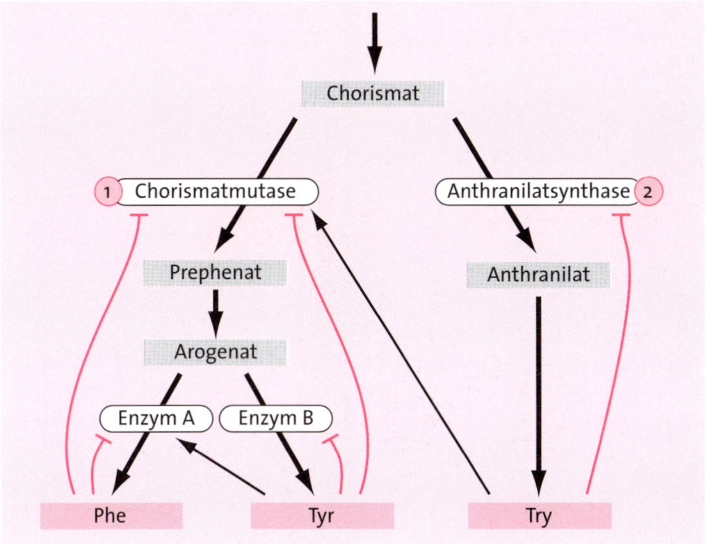

Abb. 3.13
Allosterische Regulation von Enzymaktivitäten auf dem Shikimisäure-Weg. Dünne schwarze Pfeile = Rückkopplungsförderungen. Rote Linien mit Querbalken = Rückkopplungshemmungen. 1 und 2 beziehen sich auf Abb. 3.8, nur wurden hier die Salznamen angegeben, weil sich von ihnen die Bezeichnungen für die Enzyme ableiten (Hess 2004).

BOX 3.2

Allosterische Regulation im Shikimisäure-Weg

Alle Verzweigungen des Shikimisäure-Wegs führen zu wichtigen Endprodukten. Es wäre wenig ökonomisch, sie alle gleichermaßen bilden zu lassen. Wenn ausreichende Mengen an einem Endprodukt zur Verfügung stehen, sollte man dessen weitere Bildung unterbinden. Umgekehrt könnte es an einem anderen Endprodukt noch fehlen. Dann sollte man seine Synthese fördern.
Gehen wir von Chorismat aus (Abb. 3.13). Die Anthranilatsynthase bildet aus ihm Anthranilat, steht also am Anfang des Wegs zu Tryptophan. Die Chorismatmutase schleust Chorisminsäure in einen anderen Weg in Richtung Arogensäure ein. Tryptophan, wenn in ausreichenden Mengen gebildet, fördert allosterisch die Aktivität der Chorismatmutase. Phenylalanin und Tyrosin sind beide, falls ihre Konzentrationen hoch genug sind, allosterische Inhibitoren der Chorismatmutase. So können sich die beiden Hauptwege gegenseitig einregulieren. Doch auf jedem von ihnen gibt es noch weitere Regulationsmöglichkeiten. So kann Tryptophan die Anthranilatsynthase und damit seine eigene Synthese allosterisch hemmen. Der andere Hauptweg gabelt sich bei Arogenat zu Tyrosin und Phenylalanin. In einem letzten Schritt überführt jeweils ein Enzym Arogenat in Phenylalananin (Enzym A in Abb. 3.13.), ein anderes Arogenat in Tyrosin (Enzym B in Abb. 3.13). Ausnahmsweise wird hier die jeweils **letzte** Enzymaktivität allosterisch reguliert: Enzym B wird durch Tyrosin gehemmt, Enzym A durch Phenyalanin gehemmt und durch Tyrosin gefördert.
Wenn man dieses System überdenkt, könnte man auf einen Nachteil stoßen: Vielleicht wurde schon so viel Phenylalanin angeliefert, dass es die Chorismatmutase allosterisch hemmt. Mit der Chorismatmutase würde aber auch die weitere Synthese von Tyrosin blockiert, auch wenn die Pflanze noch nicht über genügend Tyrosin verfügen sollte. Dem wird begegnet: Die Chorismatmutase liegt in Form von Isozymen vor, von denen das eine auf Phenylalanin, das andere auf Tyrosin anspricht. Damit wird es erforderlich, auf **Isoenzyme** einzugehen

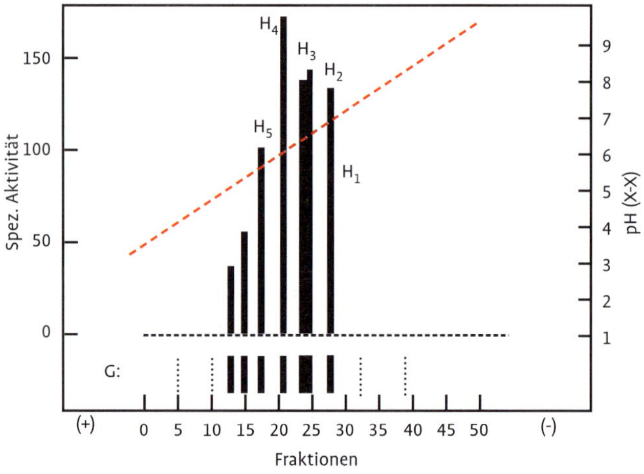

Abb. 3.14
Isoenzyme der β-Galactosidase von *Petunia hybrida* nach Isoelektrofokussierung. Oft lassen sich Isoenzyme bei der normalen Trägerelektrophorese nicht voneinander trennen. Dann kann die Isoelektrofokussierung helfen. Dabei erfolgt die elektrophoretische Auftrennung in einem pH-Gradienten, der durch das Gel verläuft (im Bild x-x-x von pH 3,5 bis 9,5; pH-Werte auf der Ordinate rechts). Die Enzymproteine bleiben dann im Trenngel bei dem pH-Wert liegen, der ihrem isoelektrischen Punkt entspricht. G = Referenz-Gel, in dem auf β-Galactosidase (rot) angefärbt wurde. Auf der Abszisse Fraktionen des Trenngels, die auf ihre β-Galactosidase-Aktivität überprüft wurden (spez. Aktivitäten auf der Ordinate links). Es fanden sich fünf Haupt-Isoenzyme (H1–H5) und zwei Neben-Isoenzyme, die getrennt voneinander weiter untersucht wurden (verändert nach Komp und Hess 1981).

treffenden Abfolge. Dann spricht man von **Rückkopplungshemmung** (engl. = feed back inhibition, Endprodukthemmung) bzw. von **Rückkopplungsförderung** (Endproduktförderung). Die regulierenden Substanzen nennt man allosterische Inhibitoren bzw. allosterische Aktivatoren.

3.8.3 Feinregulation über Isoenzyme in verzweigten Synthesewegen

Die Zonenelektrophorese lieferte eine Trennungsmethode, mit deren Hilfe entdeckt werden konnte, dass Isoenzyme (Isozyme, multiple Enzymaktivitäten) von nahezu universeller Verbreitung sind (Abb. 13.14).

DEFINITION
Isoenzyme sind Enzyme gleicher oder fast gleicher Funktion, aber verschiedener Struktur.

Die strukturellen Unterschiede in der Struktur liefern die Basis dazu, Isoenzyme über zum Beispiel Zonenelektrophorese zu trennen. Isoenzyme können quartär gebaut sein. Dann können die strukturellen Unterschiede auf die Polypeptidkomponenten zurückgehen.

▶ **Funktion.** Die einzelnen Isoenzyme können den **physiologischen Gegebenheiten** in verschiedenen Geweben angepasst und so zum Beispiel auch für die **Pathogenabwehr** wichtig werden. Ein anderer Aspekt: Isoenzyme können Faktoren einer **Feinregulation in verzweigten Biosynthesesystemen** sein (→ Box 3.3), wie uns das schon bei der Chorismatmutase begegnet war.

3.8.4 Proteinkinasen (Phosphorylierungen)

Proteinkinasen sind Enzyme, die Proteine mit Hilfe von ATP phosphorylieren. Phosphat aus ATP wird dabei besonders in die Hydroxylgruppen von Serin und Threonin eingeführt. Wenn **Enzyme** durch Proteinkinasen phosphoryliert werden, führt das in der Regel zu einer **Aktivierung**. Proteinkinasen spielen eine zentrale Rolle bei der Signaltransduktion. Die verschiedenen Gruppen von pflanzlichen Proteinkinasen weisen lange konservierte Regionen auf. Die Gegenspieler sind Phosphatasen, die den Phosphatrest wieder abspalten und so Enzymaktivitäten zum Erlöschen bringen können.

Abb 3.15
Feinregulation durch Isoenzyme über Rückkopplungsmechanismen in verzweigten Synthesewegen. **a** verzweigter Syntheseweg ohne Isoenzyme der Enzymaktivität A; **b** verzweigter Syntheseweg mit Isoenzymen der Enzymaktivität A (→ Text).

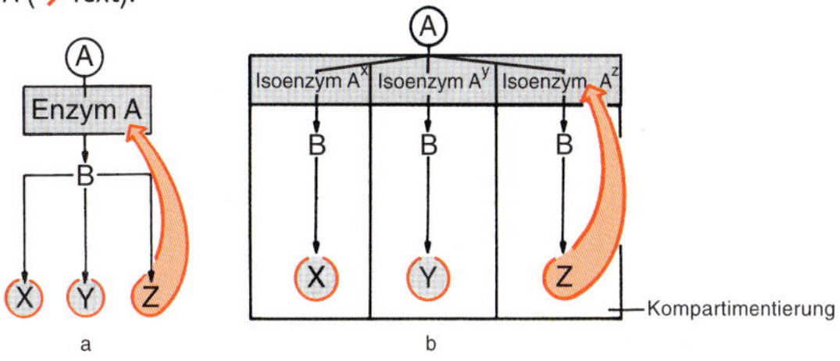

3.9 Abbau von Proteinen: Ubiquitinierung

Eine extreme Möglichkeit, Enzymaktivitäten zu beseitigen, ist der Abbau der Enzymproteine. Doch nicht nur Enzyme, sondern Proteine generell werden über Ubiquitinierung markiert und dann abgebaut. Beim **Ubiquitin** handelt es sich um ein kleines Protein aus 76 Aminosäuren, das in allen Eukaryonten vorkommt (lat. ubique = überall). Bei allen Pflanzen weist es hochkonserviert die gleichen Aminosäuren auf. Zwei Enzyme (E1 und E2) beteiligen sich an der Aktivierung des Ubiquitins unter ATP-Verbrauch und an seinem Transfer auf ein drittes Enzym E3. Bei E3 handelt es sich um die **Ubiquitin-Ligase.** Sie markiert die für den Abbau bestimmten Proteine durch vielfache kovalente Anheftung von Ubiquitin an Lysin. Die derart markierten Proteine werden durch einen großen (im aktiven Zustand 26 S) Protease-Komplex, das **Proteasom,** abgebaut.
Der Abbau nach Markierung mit Ubiquitin spielt eine wichtige Rolle bei der Merkmalsbildung, zum Beispiel beim Abbau einer bestimmten Zustandsform des Phytochroms (Seite 251). Noch

BOX 3.3

Feinregulation durch Isoenzyme in verzweigten Synthesewegen

Verschiedene Synthesewege gehen von einer gemeinsamen Vorstufe aus, die durch ein bestimmtes Enzym (Abb. 3.15; Enzym A) angeliefert wird. Nun kann es sein, dass von Substanz Z bereits mehr als genug im Organismus vorhanden ist. Dann sorgen Rückkoppelungsmechanismen dafür, dass die gemeinsame Vorstufe nicht mehr weiter angeliefert wird. Das kann durch eine Hemmung der Synthese oder der Aktivität des betreffenden Enzyms erfolgen (→ Seite 49). In unserem Beispiel wäre bei einer solchen Hemmung aber auch die weitere Produktion der Substanzen X und Y blockiert. Denn auch hier steht das Enzym A am Beginn der jeweiligen Synthesekette (Abb. 3.15 a). Der Ausweg aus diesem Dilemma: Es gibt nicht nur ein Enzym, sondern **drei Isoenzyme** A, die alle Substanz B anliefern. Die einzelnen Isoenzyme und dann auch Substanz B stehen am Anfang je eines Zweigs im Synthesesystem (Abb. 3.15 b). Bei einer Hemmung über Rückkoppelung wird dann immer nur das Isoenzym betroffen, das am Anfang des jeweiligen Zweiges steht. Wenn also zum Beispiel von Z eine Rückkoppelungshemmung ausgeübt wird, so nur auf Isoenzym AZ. Die beiden anderen Isoenzyme AX und AY werden nicht beeinträchtigt. Substanzen X und Y können also nach wie vor produziert werden. Voraussetzung für das Funktionieren des Systems ist, dass die **drei Synthesewege kompartimentiert** sind. Denn sonst würde Substanz B auch weiterhin in den Zweig nach Z hin einfließen, das heißt Z würde trotz seiner negativen Rückkoppelung auf Isoenzym AZ weiterhin gebildet. Nach diesem Prinzip werden auch Isoenzyme der Chorismatmutase einreguliert (Abb. 3.13).

wichtiger ist, dass IAA über den Abbau von Gen-Repressoren nach entsprechender Ubiquitinierung wirkt (Seite 233).

FRAGEN
(Seitenangaben zur Beantwortung)

- Welche Redoxsysteme finden sich in welcher Reihenfolge in der Nitratreduktase grüner Blätter? (Seite 41)
- Welche Substanz ist in der Regel der primäre Akzeptor für den auf die Stufe von NH_3 reduzierten N? (Seite 41)
- Nennen Sie drei Beispiele für einfache Transaminierungen! (Seite 43)
- Wie nennt sich der Weg, auf dem die aromatischen Aminosäuren gebildet werden? (Seite 46)
- Zeichnen Sie die Strukturformel der Shikimisäure! (Seite 45)
- Zu welchen Substanzen führen die Wege, die sich bei der Chorisminsäure trennen? (Seite 46)
- Aus wie vielen Polypeptidketten baut sich die tertiäre Struktur eines Polypeptids auf? (Seite 47)
- Welche Funktionen kommen den Chaperonen zu? (Seite 48)
- Was verstehen Sie unter allosterischer Förderung? (Seite 51)
- Definieren Sie den Begriff Isoenzym? (Seite 51)
- Was verstehen Sie unter Proteinkinasen? (Seite 51)
- Was sind Ubiquitine? (Seite 51)

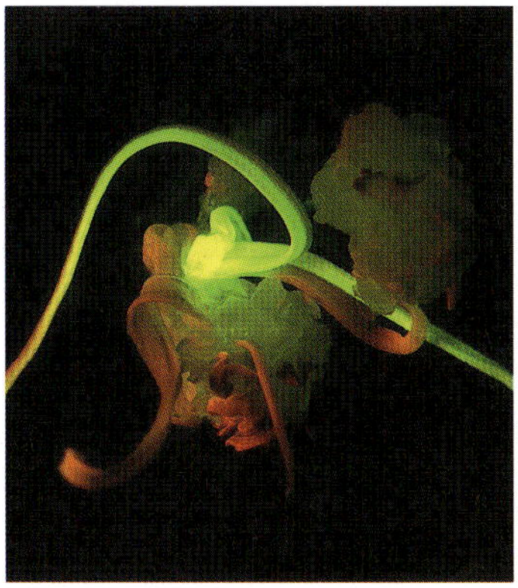

Biotechnik

Die **Biotechnik der Pflanzen** (→ Definition) umfasst zahlreiche Teilbereiche, von denen hier nur ihre Schwerpunkte **Gewebekulturtechnik** und **Gentechnik** behandelt werden können. Die Gentechnik ließe sich zwanglos an den vorhergehenden Abschnitt A anschließen. Doch einige ihrer Methoden basieren auf Gewebekulturverfahren, mit denen wir uns auch aus diesem Grund zuerst bekannt machen müssen.

DEFINITION

Bei der **Biotechnik** der Pflanzen handelt es sich um die Nutzung von auf in vitro-Verfahren basierenden pflanzlichen Systemen zu Zwecken der Forschung und der Produktion. Die **Biotechnologie** ist die Lehre von der Biotechnik.

Gewebekulturtechnik und Gentechnik werden ebenso unter Aspekten der Forschung wie der Pflanzenproduktion und Pflanzenzüchtung betrieben. In diesem Abschnitt B werden vor allem Grundlagen mit nur einigen wenigen repräsentativen Beispielen gebracht. Fallbeispiele finden sich dann in den Abschnitten C bis E.

4 Gewebekulturtechnik

INHALT

Die wichtigsten Verfahren der Gewebekulturtechnik, die Gewinnung von Haploiden aus Antheren und Pollenvorstufen, die Kultur von Embryonen, Achselknospen, Meristemen, Einzelzellen und Protoplasten werden geschildert. Eine zentrale Stellung nimmt die Kalluskultur ein, von der sich auch Suspensionskulturen zur Produktion sekundärer Pflanzenstoffe ableiten lassen. Die meisten Verfahren dienen der klonalen Vermehrung in der Pflanzenproduktion. Doch auch in der Pflanzenzüchtung werden sie eingesetzt. Außerdem sind sie Voraussetzung für die meisten Methoden des Gentransfers. Über die Gewebekulturtechnik ergeben sich, wenn die Investitionen in Kultureinrichtungen erfolgt sind, vorteilhafte Einsparungen an Raum und Zeit. Außerdem lassen sich unter den sterilen Anzuchtbedingungen Verluste durch Pathogene vermeiden. Jungpflanzen werden dann in Erde umgesetzt und im Gewächshaus oder im Freiland weiter kultiviert.

Nach Angaben des ADIVK (→ Literatur) ist in Deutschland von 1996 bis 2004 die Zahl der in vitro klonierten Pflanzen (Klon: Seite 60) von 20,5 auf 48,9 Millionen gestiegen. Einige Angaben zum Stand 2004 in Millionen Pflanzen: Den Hauptanteil hatten die Orchideen mit *Phalaenopsis* an der Spitze mit 33,5. Bei Zierpflanzen und Stauden führte bis 2002 *Anthurium* (Flamingoblume), wurde aber dann von *Gentiana* (Enzian) mit 1,9 überholt. Bei Beerenobst führt *Fragaria* (Erdbeere) mit 3,87.

DEFINITION

Bei **Gewebekulturen** handelt es sich um die Kultur von mikrobenfreiem Pflanzenmaterial in steriler Umgebung, in der Regel auf sterilisierten Nährmedien.

Die → Definition zwingt dazu, den Begriff Pflanzenmaterial zu erklären. Es handelt es sich um

- ganze Pflanzen einschließlich der Embryonen;
- isolierte Organe und Organteile;
- isolierte Gewebe;
- isolierte Einzellzellen;
- isolierte Protoplasten.

Damit ergibt sich die Gliederung für die folgenden Teilkapitel. Dabei wird in den Überschriften angegeben, ob die betreffende Technik von Forschungszwecken abgesehen bei der Pflanzenproduktion (**PP**), bei der Pflanzenzüchtung (**PZ**) und/oder in der Gentechnik (**GT**) eingesetzt wird.

▶ **Phytohormone und Regeneration.** Bei den genannten Verfahren müssen teilweise neue Spross- und Wurzel-Apikal-Meristeme (SAMs und WAMs, Seite 289) gebildet werden. Im Vorgriff, aber der Thematik wegen aus gutem Grund soll hier darauf hingewiesen werden, dass in der Regel SAMs bei relativ niederen Auxin- und relativ hohen Cytokinin-Konzentrationen und WAMs bei umgekehrt relativ hohen Auxin- und relativ niederen Cytokinin-Konzentrationen im Medium gebildet werden. Die gleiche Regel gilt prinzipiell auch für das Auswachsen bereits angelegter Apikalmeristeme.

4.1 Embryonenkultur (PZ, seltener PP)

Die Entwicklung von Embryonen aus der Zygote (= zygotische Embryogenese) erfolgt nicht isoliert, sondern zusammen mit der Entwicklung von Nährgeweben. Dazu gehört das Endosperm, das wie die Zygote bei der doppelten Befruchtung gebildet wird. Es stellt Baustoffe und Hormone für den heranwachsenden Embryo. Ein gut entwickeltes Endosperm ist deshalb eine Voraus-

Abb. 4.1
Embryo-Rescue bei *Triticale*. Vielfach sind die aus Kreuzungen Weizen (*Triticum*) × Roggen (*Secale*) erhaltenen *Triticale*-Körner nicht entwicklungsfähig. Abhilfe kann der Embryo-Rescue schaffen. Die Embryonen werden auf Agar zunächst im Dunkeln bis zu ihrer Keimung und dann im Licht gehalten. Gut entwickelte Pflanzen werden anschließend vorsichtig in Erde umgesetzt. Sie können steril sein, weil es zu Störungen in der Meiosis kommt. Über eine Behandlung mit Colchizin werden die Chromosomensätze verdoppelt. Jedes Chromosom findet dann bei der meiotischen Parallelkonjugation homologer Chromosomen einen Partner. Es kommt deshalb in der zweiten Generation zur Bildung von Körnern, die zu fertilen Pflanzen auswachsen (verändert nach HULSE and SPURGEON 1974).

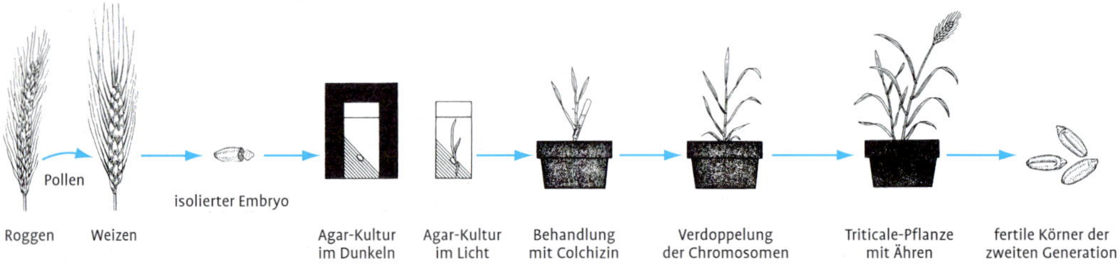

setzung für dessen normale Entwicklung. Bei Kreuzungen vor allem zwischen verschiedenen Arten werden jedoch bei der Doppelbefruchtung oft derart verschiedene Gensätze kombiniert, dass das reibungslose Zusammenspiel zwischen ihnen und dann auch zwischen Endosperm und Embryo gestört wird. So geht nach einer Art- oder Gattungskreuzung oft das Endosperm früher oder später zugrunde oder entwickelt sich überhaupt nicht. In diesen Fällen würden dann auch die Embryonen zugrunde gehen oder zumindest geschädigt werden. Man kann sie aber isolieren und auf einem künstlichen Nährmedium soweit heranziehen, dass sie schließlich in Erde ausgepflanzt werden können. Für solche Rettungsaktionen gebraucht man den angelsächsischen Terminus technicus **Embryo rescue**; dazu ein Beispiel: *Triticale* (Abb. 4.1).

Weizenmehl ist von guter Qualität und Backfähigkeit. Weizen liefert auch gute Erträge. Nachteilig ist seine geringe Krankheits- und Frostresistenz. Umgekehrt ist Roggen bei geringerem Ertrag recht resistent gegen Kälte, Trockenheit und die verschiedensten Krankheiten. Sein Mehl weist auch einen vorteilhaft hohen Proteingehalt auf, aber ansonsten eine geringere Qualität. Kein Wunder, dass man beide Arten zu kombinieren versuchte! Das gelingt über ganz normale Kreuzungen. Aber dabei kam es nur allzu oft zu einer eingeschränkten Fertilität der Kreuzungsprodukte, die man nach den beiden Eltern *Triticum* (Weizen) und *Secale* (Roggen) *Triticale* nennt. Je nach der verwendeten Art und Varietät des Weizens gibt es ein breites Spektrum an *Triticale*-Formen mit unterschiedlichen Eigenschaften.

Störungen in der Entwicklung der Hybriden ließen sich über den Embryo rescue ausschalten. Aus vorsichtig in vitro kultivierten und dort erstarkten Embryonen entstanden Jungpflanzen, die mit Hilfe von Colchicin polyploidisiert wurden. Danach entfielen Störungen in der Meiosis und damit auch in der Fertilität. Die Resistenz von *Triticale*-Formen gegenüber zum Beispiel dem Weizenrost, der vor allem in Ländern der sogenannten Dritten Welt hohe Ernteverluste bedingt, ist meist wesentlich höher als diejenige des Weizens. Schon konnte man auch darüber berichten, dass sich bestimmte *Triticale* an Randstandorten unter harten Außenbedingungen (Kälte, Trockenheit) wie zum Beispiel in den Tälern des Himalaya besonders bewährten.

Der Embryo rescue lässt sich aber auch in der normalen zygotischen Embryogenese mit Gewinn einsetzen. Denn vielfach lässt sich die Entwicklung abkürzen, wenn man den jungen Embryo isoliert und auf geeigneten Nährmedien kultiviert.

4.2 Isolierte Organe und Organteile

4.2.1 Antheren und Pollenvorstufen (Haploide; PZ, GT)

Haploide Pflanzen führen nur einen Chromosomensatz (1n), sehen aber sonst normal aus, sind allerdings etwas kleiner als die diploide (2n) Ausgangsform.

DEFINITION

Bei **Haploiden** handelt es sich um Sporophyten mit der Chromosomenzahl von Gametophyten.

Abb. 4.2
Chlorophyll-Mutante in haploidem Tabak. Nach Röntgen-Bestrahlung von Antheren entwickelten sich mehrere normal grüne haploide Pflanzen und eine haploide weiße Mutante. Auch eine rezessive Mutation wird wie hier schon in der behandelten Generation sichtbar (Foto J. Nitsch; Hess 1992).

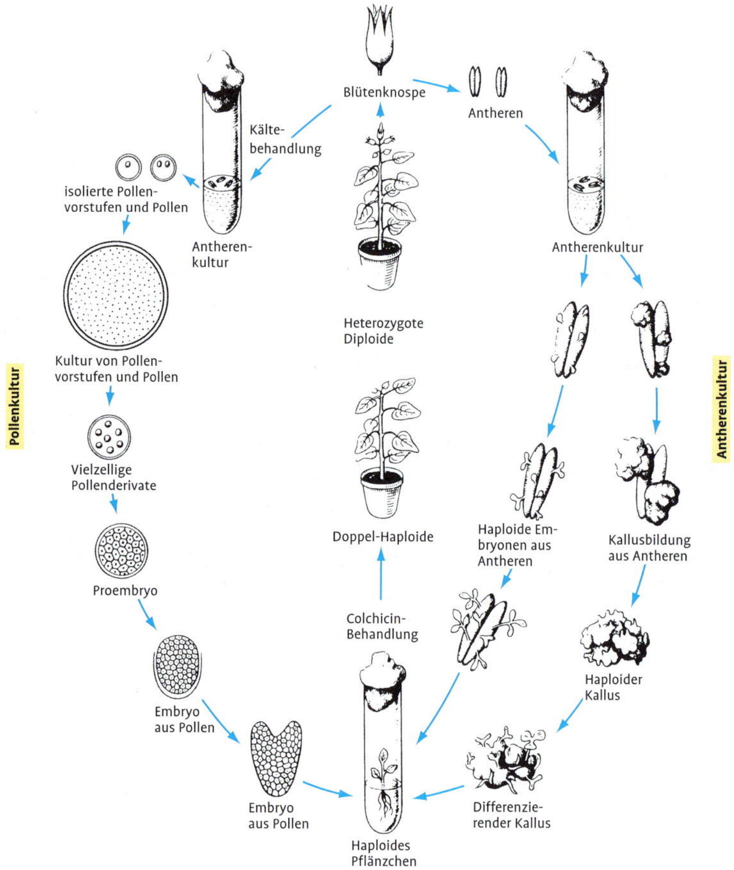

Abb. 4.3
Methoden zur Gewinnung von Haploiden: Pollenkultur (Mikrosporenkultur) und Antherenkultur. In der Regel handelt es sich bei der Pollenkultur weder um Pollen noch um Mikrosporen, sondern um bereits weiter entwickelte Mikrosporen (= Pollenvorstufen) (verändert nach BAJAJ aus HESS 1992).

Haploide sind in der Pflanzenzüchtung wichtig, weil

- bei ihnen **jede Mutation schon in der behandelten Generation sichtbar** wird (Abb. 4.2). Mutationen sind in der Regel rezessiv. In Diploiden werden sie deshalb zunächst von dem unverändert gebliebenen Reserveallel kaschiert und spalten erst in den Folgegenerationen heraus, ein Zeitverlust.
- man aus ihnen **rasch Diploide und damit reine Linien gewinnen** kann. Verdoppelt man in Haploiden den Chromosomensatz, erhält man sofort Homozygote, also eine reine Linie. Reine Linien sind sonst nur sehr viel langwieriger zu gewinnen, nämlich über fortgeführte Selbstungen von Heterozygoten. Erst nach 5–7 Selbstungsgenerationen liegen praktisch nur noch Homozygote vor. Der Einsatz von Haploiden bringt also einen erheblichen Gewinn an Zeit und Arbeitsaufwand mit sich.

Haploide kann man über **Antherenkultur** oder über **Pollenkultur** erhalten (Abb. 4.3). Bei den Pollen handelt es sich um Vorstufen der fertigen Pollen, die man zur Regeneration von haploiden Pflanzen bringt. Methodisch einfacher ist die Antherenkultur, bei der ganze Antheren auf geeigneten Medien ausgelegt werden (Abb. 4.4).

4.2.2 Explantate (PP)

Bei der Vermehrung von Achselknospen ebenso wie später bei Meristemen (→ Seite 61) kommt es zum Auswachsen von schon vorhandenen Anlagen. Doch bei Explantaten, zum Beispiel Blatt-

Abb. 4.4
Regeneration von haploidem Weizen aus Antherenkultur. **a** Anthere mit einem großen und einigen kleinen Embryoiden. **b** Regeneratpflanze. **c** Chromosomensatz (Feulgenfärbung) der Regeneratpflanze (Fotos G. Ziegler; Hess 2001, 2006).

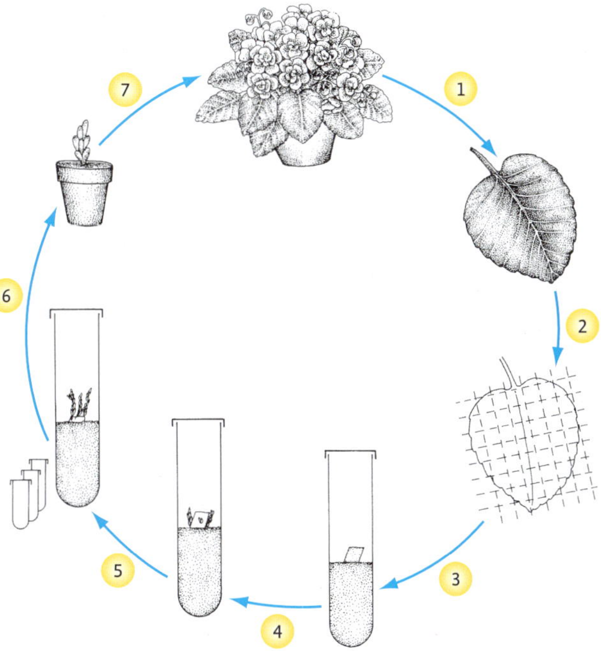

Abb. 4.5
In vitro-Vermehrung des Usambara – Veilchens (*Saintpaulia ionantha*) über Adventivsprosse an Blattexplantaten. Ein Laubblatt wird entnommen (**1**) und in kleine Segmente zerlegt (**2**), die auf Agarmedium mit geeigneten Zusätzen an → Phytohormonen (mehr BA, weniger NAA) überführt werden (**3**). Besonders Explantate aus der Blattmitte regenerieren dann Adventivsprosse (**4**). Sind sie etwas herangewachsen, können ihnen Blättchen für weitere Mikropropagationen (Symbol Röhrchen) entnommen werden (**5**). Nach Bewurzelung werden die Adventivpflanzen in Erde überführt (**6**). Sie wachsen zu neuen Usambara-Veilchen heran (**7**) (verändert nach Torres aus Hess 1992).

Abb. 4.6
Schema der klonalen Propagation über Achselknospen an Spross-Spitzen und Einzelknoten. Von Pflanzen mit stark gestauchten Internodien (**A**) lassen sich nur Spross-Spitzen (**1**), keine Einzelknoten entnehmen. Sie wachsen zu ebenfalls gestauchten Pflänzchen heran (**2,3**), deren Spross-Spitzen zur weiteren Klonierung (Röhrchen) eingesetzt werden können. Von normal gewachsenen Pflanzen (**B**) lassen sich Spross-Spitzen (**4**) und Einzelknoten (**6**) isolieren. Sie wachsen zu kleinen (**5, 7**) Pflänzchen heran. Sind sie größer geworden, kann man ihnen zur weiteren klonalen Propagation wieder Spross-Spitzen oder Einzelknoten entnehmen (Röhrchen). Die Möglichkeit einer multiplen Sprossbildung (→ Abb. 4.7) wurde nicht berücksichtigt (Hess 1992).

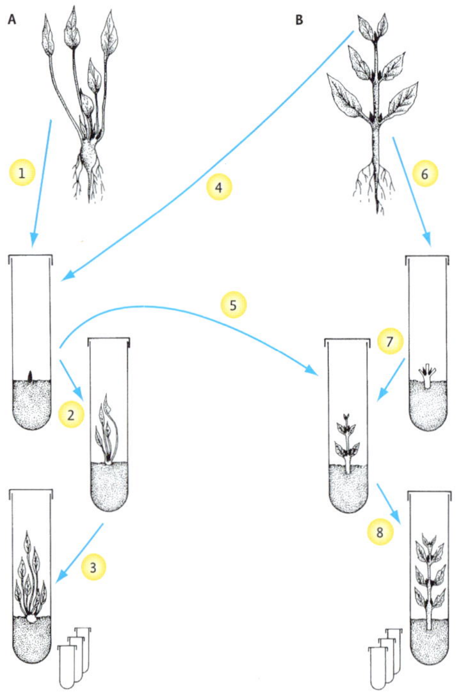

teilen, kommt es zu Neubildungen, sogenannten **Adventivbildungen.** Zunächst müssen Zellen des Explantats Meristeme rekonstituieren, aus denen sich dann Sprosse und Wurzeln bilden. Zu Adventivbildungen kann es sowohl bei normaler Kultur als auch in vitro kommen. Das Usambara-Veilchen (*Saintpaulia ionantha*) kann als Beispiel dienen (Abb. 4.5).

4.2.3 Klonale Vermehrung über Achselknospen (PP)

An Sprossspitzen ebenso wie an Einzelknoten der Sprosse finden sich Achselknospen. Wenn man die isolierten Organe, also ebenfalls Explantate, auf geeigneten Medien kultiviert, lassen sich diese Achselknospen zum Auswachsen bringen. Von den dadurch erhaltenen Sprossen lassen sich wieder Sprossspitzen oder Einzelknoten isolieren, deren Achselknospen treiben aus und so weiter. Über Wiederholungen lassen sich so rasch zahlenstarke Klone gewinnen (Abb. 4.6). Falls praktikabel, handelt es sich bei der Sprossspitzen-Technik um die effizienteste Art der klonalen Vermehrung. Zahlreiche Zierpflanzen werden über sie routinemäßig im Reagenzglas vermehrt und auf den Markt gebracht. Nur ein Beispiel: selten wird man eine Gerbera (*Gerbera jamesonii*, zahlreiche Kulturformen) finden, die nicht aus dem Reagenzglas stammt (Abb. 4.7).

DEFINITION
Als **Klon** bezeichnet man eine Gesamtheit von **erbgleichen** Einzelzellen, Geweben, Organen oder Organismen, die in der Regel über vegetative Vermehrung gewonnen werden. In Ausweitung spricht man auch bei identischen DNAs

Abb. 4.7
Spross-Spitzen-Technik bei Gerbera (*Gerbera jamesonii*). An isolierten Spross-Spitzen kommt es auf einem Medium mit wenig Auxinen und mehr Cytokininen zu einer multiplen Sprossbildung, die Spross-Tuffs entstehen lässt. Sie werden dann in vitro bewurzelt (Foto C. Hospes; Hess 1992).

Abb. 4.8
Meristemkultur bei der Erdbeere (*Fragaria × ananassa*), Meristem mit Blattanlage. Im Hintergrund die schon dreiteilige jüngste Blattanlage, davor rechts unterhalb der Bildmitte das flache Meristem (Foto S. Merkle; Hess 1992).

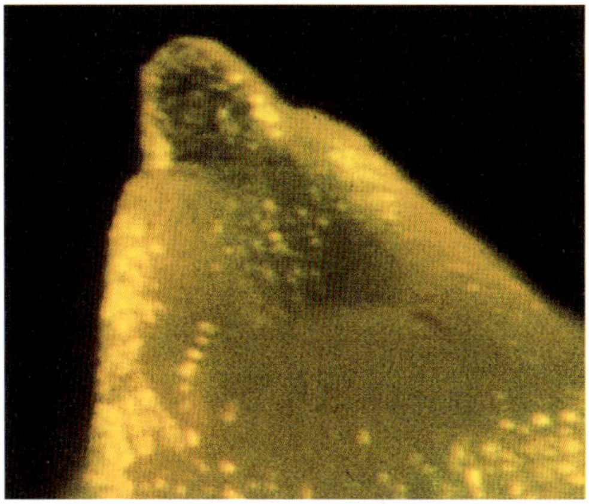

von Klonierung und Klonen. Ein Klon hat also nichts mit Gentechnik, das heißt mit Veränderungen des Erbguts zu tun, wie uns vielfach weisgemacht werden soll.

4.3 Isolierte Gewebe

4.3.1 Meristemkultur (PP)

Bei Achselknospen waren es die in ihnen enthaltenen Sprossmeristeme, die auswuchsen. Damit lag es nahe, nun die Meristeme selbst zu isolieren und zur klonalen Vermehrung zu nutzen. Selten kann man mit den winzigen Meristemen selbst arbeiten. Deshalb spricht man noch von Meristemkultur, wenn man das Meristem mit **nur einigen wenigen Blattprimordien** verwendet (Abb. 4.8). Viele angebliche Meristemkulturen etwa von Orchideen gehen jedoch auf Achselknospen aus Sprossspitzen zurück.
In isolierten Meristemen finden sich in der Regel weder Bakterien und Pilzsporen noch die besonders schwer zu bekämpfenden Viren. Damit ergibt sich die Möglichkeit, über Meristemkultur zu **pathogenfreien Pflanzen** zu kommen, je kleiner die meristematischen Bereiche waren mit desto höherer Wahrscheinlichkeit. Vor allem viele Kultivare der Kartoffel (*Solanum tuberosum*) wurden so virusfrei (Abb. 4.9).

4.3.2 Kalluskultur (und Suspensionskultur; PP, PZ, GT)

Unter Kallus im weitesten Sinn versteht man zunächst alle Gewebe, die meist nach Verwundungen aus bereits differenzierten Zellen gebildet werden können. Doch gibt es auch andere Möglichkeiten. Hier ist nur einer von mehreren Kallustypen wichtig (→ Definition).

Abb. 4.9
Meristemkultur bei der Kartoffel (*Solanum tuberosum*). Aus Kartoffelknollen werden Sektionen mit Augen herausgeschnitten und auf unter anderem Vermikulit kultiviert (**1**). Bei Behandlung mit GS (→ Seite 236) treiben die Augen zu Sprossen aus. Diesen werden Meristeme entnommen und auf Medium ohne Hormone überführt (**2**). Es entwickeln sich kleine Pflänzchen (**3**), deren Achselsprosse sich nach Umsetzen auf Medium mit NAA bewurzeln (**4**). Die Regeneratpflanzen werden vereinzelt und in Erde überführt (**7**). Man kann aber mit BA (Seite 240) an ihnen Mikroknollen induzieren (**5**) und diese in Erde bringen (**6**) (verändert nach Tisserat 1987 aus Hess 1992).

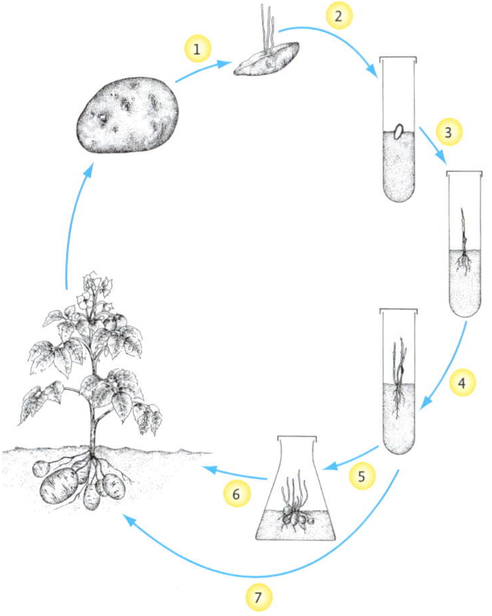

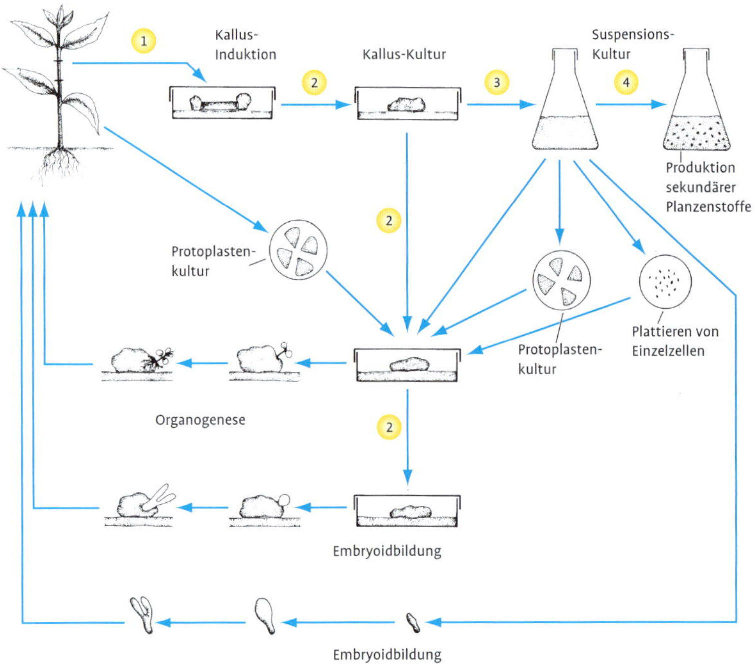

Abb. 4.10
Möglichkeiten der Kultur und Regeneration von Kallus, Einzelzellen und Protoplasten. **1** Entnahme eines Internodiums; **2** Kultur und Subkultur des am Internodium gebildeten Kallus (vgl. Abb.4.11); **3** Überführung von Kallusmaterial in Suspensionskultur; **4** Einbringen von Zellmaterial in Suspensionskulturen zur Produktion sekundärer Pflanzenstoffe, dann keine Regeneration. Einzelzellen und Protoplasten können wieder Kalli bilden. Aus Kallus- und Suspensionskulturen lassen sich über Organogenese oder Embryoidbildung ganze Pflanzen regenerieren (HESS 1992).

DEFINITION

Kallus kann (es gibt verschiedene Typen) ein Gewebe sein, das durch ein Teilungswachstum ohne geregelte Einstellung der Teilungswände charakterisiert ist.

Abb. 4.10 zeigt, wie man Kallus im eben definierten Sinn gewinnen kann. Er kann sich an Wundflächen der verschiedensten Explantate bilden, besonders leicht an Sprossinternodien (Abb. 4.11). Aber er kann auch aus in Suspension kultivierten Einzelzellen und Protoplasten gewonnen werden. Abb. 4.10 weist auch darauf hin, wie sich Protoplasten, Einzelzellen und Suspensionskulturen gewinnen lassen.
Aus Kallus lassen sich entweder über **Organogenese** oder **Embryoidbildung (vegetative Embryogenese)** ganze Pflanzen regenerieren (→ Definition). Bei der Organogenese induziert man zunächst die Bildung von Sprossen, die dann bewurzelt werden. Bei der Embryoidbildung entstehen Embryoide (vegetative Embryonen, nichtzygotische Embryonen).

Embryoide werden auch somatische Embryonen genannt, eine Bezeichnung, die inkorrekt ist (→ Box 4.1).

Abb. 4.11
Kallusbildung an einem isolierten Spross-Internodium der Petunie (*Petunia × hybrida*). Der Kallus ist an der linken Schnittfläche stärker entwickelt. Er kann abgenommen und kultiviert werden (HESS 1992).

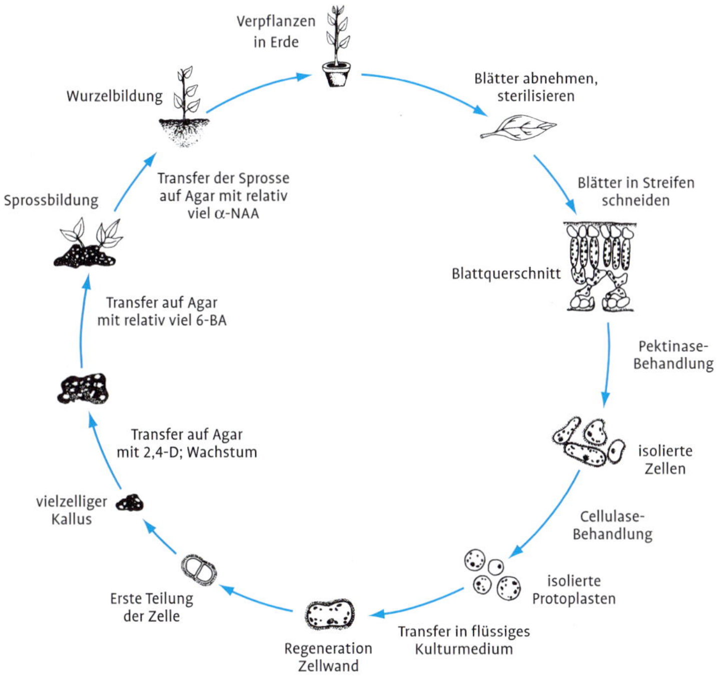

Abb. 4.12
Die Regeneration ganzer Pflanzen aus isolierten Mesophyllprotoplasten (→ Text). 2,4-D, 6-BA und α-NAA sind synthetische Hormone. 2,4-D (2,4-Dichlorphenoxy-essigsäure) wirkt dedifferenzierend und differenzierungshemmend, 6-BA wirkt als Cytokinin (Seite 240) und α-NAA (α-Naphthyl-essigsäure) als Auxin (Seite 228) (HESS 1983).

DEFINITION

Unter **Organogenese** versteht man einen Regenerationsweg, der über die **sukzessive Ausbildung** von **Einzelorganen verläuft.** Unter **Embryoidbildung** versteht man einen Regenerationsweg, der über die Ausbildung von **Embryoiden** verläuft.

▶ **Suspensionskulturen** leiten sich von Kallusmaterial durch Zerkleinerung ab. Sie mit Bakterien-Suspensionen gleichzusetzen, wäre falsch. Denn sie bestehen nicht nur aus Einzelzellen, sondern überwiegend aus verschieden großen Zellaggregaten (Abb. 4.13).
Wenn sich ihre Zellen teilen, ganz gleich ob in Zellaggregaten oder als Einzelzellen, bleiben die Tochterzellen im Gegensatz zu Bakterien in einem stetig wachsenden Verbund. Über die Größe der Zellkomplexe kommt es zu einer geringeren relativen Oberfläche und damit zu einem geringeren Stoffaustausch mit dem Kulturmedium. Nicht nur ein im Vergleich zu Bakterien stark reduziertes Teilungswachstum, sondern eine generell geringere Stoffwechselaktivität sind die Folgen.
Suspensionskulturen wurden intensiv auf die Bildung von **sekundären Pflanzenstoffen** überprüft. Die meisten Hoffnungen haben sich zerschlagen. Denn wenn es zu einer stärkeren Akkumulation von Sekundärstoffen kam, handelte es sich meistens um pharmakologisch oder technisch weniger wichtige Substanzen. Eine der wenigen Ausnahmen bildet das Shikonin (Seite 175).

4.4 Einzelzellen und isolierte Protoplasten (GT)

Aus Einzelzellen ließen sich in einigen Fällen ganze Pflanzen regenerieren. Von ungleich größerer praktischer Bedeutung vor allem für die Gentechnik ist jedoch die Regeneration **isolierter Protoplasten** zu kompletten Pflanzen (Abb. 4.13). Bei ihnen handelt es sich um **Zellen ohne Zellwand**. Ausgangsmaterial kann zerkleinertes Gewebe sein, meistens das Mesophyll. Eine Isolierung aus Kallus ist ebenfalls möglich, aber oft schwieriger. Die Zellwände werden durch Pektinasen (Seite 139) und Cellulasen (Seite 137) entfernt und die so erhaltenen Protoplasten in geeigneten Substraten über von ihnen gebildeten Kallus (Seite 63) regeneriert. Die ersten Regenerationen gelangen 1971 beim Tabak (*Nicotiana tabacum*; Takebe et al.), 1972 bei der Karotte (*Daucus carota*; Grambow et al., Kameya and Uchimiya) und 1973 bei der Petunie (*Petunia* × *hybrida*; Seite 276; Hess et al., Donn et al.). Seitdem konnten über 100 Pflanzenarten aus isolierten Protoplasten regeneriert werden, darunter auch Hölzer und für unsere Ernährung wichtige Getreide.

Protoplasten bieten günstige Voraussetzungen für den Gentransfer. Denn wegen des Fehlens der Zellwand können sie leicht fremdes Genmaterial aufnehmen (Seite 81). Doch die Hoffnung, sie im Großmaßstab zur klonalen Vermehrung einsetzen zu können, hat sich nicht erfüllt. Denn oft ist schon das Ausgangsmaterial genetisch heterogen. Außerdem kann es bei ausgedehnter Kalluskultur zu Veränderungen kommen (→ Box 4.1).

Abb. 4.13
Suspensionskulturen der Möhre (*Daucus carota*). Links Kultur mit, rechts ohne Akkumulation von Anhocyanen. Es lässt sich deutlich erkennen, dass in den Suspensionen größere Zellaggregate vorliegen (Foto H. Seitz; Hess 1992).

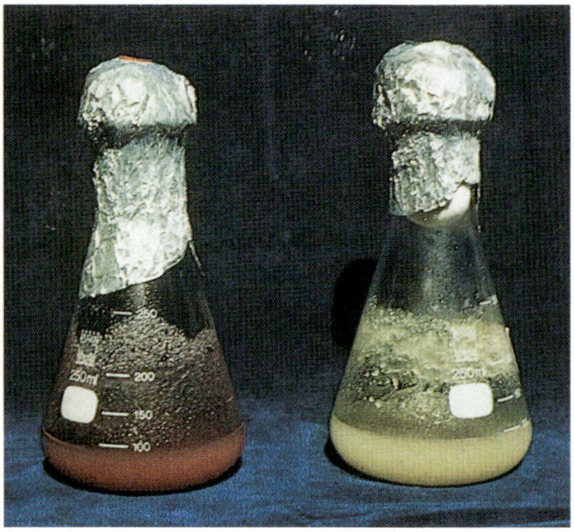

BOX 4.1

Veränderungen in Kalluskulturen

Die Veränderungen in Kalluskulturen werden immer wieder „popularly described by an inappropriate but glamorous term, somaclonal variation“ (1). Denn die Bezeichnung somaklonale Variation (2) ist insofern unrichtig, als es bei höheren Pflanzen im Gegensatz zu Tieren gar kein ausgedehntes Soma gibt. Denn die Trennung von Keimbahn und Soma findet bei ihnen erst bei der Ausbildung der Sexualorgane statt. Die angesprochenen Veränderungen sind genetischer, epigenetischer oder physiologischer Art:

- **Genetische Veränderungen** betreffen die Struktur der Gene, sind also Mutationen.
- **Epigenetische Veränderungen** betreffen nicht die Struktur der Gene, sondern ihre Expression. Doch sie können über die Zellgenerationen beibehalten werden, von den Zellen des Kallus bis zur daraus regenerierten Pflanze. Oft sind viele oder sogar alle Regeneratpflanzen steril. Dann sind sie nicht nutzbar.
- Von **physiologischen Veränderungen** spricht man, wenn die Ursachen unbekannt sind.

[1] Vasil (1986); [2] Larkin and Scowcroft (1981).

FRAGEN

(Seitenverweise zur Beantwortung)

- Was verstehen Sie unter einem Klon? (Seite 60)
- Welche Eigenschaften zeichnen *Triticale* im Vergleich zu den Ausgangsformen aus? (Seite 57)
- Aus welchen Gründen sind Haploide in der Pflanzenzüchtung von Interesse? (Seite 58)
- Welche Typen von Explantaten tragen Achselknospen, die zur klonalen Vermehrung eingesetzt werden können? (Seite 60)
- Über welche Form der Gewebekultur lässt sich Pathogenfreiheit, auch Virusfreiheit erreichen? (Seite 61)
- Man kann mehrere Formen von Kallus unterscheiden. Welche von ihnen ist für die Gewebekultur wichtig? (Seite 62)
- Was verstehen Sie unter Organogenese, was unter Embryogenese? (Seite 63)
- Wie unterscheiden sich zygotische Embryonen von Embryoiden? (Seiten 56, 62)
- Warum ist der Begriff somatisch bei Höheren Pflanzen fehl am Platz? (Seite 64)
- In welcher Phase der Regeneration von Pflanzen aus Protoplasten kann es zu genetischen Veränderungen kommen? (Seite 64)

5 Gentechnik

INHALT

Zunächst wird in einige molekulare Methoden eingeführt, die in der Gentechnik Verwendung finden: molekulare Hybridisierungen, Restriktionsenzyme, Blotting-Verfahrenmit Southern-Blotting, Konstruktion von Übertragungsvektoren (Phagen und vor allem Plasmide), Eliminierung von Transgenen, transiente Expression und ihre Nutzung zur Produktion therapeutischer Humanproteine, Antisense-Technik, RNA-Interferenz. Dann folgt die Besprechung wichtiger direkter und indirekter (über *Agrobacterium tumefaciens*) Methoden des Gentransfers. Die Stichworte: Protoplasten-Technik, Leaf disk-Technik, Mikrobombardment, Pollen-Technik und Floral Dipping.
Für viele Verfahren des Gentransfers werden Methoden der Gewebekultur eingesetzt, die schon geschildert wurden. Doch wie die → Definition zum Ausdruck bringt, umfasst die Gentechnik keineswegs nur die Genübertragung.

DEFINITION

Unter **Gentechnik** versteht man diejenigen Verfahren der Genetik, die auf Untersuchungen an oder mit dem **isolierten** genetischen Material basieren. Die **Gentechnologie** ist die Lehre von der Gentechnik.

Zielsetzungen der Gentechnik sind:

- die **Struktur- und Funktionsanalyse des genetischen Materials**, die auch Gentransfers beinhalten kann;
- der **Gentransfer unter angewandten Aspekten.** Der derzeit spektakulärste Aspekt der Gentechnik sind zweifellos Gentransfers unter angewandten Aspekten. Man übersieht allzu leicht, dass mit Hilfe gentechnischer Verfahren auch die Struktur- und Funktionsanalyse der Gene entscheidend vorangetrieben wird. Auch dabei lassen sich Gentransfers nicht wegdenken.

Im Folgenden werden wir uns mit Methoden der DNA-Technik befassen, soweit sie auch beim Gentransfer Anwendung finden, vor allem zum Nachweis von Transgenen.

DEFINITION

In einen Rezeptor übertragene (**transferierte**) Fremd**gene** nennt man **Transgene**. Die betreffenden Rezeptoren sind **transgen**.

5.1 DNA – Analytik

5.1.1 Hybridisierung von Nucleinsäuren (DNA/DNA, DNA/RNA)

Eine Technik, auf die der Gentechnik immer wieder zurückgreift, ist die Hybridisierung von Nucleinsäuren. Sie dient dem Nachweis bestimmter DNA-Sequenzen, auch denjenigen eines übertragenen Gens, oder dem Nachweis bestimmter RNAs, etwa einer mRNA. Für die Hybridisierung sind Einzelstränge notwendig. Bei DNA bedeutet das, dass man die normalerweise vorliegende Doppelhelix in ihre Einzelstränge zerlegen muss.

▶ **Trennung der DNA-Doppelhelix in ihre Einzelstränge.** Am Einfachsten geschieht das durch eine Alkali-Behandlung (NaOH). Denn in alkalischem Medium trennen sich die beiden DNA-Einzelstränge voneinander. Man spricht hier auch von einer **Denaturierung** der DNA.

▶ **Renaturierung der DNA.** Wenn man die NaOH entfernt, vereinigen sich die getrennten DNA-Einzelstränge nach den Regeln der Basenpaarung (→ Seite 20) wieder zu Doppelhelices. Man spricht hier von Renaturierung.

▶ **DNA/DNA-Hybridisierung.** Nun ein kleiner Ausbau der Technik: wir hatten soeben ein gegebenes DNA-Präparat zuerst denaturiert und dann wieder renaturiert. Man kann aber auch zwei DNA-Präparate verschiedener Herkunft denaturieren, diese beiden Präparate miteinander vereinigen und nun die Renaturierung durchführen. Wie erwähnt, erfolgt die Renaturierung nach dem Prinzip der Basenpaarung. Wenn also die beiden DNA-Präparate komplementäre Basen-Sequenzen enthielten, so werden sie entlang dieser Basen-Sequenzen miteinander paaren. DNA-Abschnitte, die keine komplementären Partner finden, bleiben ungepaart. Man bezeichnet diese Paarungen als DNA-Hybridisierung. Sie finden sich zum Beispiel beim Southern-Blotting (Seite 69).

Der Grad der Hybridisierung ist auch ein Maß für die Verwandtschaft der Organismen, aus denen die DNA-Präparate stammen. Denn je näher verwandt die betreffenden Organismen miteinander sind, desto mehr entsprechende Basen-Sequenzen werden sie enthalten und desto höher wird dementsprechend auch der Prozentsatz der Hybridbildung sein.

▶ **DNA/RNA-Hybridisierung.** Schließlich gibt es eine weitere Variante, die RNA ins Spiel bringt. Man kann DNA-Einzelstränge nicht nur mit anderen DNA-Einzelsträngen, sondern auch mit den Einzelsträngen der RNA hybridisieren. Es entstehen dann DNA/RNA-Hybride, unter anderem beim Northern-Blotting (Seite 70). Dass eine solche Hybridisierung zwischen DNA und RNA stattfinden kann, liegt auf der Hand. Die RNA wird ja von DNA codiert, weist also zur DNA komplementäre Basen-Sequenzen auf.

Bei in **situ-Hybridisierungen** wird die DNA nicht extrahiert, sondern an Ort und Stelle belassen.

Meist handelt es sich um mikroskopische Präparate. Die zugesetzten Sonden sind oft nicht-radioaktiv markiert, unter anderem über Fluoreszenzfarbstoffe. Wo sich an einem Chromosom nach der Hybridisierung Fluoreszenz zeigt, liegt der gesuchte DNA-Abschnitt, zum Beispiel ein übertragenes Fremdgen. Auch an bestimmten Genen gebildete mRNA lässt sich entsprechend nachweisen.

▶ **RNA/RNA-Hybridisierung.** Schließlich lässt sich auch RNA mit RNA hybridisieren, etwa bei der Antisense-Technik (Seite 77).

5.1.2 Restriktionsenzyme

Die wichtigsten Verfahren an isolierten Nucleinsäuren sind die im Folgenden besprochenen **Blot-Hybridisierungen nach Restriktionsverschnitt.** Die Denaturierung der DNA und die nachfolgenden Hybridisierungen finden dabei auf bestimmten wasserhaltigen Trägern statt, etwa auf Nitrocellulose oder Nylon. Einer der Hybridisierungspartner wird markiert, wobei es radioaktive und nicht-radioaktive Markierungsmöglichkeiten gibt. Den markierten Partner benutzt man als **Sonde**, um den anderen Partner nachzuweisen.

HINWEIS
Das englische **probe** bedeutet **Sonde** und nicht Probe, wie man sogar in manchen Lehrbüchern lesen muss!

▶ **Restriktionsenzyme (Restriktionsendonucleasen).** Über Plasmide und Phagen können in Bakterien bereits natürlicherweise Gene aus anderen Bakterien, also fremdes Genmaterial, eingebracht werden. Nun sind **Bakterien** dem nicht immer hilflos ausgesetzt. Denn bei ihnen dient ein spezielles **Modifikations-Restriktions-System** dem Eliminieren unerwünschter Fremd-DNA. Zunächst methylieren Modifikationsenzyme bestimmte Basen der eigenen DNA. Neben solchen Basen können dann die Wächter gegen den Import von Fremd-DNA, die Restriktions(endo)nucleasen, kurz **Restriktionsenzyme**, nicht schneiden. Die eigene DNA ist also über die Modifikation gegen Abbau geschützt. Fremd-DNA, die die betreffenden Modifikationen nicht aufweist, wird dagegen geschnitten.
Restriktionsendonucleasen spalten hochspezifisch im Inneren von DNA-Doppelsträngen (endo = griech. innen) an 4–8 Basenpaaren langen invers repetitiven Sequenzen, den **Palindromen.** Bekannte, wenn auch nicht gerade hochwissenschaftliche Beispiele für solche Wieder-(zurück)-Läufe wären Otto oder – was leider selten erwähnt wird – Anna in jedem der beiden Stränge. Palindrom oder invers repetitive Sequenz bedeutet also, dass in beiden DNA-Einzelsträngen die gleiche Basensequenz einander gegenüber liegt, wenn man in einer Richtung abliest, etwa von 5′ nach 3′.
Restriktionsenzyme wurden schon 1968 aus dem Labor von Arber (Linn and Arber 1968) beschrieben. Inzwischen sind weit über 100 bekannt. Tab.

Tab. 5.1 Beispiele für Restriktionsendonucleasen mit den jeweiligen Schnittstellen. In den Enzymbezeichnungen werden die drei ersten Buchstaben kursiv geschrieben. Sie gehen auf die ersten Buchstaben der Gattungs- und Artnamen der Bakterien zurück, aus denen man die Enzyme isolierte.

<table>
<tr><th>Restriktionsenzym</th><th>Bakterium</th><th>Sequenz 5′-----3′
3′---- 5′</th></tr>
<tr><td>Bam HI</td><td>Bacillus amyloliquefaciens</td><td>G | G A T C C
C C T A G | G</td></tr>
<tr><td>BalI</td><td>Brevibacterium albidum</td><td>T G G | C C A
A C C | G G T</td></tr>
<tr><td>EcoRI</td><td>Escherichia coli RY13</td><td>G | A A T T C
C T T A A | G</td></tr>
<tr><td>HaeIII</td><td>Haemophilus aegypticus</td><td>G G | C C
C C | G G</td></tr>
<tr><td>HindIII</td><td>Haemophilus influenzae</td><td>A | A G C T T
T T C G A | A</td></tr>
</table>

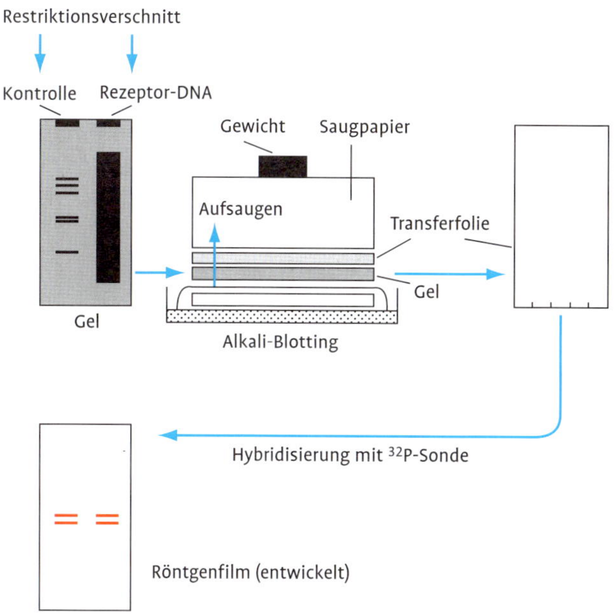

Abb. 5.1
Southern-Blotting; vgl. Text. Im Beispiel wurde mit einer ^{32}P-markierten Sonde hybridisiert. In der Kontrolle hybridisieren zwei Restriktionsfragmente und lassen sich über Schwärzung des Films (in der Abb. rot) fassen. Entsprechend lokalisierte Fragmente finden sich auch in der DNA des Rezeptors. Er enthält also das Fremdgen.

5.1 nennt einige von ihnen und gibt die jeweiligen Schnittstellen an. Die Restriktionsenzyme setzen in den Palindromen entweder einen geraden oder einen stufenartigen Schnitt. Im ersten Fall bilden sich stumpfe Enden, im zweiten liefern die DNA-Einzelstränge einander komplementäre überstehende Enden, die leicht mit entsprechenden Enden paaren (klebrige Enden, sticky ends). Sie sind deshalb bei Gentechnikern besonders beliebt.

Die Palindrome finden sich in der DNA eines Organismus an immer den gleichen Stellen. Schneidet man eine DNA mit einem bestimmten Restriktionsenzym (Restriktionsverschnitt) und trennt gelelektrophoretisch auf, so erhält man deshalb ein artspezifisches Muster von DNA-Fragmenten, die **Restriktionsfragmente**. Eine Restriktionsanalyse kann im Dienst der molekularen Systematik stehen. Auch Mutanten, die auf Veränderungen in der Basensequenz zurückgehen, lassen sich über sie nachweisen. Im gegebenen Zusammenhang ist wichtig, dass mit ihrer Hilfe auch die Übertragung von Fremdgenen belegt werden kann.

5.1.3 Blotting-Verfahren

Die Bezeichnung geht darauf zurück, dass man nach der Gelelektrophorese einen Abklatsch (blot) durch Übertragung auf eine Folie aus Nitrocellulose oder Nylon (blotting) herstellt. Die Folien sind widerstandsfähiger und deshalb leichter zu handhaben als das weiche originäre Gel. Das Blotting ist nur ein Teil des gesamten Verfahrens. Doch ist es üblich, pars pro toto von einem Southern-, Northern- oder Western-Blotting zu sprechen, auch wenn man den ganzen Arbeitsgang meint.

▶ **Southern-Blotting (DNA-Blotting).** Southern ist der Name des Wissenschaftlers, der das betreffende Blottingverfahren 1975 einführte. Es dient dem Nachweis von DNA-Fragmenten.

Nehmen wir an, mit einem Plasmid sei ein Fremdgen in eine Pflanze übertragen worden. Die DNA dieses Gens soll nun in der DNA der Rezeptor-Pflanze nachgewiesen werden (Abb. 5.1). Dazu werden die DNA des Rezeptors und zum Vergleich auch die DNA des Plasmids, das das Fremdgen lieferte, mit einem bestimmten Restriktionsenzym geschnitten. Die erhaltenen Fragmente

werden über Agarose-Gelelektrophorese aufgetrennt und mit Ethidiumbromid behandelt. Die Substanz ist ein sogenannter Intercalator, der sich zwischen die Einzelstränge der DNA einlagert. Im UV fluoresziert solche DNA dann orange.
Das kleine Plasmid liefert nur wenige Fragmente, die sich klar voneinander trennen lassen. Die DNA der Rezeptor-Pflanze dagegen wird in derart viele Fragmente zerlegt, dass die elektrophoretische Trennung nicht mehr möglich ist. Die Fragmente überlappen sich. In diesem Schmier (Abb. 5.2) sollten auch die DNA-Fragmente liegen, die auf das übertragene Gen zurückgehen.
Zur Überprüfung dessen lässt man eine alkalische Lösung durch das Gel in eine darüber liegende Folie aus Nylon oder Nitrocellulose aufsteigen. Die notwendige Saugkraft geht auf Löschpapier zurück, das über der Folie aufgeschichtet wird. Bei alkalischem pH wird DNA in ihre Einzelstränge zerlegt. Es sind also schon die zur Hybridisierung erforderlichen Einzelstränge, die in den Blot übergehen. Sie lassen sich dort mit einer komplementären, markierten Sonde paaren. Bei der Sonde handelt es sich meistens um markierte DNA, seltener um RNA. Als besonders leistungsfähige Markierung kann radioaktives Phosphat (^{32}P) verwendet werden (die Details der Markierungstechnik können hier nicht besprochen werden). Die gebildeten ^{32}P-DNA/DNA-Hybriden lassen sich über Autoradiographie nachweisen: eine photographische Platte wird auf den Blot gelegt. Nach entsprechender Exposition und Entwicklung zeigt lokale Schwärzung Radioaktivität und damit die ^{32}P-DNA/DNA-Hybriden an (Abb. 5.3). An Hand der Markierung lassen sich so die Restriktionsfragmente lokalisieren, die aus der übertragenen DNA stammen. Sie entsprechen im Beispiel den Fragmenten aus dem Plasmid. Damit ist der Beweis dafür erbracht, dass das Fremdgen übertragen wurde.

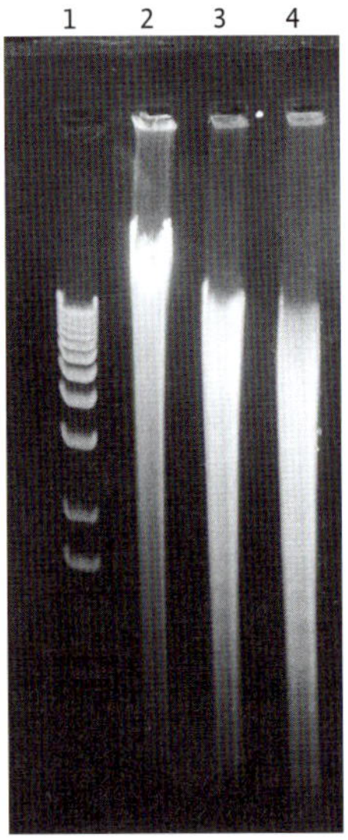

Abb. 5.2 Agarosegel-Elektropherogramm mit Auftrennung von Gesamt-DNA aus Weizen (*Triticum aestivum*) nach Verschnitt mit Restriktionsenzymen. UV-Photo nach Anfärbung mit Ethidiumbromid. **1** Leiter aus d-Nucleotiden bekannter Größe als Standard. Sie werden scharf getrennt. **2** bis **4** DNA aus Weizen; **2** ungeschnitten; **3** mit den Restriktionsenzymen *Pst*I und *Eco*RI, **4** mit *PSTI* und *Hind*III geschnitten. Beim Schneiden sinken die Krönchen am oberen Ende des Schmiers ab, weil die nun insgesamt kürzeren DNA-Fragmente schneller im elektrischen Feld wandern (Foto A. SCHMID).

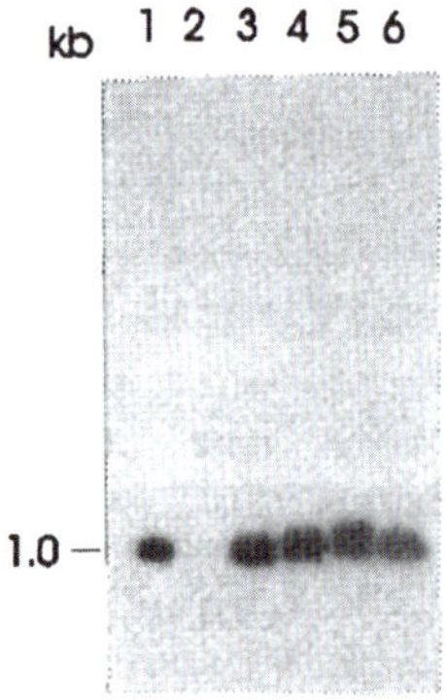

Abb. 5.3 Southern Blot-Analyse von Weizen – DNA, die das *nptII*-Gen (Kanamycin-Resistenz) enthielt. Es war über *Agrobacterium tumefaciens* in Spross-Spitzen eingebracht worden. Die DNAs wurden mit den Restriktionsenzymen *Eco*RI und *Hind*III geschnitten. Hybridisierung mit einer radioaktiv markierten *nptII*-Sonde. **1** *Agrobacterium tumefaciens* (positive Kontrolle). Ein beim gegebenen Schnitt zu erwartendes Fragment von 1.0 kb tritt auf. **2** Weizen (negative Kontrolle). **3–6** Vier verschiedene trangene Weizenpflanzen. Sie zeigen das erwartete 1,0 kb Fragment (VIERTEL *et al.* 1997).

▶ **Northern-Blotting (RNA-Blotting).** Molekularbiologen betrachten sich gelegentlich als das Salz der Erde und können entsprechend selbstüberheblich sein. Diesem generellen Bild widerspricht, dass sie auch Humor entwickeln können, wie die Bezeichnung **Northern-Blotting** belegt. Denn sie wurde im Scherz als Parallele zum Southern-Blotting eingeführt. Es handelt sich um einen entsprechenden Nachweis von RNA, wobei Northern kein Autorenname ist.
RNA wird zunächst vorbehandelt, um die in ihr, besonders in tRNAs, häufigen Selbstpaarungen zu beseitigen. Anschließend wird das linearisierte RNA-Gemisch über Gelelektrophorese aufge-

Abb. 5.4
Schema einer PCR; → Text (verändert nach LEHNINGER et al. 1994).

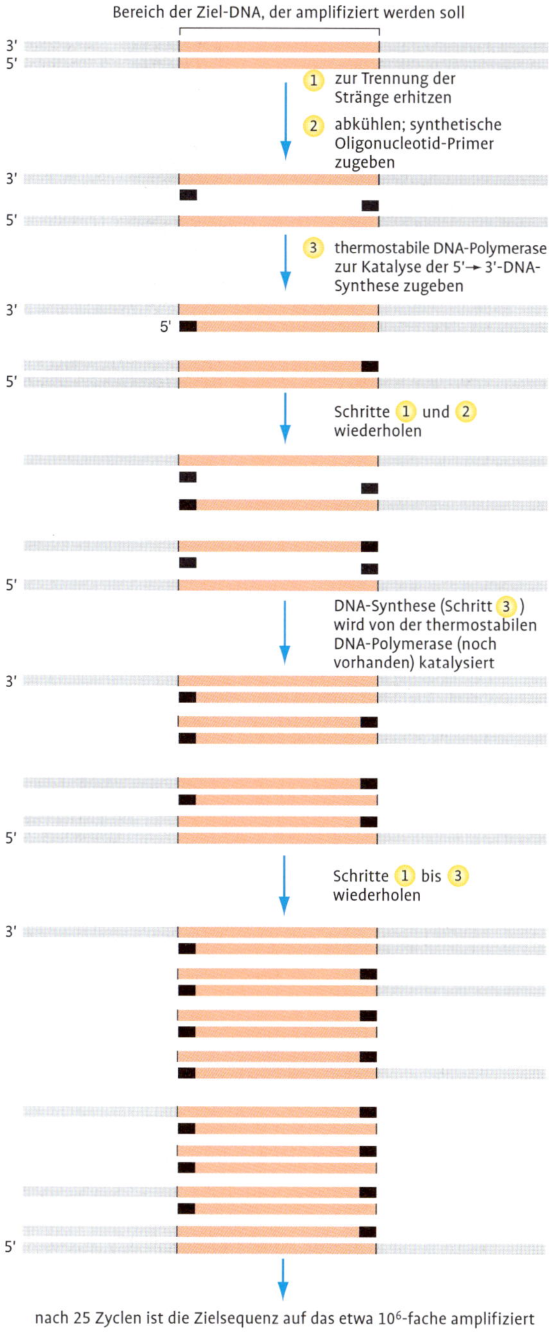

trennt. Von der Gelplatte wird wieder ein Blot hergestellt. Die Lokalisierung der RNA erfolgt durch Hybridisierung mit markierten DNA-Sonden.

▶ **Western-Blotting (Protein-Blotting).** Die Methode wird hier deshalb nur anhangsweise erwähnt, weil es sich nicht um einen Nachweis von Nucleinsäuren, sondern von Proteinen handelt. Mit Hilfe von Antikörpern werden auf einen Blot übertragene Proteine nachgewiesen.

5.1.4 PCR (Polymerase Chain Reaction; Polymerase-Kettenreaktion)

Bei gentechnischen Arbeiten verfügt man oft nicht über ausreichende DNA-Mengen, sei es für Sequenzierungsarbeiten (Seite 18) oder sei es für den Nachweis von Transgenen. Über PCR lassen sich nun definierte DNA-Abschnitte vervielfältigen. Es handelt sich also um eine Methode der selektiven Amplifikation (Vervielfältigung) von DNA-Sequenzen. Sie arbeitet hochspezifisch und ebenso empfindlich. Sie ist außerdem einfach durchzuführen. So muss die zu amplifizierende DNA nicht gereinigt werden.

Notwendig ist es, die Sequenzen an den beiden Enden der zu vervielfältigenden DNA zu kennen. Erforderlich sind Oligonucleotid-Starter (Primer), die zu diesen Enden komplementär sind. Wichtig ist eine DNA-Polymerase (ein Enzym, das DNA-Einzelstränge an einem vorgegebenen Strang synthetisiert), die hitzeunempfindlich ist, und unabdingbar sind auch die Bausteine für die DNA-Synthese, die vier dNucleosid-triphosphate (Seite 17).

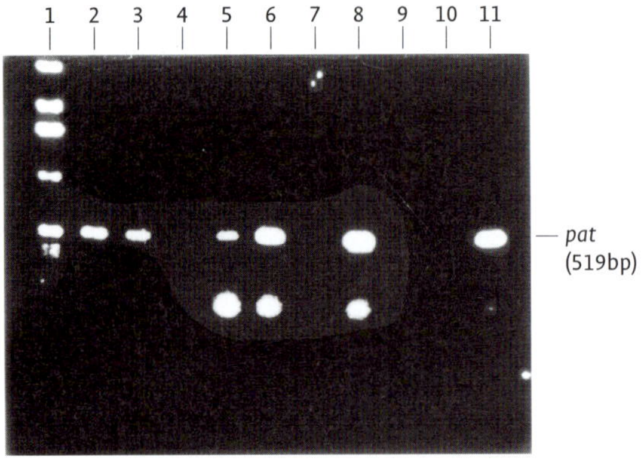

Abb. 5.5
PCR-Nachweis des *pat*-Gens in transgenen Kichererbsen (*Cicer arietinum*). Das *pat*-Gen war über Mikrobombardement eingebracht worden. Die über PCR vermehrte *pat*-DNA aus den Kichererbsen (Größe 519 bp) wurde elektrophoretisch aufgetrennt und über Behandlung mit Ethidiumbromid im UV sichtbar gemacht. **1** Leiter mit DNAs bekannter Größe; **2** *pat*-DNA im zum Beschuss verwendeten Konstrukt; **3** transgener Tabak mit dem *pat*-Gen; **4** *Cicer*, Kontrolle ohne *pat*-Gen; **5 – 11** *Cicer*, Sprosse von verschiedenen Pflanzen aus dem Beschussversuch. **5,6,8** und **11** enthalten das *pat*-Gen (Foto R. HAHN).

▶ **Der Ablauf** (Abb. 5.4): Die DNA wird durch Erhitzen auf 95 °C in ihre beiden Einzelstränge denaturiert. Nach Abkühlung paaren die im Überschuss zugegebenen Oligonucleotidprimer mit den Einzelsträngen. Sie binden dabei an jeweils eines der beiden Enden der zu vervielfältigenden DNA-Sequenz. Der Überschuss an den Startern verhindert, dass die alten DNA-Einzelstränge wieder miteinander paaren. Eine hitzestabile DNA-Polymerase steht aus dem in heißen Gewässern vorkommenden Bakterium *Thermus aquaticus* zur Verfügung. Diese **Taq-Polymerase** verlängert unter Einsatz der dNucleosid-triphosphate die beiden Oligonucleotid-Starter bei mittleren Temperaturen (bis zu 72 °C) in 3′-Richtung. Dabei schießen die neu gebildeten Ketten jeweils über die betreffende DNA-Sequenz hinaus. Der Starter am anderen DNA-Einzelstrang bedeutet ja kein Stoppsignal!

HINWEIS
Berücksichtigen Sie, dass die Replikation **nicht** auf Höhe des Starters am **gegenüberliegenden** Einzelstrang abbricht. Die Ausrede, dass man diesen Fehler selbst in ministeriellen Broschüren finden kann, verfängt nicht!

Im zweiten Zyklus wird die neu gebildete DNA wieder durch Erhitzen auf 95 °C in ihre Einzelstränge zerlegt, nach Abkühlen hybridisieren die Primer, jetzt auch an den neu gebildeten Enden, die Taq-Polymerase arbeitet erneut. Dabei wachsen die neuen DNA-Stränge jetzt nur noch zu 50 % über die gewünschte Sequenz hinaus. In den anderen 50 % wird ihr Wachstum beendet, weil die DNA-Matrize mit einem Primer endet.

Im gleichen Ansatz werden die Zyklen (Erhitzen zum Denaturieren, Abkühlen zur Anlagerung der Primer und zur DNA-Synthese) 20 bis 35mal wiederholt. Die gesuchte DNA-Sequenz wird dabei exponentiell selektiv amplifiziert und damit nachweisbar (Abb. 5.5), die nicht gewünschte sonstige DNA bis zur Unkenntlichkeit ausgedünnt. Dabei genügt es, ein einziges DNA-Molekül vorzulegen. Gewiss ein begeisterndes Verfahren, das nach Vorarbeiten von anderer Seite seit 1983 besonders von Mullis (Saiki et al. 1985, Mullis 1994) ausgebaut wurde, der dafür 1993 den Nobelpreis erhielt. Doch gerade seine hohe Empfindlichkeit bringt es mit sich, dass man beim Nachweis einer Genübertragung, zu dem die PCR oft verwendet wird, sehr vorsichtig sein muss. Denn wenn auch nur ein einziges Molekül der Fremd-DNA, die man zu übertragen versucht, in den PCR-Ansatz gerät, kann es selektiv amplifiziert werden und so eine geglückte Genübertragung vortäuschen. Vor allem gilt Vorsicht beim Einsatz von Agrobakterien (Seite 80) zum Gentransfer. Denn die Bakterien werden bei entsprechenden Transformationsversuchen zwar in ihrem Wachstum blockiert, bleiben aber noch lange im Pflanzenmaterial vorhanden und können so ihre DNA in eine PCR einbringen. Auch eine einzige *Agrobacterium*-Leiche kann die Analyse verfälschen!

▶ **RT-PCR. Reverse Transkriptasen (RT)** überführen RNA in einsträngige **cDNA** (complementary DNA). Mit ihr lässt sich dann wie geschildert eine PCR durchführen. Man kann so die Expression eines Gens, auch eines Transgens nachweisen. Damit belegt man aber auch, dass das betreffende Transgen überhaupt vorhanden ist.

5.1.5 Übertragungsvektoren

Für eine Genübertragung benötigt man zunächst einen Donor und einen Rezeptor. Beim **Donor** (Donator) handelt es sich um Protoplasten, Zellen oder Organismen, die das zu übertragende Genmaterial liefern; beim **Rezeptor** um Protoplasten, Zellen oder Organismen, die es aufnehmen sollen. In der Frühzeit der Gentechnik, so bei Averys' Versuchen (Seite 15) und bei den ersten Transferexperimenten an höheren Pflanzen musste man noch mit der Gesamt-DNA eines Donors arbeiten. Heute überträgt man Einzelgene. Auf die Isolierung von Genen können wir im Rahmen dieses Buches nicht eingehen.

Hat man ein Gen isoliert, so muss man es in eine geeignete Übertragungsform, einen **Vektor** einbringen. Er muss vermehrbar sein, um ihn als Stammkultur vorrätig zu haben und um genügend Genmaterial für einen Gentransfer zur Verfügung zu haben. Die Vermehrung erfolgt meistens in Bakterien.

▶ **Plasmide (und Phagen).** Die derzeit meistverwendeten Vektoren sind Plasmide. Das Genmaterial der Bakterien ist überwiegend auf einem großen DNA-Ring lokalisiert, den man meist als Chromosom bezeichnet. Neben diesem Hauptgenom finden sich oft noch kleinere DNA-Ringe, die man Plasmide nennt. Auf ihnen können zum Beispiel Gene für Resistenzen gegen bestimmte Antibiotika liegen.

Plasmide werden wie das Hauptgenom vermehrt

Abb. 5.6
Das Einbringen eines Fremdgens in ein Plasmid und Infektion von Bakterien mit dem so entstandenen Vektorplasmid (vgl. Text). Das Vektorplasmid mitsamt dem eingebauten Fremdgen wird in den Bakterien vermehrt und bei Teilungen weitergegeben. So kann das Fremdgen kloniert werden (HESS 1990).

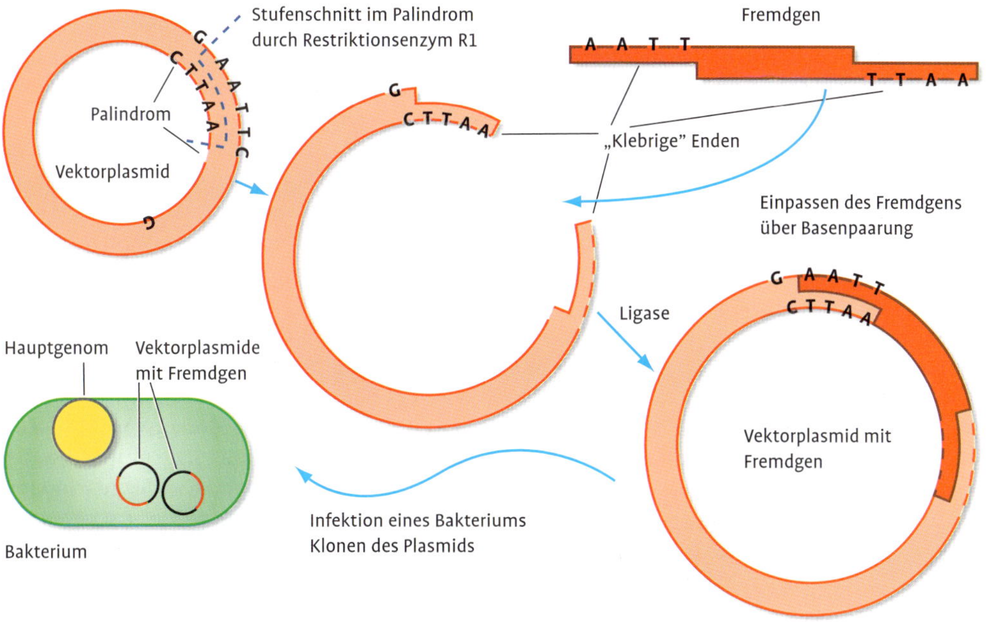

Tab. 5.2
Einige bei Pflanzen häufig verwendete konstitutive oder induzierbare Promotoren. *A: Agrobacterium*; Adh: Alkohol-dehydrogenase; CaMV: Cauliflower Mosaic Virus; Rubisco: Ribulose-1,5-bisphosphat-carboxylase-oxidase.

Promotor	Herkunft	originäres Transkript	Expression in transgenen Pflanzen
Adh1 intron1	Mais	1. Intron des *adh1*-Gens	konstitutiv; besonderes in Monocotyledonen
nos	*A. tumefaciens*	Nopalinsynthase	konstitutiv; relativ schwach; vor allem in Dicotyledonen
35S	CaMV	35S-RNA	konstitutiv; stark auch in Monocotyledonen
PinII	Kartoffel	Proteinase-Inhibitor II	wundinduzierbar; vor allem in Dicotyledonen
rbcS	Tomate Reis	kleine Untereinheit Rubisco	lichtinduzierbar; in Mono- und Dicotyledonen
ubi	Mais	Ubiquitin	konstitutiv; sehr stark in Monocotyledonen

und bei Teilungen in die Tochterzellen weitergegeben. Plasmide können von einem gegebenen Bakterium aber auch abgegeben und von anderen Bakterien aufgenommen werden. Diese Weitergabe ist über die Artgrenzen hinweg möglich. Sind die betreffenden Plasmide Träger von Resistenzen gegen Antibiotika, können sie zu einer besonderen Gefahr im klinischen Betrieb werden.

Auch bestimmte, sogenannte **transduzierende Phagen**, Viren der Bakterien also, lassen sich zu Genübertragungen einsetzen. Transduzierende Phagen übertragen ihre DNA an sich in Zellen von Bakterien, aber auch von Eukaryonten, wie Merril 1971 schon in den ersten Transformationsversuchen an menschlichen Zellen herausfand. Das Fremdgen wird in die DNA der Phagen eingebaut und mit ihr in die Zellen auch von Tieren und Pflanzen übertragen (Seite 129). Ein Vorteil der Phagentechnik ist, dass das Genmaterial im Phagenkopf verpackt und somit geschützt ist. Eben die Verpackung bringt aber auch Nachteile mit sich. Denn Fremd-DNA kann nicht in beliebiger Menge in den Phagenkopf eingebracht werden. Vor allem aber lassen sich auf Plasmidbasis besonders leicht geeignete Vektoren konstruieren. Genübertragungen mit Hilfe von Phagen werden deshalb derzeit zwar noch an Tieren, aber kaum mehr an Pflanzen durchgeführt.

▶ **Restriktionsenzyme und der Einbau von Fremdgenen in Vektoren**. Erinnern wir uns daran, dass viele Restriktionsenzyme in ihrem Palindrom einen Stufenschnitt legen und so klebrige Enden aus DNA-Einzelsträngen liefern (auch Enzyme, die stumpfe Enden entstehen lassen, sind verwendbar, wenn auch mit einigen Schwierigkeiten; sie werden deshalb hier nicht behandelt). Das gilt auch für Plasmide. Sie lassen sich mit Hilfe von Restriktionsenzymen aufschneiden (Abb. 5.6). Die dabei gebildeten klebrigen Enden paaren leicht mit komplementären Einzelstrangenden. Der Gentechniker macht sich das zunutze: Ein Fremdgen-Konstrukt mit entsprechenden, komplementären klebrigen Enden wird in das aufgeschnittene Plasmid eingepaßt. Nach Schließen des Rings ist ein **Vektorplasmid** mit eingebautem Fremdgen entstanden. Es wird in ein passendes Bakterium eingebracht. Mit dem Bakterium wird dann auch das Plasmid vermehrt. Man spricht hier vom **Klonen** des Fremdgens bzw. des Plasmids.

In der Regel wird nicht das originäre Fremdgen übertragen. Denn man kombiniert die codierende Region des Fremdgens mit **Promotoren**, die der Zielsetzung optimal entsprechen, und mit **Markergenen**, diese ebenfalls mit entsprechenden Promotoren. Die für den Transfer bestimmten Konstrukte bestehen dann aus Komponenten verschiedener Herkunft. Man bezeichnet sie deshalb als **chimäre Gene**. Gehen wir auf einige Markergene und Promotoren ein:

▶ **Promotoren** können unter verschiedenen Aspekten spezifisch wirken. In einer gegebenen Pflanzenart können sie stark oder schwach, kontinuierlich oder erst nach einer Induktion (induzierbar), organ- und gewebespezifisch oder in dieser Hinsicht unspezifisch arbeiten. Manche Promotoren sind spezifisch für bestimmte systematische Kategorien der Pflanzen. Einige gebräuchliche Promotoren bringt Tab. 5.2.

Die Gentechnik arbeitet mit jeweils spezifisch auf die jeweilige Situation zugeschnittenen Promotoren (Abb. 5.7). So kann man die Aktivität eines Transgens in einem bestimmten Gewebe oder Organ zulassen oder unterbinden. Allerdings kann die Spezifität eines Promotors auch zu wünschen übrig lassen.

▶ **Marker-Gene** haben ihren Namen daher, dass eine transgene Pflanze über ihre Aktivität gekennzeichnet, markiert wird. Marker-Gene können wie eben erwähnt mit Nutz-Genen auf derselben DNA gekoppelt und dann übertragen werden. Eine andere Möglichkeit ist, sie auf anderer DNA als die Nutzgene aber zusammen mit diesen zu übertragen (**Cotransformation**). Ist dann ein Marker-Gen im Rezeptor nachweisbar, wurde mit hoher Wahrscheinlichkeit auch das Nutz-Gen übertragen.

Im Einzelnen unterscheidet man zwischen Markern, deren Expression eine Selbst-Selektion ermöglicht (selektierbare Marker-Gene) und anderen, bei denen das nicht der Fall ist (Reporter-Gene).

▶ **Selektierbare Marker-Gene.** Bereits 1974 hatte Hess die Kanamycin-Resistenz und damit das ***nptII*-Gen** in die Grüne Gentechnik eingeführt. Es codiert für **N**eomycin-**p**hospho**t**ransferase **II**, ein Enzym, das das Antibiotikum **Kanamycin** durch Phosphorylierung inaktiviert. Bei Kanamycin-Einwirkung bleichen unveränderte Pflanzen vor dem Absterben aus und lassen sich so schon früh selektionieren; entsprechendes gilt auch für Zellkulturen. Transgene Pflanzen oder Gewebe werden durch Kanamycin nicht geschädigt (Seite 83). Die Verwendung von Kanamycin ist auch insofern vorteilhaft, als die Substanz in der Medizin wenig gebräuchlich ist. Außerdem findet sich Kanamycin-Resistenz bei so zahlreichen Bakterien des Bodens, dass es durch kanamycin-resistente Pflanzen kaum zu einer Veränderung der Bodenflora kommen kann – selbst wenn es das je geben sollte! Für Zweikeimblättrige ist ***nptII*** der selektierbare Marker der Wahl. Bei Getreidearten kann es allerdings versagen.

Ersatz bieten hier das ***pat-*** oder ***bar*-Gen**, die beide bei Getreide gut selektierbare Marker sind. Es handelt sich im Prinzip um das jeweils gleiche Gen, das die Phosphinothricin-transacetylase codiert. Das Enzym inaktiviert das Totalherbizid **Phosphinothricin** (PPT; Seite 42) durch Acetylierung. Für die betreffenden Gene transgene Pflanzen und Gewebe lassen sich über ihre PPT-Resistenz selektionieren.

▶ **Reporter-Gene** codieren für leicht nachweisbare Enzyme oder Proteine. Sie berichten, zum Beispiel nach Anfärbungen auf die betreffende Enzymaktivität, dass sie vorhanden sind und exprimiert werden. Ihre Aktivität kann jedoch nicht wie bei den selektierbaren Markern zu einer Selbst-Selektion genutzt werden. Zwei vielfach verwendete Reporter seien genannt: Das **uidA-Gen** codiert für das Enzym α-Glucuronidase

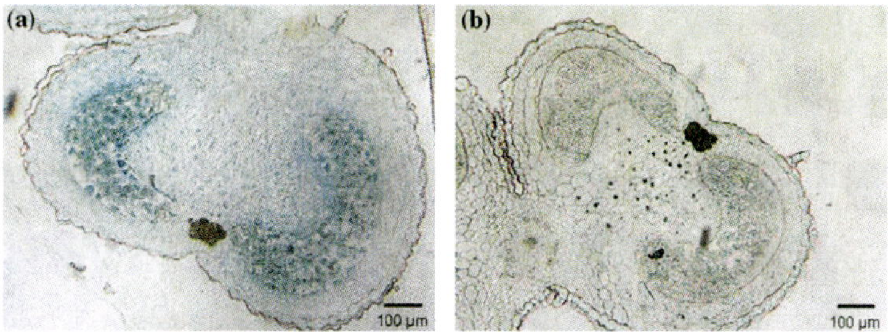

Abb. 5.7
Gewebespezifität von Promotoren. **a** Transgener Tabak enthielt ein *uidA*-Gen unter der Kontrolle eines tapetum-spezifischen Promotors. Die blaue Anfärbung (Test auf ß-Glucuronidase) im Querschnitts durch eine Anthere belegt, dass *uidA* wirklich nur imTapetum aktiv wurde. **b** Wildtyp-Kontrolle (Foto M. Bayer; Bayer and Hess 1994).

(GUS), das entsprechende Substrate unter Bildung eines blauen Farbstoffs spaltet (Abb. 5.7). Beim Enzymnachweis sterben die betreffenden Gewebe meist ab. Doch gibt es auch nicht-toxische Tests auf GUS.

Das ***gfp*-Gen** stammt aus der Qualle *Aequorea victoria*. Es codiert für **GFP** (**g**reen-**f**luorescent **p**rotein), das nach Blau- oder UV-Anregung grün fluoresziert. Vorteilhaft ist, dass es sich nicht um ein Enzym handelt. Der Nachweis basiert deshalb nicht wie sonst auf einer Enzymreaktion, für die alle möglichen Voraussetzungen gegeben sein müssen (Substrate, Cofaktoren, entsprechende Permeabilität der Gewebe etc.). Was man benötigt ist lediglich anregendes Blau- oder UV-Licht und etwas Sauerstoff. Dann kann man Gewebe oder Pflanzen auf Fluoreszenz hin durchmustern (Abb. 5.8). Entscheidend ist auch, dass es sich um einen **Vitaltest** handelt, weil GFP keine toxischen Wirkungen zeigt. Das *gfp*-Gen ist auf einem Siegeszug.

Abb. 5.8
GFP-Fluoreszenz in *gfp*-transgenem Weizen. Das Pflänzchen hatte sich aus Kallus über ein Embryoid entwickelt (Foto M. Huber; Huber et al. 2002).

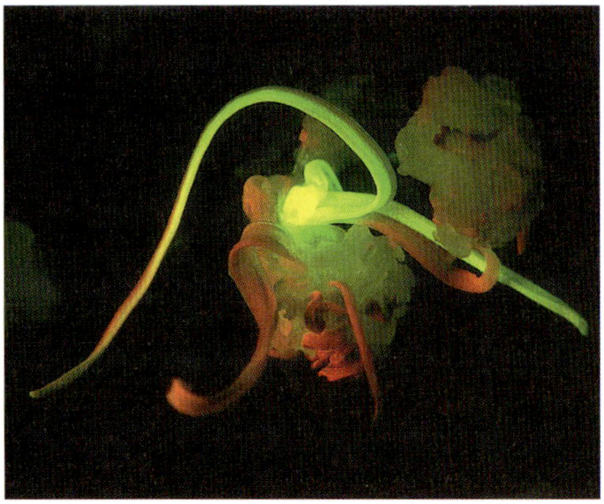

5.1.6 Transiente Expression

Vielfach werden zahlreiche Fremdgen-Kopien in die Rezeptorpflanze übertragen. Sie können im Rezeptor zur Expression kommen, ohne in sein Genom integriert zu werden. Man spricht dann von einer transienten Expression (Abb. 5.9). Sie erreicht nach einiger Zeit, oft nach einigen Tagen, ihren Höhepunkt und fällt dann wieder ab. Nur ein kleiner Bruchteil der Kopien wird in das Genom aufgenommen.

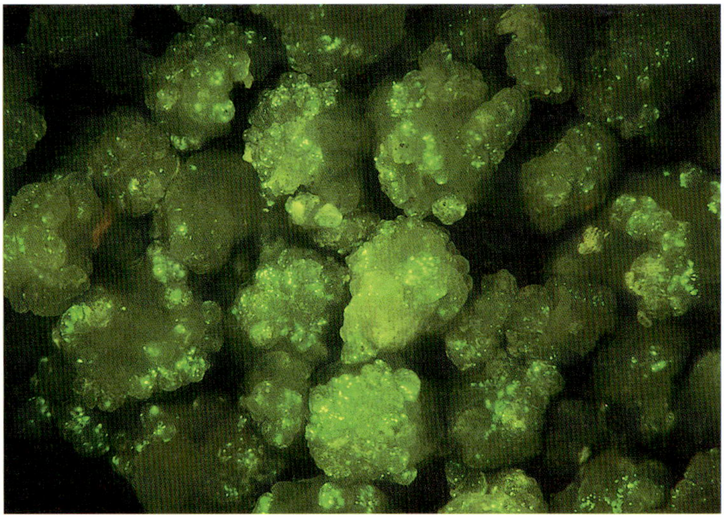

Abb. 5.9
Transiente Expression des *gfp*-Gens in Weizenkallus. Das Gen war über Partikelbeschuß übertragen worden. Gelbgrüne Fluoreszenz zeigt die Bildung von GFP über transiente Expression von *gfp* an. Nach einigen Tagen ist keine Fluoreszenz mehr sichtbar (Foto M. Huber).

Abb. 5.10
Antisense-Technik zur Blockierung einer Genexpression. Von den DNA-Doppelhelices oben und unten wird jeweils nur der codierende Strang mit dem betreffenden Gen gebracht. Oben das zu blockierende Gen. Seine codierende Region wird invers an den betreffenden Promotor (P) gekoppelt. Das resultierende Konstrukt mit invers orientierter codierender Region (unten) wird in die DNA des betreffenden Organismus eingesetzt. Bei der Transkription liefert es Antisense-RNA, die mit der normalen mRNA (Sense-RNA) zu einer RNA-Duplex hybridisiert und sie so abfängt (Mitte).

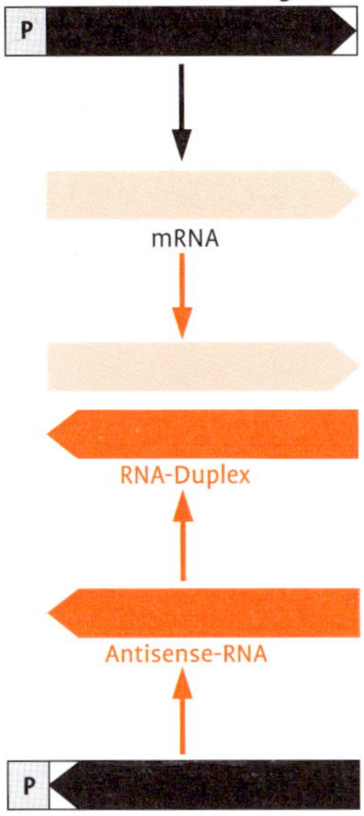

▶ **Produktion therapeutischer Humanproteine in Pflanzen.** Bei der Produktion therapeutischer Humanproteine lassen sich entsprechend transgene Bakterien nicht einsetzen. Denn sie können das Processing der eukaryotischen Prä-mRNA nicht durchführen. Tierische Zellen stehen in Kultur nicht in ausreichenden Mengen zur Verfügung. Vor allem aber besteht bei ihnen stets die Gefahr einer Kontamination, zum Beispiel mit HIV oder Hepatitis B. Pflanzen sind hier die idealen Produzenten: als Eukaryonten führen sie ein Processing durch, wie es gerade bei den kompliziert gebauten Genen für pharmazeutisch wichtige Humanproteine oder Humanglycoproteine erforderlich ist, und sie können nicht mit Human-Pathogenen infiziert werden. Weltweit wird deshalb daran gearbeitet, Pflanzen als Produzenten einzusetzen. Zunächst handelte es sich um transgene Pflanzen, später auch um die Ausnutzung der transienten Expression.

▶ **Produktion therapeutischer Humanproteine in Pflanzen über transiente Expression.** Die transiente Expression kann so stark sei, dass sie sich zu Produktionszwecken ausnutzen lässt, so zum Beispiel bei therapeutischen Proteinen. Vegetative Pflanzen meist des Tabaks (*Nicotiana tabacum*) werden im Tauchbad mit *Agrobacterium tumefaciens* (Seite 79) infiltriert. Die entsprechend veränderten Bakterien übertragen T- DNA mit eingebautem Fremdgen, zum Beispiel für einen Human-Antikörper, in die Pflanzenzellen. Die Pflanzen werden dann normal weiter kultiviert. Über transiente Expression kommt es zur Bildung der betreffenden Human-Antikörper, die aus den Pflanzen isoliert werden. Die meisten T-DNA-Kopien gehen nach einiger Zeit verloren. Die mögliche Bildung von transgenen Pflanzen wird nicht weiter verfolgt. Vorteilhaft ist auch, dass die Methode rasch und mit hoher Ausbeute arbeitet. Doch wird es bis zur Zulassung der gewonnenen Proteine wegen der erforderlichen klinischen Tests noch lange Jahre dauern.

5.1.7 Antisense-Technik

Beim bisher Besprochenen war es das Ziel des Gentransfers, zu einer neuen Merkmalsbildung zu kommen. Für Theorie wie Praxis ist aber auch die entgegen gesetzte Zielsetzung wichtig: eine bestimmte **Merkmalsbildung zu blockieren**. Mit Hilfe der Antisense-Technik lässt sich das erreichen (Abb. 5.10): In einer gegebenen Pflanze sei ein Gen x vorhanden, das blockiert werden soll. Die codierende Region von x steht zur Verfügung. Nun wird ein passender Promotor an das bisherige Ende der codierenden Region angesetzt. Die codierende Region wird also umgedreht, was ihre Lage zum Promotor angeht. Sie ist **invers** orientiert. Nach Integration in die Rezeptor-DNA wird sie in Gegenrichtung – verglichen mit der normalen Ableserichtung von Gen x – abgelesen. Damit entsteht eine mRNA, die zur normalen mRNA komplementär ist, die **Antisense-RNA**. Die von dem normal orientierten Gen x angelieferte mRNA bildet mit der Antisense-RNA eine RNA/RNA-Hybride. Die mRNA wird so abgefangen. Die RNA/RNA-Hybride kann nicht zur Translation verwendet werden und wird offensichtlich schnell abgebaut. Gen x ist damit blockiert, zwar meist nicht völlig, aber doch so stark, dass es wenigstens zu Störungen der betreffenden Merkmalsbildung kommt.

5.1.8 RNA-Interferenz (RNAi)

Nachhaltiger als über die Antisense-Technik lässt sich Gen-Expression über **RNA**-Interferenz (**RNAi**) blockieren. Das Phänomen wurde entdeckt, als man versuchte, die Anthocyanbildung in Blüten von Petunien durch Transfer von homologen Genen der Anthocyansynthese noch zu verstärken. Genau das Gegenteil trat ein: die Anthocyansynthese wurde stark reduziert. Die Expression nicht nur des Transgens, sondern auch des homologen Gens in der Pflanze wurde extrem abgeschwächt, ein Effekt, den man **Cosuppression** nannte. 2006 erhielten Fire und Mello den Nobelpreis für die Aufklärung des Mechanismus an dem Nematoden *Caenorhabditis elegans* (Fire *et al.* 1998).

Abb. 5.11
RNAi. Ablauf des post-transkriptionellen Gen-Silencing (→ Text).

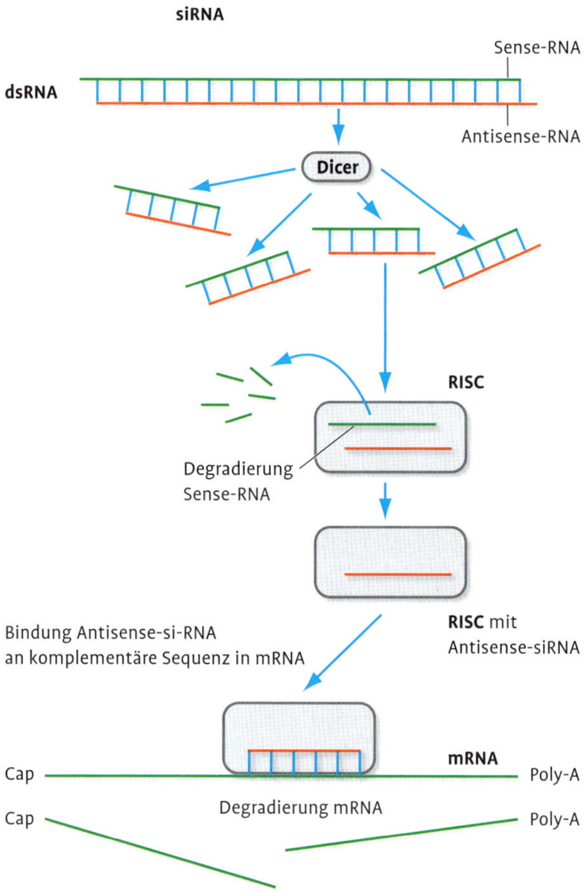

Für die **RNA-Interferenz** (Abb. 5.11) muss eine doppelsträngige RNA (dsRNA) vorgelegt werden. Hier kommen Pflanzenviren infrage, deren genetisches Material meistens RNA ist und deren Replikation über ein Doppelstrangstadium verläuft. Doch finden sich in allen Eukaryonten Gene, die bei der Transkription RNA anliefern, die mit sich selbst haarnadelartig zu hpRNA (hairpin RNA) paart. Eine komplex gebaute Ribonuclease, der **Dicer**, zerlegt die dsRNA in die 21–25 Nucleotide langen **siRNAs** (**s**mall **i**nterfering **RNA**s). An ihren beiden Enden stehen jeweils einige Nucleotide über. Die siRNAs werden vom **RISC** (**R**NA-**I**nduced **S**ilencing **C**omplex) gebunden. In ihm werden die siRNAs entwunden und einer der beiden Einzelstränge wird degradiert. Wenn die Sense-RNA abgebaut wurde, resultiert ein RISC, der noch die Antisense-RNA führt. Sie paart mit komplementären Sequenzen in der mRNA. Eine Endonuclease im RISC zerlegt die mRNA in zwei große Bruchstücke, die dann durch wenig spezifische Exonucleasen völlig abgebaut werden. Damit ist die Expression des Gens blockiert, das die betreffende mRNA codiert hatte. Der geschilderte Ablauf ist der häufigste und wird gentechnisch bevorzugt eingesetzt (→ unten). Bei ihm handelt es sich um ein **post-transkriptionelles**

Abb. 5.12
Struktur eines RNAi – induzierenden Transgens. Nach der Transkription faltet sich die gebildete mRNA zu einer hpRNA auf, die dann nach Zerlegung im Dicer etc. wie in Abb. 5.11 zur Wirkung kommt. P = Promotor; T = Terminator.

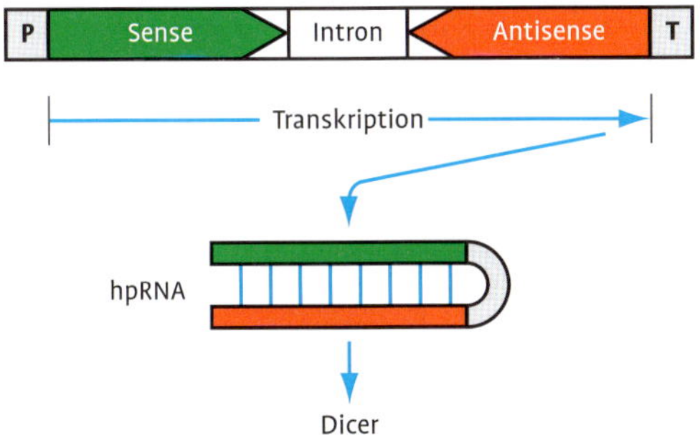

Gene-Silencing (**PTGS**). Eine der Varianten ist das transkriptionelle Gen-Silencing (TGS), bei dem die DNA methyliert und dadurch die Transkription unterbunden wird.
In der **Gentechnik** geht man von in ihrer Sequenz bekannten Zielgenen aus und imitiert die Natur: Man konstruiert Gene, in denen außer der Sense-DNA des Zielgens auch ihre Antisense-DNA enthalten ist. Beide werden durch ein Intron getrennt (Abb. 5.12). Die betreffenden Konstrukte werden übertragen Bei ihrer Transkription entsteht eine RNA, die mit sich selbst haarnadelartig paart (hpRNA). Damit ist eine dsRNA gegeben, an der der Dicer ansetzen kann etc.. Letztlich lässt sich dann die Expression des Zielgens unterbinden. Das ist auch bei Pflanzen in einer Reihe von Fällen gelungen, vor allem auch bei einigen phytopathogenen Viren in Tabak, Tomate und Mung-Bohne (*Vigna mungo*, Urdbohne, engl. black gram). Einige weitere Beispiele werden an anderer Stelle gebracht (Seiten 136, 193, 248, 391).

5.1.9 Eliminierung von Transgenen

Transgene, die nicht mehr benötigt werden, lassen sich nicht nur blockieren, sondern auch aus dem Genom entfernen. Eine der Methoden dazu ist der Einsatz von speziellen **Rekombinasen**, das heißt Endonucleasen, die DNA-Sequenzen spezifisch herausschneiden können. Man fügt zu beiden Seiten des Transgens A Ansatzstellen für die Rekombinase ein. In eine andere Pflanze der betreffenden Art überträgt man ein exprimierbares Gen für Rekombinase. Kreuzt man die Pflanze mit Transgen A mit der Rekombinase-Pflanze, wird das Transgen A herausgeschnitten (Seite 185). So kann man auch Marker-Gene entfernen, falls ihre permanente Präsenz für bedenklich gehalten werden sollte.

5.2 Methoden des Gentransfers

5.2.1 Direkter und indirekter Gentransfer

Fremdgene können sowohl in direkten als auch in indirekten Verfahren übertragen werden. Beim direkten Gentransfer wird das betreffende Genmaterial unmittelbar in die Rezeptoren selbst eingebracht, beim indirekten zunächst in Agrobakterien (oft *Agrobacterium tumefaciens*). Die Bakterien fungieren als Zwischenwirte. Die Fremdgene werden in ihnen bei Teilungen repliziert und schließlich von ihnen in Zellen des Rezeptors übertragen (→ Box 5.1).

▶ **Indirekter Gentransfer über *Agrobacterium tumefaciens***. Bei der Bildung von Wurzelhalsgallen findet sich also ein **natürlicher Gentransfer aus Bakterien in Pflanzen**. Damit bietet sich das Ti-Plasmid als Vektor auch für experimentelle Genübertragungen geradezu an. Gentechniker wie J. Schell und M. van Montagu ließen sich eine solche Chance nicht entgehen. Störend war zunächst, dass man bei Genübertragungen mit Hilfe von *A. tumefaciens* keine Pflanzen, sondern eben Tumore erhielt, aus denen nur mit Schwierigkeiten Pflanzen regeneriert werden konnten. Den entscheidenden Fortschritt machte 1983 ein Team um Schell und van Montagu (Zambryski et al. 1983): Die Tumorgene wurden mit Hilfe von Restriktionsenzymen aus der T-DNA entfernt. An ihrer Stelle wurde ein chimäres Fremdgen eingebaut. Was für unveränderte T-DNA gilt, trifft auch für die gentechnisch aufbereitete T-DNA zu: alles, was zwischen den Bordersequenzen liegt, wird in die (meistens) chromosomale DNA integriert, also auch unser Fremdgen. Es wurde in

BOX 5.1

Agrobacterium tumefaciens: ein natürlicher Geningenieur

An der Übergangszone Spross – Wurzel finden sich bei vielen Pflanzenarten Krebsbildungen, die man ihrer Lokalisation nach als **Wurzelhalsgallen** bezeichnet. Sie gehen auf Tumor auslösende Bakterien, *Agrobacterium tumefaciens*, zurück. Über Wundstellen, zum Beispiel durch Scheuern am Boden, gelangen die Agrobakterien in die Pflanzen hinein. Man kann aber auch experimentell verwunden und dann mit Agrobakterien infizieren. So erhält man Tumoren an beliebigen Pflanzenteilen (Abb. 5.13).
Die Bakterien heften sich an die Wände intakter Zellen. Sie enthalten ein **tumorinduzierendes Plasmid (Ti-Plasmid)**. Ein Teil seiner DNA, die **T-DNA** (Transfer-DNA; Abb. 5.14) wird aus dem Plasmid herausgeschnitten. Für das Ausschneiden muss eine **Virulenz-Region** (*vir*-Region) aktiviert wirden, die auf dem Ti-Plasmid, aber außerhalb der T-DNA liegt. Aktivierende Faktoren sind zahlreiche Phenole, auch Flavonole (Seite 176). Im Tabak handelt es um Acetosyringon (Abb. 5. 15), das vielfach experimentell zugesetzt wird. Nach Aktivierung bildet sich eine Endonuclease (eine Nuclease, die im Innern der DNA ansetzt). Das Enzym schneidet in **Bordersequenzen,** die die T-DNA an beiden Enden flankieren. Alles Genmaterial, das zwischen den Bordersequenzen liegt, wird herausgeschnitten, in die Pflanzenzellen übertragen und dort in der Regel in die DNA der Chromosomen integriert. Da die Gene in der T-DNA über Promotoren verfügen, an denen die pflanzlichen RNA-Polymerasen ansetzen können, kommen sie in den Pflanzenzellen zur Expression. Auf der T-DNA lokalisierte Tumorgene greifen in den Hormonhaushalt der Pflanzenzellen ein. Zellteilungen ohne entsprechende Kontrolle führen zum Entstehen einer Geschwulst. Deren Zellen können wie alle pflanzlichen Tumorzellen ohne Zusatz von Phytohormonen wachsen und sich teilen. Normale Pflanzenzellen dagegen benötigen dazu eine Zufuhr von Hormonen.
Schieben wir die Frage ein, welchen Nutzen denn eigentlich die Bakterien aus der Tumorbildung ziehen. Dass sie nur eine komfortable Behausung suchen könnten, war nicht sehr wahrscheinlich. Die Agrobakterien bevorzugen vielmehr eine spezielle Kost aus Aminosäurenderivaten, die man **Opine** nennt. Mit der T-DNA gelangt auch die Information zur Opinsynthese in die Pflanzenzellen. Die genetische Information zur Verwertung der Opine findet sich in den Bakterien außerhalb ihrer T-DNA (Abb. 5.14). Die Opine werden zwar in Pflanzenzellen gebildet, können deshalb aber nur von den Bakterien genutzt werden. Die Bakterienpopulation wächst. Also müssen mehr Pflanzenzellen zur Verfügung stehen, die den zunehmenden Bedarf an Opin-Diät decken können. Der sich bildende, vielzellige Tumor entspricht dieser Anforderung.

den Pflanzenzellen exprimiert. Dabei lagen alle für den Gentransfer erforderlichen Funktionen in nur einem einzigen Ti-Plasmid, dem deshalb so genannten **cointegrativ**en **Vektorplasmid**. Doch das große Ti-Plasmid ist labil und unhandlich. Deshalb arbeitet man heute oft mit einem **binären Vektorsystem**, das von Schilperoort und Mitarbeitern (Hoekema et al. 1983) eingeführt wurde. Es besteht aus zwei Plasmiden, auf die die funktionell wichtigen Regionen verteilt werden: ein Helfer-Ti-Plasmid führt die *vir*-Region (→ oben), ein zweites kleineres Plasmid im Wesentlichen nur die T-DNA mit den Genen, die man zu übertragen wünscht. Das so oder so erhaltene Zellmaterial mit den integrierten Fremdgenen wird zu transgenen Pflanzen regeneriert (→ unten).

5.2.2 Methoden des Gentransfers

▶ **Historik.** In den Pionierzeiten musste noch mit Gesamt-DNA gearbeitet werden. Rezeptoren waren junge Keimlinge oder Embryonen. Auch fehlten biochemische und erst recht molekulare

Abb. 5.13
Spross von *Pharbitis nil* mit *Agrobacterium*-Tumor. Die Tumorbildung war durch Einstechen mit einer Nadel ausgelöst worden, die mit *Agrobacterium* getränkt war. Einige Wochen später hatte sich der Tumor entwickelt (Foto D. Hess).

Methoden zum Nachweis der Transgene. Dennoch wurden schon ab 1970 Ergebnisse erarbeitet, die sich nur mit Gentransfers erklären lassen (Review Hess 2006).

Im Folgenden können nur häufig verwendete oder unter bestimmten Aspekten besonders wichtige Verfahren gebracht werden. Die meisten von ihnen erfordern Regenerationen über Kalluskulturen. Dabei kam es immer wieder zu genetischen Veränderungen (Seite 64). So kann es sein, dass man zwar das Fremdgen eingeführt hatte, aber das originäre Genom verändert war. Nur die Pollentechnik und das Flower Dipping kommen ohne Regeneration aus.

▶ **Protoplasten-Technik.** Protoplasten können als Zellen ohne Zellwand besonders leicht DNA importieren. 1984 wurde von einer Arbeitsgruppe um Potrykus erstmals (Paszkowski et al. 1984) die Kanamycin-Resistenz in direkter Protoplasten-Technik in Tabak übertragen. 1985 folgten Schell und Mitarbeiter (Hain et al. 1985) mit direktem, aber auch indirektem Transfer der Kanamycin-Resistenz in Protoplasten ebenfalls des Tabaks (Abb. 5.16). Seitdem sind zahlreiche Pflanzenarten über **direkte oder indirekte** Protoplasten-Verfahren transformiert worden.

Der Korrektheit wegen eine Anmerkung: Agrobakterien benötigen Ansatzstellen an der Zellwand, um ihre T-DNA in die Zellen übertragen zu können. Deshalb wartet man, bis die isolierten Protoplasten ihre Zellwand rückgebildet haben, und gibt erst dann die Agrobakterien dazu. Genau genommen handelt es sich also nicht um einen Gen-Transfer in Protoplasten, sondern in aus ihnen entstandene Zellen.

▶ **Leaf-disk-Technik.** Hierbei handelt es sich um ein **indirektes** Verfahren, das 1985 von Fraley's Team (Horsch et al. 1985) eingeführt wurde. In der ursprünglichen Version wurden Blattscheiben ausgestanzt, daher die Bezeichnung. In Zellen an

Abb. 5.14
Ein Ti-Plasmid, das für die Synthese des Opins Nopalin codiert. **A** Übersicht. **B** T-DNA mit den Bordersequenzen (LB und RB, linke und rechte Bordersequenz). Die *vir*-Region außerhalb der T-DNA ist für die Virulenz, das heißt für die Übertragung der T-DNA zuständig. Die Gene in der *onc*-Region der T-DNA greifen in den Hormonhaushalt ein und bedingen so den Tumorcharakter; *nos* auf der T-DNA codiert die Nopalin-Synthase (verändert nach Draper and Scott aus Hess 1992).

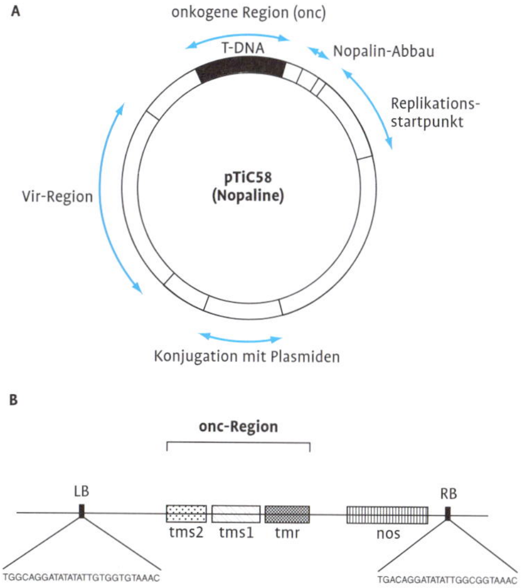

Abb. 5.15
Acetosyringon, ein experimentell häufig eingesetzter Aktivator der plasmidialen *vir*-Region von *A. tumefaciens*. Die Substanz kommt nur im Tabak vor, aus dem sie auch isoliert wurde (STACHEL et al. 1985).

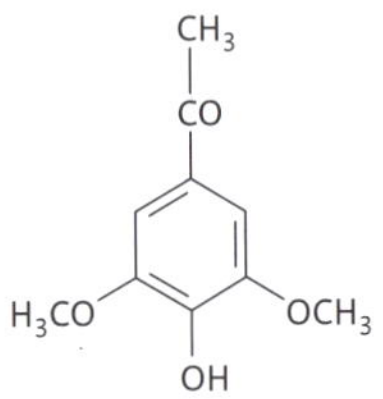

den Wundrändern der Explantate wurden dann Fremdgene über Cokultur mit *Agrobacterium tumefaciens* eingebracht. Über mehr oder weniger starke Kallusbildungen kommt es zur Regeneration von transgenen Pflanzen. Seitdem wurde die Technik ausgebaut. An die Stelle von Blattteilen können auch andere Explantate treten, zum Beispiel Sprossspitzen, Internodiensegmente oder Embryonen. Voraussetzung ist nur, dass sie Regenerate bilden können.
Die Technik lässt sich bei **Dikotyledonen** nahezu universell anwenden. Doch auch bei Getreide lässt sie sich einsetzen. 1997 erhielt ein Team um Hess mit ihr aus Sprossspitzen für Kanamycin-Resistenz stabil transgenen Weizen, bei dieser Art erstmals mit Sicherheit in einem indirekten Verfahren (Abb. 5.17; 5.3).

▶ **Partikelbeschuß** (Mikrobombardment, bioballistische = biolistische Technik). Es handelt sich um ein direktes Verfahren, das chaotische Züge aufweist und dennoch hervorragend funktioniert. Die Methode wurde von den Arbeitsgruppen um Sanford (Klein et al. 1987) und Christou (McCabe et al. 1988) eingeführt.
Winzige Gold- oder Wolfram-Partikel werden mit der DNA überzogen, die man übertragen möchte. Die betreffenden Mikropartikel werden dann mit einer Art Kanone (Particle gun) in die Rezeptorzellen hineingeschossen. Mit ihnen gelangt auch das Fremdgen in die Zellen. Ein Bruchteil der Fremdgene wird in das Rezeptor-Genom integriert. Aus den transformierten Rezeptorzellen werden dann transgene Pflanzen regeneriert. Zielgewebe können Kalli verschiedener Herkunft (Abb. 5.9), aber auch anderes Pflanzenmaterial sein. Bei Getreiden etwa kann man zum Beispiel das Scutellum selbst oder aus ihm gebildeten Kallus beschießen. In beiden Fällen entwickeln sich aus dem Kallus Embryoide (Abb. 5.8; → Seite 62), die zu transgenen Pflanzen regeneriert werden.
Das Verfahren ist bei systematisch sehr verschiedenen Arten einsetzbar. Bei der Transformation von Getreidearten ist es die Methode der Wahl. Die ersten stabilen Transformanten des Weizens wurden 1992 von Vasil und Mitarbeitern durch Partikelbeschuss von Scutellar-Kallus erhalten.

Abb. 5.16
Direkte Protoplasten-Technik: Transfer des *nptII*-Gens für Kanamycin-Resistenz. Protoplasten des Tabaks waren mit einem *nptII*-haltigen Cosmid-Vektor, einer Plasmidvariante, inkubiert worden. Im Experiment entwickelten sich Kalli, die auf Kanamycin-Medium wuchsen (links), in Kontrollen (rechts) nicht (Foto B. HAUFF; verändert nach HESS 1990).

Fig. 5.17
Leaf disk-Technik: Transfer des *nptII*-Gens für Kanamycin-Resistenz in Weizen. Kallus aus Spross-Spitzen wurde mit *A. tumefaciens* cokultiviert, der *nptII* einbrachte. Aus transgenem Kallus wurde kanamycin-resistenter Weizen regeneriert (rechts), links Kontrollkallus, beide auf Agarmedium mit Kanamycin (Foto K. VIERTEL; verändert nach VIERTEL et al. 1997).

Abb. 5.18
Indirekte Pollentechnik: Transfer des *nptII*-Gens für Kanamycin-Resistenz. Agrobakterien, die in ihrer T-DNA *nptII* führten, waren in junge Blütchen des Weizens einpippetiert worden. Damit kam es zu einer in situ Cokultur der Pollen mit *Agrobacterium*. Die danach über Selbstung gebildeten Körner wurden auf Kanamycin-Resistenz selektioniert und dann in Erde übertragen. Links kanamycin-resistenter Weizen, rechts eine Kontrolle (Foto D. HESS; HESS 1990; Lit. HESS et al. 1990).

Pollen-Technik. Dabei handelt es sich um die chronologisch älteste Technik. Sie wurde 1974 von Hess eingeführt. Fremdgene werden **direkt oder indirekt** in Pollen oder Pollenschläuche eingebracht. Über den Pollenschlauch können sie bei der Befruchtung in die Zygote übertragen werden. Alternativ können die Fremdgene am wachsenden Pollenschlauch entlang zum Embryosack und dann mit der Befruchtung in die Zygote oder in den sich entwickelnden Embryo gelangen. Die dann gebildeten Samen lassen sich normal, das heißt **ohne Regeneration** zu Pflanzen aufziehen. Die Technik ist meist einfach und universell durchführbar. Anfänglich wurden die Pollen in der **direkten Pollen-Technik** mit Fremd-DNA, auch mit transduzierenden Phagen (Seite 129)) inkubiert, später auch in der **indirekten Pollen-Technik** mit Agrobakterien cokultiviert
Die Agrobakterien übertrugen dabei Fremdgene wie *uidA* (Seite 75) in Pollen von *Petunia* (Süssmuth et al. 1991). Über Selbstungen mit solchen Pollen kam es zuerst bei der Petunie, dann bei Weizen (Abb. 5.18) und Tabak zu entsprechend transgenen Nachkommen (Review Hess 2006; → auch Seite 129).
Nach Einführung des Mikrobombardments wurden in zahlreichen Arbeiten **Pollen oder Pollenvorstufen beschossen,** eine erfolgversprechende **direkte Variante**. Seit 1997 wurden mehrfach über Bestäubung mit den beschossenen Pollen transgene Pflanzen erhalten. Die weitaus meisten Publikationen begnügten sich jedoch mit einer nur transienten Expression in den Pollen, die leicht zu beobachten ist. Trotzdem wurde publikumswirksam, aber fälschlicherweise von Pollen-Transformation gesprochen, obwohl weder eine Transformation der Pollen selbst überprüft wurde noch die Pollen zu Bestäubungen und damit zur Produktion transgener Pflanzen eingesetzt wurden.

▶ **Blüten-Tauchbad (Floral Dipping).** Es handelt sich um die jüngste, besonders leicht durchführbare **indirekte** Methode. 1993 wurden bei der Ackerschmalwand (*Arabidopsis thaliana*) über Vakuuminfiltration blühender Pflanzen mit entsprechenden *Agrobacterium*-Suspensionen transgene Pflanzen erhalten. 1998 wurde das Verfahren von Clough und Bent vereinfacht und dafür

BOX 5.2

Arabidopsis thaliana, Modellpflanze der molekularen Entwicklungsphysiologie

Arabidopsis thaliana, die Ackerschmalwand (Abb. 5.19), ist das bevorzugte Objekt der molekular arbeitenden Entwicklungsphysiologen. Es handelt sich um ein annuelles Kraut aus der Famile Brassicaceae, das zunächst eine Blattrosette ausbildet. Die fakultative Langtagpflanze (Seite 358) bildet schon ab Woche sechs bis sieben einen Blütenstand mit weißen Blütchen, der je nach den Außenbedingungen zwischen 10 und 20 cm Höhe erreichen kann, beim Fruchten auch mehr. Die Keimung der Samen wird durch Licht und einige Tage Kälte (kalte Stratifikation bei um die 5 °C) gefördert. Die Vorzüge von *Arabidopsis* sind:

- geringer Raumbedarf;.
- problemlose Kultur;
- einfache Blühinduktion;
- kurzer Generationen-Zyklus (von der Keimung bis zum reifen Samen acht Wochen);
- nur 5 (1n) kleine Chromosomen, die weitgehend kartiert sind;
- kleines, sequenziertes Genom (Seite 17) mit hoher Gendichte, was Mutationen erleichtert.
- eine große Zahl von Mutanten, die bestellt werden können. Über lange Jahre hinweg hat man bei *Arabidosis* Mutationen geradezu gesammelt, wovon heute die Molekularbiologen profitieren können.
- einfache Transformation, wie eben erwähnt, für den Entwicklungsphysiologen von Heute ein Muss.

Nur eines ist *Arabidopsis* nicht: eine botanische *Drosophila,* wie sie schon überschwänglich genannt worden war. Denn ihre haploid fünf Chromosomen sind nichts weniger als Riesenchromosomen!

die Bezeichnung Floral Dip oder **Floral Dipping** eingeführt: Pflanzen in einem **frühen Stadium der Blütenentwicklung**, also keineswegs voll erblühte Pflanzen, wurden in Suspensionen von *Agrobakterien* nur eingetaucht. Bei einer ganzen Reihe von Arten kann man das Foral Dipping (mit oder ohne Vakuuminfiltration) anwenden. Bei der Modellpflanze *Arabidopsis* (Box 5.2) ist es zur Methode der Wahl geworden. Hier ließ sich das Eintauchen auch durch Besprühen (Floral spray; Chung *et al.* 2000) ersetzen, was weniger für die kleine *Arabidopsis* als für größere Arten wichtig werden könnte, bei denen das Tauchband sehr aufwendig wird. Wie die Pollentechnik kommt auch das Floral-Dipping **ohne Regenerationen** aus, ist aber einfacher durchzuführen.

Die Aufnahme der Bakterien erfolgt über Samenanlagen, die in einem sehr frühen Entwicklungsstadium eine dafür geeignete Öffnung aufweisen. Bei wie vielen Pflanzenarten diese Voraussetzung gegeben ist, bleibt noch offen.

Abb. 5.19
Arabidopsis thaliana wächst nicht nur im Labor (Haeupler und Muer 2000).

5.2.3 Nachweiskriterien für einen Gentransfer

Der Nachweis eines stabilen Gentransfers muss auf folgenden Ebenen erbracht werden:

▶ **Phänotypisch:** Ein neues Merkmal muss nachweisbar sein.

▶ **Formal-genetisch***:* Das neue Merkmal muss bei sexueller Fortpflanzung erhalten bleiben. Eine Beibehaltung bei vegetativer Fortpflanzung genügt nicht. Denn die Meiosis kann eine Sperre bei der Weitergabe des fremden Genmaterials sein. Auf die sexuelle Fortpflanzung kann man aber auch deshalb nicht verzichten, weil eine züchterische Bearbeitung des betreffenden Pflanzenmaterials offen gehalten werden muss. Über Mendeln oder Nicht-Mendeln der Nachkommenschaften lässt sich auch auf einfache Weise klären, ob das übertragene Gen auf den Chromosomen des Zellkerns oder im cytoplasmatischen Bereich lokalisiert ist.

▶ **Biochemisch-enzymatisch***:* Die Expression des übertragenen Gens muss biochemisch nachweisbar sein. Oft handelt es sich dabei um den Nachweis des von dem betreffenden Gen codierten Enzyms. Aber auch die Produkte dieser Enzymaktivität können zum Nachweis herangezogen werden.

▶ **Molekular**: Das übertragene Gen muss im Rezeptor nachgewiesen werden. Das geschieht mit den bereits geschilderten DNA-analytischen Methoden, insbesondere dem Southern-Blotting, teils auch über PCR. Außerdem kann man auch die an der Fremd-DNA gebildete mRNA über Northern-Blotting oder RT-PCR fassen.

FRAGEN

(Seitenverweise zur Beantwortung)

- Wie lässt sich DNA besonders einfach in ihre Einzelstränge denaturieren? (Seite 67)
- Welche Schnittformen setzen Restriktionsenzyme? (Seite 69)
- Was ist ein Palimpsest, was ein Palindrom? (Seite 68)
- Dient das Southern- oder das Western-Blotting dem Nachweis von DNA-Fragmenten? (Seite 69)
- Wie nennt man die Enzyme, die entgegen einem früheren Dogma der Molekulargenetik RNA in DNA transkribieren? (Seite 73)
- Was verstehen Sie unter einem Plasmid? (Seite 73)
- Nennen Sie einen Promotor, der in Dikotyledonen, und einen, der in Getreide gut arbeitet! (Seite 74)
- Nennen Sie einen selektierbaren Marker, der in Dikotyledonen, und einen, der in Getreide häufig eingesetzt wird! (Seite 75)
- Welcher Reporter, der Vitalteste erlaubt, ist besonders beliebt? (Seite 76)
- Definieren Sie den Begriff der transienten Expression! (Seite 76)
- Nennen Sie einen Faktor, der die plasmidiale *vir*-Region von *Agrobacterium tumefaciens* aktiviert! (Seite 82)
- Welchen Teil seiner DNA überträgt *Agrobacterium tumefaciens* in pflanzliche Zellen? (Seite 80)
- Welche Methoden des Gentransfers kommen ohne Regeneration aus? (Seite 83)
- Führt man das Floral-Dipping mit vegetativen Pflanzen durch oder nicht? (Seite 84)

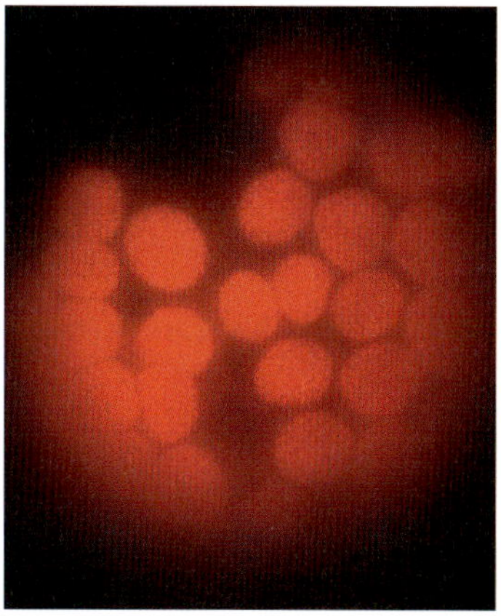

Stoffwechsel

In Abschnitt A wurde geschildert, auf welche Weise Gene Enzyme und andere Polypeptide bereitstellen. Enzyme sind die wichtigsten Katalysatoren der lebenden Zelle. Wenn wir uns nun den Prozessen zuwenden, die im lebenden Organismus von Enzymen gesteuert werden, so wollen wir die Photosynthese an den Anfang stellen. Denn auf die Photosynthese geht letztlich alles höher entwickelte Leben auf der Erde zurück.

Der Stoffwechsel der **Aminosäuren** und die Proteinbiosynthese wurden bereits besprochen, weil sie sich an die Translation anschließen lassen. In diesem Abschnitt werden nach der Photosynthese zuerst noch **Kohlenhydrate und Fette** behandelt. Konventionell betrachtet man den Stoffwechsel der **Kohlenhydrate, Fette** und **Aminosäuren** als **primär.** Auf ihn folgt hier der Sekundärstoffwechsel, der Metabolismus der sogenannten **sekundären Pflanzenstoffe**.

6 Photosynthese

INHALT

Die Photosynthese, Grundlage alles höher organisierten Lebens auf der Erde, ist an ergrünte Chloroplasten gebunden und läuft überwiegend in der **vegetativen Entwicklungsphase** ab. Sie gliedert sich in Primär- und Sekundärprozesse. In den Primärprozessen wird die Lichtenergie direkt dazu genutzt, unter Photolyse des Wassers über Elektronentransportketten ATP und NADPH + H^+ anzuliefern. Die Sekundärprozesse sind indirekt lichtabhängig. Denn in ihnen werden die beiden genannten Substanzen dazu verwendet, CO_2 im Calvin-Zyklus in einen organischen Akzeptor zu fixieren und zu Kohlenhydraten zu reduzieren. Die Fixierung erfolgt über die Carboxylase-Funktion des Schlüsselenzyms der Photosynthese, der RubisCO.

In Anpassung an höhere Außentemperaturen und damit verbunden oft Trockenheit, sind zwei ökologische Pflanzengruppen, die C_4-Pflanzen und die CAM-Pflanzen in der Lage, vorübergehend die Spaltöffnungen zu schliessen, so Wasserverluste über die Transpiration zu vermeiden und trotzdem photosynthetisch aktiv zu sein. Bei beiden wird CO_2 zunächst in einen anderen primären Akzeptor eingebracht als im Calvin-Zyklus. Der dabei gebildete Speichermetabolit gibt sein CO_2 aber letztlich doch in den Calvin-Zyklus ab, der dann normal abläuft.

Die RubisCO verfügt auch über eine Oxygenase-Funktion, über die es zu erheblichen Verlusten bei der Photosynthese kommen kann. Der Glykolat-Zyklus (Photorespiration) erlaubt es, diese Verluste zu reduzieren. In C_4-Pflanzen, zu denen für die menschliche Ernährung wichtige Arten gehören, wird die Oxygenase-Funktion der RubisCO unterbunden. Sie weisen deshalb eine hohe Nettophotosynthese auf.

In der Photosynthese wird die Lichtenergie in chemische Energie überführt. Mit deren Hilfe wird das in der Atmosphäre und im Wasser enthaltene CO_2 organisch gebunden. Eine Überführung von körperfremder Substanz in körpereigene bezeichnet man als Assimilation. Man spricht deshalb manchmal auch anstatt von Photosynthese von **CO_2-Assimilation**. Da aber CO_2 nicht nur auf dem Wege der Photosynthese assimiliert werden kann, und da die Ausnutzung der Lichtenergie der entscheidende Faktor ist, hat sich heute die exaktere Bezeichnung **Photosynthese** durchgesetzt. Sie gliedert sich in **Primär- und Sekundär-Prozesse.**

DEFINITION
Unter **Photosynthese** versteht man die Fixierung von CO_2 in einen organischen Akzeptor mit nachfolgender Reduktion zu Kohlenhydraten unter Ausnutzung der Lichtenergie und unter Spaltung von Wasser.

Die Photosynthese ist nicht nur qualitativ ein überaus wichtiger Prozess. Jedes Jahr werden rund 200 bis 500 Billionen Tonnen Kohlenstoff in die Photosynthese eingeschleust. Damit wird die Photosynthese auch quantitativ zu einem ausschlaggebenden Vorgang. Beim Kreislauf des Kohlenstoffs, der mit der Fixierung des CO_2 während der Photosynthese beginnt, handelt es sich mengenmäßig um den wichtigsten chemischen und den zweitwichtigsten aller Prozesse auf der Erde überhaupt. Im Mengenumsatz wird er nur noch vom Kreislauf des Wassers übertroffen.

6.1 Der Chloroplast: Ort der Photosynthese

Chloroplasten gehören zu den Plastiden. Ihre Besprechung soll mit Angaben zu weiteren Plastidenformen kombiniert werden.

6.1.1 Plastidenformen und ihre Entwicklung

Alle Plastidenformen gehen auf gemeinsame Vorstufen, die **Proplastiden** zurück (Abb. 6.1), von denen in meristematischen Zellen rund 20 vorhanden sind. Es handelt sich um rundliche, von einer **Doppelmembran** umgebene Bläschen mit einem Durchmesser bis zu 1.0 µm, die eine Grundmasse, das **Stroma**, enthalten. Die Proplastiden und dann auch die von ihnen abgeleiteten Plastiden verfügen über einen eigenen Genbe-

Abb. 6.1
Plastidenformen und ihre Entwicklung. Durchgezogene Linien deuten normale Entwicklungen an, gestrichelte Linien Sonderwege und Übergänge unter bestimmten Voraussetzungen (verändert nach BUCHANAN et al. aus HESS 2004).

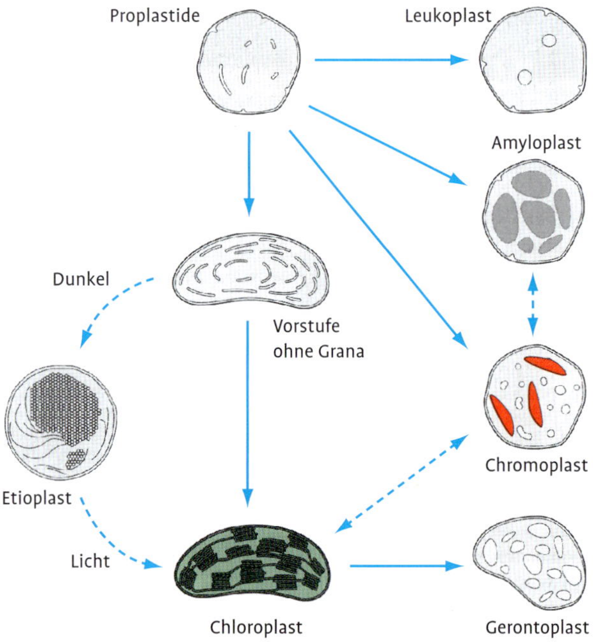

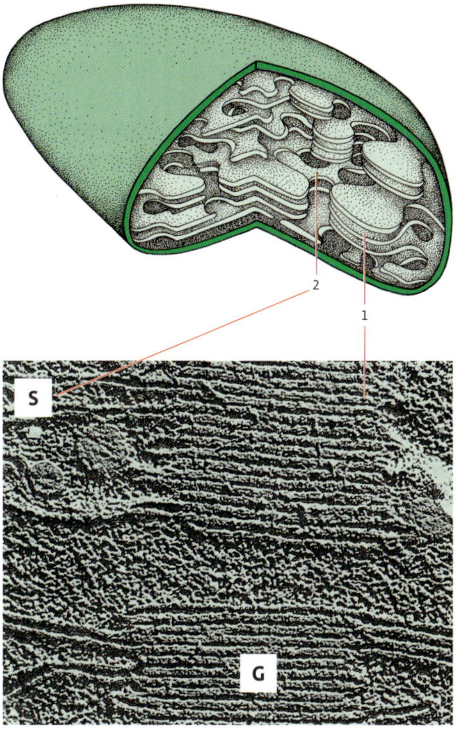

Abb. 6.2
Die Struktur der Chloroplasten. Oben Modellvorstellung: Granathylakoide (**1**) bilden lokal Stapel = Grana. Stromathylakoide (**2**) durchziehen das Stroma von Granum zu Granum. Unten elektronenoptischer Schnitt: **G** Granathylakoide, **S** Stromathylakoide (oben aus Das Leben 1971, unten verändert nach TREBST und AVRON 1977).

stand, das **Plastom**. Die **Plastiden-DNA** (pt-DNA, bei Chloroplasten cpDNA) ist in Vielzahl in Form kleiner, plasmidartiger Ringe an inneren Membranen der Plastiden angehängt. Die nur wenigen Plastiden in meristematischen Zellen müssen in der weiteren Entwicklung vermehrt werden. Das geschieht über Teilungen von Proplastiden, aber vor allem von Plastiden selbst. Sie finden unabhängig von der Zellteilung statt.

DEFINITION
Das **Plastom** ist die Gesamtheit aller in einem gegebenen Organismus auf Plastiden lokalisierten Gene. **Plastomik** ist die analytische Erfassung des Plastoms.

Aus den Proplastiden entwickeln sich folgende Plastidenformen, die teils ineinander überführt werden können (Abb. 6.1):

- **Amyloplasten** enthalten keine Farbstoffe. In ihrem Stroma wird Stärke in Form von Stärkekörnern deponiert. Besonders die Zellen von Speicherorganen sind reich an ihnen.
- **Leukoplasten** führen wie Amyloplasten keine Farbstoffe, aber auch keine Stärkekörner. Früher hatte man sie als stärkefreie Amyloplasten aufgefasst, doch sie sind funktionell eigenständig. Denn in ihnen werden Lipide und vor allem Monoterpene gebildet, die unter anderem als Duftstoffe wichtig werden.
- **Chromoplasten** sind chlorophyllfrei, enthalten aber Carotinoide als gelbe bis rote Farbstoffe. Blüten, aber auch viele Früchte oder manche Wurzeln wie die Mohrrüben, verdanken ihnen ihre Färbung. Sie können außer aus Proplastiden auch aus Chloroplasten unter Chlorophyllverlust gebildet werden, zum Beispiel bei reifenden Tomaten.
- **Chloroplasten** sind die Organellen der **Photosynthese.** Sie verdanken ihre Farbe einem hohen Chlorophyllgehalt. Sowohl die Entwicklung der Chloroplastenstruktur als auch die Synthese ihrer Chlorophylle erfordern Licht. Die Chlorophylle überdecken ebenfalls vorhandene Carotinoide farblich. Bei der Ausbildung der Chloroplastenstruktur werden von der inneren Membran der Proplastiden zahlreiche Vesikel abgeschnürt, die sich zum Thylakoidsystem der reifen Chloroplasten vereinigen.
- **Etioplasten** zweigen bei Kultur in Dunkelheit als Sonderformen von der normalen Chloroplasten-Entwicklung ab. Beim **Etiolement**, wie es vom Austreiben der im dunklen Keller gelagerten Kartoffeln bekannt ist, bleibt die Biosynthese der Chlorophylle auf der Stufe von farblosen Chlorophyllvorstufen, den Protochlorophylliden stehen. Die Membranlipide schließen sich zu einer kristall-ähnlichen Röhrenstruktur zusammen, dem **Prolamellarkörper**. Etiolierte Triebe sind gelblich mit langen Internodien und schuppenartigen Blättern. Bei Belichtung normalisieren sie sich. Dabei gehen die Etioplasten in Chloroplasten über.
- **Gerontoplasten** sind Altersstadien von Chlo-

roplasten. Sie entstehen aus ihnen unter Chlorophyllverlust und Degeneration des Thylakoidsystems. Sie sind unter anderem im Herbstlaub zu finden.

6.1.2 Die Feinstruktur der Chloroplasten

Bei höheren Pflanzen sind die Chloroplasten meist linsenförmig mit einem längeren Durchmesser von bis zu 10,0 µm. Schon unter dem Lichtmikroskop lässt sich eine innere Struktur erkennen: in eine Grundmasse, das **Stroma** oder die Matrix, sind die scheibenförmigen **Grana** eingebettet (Abb. 6.2). Die Grana erscheinen durch ihren besonders hohen Chlorophyllgehalt intensiv grün. Das Elektronenmikroskop gestattet eine weitere Differenzierung. Der gesamte Chloroplast ist von einem System in sich geschlossener Membranen durchzogen, die man **Thylakoide** (gr. thylakos = Sack; gr. eides (idein) = aussehen wie) nennt. Die Grana kommen dadurch zustande, dass sich Thylakoide stapelartig überlappen. Thylakoide im Granabereich nennt man dementsprechend **Granathylakoide**. Thylakoide aus solchen Stapeln durchziehen auch das Stroma. Sie werden deshalb als **Stromathylakoide** bezeichnet. Chlorophyll befindet sich auf beiden Thylakoidsorten. Die äußere Abgrenzung der Chloroplasten erfolgt durch ein **Doppelmembransystem**.

Die Primärprozesse der Photosynthese laufen in den Thylakoiden, die Sekundärprozesse im Stroma ab.

6.1.3 Das Plastom

Das genetische Material der Chloroplasten ist in Form von plasmidähnlichen Ringen aus doppelsträngiger, weitgehend proteinfreier **cpDNA** an der inneren Membran der Thylakoide aufgehängt. Pro Chloroplast finden sich zahlreiche, bis weit über 100 derartige DNA-Ringe. Eine Reihe von Plastomen auch höherer Pflanzen ist völlig sequenziert, so bei *Arabidopsis* (Ackerschmalwand), *Nicotiana* (Tabak), *Oryza* (Reis) oder *Pinus* (Kiefer). Manche Gene sind gestückelt, ein Eukaryonten-Merkmal, andere sind wie bei Bakterien operonartig zusammengeschlossen. Von cpDNA werden alle rRNAs und tRNAs der Chloroplasten codiert. Darüber hinaus finden sich aber nur rund 120 Gene, die Chloroplasten-Proteine codieren. Das ist lediglich etwa die Hälfte der Chloroplasten-Proteine insgesamt.

Die ersten Befunde dazu, wo die andere Hälfte codiert wird, stammen aus Versuchen an **etiolierten Pflanzen**. Denn die Chloroplastenentwicklung läuft bei ihnen auf dem Stadium des Etioplasten auf. Belichtet man dann, wird sie einigermaßen synchronisiert in Richtung normaler Chloroplast weitergeführt. Über diese partielle Synchronisation ergeben sich günstige Voraussetzungen zur Klärung der Frage, wo innerhalb der Zelle die Chloroplasten-Proteine gebildet werden. Dazu wurden Cycloheximid und Chloramphenicol (Seite 37) etiolierten und dann belichteten Pflanzen zugeführt. Der dann beobachtete

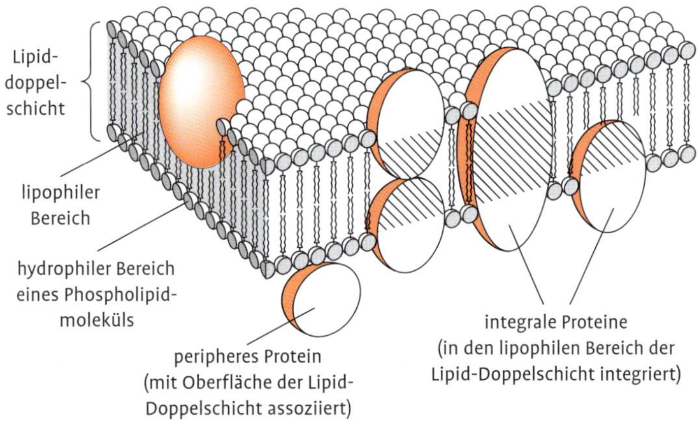

Abb. 6.3
Das Fluid-Mosaic-Modell der Biomembran. Die gegebenenfalls von den Proteinen nach außen ragenden Kohlenhydratkomponenten wurden nicht berücksichtigt (verändert nach HOCK und ELSTNER 1984).

BOX 6.1

Die Endosymbionten-Hypothese

Nach der Endosymbionten-Hypothese wurden sowohl Mitochondrien als auch Chloroplasten in Form von **Protocyten** (einzellige Akaryonten) von **Eucyten** (einzellige Eukaryonten) aufgenommen und entwickelten sich in ihnen nach vorübergehender Existenz als Symbionten im Zellinneren (daher **Endocytobiose, Endocytosymbionten, Endosymbionten)** zu Organellen. Dabei wurden Bakterien zu Mitochondrien und Cyanobakterien (Blaualgen) zu Chloroplasten. Soweit die **primäre Endocytobiose**. Bei Chloroplasten kennt man noch eine **sekundäre Endocytobiose**: Eine Eucyte, die bereits eine Photosynthese-Procyte als Endosymbionten inkorporiert hatte, wird selbst von einer Eucyte phagozytiert und dann weitgehend bis auf ihren Endosymbionten degradiert. Hier kann nur auf die primäre Endocytobiose (Abb. 6.4) eingegangen werden.

▶ **Belege für die Endosymbionten-Hypothese**. Schon die Existenz von rezenten Endocytobiosen lässt vermuten, entsprechende Vorgänge könnten auch in der Stammesgeschichte stattgefunden haben. Ein bekanntes Beispiel liefert das Cyanobakterium *Nostoc*. Seine Zellfäden finden sich als Endosymbiont, der möglicherweise Luftstickstoff binden kann, in Zellen der Angiosperme *Gunnera*. Doch von solchen Hinweisen abgesehen gibt es Belege, die mit geringfügigen Unterschieden für Mitochondrien ebenso wie für Chloroplasten gelten. Eine Auswahl sei gebracht:

- Die bei einer primären Endobiocytose zu fordernde **Doppelmembran** ist vorhanden (Abb. 6.4).
- Die **Zusammensetzung der Doppelmembran** entspricht der mutmaßlichen Herkunft. Die innere Membran gleicht den Zellmembranen von Bakterien. Sie führt den bakteriellen Membranbaustein **Cardiolipin**, ein Phospholipid; umgekehrt fehlen ihr Sterole wie Cholesterol, typische Membranbausteine der Eucyten. Die äußere Membran entspricht einer Eucyten-Membran: sie enthält **Sterole**, aber kein Cardiolipin.
- Die **DNA der Organellen** ist wie bei Bakterien organisiert und weist meistens wie bei ihnen **Ringform** auf. Bei Chloroplasten sind die DNA-Ringe wie bei Bakterien an der inneren Membran der Thylakoide aufgehängt.
- Die **Replikation der Organellen** und mit ihnen ihrer DNA **ist autonom**, das heißt vom Geschehen im Bereich des Zellkerns unabhängig.
- Die **mRNA** besitzt keine Kappe am einen und keine Poly-A-Sequenz am anderen Ende und **gleicht damit bakterieller, nicht eukaryotischer mRNA** (Seite 31).
- Die **Ribosomen gleichen den 70S-Ribosomen der Bakterien** in der Größe und nach dem Aufbau aus Proteinen und rRNAs. Besonders gut untersucht ist dabei die 16S-r-RNA. Im Cytoplasma der Eucyten finden sich 80S-Ribosomen mit anderen rRNAs (Seite 31).
- Die **Translation startet wie bei Bakterien mit Formylmethionyl-tRNA**. Bei den 80S-Ribosomen im Cytoplasma von Eucyten beginnt sie mit Methionyl-tRNA (Seite 36).

Ausfall bestimmter Chloroplasten-Proteine erlaubte es, eine Lokalisation ihrer Translation vorzunehmen. Molekulargenetische Untersuchungen brachten Ergänzungen und Präzisierungen: Ein Großteil der Chloroplasten-Proteine, darunter auch solche von zentraler Bedeutung für die Photosynthese, wird von Genen im Zellkern codiert und im Cytoplasma translatiert. Das gilt zum Beispiel für das Plastocyanin. Die Komponenten eines komplexen Systems können sogar unterschiedlicher Herkunft sein: die kleine Untereinheit der RubisCO (Seite 107) wird von Kern-DNA, die große von Chloroplasten-DNA codiert. Die Vereinigung der beiden Komponenten findet in den Chloroplasten statt. Das Zusammenspiel von Genom und Plasmon erfordert gut ausgebaute Transportmechanismen (Seite 208).

Die Gründe für den Wechsel von Genen in das Kern-Genom können derzeit nur hypothetisch sein. Nach der Endosymbionten-Hypothese (→ Box 6.1) waren die Chloroplasten ehemals selbständige Photosynthese-Einzeller. Sie müssen den kompletten Satz an entsprechenden Genen mit sich gebracht haben. Dann muss es während der Evolution zu einer Massenflucht von Genen aus den Chloroplasten in den Zellkern gekommen sein. Warum? Erinnern wir uns daran, dass jeder Chloroplast viele Plastomringe enthält und dass in der Zelle einige bis viele solcher Chloroplasten vorliegen. Das hat seine Vorteile, wenn wie bei der Photosynthese über einen längeren Zeitraum immer wieder die gleiche Funktion, die massenhafte Bereitstellung von Photoynthese-Proteinen gefragt ist. Doch eine gegebenenfalls erforderliche Regulation von Genaktivitäten könnte problematisch werden. Denn alle Plastome in allen Chloroplasten rasch und gleichzeitig zu erfassen, wäre wohl schwierig. Viel einfacher wäre die Regulation bei einer Lokalisierung der Gene auf den Chromosomen. Denn dann hätte man es nur noch mit zwei Allelen pro Genlocus und Zelle zu tun. Möglicherweise war das der Grund für eine teilweise Verlagerung von Chloroplasten-Genen in den Zellkern. Da die Evolution noch nicht abgeschlossen sein dürfte, fällt jede Beurteilung schwer.

6.1.4 Die Elementarmembran

Oben war von den Membranen der Thylakoide die Rede, Anlass genug, uns mit der Struktur von Membranen generell zu befassen. Denn die Struktur der Zelle und ihrer Organellen beruht weitgehend auf dem Vorhandensein von Membransystemen. Allen Membranen liegt ein gemeinsames Bauprinzip, die sogenannte **Elementarmembran** zugrunde. Sie ist nach dem **Fluid-Mosaic-Modell** strukturiert (Abb. 6.3).

Grundlage ist eine **Lipiddoppelschicht**. Ihre Komponenten werden wir erst später kennenlernen: Glykolipide (Seite 145), Phospholipide (Seite 145), ungesättigte Fettsäuren (Seite 143), Sphingolipide (Seite 145) und Sterole (Seite 159). Die Membranlipide sind **amphipathisch** gebaut sind, das heißt sie weisen einen hydrophilen und einen hydrophoben Molekülteil auf (Seite

Abb. 6.4
Schema der primären Endocytobiose in der Evolution von Chloroplasten. N = Nucleus (Zellkern) (verändert nach Hess 2005).

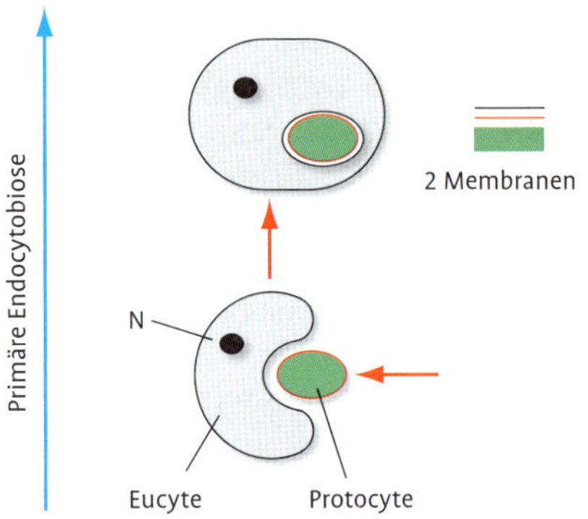

144). Die Sterole sind zwar überwiegend hydrophob, können aber durch eine am 3-Hydroxyl mögliche Glykosidierung einen stark hydrophilen Pol erhalten.

Nun zu den Proteinkomponenten der Biomembran: die Membranproteine können der Lipiddoppelschicht aufsitzen. Dann bezeichnet man sie als **periphere Membranproteine**. Sie können die Lipiddoppelschicht aber auch als **integrale Membranproteine** mehr oder weniger tief durchsetzen oder gar durchstoßen. Diese zweite Gruppe geht mit den hydrophoben Bauteilen der Lipidmoleküle ziemlich schwer lösbare Komplexe ein, trägt also ihren Namen zu Recht.

Die Proteine überdecken die Lipid-Doppelschicht nur teilweise. Bei Aufsicht ergibt sich so ein **Mosaik** aus Proteinen und Lipiden. Damit ist ein Teil des Namens erklärt. **Fluid** geht darauf zurück, dass sich die Lipide in einer schnellen Wärmebewegung befinden, und zwar von Störungen abgesehen nur innerhalb einer gegebenen Lipidschicht. Die Bewegung erfasst sekundär auch die Proteine.

Was die Membranfunktion anbelangt, bilden die **Lipide** nur die vergleichsweise unspezifische **Matrix**. Die spezielle Funktion der jeweiligen Biomembran wird überwiegend durch die Membranproteine bestimmt. Beispiele sind die Proteinkomponenten beim photosynthetischen Elektronentransport oder in der Atmungskette.

6.2 Primärprozesse der Photosynthese

Bei den Primärprozessen handelt es sich um die **Photolyse** sowie den **linearen (= nicht-zyklischen)** und den **zyklischen Elektronentransport,** über die NADPH + H^+ und/oder ATP angeliefert werden. Da diese **Elektronentransportketten** direkt durch Licht angetrieben werden, hat man früher auch von Lichtreaktionen gesprochen. Sie laufen in den Thylakoiden ab.

6.2.1 Elektronentransportketten

Bei den Primärprozessen der Photosynthese werden wir ebenso wie später bei der Atmungskette auf Elektronentransportketten stoßen, die wir deshalb kurz besprechen müssen (Abb. 6.5).
Am Anfang einer solchen Kette steht ein Elektronendonor, eine Substanz hohen Elektronendruckes. Ein vom ihm abgegebenes Elektron wird auf einen Elektronenakzeptor übertragen, eine Substanz mit niedrigem Elektronendruck und höherer Elektronenaffinität als der Donor.

Abb. 6.5
Schema einer Elektronentransportkette.

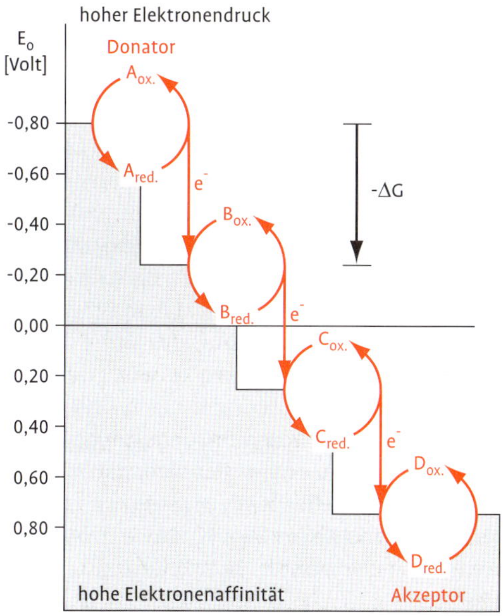

Dieser erste Akzeptor kann das Elektron dann an einen zweiten Akzeptor weiterreichen. Er fungiert dann dem zweiten Akzeptor gegenüber als Donor. Dieses Weitergeben des Elektrons kann sich wiederholen.
Elektronendruck und Elektronenaffinität sind Umschreibungen für das elektrische Potenzial der betreffenden Systeme. Ersetzen wir sie durch die Begriffe negatives und positives Redoxpotenzial. Eine Substanz mit einem hohen Elektronendruck hat ein hohes negatives, eine Substanz mit einer hohen Elektronenaffinität hat ein hohes positives Redoxpotenzial. Unsere Elektronentransportkette ist also eine Reihe hintereinander geschalteter, nach steigendem Redoxpotenzial angeordneter Redoxsysteme.
Über diese Kette wird das Elektron weitergegeben. Es fällt dabei sozusagen in Stufen bergab, wobei die einzelnen Stufen Redoxsysteme mit zunehmend positiverem Potenzial sind. Beim Fall von Stufe zu Stufe gelangt das Elektron auf ein immer niedrigeres Energieniveau. Man könnte es so ausdrücken, dass das Elektron bei jedem Übergang zum nächsten Redoxsystem etwas von der in ihm ursprünglich enthaltenen Energie verliert. Man kann ein Elektron nun auch umgekehrt bergauf befördern. Dazu muss dann Energie aufgewendet werden.

6.2.2 Redoxsysteme bei den Primärvorgänge der Photosynthese

▶ **Chlorophylle.** Zentral wichtig und unmittelbar sichtbar sind die Chlorophylle, die deshalb am Anfang der Besprechung stehen sollen (Abb. 6.6).
Man kennt eine ganze Reihe verschiedener Chlorophylle, die man als Chlorophyll a, b, c, usw. bezeichnet. Grundstruktur aller dieser Chlorophylle ist ein **Porphyrinsystem.** Ein solches Porphyrin baut sich aus vier Pyrrolringen auf, die über C1-Gruppen zu einem Ringsystem zusammengeschlossen sind, durch das sich eine Sequenz konjugierter Doppelbindungen zieht, auf denen die Farbe des Moleküls beruht. Im Zentrum befinden sich mehrwertige Metalle, beim

Abb. 6.6
Chlorophylle a und b.

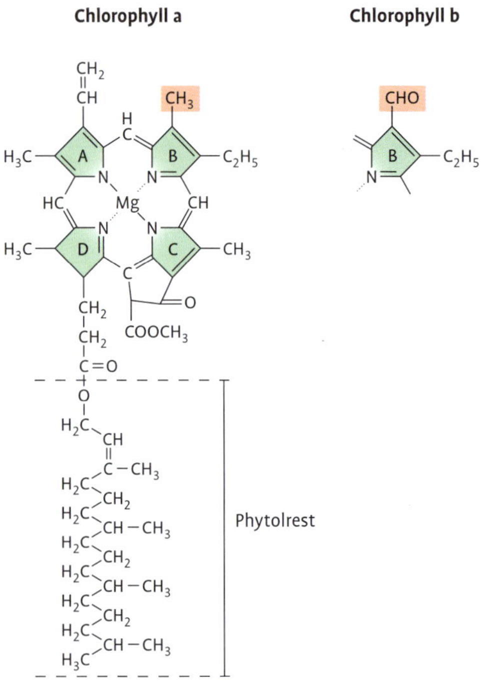

Vitamin B12 Kobalt, beim Hämoglobin 2wertiges Eisen und bei den **Chlorophyllen das zweiwertige Magnesium**. Mg^{2+} ist mit den Stickstoffatomen der vier Pyrrolringe über zwei Haupt- und zwei Nebenvalenzen verbunden. Dieses Porphyrinskelett ist mit fallweise verschiedenen Substituenten besetzt. Für die Chlorophylle charakteristisch ist ein Alkohol aus 20 Kohlenstoffatomen, das **Phytol**, das esterartig an den Pyrrolring D gebunden ist. Das Phytol ist seiner Biogenese nach ein Terpenoid (Seite 155). Es bedingt die Lipidlöslichkeit der Chlorophylle. In den übrigen Substituenten unterscheiden sich die einzelnen Chlorophylle. Wir wollen uns nur merken, dass das häufig vorkommende **Chlorophyll b** in der Position des Pyrrolringes B, in der das **Chlorophyll a** eine Methylgruppe führt, eine Aldehydfunktion aufweist.

Funktionsfähige Chlorophylle sind an Protein gebunden. Dabei kann es sich um recht verschiedenartige Proteine handeln. Mehr als durch die relativ wenigen Veränderungen in der Struktur des Chlorophyllmoleküls selbst kommt es dadurch zu einer starken Variabilität. An der Photosynthese beteiligen sich zahlreiche verschiedene Chlorophylle a und b. Bei all diesen Chlorophyll-Varianten handelt es sich um die uns bekannten

BOX 6.2

Absorptions- und Aktionsspektrum der Chlorophylle

Nur ein kleiner Ausschnitt der von der Sonne her auf der Erdoberfläche einfallenden elektromagnetischen Strahlung entfällt auf das sichtbare Licht. Und im sichtbaren Licht wiederum sind es nur ganz bestimmte Spektralbereiche, die für die Photosynthese ausgenutzt werden. Darüber kann man sich orientieren, wenn man ein Aktionsspektrum des Lichtes bei der Photosynthese aufstellt. Man lässt dazu auf eine grüne Pflanze Licht gleicher Intensität, aber verschiedener Wellenlänge einfallen, und untersucht dann den Effekt dieses Lichtes auf das Ausmaß der Photosynthese. Dabei zeigt es sich, dass das Aktionsspektrum im roten und im blauen Bereich des Spektrums je ein Maximum aufweist. Das heißt mit anderen Worten, dass der mittlere Teil des Spektrums – und das sind vor allem die Wellenlängen des grünen Lichtes – nicht zur Photosynthese herangezogen wird. Schon die grüne Färbung der photosynthetisch tätigen Pflanzen zeigt uns ja, dass das grüne Licht remittiert wird. Chlorophyll a zum Beispiel weist ein Absorptionsspektrum auf, das sich mit dem Aktionsspektrum des Lichtes bei der Photosynthese beinahe zur Deckung bringen lässt (Abb. 6.7). Bei anderen Farbstoffen der Chloroplasten, etwa den Carotinoiden, ist das nicht der Fall. Das ließ vermuten, Chlorophylle könnten zentral wichtige Pigmente der Photosynthese sein. Diese Vermutung konnte bestätigt werden.

Abb. 6.7
Absorptionsspektrum von Chlorophyll a und Aktionsspektrum des Lichtes bei der Photosynthese (verändert nach LEHNINGER 1969).

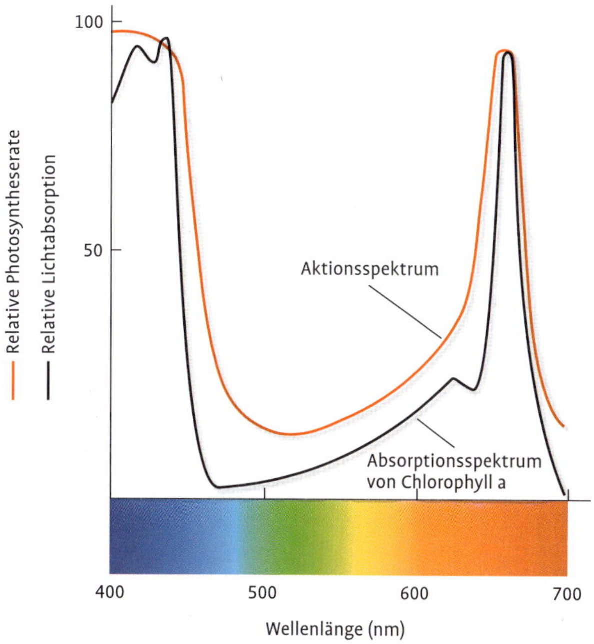

> **HINWEIS**
> Mg^{2+} in den Chlorophyllen macht **keinen Valenzwechsel** durch. Das ist für den Chemiker selbstverständlich, wird aber wegen des Valenzwechsels in den Cytochromen (→ unten) gelegentlich unterstellt.

Pigmente (Abb. 6.6). Die speziellen Eigenschaften, etwa das jeweilige Absorptionsspektrum, gehen auf die Art der Bindung an unterschiedliche Proteine zurück. Es liegt also kein chemisch anders gebautes, sondern nur ein andersartig gebundenes Chlorophyll vor.

Bei der Absorption von Lichtquanten aus dem blauen und roten Spektralbereich können Chlorophylle in einen angeregten Zustand gehoben werden (Abb. 6.8). Im Extrem wird ein Elektron aus dem Chlorophyll herausgeschleudert. Damit kommt es zu einer **Ladungstrennung**. Das **Chlorophyll** ist nun **ionisiert** und **oxidiert**. Das abgegebene Elektron wird von bestimmten Akzeptoren übernommen. Je nach seinem weiteren Weg unterscheidet man zwischen einem **zyklischen** und einem **linearen Elektronentransport** (Abb. 6.9).

▶ **Phäophytin a.** Phäophytine stehen den Chlorophyllen besonders nahe: es handelt sich um Magnesium-freie Chlorophylle. An der Photosynthese beteiligt sich das dem Chlorophyll a entsprechende Phäophytin a.

▶ **Cytochrome** sind ebenfalls mit den Chlorophyllen strukturmäßig verwandt. Denn auch sie weisen das Porphyrin-Grundskelett auf, führen jedoch in dessen Zentrum nicht Mg^{2+}, sondern Eisen (Abb. 6.10). Ein Porphyrin mit zentralem Eisen nennt man **Häm.** Je nach den Substituenten des Porphyrins kennt man eine ganze Reihe von Hämen (Häminen), darunter der rote Blutfarbstoff, aber auch die Cytochrome. Sie sind besonders fest mit Proteinen verbunden.

Man kennt eine ganze Reihe verschiedener Cytochrome. Für die Photosynthese sind die **Cytochrome b_6** und **f** wichtig. Cytochrom b_6 besteht aus zwei Proteinen, von denen das größere sogar zwei Hämgruppen trägt. Bei Cytochrom f handelt es sich um ein Cytochrom aus der c-Gruppe, das sich auch in der Atmungskette findet. Alle Cytochrome sind Redoxsysteme. Denn das zentrale Eisen kann durch Elektronen-Abgabe bzw. -Aufnahme vom 2wertigen in den 3wertigen Zustand und zurück pendeln (das gilt nicht für das Häm im Hämoglobin).

▶ **Plastochinone** weisen in ihrem chemischen Bau Ähnlichkeiten mit den Vitaminen der K-Reihe auf (Abb. 6.10). Wie diese sind sie durch einen benzochinoiden Kern charakterisiert. An der Photosynthese beteiligt sich eine ganze Reihe von Plastochinonen, die sich in den Substituenten des

Kerns unterscheiden. Das besonders häufige **Plastochinon A** trägt eine Seitenkette aus neun 5-C-Einheiten. Diese Seitenkette trägt terpenoiden Charakter (Seite 154). Unter Bezug auf die Zahl der Kohlenstoffe in der Seitenkette bezeichnet man Plastochinon A auch als Plastochinon-45.

Plastochinone beteiligen sich am Elektronentransport teils in gebundener, teils in freier Form. Als QA und QB (Q = engl. *Quinone*) sind sie **an Protein gebunden**, **freies** hydriertes Plastochinon PQH_2 stellt die Verbindung zum Cytochrom b_6/f her (Seite 102).

Als Redoxsystem fungieren Plastochinone dadurch, dass sie durch Aufnahme von 2H in Hydrochinon übergehen können. Dieser Übergang ist reversibel. Man kann ihn nun auch anders formulieren, in dem man die 2H durch $2H^+ + 2e^-$ ersetzt ($2H = 2H^+ + 2e^-$). Ein Molekül Plastochinon kann demnach 2 Elektronen aufnehmen, ein Molekül Hydrochinon 2 Elektronen abgeben. Mit dem Übergang der beiden Elektronen ist jeweils ein Platzwechsel von zwei Protonen gekoppelt. Man spricht hier von einem **2-Elektronenübergang**.

Abb. 6.8
Anregung der Chlorophylle durch Belichtung. Aufsicht auf einen Protoplasten aus dem Mesophyll der Petunie (*Petunia × hybrida*). Die Chloroplasten mit ihren Grana sind erkennbar. Der Protoplast war mit Blaulicht bestrahlt worden. Die Chlorophylle gehen dadurch in einen angeregten Zustand über. Eigentlich sollte man bei der Fluoreszenz die Abstrahlung von etwas energie-ärmerem Blaulicht erwarten. Doch das Zurückfallen in den Normalzustand geht in zwei Etappen vor sich. In der ersten Etappe wird Wärme abgegeben. Die zweite Etappe, die Rückkehr in den Grundzustand, erfolgt aus dem energie-ärmeren Zustand nach der ersten Etappe dann über Rotfluoreszenz (und etwas Wärmeabgabe) (Foto D. Hess).

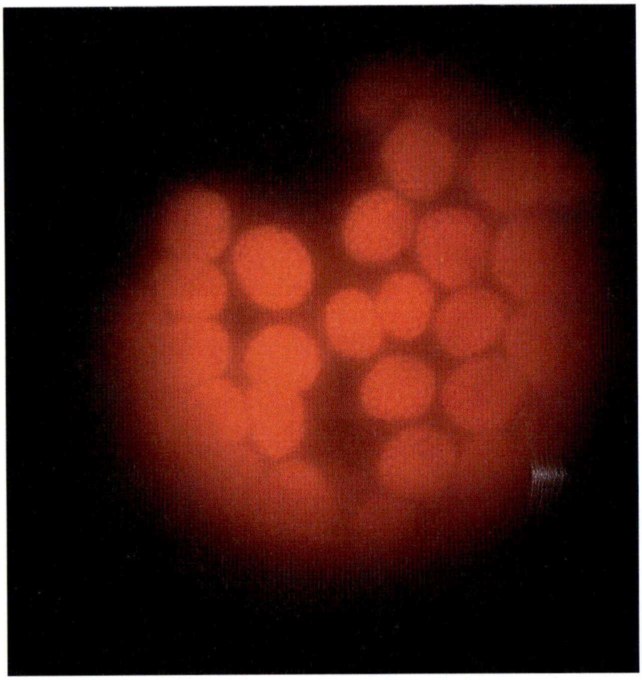

Bei den Chlorophyllen, den Cytochromen und einigen noch zu besprechenden Redoxsystemen war es jeweils nur ein Elektron pro Molekül, das ausgewechselt wurde. Hier liegt also ein **1-Elektronenübergang** vor.

▶ Das **Phyllochinon** (Vitamin K1) weist wie die Plastochinone ein chinoides System auf, das einen 2-Elektronenübergang bewerkstelligen kann (Abb. 6.10). Bei der langen Seitenkette handelt es sich um den uns von den Chlorophyllen her schon bekannten Phytylrest. Funktionsfähiges Phyllochinon ist an Protein gebunden.

Die folgenden Redoxsysteme, die Flavoproteine und die Pyridinnucleotide, weisen das gleiche Bauprinzip auf: Das Nucleotid einer ersten Base ist über seine Phosphatkomponente mit der Phosphatkomponente eines zweiten Nucleotids gekoppelt (Abb. 6.11). Ein Blick zurück zeigt, dass die Bindung von Nucleotid zu Nucleotid damit eine andere ist als in den Nucleinsäuren.

▶ **Flavoproteine**. In den Flavoproteinen sind gelbe (lat. flavus = gelb) prosthetische Gruppen, **F**lavin-**a**denin-**d**inucleotid **(FAD)** und **Flavin**-m**ono**nuc**leotid** **(FMN)** mit Protein gekoppelt (Abb. 6.11). Die Terminologie ist nicht ganz exakt, denn an das farbgebende 6,7-Dimethylisoalloxazin (Base 1) ist nicht wie in den Nucleotiden Ribose, sondern der entsprechende Zuckeralkohol Ribit gebunden.

Abb. 6.9
Zyklischer und linearer Elektronentransport nach Ionisation von Chlorophyll (Ch). **a** Beim zyklischen Elektronentransport kehrt das abgegebene Elektron über mehrere Redoxsysteme wieder zum Chlorophyll zurück. **b** Beim linearen (nicht-zyklischen) Elektronentransport gelangt das abgegebene Elektron nach Übernahme durch andere Redoxsysteme nicht mehr zum Chlorophyll zurück. Das ionisierte Chlorophyll deckt sein Elektronendefizit aus anderen Donoren.

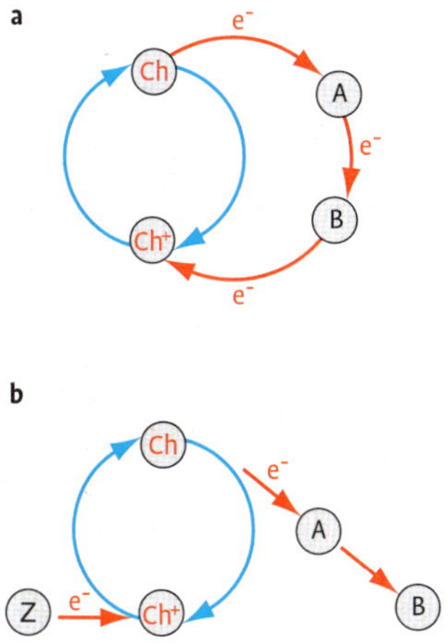

Sowohl im FAD als auch im FMN bildet die 6,7-Dimethyl-isoalloxazin-Komponente das Redoxsystem. Sie kann durch Aufnahme von 2H reversibel reduziert werden. Auch hier findet sich also wieder ein 2-Elektronenübergang. Die **Ferredoxin-NADP+-Reduktase** höherer Pflanzen führt FAD.

▶ Die beiden Pyridin-Nucleotide **Nikotinamid-adenin-dinucleotid** (NAD^+) und **Nikotinamid-adenin-dinucleotid-phosphat** ($NADP^+$) sind ihrem Bautyp nach Dinucleotide (Abb. 6.11). Die Substanzen unterscheiden sich durch einen Phosphatrest, der in NADP+ zusätzlich vorhanden und dort an das Hydroxyl 2′ einer der Ribosen gebunden ist. Das eigentliche Redoxsystem (Base 1) ist das Nikotinamid, das durch einen 2-Elektronenübergang reversibel reduziert werden kann. Flavoproteine sind sehr oft mit NAD+ oder NADP+

Abb. 6.10
Redoxsysteme der Photosynthese I: Struktur und Funktion von Cytochrom f, Plastochinon A und Phyllochinon. Cytochrom f vermittelt einen 1-Elektronen-Übergang, die beiden chinoiden Systeme einen 2-Elektronen-Übergang.

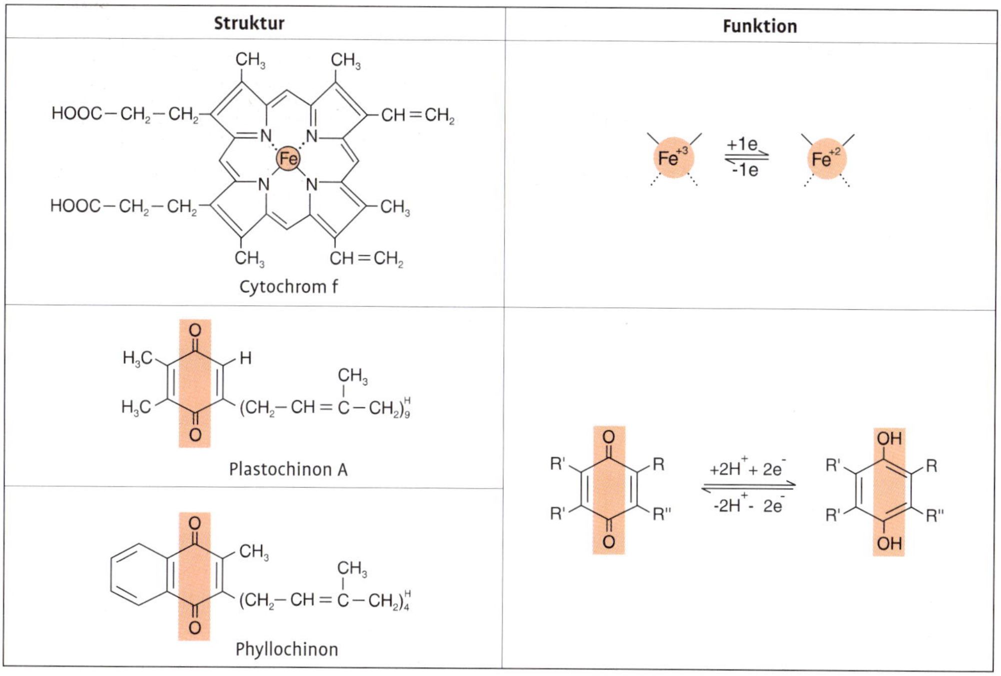

gekoppelt. Bei der Photosynthese gibt reduziertes FAD in der **Ferredoxin-NADP-Reduktase** 2H (= $2e^- + 2H^+$) an NADP+ ab, das dadurch zu NADPH + H^+ reduziert wird.

▶ **Eisen-Schwefel-Zentren** (unter anderem Ferredoxin): Eisen kann auch nicht-hämartig in Redoxsystemen gebunden sein, also nicht in Porphyrinsystemen wie in den Cytochromen. Das Eisen ist vielmehr an die HS-Gruppe von Cystein, das seinerseits Bestandteil von Proteinen ist, und an anorganischen Schwefel gebunden. In diesen von der Redoxfunktion her zentral wichtigen **Eisen-Schwefel-Komplexen (Fe-S-Zentren)** finden sich meist zwei oder vier Eisenionen.
Am photosynthetischen Elektronentransport beteiligen sich mehrere solcher FeS-Zentren, darunter das kleine, mobile **Ferredoxin**. Bei ihm sind zwei Eisenionen an vier Cysteine und außerdem noch an anorganischen Schwefel gebunden. Ferredoxin ist ein Fe_2-S_2-Zentrum. Außerdem gibt es auch Fe_4-S_4-Zentren. Jedes der Eisenionen ermöglicht einen 1-Elektronen-Übergang.

Abb. 6.11
Redoxsysteme der Photosynthese II: Struktur und Funktion der Pyridin-Nucleotide und der Flavoproteine. Von den letzteren ist nur die prosthetische Gruppe gezeichnet. Oben das allgemeine Bauprinzip, darunter die Struktur von NAD^+ und $NADP^+$ sowie von FAD und FMN. Base 1 ist jeweils die eigentliche Wirkgruppe.

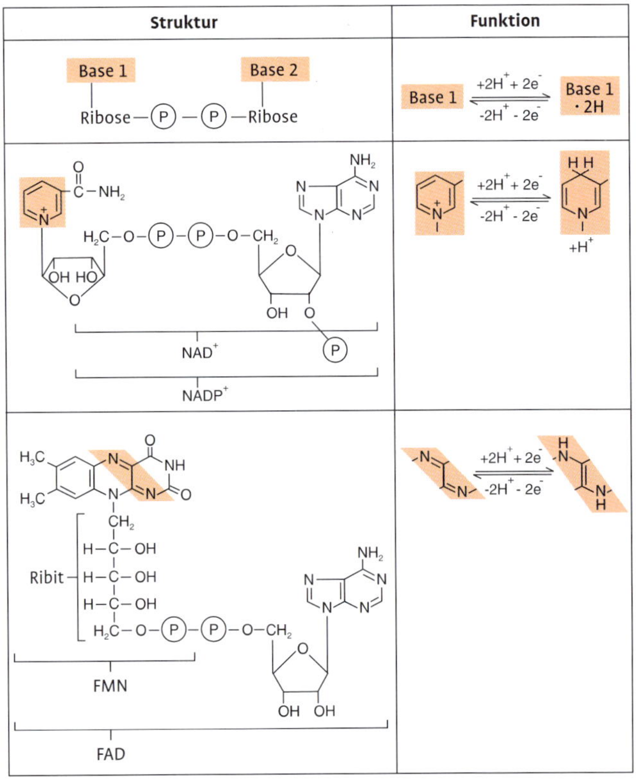

▶ **Plastocyanin** ist ein kleines, mobiles Protein. Es enthält ein Kupferion, das in einem Metallcluster kompliziert gebunden ist. Der reversible Übergang des Kupfers vom ein- in den zweiwertigen Zustand bedingt den Redoxcharakter.

▶ Der **Wasserspaltende Komplex (WSK)** ist Bestandteil des PSII. Er hat seinen Namen daher, dass über ihn Wasser, unter Beteiligung von Mangan (Valenzwechsel!), Elektronen entzogen werden. Die Spaltung des Wassers (**Photolyse**) ist die Folge.Viele Einzelheiten sind noch hypothetisch, doch wird ein Cluster von vier Mn-Ionen benötigt, um vier Elektronen aus zwei Molekülen Wasser abzuziehen und weiterzuleiten.

Außer den bereits genannten beteiligen sich noch **akzessorische Pigmente** (Seite 101) wie Carotinoide an den Primärprozessen der Photosynthese. Sie sind an Proteine gebunden und komplexartig organisiert.

6.2.3 Die beiden Photosysteme

Man unterscheidet bei höheren Pflanzen zwei Funktionszentren der Primärprozesse, das **Photosystem I (PSI)** und das **Photosystem II (PSII)**. Sie sind in den Thylakoiden lokalisiert. Beide Photosysteme zeigen bei Verschiedenheiten im Detail einen prinzipiell ähnlichen Aufbau (Abb.

6.12). Sie bestehen aus **äußeren Lichtsammler-Komplexen** (light harvesting complex; **LHC**), und einem **Core-Bereich** mit dem **inneren Lichtsammler-Komplex**, der **Core-Antenne**, und dem **Reaktionszentrum**. Alle in den Photosystemen enthaltenen Pigmente sind an Protein gebunden.

▶ **Akzessorische Pigmente.** Darunter versteht man die Pigmente in den Lichtsammler-Komplexen. Es handelt sich vor allem um Carotinoide (Seite 163), Chlorophylle a und b. Sie fungieren als **Antennenpigmente**, die Photonen einfangen und weiterleiten. Die Carotinoide dienen aber außerdem auch als **Schutzpigmente gegen Photooxidation**. Denn bei starker Bestrahlung können sie überschüssigen Sauerstoff aus den Primärprozessen abfangen und so verhindern, dass es zu einer Photooxidation der Chlorophylle kommt. Das gilt besonders für die Carotinoide des **Xanthophyllepoxid-Zyklus** (Seite 318). Überzeugende Belege liefern gelblich oder schwachgrün aussehende Mutanten, die man von vielen Arten kennt, etwa von der Gerste. Denn bei ihnen ist nicht die Synthese der Chlorophylle, sondern diejenige von Schutzcarotinoiden mutativ gestört. Weil damit der Schutz gegen Photooxidation entfällt, bleichen die Chlorophylle aus.

▶ **Leitung von Excitonen zum Reaktionszentrum.** Die LHCs erweitern die Möglichkeit, Protonen aufzufangen. Das geschieht durch Antennenpigmente der äußeren LHCs. Die Protonen werden dann in physikalisch veränderter Form als **Excitonen** von Pigment-Molekül zu Pigment-Molekül weiter bis zur Core-Antenne geleitet.
In der Core-Antenne beteiligen sich vor allem Chlorophylle a an der Weiterleitung der Excitonen, die in das **Reaktionszentrum** eingespeist werden. Dort gelangen sie schließlich zum **aktiven Chlorophyll**. Dabei handelt es sich um ein an Protein gebundenes **Chlorophyll a-Dimer.** Rund 250 bis 1 000 Antennen-Chlorophylle entfallen auf jedes dieser aktiven Chlorophylle.
Nun zu den beiden Photosystemen im Detail. Wenn wir bisher Gemeinsamkeiten hervorgehoben hatten, müssen jetzt auch Unterschiede herausgearbeitet werden.

▶ **Photosystem II (PSII).** In den äußeren LHCs (es werden mehrere derartige LHCs II diskutiert) des PSII finden sich Chlorophylle a, Chlorophylle b und Carotinoide. Das Chlorophyll a-Dimer im Reaktionszentrum II weist ein Absorptionsmaximum bei 680 nm auf. Es wird dementsprechend auch als **P680** (P = Pigment) bezeichnet.
Die Struktur des PSII wird in Abb. 6.12 in vereinfachter Form dargestellt. Es besteht aus über 25 Polypeptiden.Die flankierenden Proteine P43 und P47 (mit 43 bzw. 47 kd) sind **Core-Antennen**. Sie führen jeweils 14 Moleküle Chlorophyll a, übernehmen mit deren Hilfe Excitonen vom LHC II und leiten sie dem **Reaktionszentrum II** zu. Dieses besteht vor allem aus den beiden Polypeptiden D1 und D2, an deren Basis das P680-Dimer gebunden ist. Bei der Ladungstrennnung wird je ein Elektron pro Chlorophyllmolekül abgegeben. **P680** wird dadurch oxidiert, **Phäophytin** über Elektronenaufnahme reduziert. Phäo-

Abb. 6.12
Modellvorstellung zur Struktur des PSII (verändert nach BUCHANAN et al. 2000 aus HESS 2004).

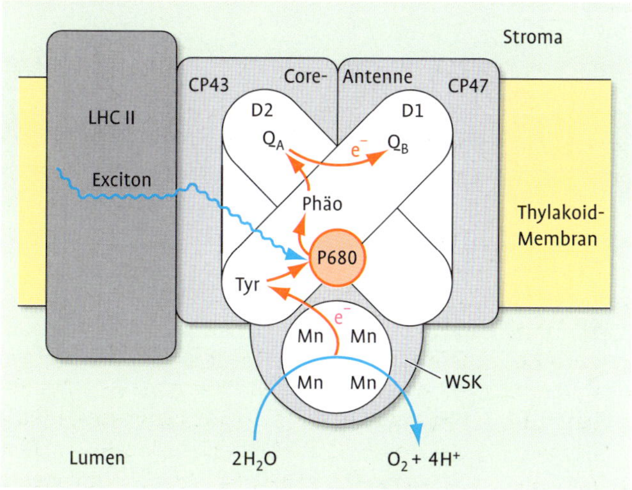

phytin seinerseits führt eine erste Reduktion von **Plastochinon Q_A**, das an Protein D2 gebunden ist, zum Semichinon durch. Das Semichinon reduziert dann **Plastochinon Q_B**, das an D1 gebunden ist, zum **Plastohydrochinon** (Abb. 6.15). Es vermittelt den Übergang zum Cytochrom f/b_6-Komplex. Das bei der Ladungstrennung oxidierte P680 deckt sein Elektronendefizit über Tyrosin aus dem **WSK** mit seinem vierzähligen Mn-Cluster. Folge ist die **Photolyse des Wassers** (Abb. 6.12).

▶ **Photosystem I (PSI).** In seinem LHC (LHC I) finden sich Chlorophylle a, weniger Chlorophylle b und Carotinoide. Das Chlorophyll a-Dimer im **Reaktionszentrum I** weist ein Absorptionsmaximum bei 700 nm auf. Es wird dementsprechend als **P700** bezeichnet.

PSI baut sich aus höchstens 14 Polypeptiden auf, also aus weniger als im PSII. Bei der Ladungstrennung wird anstatt Phäophytin im PSII ein spezielles **Chlorophyll A_0** reduziert. Von ihm verläuft die Elektronentransportkette über **Phyllochinon** (= A_1) und **Fe-S-Zentren** zum randlich nur locker am PSI ansetzenden, leicht beweglichen **Ferredoxin.**

6.2.4 Der Ablauf der Primärprozesse

Die bisher nur isoliert behandelten Redoxsysteme müssen nun zu funktionsfähigen Elektronentransportketten zusammengefügt werden. Dabei muss berücksichtigt werden, dass es sich nicht nur um einfache Redoxsysteme handelt, sondern auch um ganze Komplexe, wie wir sie schon mit den beiden Photosystemen kennengelernt haben. Die genaue räumliche Anordnung in den Thylakoiden soll uns erst später beschäftigen.

▶ **Linearer Elektronentransport mit Photolyse.** In einem Energiediagramm werden die einzelnen Redoxsysteme in der richtigen Reihenfolge und entsprechend ihrem Redoxpotenzial eingeordnet. Das Ergebnis ist das sogenannte Z-Schema (Abb. 6.13). In ihm greift das Licht in den beiden Lichtreaktionen an zwei Stellen direkt ein, beim Photosystem II und beim Photosystem I. Zuerst wird hier der lineare Elektronentransport behandelt, der für die Photosynthese normalerweise wichtiger ist als der zyklische Transport.

Beginnen wir mit dem **Photosystem II**. Es ist für die **zweite Lichtreaktion** zuständig. Die Anre-

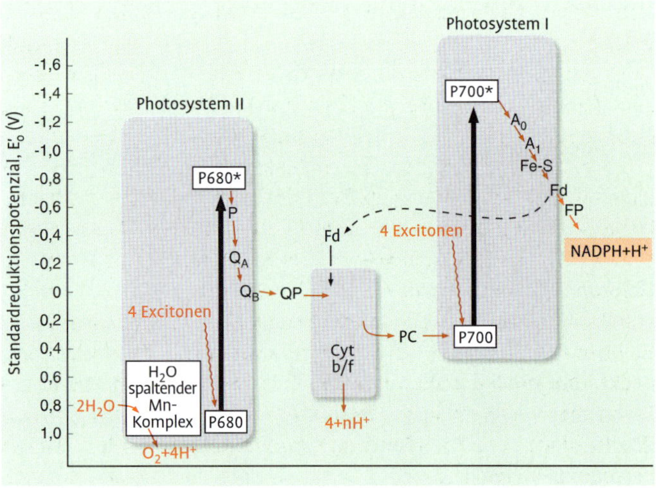

Abb. 6.13
Das Z-Schema des Elektronentransports bei der Photosynthese. Die Redoxsysteme werden dabei entsprechend ihrem Redoxpotential und in der richtigen Reihenfolge angeordnet. Die später zu besprechenden (Seite 104) drei großen integralen Protein-Komplexe, das Photosystem II, der Cytochrom b_6/f-Komplex (Cyt b/f) und das Photosystem I sind hervorgehoben. Q_A = fest gebundenes Plastochinon; Q_B = lockerer gebundenes Plastochinon; QP = Pool an frei beweglichem Plastochinon; PC = Plastocyanin; A_0 = zwei hintereinander geschaltete monomere Chlorophylle a; A_1 = Phyllochinon; FeS = ein Eisen-Schwefel-Zentrum; Fd = Ferredoxin, bewerkstelligt als mobiles peripheres Protein auch die Kontaktaufnahme mit Cyt b/f (gestrichelte Linie) und damit den zyklischen Elektronentransport; FP = Ferredoxin-NADP-Reduktase (Ferredoxin-NADP-Oxidoreduktase). Die Zahl von vier Photonen bzw. Excitonen ist auf das vierzählige Mn-Cluster im wasserspaltenden Komplex (links unten) abgestimmt.

gung durch Excitonen führt zur Ladungstrennung im P680-Dimer. Pro Molekül aktives Chlorophyll wird je ein Elektron abgegeben, also zwei Elektronen pro P680-Dimer. Über Phäophytin gelangen sie zu Q_A und Q_B. Zur Reduktion der Plastochinone müssen auch Protonen eingesetzt werden. Wie das erfolgt, wird später (Seite 106) erwähnt. Dann bildet sich hydriertes, freies Plastochinon PQH_2 (Abb. 6.15).

Über das leicht bewegliche PQH_2 werden die Elektronen in den Cytochrom b_6/f-Komplex eingespeist. Dabei werden die Protonen wieder freigesetzt, die im Photosystem II zur Reduzierung des Plastochinons verwendet worden waren. Bei Cytochrom b_6/f handelt es sich nach den beiden Photosystemen um den dritten großen Pigment-Protein-Komplex, der in den Primärprozessen wichtig wird. In unserer vereinfachten Darstellung können nur drei seiner Redox-Komponenten genannt werden: Cytochrom b_6, Cytochrom f und Fe-S-Zentren. Sie kooperieren bei der Leitung der Elektronen vom hydrierten Plastochinon zu Plastocyanin.

Plastocyanin, das nächste Redoxsystem in unserer Kette, liegt außerhalb des Cytochrom b_6/f-Komplexes. Es ist wie die Moleküle des Plastochinon-Pools leicht beweglich und fungiert so als Mittler zum nächsten Komplex, dem Photosystem I.

Doch nun innerhalb des Photosystems II zurück zum Beginn der Kette. Bei der Photolyse (→ Seite 102) werden im WSK aus zwei Molekülen Wasser vier Elektronen abgezogen, die im Reaktionszentrum von PSII an P680 abgegeben werden.

Die **erste Lichtreaktion** findet im **Photosystem I** statt. Wie beim Photosystem II wird aktives Chlorophyll, hier in Form von P700, über Zufuhr von Excitonen ionisiert. Das dadurch entstehende Elektronendefizit wird aus dem Plastocyanin gedeckt. Innerhalb des Photosystems I werden die Elektronen über mehrere Redoxsysteme (A0, Phyllochinon; ein Fe-S-Zentrum) schließlich an Ferredoxin abgegeben.

Ferredoxin ist nicht fest an Photosystem I gebunden, sondern beweglich, was auch für den zyklischen Elektronentransport wichtig wird. Über die Ferredoxin-NADP-Reduktase, die FAD als Wirkkomponente enthält, gelangen die Elektronen schließlich zum Endakzeptor $NADP^+$. Für die Reduktion eines Moleküls $NADP^+$ zu $NADPH + H^+$ sind außer zwei Elektronen noch zwei H^+ erforderlich. Woher sie kommen, wird später geschildert (Seite 106).

Beim linearen Elektronentransport fließen also Elektronen von einem Ende der Kette aus Redoxsystemen zum anderen, vom Elektronendonor Wasser bis zum endgültigen Elektronenakzeptor $NADP^+$. Zwei hintereinander geschaltete Motoren halten den Transport aufrecht: die Ionisierung aktiver Chlorophylle in der ersten und zweiten Lichtreaktion. Produkte des nicht-zyklischen Elektronentransports sind außer Sauerstoff **$NADPH^+ + H^+$** und **ATP**. Was die Bildung der beiden letztgenannten Substanzen angeht, besteht noch Erklärungsbedarf (Seite 105).

▶ Die **Photosynthese**, ein für alle grünen Pflanzen lebenswichtiger Prozess, lässt sich durch eine ganze Reihe von **Total-Herbiziden blockieren**. Ihr Ansatzpunkt kann Q_B sein, die Bindungsstelle für Plastochinon (Abb. 6. 10). Die betreffenden Total-Herbizide verdrängen Plastochinon kompetitiv von Position Q_B. Man bezeichnet D1 deshalb auch als herbizidbindendes Protein. Die Herbizide fangen die Elektronen ab, so dass die Elektronentransportkette mit tödlichen Folgen für die betreffenden Pflanzen unterbrochen wird. Zu den an D1 bindenden Total-Herbiziden gehört das umstrittene Atrazin, das früher auch bei uns im Maisfeld oder zur Unkraut-Bekämpfung an Bahndämmen eingesetzt wurde, aber in Deutschland längst verboten ist.

▶ **Zyklischer Elektronentransport.** An die erste Lichtreaktion kann sich ein zyklischer Elektronentransport anschließen. Die von P700 abgegebenen Elektronen gehen dabei wie beim linearen Transport zunächst auf Ferredoxin über. Dann aber werden sie nicht in Richtung $NADP^+$ weitergeleitet, sondern das mobile Ferredoxin transportiert sie zum Cytochrom b_6/f-Komplex. Die Elektronen passieren die Redoxsysteme des Komplexes und fließen dann wie beim linearen Transport über Plastocyanin zu P700 zurück. Damit ist der Zyklus geschlossen (Abb. 6.13).

Beim zyklischen wird ebenso wie beim nicht-zyklischen Elektronentransport ATP produziert.

Die zweite Lichtreaktion und damit auch die Photolyse sind nicht beteiligt. NADPH + H^+ wird deshalb nicht gebildet, ebensowenig natürlich Sauerstoff. Produkt des zyklischen Elektronentransports ist also ausschließlich **ATP.** Die Bedeutung des zyklischen Elektronentransports dürfte in dieser zyklischen Photophosphorylierung (Seite 105) liegen. Sie wird dann wichtig, wenn die ATP-Synthese über den linearen Elektronentransport ungenügend sein sollte.

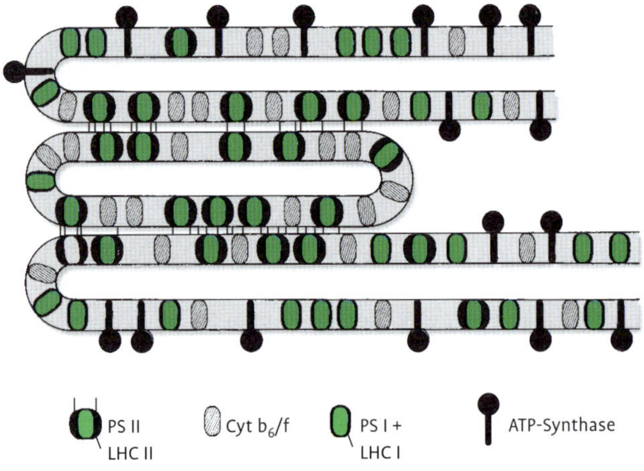

Abb. 6.14
Lokalisierung der an den Primärprozessen beteiligten integralen Protein-Komplexe in Grana- und Stromathylakoiden. Die Polypeptidketten des LHC II, die dem festen Zusammenschluss zweier parallel gelagerter Membranen dienen, sind als schwarze Striche angedeutet (verändert nach KLEINIG und SITTE 1999).

6.2.5 Die Lokalisierung der integralen Proteinkomplexe der Primärprozesse

Die Primärprozesse laufen auf den Thylakoiden ab. Bisher hatten wir drei große integrale (Seite 102) Proteinkomplexe kennengelernt, die sich an ihnen beteiligen: die **Photosysteme I und II** und den **Cytochrom b_6/f-Komplex**. Nun müssen wir noch einen weiteren Proteinkomplex berücksichtigen, die **ATP-Synthase**, an der im Verlauf der Primärvorgänge ATP gebildet wird. Diese vier Komplexe sind als integrale Proteine auf den Thylakoiden lokalisiert, und zwar in einer ganz bestimmten Verteilung (Abb. 6.14): Photosystem I mit LHCI und ebenso die ATP-Synthase finden sich in den vom Stroma her zugänglichen Thylakoidbereichen. Dabei handelt es sich um die Stromathylakoide, aber auch um die Membranen an der Peripherie der Grana. Erinnern wir uns daran, dass die Bildung von NADPH + H^+ im Anschluß an das Photosystem I erfolgt. **Nicht nur ATP, sondern auch NADPH + H^+ lassen sich also vom Stroma her abgreifen.**

Das Photosystem II ist in den Bereichen der Granathylakoide zu finden, in denen sich die Membranen aneinanderlegen. LHC II trägt zu dieser fusionsähnlichen Parallel-Lagerung entscheidend bei. Denn aus ihm herausragende Polypeptidketten verankern sich in der gegenüberliegenden Membran. Die Stapelung wird so fixiert.

Der Cytochrom b_6/f-Komplex ist gleichmäßig über alle Thylakoid-Bereiche verteilt.

▶ **Die Rolle der peripheren Proteine.** Erinnern wir uns an die kleineren Redoxsysteme, die wir wegen ihrer Mobilität als Mittler zwischen den großen integralen Blöcken angenommen hatten. Von ihnen gehören Plastocyanin und Ferredoxin zu den peripheren Proteinen, die den Biomembranen nur lose aufgelagert sind und ihren Ort leicht wechseln können. Deshalb finden sie ihren Weg zu den großen Redoxblöcken mit der auf sie jeweils zugeschnittenen Struktur und dem entsprechenden Redoxpotenzial.

Hinzu kommt noch, dass auch die drei integralen Redoxsysteme bewegt werden können, wenn auch weniger leicht als die peripheren Proteine. Die für den Elektronentransport erforderlichen Kontaktmöglichkeiten zwischen den verschiedenen Redoxsystemen sind also gegeben. Das Z-Schema ist zwar nicht formell, aber doch im Prinzip realisiert.

Die Sekundärprozesse laufen im Stroma ab. Wie schon erwähnt, erfordern sie die Bereitstellung von ATP und NADPH + H^+. Unter diesem Aspekt ist es nur zweckmäßig, dass beide Substanzen wie eben erwähnt gerade an den vom Stroma her

Abb. 6.15
Modellvorstellung zum Elektronentransport und zur chemiosmotisch gekoppelten ATP-Bildung bei der Photosynthese. Drei integrale Redox-Komplexe durchspannen die Thylakoid-Membran, das PSII mit dem Wasserspaltenden Komplex, der Cytochrom b_6/f-Komplex (Cyt b/f), und das PSII. Die Verbindung zwischen PSI und Cyt b/f stellen Plastochinone her, die zwischen Cyt b/f und PSI Plastocyanine. Über diese Kette verläuft der lineare Elektronen-Transport bis zum $NADPH + H^+$. Der damit gekoppelte H^+-Import in den Thylakoid-Innenraum ist rot gehalten. Ferredoxin (Fd), ein peripheres Protein, vermittelt den zyklischen Elektronentransport (gestrichelt), über den ebenfalls eine Protonenanreicherung im Lumen erfolgen kann (n H^+, ebenfalls in Rot). Der vierte integrale Proteinkomplex ist der Protonenkanal mit der ATP-Synthase, an der die ATP-Bildung erfolgt.

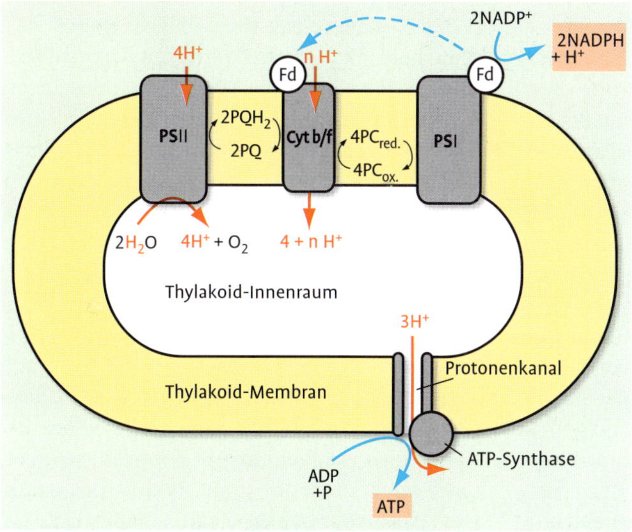

zugänglichen Thylakoidbereichen gebildet werden. Dabei muss auf die Bildung von ATP gesondert eingegangen werden.

6.2.6 Photophosphorylierung über chemiosmotische Koppelung

Unter Photophosphorylierung versteht man die ATP-Bildung bei der Photosynthese. ATP wird aus ADP + P gebildet, das heißt ADP wird phosphoryliert. Wir werden noch anderen derartigen Phosphorylierungen begegnen, nämlich der Substratketten- und der Atmungsketten-Phosphorylierung (Seiten 117, 121).

Die von Mitchell 1961 aufgestellte **chemiosmotische Hypothese** liefert eine Erklärung für den Mechanismus der Photophosphorylierung in den Chloroplasten ebenso wie für denjenigen der Atmungskettenphosphorylierung in den Mitochondrien. Ihren Namen hat sie daher, dass sie einen chemischen Prozess, die ATP-Bildung, auf Bewegungsprozesse (griech. osmosis = Bewegung) zurückführt, nämlich auf einen vektoriellen Elektronentransport, der einen Protonentransport nach sich zieht. ATP-Bildung und Transportvorgänge sind also miteinander gekoppelt, daher die neuere Bezeichnung **chemiosmotische Kopplung.**

Ihre Prinzipien sind in Chloroplasten und Mitochondrien gleich. Doch ist die notwendige Energie im Fall der Chloroplasten die Lichtenergie, bei Mitochrondrien stammt sie aus dem Abbau von Substraten. Durch den Feinbau beider Organellen bedingte Unterschiede kommen hinzu. Hier werden die Prinzipien gebracht und jeweils für Chloroplasten verifiziert (Abb. 6. 15):

- Es muss ein **Kompartiment** gegeben sein. Seine Membranbegrenzung muss für Protonen impermeabel sein – wenigstens von gleich noch zu besprechenden definierten Durchlassstellen abgesehen.

Chloroplasten: Die **Thylakoide** bilden geschlossene Vesikel. Sie sind die Kompartimente.

- Die Membran muss **asymmetrisch** gebaut sein. Das heißt: Im Querschnitt muss sie in ihren zum Inneren des Kompartiments hin andere Strukturen aufweisen als in ihren äußeren Partien. Diese Voraussetzung ist mit einer entsprechenden Anordnung der Redox-Systeme gegeben.

Chloroplasten: Die an den Primärprozessen der Photosynthese beteiligten Redoxsysteme sind in den Thylakoidmembranen **asymmetrisch angeordnet**.

- Die Funktion der Redox-Systeme in den Membranen muss **vektoriell** sein. Dadurch kommt es zu einem **Elektronentransport** von der Innen-

zur Außenseite der Membranen und zu einem dadurch bedingten Aufbau eines **Protonengradienten,** der von innen nach außen abfällt.
Chloroplasten: Ihre Redoxsysteme arbeiten **vektoriell**, wie am Elektronenfluß zu erkennen ist: Die **Photolyse** findet an der Innenseite der Membranen statt. Die dem Wasser entzogenen Elektronen fließen von dort bis an die Außenseite der Membranen, wo sie zur Reduktion von $NADP^+$ eingesetzt werden. Beim **Aufbau des Protonengradienten** werden Protonen im Lumen der Thylakoide angereichert. Zunächst ist daran die **Photolyse** beteiligt. Denn sie findet an der Lumenseite der Thylakoidmembranen statt. Ein weiterer Protonenimport hängt mit der Hydrierung bzw. Dehydrierung der **Plastochinone** zusammen: für die Reduktion von PQ zu PQH_2 werden Protonen benötigt (Abb. 6.10). Sie stammen aus dem Stroma. Wenn PQH_2 seine Elektronen in den Cytochrom b_6/f-Komplex einspeist, werden gleichzeitig Protonen freigesetzt und in das Thylakoidlumen abgegeben.

▶ In der Membran müssen **definierte Passagen** vorhanden sein, über die Protonen von innen nach außen abfließen können, über die es also zu einem Ausgleich des elektrochemischen Potenzials kommen kann. Die dabei freiwerdende Energie wird zur Bildung von ATP benützt. Bewegungen der Protonen spielen also die entscheidende Rolle. Deshalb spricht man auch von einer protonenmotorischen Kraft, die hinter der ATP-Synthese steht.
Chloroplasten: Der auf dem Protonengradienten beruhende pH-Unterschied zwischen Innen und Außen kann mehr als drei Stufen betragen. Der Ausgleich erfolgt über einen **Protonenkanal,** der mit der ATP-Synthase im Verbund steht. Wenn rund **drei Protonen** durch diesen Kanal von innen nach außen transportiert werden, genügt die dabei anfallende Energie für die **Bildung eines Moleküls ATP** aus ADP + P.
Soviel zur ATP-Bildung beim linearen Elektronentransport. Beim zyklischen Elektronentransport werden Protonen vom $Cytb_6$/f-Komplex in das Lumen der Thylakoide abgegeben. Auf sie gehen dann Protonengradient und ATP-Bildung zurück.

6.3 Sekundärprozesse der Photosynthese

Von den Produkten der Primärprozesse O_2, ATP und ADPH + H^+ interessiert uns hier das freigesetzte O_2 nicht weiter. Das soll nicht heißen, dass seine hohe ökologische Wertigkeit vergessen sei. Doch ATP und NADP + H^+ sind die Substanzen, die die Primärprozesse mit den Sekundärprozessen verbinden. Denn sie entstehen in den Primärprozessen und können dann in den Sekundärprozessen zur Fixierung und Reduktion des CO_2 herangezogen werden.

6.3.1 Calvin-Zyklus

Die Sekundärprozesse wurden unter wesentlicher Beteiligung der Arbeitsgruppe um Calvin (Bassham et al. 1950) aufgedeckt, daher der Name. Eine weniger gängige Bezeichnung ist **reduktiver Pentosephosphat-Zyklus**. Der **oxidative Pentosephosphat-Zyklus** findet sich auf Seite 124.

Abb. 6.16
Tracer-Versuche bei den Sekundärvorgängen der Photosynthese. $^{14}CO_2$ wurde Algensuspensionen zugeführt. Dann wurden die Algen zu den angegebenen Zeiten abgetötet und Extrakte aus ihnen über zweidimensionale Papierchromatographie aufgetrennt. PGS = 3-Phosphoglycerat, Triose = 3-Phosphoglycerinaldehyd + Dihydroxyacetonphosphat. Die geschwärzten Stellen auf den Chromatogrammabzügen zeigen, dass an den betreffenden Stellen, das heißt aber in den betreffenden Substanzen, ^{14}C vorhanden ist (verändert nach BARON 1967).

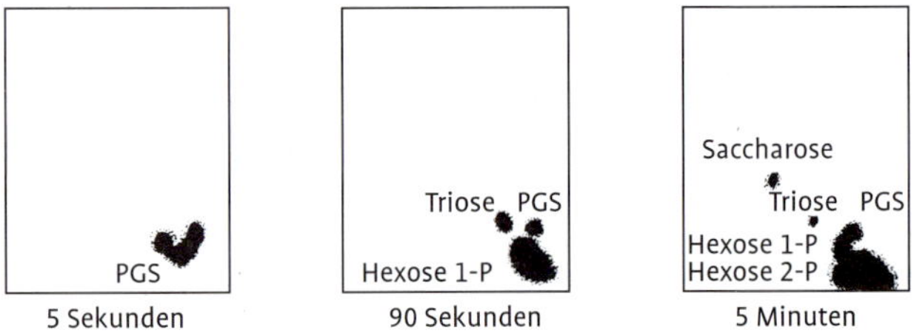

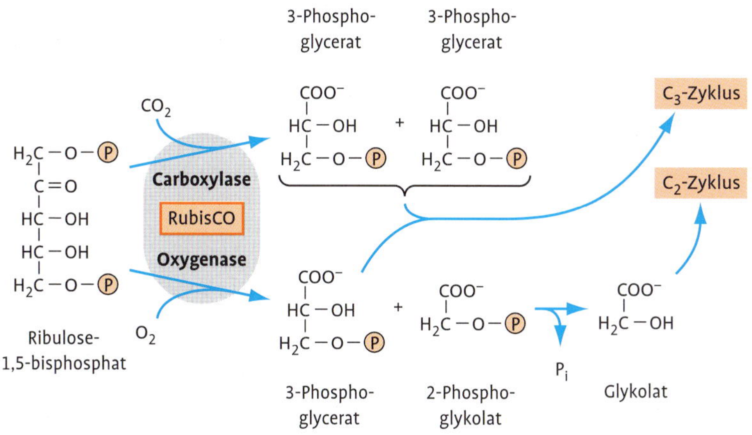

Abb. 6.17 Die Carboxylase- und die Oxygenase-Funktion der RubisCO. C_3-Zyklus = Calvin-Zyklus; C_2-Zyklus = Glykolat-Zyklus.

Calvin führte tracer-Experimente durch, in denen die Weitergabe der Radioaktivität aus zugeführtem $^{14}CO_2$ in andere Substanzen verfolgt wurde. Algensuspensionen *(Chlorella* oder *Scenedesmus)* wurde $^{14}CO_2$ zugesetzt wurde. Nach sehr kurzen Intervallen, schon nach wenigen Sekunden, und dann nach immer längeren Zeiträumen wurden die Algen extrahiert, oft mit heißem 80 %igem Ethanol. Die Extrakte wurden mit Hilfe der zweidimensionalen Papierchromatographie aufgetrennt und der Autoradiographie unterworfen (Abb. 6.16). So ließ sich die Abfolge der Substanzen ermitteln, die auf die CO_2-Fixierung zurückgingen.

▶ **RubisCO.** Dabei handelt es sich um das Schlüsselenzym der Sekundärprozesse. Denn sie fixiert CO_2 in den primären Akzeptor Ribulose-1,5-bisphosphat. Es sei betont, dass **CO_2** als Substrat dient. Das Enzym besteht aus acht großen (je ca. 56 kDa) und acht kleinen (je ca. 14 kDa) Untereinheiten. Die großen Untereinheiten werden von den Chloroplasten, die kleinen Untereinheiten vom Zellkern codiert. Es handelt sich also um ein Enzym, das nach Herkunft wie Struktur recht komplex ist. Wenn wir hinsichtlich seiner Funktion entsprechendes erwarten, sehen wir uns nicht getäuscht: das Enzym fixiert nicht nur CO_2 in Ribulose-1,5-bisphosphat, sondern zerlegt das gleiche Substrat auch oxidativ. Es kommen ihm also zwei Funktionen zu (Abb. 6.17):

- eine **Carboxylase**-Funktion, die hier wichtig ist, und
- eine **Oxygenase**-Funktion, auf die wir später (Seite 114) eingehen werden.

Auf diese Doppelfunktion bezieht sich auch die offizielle Bezeichnung **Ribu**lose-1,5-**bis**phosphat-**C**arboxylase/**O**xygenase. Verständlich, dass man sie durch die Abkürzung **RubisCO** ersetzt. Unter den heutigen atmosphärischen Bedingungen verhalten sich Carboxylase- zu Oxygenase-Funktion bei 25 °C wie 3 :1. Die Substrate CO_2 und O_2 konkurrieren miteinander um die RubisCO. CO_2 fördert ihre Carboxylase- und hemmt ihre Oxygenase-Funktion, umgekehrt fördert O_2 die Oxygenase- und hemmt die Carboxylase-Funktion. Die Konzentrationen an CO_2 bzw. O_2 werden somit ausschlaggebend dafür, ob die Carboxylase- oder die Oxigenase-Funktion ausgeübt wird.

Der weitere Verlauf (Abb. 6.18):

▶ **Triosen, die ersten Kohlenhydrate**. Durch die Fixierung des CO_2 in Ribulose-1,5-bisphosphat entsteht ein instabiles Zwischenprodukt. Es zerfällt in zwei Moleküle 3-Phosphoglycerat. Dieses wird in zwei Schritten zu 3-Phosphoglycerinaldehyd reduziert. Im ersten dieser Schritte wird das in den Primärprozessen gebildete ATP, im zweiten das NADPH + H^+ aus den Primäprozessen verbraucht. In diesen beiden Reaktionen erfolgt die **Verknüpfung der Primär- mit den Sekundärprozessen**. Hier liegt auch die namengebende reduktive Antriebskraft des reduktiven Pentosephosphat-Zyklus.

3-Phosphoglycerinaldehyd steht mit seinem Isomeren Dihydroxyacetonphosphat im Gleichgewicht. Beide zusammengenommen bezeichnet man als **Triosephosphat.** Es handelt sich bei diesen **Triosen um die ersten Kohlenhydrate, die im Calvin-Zyklus gebildet werden.** Sie können ins Cytosol übergehen und dort in andere Kohlenhydrate überführt werden.

▶ **Vom Trisosephosphat zu weiteren Kohlenhydraten.** Beim Triosephosphat kommt es im Calvin-Zyklus zu einer Gabelung: Einerseits können zwei Moleküle Triosephosphat (je ein Molekül 3-Phosphoglycerinaldehyd und Dihydroxyacetonphosphat) zu einem Molekül Fructose-1,6-bisphosphat zusammentreten, das unter Abspaltung von Phosphat Fructose-6-phosphat liefert. Es kann in Glucose-6-phosphat und weitere einfache Zucker oder auch in Polysaccharide wie Stärke überführt werden.

▶ **Regeneration von Ribulose-1,5-bisphosphat.** Triosephosphate beteiligen sich aber auch an der Regeneration des CO_2-Akzeptors Ribulose-1,5-bisphosphat. Bilanzmäßig ergibt sich folgendes Bild: In eine komplizierte Sequenz von Umwandlungen werden drei Moleküle Triosephosphat und ein Molekül Fructose-6-phosphat, also insgesamt 15 C, hineingeschickt. Die anfallenden Intermediärprodukte wie zum Beispiel Erythrose-4-phosphat (Seite 45) können zu Synthesen abgeleitet werden. Wenn wir davon absehen, stehen am Ende der Reaktionsfolge schließlich drei Moleküle Ribulose-5-phosphat, also wieder 15 C. Mit Hilfe von ATP wird dann Ribulose-5-phosphat in Ribulose-1,5-bisphosphat überführt. Damit ist der CO_2-Akzeptor regeneriert: Ausgehend von und zurückkehrend zu Ribulose-1,5-bisphosphat finden wir einen Kreislauf, eben den Calvin-Zyklus.

6.3.2 Varianten in der CO_2-Anlieferung

Bislang hatten wir Ribulose-1,5-bisphosphat als primären CO_2-Akzeptor herausgestellt. Denn die erste organische Substanz, in die CO_2 fixiert wurde, war eben Ribulose-1,5-bisphosphat. Bei zwei

Abb. 6.18
Der Calvin-Zyklus **1** RubisCO; 3-PGA = 3-Phosphoglycerat (engl. Acid = A = Säure); 3-PGAL = 3-Phosphoglycerinaldehyd; DHAP = Dihydroxy-acetonphosphat; FbP = Fructose-1,6-bisphosphat.

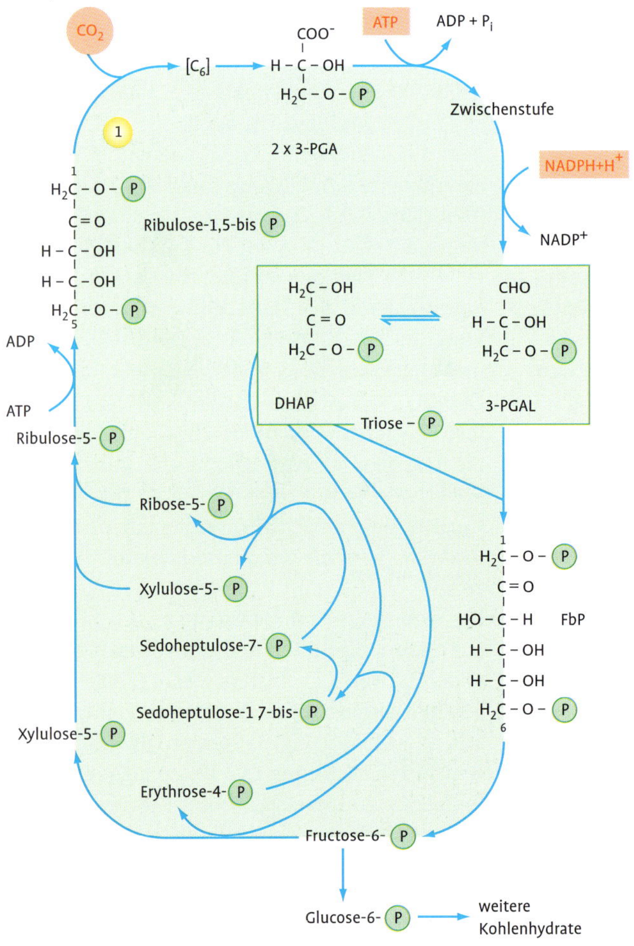

ökologischen Pflanzengruppen kann aber auch **Phosphoenolpruvat (PEP) als primärer CO_2-Akzeptor** dienen (Abb. 6.19). Eine mit **HCO_3^-** arbeitende PEP-Carboxylase überführt PEP in Oxalacetat, das dann zu Malat reduziert werden kann. Malat dient als Transportmolekül für CO_2, NADPH + H^+ und Pyruvat. Die beiden erstgenannten werden in den Calvin-Zyklus eingespeist. CO_2 wird dabei in Ribulose-1,5-bisphosphat fixiert, NADPH + H^+ wird zur reduktiven Bildung von Trisoephosphat eingesetzt. Es handelt sich also nicht um Varianten der Kohlenhydratsynthese, sondern lediglich um Varianten in der Anlieferung des dazu benötigten CO_2.
Über die Nutzung von Malat bzw. Äpfelsäure als CO_2-Speicher können die **Spaltöffnungen** bei heissen und trockenen Außenbedingungen zur Vermeidung von Wasserverlusten vorübergehend geschlossen werden, ohne dass die Photosynthese darunter leidet. Das bedeutet bei heißen und trockenen Außenbedingungen eine entscheidend wichtige ökologische Anpassung. Die oben genannten generellen Übereinstimmungen finden sich bei zwei ökologischen Gruppen, den **C4-Pflanzen** und den **CAM-Pflanzen**. In den Details unterscheiden sie sich allerdings wesentlich.

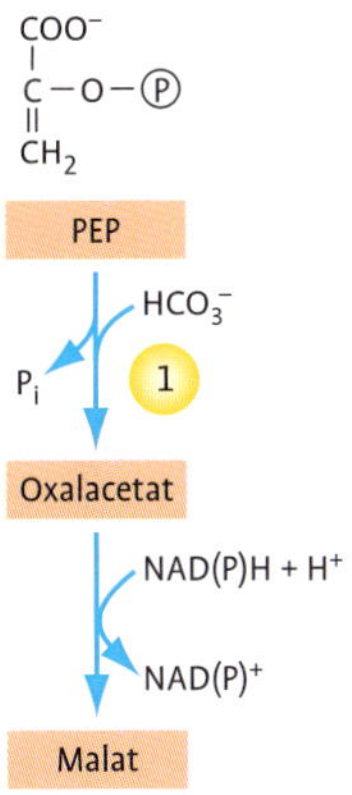

Abb. 6.19
Phosphoenolpyruvat als primärer CO_2-Akzeptor. **1** PEP-Carboxylase, die mit HCO_3^- arbeitet. Das durch Carboxylierung von PEP gebildere Oxalacetat wird in C_4-Pflanzen mit Hilfe von NADPH + H^+, in CAM-Pflanzen mit Hilfe von NADH + H^+ zu Malat reduziert.

Variante 1 in der CO_2-Anlieferung: der C_4-Dicarbonsäure-Weg. Eine erste Variante dieser Art wurde vor allem durch die grundlegenden Arbeiten von Hatch und Slack (1966) bekannt. Man bezeichnet sie als **C_4-Dicarbonsäureweg**. Denn intermediär entstehen hier Oxalacetat und Malat, bei Aspartatbildnern auch Aspartat, alles Säuren bzw. Salze von Säuren mit 4 C-Atomen und mindestens zwei Carbonylfunktionen. Der C_4-Dicarbonsäureweg wurde zuerst bei Gramineen wie Mais und Zuckerrohr nachgewiesen. Inzwischen weiß man, dass er bei höheren Pflanzen verschiedener systematischer Zugehörigkeit weit verbreitet ist.
Arten mit dem C_4-Dicarbonsäureweg bezeichnet man als **C_4-Pflanzen**. Diejenigen Arten, bei denen Ribulose-1,5-bisphosphat der primäre CO_2-Akzeptor ist, nennt man unter Bezug auf die ersten fassbaren Photosyntheseprodukte, bei denen es sich 3C-Körper handelt, **C_3-Pflanzen**.
C_4-Pflanzen weisen ein Merkmals-Muster auf, das als **C_4-Syndrom** bezeichnet wird. Seine einzelnen Komponenten werden im Folgenden besprochen:

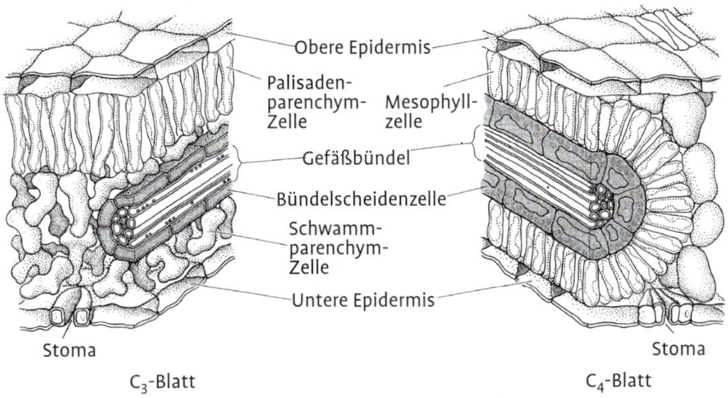

Abb. 6.20
Blattanatomie bei C_3- und C_4-Pflanzen (verändert nach Purves und Orians 1983).

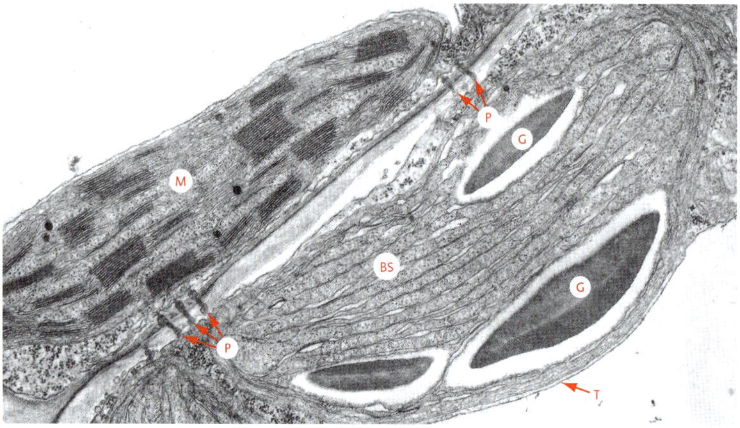

Abb. 6.21
Chloroplastendimorphismus in C_4-Pflanzen (EM-Aufnahme). **Rechts unten** Bündelscheidenzelle (BS) ohne Grana, aber mit Stärke (G). **Links oben** Mesophyllzelle (M) mit Grana. P Plasmodesmen; T Tonoplast (verändert nach GUNNING und STEER 1996).

▶ **Kranztyp des Blattquerschnitts:** Um die Gefäßbündel legt sich im Blattquerschnitt abweichend von der normalen Anatomie eines Laubblattes zunächst ein innerer Kranz von stark chlorophyllhaltigen **Bündelscheidenzellen**. Nach außen folgt dann ein zweiter Kranz aus etwas weniger Chlorophyll enthaltenden **Mesophyllzellen** (Abb. 6.20). Berücksichtigt man die dreidimensionale Realität, so werden aus Kränzen entsprechende Röhren. Diese Anordnung der assimilatorisch tätigen Zellen hatte Haberlandt schon 1904 beschrieben und eben Kranztyp genannt. Er hatte auch bereits vermutet, dass der Besonderheit in der Anatomie der Assimilationsgewebe eine Besonderheit im biochemischen Geschehen entsprechen könne. Doch kennt man auch C_4-Pflanzen ohne den Kranztyp.

▶ **Chloroplastendimorphismus:** Der Kranztyp ist mit einem Chloroplastendimorphismus (Abb. 6.21) gekoppelt. Die Chloroplasten in den Bündelscheidenzellen sind relativ groß und weisen vielfach keine Granathylakoidstapel auf. Bei Normchloroplasten ist das Photosystem II an die Grana gebunden. Den Chloroplasten in den Scheidenzellen fehlt also Photosystem II und damit die Möglichkeit zum linearen Elektronen-

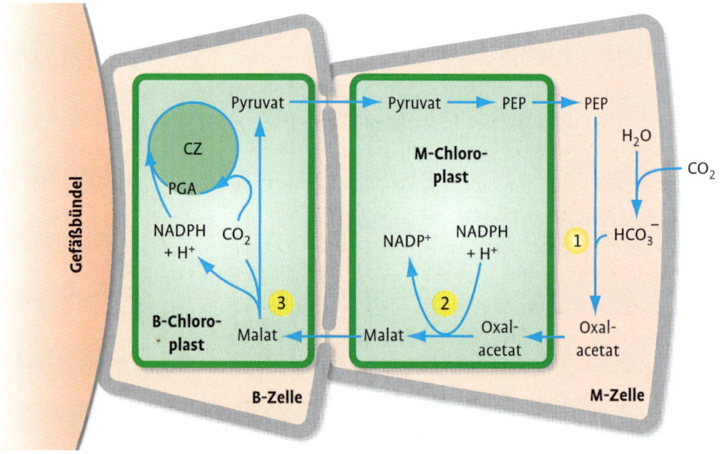

Abb. 6.22
Der C_4-Dicarbonsäure-Weg bei NADP-abhängigen Malatbildnern. Rechts neben dem Gefäßbündel eine Bündelscheidenzelle (B-Zelle) mit Chloroplast (B-Chloroplast); rechts daneben eine Mesophyllzelle (M-Zelle) mit Chloroplast (M-Chloroplast). Zu den Chloroplasten → Abb. 6.21. **1** PEP-Carboxylase, **2** NADPH-abhängige Malatdehydrogenase, **3** NADP-abhängiges Malatenzym, CZ = Calvin-Zyklus, PGA = 3-Phosphoglycerat. **Primäre (rechts) und sekundäre (links) CO_2-Fixierung mit den anschließenden Reaktionen sind räumlich getrennt** (verändert nach HESS 2004).

transport. Dennoch häuft sich in ihnen Stärke an. Das ist insofern erstaunlich, als die Bildung von Kohlenhydraten die Bereitstellung von ATP und NADPH + H^+ voraussetzt, die normalerweise gerade über den nicht-zyklischen Elektronentransport angeliefert werden. Lassen wir es im Augenblick bei dieser Feststellung und werfen wir noch einen Blick auf die Chloroplasten der Mesophyllzellen: Sie sind normal gebaut, führen also als Grana in Erscheinung tretende Thylakoidstapel. Stärke findet sich in ihnen nicht.

▶ **C_4-Dicarbonsäureweg**: Bei C_4-Pflanzen finden sich mehrere Varianten. Bei einem Teil von ihnen wird Malat als CO_2 -Transportmetabolit wichtig. Hier soll der relativ einfache C_4-Dicarbonsäureweg in **Malatbildnern** besprochen werden (Abb. 6.22).

Der primäre CO_2-Akzeptor Phosphoenolpyruvat (PEP) wird im Cytoplasma von **Mesophyllzellen** mit Hilfe einer PEP-Carboxylase zu Oxalacetat carboxyliert. Das Enzym wird hier über Licht aktiviert und arbeitet mit HCO_3^-, zu dem es eine besonders hohe Affinität aufweist. Außerdem liegt HCO_3^- in den Mesophyllzllen in wässeriger Lösung in ausreichender Konzentration vor. Die RubisCO fehlt in den Mesophyllzellen, deshalb letztlich auch die Stärke. Die PEP-Carboxylase kann ohne Konkurrenz reichlich Oxalacetat anliefern, das in Chloroplasten ebenfalls der Mesophyllzllen durch eine **NADPH-abhängige Malatdehydrogenase** zu Malat hydriert wird.

Malat wandert über Plasmodesmen in **Bündelscheidenzellen** und dann in deren Chloroplasten. Dort wird es von einem **NADP-Malat-Enzym** unter Bildung von CO_2, Pyruvat und NADPH + H^+ zerlegt. Die Zellwände sind suberinisiert, so dass kein CO_2 aus den Bündelscheidenzellen entweichen kann. Zudem fehlt die PEP-Carboxylase. Bei entsprechendem Malatimport kommt es dann zu einer derartigen **Anreicherung an CO_2**, dass optimale Bedingungen für die Carboxylase-Aktivität der RubisCO geschaffen werden. Damit ist der Anschluss an die uns bekannten Reaktionen des Calvin-Zyklus gegeben. Bei der dabei fälligen Reduktion wird das vom Malat-Enzym angelieferte NADPH + H^+ eingesetzt. Das ebenfalls erforderliche ATP wird über den zyklischen Elektronentransport bereitgestellt. Damit ist auch erklärt, weshalb sich in den Bündenscheidenzellen trotz des Fehlens der Grana und damit des linearen Elektronentransports Stärke bildet.

Pyruvat wird unter ATP-Verbrauch wieder zu PEP regeneriert. Damit steht der primäre CO_2-Akzeptor erneut zur Verfügung.

▶ **Hohe Nettophotosynthese:** C_4-Pflanzen weisen im Vergleich zu C_3-Pflanzen besonders bei höheren Temperaturen eine hohe Nettophotosynthese auf. Der Grund liegt vor allem darin, dass bei ihnen die Oxygenase-Funktion der RubisCO unterbunden wird.

Wie die Besprechung des C_4-Syndroms erkennen lässt, findet sich bei **C_4-Pflanzen eine räumliche Trennung** der Einzelprozesse mit einer Arbeitsteilung zwischen den Bündelscheiden- und den Mesophyllzellen.

Variante 2 in der CO_2-Anlieferung: CAM. Einige Sukkulenten sind C_4-Pflanzen. Die meisten von ihnen, darunter besonders viele Arten aus der Familie der Crassulaceen, aber auch Cactaceae, Agavaceae oder Bromeliaceae wie die Ananas

Abb. 6.23
Diurnale (ungefähr tagesperiodische) Schwankungen im pH-Wert und im Gehalt an verschiedenen organischen Säuren bei *Bryophyllum calycinum*, einer CAM-Pflanze. Die Schwankungen an Malat bzw. Äpfelsäure sind ausschlaggebend (verändert nach STEWARD 1966).

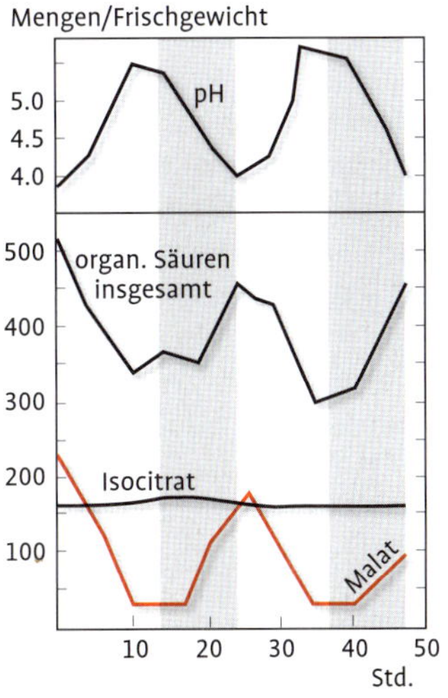

Abb. 6.24
CAM. Bei der **nächtlichen Ansäuerung** kommt es im Cytoplasma zur Fixierung von CO_2 in den primären Akzeptor PEP (**1** PEP-Carboxylase). Das dabei gebildete Oxalacetat wird mit Hilfe von NADH + H^+ in Malat überführt (**2** NAD-abhängige Malatdehydrogenase). Unter Beteiligung einer ATP-abhängigen Protonenpumpe (P) wird Malat durch einen Malatkanal (M) in die Vakuole eingeschleust und dort als Äpfelsäure gespeichert. **Tags kommt es zur Absäuerung**: Malat diffundiert aus der Vakuole in Chloroplasten und wird dort durch ein NADP-abhängiges Malatenzym (**3**) so zerlegt, wie wir es beim C_4-Dicarbonsäureweg von den Bündelscheiden-Chloroplasten her schon kennen. Der Calvin-Zyklus (CZ; PGA 3-Phosphoglycerat) wird deshalb auch hier angekurbelt. **Ansäuerung und Absäuerung sind zeitlich getrennt** (verändert nach Hess 2004).

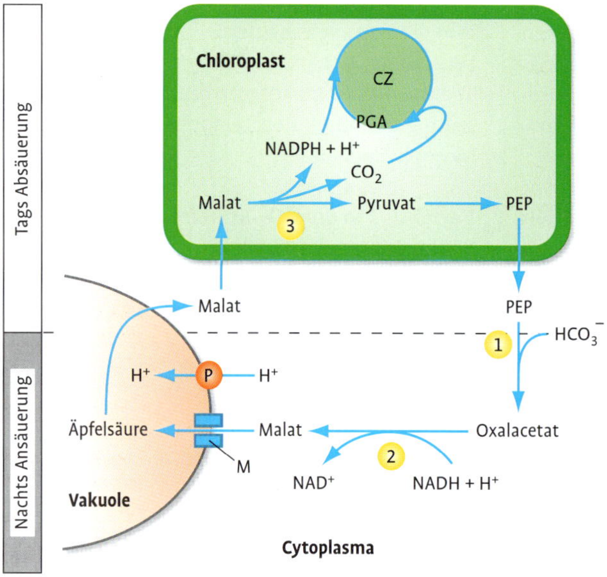

weisen eine Variante der CO_2-Anlieferung auf, bei der die Spaltöffnungen ebenfalls vorübergehend während der heißesten Stunden des Tages ohne Beeinträchtigung der Photosynthese geschlossen bleiben können. Maßgebend dafür ist der Crassulaceen-Säure-Stoffwechsel (*C*rassulacean *A*cid *M*etabolism = CAM), bei dem sich ausgeprägte tagesperiodische Schwankungen im Gehalt vor allem von Malat und Äpfelsäure finden. Arten mit dem CAM nennt man **CAM-Pflanzen**. In der Nacht kommt es bei ihnen zu einer Ansäuerung des Zellsafts, am Tag zu einer Absäuerung (Abb. 6.23), deshalb die ältere, heute weniger gebräuchliche Bezeichnung **diurnaler Säurezyklus der Sukkulenten**.

▶ **Ansäuerung bei Nacht** (Abb. 6.24): Nachts sind die Stomata offen. CO_2 wird aufgenommen. Es geht in HCO_3^- über, mit dessen Hilfe eine nachts aktive PEP-Carboxylase PEP zu Oxalacetat carboxyliert (→ Seite 109). Dieses wird unter Einsatz von NADH + H^+ zu Malat reduziert. Beim Import in die Vakuole sind in der Tonoplasten-Membran lokalisierte ATP-abhängige Protonenpumpen (H^+-ATPasen) ausschlaggebend. Über die Spaltung von ATP gewinnen sie die Energie, die sie für das Einspeisen von H^+ in die Vakuole benötigen.

Über die Aktivität der H^+-ATPasen fällt der pH-Wert in der Vakuole stark ab. Resultat ist eine Potenzialdifferenz zwischen Cytoplasma und Vakuole. Die Tendenz, sie auszugleichen, bedingt den Übergang von Malat in die Vakuole: Malat-Anionen werden durch einen speziellen Malatkanal geradezu in sie hineingezogen. Dabei handelt es sich um einen Cotransport von Kationen (Protonen) und Anionen (Malat). Beim niederen pH der Vakuole werden die Malat-Anionen dort als **Äpfelsäure** gespeichert.

▶ **Absäuerung bei Tag** (Abb. 6.24): Durch die Anreicherung von Äpfelsäure kommt es zu einem Konzentrationsgefälle in Richtung Cytoplasma. Zur Absäuerung kommt es dadurch, dass die Äpfelsäure dem Gefälle folgend passiv ins Cytoplasma diffundiert. Für die nicht geladene Äpfelsäure bildet der Tonoplast dabei kein Hindernis. Anschließend gelangt Malat in die Chloroplasten. Dort zerlegt ein NADP-Malat-Enzym Malat unter Bildung von CO_2, Pyruvat und NADPH + H^+. CO_2 speist den Calvin-Zyklus, NADPH + H^+ kann ihn ebenfalls fördern. Im Gegensatz zum C_4-Dicarbonsäure-Weg laufen beim **CAM** die Carboxylierung von PEP zu Malat und der Calvin-Zyklus in der gleichen Zelle ab. Doch die PEP-Carboxylase liegt tags in einer hochgradig inaktiven, nicht-phosphorylierten Form vor

und wird durch Malat gehemmt. Damit ist sie als Konkurrenz ausgeschaltet. Die RubicsCO kommt so bei der CO_2-Fixierung voll zum Tragen, der Calvin-Zyklus läuft. Beim **CAM** findet sich demnach keine räumliche, sondern eine **zeitliche Trennung der Einzelvorgänge.**
Das dritte Produkt des NADP-Malat-Enzyms, das Pyruvat, wird noch in den Chloroplasten in PEP überführt, das ins Cytoplasma transloziert werden kann. Das für die anfängliche Fixierung von CO_2 in der Nacht benötigte PEP stammt allerdings meistens nicht aus dieser Quelle. Stattdessen wird es über die Glykolyse aus Pyruvat gebildet. Der Kreislauf ist beim CAM also nicht ganz so perfekt wie beim C_4-Dicarbonsäureweg.

6. 4 Glykolat-Zyklus (Photorespiration)

In belichteten grünen Pflanzenteilen findet sich ein Abbauweg, **auf dem O_2 verbraucht und CO_2 freigesetzt wird.** Man nennt ihn deshalb im Englischen meistens **Photorespiration.** Nur sollte man sich bei dieser Bezeichnung darüber klar sein, dass die Photorespiration mit unserer Lungen-Atmung oder Respiration nichts zu tun hat. Die korrektere Bezeichnung ist **Glykolat-Zyklus** (C_2-Zyklus). Der komplette Kreislauf dürfte sich während der Evolution entwickelt haben, um die Reduktion der Nettophotosynthese über die oxidativen Prozesse möglichst gering zu halten. Lichtabhängigkeit und Grün erklären sich dadurch, dass der Zyklus von Ribulose-1,5-bisphos-

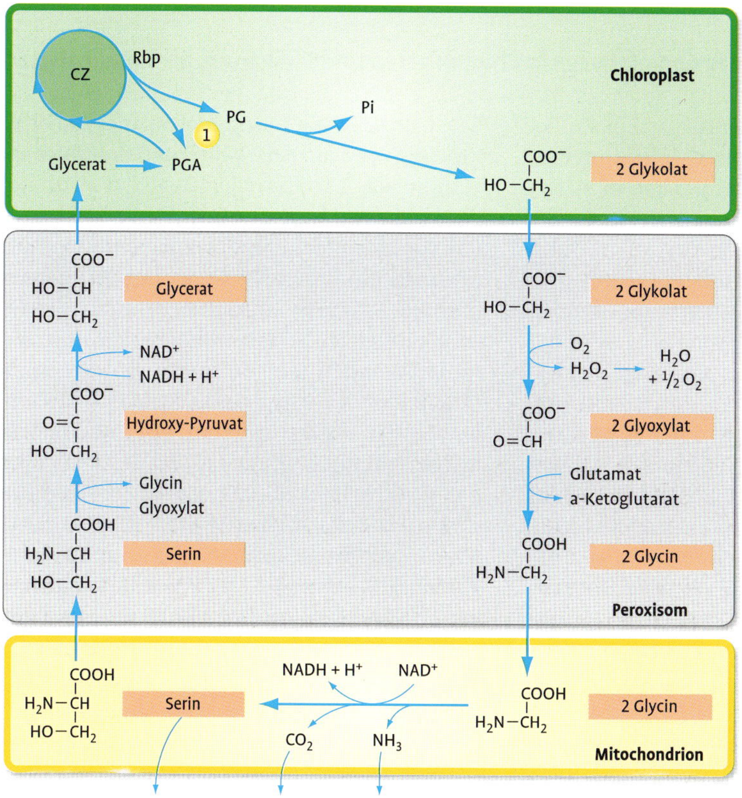

Abb. 6.25
Ablauf und Kompartimentierung des Glykolat-Zyklus. CZ = Calvin-Zyklus; **1** = RubisCO; PGA = 3-Phosphoglycerat; PG = 2-Phosphoglycolat (PG). Zum Ablauf → Text. Einige Quervernetzungen wurden nicht berücksichtigt, um die Übersichtlichkeit zu wahren. So wird das Zellgift NH_3, das in Mitochondrien entsteht, dadurch entgiftet, dass es in Chloroplasten von einer Glutamin-Synthetase (→ Seite 41) zur Bildung von Glutamin verwendet wird (verändert nach Hess 2004).

phat ausgeht. Es stammt aus dem in grünen Chloroplasten ablaufenden Calvin-Zyklus.
Die Photorespiration kann zu erheblichen C-Verlusten führen. Bei C_3-Pflanzen können mehr als 50 % des über die Photosynthese fixierten CO_2 in der Lichtatmung wieder freigesetzt werden. Es handelt sich also um einen Prozess, der entscheidend am Kohlenhydratstoffwechsel beteiligt ist.

6.4.1 Der Glycolat-Zyklus: Strategie gegen die Oxygenase-Funktion der RubisCO

Der **Glycolat-Zyklus** läuft in drei Organellen ab, **Chloroplasten, Peroxisomen** und **Mitochondrien.** Bei den noch nicht besprochenen **Peroxisomen** handelt es sich um rundliche cytoplasmatische Körper von bis zu 1,7 μm Durchmesser, die von einer **einfachen Membran** umgeben sind. Sie enthalten zahlreiche Flavoproteine, die als Oxidasen Wasserstoff**peroxid** (Name!) anliefern können. Es wird noch in den Peroxisomen durch Katalase, das Leitenzym der Organellen, in H_2O und O_2 zerlegt.
Im Glycolat-Zyklus (Abb. 6.25) wird über die Oxygenase-Funktion der RubisCO Ribulose-1,5-bisphosphat oxidativ in 3-Phosphoglycerat, das in den Calvin-Zyklus eingehen kann, und in 2-Phosphoglycolat gespalten. Phosphoglykolat wird noch in den Chloroplasten unter Abspaltung von Phosphat in Glykolat überführt. Glykolat kann nicht in den Calvin-Zyklus eingespeist werden. Es geht in ein benachbartes Peroxisom über und wird dort von der Glykolatoxidase zu Glyoxylat oxidiert. Das entstehende Wasserstoffperoxid wird von der Katalase der Peroxisomen beseitigt.

BOX 6.3

Gentechnik: Kurzschluß des Glykolatwegs in Chloroplasten und Steigerung der Produktivität.

In Bakterien wie *Escherichia coli* und in Cyanobakterien kann Glykolat als C-Quelle dienen. Dabei wird es ebenfalls in Glycerat überführt. Der Ablauf in Kürze: Eine Glykolat-Dehydrogenase (GDH) überführt Glykolat in Glyoxylat. Dabei wird kein Peroxid gebildet, sondern NADH + H^+. Zwei Moleküle Glyoxylat werden unter Decarboxylierung durch die Glyoxylat-Carboligase (GCL) zu einem C3-Körper, dem Tartronat-Semialdehyd zusammengeschlossen. Er wird durch die Tartronat-Semialdehyd-Reduktase (TSR) zu Glycerat reduziert. So kommt es zu einem **Kurzschluss des von Pflanzen bekannten Glykolat-Zyklus** (Abb. 6.25). Dem Bakterium, in dem er abläuft, entsprechen Organellen der Pflanze. Von ihnen kommen nur die Chloroplasten in Frage, in denen ja Glykolat anfallen kann. Peroxisomen und Mitochondrien werden nicht benötigt. Auch die störende Anlieferung des Zellgifts Ammoniak entfällt.
Im Gegensatz zur Glykolat-Oxidase der Pflanzen, die aus einem Protein besteht, setzt sich die GDH aus drei Proteinen zusammen. GCL und TSR bauen sich aus nur einem Protein auf. Von einer Arbeitsgruppe um Peterhänsel und Kreuzaler (1) wurden alle 5 codierenden Gene aus *E.coli* isoliert, mit einer Transitsequenz für den Import in Chloroplasten (Seite 209) kombiniert, unter die Kontrolle des CaMV-35S-Promotors gestellt und über Floral-Dipping in *Arabidopsis*, eine C_3-Pflanze übertragen. Alle Gene wurden exprimiert. Die entsprechenden Enzymaktivitäten wurden in Chloroplasten nachgewiesen. Der Glykolat-Zyklus von *Arabidopsis* wurde durch den Kurzschluss in den Chloroplasten zwar nicht ausgesetzt, aber der Wegabschnitt über Peroxisomen und Mitochondrien wurde reduziert. Gegenüber Kontrollen zeigten Transformanten eine erhöhte Netto-Photosynthese, schnelleres Wachstum und eine gesteigerte Biomasse (1). Mit diesen Befunden besteht Hoffnung, später auch bei für unsere Ernährung wichtigen C_3-Pflanzen wie Weizen und Reis entsprechend vorgehen zu können.

[1] Kebeish et al 2007.

Das Glyoxylat wird zu Glycin aminiert, wobei Glutamat als Aminogruppendonor fungiert. Das Glycin gelangt dann in die dritte beteiligte Organellensorte, in ein Mitochondrium. Zwei Moleküle Glycin werden hier unter Freisetzung von CO_2 und NH_3 zu Serin gekoppelt. Serin kann im sonstigen Stoffwechsel eingesetzt werden. Insofern gehen seine 3 C nicht verloren.
Mit Serin kann der bisherige Ablauf aber auch zu einem **Zyklus** geschlossen werden, **über den C für den Calvin-Zyklus gerettet wird.** Denn Serin kann wieder in ein Peroxisom hinüberwechseln und dort seine Aminogruppe an Pyruvat abgeben. Aus dem Pyruvat entsteht dabei Alanin, aus dem Serin Hydroxy-pyruvat, das anschließend zu Glycerat reduziert wird. Das Glycerat kann dann wieder in Chloroplasten gelangen und dort nach Phosphorylierung in den Calvin-Zyklus eingeschleust werden. Von vier in den Glykolat-Zyklus eingeführten C werden allerdings nur drei als 3-Phosphoglycerat gerettet. Es kommt also zu mindestens 25 % Verlust an C.

6.4.2 C_4-Pflanzen und Glykolat-Zyklus

In den **Mesophyllzellen** der C_4-Pflanzen fehlt die RubisCO. Damit gibt es in ihnen keine Alternative zur PEP-Carboxylase. Deren Substrat HCO_3^- liegt in ausreichender Menge in wässeriger Lösung vor. So kann reichlich Oxalacetat und dann Malat angeliefert werden.
In den **Bündelscheidenzellen** fehlt die PEP-Carboxylase. Doch nun anzunehmen, schon damit hätte die RubisCO für die CO_2-Fixierung freie Bahn, wäre falsch. Denn noch muss man mit ihrer Oxygenase-Funktion rechnen. Doch das Malatenzym entwickelt so reichlich CO_2, das außerdem durch suberinisierte Zellwände am Entweichen gehindert wird, dass die Oxygenase-Funktion unterbunden wird. Der Calvin- Zyklus kann so ohne C-Verluste durch die Oxygenase-Funktion der RubisCO ablaufen. Damit erklärt sich die hohe Nettophotosynthese der C_4-Pflanzen.

FRAGEN
(Seitenverweise zur Beantwortung)

- Beschreiben Sie einige Formen von Plastiden! (Seite 91)
- Was sind Thylakoide? (Seite 92)
- Wie unterscheiden sich periphere und integrale Membranproteine? (Seite 94)
- Nennen Sie einige Belege für die Endosymbionten-Hypothese! (Seite 93)
- Welche Teilprozesse machen die Primärvorgänge der Photosynthese aus? (Seite 95)
- Wie nennt man die chemische Grundstruktur, die sich unter anderem bei Chlorophyllen und bei Cytochromen findet? (Seite 95)
- Worin unterscheiden sich Chlorophyll a und b? (Seite 96)
- Welche Redoxsysteme der Photosynthese führen einen 2-Elektronenübergang durch? (Seiten 98–100)
- Welche Funktionen kommen den Carotinoiden als akzessorische Pigmente bei der Photosynthese zu? (Seite 101)
- Nennen sie das namengebende Absorptionsmaximum der aktiven Chlorophylle im Reaktionszentrum von PSI, von PSII! (Seiten 101, 102)
- Welche mobilen Redoxsysteme vermitteln bei den Primärprozessen der Photosynthese den Elektronentransport zwischen den integralen Proteinkomplexen? (Seiten 103, 104)
- Welche Produkte liefert der lineare, welche der zyklische Elektronentransport an? (Seiten 103, 104)
- Welche zwei Funktionen kann die RubisCO ausüben? (Seite 107)
- Welche primären CO_2-Akzeptoren kennen Sie? (Seiten 107, 109)
- Welches sind die ersten Kohlenhydrate, die im Calvin-Zyklus gebildet werden? (Seite 107)
- Was verstehen Sie unter C_4-Pflanzen, was unter C_3-Pflanzen? (Seite 109)
- Welches sind die Substrate der PEP-Carboxylase? (Seite 109)
- Was verstehen Sie bei C_4-Pflanzen unter Chloroplasten-Dimorphismus? (Seite 110)
- Auf die Bildung welcher Substanz geht bei CAM-Pflanzen die Ansäuerung während der Nacht im Wesentlichen zurück? (Seite 112)
- Aus welchem Grund könnte sich während der Evolution der Glykolat-Zyklus gebildet haben? (Seite 114)

7 Biologische Oxidation

INHALT

In allen Lebensphasen der Pflanze laufen biologische Oxidationen ab, die dem Energiegewinn und der Bereitstellung von Ausgangsstoffen für Biosynthesen dienen. Als Biologische Oxidation schlechthin bezeichnet man die Abfolge Glykolyse, oxidative Decarboxylierung des Pyruvats, Citrat-Zyklus und Endoxidation in der Atmungskette. Die Glykolyse läuft im Cytosol ab, die anderen Etappen in Mitochondrien. Die genannten Vorgänge werden beschrieben. Im Anschluss daran wird noch eine weitere biologische Oxidation geschildert, der oxidative Pentosephosphat-Zyklus. Ein Teil seiner Reaktionen sind Umkehrungen von Reaktionen des reduktiven Pentosephosphat-Zyklus, des Calvin-Zyklus. Er wird zusammen mit der Glykolyse in der **Keimlingsphase** und darüber hinaus zu bestimmten Synthesen wichtig.

Mit dem Glykolatweg war bereits ein Sonderprozess besprochen worden, der eine biologische Oxidation beinhaltet. Im Folgenden wird der Hauptweg der Biologischen Oxidation behandelt. Dabei können wir uns kurz fassen. Denn die Prinzipien der Biologischen Oxidation sind bei allen Organismen dieselben, wenn auch im Detail Unterschiede zwischen Pflanzen und Tieren vorhanden sind. Die Biologische Oxidation dient der **Bereitstellung von Energie und liefert Intermediärprodukte**, die zur Synthese weiterer Pflanzenstoffe herangezogen werden.

Die Biologische Oxidation verläuft in vier Etappen, wenn wir von Glucose ausgehen (Abb. 7.1):

▶ **Glykolyse:** Abbau der Glucose bis zu Pyruvat (Pyruvat = Salz der Brenztraubensäure).

▶ **Oxidative Decarboxylierung des Pyruvates:** Eine vergleichsweise kurze Etappe, die aus dem 3-C-Körper Pyruvat unter CO_2-Abspaltung einen energiereich gebundenen 2-C-Körper, das Acety-CoA entstehen lässt.

▶ **Citrat-Zyklus.** Abbau von Acetyl-CoA zu CO_2. Wird nach Krebs, dem zusammen mit anderen Wissenschaftlern die Aufklärung gelang, auch **Krebs-Zyklus**, und nach der Beteiligung von Säuren mit drei Carbonylfunktionen **Tricarbonsäure-Zyklus** genannt.

▶ **Endoxidation in der Atmungskette**. Wasserstoff, der in den Etappen A bis C den jeweiligen Substraten entzogen wurde, wird letztlich mit Sauerstoff zu Wasser vereinigt. Dazu erfolgt ein Elektronentransport über eine Kette von Redoxsystemen. Über chemiosmotische Kopplung wird ein Protonengradient aufgebaut, bei dessen Ausgleich ATP gebildet wird.

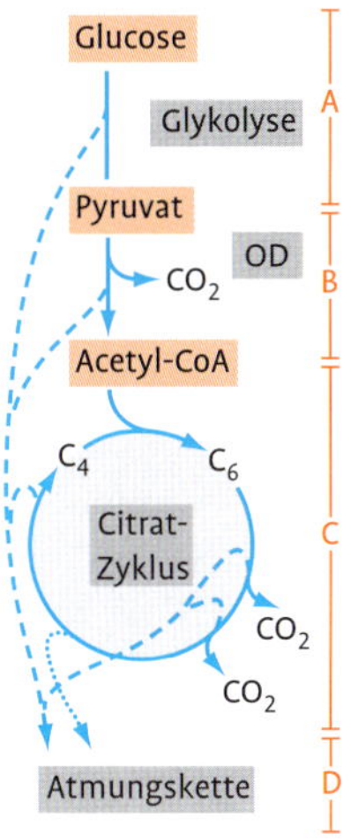

Abb. 7.1
Übersicht über die Etappen der Biologischen Oxidation. OD = Oxidative Decarboxylierung des Pyruvats. Reduzierte Coenzyme, die in die Atmungskette eingleitet werden können: --→ NADH + H⁺; ···→ $FADH_2$ (Succinat-dehydrogenase)

7.1 Glykolyse

Die Glykolyse (Abb. 7.2) findet im Cytosol statt. Glucose wird in Glucose-6-phosphat und dann durch Isomerisierung in Fructose-6-phosphat überführt. Eine Kinase (Seite 51) fügt eine weitere Phosphateinheit hinzu, so dass Fructose-1,6-bisphosphat entsteht, das in Triose-phosphat (Seite 108) übergeht. In einer zweistufigen Reaktion wird 3-Phosphoglycerinaldehyd unter Aufnahme von anorganischem Phosphat und unter Dehydrierung durch NAD^+ in Glycerinsäure-1,3-bisphosphat überführt. Das Phosphat an C 1 ist energiereich gebunden. In der nächsten Reaktion wird es unter Bildung von ATP abgespalten. Das zweite Produkt dieser Reaktion ist 3-Phosphoglycerat.

3-Phosphoglycerat geht in 2-Phosphoglycerat über. Unter Wasserentzug entsteht daraus 2-Phosphoenolpyruvat mit einer energiereichen Phosphatbindung. Im nächsten Schritt wird die Energie dieser Bindung wieder zur Bildung von ATP genutzt. Aus dem 2-Phosphoenol-pyruvat erhält man dabei die Enolform des Pyruvats selbst, die mit ihrer Ketoform Pyruvat im Gleichgewicht steht. Damit wäre die Glykolyse abgeschlossen.

Energiebilanz der Glykolyse (→ auch Seite 124). Bezogen auf ein eingebrachtes Molekül Glucose werden zwei ATP zur Phosphorylierung der Glucose verbraucht, zwei ATP werden durch die Pyruvatkinase angliefert. Dabei stammt das Phosphat aus dem eingangs eingesetzten ATP. Damit wäre die ATP-Bilanz zunächst einmal ausgeglichen. Als Gewinn werden beim Übergang von Glycerinsäure-1,3-bisphosphat zu 3-Phosphoglycerat noch einmal zwei ATP angeliefert. Da diese ATP-Bildung unmittelbar am Substrat ansetzt, spricht man von einer **Substratketten-Phosphorylierung.**

Abb. 7.2
Glykolyse: von der Glucose bis zum Pyruvat.

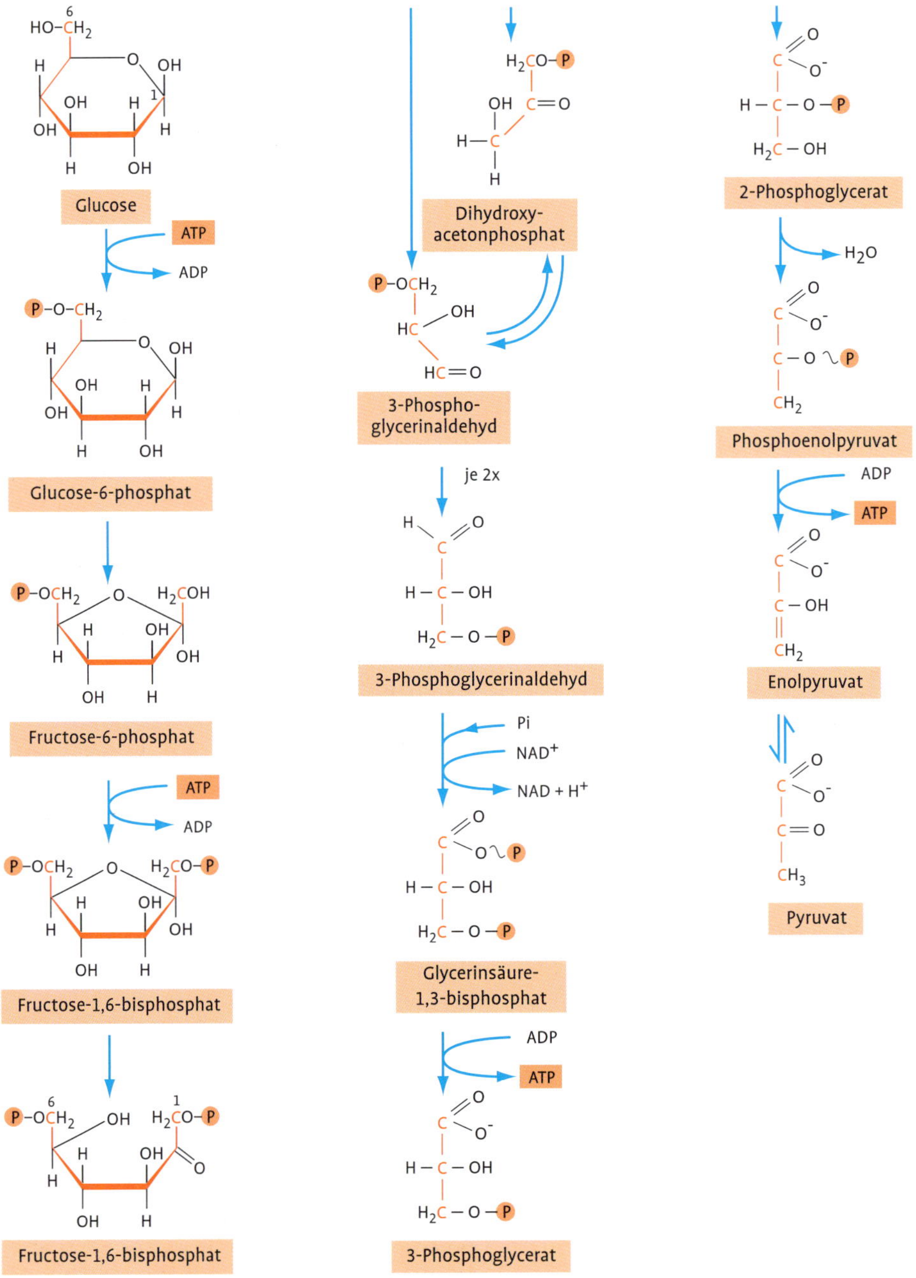

Abb. 7.3
Schema der Alkoholischen Gärung (1) und der Milchsäure-Gärung (2). Pdc = Pyruvat-Decarboxylase. ADH = Alkohol-Dehydrogenase. LDH = Lactat-Dehydrogenase.

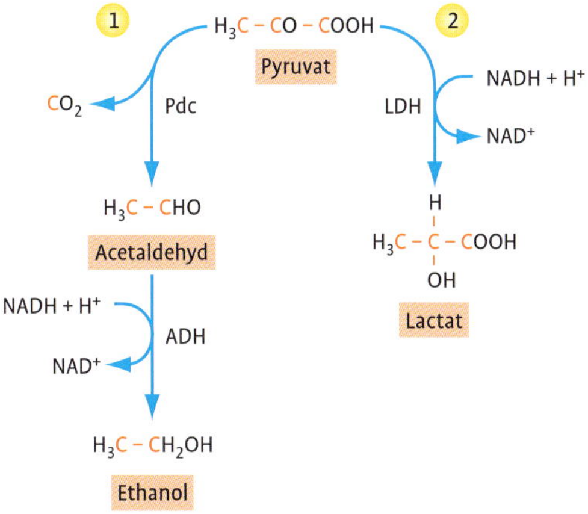

Doch damit nicht genug: pro Molekül Glucose werden auch **zwei NADH + H⁺** gebildet. Ihre Verwendung ist fallweise verschieden. Einmal kann NADH + H^+ in die Atmungskette eingeschleust werden und dort die Bildung weiteren ATP's einleiten, es kann aber auch in Gärungsprozessen eingesetzt werden.

7.1.2 Alkoholische Gärung und Milchsäure-Gärung

Schieben wir als Anhang die Besprechung der Gärungen an. Sie erfolgen unter anaeroben Verhältnissen (Abb. 7.3). Bei der Alkoholischen Gärung wird das über die Glykolyse angelieferte Pyruvat zu Acetaldehyd decarboxyliert und dann mit Hilfe des eben erwähnten NADH + H^+ zu Ethanol reduziert. Bei der Milchsäure-Gärung wird Pyruvat mit Hilfe von NADH + H^+ unmittelbar zu Lactat (Salz der Milchsäure) reduziert.

7.2 Feinstruktur der Mitochondrien

Die weiteren Etappen der Biologischen Oxidation laufen in Mitochondrien ab. Ihre **Struktur** (Abb. 7.4): Die Form kann je nach Zelle und Art stark verschieden sein. Häufig sind längliche ellipsoide Formen von 1 µm Durchmesser. Auch die Zahl schwankt, sie kann von 10 bis 200 000 reichen. Zwei Membranen bilden die innere und äußere Oberfläche der Mitochondrien. Die **Außenmembran** läuft glatt über die Oberfläche des Mitochondriums hinweg, die **Innenmembran** ist zur Oberflächenvergrößerung stark gefaltet und kann zum Beispiel kammartige Vorsprünge ins Innere des Mitochondriums bilden, die **Cristae mitochondriales**. Von der Innenmembran wird die **Matrix**, die Grundsubstanz der Organelle, umgeben. Zwischen beiden Membranen befindet sich der **Intermembranraum**.
In der **Matrix** laufen die **Decarboxylierung des Pyruvats** und der **Citratzyklus** ab. In der **Innenmembran** liegen die Redoxsysteme der **Atmungskette** und die zugeordneten **ATP-Synthasen** (Seite 123). Die ATP-Synthasen werden elektronenoptisch als Granula auf der Matrixseite der Innenmembran sichtbar.
In der Matrix liegt auch das **Chondriom**, oft in Form von plasmidähnlichen Ringen. Es enthält wie bei den Chloroplasten nur einen Teil der Gene für die eben erwähnten Etappen der Biologischen Oxidation. Der andere Teil findet sich auch hier im Genom des Zellkerns.
Zur Endosymbiontenhypothese auch bei Mitochondrien → Seite 93.

7.3 Oxidative Decarboxylierung des Pyruvats zu Acetyl-CoA

Pyruvat wandert aus dem Cytosol in die Mitochondrien und wird in deren **Matrix** in einen **Multienzymkomplex** eingeschleust. In solchen Multienzymkomplexen sind alle Enzyme vereinigt, die für eine bestimmte Reaktionsfolge benötigt werden. Es handelt sich um eine praktische

Abb. 7.4
Mitochondrium vom Cristae-Typ. Oben aufgeschnitten; die Kugeln deuten ATP-Synthasen an. Unten schematischer Längsschnitt (oben verändert aus HESS 1982).

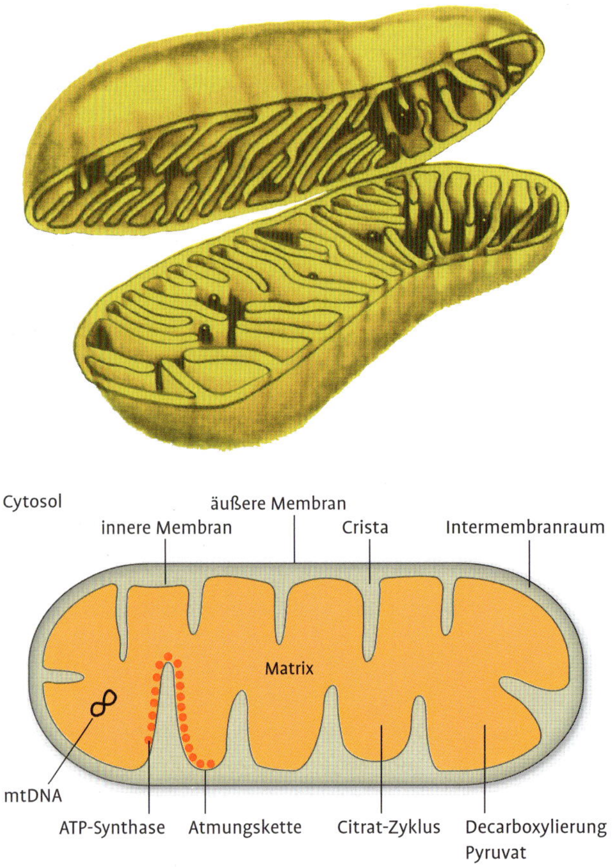

Einrichtung, der wir noch wiederholt begegnen werden.
Der hier tätige Multienzymkomplex ist die Pyruvat-Dehydrogenase (Abb. 7.5). An ihr wird Pyruvat decarboxyliert und dehydriert. Bei der Dehydrierung bildet sich NADH + H^+. Es entsteht ein C_2-Körper, die Acetylgruppe. Sie ist energiereich an Coenzym A gebunden (Abb. 7.6). Das Endprodukt ist damit **Acetyl-Coenzym A (Acetyl-CoA)**. Als **aktivierte Essigsäure** kann sie in den Citrat-Zyklus eingehen, ist aber außerdem wichtiges Ausgangsmaterial für zahlreiche Biosynthesen.

7.4 Citrat-Zyklus

Von der eingesetzten Glucose waren mit Acetyl-CoA nur noch zwei C übrig geblieben. Im Citrat-Zyklus (Abb. 7.7), der ebenfalls in der Matrix der Mitochondrien abläuft, werden auch diese beiden letzten C-Atome in Form von CO_2 bilanzmäßig eliminiert. Ausserdem werden pro Molekül aktivierter Essigsäure ein ATP gebildet und Coenzyme mit Wasserstoff beladen: 3 NADH + H^+ und 1 FAD · 2H werden pro Molekül eingebrachtes aktiviertes Acetat angeliefert.
Zum Start des Zyklus kondensiert die Citrat-Synthase Acetyl-CoA mit Oxalacetat zum namengebenden Citrat. Mit der Bildung von Oxalacetat schließt sich der Kreis wieder. Der gesamte Zyklus mit den beteiligten Enzymen ist Abb. 7.7 zu entnehmen. Besonders erwähnt sei nur, dass die **Succinyl-CoA-Synthetase über Substratketten-Phosphorylierung** ATP anliefert, und dass die **Succinat-Dehydrogenase**, ein Flavoprotein mit der Wirkgruppe FAD, auch **eine Komponente der Atmungskette** ist (Seite 123).

7.5 Endoxidation in der Atmungskette

Die aus dem Citrat-Zyklus stammenden reduzierten Coenzyme geben ihren Wasserstoff, also Protonen und Elektronen, in eine **in der inneren Membran** der Mitochondrien lokalisierte Kette von Redoxsystemen ab, die man **Atmungskette** nennt. In ihr erfolgt über chemiosmotische Kopplung (→ Seite 105) eine Bildung von ATP, die man **Atmungsketten-Phosphorylierung** nennt.

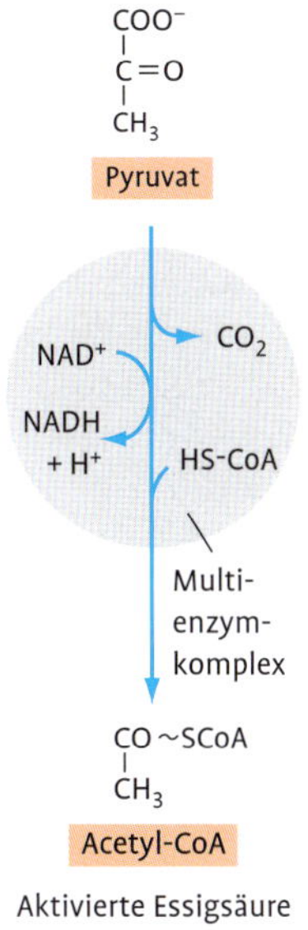

Abb. 7.5
Oxidative Decarboxlyierung der Pyruvats. Sie erfolgt an einem Multienzymkomplex, der Pyruvat-Dehydrogenase.

Abb. 7.6
Coenzym A (HS-CoA). An die endständige HS-Gruppe wird im Acetyl-CoA ein Acetylrest gebunden; doch können über sie auch andere Acylreste in energiereicher Bindung übernommen werden, zum Beispiel der Malonyl-Rest.

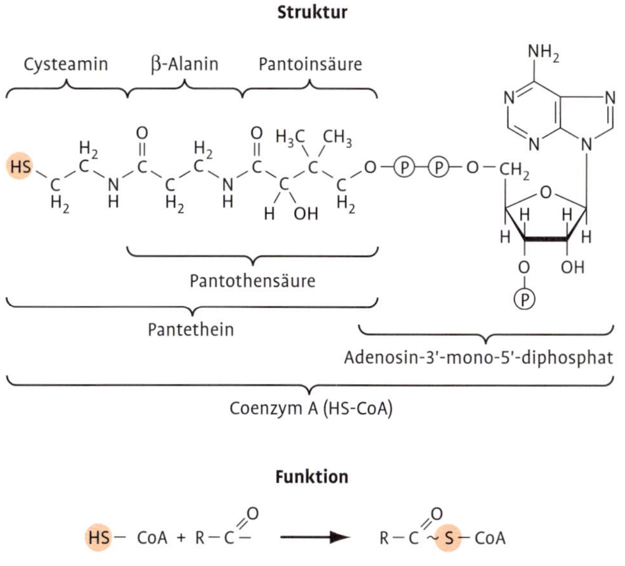

Im Verlauf der Kette kommt es zu einer Trennung von Elektronen und Protonen. Die Elektronen werden letztlich von O_2 übernommen, das sich mit den Protonen zu H_2O vereinigt.

7.5.1 Die Atmungskette

Verschiedene **Redoxsysteme der Atmungskette** (Abb. 7.8) sind uns dem Struktur- und Funktionsprinzip nach schon von den Elektronentransportketten der Photosynthese her bekannt: NAD^+, Flavoproteine mit FMN und FAD, Cytochrome b und c. Neu ist das **Ubichinon** (**Coenzym Q**; Abb. 7.9.), das aber in Struktur und Funktion dem Plastochinon entspricht; neu sind die Cytochrome a, deren Wirkungsweise uns aber von den baugleichen Cytochromen b und c vertraut ist; neu sind mehrere Proteine mit nichthämartig an Schwefel gebundenem Eisen oder mit Kupfer, die aber im Ferredoxin und Plastocyanin ihre Korrelate finden.

Wie beim photosynthetischen Elektronentransport finden sich auch bei der Atmungskette **integrale Proteinkomplexe**. Hier sind es vier an der Zahl (I–IV). Ihre Bezeichnung, Funktion und Reihung zeigt Abb. 7.8. Zwischen den Komplexen I und II vermittelt Ubichinon, zwischen den Komplexen II und IV Cytochrom c als **peripheres Protein**. Eine Besonderheit findet sich bei **Komplex I**, der **NADH-Dehydrogenase**. Denn NADH + H^+, das im Cytosol über zum Beispiel die Glykolyse angeliefert werden kann, wandert durch die äußere Membran in den Intermembranraum (→ Abb. 7.4). Sein Wasserstoff wird dann dort von einem externen Flavoprotein, das sich auf der zum Intermembranraum hin orientierten Seite der inneren Membran befindet, aufgenommen und in die Atmungskette eingeleitet. Tierischen Mitochondrien fehlt diese Fähigkeit. Sie bringt besonders dann Vorteile mit sich, wenn der

Abb. 7.7
Citrat-Zyklus.
1 Citrat-Synthase;
2 Aconitase;
3 Isocitrat-Dehydrogenase;
4 2-Oxoglutarat-Dehydrogenase;
5 Succinyl-CoA-Synthetase;
6 Succinat-Dehydrogenase ;
7 Fumarase;
8 Malat-Dehydrogenase.

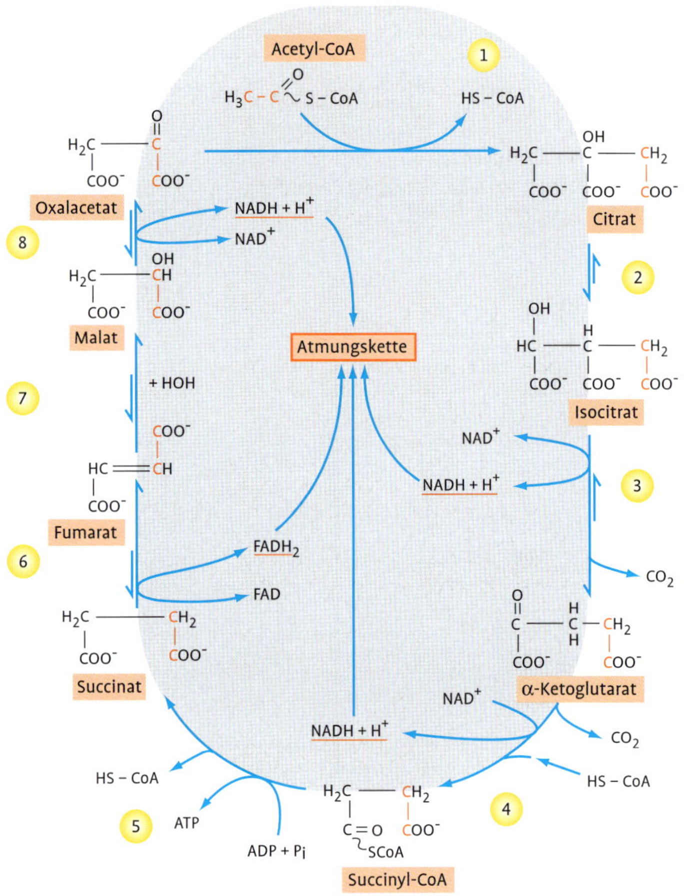

pflanzliche Energiestoffwechsel glykolytisch ist. Das kann bei Keimlingen wichtig werden (Seite 122).

Komplex II, die **Succinat-Dehydrogenase**, ist ein Funktionselement des Citrat-Zyklus, der in der Matrix abläuft. Sie ist dennoch nicht in der Matrix lokalisiert, sondern an der Matrixseite der inneren Membran, ist also von der Matrix her zugänglich. Die Elektronen werden zunächst von einem Flavoprotein (FAD) aufgenommen und dann über mehrere weitere Redoxsysteme, darunter auch Eisen-Schwefel-Zentren, zum Ubichinon geleitet. Dabei ist zu beachten, dass diese Elektronen später als im Fall des NADH + H^+ in die Atmungskette eingeleitet werden. Eine der Möglichkeiten zum Protonen-Ausstoß in den Intermembranraum entfällt deshalb; die Ausbeute an ATP wird damit reduziert (→ Tab. 7.l.).

Komplex III, der **Cytochrom b/c$_1$-Komplex** entspricht dem Cytochrom b/f-Komplex bei der Photosynthese.

Komplex IV, der **Cytochrom a/a3-Komplex**, enthält als Redoxsystem auch Cu, das teils als Kupfer-Schwefel-Protein vorliegt. Über Cytochrom a gelangen die Elektronen schließlich zum Cytochrom a_3. Bei ihm handelt es sich um eine direkte Oxidase. Denn es nimmt mit dem Sauerstoff selbst Kontakt auf, der mit Hilfe der über die Atmungskette herantransportierten Elektronen zu O^{2-} reduziert und mit $2H^+$ aus der Matrix zu Wasser umgesetzt wird. Der Komplex, der früher als Warburgsches Atmungsferment bekannt war, wird wegen seiner Wirkungsweise als **Cytochrom-Oxidase**, **direkte Oxidase** oder **Endoxidase** bezeichnet.

7.5.2 Atmungsketten-Phosphorylierung

Die **Atmungsketten-Phosphorylierung** verläuft nach den Prinzipien von Mitchells Chemiosmotischer Theorie. Wir waren darauf schon genauer eingegangen (Seite 105). Deshalb hier nur das Wichtigste (Abb. 7.8 unten): an drei Stellen, bei den Komplexen I, II und IV werden Protonen in den Intermembranraum abgegeben. Damit kommt es zu einer H^+-Anreicherung im Intermembranraum. Der Ausgleich erfolgt wieder über Protonenkanäle mit angeschlossenen ATPasen, die die freigesetzte Energie zur Synthese von ATP verwenden.

Abb. 7.8
Atmungskette. **Oben:** Die **Atmungskette als Elektronentransportkette.** Einige wichtige Redoxsysteme wurden entsprechend ihren Redoxpotentialen wiedergegeben, der Übersichtlichkeit wegen nur in ihrem reduzierten Zustand. Sie sind jeweils über den entsprechenden Systemen in der Atmungskette unten angeordnet. Das Redoxpotential des $FADH_2$ in der Succinat-Dehydrogenase ist gleich hoch wie das von $FMNH_2$. **Unten:** Schema der **Atmungskette in der inneren Mitochondrienmembran** (Lage → Abb. 7.4). Gelb dargestellt sind die vier integralen Komplexe: I = NADH-Dehydrogenase-Komplex; II = Succinat-Dehydrogenase-Komplex; III = Cytochrom b/c_1-Komplex; IV = Cytochrom a/a_3 – Komplex. Nur die wichtigsten der Redoxsysteme in den Komplexen wurden angegeben: UQ = Ubichinon; Cyt c = Cytochrom c. Der Transport von Protonen in den Intermembranraum und durch den ATP-Synthase-Komplex (ganz rechts) zurück in die Matrix ist durch rote Pfeile angedeutet (HESS 2004; oben verändert nach LÜTTGE et al. 2002, unten verändert nach STRASBURGER 2002).

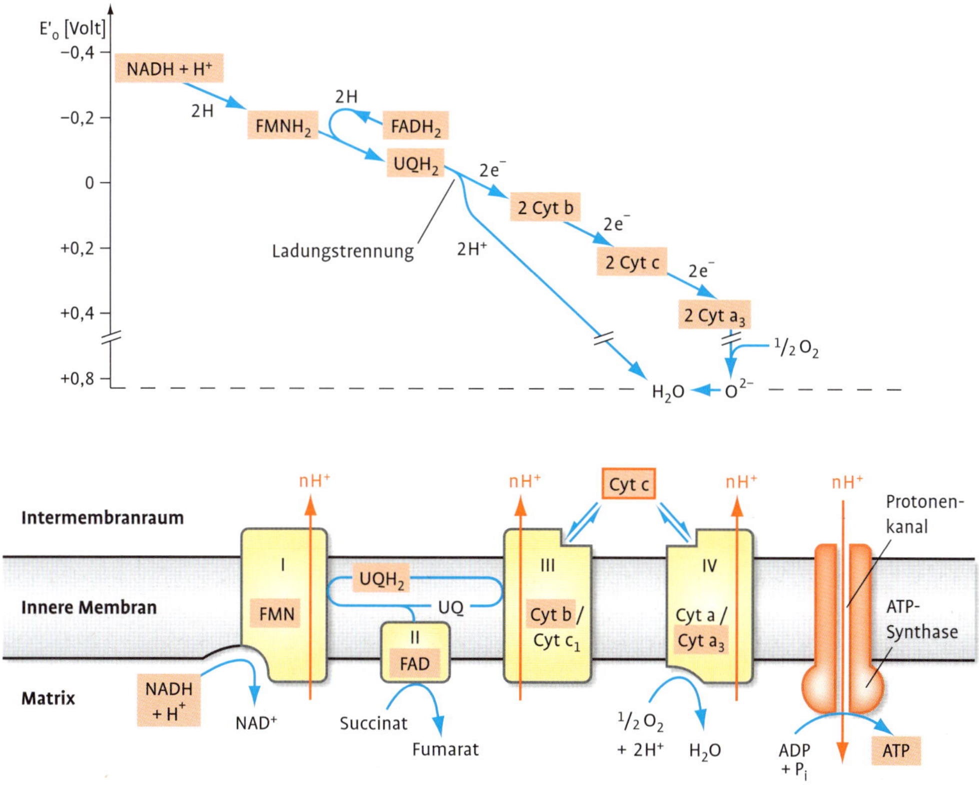

Tab. 7.1 ATP-Gewinn bei der Biologischen Oxidation, bezogen auf 1 eingebrachtes Molekül Glucose und unter der Annahme, dass alle reduzierten Coenzyme zur ATP-Bildung genutzt werden.

Etappe	Reduziertes Coenzym	Art der Phosphorylierung (Ph.)	ATP-Gewinn
Glykolyse	2 NADH + H^+	Atmungsketten-Ph.	4
		Substratketten-Ph.	2
Oxidative Descarboxylierung Pyruvat	2 NADH + H^+	Atmungsketten-Ph.	6
Citrat-Zyklus	6 NADH + H^+	Atmungsketten-Ph.	18
	2 FADH2	Atmungsketten-Ph.	4
		Subtratketten-Ph.	2

7.5.3 ATP-Ausbeute bei der Biologischen Oxidation

Pro eingebrachtes NADH + H^+ werden an der Atmungskette rund drei Moleküle ATP (Abb. 7.10) gebildet. Eine Ausnahme macht das hydrierte FAD der Succinat-Dehydrogenase. Denn wegen seines niedrigeren Redoxpotenzials werden seine Elektronen später in die Atmungskette eingeleitet als diejenigen von NADH + H^+. Dadurch wird die Ausbeute pro eingebrachtes $FADH_2$ auf zwei ATP reduziert. Auch bei Anlieferung von NADH + H^+ aus der Glykolyse werden pro Molekül nur zwei ATP nutzbar, weil seine Passage zur inneren Mitochondrienmembran Energie erfordert.
Damit lässt sich der ATP-Gewinn bei der Biologischen Oxidation errechnen (Tab. 7.1): pro Molekül eingebrachte Glucose werden 36 Moleküle ATP gebildet, vier davon über Substratketten-Phosphorylierung, 32 über Atmungsketten-Phosphorylierung. Damit wird die Bedeutung besonders der Atmungskette für den Energiehaushalt deutlich.

Abb. 7.9 Ubichinon (UQ).

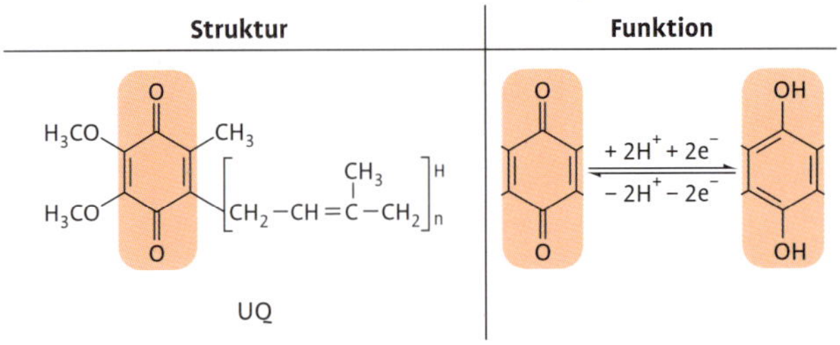

7.6 Der oxidative Pentosephosphat-Zyklus

Drei Teilprozesse der Biologischen Oxidation, die oxidative Decarboxylierung des Pyruvats, der Citrat-Zyklus und die Endoxidation (Abb. 7.1) laufen in Mitochondrien ab. Sollen sie eine optimale Leistung erbringen, müssen genügend Mitochondrien pro Zelle vorhanden sein. Das ist in der Keimlingsphase vor dem Ergrünen oft nicht der Fall, weil sich die Mitochondrien erst später stark vermehren. Auch die Photosynthese kann noch nicht helfend einspringen. Denn ergrünte Chloroplasten fehlen noch.
In solchen Keimlingsstadien wird der Energiebedarf weitgehend über die Glykolyse gedeckt. Sie liefert ATP, eines der beiden Produkte des (fehlenden) linearen Elektronentransports. Der in nicht-grünen Plastiden oder wie die Glykolyse im Cytosol ablaufende **oxidative Pentosephosephat-Zyklus** (Abb. 7.11) sorgt für die Bereitstellung von NADPH + H^+, dem zweiten Produkt des linearen Elektronentransports.
Der Zyklus gliedert sich in einen oxidativen und einen nicht-oxidativen Teil. Zwei Reaktionen bedingen den oxidativen Charakter, die Oxidation von Glucose-6-phosphat zu Gluconat-6-phosphat und die Decarboxylierung von Gluconat-6-phosphat zu Ribulose-5-phosphat. In beiden Reaktionen wird **NADPH + H^+** gebildet. Im nicht-

Abb. 7.10
Struktur von AMP, ADP und ATP. Bei GTP tritt Guanin an die Stelle des Adenins (verändert nach LEHNINGER 1969).

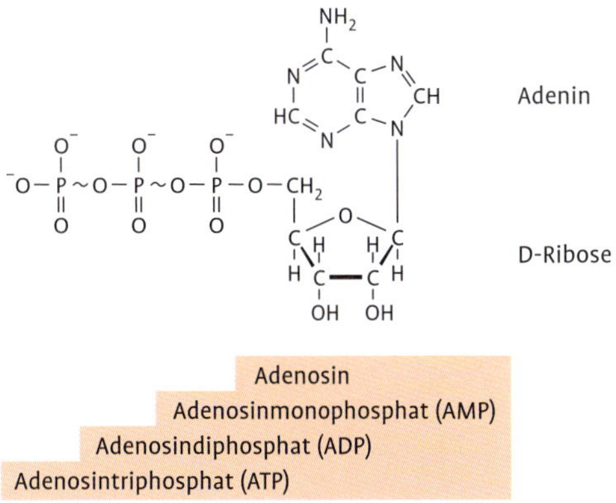

oxidativen Teil kann Glucose-6-phosphat regeneriert werden. Dabei finden sich teilweise die gleichen Reakionen wie im reduktiven Pentosephosphat-Zyklus, dem Calvin-Zyklus, nur in Gegenrichtung. Die Intermediärprodukte können wie im Calvin-Zyklus **Ausgangsmaterial für Synthesen** sein.

Mit dem Ergrünen des Keimlings verliert der oxidative Pentosephosphat-Zyklus an Bedeutung. Denn nun steht NADPH + H^+ aus den Primärprozessen der Photosynthese zur Verfügung, während zum Beispiel Pentosephosphate und Erythrose-4-phosphat über den Calvin-Zyklus angeliefert werden. Verschiedene Mechanismen sorgen dafür, dass der oxidative Zyklus blockiert wird, wenn der Calvin-Zyklus voll im Gang ist. So wird sein Eingangsenzym, die Glucose-6-phosphat-Dehydrogenase, durch hohe Mengen an NADPH + H^+ gehemmt, wie sie bei der Photosynthese anfallen. Zumindest in Chloroplasten mit laufendem Calvin-Zyklus spielt so der oxidative Pentosephosphat-Zyklus kaum eine Rolle. Doch nach wie vor kann er zu bestimmten Synthesen genutzt werden, etwa in nicht-ergrünten Plastiden für die Lipidbiosynthese (Seite 146).

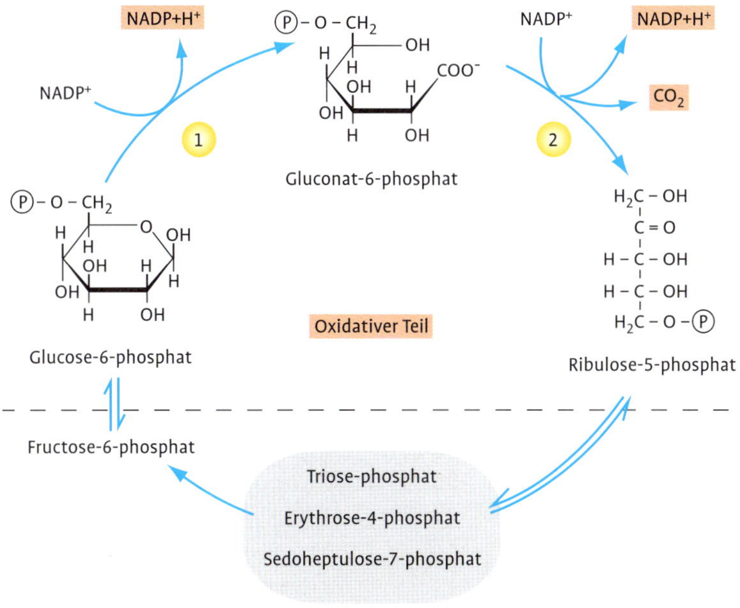

Abb. 7.11
Der oxidative Pentosephosphat-Zyklus. Oben der oxidative Teil mit nicht umkehrbaren Reaktionen. Darunter der nicht-oxidative, Glucose-6-phosphat regenerierende Teil. Seine Reaktionen sind nicht angegeben. Sie finden sich meistens auch im Calvin-Zyklus und sind großenteils umkehrbar. Einige wichtige Substanzen, die auch im Calvin-Zyklus auftreten, sind genannt. **1** Glucose-6-phosphat-Dehydrogenase; **2** Gluconat-6-phosphat-Dehydrogenase.

FRAGEN
(Seitenverweise zur Beantwortung)

- Nennen Sie die vier Etappen der Biologischen Oxidation! (Seite 117)
- Mit welcher Substanz beginnt, mit welcher Substanz endet die Glykolyse? (Seite 118)
- Bei welchen Reaktionen der Glykolyse wird ATP gebildet? (Seite 117)
- Schildern Sie die Feinstruktur eines Mitochondriums? (Seite 119)
- Was verstehen Sie unter aktivierter Essigsäure? (Seite 120)
- Bei welchen Reaktionen des Citrat-Zyklus werden zwei C als CO_2 eliminiert? (Seite 122)
- Bei welcher Reaktion des Citrat-Zyklus findet sich eine Substratketten-Phosphorylierung? (Seite 120)
- In welchem Kompartiment der Mitochondrien ist die Atmungskette lokalisiert? (Seite 120)
- Welches sind die vier integralen Proteinkomplexe der Atmungskette? (Seite 121)
- Auf welchen Umsetzungen basiert der oxidative Charakter des oxidativen Pentosephosphat-Zyklus? (Seite 124)

8 Kohlenhydrate

INHALT

Wichtige Vertreter aus allen Gruppen der Kohlenhydrate werden vorgestellt. Sie werden **in allen Lebensphasen** benötigt. Synthese und Abbau der Glucose und naher Verwandte sind schon in den vorhergehenden Kapiteln besprochen worden. Hier werden weitere Monosacharide, darunter auch aktive Formen, Zuckerphosphate und Nucleosid-diphosphat-Zucker wie UDPG eingeführt. Unter den Oligosachariden nimmt die Saccharose eine zentrale Stellung ein, die im Cytosol über Triosephosphat aus dem Calvin-Zyklus gebildet werden kann. Bei den Polysacchariden werden der Reservestoff Stärke mit seinen Komponenten Amylose und Amylopektin und Cellulose als Strukturelement der Zellwand besonders ausführlich besprochen. Doch werden auch alle weiteren Strukturelemente der Zellwand, Hemicellulosen, Pektinstoffe, Proteine und Glykoproteine berücksichtigt. Während die Cellulose vom Plasmalemma aus gebildet wird, entstehen die Proteine an Ribosomen auf dem rauen Endoplasmatischen Reticulum, die anderen Stoffe teilweise oder ganz im Golgi-Apparat. Über dessen Vesikel werden sie zum Plasmalemma transportiert und dort über Exocytose in die wachsende Zellwand ausgeschüttet.

Zu den Kohlenhydraten gehören die ersten Produkte, die über den Calvin-Zyklus angeliefert werden, Triosen und danach Hexosen. Sie lassen sich in weitere, zum Teil zusammengesetzte Kohlenhydrate überführen. Kohlenhydrate dienen, wie wir zum Teil schon erfahren haben

- dem Energiegewinn und bilden
- das Ausgangsmaterial für die Synthese aller anderen pflanzlichen und tierischen organischen Substanzen.

DEFINITION

Kohlenhydrate haben ihren Namen daher, dass sie pro C-Atom Wasserstoff und Sauerstoff im gleichen Verhältnis wie im Wasser (Hydrat) enthalten, also CHOH.

Die meisten Kohlenhydrate sind Zucker. Zucker führen entweder eine Aldehyd- oder eine Ketofunktion. Je nachdem hat man Aldosen, zum Beispiel die Glucose, oder Ketosen, zum Beispiel die Fructose vor sich (Abb. 8.1). Zucker können weiterhin einfach oder zusammengesetzt sein. Einfache Zucker bezeichnet man als Monosaccharide. Zusammengesetzte Zucker entstehen aus einfachen Zuckern, die über eine glykosidische Bindung miteinander verknüpft werden. Je nach der Zahl der Zucker, die über eine Glykosidbindung miteinander verknüpft werden, unterscheidet man zwischen Oligo- und Polysacchariden.

Abb. 8.1
Wichtige Monosaccharide und Galacturonsäure. Galacturonsäure leitet sich von Galactose durch deren Aufoxidation an C6 zur Carboxylgruppe ab. D (rechts) bzw. L (links, nur bei der Arabinose) beziehen sich auf die Stellung der Hyxdroxylgruppe an dem asymmetrischen C-Atom, das am weitesten von C1 entfernt ist. Asymmetrisch ist es bei Besetzung mit vier verschiedenen Substituenten. In der α-Stellung steht das glykosidische Hydroxyl nach unten, in der β-Stellung nach oben.

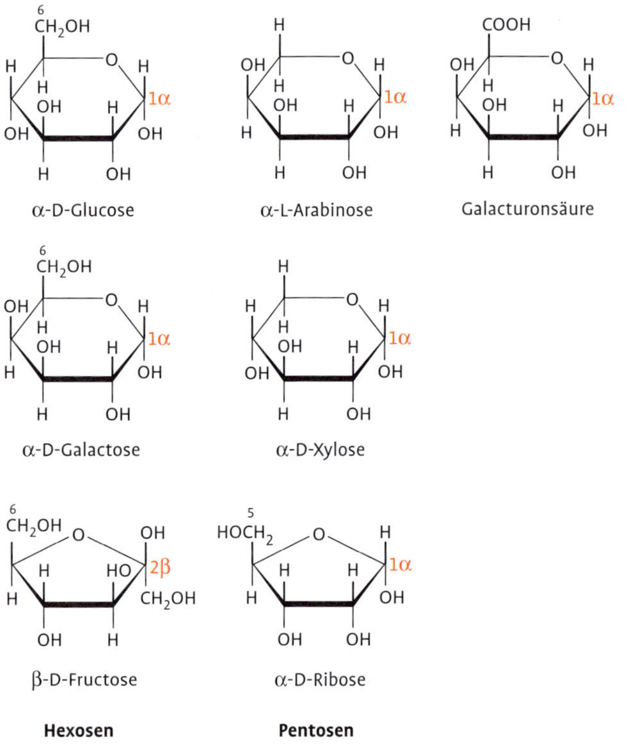

8.1 Monosaccharide

Monosaccharide kann man nach der Zahl ihrer C-Atome in Triosen (3 C), Tetrosen (4 C), Pentosen (5 C) und Hexosen (6 C) gliedern. Heptosen mit 7 C werden selten akkumuliert, sind aber als Zwischenprodukte im Stoffwechsel wichtig. Die Formeln einiger Monosaccharide sind in Abb. 8.1 zusammengestellt.

8.1.1 Aktivierte Zucker

Zucker nehmen in aktivierter Form am Stoffwechsel teil, vor allem als Zucker-phosphate und Nucleosid-diphosphat-Zucker.

Die Beteiligung von **Zucker-phosphaten**, etwa von Glucose-6-phosphat, am Stoffwechsel hatten wir in den vorhergehenden Abschnitten bereits kennengelernt. Einfache Zucker werden mit Hilfe von ATP phosphoryliert. Die Enzyme, die den

Abb. 8.2
Pollen-Transfer eines Gens für Galactose-Verwertung (Gen für Hexose-1-phosphat-uridyl-transferase) aus *E. coli* in Petunien. Die Abb. zeigt Pflanzen der dritten Generation, rechts mit transgenen, links mit Kontroll-Keimlingen (Foto D. Hess; Lit. Hess and Dressler 1984).

Abb. 8.3
Bildung und Struktur von UDPG.

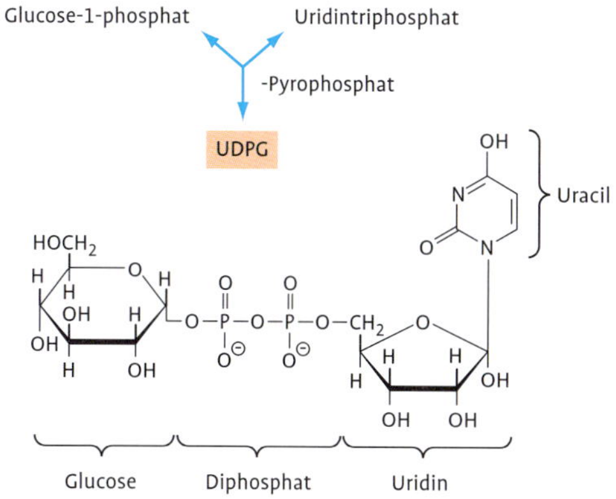

BOX 8.1

Ein früher Gentransfer bei Pflanzen mit vollständiger Beweisführung

Bei den wohl frühesten erfolgreichen Versuchen zum Gentransfer an höheren Pflanzen wurden ab 1978 Gene für Enzyme des Galactose-Stoffwechsels übertragen (1). Es handelte sich um Modellversuche, um den direkten Pollentransfer (Seite 83) zu testen. Ausgangspunkt war, dass Petunienkeimlinge auf Nährmedien mit Galactose schlecht wuchsen. Zuerst wurden die Enzyme des Galactose-Stoffwechsels von Petunien charakterisiert, um sie von zu übertragenden *E.coli*-Enzymen differenzieren zu können. Danach kam es zu Gentransfers, hier zum Pollen-Transfer eines Gens für Galactose-Verwertung (Gen für Hexose-1-phosphat-uridyltransferase, kurz Transferase) aus *E. coli* in Petunien. Dazu wurden wurden quellende Petunienpollen mit transduzierenden Phagen inkubiert, die das *E.coli*-Transferase-Gen übertrugen. Die betreffenden bakteriellen Gene zeigten eukaryotische Expression. In Kontrollen wurden Petunienpollen mit Phagen inokuliert, die ein zur Funktionslosigkeit mutiertes *E.coli*-Transferase-Gen enthielten. Mit den so behandelten Pollen wurden Selbstungen durchgeführt. Abb. 8.2 zeigt Pflanzen der dritten Generation, rechts aus dem Experiment, links aus Kontrollen, beide auf Galactose-Medium. Der Wachstumsunterschied ist überzeugend. Ab 1979 wurden alle erforderlichen Nachweiskriterien (Seite 85) erfüllt, wenn auch über die Southern Blot-Analyse erst 1986 publiziert werden konnte.

[1] Reviews Hess (1996, 2006).

Phosphatrest von ATP auf Zucker hinüberbewegen, nennt man Kinasen (gr. kinein = bewegen). Die Zucker-Phosphat-Bindungen sind relativ energiereich.
Energiereicher sind die **Nucleosid-diphosphat-Zucker**. In ihnen ist ein Zucker-phosphat mit einem Nucleotid (= Nucleosid-phosphat) verbunden. Eine wichtige aktive Form der Glucose in höheren Pflanzen ist die **Uridin-diphosphat-Glucose (UDPG)**, die oft als aktive Glucose schlechthin bezeichnet wird. UDPG erhält man aus Glucose-1-phosphat und Uridin-triphosphat

BOX 8.2

Glykoside

Lagern sich eine Alkohol- und eine Carbonyl-Funktion aneinander, entsteht ein **Halbacetal.** Bei Zuckern befinden sich beide Funktionen im gleichen Molekül. Die offene Form zum Beispiel der Glucose lässt sich so anordnen, dass die alkoholische Funktion an C5 und die Carbonyl-Funktion an C1 einander sehr nahe kommen (Abb. 8.4). Lagern sie sich dann zusammen, bildet sich ein inneres Halbacetal, das ist die Ringform der Glucose und ebenso anderer Zucker.
Halbacetale können sich mit einem weiteren Alkohol zusammenschließen, jetzt aber unter Wasserabspaltung. Dann erhält man **(Voll-)Acetale.** Ging ein Zucker als inneres Halbacetal in die Reaktion ein, so entsteht ein **Glykosid.** Das beteiligte Hydroxyl des Zuckers, hier das am C1 der Glucose, nennt man **glykosidisch,** ebenso die Bindung. Viele Glykoside in Pflanzen bestehen derart **aus einem Zucker und einem Aglykon** (gr = Nicht-Zucker). Die Wasserlöslichkeit der Aglyka und damit ihre Verwertbarkeit im Stoffwechsel werden durch die Glykosidierung erhöht.
Nun kann sich aber auch ein Zucker mit einem zweiten Zucker als Alkoholkomponente zum Acetal zusammenschließen. Dann entsteht ein **Disaccharid** wie die Saccharose. Auf gleiche Weise kann man Zucker an Zucker reihen, bis man über weitere **Oligosaccharide** schließlich zu **Polysacchariden** kommt.
Der Abbau der Glykoside erfolgt über hydrolytisch wirksame Enzyme, die **Glykosidasen.**

unter Abspaltung von Pyrophosphat (Abb. 8.3). In weiteren Nucleosid-diphosphat-Zuckern finden sich anstatt Uridin andere Nucleoside, zum Beispiel Adenosin in ADPG (Seite 136).

8.2 Oligosaccharide

Oligosacharide bestehen aus bis zu rund neun Baueinheiten. Häufig sind es Disaccharide aus zwei Zuckereinheiten.

8.2.1 Disaccharide

Disaccharide sind im Pflanzenbereich frei, in Polysacchariden oder als Zuckerpartner eines Aglykons weit verbreitet. An der glykosidischen Bindung beteiligen sich jeweils verschiedene Zucker, Hydroxyle fallweise verschiedener C-Atome (zum Beispiel 1-4 oder 1-6 Bindung) oder Hydroxyle in unterschiedlicher sterischer Anordnung (α- oder β-Stellung des glykosidischen Hydroxyls; Abb. 8.1) wie in Maltose und Cellobiose (Seiten 134, 136).
Weitaus das wichtigste Disaccharid der höheren Pflanzen ist die **Saccharose** (Abb. 8.4) aus Glucose und Fructose. An der Bindung beteiligen sich die glykosidischen Hydroxyle **beider** Zucker, das an C-Atom 1 der Glucose und das an C-Atom 2 der Fructose. Folge der Festlegung beider glykosidischer Hydroxyle ist, dass die Saccharose im Gegensatz zu anderen Disacchariden, in denen das glykosidische Hydroxyl eines der beiden Zucker frei bleibt, zu den nicht-reduzierenden Zuckern zählt. Die wenig reaktive Saccharose wird auch aus diesem Grund zum **wichtigsten Kohlenhydrat-Transportmolekül der Pflanze.**
Die Synthese der Saccharose (Abb. 8.5) erfolgt im Cytosol aus Triosephosphat, das aus den Chloroplasten über einen Translokator (Seite 206) in der Chloroplastenmembran exportiert wird, wobei in der Gegenrichtung anorganisches Phosphat in die Chloroplasten importiert wird. Im Cytosol bildet sich aus zwei Triosen wie im Calvin-Zyklus ein Molekül Fructose-1,6-bisphosphat, aus dem sich ein Hexose-phosphat-Pool bilden kann. Über Fructose-6-phosphat und Glucose-6-phosphat entsteht Glucose-1-phosphat, das zur Synthese von UDPG dienen kann (Abb. 8.3). Die **Saccharose-phosphat-Synthase** überträgt dann in einer reversiblen Reaktion Glucose aus UDPGlucose

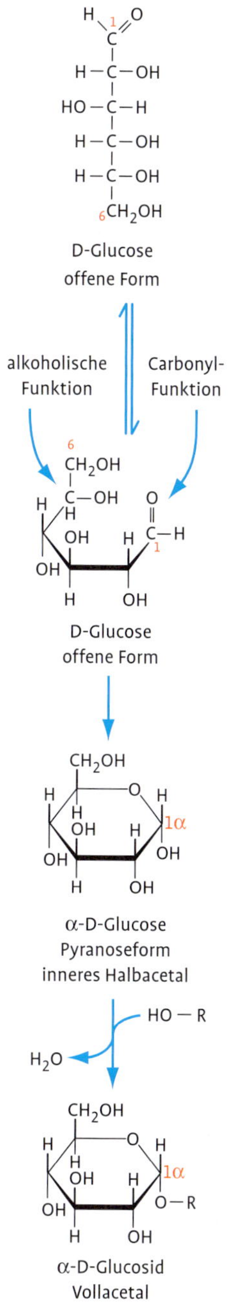

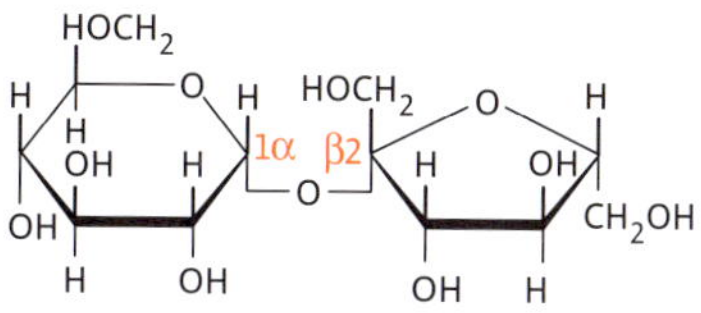

Saccharose

D-Glucopyranose-α(1↔2)β-D-Fructofuranose

Abb. 8.4
Von der offenen Zuckerform zu Glykosiden und dem Disacharid Saccharose. Die Pfeile gehen vom glykosidischen Hydroxyl aus, hier als Doppelpfeil, weil die glykosidichen Hydroxyle beider Zucker beteiligt sind. Vgl. Text.

auf Fructose-6-phosphat unter Bildung von Saccharose-6-phosphat. Die **Saccharose-phosphat-Phosphatase** spaltet schließlich noch den Phosphatrest ab.
Der **Saccharose-Abbau** kann über **Invertasen** erfolgen, die Saccharose hydrolytisch in ihre beiden Komponenten spaltet. Invertasen heißen sie deshalb, weil die Schwingungsebene des polarisierten Lichtes durch ihre Tätigkeit umgekehrt wird: Saccharose ist rechtsdrehend (+). Im Hydrolysat übertrumpft die stark linksdrehende (–) Fructose die schwächer rechtsdrehende Glucose, so dass insgesamt eine Linksdrehung resultiert.
Ein anderes Enzym des Sacharose-Abbaus ist die **Saccharose-Synthase**. Sie spaltet Saccharose + UDP reversibel in UDP-Glucose und Fructose. Trotz ihres Namens wirkt sie fast ausschließlich degradierend (Seiten 137, 269).

8.2.2 Raffinose-Familie

Zu ihr gehören das namengebende Trisaccharid **Raffinose**, das Tetrasaccharid **Stachyose** und das Pentasaccharid **Verbascose.** Bei ihrer Biosynthese werden an eine startende Saccharose ein bis drei Moleküle Galactose übertragen (Abb. 8.6). Wie Tanner herausfand, ist der Galactose-Donator wider Erwarten Galactinol, ein Glykosid aus Myoinosit und Galactose. Fast beruhigenderweise stammt die Galactose im Galactinol aus UDPGalactose, einer üblichen Form aktiver Zucker. Nach der Saccharose handelt es sich bei der Raffinose-Familie um die wichtigsten Transportformen von

Zuckern in höheren Pflanzen. Sie werden bei der Beladung des Phloems mit Saccharose wichtig. Aber auch als Speicherstoffe besitzen sie Bedeutung.

Abb. 8.5
Triose-phophat aus dem Calvin-Zyklus, Hexosen-Pool im Cytosol und Synthese der Saccharose. Die Abfolge findet sich bei Belichtung, also bei laufendem Calvin-Zyklus. CZ = Calvin-Zyklus; 1 = Sacharose-phosphat-Synthase; 2 = Saccharose-phosphat-Phosphatase.

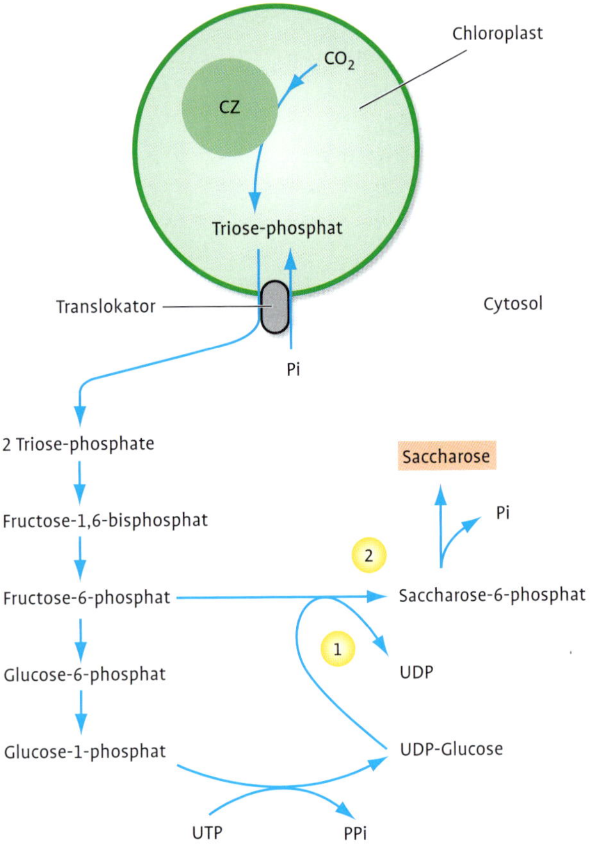

8.3 Polysaccharide

Polysaccharide bestehen aus mehr als zehn Einheiten. Dabei kann es sich um Zucker handeln, aber auch um Uronsäuren. Sie leiten sich von Zuckern dadurch ab, dass C6 zu einer Carboxylgruppe oxidiert wird. Beispiele sind Glucuronsäure oder Galacturonsäure.

8.3.1 Fructane

Fructane bestehen überwiegend, aber nicht ausschließlich aus Fructose. Man unterscheidet mehrere Bautypen, von denen das **Inulin** (Abb. 8.7) der wichtigste ist. Fructane kommen unter anderem in bestimmten Asteraceen (*Inula* = Alant ist eine Asteracee), aber auch in zahlreichen Monokotyledonen, darunter Gräsern als Reservematerial vor. Inulin besteht aus einer Kette von bis zu 40 Fructoseeinheiten, die über (1 → 2) β-glykosi-

Abb. 8.6
Die Raffinose-Familie (Strukturschema).
n = 1 Raffinose, n = 2 Stachyose, n = 3 Verbascose.
Glu = Glucose, Fru = Fructose, Gal = Galactose.

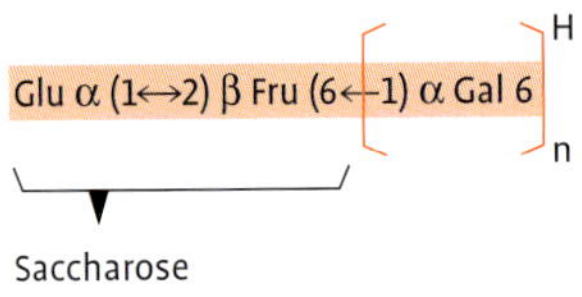

Abb. 8.7
Inulin-Typ der Fructane, unverweigte Form (Strukturschema). Glu = Glucose, Fru = Fructose.

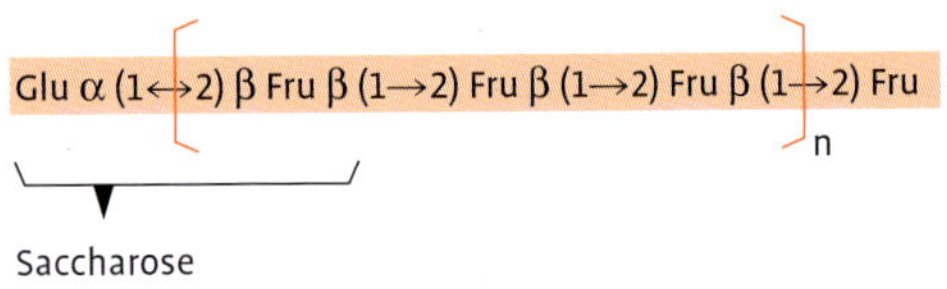

dische Bindungen miteinander verbunden sind. Am Beginn der Kette steht eine Saccharose-Einheit. Andere Fructosane können verzweigt sein.
Die **Biosynthese** erfordert beim Inulin-Typ zwei Enzyme:

- **Start**: eine Sacharose:Saccharose-Fructosyl-Transferase (SST) überträgt von Saccharose (Glucose-Fructose, G-F) den Fructosylrest auf eine Rezeptor- Saccharose:

$$2\ G\text{-}F \overset{SST}{\rightarrow} G\text{-}F\text{-}F + G$$

- **Kettenverlängerung**: eine Fructosyl:Fructosyl-Transferase (FFT) überträgt weitere Fructosylreste von Sacharose oder kleineren Fructanen:

$$G\text{-}Fx + G\text{-}F_y \overset{FFT}{\rightarrow} G\text{-}F_{x+1} + G\text{-}F_{y-1}$$

Bei Pflanzen können Fructane Faktoren der Resistenz gegen Trockenheit sein. Im menschlichen Dünndarm werden sie nicht gespalten, wohl aber durch die Bakterienflora im Dickdarm. Wegen des geringen, bei manchen Typen sogar fehlenden Glucosegehalts lassen sie sich als Diät bei Diabetes als Süßstoffe nutzen (Salat oder Tee aus Blättern des Löwenzahns *Taraxacum officinale*). Davon abgesehen werden sie unter anderem als wertvolle Ballaststoffe gewertet.
Noch kurz zur **Gentechnik:** In Kartoffeln wurden wiederholt Gene für Fructan-Biosynthese übertragen, zuerst aus Bakterien, ab dann aber ab 1997 von der Arbeitsgruppe um Willmitzer (Hellwege et al. 1997) auch die Gene *SST* und *FFT* aus der Artischocke (*Cynara scolymus*).

BOX 8.3

Smart Breeding und Ketchup

Schon seit Jahrzehnten haben Züchter immer wieder molekulare Methoden genutzt, auch wenn sie keine Gene übertrugen. Beim Smart Breeding handelt es sich nun um einen konzentrierten Einsatz molekularer Methoden, vor allem von **molekularen Sonden**, mit denen das Pflanzenmaterial auf interessierende Gene durchmustert wird. Hat man die gesuchten Gene gefunden und möglichst auch auf bestimmten Chromosomen lokalisiert, werden die betreffenden Formen ganz normal miteinander gekreuzt. Es handelt sich hier um einen Einsatz genau der Methoden, die auch die Gentechniker nutzen. Sein Kernstück ist eine **Marker-gestützte Selektion.** Doch die gewünschten Genkombinationen erhält man nicht über einen Gentransfer, sondern über normale Kreuzungen.
Ein schon fast historisches Beispiel für Smart Breeding geht auf das Jahr 1994 zurück, wurde aber in den letzten Jahren noch ausgebaut. In einer Gemeinschaftsarbeit von Wissenschaftlern des Max-Planck-Instituts für Molekulare Pflanzenphysiologie in Golm bei Potsdam und der Hebrew University in Jerusalem wurden Kulturtomaten und Wildarten von Tomaten auf Gene für bestimmte Inhaltsstoffe durchmustert, selektioniert und dann miteinander gekreuzt (1). Letztlich resultierten **Tomaten mit unter anderem einem hohen Gehalt an Zuckern** wie Glucose und Fructose, die zur Ketchup-Herstellung ohne Nachzuckern Verwendung finden.
Nachdem unsere öffentlichen Medien mit reichlicher Verspätung vom Smart-Breeding Kenntnis erhalten hatten, wurde vielfach behauptet, nun sei die Gentechnik überflüssig geworden. Es gab sogar Wissenschaftler, die diese Behauptung aufstellten. Falsch ist sie trotzdem. Denn das **Smart Breeding ist auf Arten beschränkt, die miteinander kreuzbar sind, also auf einen engen Verwandtschaftskreis. Fehlt in ihm das gesuchte Gen, wird das Smart Breeding sinnlos.** Mit Hilfe der Gentechnik kann man jedoch Gene aus fast allen Lebewesen gewinnen und übertragen, auch Gene, die in einem kreuzbaren und damit für das Smart Breeding nutzbaren Verwandtschaftskreis fehlen. Smart Breeding ist eine begrüßenswerte Fortentwicklung der Pflanzenzüchtung, doch den Gentransfer kann es nur begrenzt ersetzen.

[1] Fridman et al. (2004).

8.3.2 Stärke (Amylum)

Bei der Stärke handelt es sich um ein **Glucan**, das heißt ein aus vielen Glucose-Einheiten zusammengesetztes Polysaccharid. Weitere Glucane sind Cellulose und Kallose.

Struktur. Stärke ist das wichtigste Reservekohlenhydrat der Pflanzen. In ihr können Kohlenhydrate in osmotisch unwirksamer Form gespeichert werden. Biosynthese und Speicherung laufen in den Amyloplasten von Speicherorganen ab. Doch auch in Chloroplasten kann es zu einer vorübergehenden Speicherung von **transitorischer Stärke** kommen, wenn der Abtransport von Kohlenhydraten mit ihrer Synthese nicht Schritt halten kann.

Dem Bautypus nach unterscheidet man Amylose und Amylopektin. Baustein beider Stärkekomponenten ist die α-Glucose.

▶ **Amylose** (Abb. 8.8) besteht aus vielen Einheiten Glucose, die in (1 → 4) α-glykosidischer Bindung aneinander gereiht sind. Die Zahl der Glucoseeinheiten ist fallweise verschieden, sie kann von rund 200 bis rund 1000 schwanken. Strukturelement ist **Maltose**. Die Amyloseketten bilden Schrauben, in die J_2 eingelagert werden kann. Die resultierende physikalische Einschlussverbindung weist eine blauschwarze Färbung auf. Diese Jod-Stärke-Reaktion dient dem Nachweis von Stärke.

▶ **Amylopektin** (Abb. 8.8) weist ebenfalls Ketten von (1 → 4) α-glykosidisch miteinander verknüpften Glucoseeinheiten auf. Aber im Gegensatz zu Amylose ist Amylopektin verzweigt. Denn im Abstand von circa 20 Glucosen werden amyloseartige Seitenketten über (1 → 6) α-glykosidische Bindungen angefügt. Mit Jod gibt Amylopektin, dem längere aufgeschraubte Glucoseketten fehlen, nur eine rosa Färbung.

ESELSBRÜCKE

Amylum, **A**mylose und **A**mylopektin enthalten **α**-glykosidisch gebundene Glucose.

▶ **Biosynthese**. Wie schon aus der Struktur ableitbar, sind zwei Enzymaktivitäten erforderlich: solche, die (1 → 4) α-glucosidische Bindungen, und solche, die (1→ 6) α-glucosidische Bindungen legen können.

▶ **Stärke-Synthase.** Ein Isoenzym legt (1 → 4)

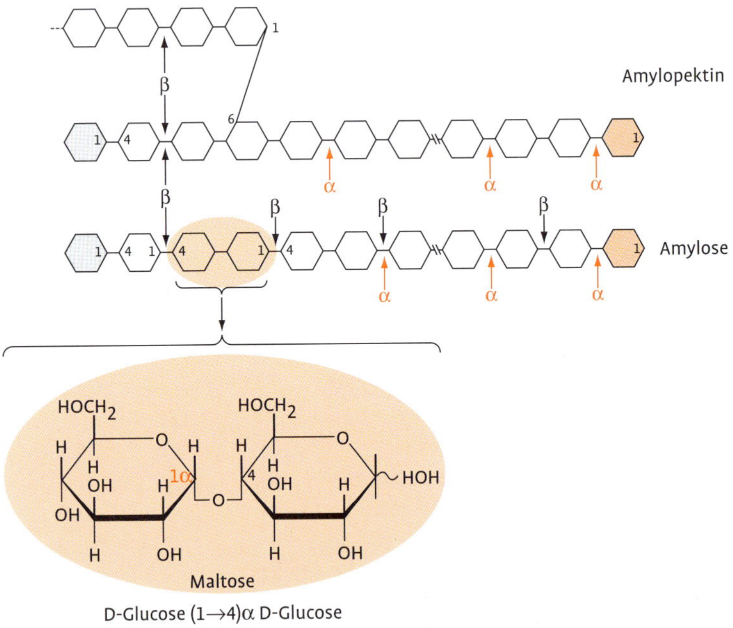

Abb. 8.8
Strukturschema von Amylose und Amylopektin mit ihrem Strukturelement Maltose und mit den Angriffspunkten von α- und β-Amylasen (α und β). Die Glucose-Moleküle sind als Sechsecke ohne Substituenten wiedergegeben. Die Glucose-Moleküle am Beginn der Ketten (C1 ist frei) sind rosa unterlegt.

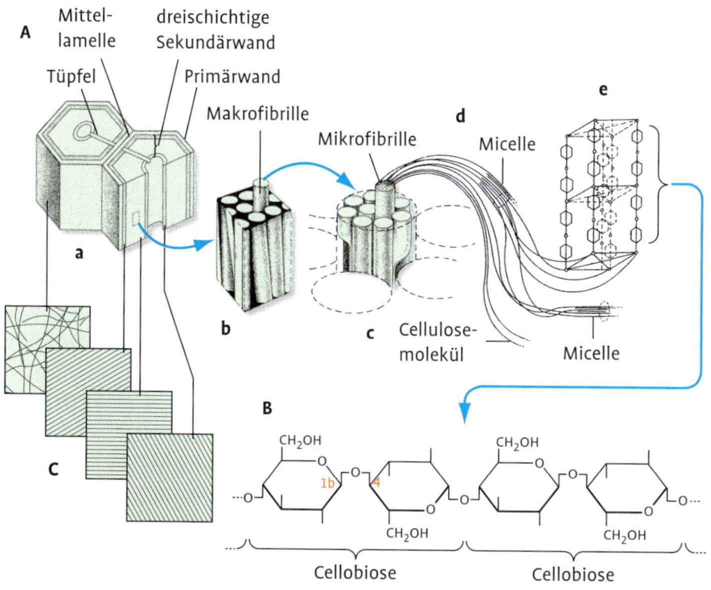

Abb. 8.9
Cellulose als Strukturelement der Zellwand. **A** Cellulose als Zellwandbestandteil: **a** räumliche Darstellung einer Zellgruppe mit einer dreischichtigen Sekundärwand. Ein Ausschnitt aus der mittleren dieser Wände wird bei immer stärkerer Vergrößerung dargestellt. **b** Ausschnitt mit einem Bündel von Makrofibrillen. **c** Jede Makrofibrille baut sich aus Bündeln von Mikrofibrillen auf. **d** Jede Mikrofibrille besteht aus Celluloseketten, die streckenweise Micellarstruktur aufweisen. **e** Ausschnitt aus einer Micelle mit exakt parallel gelagerten Celluloseketten. **B** Cellobiose: Strukturelement, aber kein Baustein bei der Biosynthese der Cellulose. Dabei wird UDPG eingesetzt.
C Fibrillen-Textur der Wandschichten: Primärwand mit Streutextur, Sekundärwand aus drei Schichten mit von Schicht zu Schicht wechselnder Paralleltextur.

α-glucosidische Bindungen und verlängert dabei startende (1 → 4) α-Glucane. Der wichtigste Glucose-Donor ist ADPG, der kleinstmögliche Akzeptor für diese Glucose ist Maltose. Ein anderes Isoenzym verwendet den verzweigten Kern des Amylopektins als Starter. Es verlängert die vom Kern abzweigenden Amylosestrukturen.

▶ **Verzweigungsenzym.** Das „branching enzyme" legt (1 → 6) α-glucosidische Bindungen, wie sie im Amylopektin vorkommen. Es arbeitet mit kleineren Glucan-Ketten, die aus größeren Glucanketten herausgeschnitten werden können, und setzt sie über (1 → 6) α-Bindungen an bestehende (1 → 4) α-Glucane an. So entstehen die für das Amylopektin charakteristischen Verzweigungen.

▶ **Abbau.** Bei der Stärke handelt es sich um das wichtigste Reservekohlenhydrat der Pflanzen. Solche Reservestoffe müssen zum Beispiel bei der Keimung mobilisiert werden. Entsprechendes gilt für transitorische Stärke, die in der Nacht abgebaut wird. Mobilisierung bedeutet, dass die betreffende Stärke in kleinere, transportable Einheiten zerlegt werden muss. Der Abbau erfolgt vor allem mit Hilfe von Phosphorylasen, Hydrolasen und Entzweigungsenzymen. Einige Details sind noch in der Diskussion.

▶ **Degradation.** Bei der Keimung von Getreiden wurde die Stärkemobilisierung besonders gut untersucht. Hier werden Amylasen aktiv (Abb. 8.8). Bei ihnen handelt es sich um Glykosidasen.

Die **α-Amylase** spaltet (1 → 4) α-glucosidische Bindungen, die sechs bis sieben Glucoseeinheiten vom Kettenende entfernt sind. Das Enzym ist demnach eine Endoamylase. Die (1 → 6)-Bindungen an den Verzweigungsstellen des Amylopektins werden nicht gelöst. Sie bedeuten jedoch kein Hindernis, denn sie werden von der α-Amylase einfach übersprungen.

Die **β-Amylase** spaltet ebenfalls (1 → 4) α-glucosidische Bindungen. Aber im Gegensatz zur α-Amylase greift die β-Amylase an den Kettenenden an. Sie spaltet von den nicht-reduzierenden Kettenenden jeweils Maltose ab. Man bezeichnet die β-Amylase deshalb auch als Exoamylase. (1 → 6)-Bindungen werden nicht gelöst, aber auch nicht übersprungen. Wenn man Amylopek-

tin mit β-Amylase behandelt, bleibt deshalb der verzweigte Kern als Grenzdextrin erhalten.
Die (1 → 6) α-glucosidischen Bindungen werden von einem **Entzweigungsenzym** (debranching enzyme) gelöst.
Die als bisher kleinstes Abbauprodukt anfallende Maltose wird durch eine **α-Glucosidase** zu Glucose zerlegt.

▶ **Degradation der transitorischen Stärke.** Nach Untersuchungen an *Arabidopsis* ist sie weit komplizierter als zunächst angenommen. Kurz gefasst muss die transitorische Stärke in den Chloroplasten zunächst **unter ATP-Verbrauch phosphoryliert werden**. Erst dann kann Amylopektin durch **Entzweigungsenzyme** in lineare (1 → 4) α-Glucane überführt werden. Diese können durch eine **Glucan-phosphorylase** zu Glucose-1-phosphat abgebaut werden, ein insofern vorteihafter Abbau, als Glucose in aktiver Form anfällt. Aber auch ß-Amylasen können die amylose-artig linearen Glucane zu Maltose degradieren.

▶ **Gentechnik und Stärkebildung.** Für die stärkeverarbeitende Industrie sind als nachwachsende Rohstoffe Pflanzen wichtig, die entweder nur Amylose oder nur Amylopektin enthalten. Auch ein erhöhter Stärkegehalt kann wünschenswert sein. Fallweise sind entsprechende Mutanten vorhanden. So führen die bekannten runzeligen Erbsenkörner Gregor Mendels nur Amylose, weil in ihnen das Verzweigungsenzym über eine Mutation funktionell ausgefallen ist. Umgekehrt weisen *waxy*-Mutanten des Maises in ihren Stärkekörnern nur Amylopektin auf.

- **Qualitative Veränderungen:** Da Mutanten jedoch meistens nicht zur Verfügung stehen, ist die Gentechnik helfend eingesprungen. So kann die Zusammensetzung der Stärke über die Antisense-Technik (Seite 77) verändert werden. Hemmte man zum Beispiel die Expression des Gens für das Verzweigungsenzym, so fehlte entsprechend transgenen Pflanzen, etwa Kartoffeln, das Amylopektin. Beim Mais konnte das Verzweigungsenzym auch über RNAi quantitativ reduziert werden. Die Körner führten dann bis zu 50 % Amylose. Umgekehrt konnte in Kartoffeln auch das Gen für Stärke-Synthase über Antisense-RNA so blockiert werden, dass die Kartoffeln frei von Amylose waren. Sie enthalten zu 100 % Amylopektin, das für Klebemittel, aber auch Bindemittel in der Nahrungsmittelindustrie verwendet wird. Die sonst notwendige kostspielige Trennung von Amylose und Amylopektin entfällt.
- **Quantitative Veränderungen.** Auch der Gehalt an Stärke lässt sich steigern. ADPG kann für die Stärkesynthese limitierend sein. Das bedeutet: Je mehr ADPG zur Verfügung steht, desto mehr Stärke kann gebildet werden. Man hat nun verschiedentlich aus *E. coli* ein Gen für ADPG-Pyrophosphorylase übertragen. Das Enzym bildet ADPG nach dem in Abb. 8.3 für UDPG gezeigten Modus. Das betreffende bakterielle Gen wurde überexprimiert. Die Folge war eine erhöhte Stärkeproduktion in transgenen Pflanzen, etwa in Kartoffeln und Tomaten. Auch in Raps lässt sich der Stärkegehalt erhöhen, allerdings bei gleichzeitiger Verminderung der Produktion an Rapsöl.

8.3.3 Cellulose

Von der Quantität her gesehen, ist Cellulose, ein weiteres Glucan, die wichtigste biologische Substanz auf Erden. Für die Pflanzen ist sie ein entscheidendes Strukturelement ihrer Zellwand. Im Anschluß am die Besprechung der Cellulose werden weitere Komponenten der Zellwand behandelt.

▶ **Struktur**. Cellulose ist aus Glucose in (1 → 4) β-glykosidischer Bindung aufgebaut. Die Art der Bindung bedingt es, dass jedes Glucosemolekül gegenüber dem vorhergehenden um rund 180° gedreht ist. Cellobiose ist der sich wiederholende strukturelle Baustein in den Celluloseketten (Abb. 8.9), **nur** strukturell, weil bei der Biosynthese nicht etwa Cellobiose an Cellobiose gereiht wird (→ unten). Die Cellulose-Glucane liegen in gestreckter Form vor. Die Zahl der aneinandergereihten Glucosemoleküle variiert. In den Samenhaaren der Baumwolle können es 3000 sein, in den Sekundärwänden kommt man auf 25 000.
Einige wenige bis einige Dutzend Celluloseketten treten zu **Mikrofibrillen** zusammen. Streckenweise, vielleicht auch durchgehend, können in ihnen Micelle mit streng parallel gelagerten Cel-

luloseketten und kristallartiger Struktur auftreten. Auf ihnen beruht die enorme, dem Stahl gleichende Reißfestigkeit und die chemische Stabilität der Cellulose, die somit zu einem ausgezeichneten Strukturelement wird.

▶ **Biosynthese.** Die Biosynthese der Cellulose findet an der äußeren Oberfläche des Plasmalemmas statt. Mit Hilfe des Elektronenmikroskops entdeckte man dort Rosetten aus sechs Granula um einen mittelständigen Komplex (Abb. 8.10). Mit hoher Wahrscheinlickeit ist in ihm Saccharose-Synthase lokalisiert, die über Abbau von Saccharose Glucose anliefert, die dann in UDPG überführt wird. In den sechs Granula arbeiten **Cellulose-Synthasen**, die Glucose aus **UDPG** an einen Azeptor anfügen. Als **primärer Akzeptor** wird ein Sterol, zum Beispiel β-Sitosterol (Seite 160) diskutiert, das mit einem Glucose-Molekül verknüpft ist. Auf diese erste Glucose wird eine weitere Glucose nach der anderen übertragen (Transglucosidierung). Das β-Sitosterol wird später abgespalten. Die einzelnen Celluloseketten schließen sich unmittelbar nach ihrer Bildung zu Mikrofibrillen zusammen, die der äußeren Oberfläche des Plasmalemmas aufliegen. Die Cellulose-Synthase-Komplexe gleiten bei der Cellulose-Synthese an kortikalen Mikrotubuli entlang. Der Verlauf der Cellulose-Mikrofibrillen wird dadurch ausgerichtet (Seite 267).

▶ **Abbau.** Cellulose ist eine widerstandsfähige Substanz. Dennoch muss sie rasch abgebaut werden, weil sonst in kurzer Frist eine Celluloseschicht die gesamte Erdoberfläche bedecken würde. Der Abbau wird vor allem von Mikroorganismen durchgeführt. Mit Hilfe von **Cellulasen** zerlegen sie die Celluloseketten zu Cellobiose, die dann von **Cellobiasen** zu Glucose gespalten wird. In höheren Pflanzen sind Cellulasen selten. Sie kommen vor allem in Keimlingen vor und haben dort die Funktion, durch Abbau der Cellulose die Sprengung der Samenschale zu erleichtern.

Abb. 8. 10
Biosynthese der Cellulose. **a** Cellulose-Synthase-Komplexe in Aktion. Ein solcher Komplex besteht aus einer Rosette aus sechs Granula im Plasmalemma, die einen zentralen Komplex umgeben. Die sechs Granula (fünf sind sichtbar) bestehen aus Cellulose-Synthasen, die mit Hilfe von UDPG Celluloseketten bilden, die sich in Richtung der entstehenden Zellwand herausschieben. Sie bündeln sich auf der Oberfläche des Plasmalemmas zu Mikrofibrillen. Der mittlere Komplex enthält vermutlich auch eine Saccharose-Synthase, die Glucose für die Bildung von UDPG anliefert. G = Glucose; F = Fructose. **b** Rosetten aus Cellulose-Synthasen im Plasmalemma von *Spirogyra* (verändert nach KLEINIG und SITTE 1992).

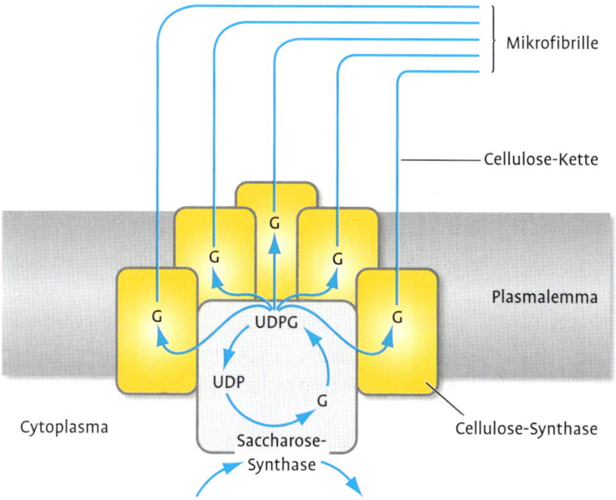

a

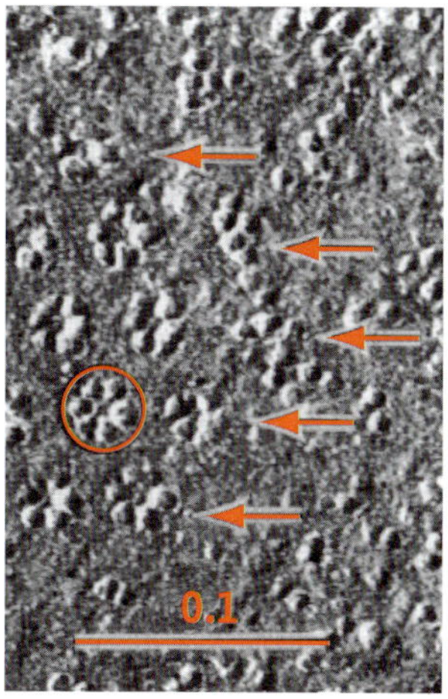

b

8.3.4 Kallose

Bei Kallose handelt es sich um (1→ 3) β-Glucane. Frühe Stadien der Pollenentwicklung einschließlich der Meiosis laufen innerhalb einer Kallose-Matrix ab (Seite 373). Hier ist die Verschlussfunktion der Kallose noch nicht absolut. Doch sonst gilt, dass es sich bei Kallose um einen Verschlussstoff handelt. Schon beim Wachstum der Pollenschläuche werden die lebenden Spitzen nach hinten zu durch Kallosepropfen abgeschlossen (Seite 377). Mit Kallose werden die Siebplatten am Ende der Vegetationsperiode abgedichtet. Auch bei der Selbstinkompatibilität (Seite 378) spielen Verschlüsse aus Kallose eine Rolle, ebenso bei der extremen Zellstreckung der Baumwollhaare (Seite 269). Weiterhin kann Kallose bei Verwundungen als Abschlussmaterial gebildet werden.

8.3.5 Hemicellulosen

Hemicellulosen sind Strukturelemente der Zellwand. Es handelt es sich um eine schlecht definierte Gruppe von polymeren Kohlenhydraten. Ihr Name geht darauf zurück, dass man früher annahm, es handele sich um Vorstufen in der Biosynthese von Cellulose, also um halb (gr. hemi) synthetisierte Cellulose. Das erwies sich jedoch als Irrtum.

Man kennt mehrere verschiedene Gruppen von Hemicellulosen. Gemeinsam ist ihnen, dass sie aus einer Kohlenhydrat-Hauptkette bestehen, an die kürzere Seitenketten aus Kohlenhydraten ansetzen. Am wichtigsten sind die **Xyloglucane** (Abb. 8.11), die in den Primärwänden aller Dikotyledonen und vieler (früherer) Monokotyledonen vorkommen. Ihre Hauptkette besteht aus (1 → 4) β-glykosidisch verbundener Glucose. An ihr sitzen in (1 → 6) α-Bindung einzelne Xylose-Moleküle als kurze Seitenketten. Längere Abzweigungen können außer Xylose noch daran angehängte Galactose, Fucose (eine Methylpentose) oder Glucuronsäure aufweisen. Xyloglucane fungieren in der Zellwand als „cross-linking glycans" (Seite 269). **Arabinogalactane** bestehen aus einer Hauptkette aus Galactose, an denen Seitenketten aus Arabinose (Abb. 8.1) ansetzen. Sie werden in Glykoproteinen wichtig (Seite 139).

8.3.6 Pektinstoffe

Ebenfalls sehr heterogen sind die Pektinstoffe. Kennzeichnend ist, dass sie leicht wasserlöslich sind und als Gele vorliegen können (gr. pektos = fest gefügt, geronnen). Auch in Zellsäften können sich Pektinstoffe finden. Bekannt ist ihr Vorkommen als Strukturelemente der Mittellamelle und der Primärwände.

Die wichtigste Gruppe von Pektinstoffen sind **Galacturonane.** Ihr Rückgrat wird von einer Kette aus (1→ 4) α-glykosidisch verbundenen Galacturonsäure-Einheiten (Abb. 8.1; 8.12) gebildet. Ein Teil der Carboxylgruppen kann Methylester bilden. Zu Beginn und am Ende der Hauptketten finden sich Rhamnose-Einheiten. Sie können die Verbindung mit anderen Hauptketten herstellen, aber auch kürzere Seitenketten aus anderen Kohlenhydraten tragen.

Bei den **Protopektinen** der Mittellamelle handelt es sich um unlösliche Pektinstoffe wechselnder Zusammensetzung. Bei ihnen treten noch freie Carboxylgruppen von Galacturonsäuren in benachbarten Hauptketten über Ca^{++} und Mg^{++} miteinander in Verbindung, sodass ein stabiles Maschenwerk resultiert (Abb. 8.12).

Abb. 8.11
Ein einfaches Xyloglucan (Strukturschema). Die Seitenketten bestehen hier nur aus der Pentose Xylose. Glu = Glucose, Xyl = Xylose.

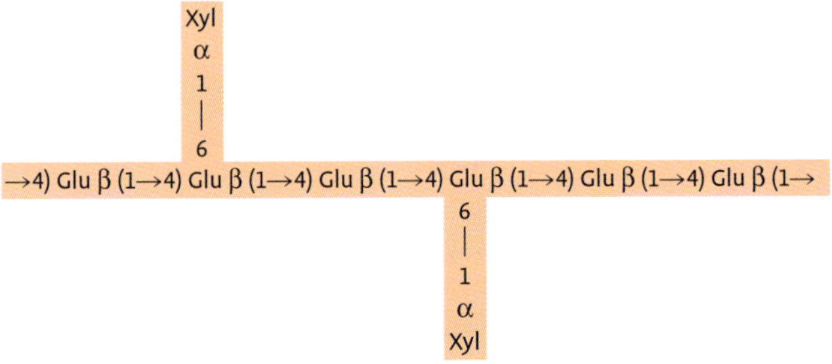

Abb. 8.12
Ausschnitt aus einem Galacturonan. Es besteht aus (1→ 4) α-glykosidisch hintereinander gereihten Galacturonsäure-Molekülen. Die Hydroxyle sind nur in der oberen Kette in den Galacturonsäuren ganz links und ganz rechts (reduzierendes Ende) eingezeichnet. Die Carboxylgruppen sind partiell methyliert. Unten ist eine zweite Kette angedeutet, die mit der oberen wie in den Protopektinen der Mittelamelle über eine Ca^{++}-Brücke zwischen Carboxylgruppen verbunden ist.

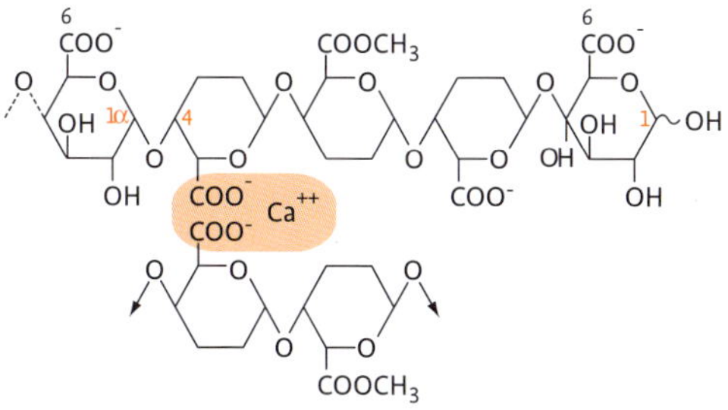

▶ **Gentechnik: Anti-Matsch-Tomate.** Bei der Reifung fleischiger Früchte spielen hydrolytische Enzyme eine ausschlaggebende Rolle. Mit am wichtigsten dabei sind **Galacturonasen.** Durch Abbau der Galacturonsäure-Ketten lassen sie das Fruchtfleisch weich werden. Damit sinkt die Konsistenz und Lagerungsfähigkeit. In Tomaten hatte man mit der Antisense-Technik (Seite 77) das Gen für Galacturonase funktionell blockiert. Die Früchte transgener Pflanzen wurden weniger leicht matschig. Sie können deshalb länger an der Pflanze ausreifen. Im Idealfall sollte ein verbesserter Geschmack die Folge sein. Auch die Lagerungsfähigkeit wird verbessert. Die Anti-Matsch-Tomate (Flavr-Savr-Tomate) war 1994 das erste Produkt transgener Pflanzen, das in den USA für den Handel freigegeben wurde. Zunächst wurde die Tomate selbst nicht mehr angeboten, weil sie den Erwartungen nicht entsprach. Doch da sie mehr Festsubstanz lieferte, waren Pasten der gv-Tomate noch bis 1999 in England im Handel. Sie machten dort sogar 60 % des Umsatzes aus, obwohl sie klar als GVOs charakterisiert waren. Erst 1999 wurden auch sie vom Markt genommen, weil die öffentliche Meinung nach Jahren unbekümmerten Verzehrs Gefahren zu entdecken glaubte (Seite 248 für anders hergestellte gv-Anti-Matsch-Tomaten).

8.3.7 Proteine und Glykoproteine der Zellwand

▶ **Proteine der Zellwand.** In der Zellwand findet sich eine Reihe von **Strukturproteinen**, die nach der jeweils vorherrschenden Aminosäure benannt werden. So kennt man Prolin-, Hydroxyprolin- oder Glycin-reiche Zellwandproteine. Ihre Funktion ist in der Diskussion.
Für eine andere Proteingruppe, die **Expansine** steht fest, dass sie am Säurewachstums der Zellwand entscheidend beteiligt ist (Seite 271).
▶ **Glykoproteine der Zellwand.** Bei Tieren machen Glykoproteine das Gesicht der Zelle aus. Eine ähnliche Funktion könnte bei Pflanzen den **Arabinogalactan-Proteinen** zukommen. Denn sie üben möglicherweise eine Signalwirkung bei Entwicklungsprozessen aus. Unter anderem scheinen sie Pollenschläuche beim Wachstum durch das Griffelgewbe zu leiten. Andere, als Lektine bezeichnete Glykoproteine und Proteine, könnten bei dem Eindringen von Rhizobien in Wurzelhaare beteiligt sein (Seite 348).

8.4 Endoplasmatisches Reticulum und Golgi-Apparat: Synthese- und Transportsystem

Beide Systeme stehen miteinander im Zusammenhang. Sie dienen nicht nur der Synthese, sondern auch dem Transport von Stoffen, die an oder in ihnen gebildet werden. Dazu gehören mit Ausnahme der Cellulose alle im Vorhergehenden besprochenen Makromoleküle der Zellwand.

8.4.1 Endoplasmatisches Reticulum

Der Zellkern ist von zwei Membranen umgeben. Die äußere von ihnen geht in ein System von Membranen über, das die gesamte Zelle durchzieht, das **Endoplasmatische Reticulum (ER)** (Abb. 8.13). Seine beiden Membranen schließen zwischen sich ein abgeflachtes Lumen ein. Dabei handelt es sich um ein leicht gängiges Transportsystem durch die Zelle hindurch. Oft sitzen auf der zum Cytosol orientierten Fläche des ER Ribosomen. Man spricht dann von einem **rauen ER** (rER; r = engl. rough, andernfalls vom einem **glatten ER** (sER; s = engl. smooth). An den betreffenden Ribosomen findet sich eine intensive Translation. Die an ihnen entstehenden Polypeptide wachsen durch die Membran in das Lumen des ER hinein, werden nach Fertigstellung von Ribosom und Membran abgelöst und können im ER abtransportiert werden (Seite 207). Das gilt besonders für die **Zellwandproteine.**

Am ER laufen noch weitere wichtige Synthesen ab. Auf der dem Cytosol zugewandten Außenfläche des sER werden Fettsäuren modifiziert und andere Lipide gebildet (Seite 148). Im Lumen des ER kann es zu Veränderungen der aus den Ribosomen des rER importierten Proteine kommen. So kann Prolin in Zellwandproteinen zu Hydroxyprolin oxidiert werden. Auch das Ansetzen der Kohlenhydratkomponente an Glykoproteine beginnt im ER.

8.4.2 Golgi-Apparat

In der Synthese- ebenso wie in der Transportfunktion wird das ER vom **Golgi-Appart** (Abb. 8.13) unterstützt. An bestimmten Stellen bildet das ER flache **Golgi-Zisternen,** die am Rand ausgefranst sind. Mehrere stapelartig übereinander liegende Golgi-Zisternen bilden ein **Dictyosom.** Eine Zelle kann ein Dictyosom oder auch mehrere von ihnen enthalten. Alle Dictyosomen der Zelle zusammengenommen, ganz gleich ob es sich um nur eines oder mehrere handelt, bilden den **Golgi-Apparat** der betreffenden Zelle.

- **Synthesefunktion.** Die Fertigstellung der **Glykoproteine** erfolgt erst im Golgi-Apparat. **Hemicellulosen** und **Pektinstoffe** werden in ihm komplett synthetisiert.
- **Transportfunktion.** Die Membranen des Golgi-Apparates unterliegen raschen Veränderun-

Abb. 8.13
Endoplasmatisches Reticulum (ER), Golgi-Apparat und Exocytose in die wachsende Zellwand. Vom ER, das das gesamte Cytoplasma durchzieht, ist nur ein Ausschnitt zu sehen. Es kann auf seinen zum Cytosol orientierten Membranflächen Ribosomen tragen (rER), ist zum Dictyosom hin jedoch immer ein sER. In der Abb. ist nur ein Dictyosom vorhanden, das also den Golgi-Apparat darstellt. Transitvesikel, Randvesikel und Sekretvesikel stellen die Verbindung vom sER über die Golgi-Zisternen bis zum Plasmalemma her und ermöglichen den Stofftransport. Dabei kommt es am Plasmalemma zu Exocytosen: Die Membran der Sekretvesikel wird ins Plasmalemma eingegliedert und der Inhalt dabei in den Bereich der Zellwand ausgeschüttet. äK = äußere Membran des Zellkerns; Ex = Exocytose (verändert nach RAVEN et al. 2000).

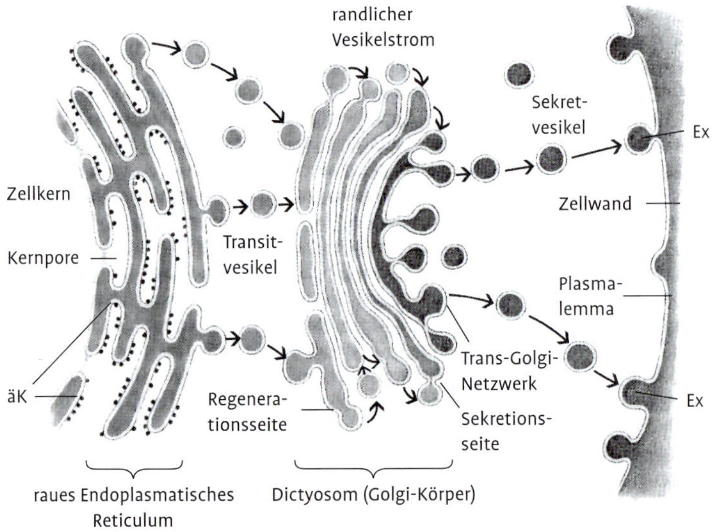

gen. **Vesikel** werden abgeschnürt, die von Zisterne zu Zisterne bis zum Zielort, meist dem Plasmalemma wandern können. Dort öffnen sie sich über **Exocytose:** ihre Membranen werden in das Plasmalemma eingegliedert und ihre Inhaltstoffe so in die wachsende Zellwand ausgeschüttet. **Das gilt für alle Makromoleküle der Zellwand, für Proteine, Glykoproteine, Hemicellulosen und Pektinstoffe. Eine Ausnahme macht die Cellulose** (Seite 136).

FRAGEN
(Seitenverweise zur Beantwortung)

- Zeichnen Sie die Ringformel der Glucose, der Fructose! (Seite 128)
- Wie bildet sich UDG? (Seite 129)
- Welche Kohlenhydrat-Transportmoleküle kennen Sie? (Seiten 130, 131)
- Aus welchen Intermediärsubstanzen des Calvin-Zyklus kann sich bei Belichtung im Cytosol ein Hexose-phosphat-Pool aufbauen? (Seite 132)
- Baut sich Stärke aus α- oder aus β-Glucose auf? (Seite 134)
- Nennen Sie Unterschiede zwischen Amylose und Amylopektin! (Seite 134)
- Welche wichtigen Enzyme der Stärke-Synthese kennen Sie? Geben Sie ihre Funktionsweise an! (Seiten 134, 135)
- Welche polymeren Strukturelemente der Zellwand sind Ihnen bekannt? (Seiten 135–139)
- Wo in der Zelle wird Cellulose synthetisiert? (Seite 137)
- Schildern Sie die Struktur eines einfachen Xyloglucans! (Seite 138)
- Was verstehen Sie unter einem rauen Endoplasmatischen Reticulum? (Seite 140)
- Welche polymeren Strukturelemente der Zellwand werden im ER und im Golgi-Apparat gebildet? (Seiten 140, 141)

9 Glycerolipide

INHALT

Die Struktur von Triacylglycerinen (Neutralfette), Phospho- und Glykolipiden wird beschrieben. Die erste Gruppe wird als **Speicherfett in bestimmten Organen und Lebensphasen** verwendet, die beiden anderen Gruppen sind in **allen Lebensphasen** als Strukturelemente von Membranen wichtig. Die Variable in den genannten Gruppen sind die Fettsäuren, deren Biosynthese und Abbau genauer behandelt werden. Für den Aufbau der drei Primärfettsäuren, Palmitin-, Stearin- und Ölsäure wird viel NADPH + H^+ benötigt. Sie werden in Plastiden gebildet, in denen insbesondere bei laufender Photosynthese reichlich NADPH + H^+ anfällt. Von der Biosynthese dieser drei Fettsäuren abgesehen, findet sich bei Glycerolipiden eine besonders ausgeprägte intrazelluläre Kompartimentierung. Schon die Überführung der Primärfettsäuren (unter anderem Kettenverlängerung, Oxidationen, zusätzliche Desaturierungen) in weitere Fettsäuren findet in der äußeren Membran des ER statt. Bei der Biosynthese der Glycerolipide findet sich ein „Eukaryonten-Weg“ im ER und ein „Prokaryonten-Weg“ in den Chloroplasten. Für Triacylglycerine ist bei vielen Angiospermen der ER-Weg realisiert.
Für das intensive Wachstum **in der unselbständigen vegetativen Phase** sind die Pflanzen auf Reservestoffe angewiesen. Benötigt werden auch Kohlenhydrate. In fettspeichernden Samen findet sich dementsprechend ein Weg, Fettsäuren in Glucose zu überführen. Sein Kernstück ist der Glyoxylat-Zyklus.

Als Lipide bezeichnet man Substanzen, die in organischen Mitteln löslich, in Wasser unlöslich sind. Die „weiche" Definition umfasst sehr unterschiedliche Substanzen, zum Beispiel auch die Terpenoide. Hier werden vor allem die Glyerolipide besprochen, das sind **Lipide**, die als Strukturkomponente **Glycerin** enthalten. Der chemischen Konstitution nach handelt es sich um Ester oder Glykoside des dreiwertigen Alkohols Glycerin. Die Glycerolipide dienen als Reservestoffe oder Membranbausteine.

DEFINITION
Glycerolipide sind Lipide, in denen die Hydroxyle des dreiwertigen Alkohols Glycerin mit Fettsäuren verestert oder mit Zuckern bzw. Phosphat besetzt sind, die weitere Komponenten tragen können.

9.1 Chemische Konstitution der Glycerolipide

Folgende Gruppen lassen sich unterscheiden:

9.1.1 Triacylglycerine (Triacylglyceride, Neutralfette)

In ihnen sind alle drei Hydroxylgruppen des Glycerins mit Fettsäuren verestert (Abb. 9.1). Auf die Fettsäurenreste bezieht sich der Namensteil -acyl. Oft handelt es sich dabei um voneinander verschiedene Fettsäuren. Die resultierenden Triacylglycerine sind als **Neutralfette** bekannt. **Neutral** sind sie insofern, als sie nicht-polar, neutral gebaut sind. Sie dienen als **Speicherlipide**. Neutrale Lipide sind auch die **Wachse**, soweit sie aus Estern aufgebaut sind.
Fettsäuren. Bei den Fettsäuren, die in den genannten Lipiden vorkommen, handelt es sich um kettenartige Moleküle, die eine durch zwei teilbare Anzahl von C-Atomen aufweisen. Schon das lässt zu Recht vermuten, dass sie aus C2-Einheiten synthetisiert werden.
In den Neutralfetten der Pflanzen dominieren an **gesättigten Fettsäuren** die **Palmitin**- und **Stearinsäure**, an **ungesättigten** die **Öl-**, **Linol**- und **Linolensäure** (Abb. 9.2). Die beiden letztgenannten können von Säugetieren einschließlich des Menschen nicht gebildet werden und sind damit für die genannten Organismen **essentiell.** Ein hoher Anteil an ungesättigten Fettsäuren lässt die Triacylglycerine flüssig, also zu „fetten" **Ölen** werden.

BOX 9.1

Terminologie der Fettsäuren

Die Durchzählung der C-Atome kann mit Zahlen oder mit griechischen Buchstaben erfolgen. Bei Verwendung von Zahlen stellt die Carboxylgruppe das **erste** C-Atom, bei Verwendung von Buchstaben ist jedoch das α-Atom das **zweite** C-Atom. Reihen von Zahlen und von Buchstaben verlaufen also um eine Position versetzt.
Um eine Fettsäure zu charakterisieren, gibt man ihre C-Zahl und die Zahl und Lage der Doppelbindungen an. Ein hochgestelltes Δ steht für Doppelbindung, die Zahlen hinter ihm geben jeweils das erste C der Doppelbindung(en) an. Stearinsäure ohne Doppelbindung lässt sich durch 18:0 symbolisieren, Ölsäure mit einer Doppelbindung als $18{:}1^{\Delta 9}$.
Bei den häufigen ungesättigten Fettsäuren liegt die erste Doppelbindung zwischen C9 und C10. Weitere Doppelbindungen folgen dann **nicht-konjugiert**, das heißt zwischen sich folgenden Doppelbindungen steht jeweils -CH2-. Ölsäure ist demnach $18{:}1^{\Delta\,9}$, Linolsäure $18{:}2^{\Delta\,9,12}$, Linolensäure $18{:}3^{\Delta\,9,12,15}$.

HINWEIS
Nach dem ersten Buchstaben kommt im Alphabet zuerst die Palmitin-, dann die Stearinsäure. Auch in der **C-Zahl** kommt die Palmitinsäure mit 16 C vor der Stearinsäure mit 18 C.

Damit sind jedoch nur die mit Abstand wichtigsten aus einer Vielzahl pflanzlicher Fettsäuren genannt. Man kennt über 200 verschiedene Fettsäuren, von denen allerdings nur wenige in Speicherfetten wichtig werden. In der Regel haben sie ökologische Funktionen, zum Beispiel als Abwehrstoffe. Von etwas selteneren Fettsäuren seien genannt:

- **Laurinsäure** 12:0, die für Neutralfette aus Lorbeergewächsen (*Lauraceae)* und Palmen (*Arecaceae*) charakteristisch ist. Fette aus Palmen werden zur Produktion von Speisefetten, aber auch von Detergentien verwendet.
- **Ricinolsäure** 12-OH-18:$1^{\Delta 9}$ aus dem Öl von Ricinus (*R. communis*) wird bei der Herstellung von Nylon eingesetzt. Für einen Pflanzenstoff überraschenderweise wird sie auch in Schmiermitteln hochtourig laufender Motoren, zum Beispiel von Jets verwendet.
- **Erucasäure** 22:$1^{\Delta 13}$ im Rapsöl (Seite 151) ist in Nahrungsmitteln unerwünscht, weil sie zumindest bei Laborratten Schäden an der Herzmuskulatur hervorrufen kann, wird aber andererseits von der Industrie zur Herstellung von zum Beispiel Plastik genutzt.

▶ **Speicherung von Triacylglycerinen.** Im Cytosol von Speicherzellen erfolgt sie in **Oleosomen.** Dabei handelt es sich um Akkumulationen aus Triacylglycerinen, die von einer einfachen Schicht aus Phospholipiden (→ unten) mit assoziierten Proteinen (Oleosinen) umgeben sind. Sie werden also von einer „halben Elementarmembran“ vom wässerigen Cytosol abgegrenzt.

Abb. 9.1
Glycero- und Sphingolipide. Die hydrophoben Fettsäurenketten R und der ebenfalls hydrophobe Arm des Sphingosins wurden grau unterlegt. Die Triacylglycerine sind unpolar = neutral, die anderen Gruppen weisen eine polare und eine unpolare Komponente auf.

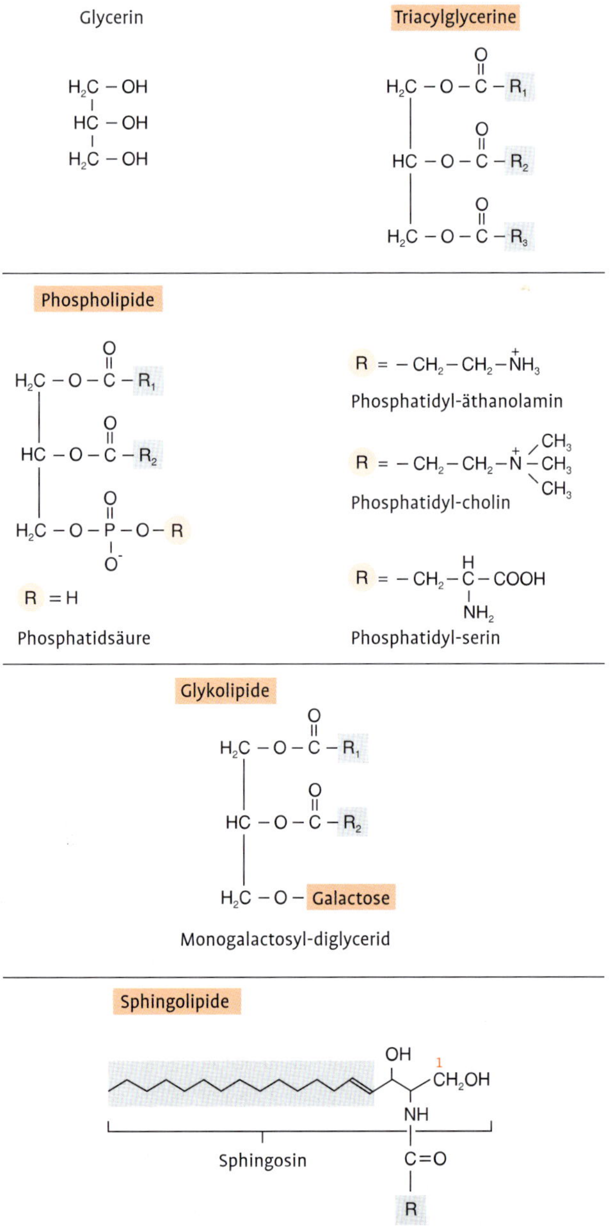

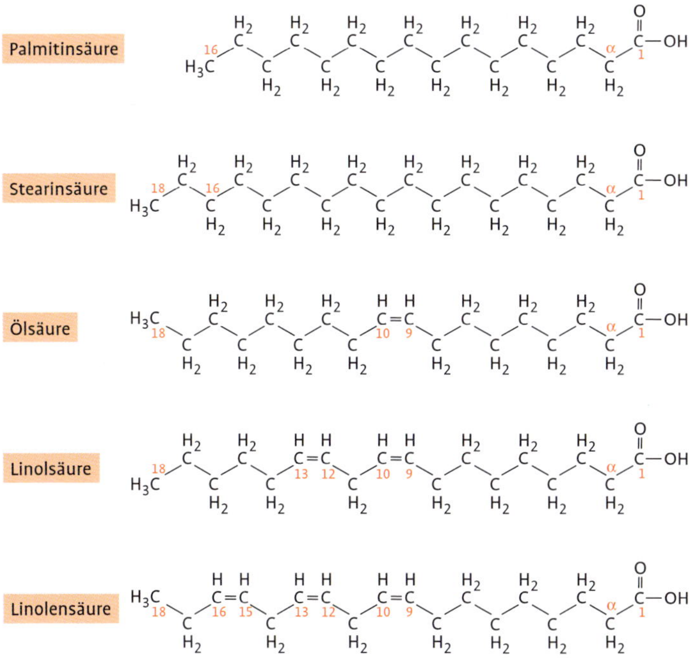

Abb. 9.2
Die wichtigsten Fettsäuren.

9.1.2 Phospho- und Glykolipide

Bei beiden handelt es sich um **Membranlipide,** bei denen nur zwei Hydroxyle des Glycerins mit Fettsäuren verestert sind. Trägt das dritte Hydroxyl einen Phosphatrest, handelt es sich um **Phospholipide,** trägt es einen Zucker um **Glykolipide.** Beide Gruppen sind **amphipatisch**, weisen also sowohl hydrophoben als auch hydrophilen Charakter auf. Denn die langen aliphatischen Ketten sind ausgesprochen hydrophob, der Phosphatbaustein mit den anhängenden Verbindungen bzw. die in gleicher Position befindlichen Zucker sind hydrophil. Der polare Bau trägt wesentlich dazu bei, dass die genannten Substanzen als Membranbausteine Verwendung finden können (Seite 94).

▶ **Phospholipide**. Bei Phosphatidsäuren bleibt der Phosphatrest unverändert. Sie sind die einfachsten Phosphoglyceride. Fügt man in den Phosphatrest Aminoalkohole wie Ethanolamin, Cholin oder Serin ein, resultieren die Phospholipide Phosphatidyl-Ethanolamin, das auch vom Humanbereich bekannte Phosphatidyl-Cholin (Lecithin) und Phosphatidyl-Serin, alles typische Membranbausteine (Abb. 9.1).

▶ **Sphingolipide.** Die Gruppe zeigt einen anderen Bau als die bisher besprochenen Glycerolipide, soll aber hier angeschlossen werden. Denn Sphingolipide sind im Plasmalemma häufig. Der Grundkörper ist anstelle des Glycerins das **Sphingosin**, ein 18 C langer, einfach ungesättigter Aminoalkohol mit zwei Hydroxylgruppen. Er selbst ist seltener. Doch liegt er häufig als Säureamid mit einer ebenfalls langkettigen Fettsäure vor und kann außerdem an einer seiner Hydroxylgruppen Phosphat tragen (Abb. 9.1).

9.2 Die Biosynthese der Glycerolipide

Fettsäuren sind integrale Komponenten der Glycerolipide. Die Besprechung ihrer Biosynthese muss deshalb im Vordergrund der Besprechung stehen.

9.2.1 Die Biosynthese der Fettsäuren

Ausgangsstoffe für die Biosynthese der Fettsäuren sind Acetyl-CoA und Malonyl-CoA. An ein Startermolekül Acetyl-CoA wird eine Einheit Malonyl-CoA nach der anderen unter Decarboxylierung addiert. Malonat führt drei C-Atome. Bei seiner Decarboxylierung entsteht ein 2-C-Körper. Im Endeffekt wird also bei der Biosynthese der Fettsäuren eine 2-C-Einheit an die andere gereiht, wie wir das schon aus der Konstitution der Fettsäuren abgeleitet hatten.

Man unterscheidet zwischen der **Neusynthese von Fettsäuren** und zusätzlichen **Modifikationen.** Die **Neusynthese** findet im Stroma von Proplastiden und mehr noch von Chloroplasten statt. Über sie entstehen Palmitinsäure, Stearinsäure und vielfach auch Ölsäure, die Primärfettsäuren. Der hohe Bedarf an NADPH + H^+ bei der Neusynthese wird in Chloroplasten aus der Photosynthese, sonst über den oxidativen Pentosephosphat-Zyklus gedeckt. Die Kopplung an Chloroplasten wird sinnvoll, weil dabei über die Primärprozesse reichlich angeliefertes NADPH + H^+ abgezweigt werden kann.

Die **Modifikationen** (→ unten) finden in den an das Cytosol angrenzenden Membranen des ER statt.

▶ **Die Neusynthese von Fettsäuren** (Abb. 9.3) beginnt mit der **Bildung von Malonly-CoA**: an einem Multienzymkomplex wird Acetyl-CoA zu Malonyl-CoA carboxyliert. Die weiteren Schritte laufen an einem anderen Multienzymkomplex ab, an der **Fettsäuren-Synthase.** Sie enthält alle erforderlichen Teilenzyme und außerdem noch eine weitere Proteinkomponente, die keinen Enzymcharakter besitzt. Dieses Protein weist einen Seitenarm aus Pantethein auf, das über eine Phosphatgruppe mit einem Serin in der Polypeptidkette

Abb. 9.3
Die Neusynthese von Fettsäuren. **C** Carboxylierung von Acetyl-CoA zu Malonyl-CoA. **1** Kondensation unter Decaboxylierung des Maloinylrests. **2** erste Hydrierung. **3** Dehydratisierung (Wasserentzug). **4** zweite Hydrierung. Die Strichelung am Ende der ersten Runde deutet weitere entsprechende Runden an, die anstatt mit Acetyl-ACP jeweils mit einem um zwei C längeren Acyl-ACP beginnen. Unten der Pantethein-Arm des ACP.

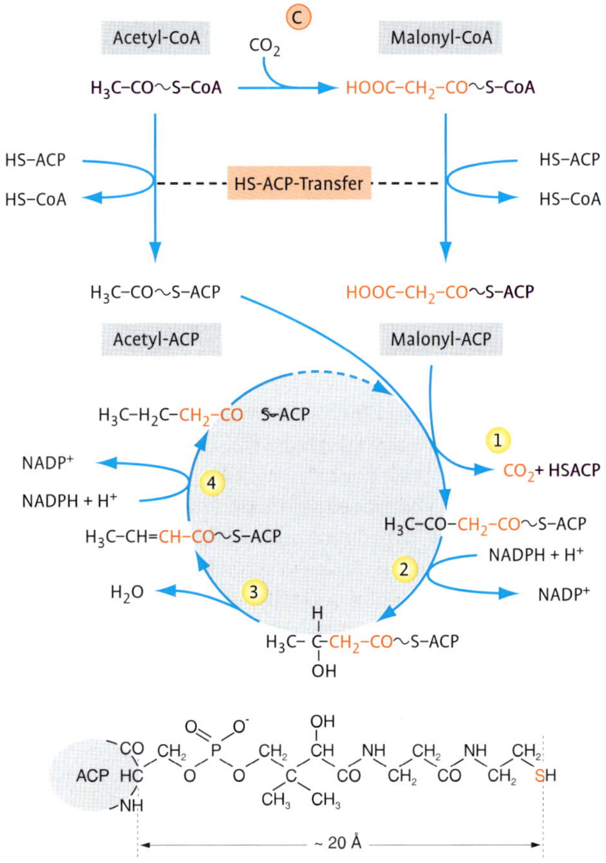

Abb. 9.4
Die Biosynthese der Glycerolipide und ihre Kompartimentierung; Modifikation der Primärfettsäuren. Von der Erucasäure abgesehen wurde bei den Fettsäuren nur die Zahl, nicht die Lokalisation der Doppelbindungen angegeben. Die Glykolipide der Chloroplasten (nicht eingezeichnet) lassen sich an Phosphatidsäuren und Phosphatidyl-Cholin anschließen. 1 = ACP-Thioesterasen; 2 = Elongasen, 3 = Desaturasen.

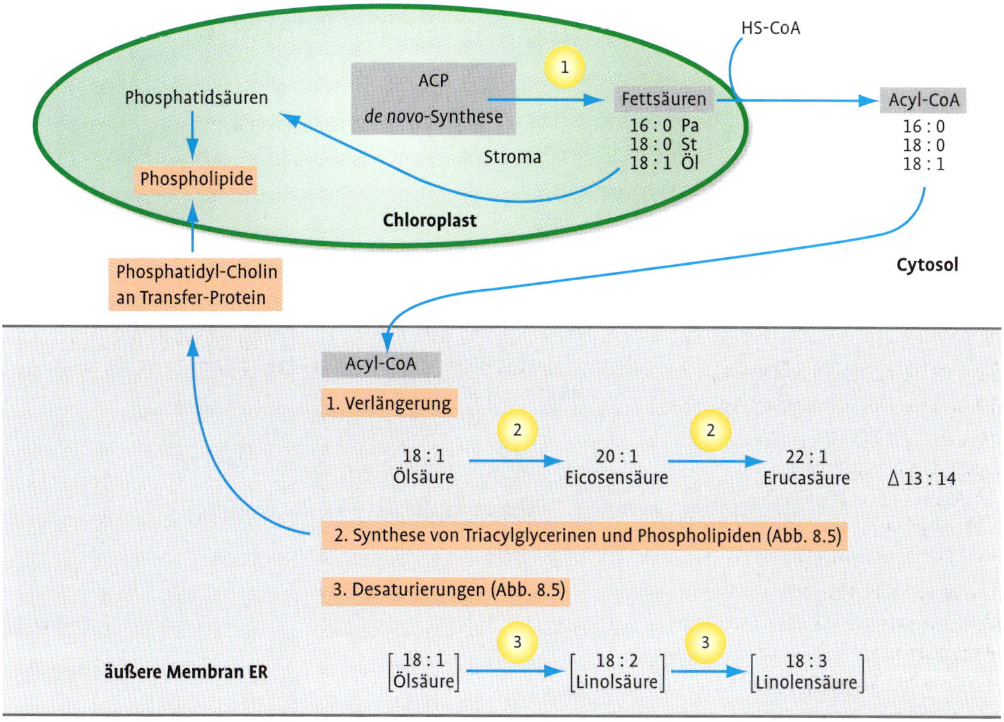

verbunden ist (Abb. 9.3). An die HS-Gruppe des Pantetheins werden Acylreste gebunden, daher sein Name **Acyl-carrier-Protein (ACP).** Bei der Fettsäurensynthese handelt es sich dabei zunächst um einen Malonyl- und einen Acetylrest, die von Coenzym A übernommen werden. Der Austausch geht leicht vonstatten, weil beide, Coenzym A (Abb. c.cc) und ACP (Abb. 9.3), einen Pantethein-Arm tragen, dessen HS-Gruppe die Acylreste trägt. Die Acylreste der wachsenden Fettsäure bleiben auch weiterhin im Verbund des ACP.

Nach Bindung des Acetyl- und des Malonylrests an ACP kommt es zu einer Übertragung des Acetylrestes auf das mittlere C des Malonylrestes. Der Malonlyrest wird dabei decarboxyliert. Diese **Kondensation** ist irreversibel. Nur für sie wird ein **Acetylrest als Starter** benötigt. Ihr Produkt ist Aceto-acetyl-ACP, das nacheinander einer **ersten Hydrierung**, einer **Dehydratation** und einer **zweiten Hydrierung** unterliegt. Für die beiden Hydrierungen wird NADP+H^+ eingesetzt. Was resultiert, ist ein aus 4 C-Atomen aufgebauter Fettsäurenrest, der nach wie vor an ACP gebunden ist. Wie in der ersten Runde die Acetylgruppe, so wird jetzt dieser **4-C-Acylrest auf Malonyl-ACP unter Decarboxycylierung** der Malonyl-Komponente übertragen. Dann wiederholen sich die geschilderten Reaktionen so oft, bis eine Kette aus 16 C (Palmitinsäure) oder 18 C (Stearinsäure) gebildet wurde. **ACP-Thioesterasen** (lösen hydrolytisch Thiosterbindungen) setzen die beiden Fettsäuren vom ACP und damit der Fettsäuren-Synthase frei. Die betreffenden ACP-Thioesterasen sind spezifisch auf bestimmte Kettenlän-

Abb. 9.5
Die Biosynthese der Triacylglycine und Phospholipide, sowie Desaturierungen von Öl- über Linol- zu Linolensäure-Resten auf dem Eukaryonten-Weg im ER (vereinfachtes Schema). Bei der Synthese werden die aus den Chloroplasten über das Cytosol importierten Acyl-CoA-Verbindungen verwendet. Sie findet in der äußeren Membran des ER statt. Phosphatidyl-Cholin wurde mit zwei Ölsäure-Resten (2 × 18:1) angenommen, um die Desaturierungen (D) zu Linol- (2 × 18:2) und Linolensäure-Resten (2 × 18:3) einbringen zu können. Aus den Phopshatidyl-Cholinen lassen sich die Linol- und Linolensäure-Reste durch Austausch gegen andere Acylgruppen als Säuren freisetzen. Zur Kompar-timentierung vgl. Abb. 9.4.

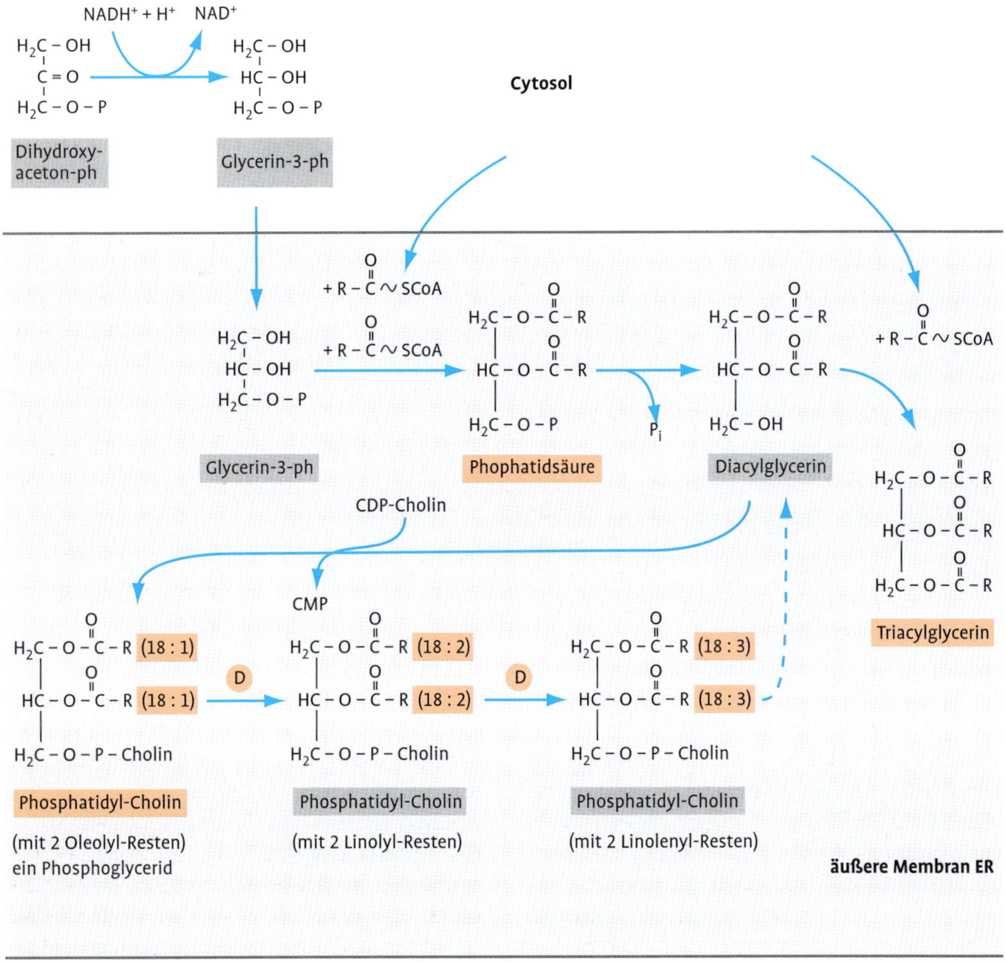

gen eingestellt. Die eine setzt schon Laurinsäure frei, eine andere erst Stearinsäure. **Ölsäure** bildet sich dadurch, dass Stearinsäure durch eine spezielle lösliche Desaturase noch vor der Freisetzung zwischen C9 und C10 dehydriert wird.

▶ **Modifikationen der Primärfettsäuren.** Ein Teil der in Plastiden gebildeten Primärfettsäuren wird als CoA-Ester zu den **cytoplasmaseitigen Membranen des ER** transportiert und dort modifiziert. Zu den Veränderungen gehören vor allem Desaturierungen, Hydroxylierungen und Kettenverlängerungen (Abb. 9.4).

- **Kettenverlängerung.** In Pflanzen finden sich vielfach, etwa in den Wachsen, Fettsäuren mit Kettenlängen, die weit über 16 oder 18 C hinausgehen. Die erforderliche Verlängerung erfolgt über membrangebundene **Elongasen.** Sie fügen an die als CoA-Ester angelieferten C-Ketten Malonyl-CoA unter Decarboxylierung an, verlängern also jeweils um 2C. Das ist auch bei der Synthese der **Erucasäure** mit 22 C der Fall. Aus Ölsäure entsteht über Anlagerung von zwei C2-Einheiten an die jeweilige Carboxylgruppe Erucasäure. Die Doppelbindung verschiebt sich dabei von 9:10 in der Ölsäure zu 13:14 in der Erucasäure.

- **Desaturierungen** erfolgen über membrangebundene Desaturasen an Ölsäure, die sich als Acyl-Rest in Phosphatidylcholin (Abb. 9.5) befindet. Nach einer ersten Desaturierung erhält man den Linolsäure-Rest, nach einer zweiten den Linolensäure-Rest. Beide sind zunächst noch im Verbund des Phosphatidyl-Cholins, können aber gegen andere Acylreste ausgetauscht und so freigesetzt werden.

9.2.2 Die Biosynthese von Glycerolipiden

Bei der Biosynthese der Gylcerolipide findet sich ein Eukaryonten-Weg in Membranen des ER und ein Prokaryonten-Weg in den Chloroplasten. Beide sind die miteinander vernetzt. Aus dem komplexen Geschehen können hier nur Ausschnitte in Kurzfassung wiedergegeben werden. Für Triacylglycerine und ein wichtiges Phospholipid, das Phosphatidyl-Cholin wird dabei der ER-Weg skizziert, der in vielen Angiospermen realisiert ist.

▶ **Triacylglycerine.** Ihre Synthese auf dem ER-Weg läuft vor allem auf der Cytosol-Seite von ER-Membranen ab (Abb. 9.5). Dihydroxyaceton wird im Cytosol zu Glycerin-3-phosphat hydriert, das in die Membran gelangt. Dort werden seine beiden freien Hydroxyle mit aus den Chloroplasten angelieferten Acyl-Gruppen unter Bildung von **Phosphatidsäuren** besetzt. Die betreffenden Acyltransferasen arbeiten teilweise selektiv. Besonders auf das zweite Hydroxyl übertragen sie artspezifisch oft nur ganz bestimmte Acylreste. Durch Abspalten von Phosphat bildet sich **Diacylglycerin.** Seine freigewordene Hydroxylgruppe wird ebenfalls mit einem Fettsäurenrest besetzt. Damit ist ein **Triacylglycerin** entstanden. Alternativ kann auch Phosphatidyl-Cholin in Triacylglyerine übergehen.

▶ **Phospholipide.** Auf dem ER-Weg (Abb. 9.5) bilden sie sich ebenfalls in ER-Membranen über Phosphatid-säuren und Diacylglycerin, das bei der Biosynthese des Phosphatidyl-Cholins über CDP aktiviert wird. CDP leitet sich dabei von CTP ab. Unter Freisetzung von CMP bildet sich Phosphatidyl-Cholin. Im Verbund des Phosphatidyl-Cholins können Oleolyl-Reste zu Linolyl- und weiter zu Linolenyl-Resten desaturiert werden. Im Austausch gegen andere Acylgruppen können daraus Limol- und Linolensäure freigesetzt werden.

▶ **Glykolipide.** Sie sind typische Bestandteile von Chloroplastenmembranen und werden **in Chloroplasten gebildet.** Dort entstehen ebenfalls Phosphatidsäuren unter Verwendung eines anderen Teils der in den Chloroplasten gebildeten Fettsäuren. Die Phosphatgruppe der Phosphatidsäuren kann dann gegen zum Beispiel Zucker ausgetauscht werden. Doch ein Teil der Glykolipide geht auf Phosphatidyl-Cholin zurück, das von speziellen Transferproteinen aus dem ER in die Chloroplasten übertragen wird (Abb. 9.4).

9.3 Mobilisierung der Speicherfette, β-Oxidation der Fettsäuren und Glyoxylat-Zyklus

Bei der Mobilisierung der Speicherfette werden die Oleosomen in den Fettspeicherzellen aufgelöst. Ihre Triacylglycerine werden durch Lipasen, hydrolytisch arbeitende Enzyme aus der Gruppe der Esterasen, in Glycerin und Fettsäuren zerlegt. Glycerin findet vielfältig Verwendung, so auch bei der Gluconeogenese (Seite 151). Die Fettsäuren werden über β-Oxidation zu Acetyl-CoA abgebaut, einem zentralen Intermediärprodukt bei der Synthese verschiedener Pflanzenstoffe. Fettsäuren können aber auch in den Glyoxylatzyklus und danach ebenfalls in die Gluconeogenese eingespeist werden.

9.3.1 β-Oxidation der Fettsäuren

Die **β-Oxidation in den Speicherzellen** läuft in den **Glyoxysomen** ab, kleinen, von einer einfachen Membran umgebenen Organellen, die mit den Peroxisomen (Seite 114) verwandt sind. Sie finden sich in fettspeichernden Zellen. Glyoxysomen enthalten wie die Peroxisomen Katalase, vor allem aber die gesamte Enzymausstattung für Aktivierung und β-Oxidation der Fettsäuren und außerdem diejenige für den Gyloxylat-Zyklus, der ebenfalls in ihnen abläuft. In Laubblättern, zum Beispiel im Herbst vor dem Laubfall, wird die β-Oxidation in Peroxisomen durchgeführt.

Die bei der Hydrolyse der Fette anfallenden Fettsäuren werden zunächst unter Verbrauch von ATP in ihre CoA-Ester überführt (Abb. 9.6). Sie sind damit aktiviert. Daraufhin wird zwischen dem α- und dem β-C-Atom dehydriert. Wasserstoffakzeptor ist FAD. Das gebildete $FADH_2$ wird oxidiert. Dabei entsteht H_2O_2, das durch die Katalase beseitigt wird, ein wichtiger Unterschied zur Atmungskette in den Mitochondrien, in denen $FADH_2$ zur ATP-Bildung beiträgt. Es folgt eine Wasseranlagerung an die zunächst entstandene Doppelbindung. Nach einer zweiten Dehydrierung, bei der NAD^+ als Wasserstoffakzeptor dient, kommt es mit Hilfe von HS-CoA zur irreversiblen **thiolytischen Spaltung**. Dabei wird der Fettsäurerest um 2 C verkürzt und in seinen CoA-Thioester überführt. Die 2 C werden als Acetyl-CoA freigesetzt.

HINWEIS

Bei der Wasseranlagerung an die Doppelbindung erhält das **β-C-Atom eine Sauerstoff-Funktion – daher die Bezeichnung β-Oxidation**.

Der Fettsäurerest kann noch mehrmals dem gleichen Abbauzyklus unterworfen werden. War ursprünglich eine Fettsäure mit gerader C-Zahl, wie sie in den Neutralfetten der Pflanzen vorliegen, eingebracht worden, so geht der Abbau bis zum letzten Molekül Acetyl-CoA weiter. Das Acetyl-CoA kann dann im Citrat-Zyklus abgebaut, aber auch zu Synthesen verwendet werden.

9.3.2 Glyoxylat-Zyklus und Gluconeogenese

Keimlinge benötigen für ihre Entwicklung auch Kohlenhydrate. Man denke nur an die neu zu bildenden Zellwände! Falls die Samen überwiegend Fette und kaum Kohlenhydrate speichern, könnte das zu Schwierigkeiten führen. Doch verfügen gerade die fettspeichernden Pflanzen passenderweise über die Möglichkeit, Fette und besonders auch Fettsäuren in Glucose zu überführen.

▶ **Glyoxylat-Zyklus.** Der Glyoxylat-Zyklus ist die erste Etappe dazu (Abb. 9.7). In Glyoxysomen werden Fettsäuren wie geschildert aktiviert und

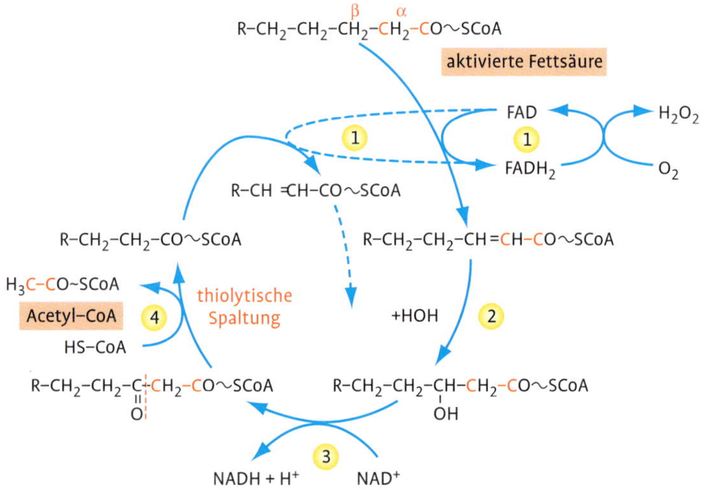

Abb. 9.6 Die β-Oxidation der Fettsäuren. Die erste Abbaurunde wurde wiedergegeben, die Strichelung an ihrem Ende deutet weitere entsprechende Abbaurunden an. **1** erste Dehydrierung, das dabei gebildete $FADH_2$ reagiert mit O_2 unter Bildung von H_2O_2, das durch Katalase beseitigt wird. **2** Hydratation (Wasseranlagerung an die Doppelbindung). **3** zweite Dehydierung. **4** thiolytische Spaltung.

in der β-Oxidation zu Acetyl-CoA abgebaut. Mit ihm beginnt der Glyoxylat-Zyklus. Zuerst wird wie im Citrat-Zyklus Acetyl-CoA mit Oxalacetat zu Citrat kondensiert und dieses in Isocitrat überführt. Abweichend vom Citrat-Zyklus kommt es dann zu einer Spaltung des Isocitrates in Glyoxylat und Succinat. Das hier tätige **erste Schlüsselenzym des Gyloxylatzyklus ist die Isocitrat-Lyase**. Das Glyoxylat wird von dem **zweiten Schlüsselenzym, der Malat-Synthase**, mit ebenfalls aus der β-Oxidation von Fettsäuren stammendem Acetyl-CoA zu Malat zusammengeschlossen. Das Malat geht dann wieder wie im Citrat-Zyklus bekannt in Oxalacetat über, das mit neuem Acetyl-CoA kondensieren kann und so den Zyklus weiter unterhält.

Abb. 9.7
Die Bildung von Glucose aus Fettsäuren. Die Etappen sind die ß-Oxidation der Fettsäuren zu Acetyl-CoA in Glyoxysomen, der Glyoxylat-Zyklus in Glyoxysomen, die Überführung des über ihn angelieferten Succinats in Oxalacetat in Mitochondrien, die Umwandlung von Oxalacetat zu PEP (Phosphoenolpyruvat) im Cytosol und die Gluconeogenese von PEP zu Glucose ebenfalls im Cytosol. In Kreisen die Schlüsselenzyme des Glyoxylat-Zyklus: **1** Isocitrat-Lyase; **2** Malat-Synthase.

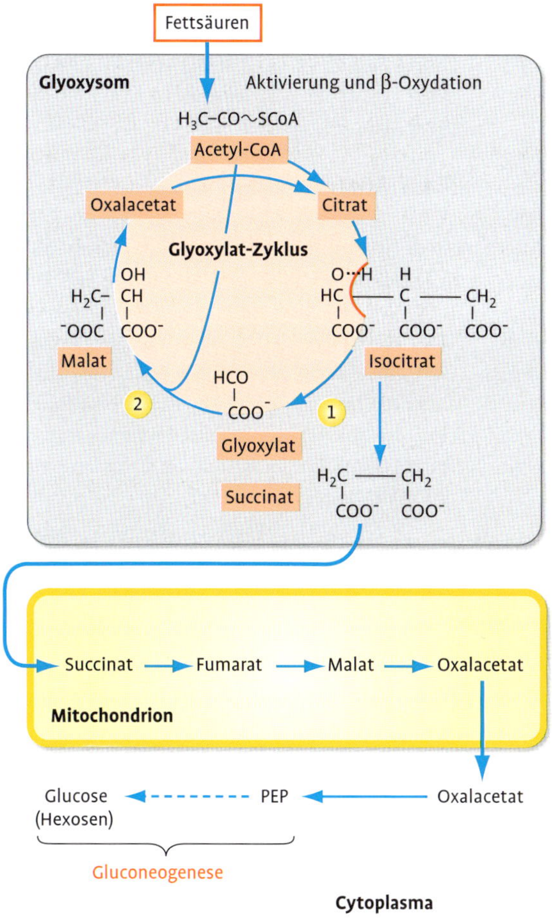

▶ **Gluconeogenese und der Weg dahin.** Noch sind wir nicht bei den Kohlenhydraten. Deshalb zurück zum Succinat (Abb. 9.7). Es geht in Mitochondrien über. Dort wird es über Fumarat zu Malat und schließlich Oxalacetat umgesetzt – so wie wir es vom Citrat-Zyklus her kennen. Oxalacetat wird dann im Cytosol decarboxyliert und gleichzeitig unter ATP-Verbrauch aktiviert: aus Oxalacetat wird PEP gebildet. Soweit der Weg bis zum Beginn der Gluconeogenese. Denn PEP kann in Umkehrung der Glykolyse unter ATP-Verbrauch in Glucose rückgeführt werden. Nur diese letzte Reaktionsfolge nennt man Gluconeogenese. Die Erklärung ist, dass der Begriff bei tierischen Organismen schon für die Umkehrung der Glykolyse eingeführt worden war, bevor die weitergehenden Daten aus Pflanzen bekannt waren.

9.4 Gentechnik und Rapsöle

Die drei wichtigsten Lieferanten von Pflanzenfetten bzw. -ölen sind Sojabohne (*Glycine max*), Palmen wie vor allem die Ölpalmen (*Elaeis spec.*), aber auch die Kokosnuss (*Cocos nucifera*) und der Raps (*Brassica napus napus*). Soja und Raps sind leicht zu transformieren. Dementsprechend liegen zahlreiche Daten zur gentechnischen Bearbeitung beider Arten vor. Hier kann nur auf Raps eingegangen werden. Wie Pflanzenöle generell wird auch Rapsöl teils zur Ernährung, teils in der Industrie eingesetzt. Die gentechnische Bearbeitung richtet sich danach.

9.4.1 Erucasäure

Je nach der Zielsetzung möchte man den Anteil an Erucasäure (Seite 144) im Rapsöl erhöhen oder senken. Schon die konventionelle Züchtung erreichte Rapslinien mit bis zu 56 % Erucasäure. Dabei konnte nur die erste und die dritte Acylgruppe im Triacylglycerin von Erucasäure gestellt werden; die zweite war immer mit einer anderen Fettsäure besetzt. Umgekehrt konnte man auch Rapsöl mit wenig Erucasäue und wenig ebenfalls für die menschliche Ernährung ungeeigneten Glucosinolaten (Seite 343) züchten. Auch über Smart Breeding (Seite 133) kam man zu Vistive-Soja mit wenig Erucasäure.
Eine entscheidende Sperre für die **Steigerung des Gehalts an Erucasäure** liegt bei der Acylierung des zweiten Hydroxyls im Glycerin. Die rapseigenen Acyltransferasen sind nicht imstande, Erucasäure in dieser Position einzubauen und so **Trierucin** zu bilden, wie man das Triacylglycerin mit Erucasäure in allen drei Hydroxylen nennt. Um Abhilfe zu schaffen, übertrug man ein Gen für eine entsprechende Erucasäure-Transferase aus *Limnanthes douglasii* (Limnanthaceae) in Raps. Transgener Raps bildete Trierucin, ein erster Erfolg.

9.4.2 Ölsäure

Ölsäure kommt bis zu 58 % im Raps-Speiseöl vor. Da sie den menschlichen Blutfettspiegel stabilisieren kann, war eine Erhöhung erwünscht. Mit der Antisense-Technik (Seite 77) wurde die Bildung von Elongasen unterbunden, die im Raps normalerweise Ölsäure zu Erucasäure verlängern. Der Gehalt an Ölsäure im Rapsöl stieg danach auf 90 %.

9.4.3 Laurinsäure

Die für das Samenfett von Palmen und Lorbeergewächsen typische gesättigte Fettsäure mit nur 12 C-Atomen weist eine hohe Oberflächenaktivität auf und dient deshalb der Herstelllung von Waschmitteln. Laurat-Rapsöl wird aber auch zur Schokolade-Produktion eingesetzt.
In den Samenfetten von Palmen findet sich nun genug Laurinsäure, die zur Herstellung von Waschmitteln etc. verwendet werden kann. Doch Laurinsäure-produzierender Raps ließe sich auch in gemäßigten Breiten anbauen. Aus *Umbellularia californica* (Lauraceae), dem kalifornischen Berglorbeer, hat man deshalb ein Gen für eine Lauryl-ACP-Thioesterase (Seite 147) in Raps übertragen. Die Neusynthese der Fettsäuren bricht dann auf der Stufe der Laurinsäure ab. Transgener Raps lieferte Öl mit über 50 % Laurinsäure. Seit 1994 wird dieser Raps in den USA als erster gentechnisch veränderter pflanzlicher Ölproduzent angebaut.

9.4.4 Stearinsäure

Stearinsäure verleiht Rapsöl einen höheren Schmelzpunkt, wodurch es sich für die Herstellung von Kakaobutter und Margarine eignet. Über Antisense-Verfahren wurde das rapseigene Gen für die Stearyl-ACP-Desaturase blockiert. Das Enzym desaturiert an ACP gebundene Stearinsäure zu Ölsäure. In entsprechend transgenem Raps konnte der Gehalt an Stearinsäure von 2 % auf 40 % gesteigert werden.

Abb. 9.8
3-Hydroxybutyryl-CoA. Bei der Biosynthese entsteht es aus zwei Einheiten Acetyl-CoA. Es polymerisiert zu PHB.

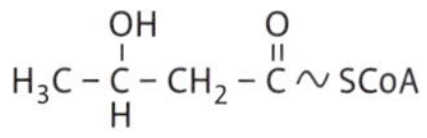

9.4.5 Bioplastik aus Raps

Plastikprodukte, die meistens aus Erdöl gewonnen werden, stellen ein Umweltproblem dar, weil sie biologisch nicht oder schwer abbaubar sind. Biologisch degradierbares Bioplastik könnte Abhilfe schaffen. Zahlreiche Bakterien können Bioplastik produzieren. Dabei handelt es sich um hydroxylierte C-Körper von 3-12 C Länge, die miteinander polymerisieren. Ein bekanntes Beipiel ist **P**oly**h**ydroxy-**B**utyrat (**PHB**, Abb. 22.32). PHB besteht aus Hydroxy-butyrat-Monomeren (Abb. 9.8), die in zwei Schritten aus Acetyl-CoA gebildet werden und dann zu PHB polymerisieren. PHB kann von Mikroorganismen abgebaut werden.
Eine industrielle Herstellung aus Bakerien ist zu kostspielig, weil die Ausbeute gering ist. Deshalb arbeitet man an einer Synthese von PHB in entsprechend transgenen Pflanzen, und zwar in deren Plastiden. Denn Plastiden nutzen den Ausgangsstoff Acetyl-CoA sowieso bei der Fettsäuren-Synthese, und können außerdem hochpolymere Stoffe wie transitorische Stärke ohne Schaden für die Pflanze vorübergehend in größeren Mengen speichern. Die drei für die Synthese von PHB benötigten Gene wurden jeweils mit einer Transitsequenz gekoppelt. Sie codiert ein Transitpeptid, das die Passage der Enzyme in die Plastiden ermöglicht (Seite 209). Nach entsprechenden Gentransfers wurde in einigen Arten, zuerst in *Arabidopsis*, 1999 auch in Raps, PHB gebildet. Bis zu 7,7 % des Trockengewichts der Rapssamen gingen auf PHB zurück. Die Pflanzen zeigten keinerlei Schädigung. Die Untersuchungen besonders am Raps werden fortgesetzt.

▶ **Vorsicht beim Anbau von transgenem Raps.** Ein Auskreuzen transgener Pflanzen, das heißt die erfolgreiche Übertragung ihres Pollens auf andere Pflanzenarten, wird immer wieder als enorme Gefährdung unserer Wild- und Kulturflora herausgestellt. Dabei handelt es sich teils um gezielte Irreführung, teils um Unwissenheit. Denn es gehört ja zur Definition einer Art, dass sie sich nicht beliebig mit anderen Arten kreuzen lässt!
Doch gibt es auch Ausnahmen. Raps gehört zu ihnen. Denn er lässt sich relativ leicht mit zahlreichen anderen Kreuzblütlern (*Brassicaceae*) kreuzen. In der Tat wurden über Rapspollen Transgene in den nahe verwandten Rübsen (*Brassica rapa var. silvestris*) übertragen. Außerdem verwildert Raps im Gegensatz zu vielen anderen Kulturpflanzen leicht, eine Voraussetzung für seine Persistenz. Beim Anbau von transgenem Raps ist also Vorsicht geboten.

FRAGEN
(Seitenverweise zur Beantwortung)

- Schildern Sie den Aufbau eines Triacylglycerins! (Seite 143)
- Wie viel C-Atome hat die Palmitinsäure, die Stearinsäure? (Seite 143)
- Wie viele Doppelbindungent trägt die Ölsäure und zwischen welchen C-Atomen finden sie sich? (Seite 143)
- Schildern Sie die Struktur des Phophatidyl-Cholins! (Seite 144)
- Wo läuft die Neusynthese der Fettäuren ab? Um welche Fettsäuren handelt es sich dabei? (Seite 146)
- Woher hat das Acylcarrier-Protein (ACP) seinen Namen? Auf welche Komponente geht seine Funktion zurück? (Seite 147)
- Was ist die Funktion von ACP-Thioesterasen? (Seite 147)
- In welchem Kompartiment der Zelle werden Triacylglycerine gebildet? (Seite 149)
- Warum nennt man den wichtigsten Abbauweg der Fettsäuren β-Oxidation? (Seite 150)
- Welches sind die beiden Schlüsselenzyme des Glyoxylat-Zyklus? (Seite 151)

10 Terpene

INHALT

Die Terpene sind eine große Gruppe von sekundären Pflanzenstoffen, die aus 5 C-Einheiten aufgebaut ist. Je nach der Zahl der 5C-Bausteine unterscheidet man verschiedene Terpen-Gruppen. Der 5C-Baustein Isopentenyl-diphosphat (IPP) wird auf zwei verschiedenen Wegen angeliefert. Er polymerisiert über Kopf-Schwanz- und Schwanz-Schwanz-Additionen zu Terpenen mit höheren 5C-Zahlen. Terpene werden in **allen Lebensphasen** der Pflanze wichtig. Von den rund 25 000 derzeit bekannten pflanzlichen Terpenen sind viele für Stoffwechsel und Entwicklung der Pflanzen unabdingbar und finden sich dann in allen Pflanzen wie verschiedene Phytohormone, Sterole als Membranbausteine oder Carotinoide als Antennen- und Schutzpigmente bei der Photosynthese. Zahlenmäßig mehr Terpene erfüllen spezielle ökologische Funktionen und sind in ihrer Verbreitung limitiert. Niedermolekulare Terpene etwa können Blütenlockstoffe für bestäubende Insekten sein, dienen aber ebenso wie höhermolekulare Terpene auch als Abwehrstoffe. Der Mensch nutzt zahlreiche Terpene in Medizin und Technik.

DEFINITION
Terpene sind aus 5C-Bausteinen aufgebaute Naturstoffe.

Die Terpene, die Phenole und die N-haltigen niedermolekularen Pflanzenstoffe mit den Alkaloiden bilden die drei wichtigsten Gruppen der **sekundären Pflanzenstoffe**. Hinzu kommen die meisten Fettsäuren (nicht jedoch die Glycerolipide!) und weitere kleinere Gruppen. Zum Begriff sekundäre Pflanzenstoffe → Box 10.1.

DEFINITION
Sekundäre Pflanzenstoffe leiten sich in ihrer Biosynthese vom Stoffwechsel der Kohlenhydrate, Glycerolipide und Aminosäuren ab. Sie sind also ihrer Biosynthese, nicht ihrer Bedeutung nach sekundär.

10.1 Übersicht über die Gruppen der Terpene

Die Terpene haben ihren Namen daher erhalten, dass früher einige von ihnen aus Terpentin isoliert worden waren. Sie sind aus 5C-Bausteinen aufgebaut. Nach deren Zahl pro Molekül gliedert man in verschiedene Gruppen (Tab. 10.1). Dabei ist zu berücksichtigen, dass **Mono**terpene (gr. monos = allein, einzig=) nicht aus einem, sondern aus **zwei** 5C-Bausteinen aufgebaut sind. Nur einen 5C-Baustein führen die Hemiterpene (Halbterpene), die meistens Bestandteile anderer Stoffe sind.

C_5-Einheiten	Biosynthese	Gruppe	Beispiel	Strukturformel
1	P	Hemiterpene	Isopentenylrest in Cytokininen	S. 241
			Isopren	S. 158
2	P	Monoterpene		
		– offen	Citral	S. 159
			Linalool	S. 159
		– monozyklisch	Limonen	S. 159
			Menthol	S. 159
			1,8-Cineol	S. 159
			Thymol	S. 159
		– bizyklisch	Kampfer	S. 159
			α-, β-Pinen	S. 159
3	C	Sesquiterpene	Farnesol	S. 159
			Abscisinsäure (!)	S. 245
4	P	Diterpene	Gibberelline	S. 235
			Phytol	S. 96
			Taxol	S. 164
6 (2 × 3)	C	Triterpene	Herzglykoside	S. 164
			Saponine	S. 332
			Sterole	S. 160
8 (2 x 4)	P	Tetraterpene	Carotinoide	S. 164
n	C	Polyterpene	Kautschuk	S. 166
			Sporopollenine	

Tab. 10.1 Übersicht über die Gruppen der Terpene mit einigen Beispielen. Biosynthese: C = Cytoplasma-Weg, P = Plastiden-Weg. Abscisinsäure ist nur nach der C-Zahl, nicht nach seiner Biosynthese ein Sesquiterpen!

10.2 Grundzüge der Biosynthese

Zuerst wird die Bildung des Bausteins IPP, dann seine Nutzung zur Bildung der verschiedenen Terpen-Gruppen beschrieben.

10.2.1 Zwei Wege zum IPP

Der 5C-Baustein der Terpene ist das **Isopentenyl-diphosphat**, nach einer früheren Terminologie Isopentenyl-pyrophosphat, worauf sich das Kürzel **IPP** bezieht. Ebenso werden auch bei anderen Diphosphaten die Abkürzungen auf -PP üblicherweise noch beibehalten. IPP wird in Pflanzen auf zwei verschiedenen Wegen gebildet (Abb. 10.1):

- **MVA-Weg** (Mevalonic Acid = MVA) **im Cytosol.** Dieser Weg war schon länger bekannt und findet sich auch bei Tieren. Von drei Einheiten Acetyl-CoA ausgehend werden auf ihm über Mevalonat **Sesqui-, Tri- und Polyterpene** gebildet.
- **DXP-Weg** (Desoxy-D-xylulose-5-phosphat = DXP = DOXP) **in Plastiden.** Diese Möglichkeit wurde von Lichtenthaler erst in der letzten Dekade des vergangenen Jahrhunderts entdeckt. Pyruvat wird decarboxyliert und das gebildete 2C-Produkt mit Glycerinaldehyd-3-phosphat zu 1-Desoxy-D-xylulose-5-phosphat vereinigt, das über Zwischenstufen wie Methyl-erithrol-phosphat (MEP, in Abb. 10.1 nicht gezeigt, daher imEnglischen auch **MEP pathway**) in IPP übergeht. Auf diesem Weg entstehen **Hemi-, Mono-, Di- und Tetraterpene**.

10.2.2 Von IPP zu weiteren Terpenen

Bei der anschließenden Bildung von Terpenen aus IPP finden sich zwei Formen der Addition.

- **Kopf-Schwanz-Additionen** (Abb. 10.2). Zunächst wird IPP in sein Isomer Dimethyl-allyl-diphosphat (DMAPP) überführt. Es dient als unbedingt erforderlicher **Starter**, an dessen PP-Ende (den Schwanz) IPP über sein C1 (den Kopf) unter Bildung von Geranyl-diphosphat (GPP) addiert wird. Danach werden weitere IPP-Bausteine Kopf-Schwanz angeschlossen, so dass Farnesyl-diphosphat (FPP), Geranyl-geranyl-diphosphat (GGPP) und Polyterpene entstehen. Ein PP wird bei den Additionen jeweils beibehalten, so dass die Zwischenstufen reaktionsfähig bleiben. **Terpen-Synthasen** überführen dann die Diphosphate in die entsprechenden Terpene. Monoterpene zum Beispiel werden aus GPP durch Monoterpen-Synthasen gebildet, Sesquiterpene aus FPP durch Sesquiterpen-Synthasen. Fehlen die Synthasen, werden zwar die gleichen Zwischenstufen durchlaufen, aber die Abzweigungen zu den betreffenden Terpengruppen unterbleiben.

Abb. 10.1
Zwei Wege zur Bildung von IPP, der Cytoplasma-Weg (Acetat-MVA-Weg) und der Plastiden-Weg (DOX-P-Weg) (verändert nach LICHTENTHALER 1999).

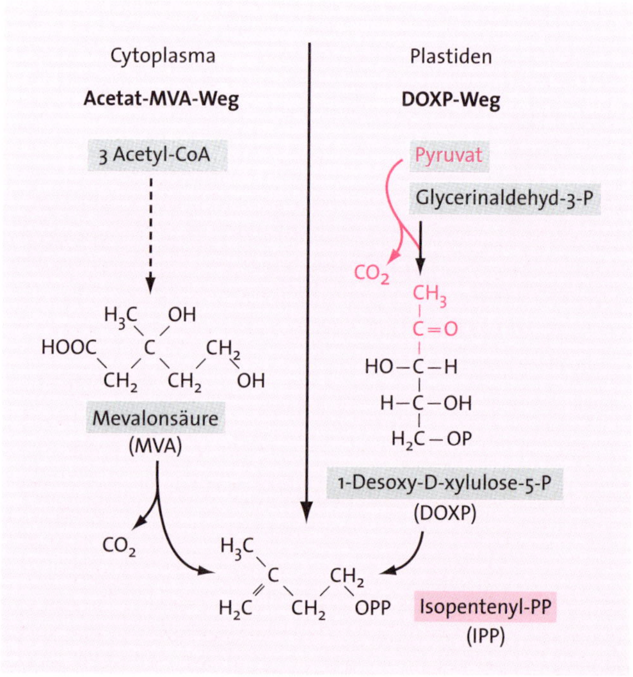

BOX 10.1

Sekundäre Pflanzenstoffe

„Sekundär“ kann eine irreführende Bezeichnung sein, weil man es allzu leicht mit zweitrangig oder gar nebensächlich gleichsetzt. Zwar weiß man in der Tat von vielen hier eingeordneten Stoffen nicht, in welcher Hinsicht sie den produzierenden Pflanzen von Nutzen sein könnten. Bei einer Reihe von ihnen scheint es sich tatsächlich um Abfallprodukte des Stoffwechsels zu handeln, die durch Überführung in die Vakuole oder Ablagerung in die Borke aus dem Verkehr gezogen werden, ohne dass die Pflanze daraus außer der Entlastung ihrer Synthesewege irgendeinen nachweisbaren Vorteil zieht. Das besagt freilich nicht, dass sich nicht in Zukunft ein solcher Nutzeffekt aufdecken ließe. So hat man für eine Reihe von Substanzen, von denen man annahm, sie seien aus dem Stoffwechsel eliminiert, in den letzten Jahren festgestellt, dass sie sehr wohl von den Pflanzen abgebaut werden können. Bei den biochemischen Fertigkeiten der Pflanze wäre es seltsam, wenn dieser Abbau nicht zum Beispiel für eine ATP-Gewinnung ausgenützt würde.
Aber auch die Substanzen, die nicht wieder in den Stoffwechsel der Pflanzen einbezogen werden, können als Faktoren ökologischer Wechselwirkungen wichtig werden. Viele sekundäre Pflanzenstoffe sind für die Pflanzen sogar lebensnotwendig. Denn hierher gehören die Phytohormone, die Purin- und Pyrimidinbasen der Nucleinsäuren, die Porphyrine, das Phytochromsystem, Coenzyme und die Gerüstsubstanz Lignin, um nur einige wenige Beispiele zu nennen. Und auch für den Menschen selbst sind diese Stoffe nicht sekundär. Pharmazie und Technik nutzen das Reservoir der sekundären Pflanzenstoffe gründlich aus. Gerade als Nahrungsergänzungsmittel erleben die sekundären Pflanzenstoffe derzeit einen wahren Boom.
Wir können die sekundären Pflanzenstoffe also nicht generell als nebensächlich abtun, weder für die Pflanze noch für den Menschen. Zweifellos wäre es am besten, der Begriff verschwände aus der Literatur. Aber daran ist vorläufig kaum zu denken, obwohl man ihn im Englischen schon weitgehend durch „natural products“ ersetzt hat. Aber auch das ist nicht korrekt. Denn die Kohlenhydrate, Glycerolipide und Aminosäuren, die als primär bewertet werden, sind ja auch „natural products“. Versuchen wir deshalb eine → Definition.

▶ **Schwanz-Schwanz-Additionen** (Abb. 10.2). Über sie werden längere Zwischenstufen zusammengeschlossen. So entstehen **Tetraterpene** und **Triterpene.** Beide führen kein aktivierendes PP mehr. Weitere Additionen an sie sind deshalb nicht möglich.

10.3 Terpengruppen: Spezielle Biosynthesen, Funktion und Anwendung

Entsprechend der Übersicht in Tab. 10.1 werden die einzelnen Gruppen der Terpene besprochen. Gegebenenfalls werden Hinweise auf spezielle Synthesen gegeben. Danach werden generell wichtige Funktionen, aber auch ökologische Sonderfunktionen und Anwendungen von Seiten des Menschen erwähnt.

10.3.1 Hemiterpene

Hemiterpene kommen oft als Bestandteile von Mischterpen vor, Cytokinine (Seite 241) z. B. können einen Isopentenylrest tragen. Doch gibt es auch freie Hemiterpene wie das **Isopren** (Abb. 10.3). Es kommt häufiger in Pflanzen vor als zunächst erwartet. Die besten Produzenten sind Laubhölzer wie Eichen (*Quercus spec.*) und Pappeln (*Populus spec.*). Isopren wird auf dem Plastidenweg gebildet. In die Atmosphäre abgeschiedenes Isopren soll bei Temperaturerhöhungen als Wärmeschutz für die Chloroplasten dienen. Der Mechanismus ist unbekannt.

Abb. 10.2
Biosynthese der Terpene unter Berücksichtigung der Kompartimentierung (Schema). Der Starter DMAPP (Dimethlallyl-PP) und IPP (Isopentenyl-PP) entstehen in Plastiden und Cytosol auf zwei verschiedenen Wegen (→ Abb. 10.1). Auch der weitere Ablauf verläuft nach Kompartimenten getrennt, aber über die jeweils gleichen Zwischenstufen. Der Plastiden-Weg wird durch blaue, der Cytoplasma-Weg durch rote Pfeilführungen symbolisiert. 2x = Schwanz-Schwanz-Additionen.

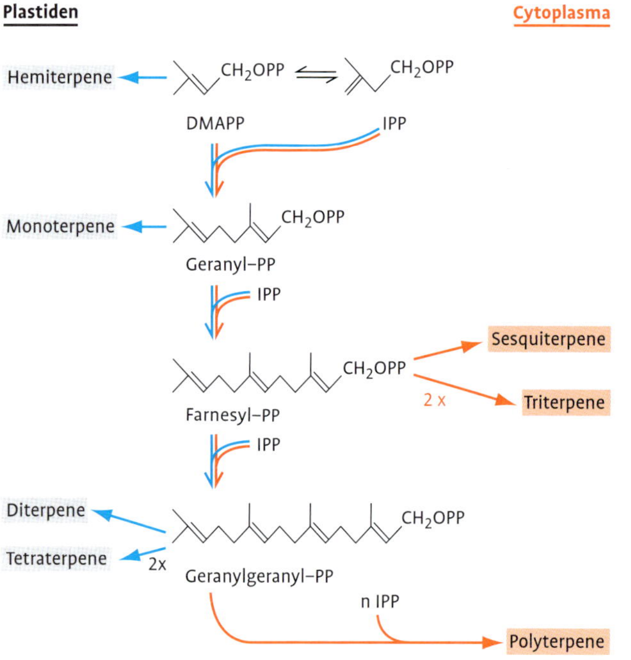

10.3.2 Monoterpene

▶ **Struktur.** Monoterpene können **mono-** oder **bizyklisch** sein (Abb. 10.4, 10.5). Bizyklische Monoterpene kann man sich im Gedankenexperiment leicht von den monozyklischen herleiten. Man klappe zum Beispiel in Abb. 10.5 den in unserer Formelschreibweise nach unten herausstehenden Gabelschwanz des **Limonens** nach oben in den Zyklus hinein und lege dann noch die Verbindung zwischen dem C im Gabelpunkt und dem betreffenden C im ersten, schon bestehenden Ring. So erhält man die beiden bizyklischen ▶ **Pinene.** Im Prinzip ebenso arbeitet auch die Natur. Ausnahmen sind aromatische Ringsysteme wie bei **Thymol** (Abb. 10.4).

▶ **Synthese.** Die Synthese geht von GPP aus. Über die Aktion von **Monoterpen-Synthasen** werden aus ihm mono- und bizyklische Monoterpene gebildet (Abb. 10.5). So überführt die Limonen-Synthase GPP in das monozyklische **Limonen**, die Pinen-Synthase GPP sogar in zwei verschiedene bizyklische Systeme, das α- **und das** β**-Pinen**.

▶ **Funktionen.** Monoterpene (und Sesquiterpene) sind oft flüchtig und Bestandteil meist kompliziert zusammengesetzter **ätherischer Öle**. Als Duftstoffe der Blüten locken sie bestäubende Insekten an.

Auch andere Pflanzenteile als die Blüten führen ätherische Öle, etwa die Schalen von *Citrus*-früchten oder die Blätter der Pfefferminze (*Mentha spec.*) und diejenigen des Thymians (*Thymus spec.*). Blätter sondern Monoterpene vor allem als Fraßschutz oder als allelopathische Wirkstoffe ab (Seite 327). Bekannt als Insektenpulver sind die **Pyrethrine,** Monoterpenderivate aus den Blütenköpfchen von *Chrysanthemum cinerarifolium*. Denn sie sind gegen Insekten, nicht aber gegen Säugetiere wirksam und werden rasch abgebaut.

10.3.3 Sesquiterpene

Ausgangsstoff ist FPP (Abb. 10.6). Das wichtigste offenkettige Sesquiterpen ist das **Farnesol**, das aus FPP durch Abspalten von Diphosphat gebildet wird. Es kommt als wichtiger Duftstoff unter anderem im Bukett der Maiglöckchen (*Convallaria majalis*) und der Linden (*Tilia*) vor. Farnesol fun-

Abb. 10.3
Isopren.

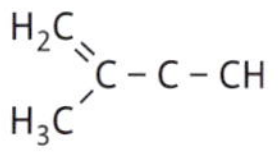

Abb. 10.4
Einige häufige Monoterpene. **Offen** sind Citral und Linalool, **monozyklisch** Menthol, 1,8-Cineol (die O-haltige Querverbindug zählt nicht als Ring) und Thymol (Benzolring!), **bizyklisch** ist Kampfer. Weitere Strukturformeln in Abb. 10.5: monozyklisch Limonen, bizyklisch α- und β-Pinen.

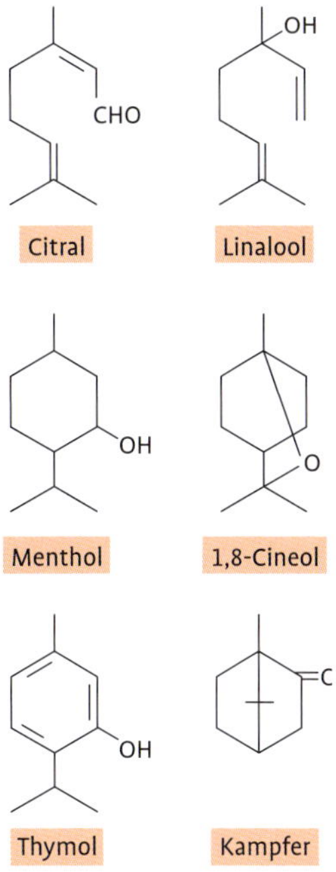

giert auch als Juvenilhormon (Seite 344). **Abscisinsäure** ist der Zahl der 5C-Einheiten nach ein Sesquiterpen, wird aber aus Violaxanthin, einem Xanthophyll der Plastiden gebildet (Seite 245).

10.3.4 Triterpene

Triterpene leiden sich von Farnesyl-diphosphat durch Schwanz-Schwanz-Addition ab (Abb. 10.7). Unter Schwanz sei dabei das Pyrophosphatende verstanden. Die Addition findet unter Reduktion statt. Es entsteht ein symmetrisch gebauter offenkettiger 30-C-Körper, das **Squalen**. Squalen zyklisiert zu Triterpenen mit dem Grundgerüst des Sterans (Abb. 10.6), das dann von Gruppe zu Gruppe jeweils verschiedenen Modifikationen unterworfen wird.

Abb. 10.5
Bildung zyklischer Monoterpene durch Monoterpensynthasen. **1** Limonen-Synthase bildet das Limonen. **2** Pinensynthase bildet α- und β-Pinen.

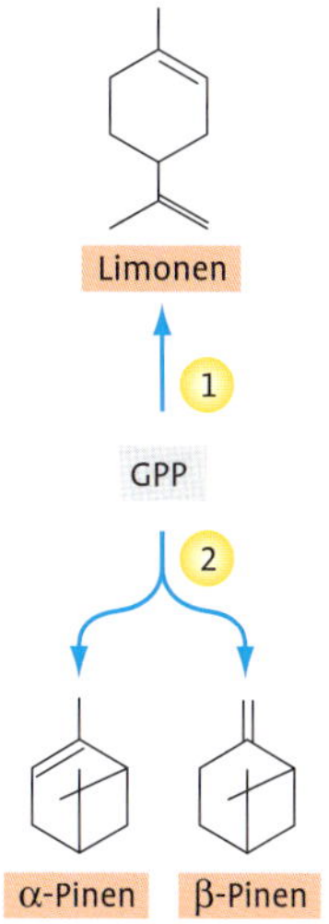

▶ **Sterole.** Charakteristisch für Sterole sind die Doppelbindung in Ring B und vor allem das Hydroxyl in Stellung 3. Diese ol-Funktion war Anlass, die frühere Bezeichnung Sterine durch das korrektere Sterole zu ersetzen. Der Fünfring D trägt eine Seitenkette, in der sich die einzelnen Sterole unterscheiden. Sterole sind als Membranbausteine zentral wichtig. Auch Cholesterol kommt in Pflanzenmembranen vor. Am häufigsten ist jedoch ß-Sitosterol, gefolgt von Stigmasterol (Abb. 10.7).

- **Biotechnik: Partialsynthese menschlicher Steroidhormone.** Pflanzliche Sterole, früher auch das Saponin Diosgenin, dienen als Ausgangsmaterial. Die davon ausgehenden Reaktionen werden teils vom Chemiker, teils von Pilzen durchgeführt. Da der Chemiker nur einen Teil (lat. pars = Teil) der Veränderungen selbst übernehmen kann, spricht man von einer Partialsynthese. Über sie kommt man zu Cortisol, dem wichtigsten Nebennierenrindenhormon, und seinem pharmakologisch wichtigen Derivat Cortison. Weitere Substanzen von Steroidhormoncharakter lassen sich anschlie-

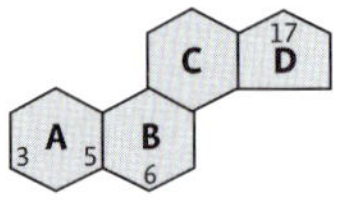

Abb. 10.6
Steran. Die Nummern funktionell wichtiger C-Atome sind angegeben.

ßen. Darunter sind Sexualhormone, die als Ovulationshemmer (Pille) dienen.
Die Mithilfe der Pilze verringert die Zahl der Reaktionen bis zum Cortison von 37 auf 11. Die Folge war eine wesentliche Senkung des Preises für Cortison – ein Triumph der Biotechnologie! Dabei sind die Syntheseleistungen der Pflanze, die ja das bereits hochgradig strukturierte Ausgangsmaterial liefert, noch nicht einmal mit eingerechnet.

▶ **Weitere Triterpene.**

- Ein vor allem gegen Insekten, aber auch gegen Bakterien, Pilze und wahrscheinlich Malaria-Erreger wirksames, kompliziert gebautes bitteres Triterpen ist das **Azidarachtin** des Neem-Baumes *(Azadirachta indica)*, der nicht nur auf dem indischen Subkontinent, sondern in den ganzen Tropen der Alten Welt als eines der nützlichsten Gehölze angebaut wird.
- **Ginseng** (*Panax ginseng*), eine altbekannte Heilpflanze Ostasiens, führt als Hauptwirkstoffe tetrazyklische **Ginsenoside** (Abb. 10.8). Die Zusammensetzung des Ginsenosid-Komplexes wechselt je nach der Herkunft. Am wertvollsten ist der koreanische Ginseng.
  Die Wirkstoffe werden aus den Wurzeln gewonnen, die an die menschliche Gestalt erinnern sollen. Ginseng-Präparate sind Adaptogene, das heißt sie passen den Organismus bei nichtinfektiösen Belastungen wieder an die Norm an. Die geistige und physische Leistungsfähigkeit wird stimuliert, insbesondere beim alternden Menschen.

Gentechnik: In Japan sind Ginsenosid-haltige Zellmassen als Nahrungsmittelzusatz erlaubt. Man erhielt sie durch Inoculationen mit *Agrobacterium rhizogenes.* Das Bakterium überträgt in Pflanzenzellen ein Plasmid, das eine starke Haarbildung im Wurzelbereich auslöst. Entsprechende **Hairy-Root-Kulturen** lassen sich ohne großen Aufwand langfristig halten. In einigen Fällen produzieren sie mehr sekundäre Pflanzenstoffe als die Ausgangspflanze. Das war auch mit Ginsenosiden in Hairy-Root-Kulturen des Ginsengs der Fall. Ihre Akkumulation ließ sich durch Zusatz von pflanzlichen Regulatoren wie Jasmonsäure (Seite 339) oder bestimmten Oligosachariden aus der Einbeere (*Paris quadrifolia*) noch wesentlich steigern.

- Die **Saponine** gliedern sich in mehrere Gruppen, darunter auch wenig modifizierte Triter-

Abb. 10.7
Biosynthese der Triterpene, insbesondere der Sterole.

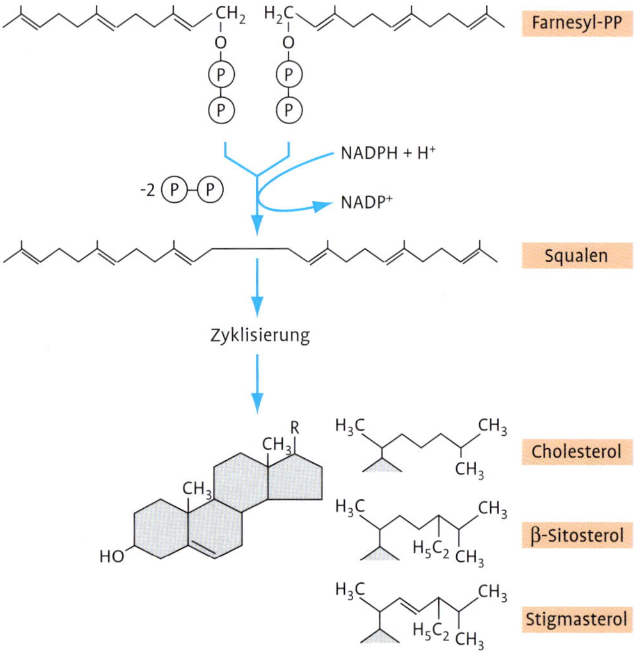

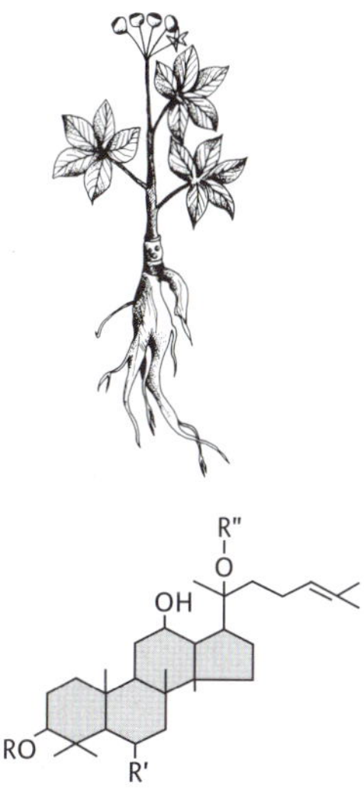

Abb. 10.8
Grundstruktur der Ginsenoside, darüber Ginseng (*Panax ginseng*).

Abb. 10.9
Aglyka von Herzglykosiden.

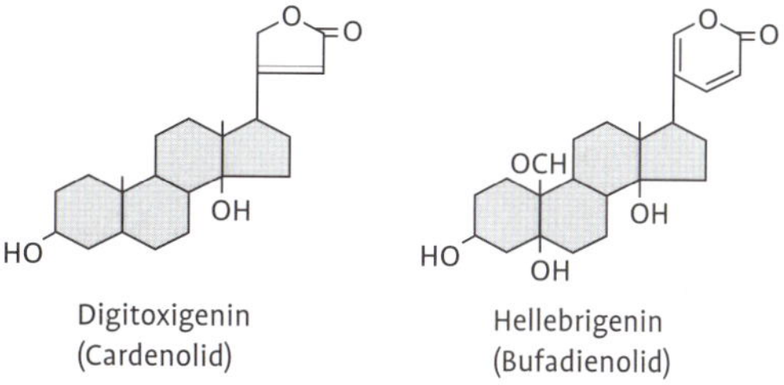

pene. Sie liegen im Pflanzengewebe als Glykoside vor, wobei die Zuckerkomponenten bevorzugt am Hydroxyl 3 gebunden sind. Die Namen der Aglyka enden oft auf „genin".

Der Gruppenname leitet sich von der Oberflächenaktivität her. Denn die Oberflächenspannung des Wassers wird so weit herabgesetzt, dass es leicht zur Schaumbildung kommt (lat. sapo = Seife). Die wichtigsten physiologischen Wirkungen der Saponine gehen darauf zurück, dass ihre Aglyka mit Sterolen in Biomembranen Komplexe eingehen. Über die Komplexbildung kommt es zur Schädigung der Biomembranen. Sie ist Ursache dafür, dass Saponine zu den wichtigsten Abwehrstoffen der Pflanze gegen Pilze gehören (Seite 332).

▶ **Herzglykoside.** Im Jahre 1785 benützte der englische Arzt Withering den Roten Fingerhut (*Digitalis purpurea)* soweit bekannt erstmals in Europa in der offiziellen Medizin als Heilmittel bei Herzkrankheiten. Inzwischen ist die Gattung *Digitalis* zu einem unentbehrlichen Helfer des Arztes geworden.

Die wirksamen Inhaltstoffe nennt man nach ihrem Anwendungsbereich Herzglykoside. Es handelt sich dabei um Aglyka, die mit einer wechselnden Anzahl von teilweise seltenen Zuckern verbunden sind. Die Aglyka gehören zu zwei

Abb. 10.10
Roter Fingerhut (*Digitalis purpurea*) (Foto D. HESS; HESS 1990).

BOX 10.2

Biotechnik: Hydroxylierung zu Methyl-digoxin in Zellsuspensionen von Digitalis lanata

Digitalis lanata bildet über 60 verschiedene Cardenolidglykoside, denen fünf verschiedene Aglyka zugrunde liegen. Die ursprünglich in der Pflanze gebildeten Glykoside, die sogenannten Primärglykoside, gehen leicht, etwa durch Verlust eines von mehreren Zuckern, in Sekundärglykoside über. Solche Sekundärglykoside sind Digoxin und Digitoxin, die sich nur durch eine Hydroxylgruppe an C12 unterscheiden, die das Digoxin aufweist (Abb. 10.12). Es handelt sich um die für die Medizin wichtigsten Cardenolide, wobei das Digoxin wertvoller ist. Bei der Aufarbeitung aus dem Pflanzengewebe fällt mehr Digitoxin an, also die weniger erwünschte Substanz. Das fehlende Hydroxyl kann jedoch von *Digitalis*-Zellen leicht eingebracht werden. Dazu wird Digitoxin zunächst auf chemischem Weg in Methyl-digitoxin überführt, das Zellsuspensionen von *Digitalis lanata* zugesetzt wird. Die Pflanzenzellen führen das Hydroxyl an C12 ein. Dadurch wird aus dem Methyl-digitoxin das Methyl-digoxin. Die Methylgruppe in der Zuckerkomponente stört die medizinische Anwendung nicht.

Abb. 10.11
Wolliger Fingerhut (*Digitalis lanata*) (HAEUPLER und MUER 2000).

Gruppen (Abb. 10.9). Der wesentliche chemische Unterschied liegt im Bau des an C 17 ansetzenden Lactonringes. Bei den **Cardenoliden** handelt es sich um einen 5-Ring, bei den **Bufadienoliden** um einen 6-Ring. Die Aglyka der Herzglykoside aus den Blättern der Fingerhutarten (*Digitalis*) wie das **Digitoxigenin** gehören zu den Cardenoliden. Wie der Name sagt, finden sich Bufadienolide in den Sekreten von Kröten (Bufo). Aber auch in Pflanzen fehlen sie nicht. Hierher gehört das Hellebrigenin aus den Rhizomen der Schwarzen Nieswurz (*Helleborus niger*). In der Natur dienen die Herzglycoside als Fraßschutz.
Die beiden für die Gewinnung von Herzglykosiden wichtigsten Fingerhutarten sind der Wollige und der Rote Fingerhut (*Digitalis lanata* und *D. purpurea*, Abb. 10.10 und 10.11). Bei *D. lanata* (→ Box 10.2) handelt es sich um eine in Südosteuropa beheimatete Art kontinentalen Charakters, *D. purpurea* ist als atlantische Art im Westen Europas und im angrenzenden Nordafrika daheim. Beide Arten werden aber auch in anderen Regionen mit entsprechendem Klima und Boden angebaut.

- **Steroidhormone.** Nicht nur Tiere, sondern auch Pflanzen nutzen Steroidhormone, die **Brassinosteroide** (Seite 242). Manche Pflanzen bilden auch Steroide, die dem Ecdyson der Tiere gleichen. Zu Struktur und Funktion dieser **Phytotecdysone** → Seite 344.

10.3.5 Diterpene (und Oligoterpene)

Phytol ist uns als Komponente der Chlorophylle bereits bekannt. Lebenswichtig für Pflanzen ist auch das **Phyllochinon**, das ebenfalls eine Seitenkette aus 20 C trägt. Die **Gibberelline** (Seite 236), wichtige Phytohormone, sind ebenfalls Diterpene, obwohl man das ihrer Strukturformel kaum ansieht. Auch das **Taxol** (→ Box 10.3) gehört hierher. **Oligoterpene** stellen die Seitenketten von **Plastochinonen** und **Ubichinonen.**

10.3.6 Tetraterpene: Carotinoide

▶ **Struktur** (Abb. 10.14). Die Carotinoide gliedern sich von kleineren Gruppen abgesehen in Carotine und Xanthophylle. Bei den **Carotinen** handelt es sich um Kohlenwasserstoffe mit 40 C-Atomen. Die einzelnen Carotine sind verschieden stark dehydriert. Von einer bestimmten Mindestzahl konjugierter Doppelbindungen an sind sie gelb bis orangerot. **Xanthophylle** sind Oxidationsprodukte der Carotine mit ebenfalls 40 C. Carotine wie Xanthophylle können offenkettig oder zyklisch gebaut sein. Dabei können die Moleküle ein oder zwei Ringsysteme aufweisen. Bei den Carotinen finden sich zwei Typen von Ringen, **α-Ionon**- und **β-Iononringe**, die

Abb. 10.12
Hydroxylierung von Methyl-digitoxin zu Methyl-digonin in Zellsuspensionen von *Digitalis lanata*. Bedauerlicherweise spricht man in solchen Fällen von Biotransformationen, wodurch Verwechslungen mit den Transformationen des Biologen und Mediziners riskiert werden.

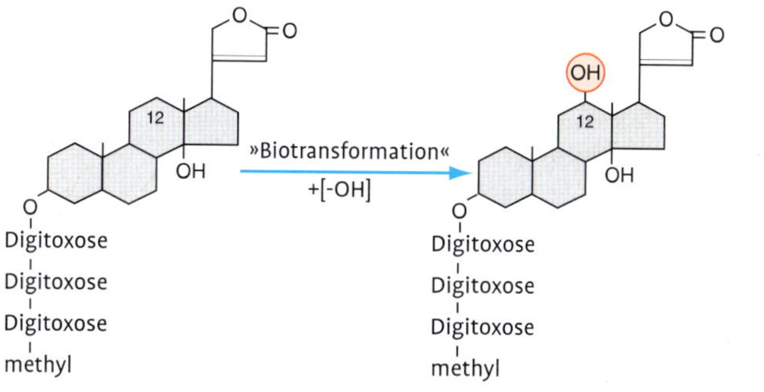

Methyl-digitoxin Methyl-digoxin

BOX 10.3

Umweltschutz durch Biotechnik: Taxol, Krebsmittel aus Zellkulturen

In Extrakten aus der Borke der Pazifischen Eibe (*Taxus brevifolia)* wurde 1963 von M. Wall eine tumorhemmende Substanz endeckt, deren Struktur 1971 von einer Arbeitsgruppe um ihn und M. Wani publiziert wurde (1). Es handelte sich um ein durch komplizierte Substitutionen kaum mehr kenntliches Diterpen (Abb. 10.13). Es wurde Paclitaxel genannt, ist jedoch unter seinem Handelsnamen **Taxol** bekannter. In den Eiben soll es als Pilzhemmstoff fungieren. Für den Menschen wichtig ist die ausgeprägte Hemmwirkung auf verschiedene Krebsarten, vor allem **Ovarialkrebs**. Sie geht darauf zurück, dass Taxol bei der Zellteilung mit Tubulinen (Seite 267) derart assoziiert, dass der Spindelfaserapparat nicht mehr rückgebildet werden kann. Damit sind alle weiteren Teilungen unterbunden.

Eine Extraktion von Taxol aus Borke war angesichts der rasch steigenden Nachfrage bald unmöglich, auch wenn man den gesamten Eibenbestand der Pazifikregion Nordamerikas abgeholzt hätte. Eine Totalsynthese war machbar, aber zu wenig effektiv. Abhilfe brachte zunächst eine Partialsynthese aus verschiedenen Eiben. Auch aus unserer einheimischen *Taxus baccata*, ließ sich eine verwandte Substanz gewinnen, die von Chemikern in Taxol überführt wurde. Doch seit 2004 ist es offensichtlich möglich, ausreichend Taxol aus bestimmten Kalluskulturen von *Taxus brevifolia* zu gewinnen, die in flüssigem Medium gehalten werden. Die pazifischen Eibenbestände sind wenigstens unter diesem Aspekt entlastet.

[1] Wani et al. (1971).

sich in der Lage ihrer Doppelbindung unterscheiden.

▶ **Biosynthese.** Die Biosynthese der Carotinoide läuft unter Beteiligung von membrangebundenen Enzymen in Plastiden ab. Sie lässt sich in mehrere Etappen gliedern (Abb. 10.14):

- Die Phytoensynthase **bildet das 40C-Grundgerüst**. Durch Schwanz-Schwanz-Addition zweier Einheiten Geranyl-geranyl-diphosphat liefert sie **Phytoen** an. Im Gegensatz zur sonst ähnlichen Bildung des Squalens erfolgt die Addition ohne Reduktion. Das Phytoen trägt deshalb in der Mitte seines Moleküls eine Doppelbindung. Sie wird bei den weiteren Schritten der Biosynthese beibehalten. An dieser Schwachstelle können Carotine gespalten und, falls sie den β-Iononring enthalten, in Vitamin A überführt werden (→ unten).
- An der Schlüsselsubstanz Phytoen setzt eine Folge von **Dehydrierungen** an. Phytoen ist noch farblos, das hier nicht gezeigte ζ-Carotin ist das erste farbige Carotin. Das gelbrote **Lycopin** weist nach entsprechenden Dedrierungen von den beiden Kettenenden abgesehen erstmals eine durchgehende Sequenz konjugierter Doppelbindungen auf.
- Das Lycopin und alle in der Biosynthese vor ihm liegenden Carotine sind offen. Über vom Lycopin ausgehende **Zyklisierungen** entstehen die α- und β-Iononringe, in Abb. 10.14 von **α-Carotin** und **β-Carotin**.

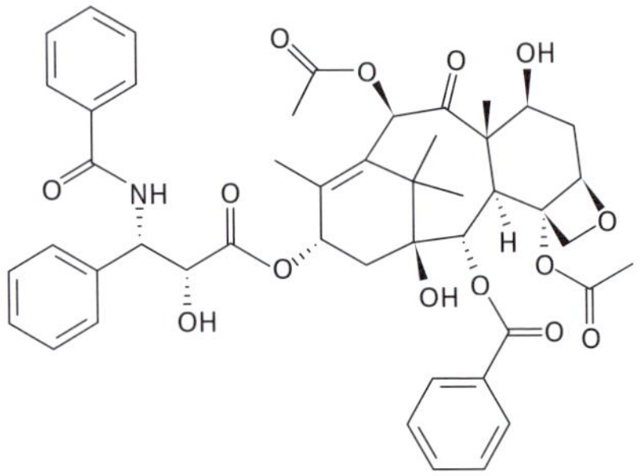

Abb. 10.13
Strukturformel von Taxol, um an einem Beispiel die Syntheseleistung der Pflanze und die Findigkeit der Wissenschaftler bei der Strukturaufklärung zu würdigen (nach WANI et al.1971).

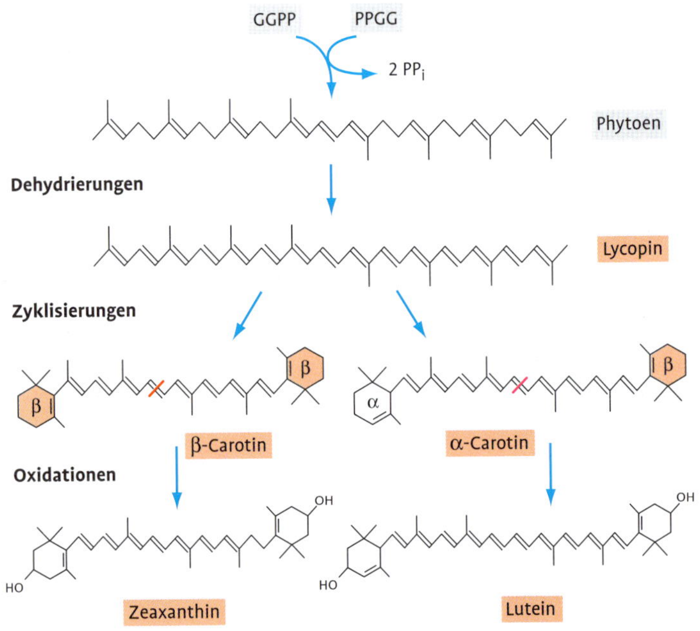

Abb. 10.14
Carotinoide und die Grundzüge ihrer Biosynthese. Nur einige wichtigere Carotinoide werden gezeigt. GGPP wird Schwanz an Schwanz unter Abspaltung von 2 PP_i zu Phytoen, dem ersten, noch farblosen Carotin addiert. Die **Addition** erfolgt ohne Hydrierung, sodass sich in der Mitte des Phytoens und der folgenden Carotinoide eine Doppelbildung einstellt. Danach folgen **Dehydrierungen** über das erste farbige Carotin, das ζ-Carotin bis zum Lycopin, das von den Enden abgesehen ein System konjugierter Doppelbindungen und Farbe aufweist, **Zyklisierungen** unter Bildung von α- oder ß-Iononringen, hier in ß- und in α-Carotin, und **Oxidationen** zu Xanthophyllen, hier zu Zeaxanthin und Lutein. In den beiden Carotinen deutet ein roter Strich die Spaltung an, die zu Vitamin A führen kann. α-Carotin liefert nur ein, ß-Carotin zwei Vitamine A.

BOX 10.4

Gentechnik: Goldener Reis und Goldene Kartoffel

Goldener Reis. In zahlreichen Ländern Asiens ist Reis (*Oryza sativa*) die Nahrungsgrundlage. Im Reiskorn, genauer in seinem Endosperm, läuft die Terpenbiosynthese zwar bis zum Geranyl-geranyl-diphosphat, doch die Genausstattung zur Synthese von Carotinoiden ist unvollständig. Damit entfallen die Provitamine A. Eine einseitige Ernährung mit Reis kann unter anderem wegen des Fehlens von Vitamin A zu gravierenden Augenleiden insbesondere bei Kindern führen.

Um Abhilfe zu schaffen, übertrug eine Arbeitsgruppe um Beyer und Potrykus ein Gen für Phytoensynthase aus der Gelben Narcisse (*Narcissus pseudonarcissus*) mit Hilfe von *Agrobacterium tumefaciens* in Reis (Abb. 10.15). Damit war die Basis für die Synthese von Phytoen gelegt. Ein ebenfalls übertragenes Gen aus dem Bakterium *Erwinia uredovora* codierte für ein Enzym, das die Desaturierungen vom Phytoen bis zum Lycopin bewerkstelligt und Lycopin außerdem in der notwendigen all-trans-Form anliefert (Abb. 10.14 zeigt nicht, dass in der Biosynthese nicht nur die all-trans-Form vorliegt). Die Pflanzen benötigen dafür drei Enzyme. Noch ein weiteres Gen für eine Lycopin-Cyclase, die Lycopin durch Ringschluss an den beiden Kettenenden in β-Carotin überführt, wurde übertragen. Es erwies sich aber als überflüssig, weil im Reisendosperm von Natur aus eine Cyclase mit genügend hoher Aktivität vorhanden ist. 2000 hatte man so **Golden Rice 1 (GR1)** erhalten (1).

Die Produktion von ß-Carotin in GR1 war mit 1,6 µg/g an Carotinoiden in den ersten Transformanten nicht zufriedenstellend. Eine wesentliche Verbesserung wurde dadurch erreicht, dass die Phytoensynthase aus *Narcissus* durch eine besser arbeitende Phytoensynthase aus dem Mais (*Zea mays*) ersetzt wurde. **GR 2** führt nun 37 µg/g Trockengewicht an Carotinoiden (2, 3; Abb. 10.16).

Der Goldene Reis hat es nicht leicht sich durchzusetzen. Wie zu erwarten wurde er zum Spielball von Befürwortern und Gegner der Grünen Gentechnik (3). Er steht wissenschaftlichen Einrichtungen zur Verfügung. Außerdem gibt es zum Beispiel begrüßenswerterweise eine „humanitarian License" der beteiligten Erfinder und einer engagierten Firma, die allen Farmern mit einem Einkommen von bis zu 10 000 US$/Jahr die Nutzung der Technologie kostenlos gestattet. Aber einige Firmen haben sich Rechte auf bestimmte Schlüsseltechnologien gesichert (3). Das ist verständlich, macht die Sache aber für den Nicht-Fachmann schwer durchschaubar. Was die Gegner anbelangt, kann man nicht verstehen, warum sie wenig überzeugende Einwände vorbringen anstatt alles Menschenmögliche daran zu setzen, dem Leiden unzähliger Kinder zu begegnen.

▶ **Goldene Kartoffel.** Noch in einigen weiteren Arten wurde die Carotinoid-Akkumulation gentechnisch gesteigert, besonders erfolgreich in der Kartoffel (*Solanum tuberosum*). Von einer italienisch-deutschen Arbeitsgruppe, in ihr auch das Team um Beyer, wurden aus *Erwinia herbicola* die Gene für Phytoensynthase, Phytoendesaturase und Lycopin-Cyclase isoliert. Bei Kartoffelknollen ist im Gegensatz zum Goldenen Reis (→ oben) die Übertragung aller drei Gene erforderlich. Wenn sie unter der Kontrolle eines knollenspezifischen Promotors standen, färbte sich das Parenchym in entsprechend transgenen Knollen der Kartoffelvarietät „Desirée" durch Carotinoide „golden". Der Gehalt allein an β-Carotin betrug 47 µ/g Trockengewicht (4), den bisher höchsten Wert, den man mit Hilfe der Gentechnik in unseren Hauptnahrungspflanzen erreichen konnte

[1] Ye et al. 2000; [2] Pain et al. 2005; [3] Al-Babili and Beyer 2005; [4] Diretto et al. 2007.

Abb. 10.15
Transgene und Biosynthese von Carotinen durch von ihnen codierte Enzyme im Goldenen Reis. **1** Phytoensynthase; **2** multifunktionelles Enzym aus *Erwinia*. Es führt nicht nur alle vier Desaturierungen von Phytoen über ζ-Carotin zu Lycopin durch, sondern liefert Lycopin auch in der erforderlichen all-*trans*-Form an. Die originäre Lycopin-Zyklase des Reises genügte, um Carotine anzuliefern (GR1 in Abb. 10.16). Doch konnte die Carotin-Ausbeute später durch eine aus dem Mais eingebrachte Lycopin-Synthase wesentlich gesteigert werden (GR2 in Abb. 10.16).

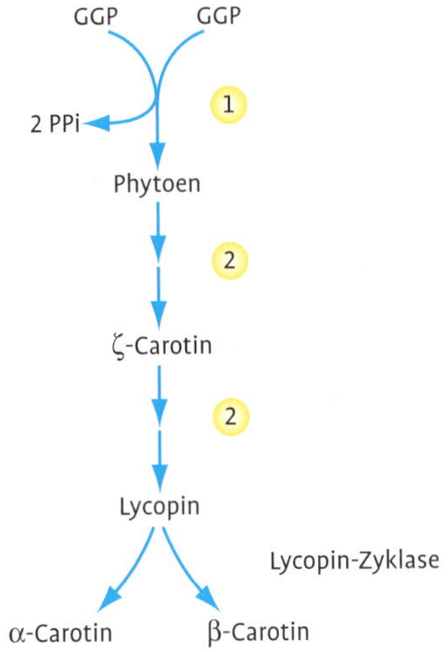

Abb. 10.16
Carotin-Akkumulation im Goldenen Reis (Foto P. Beyer; Lit. Al-Balbili and Beyer 2005).

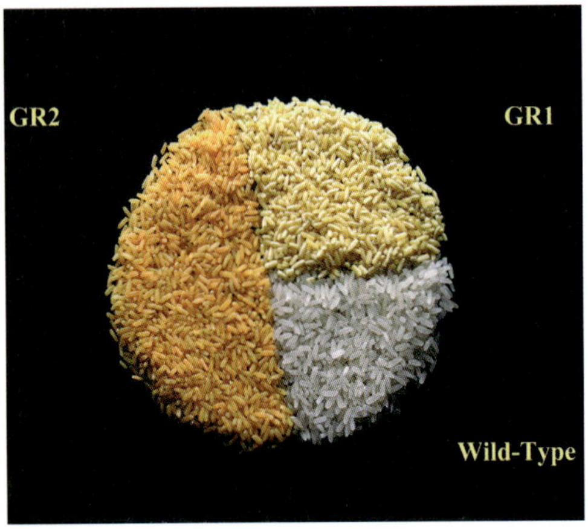

Abb. 10.17
Kautschuk und Guttapercha.

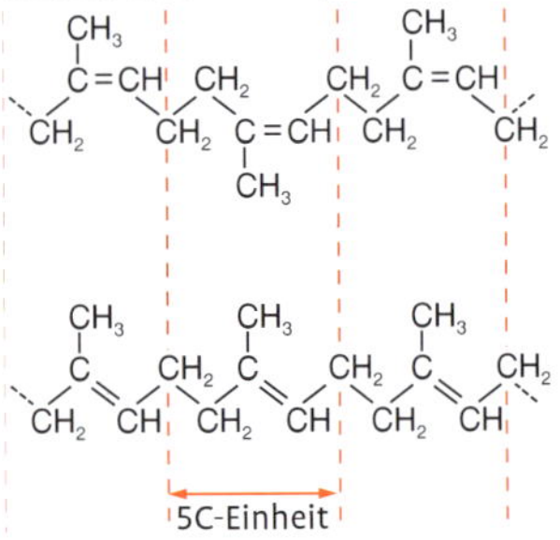

– Durch Einbringen von Sauerstoff-Funktionen entstehen aus den bis dahin gebildeten Carotinen Xanthophylle, in Abb. 10.14 **Zeaxanthin** und **Lutein**. Die **Oxidationen** finden erst nach der Zyklisierung statt.

▶ **Funktion**. Carotinoide können in Chromoplasten von vegetativen Pflanzenteilen (Tomate, Mohrrübe) und von Blütenblättern zu gelben bis roten Farben führen. Außerdem sind sie uns bereits als **Antennenpigmente** und **Schutzstoffe gegen Photooxidation** bekannt (Seiten 101, 318).

Carotine mit mit mindestens einem β-Iononring sind **Provitamine A**, denn sie können im tierischen und menschlichen Organismus an der Doppelbindung in der Mitte des Moleküls gespalten werden. Spalthälften mit dem β-Iononring werden dann in Vitamin A (Retinol) überführt. β-Carotin mit seinen zwei β-Iononringen liefert so pro Molekül zwei Moleküle Vitamin A, α-Carotin mit seinem einen β-Iononring nur ein Molekül Vitamin A.

10.3.7 Polyterpene

▶ **Kautschuk (und Guttapercha)**. Von den Polyterpenen ist **Kautschuk** das für die Technik wichtigste Produkt. Rund 2000 Pflanzenarten bilden Kautschuk, aber nur wenige in solchen Quantitäten, dass eine Gewinnung in technischem Maßstab lohnend wird. Hauptkautschuklieferant ist der Kautschukbaum *Hevea brasiliensis* (Euphorbiaceae). Andere Arten können fallweise größere Bedeutung erlangen wie zum Beispiel

Parthenium argentatum (Asteraceae) und *Taraxacum kok-saghyz* (Asteraceae) in den USA bzw. der ehemaligen UdSSR während des zweiten Weltkriegs, als Japan die *Hevea*-Plantagen Südostasiens besetzt hielt. *Manilkara zapota* (Sapotaceae) liefert Chicle, einen niedermolekularen Kautschuk, der zur Herstellung von Kaugummi dienen kann, aber jetzt häufig durch Kunststoffe ersetzt wird.

In der Natur dient der Kautschuk zur Abdichtung und wegen der in ihm oft enthaltenen niedermolekularen Sekundärstoffe wie Alkaloide als Schutzmittel.

Kautschuk baut sich aus 500 bis 10 000 5-C-Einheiten in all-cis-Form auf. In **Guttapercha** aus *Palaquium gutta* (Sapotaceae), das kürzere Ketten aufweist, liegt dagegen die all-trans-Form vor (Abb. 10.17).

Kautschuk wird in der Regel in gegliederten oder ungegliederten Milchröhren gebildet. Der cytoplasmatische Inhalt solcher Milchröhren geht mit fortschreitender Differenzierung in **Latex** über, ein Gemenge aus Mitochondrien, Ribosomen und Proteinen und den verschiedensten sekundären Inhaltsstoffen. Die Zellkerne liegen meistens in einem plasmatischen Wandbelag. Im Latex ist der komplette Satz von Enzymen vorhanden, der für die Synthese von Kautschuk über Acetyl-CoA, IPP und dessen Polmerisierung durch Kopf-Schwanz-Addition benötigt wird.

▶ **Sporopollenine.** Sie sind durch Oxidation und Vernetzung stark veränderte Polyterpene in und auf den Wänden von Sporen und Pollen. Bei Pollen besteht die Exine überwiegend aus Sporopolleninen. Sie ist artspezifisch skulpturiert. Auf der extremen Widerstandsfähigkeit der Sporopollenine basieren **Pollenanalysen** zur Vegetationsgeschichte.

FRAGEN

(Seitenverweise zur Beantwortung)

- Was ist der Baustein der Terpene? (Seite 156)
- Welche Terpengruppen werden auf dem Plastidenweg gebildet? (Seite 156)
- Zeichnen Sie die Strukturformel des Limonens! (Seite 159)
- Nennen Sie wichtige pflanzliche Sterole! (Seite 159)
- Gehören die Aglyka der Herzglykoside aus *Digitalis*-Arten zu den Cardenoliden oder den Bufadienoliden? (Seite 162)
- Was verstehen Sie unter einem Carotin, was unter einem Xanthophyll? (Seite 163)
- Welche Carotine können Provitamine A sein? (Seite 165)
- Nennen Sie einige Pflanzenarten, die Kautschuk bilden! (Seite 167)

11 Phenole

INHALT

Bei den rund 10 000 Phenolen handelt es sich um eine weitere große Klasse von sekundären Pflanzenstoffen, die **in allen Entwicklungsphasen** wichtig werden. Sie sind teils für Pflanzen absolut lebenswichtig und dann von universeller Verbreitung, teils üben sie spezielle oder unbekannte Funktionen aus und kommen dann nur singulär vor. Zunächst werden die Grundzüge der Biosynthese geschildert, die meistens von Phenylalanin ausgeht, das über den Shikimisäure-Weg angeliefert wird. Dann werden Beispiele für die verschiedenen Strukturen und Funktionen der Phenole und ihre Nutzung in Medizin und Technik gebracht. Behandelt werden Zimtsäuren, Cumarine, Liginine, Phenolcarbonsäuren, einfache Phenole und Benzochinone. Die Flavonoide, die auf einem hybriden Biosyntheseweg entstehen, schießen sich an. Die zu ihnen zählenden Flavonole und besonders Anthocyane werden etwas eingehender behandelt. Ein Exkurs zu dem für Mensch und Pflanze interessanten Resveratrol rundet das Kapitel ab.

DEFINITION
Phenole sind durch aromatische Ringe mit einer Hydroxylgruppe oder einem Derivat derselben charakterisiert. Aber auch Substanzen ohne Sauerstoff-Funktion werden zu ihnen gezählt, falls in ihrer Biosynthese ein Zusammenhang zu echten Phenolen besteht.

11.1 Übersicht über die Gruppen der Phenole

Die Phenole erhielten ihren Namen nach der theoretischen Muttersubstanz Phenol (Abb. 11.8). Eine Übersicht über die wichtigsten Gruppen der Phenole mit einigen Beispielen findet sich in Tab. 11.1.

11.2 Grundzüge der Biosynthese

Aromatische Systeme werden in höheren Pflanzen auf drei Wegen gebildet:

- **Shikimisäure-Weg:** Hierbei handelt es sich um den wichtigsten Syntheseweg in Pflanzen. Er wird im Anschluss besprochen.
- **Acetat-Malonat-Weg:** Auf ihm wird der aromatische Ring A der Flavonoide angeliefert. Bei dieser Gruppe soll er auch besprochen werden (→ Seite 181). Sonst ist dieser Weg bei Mikroorganismen wichtiger.
- **Acetat-Mevalonat-Weg:** Es handelt sich um den Plastiden-Weg, der auch zur Bildung von zyklischen Monoterpenen führt (Seite 159). Thymol (Seite 159) ist eines der wenigen Beispiele für diesen Weg, der in höheren Pflanzen selten ist.

11.2.1 Fortsetzung des Shikimisäure-Wegs: von Phenylalanin zu Zimtsäuren

Der Verlauf des Shikimisäurewegs bis zu den Aminosäuren Phenylalanin und Tyrosin war schon geschildert worden (Seite 45). Phenylalanin ist die wichtigste Ausgangssubstanz für die Synthese von Zimtsäuren, die ihrerseits in zahlreiche weitere Phenole übergehen können.

- **Von Phenylalanin zur Zimtsäure.** Das Schlüsselenzym der Biosynthese von Phenylpropanen, die aus einem aromatischen Ring mit der 3C-Gruppe des Propans bestehen (Tab 11.1), ist die

C-Grundgerüst	Gruppe	Beispiel	Strukturformel
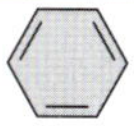	einfache Phenole	Plastochinon*	S. 99
		Ubichinon	S. 176
		Arbutin	S. 176
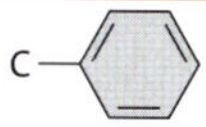	Phenolcarbonsäuren etc.	p-Hydroxybenzoesäure	S. 175
		Protocatechusäure	S. 175
		Gallussäure	S. 175
		Salicylsäure	S. 175
		Vanillin	S. 175
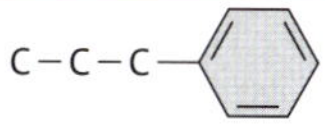	Phenylpropane	Zimtsäuren	S. 170
		Zimtaldehyd	S. 170
		Cumarine	S. 172, 173
		Eugenol	
		Lignine	S. 173
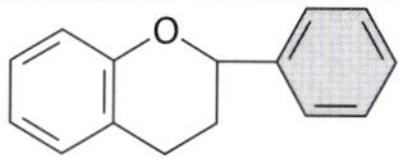	Flavonoide	Flavonole	S. 181
		Anthocyane	S. 177, 181

Tab. 11.1 Gruppen der Phenole mit einigen Beispielen. Plastochinon* bedeutet, dass es auf einem anderen Biosyntheseweg entsteht. Bei den Flavonoiden leitet sich das aromatische System links von drei Molekülen Malonyl-CoA ab, der Rest des Moleküls von Cinnymoyl-CoA.

Abb. 11.1
Desaminierung von Phenylalanin zu Zimtsäure durch PAL (Phenylalanin-Ammonium-Lyase) und Ableitung weiterer Zimtsäuren. Die Stereoisomerie der Zimtsäuren wurde nicht berücksichtigt.

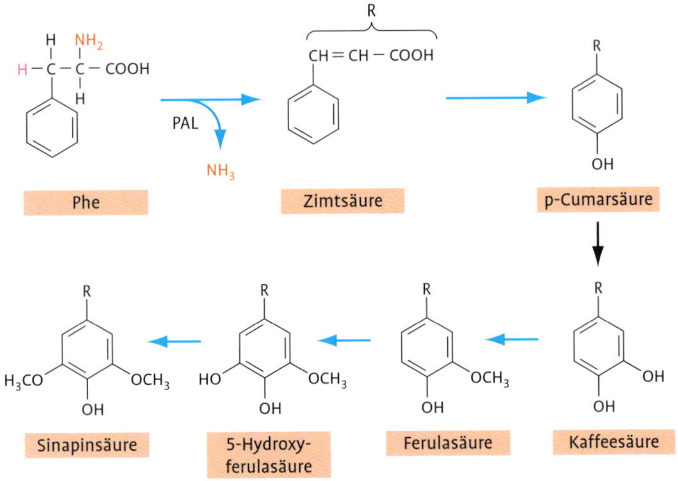

Abb. 11.2
Ableitung wichtiger Phenolgruppen von Zimtsäuren. Die C-Atome des Phenylpropanskeletts sind rot wiedergegeben. Rote Punkte: C-Atome, die meistens Substituenten tragen. Bei den Zimtsäuren musste hier die cis/trans-Isomerie an der Doppelbindung in der Seitenkette berücksichtigt werden.

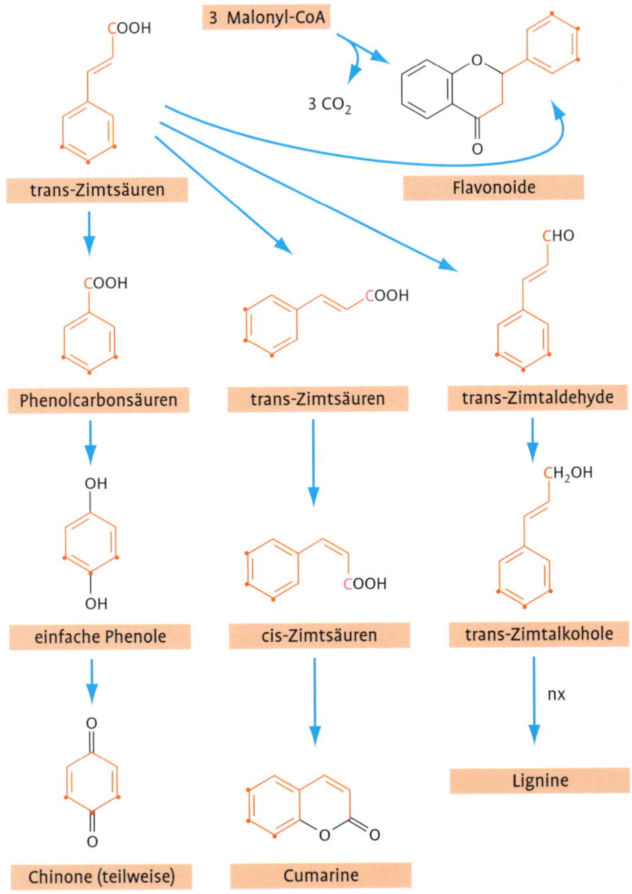

Phenylalanin-ammonium-lyase (PAL). Sie desaminiert Phenylalanin zu Zimtsäure (Abb. 11.1). In Monokotyledonen gibt es eine entsprechend arbeitende Tyrosin-ammonium-lyase (TAL), die Tyrosin in p-Cumarsäure überführen kann. Sie desaminiert auch Phenylalanin, ist jedoch weniger wichtig.

▶ **Von der Zimtsäure zu weiteren Zimtsäuren.** Von der Zimtsäure geht die Synthese einer ganzen **Zimtsäurenfamilie** aus (Abb. 11.1), deren Glieder sich durch die Substitution im Ringsystem unterscheiden.

▶ **Von den Zimtsäuren zu weiteren Phenolen.** Von Zimtsäuren lassen sich alle weiteren Phenylpropane und von diesen die meisten sonstigen Phenole der Pflanzen ableiten (Abb. 11.2). Dabei können die Zimtsäuren die Substitutenten ihres Ringsystems in die betreffenden Derivate einbringen.

11.3 Phenolgruppen: Spezielle Biosynthesen, Funktion und Anwendung

Die Reihenfolge in der Besprechung der einzelnen Phenolgruppen richtet sich nach ihrer Ableitung von Zimtsäuren (Abb. 11.2).

11.3.1 Zimtsäuren

Zimtsäuren liegen in den Pflanzen seltener frei vor. Meistens sind sie an Zucker gebunden, entweder als Glykoside oder als Ester. Auch als Depside kommen sie vor. Solche **Depside** sind Ester carboxylgruppenführender Phenole mit anderen carboxylgruppenführenden Phenolen oder verwandten Substanzen.

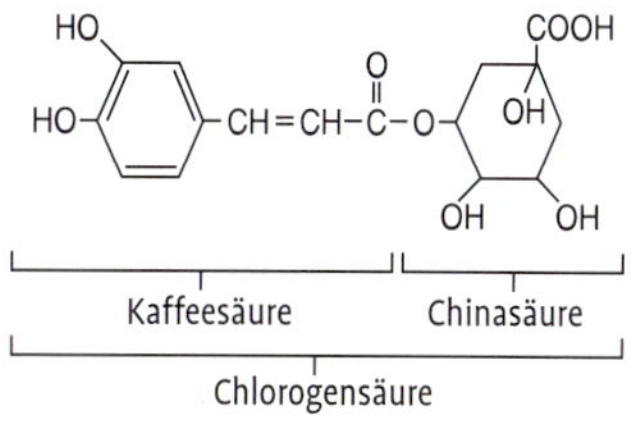

Abb. 11.3 Chlorogensäure.

Zimtsäuren üben vielfach ökologische Funktionen aus, zum Beispiel als Allelopathika (Seite 327). Sie können auch zu übergeordneten Verbänden zusammengeschlossen werden. Ein Besipiel ist die **Chlorogensäure** (Abb. 11.3), ein Depsid aus Kaffeesäure und Chinasäure. Es handelt sich um das am weitesten im Pflanzenbereich verbreitete Derivat der Kaffeesäure. Bekannt ist ihr Vorkommen in den Kaffeebohnen. Ein Teil der anregenden Wirkung des Kaffees geht auf sie zurück.

11.3.2 Cumarine

Ebenso wie die Zimtsäure namengebend für die Zimtsäurenfamilie ist, so ist es das Cumarin für die Cumarin-Familie. Die Cumarine leiten sich von entsprechend substituierten Zimtsäuren durch Oxidation am aromatischen Ring und Bildung eines Lactonrings unter Einbezug der Seitenkette ab.

▶ **Biosynthese.** Sie wird stellvertretend für das Cumarin selbst besprochen (Abb. 11.4). Dazu eine Vorbemerkung: Die Doppelbindung in der Seitenkette der Zimtsäuren gibt Gelegenheit zur Stereoisomerie. Die natürlich vorkommenden Zimtsäuren sind überwiegend trans-Formen. Das Gleichgewicht zwischen trans und cis kann auch innerhalb der Pflanzen durch UV-Licht zugunsten von cis verschoben werden.

Die trans-Zimtsäure wird durch Einfügen eines Hydroxyls in o-Stellung zur Seitenkette in o-Oxy-trans-Zimtsäure = o-Cumarsäure überführt, die mit Hilfe von UDPG glucosidiert wird. Das dabei entstehende o-Cumarsäure-β-glucosid, noch eine trans-Verbindung, geht in die Vakuole über. Durch UV-Licht wird es in die entsprechende cis-Verbindung, das o-Cumarinsäure-β-glucosid, überführt. Man bezeichnet diese Verbindung als gebundenes Cumarin. Denn in den bekannten Cumarinpflanzen wie Steinklee (*Melilotus alba*), Waldmeister (*Galium odorarum*) und Mariengras (*Hierochloë odorata*) findet sich normalerweise kein Cumarin, sondern o-Cumarinsäure-β-glucosid.

Erst wenn bei Verletzungen oder beim Trocknen o-Cumarinsäure-β-glucosid mit einer sonst räum-

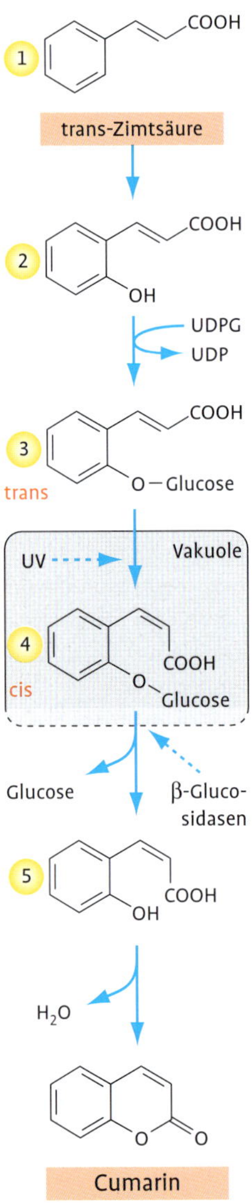

Abb. 11.4
Biosynthese des Cumarins. **2** *o*-Cumarsäure, **3** *o*-Cumarsäure-β-glucosid, **4** *o*-Cumarinsäure-ß-glucosid (gebundenes Cumarin), **5** -Cumarinsäure.
2 wird im Cytoplasma mit Hilfe von UDPG zu 3 glucosidiert und dann in die Vakuole eingebracht. Dort geht es unter UV-Strahlung aus der *trans*- in die *cis*-Form (4) über. Bei Verletzungen (durch einen unterbrochen gezeichneten Tonoplasten angedeutet) kommen β-Glucosidasen mit 4 in Kontakt und spalten die Glucose ab. 5 bildet spontan einen Lactonring (innerer Ester) und wird so zum Cumarin.

lich von ihm getrennten β-Glucosidase zusammen kommt, bildet sich Cumarin. Denn die β-Glucosidase hydrolysiert das gebundene Cumarin zu o-Cumarinsäure, die dann spontan in ihr Lacton, eben Cumarin, übergeht.

ESELSBRÜCKE
-**ar**-Verbindungen = **trans**;
-**in**-Verbindungen = **cis**

Alle anderen Cumarine werden ebenso aus entsprechend substituierten Zimtsäuren gebildet (Abb. 11.5). Damit ist erklärt, warum sich bei Zimtsäuren und Cumarinen gleiche Substitutionsmuster finden.

▶ **Funktion.** Im Pflanzengewebe liegen die Cumarine weitgehend als physiologisch hochaktive Glykoside vor. Meist wirken sie hemmend. So sind **Cumarin** und **Scopoletin** Inhibitoren der Samenkeimung und der Zellstreckung, aber auch präinfektionelle Hemmstoffe gegen Mikroorganismen. Cumarine dienen als Bitterstoffe auch dem Fraßschutz.

11.3.3 Lignine

Nach der Cellulose sind Lignine die mengenmäßig wichtigsten organischen Substanzen. Denn sie sind die wichtigste Gerüstsubstanz der Pflanzen und deshalb im Pflanzenreich von den Moosen an aufwärts nahezu universell verbreitet. Erst Lignine ermöglichten den Pflanzen den Übergang vom Wasser- zum Landleben. Bei den Gefäßpflanzen finden sie sich vor allem im Xylem. Inkrustiert zwischen Cellulose und anderen Strukturelementen lassen sie aus der Zellwand eine Struktur entstehen, die in ihrer Druck- und Zugfestigkeit häufig mit Stahlbeton verglichen wird.

▶ **Struktur.** Es handelt es sich um eine hochpolymere Substanz, in der Phenylpropaneinheiten zu einem dreidimensionalen Netzwerk verknüpft sind (Abb. 11.6). Dabei lassen sich die Substitutionsmuster der p-Cumarsäure, der Ferulasäure und der Sinapinsäure erkennen. Bausteine sind aber nicht die Säuren, sondern die entsprechenden Alkohole, der p-Cumaroyl-, Coniferyl- und Sinapyl-alkohol. Die Mengenverhältnisse dieser drei Komponenten können je nach Alter und der Art der Pflanze stark verschieden sein. Es gibt also nicht ein Lignin, sondern viele Lignine:

- **Gymnospermen:** überwiegend Coniferyl-Alkohol (entspricht der Ferulasäure), dazu noch etwas p-Cumaryl- und Sinapyl-Alkohol (Abb. 11.6).
- **Angiospermen: Dikotyledonen** wie die Buche annähernd gleich viel Sinapyl- und Coniferyl-, weniger Sinapyl-Alkohol, (ehemalige) **Monokotyledonen** wie die Gräser (Poa-

Abb. 11.5
Biosynthese weiterer Cumarine. Sie verläuft wie diejenige des Cumarins selbst (→ Abb. 11.4).

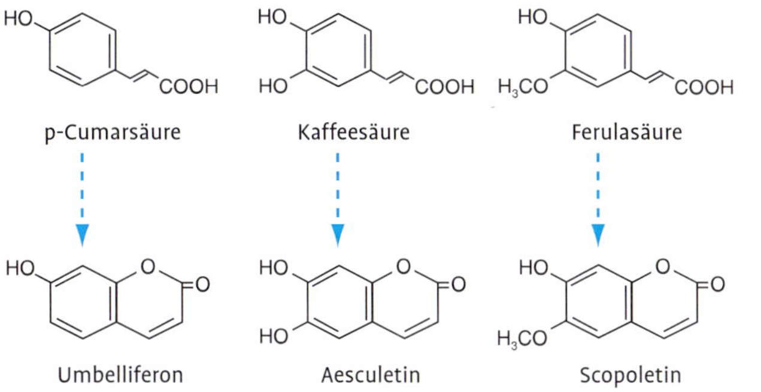

Abb. 11.6
Ausschnitt aus Fichtenlignin. Wo Me = H_3C- auftritt, handelt es sich um von der Ferulasäure abgeleitete Bausteine (aus FREUDENBERG und NEISH 1968).

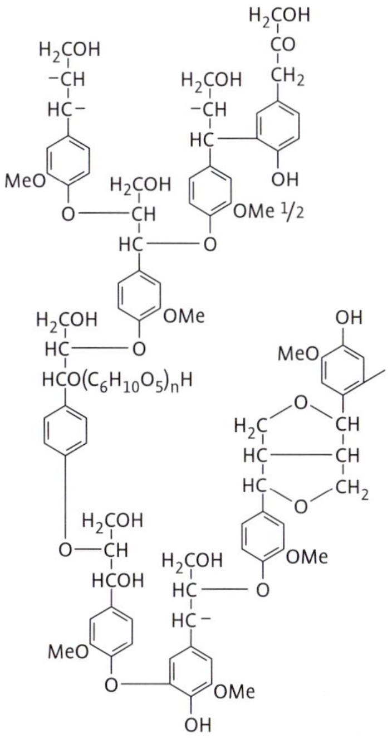

ceae) besonders viel p-Cumaroyl-, weniger Coniferyl- und Sinapyl-Alkohol.

▶ **Biosynthese.** Die den drei Alkoholen entsprechenden Zimtsäuren werden zunächst unter ATP-Verbrauch in ihre CoA-Ester überführt, die dann zu Zimtaldehyden und in einem zweiten Reduktionsschritt zu den eben genannten drei Zimtalkoholen reduziert werden (Abb. 11.2). Die Reaktionsfolge, die von Ferulasäure zum **Coniferen-Lignin** führt, wird in Abb. 11.7 als Beispiel gebracht.

Bei einer Reihe von Pflanzenarten werden die Zimtalkohole durch Glucosidierung in leicht lösliche Transportformen überführt, Coniferyl-alkohol in Coniferin. Nach dem Transport an den Ort der Ligninbildung setzen β-Glucosidasen die Zimtalkohole wieder frei. Bei anderen Arten unterbleiben Glucosidierung und Transport. Die Zimtalkohole stehen dann unmittelbar für die Ligninbildung zur Verfügung. Dabei werden die Zimtalkohole enzymatisch zu organischen Radikalen dehydriert, die möglicherweise spontan zu Ligninen polymerisieren. Welche Enzyme dehydrieren, ist umstritten. Mit einiger Wahrscheinlichkeit handelt es sich um Peroxidasen. In der Diskussion ist, ob die Polymerisation wirklich spontan verläuft. In der Forsyhie (*Forsythia suspensa*) zum Beispiel kommt ein „dirigent protein" vor. Es hat seinen Namen daher, dass es zumindest in vitro die sterische Ausrichtung der Radikale bei der Polymerisation steuert.

Die von den Zimtalkoholen ausgehende Ligninbildung beginnt im Xylem wenige Zellschichten innerhalb des Kambiums. Bei Coniferen ist sie rund zehn Zellschichten einwärts vom Kambium bereits im Wesentlichen abgeschlossen. In den einzelnen Zellen setzt die Ligninbildung an der Grenze zwischen Mittellamelle und Primärwänden ein und schreitet von dort in Richtung Zellinneres weiter.

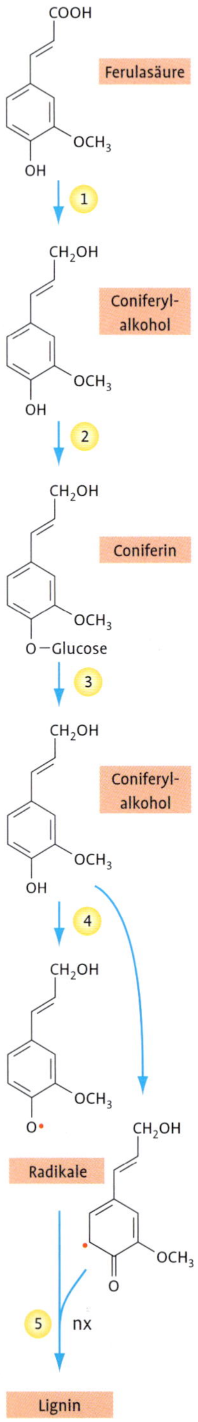

Abb. 11.7
Biosynthese des Lignins aus Zimtsäuren. Dabei werden die Veränderungen der Ferulasäure gezeigt, des Hauptbausteins des Fichtenlignins (Abb. 11.6). Die Aktivierung der Ferulasäure zu ihrem CoA-Ester wurde nicht berücksichtigt. **1** zwei Reduktionen; die erste führt zum Aldehyd, die zweite zum Alkohol der Ferulasäure, dem Coniferylalkohol. **2** Glucosidierung. **3** Transport zum Ort der Ligninsynthese, dort Deglucosidierung. **4** Oxidation (Dehydrierung) zu Radikalen. Zwei der Möglichkeiten für Radikale werden gezeigt. **5** Polymerisierung über dimere Zwischenstufen. *p*-Cumar- und Sinapinsäure unterliegen bei der Ligninsynthese entsprechenden Veränderungen.

11.3.4 Phenolcarbonsäuren (und Derivate)

Wenn man von Zimtsäuren die ersten beiden C-Atome der Seitenkette ähnlich wie beim Abbau der Fettsäuren durch β-Oxidation (Seite 149) entfernt, kommt man zu **Phenolcarbonsäuren,** etwa von p-Cumarsäure zur p-Hydroxy-benzoesäure (Abb. 11.11).

▶ **p-Hydroxybenzoesäure** ist seltener, **Protocatechu-** und **Gallussäure** (Abb. 11.8) sind universell verbreitet. Der Grund dafür ist unbekannt. Alle drei sind Allelopathika und präinfektionelle Abwehrstoffe gegen Mikroorganismen. Gallussäure-Einheiten finden sich auch in einer polmeren Gerbstoffgruppe, den **Gallotanninen.**

▶ **Salicylsäure** (SA; Abb. 11.8) entsteht in Pflanzen aus p-Cumarsäure oder Benzoesäure**.** Ihren Namen trägt sie nach dem Vorkommen in Weide (*Salix*). Sie hemmt Mikroorganismen. Als Phytohormon **Calorigen (**lat. = Wärmeerzeuger) wirkt sie im Kolben von Aronstabgewächsen (Araceen; Seite 337). Vor allem aber induziert sie, endogen gebildet oder experimentell zugeführt, Genaktivitäten bei Abwehrreaktionen (Seite 336).

▶ **Aspirin** (Abb. 11.8): Die heilende Wirkung der Weidenrinde bei Schmerzen, vor allem bei Kopfschmerzen, und Fieber ist schon seit dem Altertum bekannt. 1828 wurde das wirksame Prinzip aus der Weidenrinde isoliert: **Salicin,** das Glucosid der SA. Eine andere Pflanzenart mit seit langem bekannter, teils ähnlicher Heilwirkung ist das Mädesüß (*Filipendula* – früher *Spiraea* – *ulmaria*). Aus ihm wurde 1839 ebenfalls SA isoliert. Aus SA wurde 1897–99 von der späteren Bayer AG das Aspirin entwickelt, eines der weltweit meistverkauften Medikamente – Grund genug, auch in einer Pflanzenphysiologie darauf einzugehen. Aspirin, der Acetylester der SA, kommt in Pflanzen nicht vor. Die Bezeichnung leitet sich von „A" für Acetyl und „spirin" von *Spiraea* ab.

▶ **Vanillin** (Abb. 11.8) ist der Aldehyd einer Phenolcarbonsäure, der Vanillinsäure. Es wird beim Trocknen aus den Fruchtschoten der wurzelkletternden Orchidee *Vanilla planifolia* frei. Vanillin ist synthetisch zugänglich, doch werden der weiteren Aromastoffe wegen oft die Schoten bevorzugt. Die Substanz ist leicht flüchtig und deshalb

Abb. 11.8
Einige einfache Phenole, Phenolcarbonsäuren und Derivate. Phenol selbst ist nur der Struktur, nicht der Biosynthese nach Grundsubstanz.

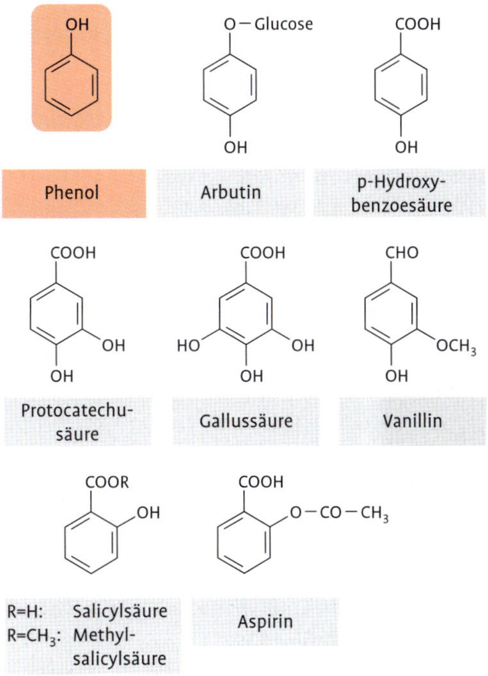

Abb. 11.9
Shikonin.

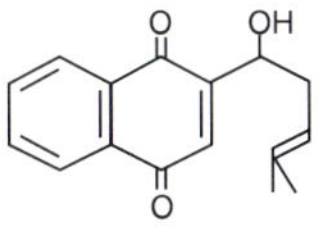

ebenso wie das strukturmäßig verwandte Eugenol der Gewürznelken (*Syzygium aromaticum*) Bestandteil von **ätherischen Ölen.** Vor allem **Mono- und Sesquiterpene** aber auch **Phenylpropanderivate machen die ätherischen Öle aus.**

BOX 11.1

Biotechnik und Shikonin

Shikonin (Abb. 11.9) ist der Struktur nach ein Naphthochinon, entsteht jedoch aus p-Hydroxybenzoesäure plus zwei Einheiten IPP, die den zweiten Ring und die Seitenkette stellen. Der Inhaltsstoff der in Japan und angrenzenden Ländern vorkommenden Steinsamen-Art *Lithospermum erythrorhizon* besitzt antibiotische Eigenschaften und ist deshalb wohl ein pflanzlicher Abwehrstoff. Aus dem gleichen Grund wird er auch in der Medizin eingesetzt.

Wichtiger ist jedoch die Verwendung als Farbstoff: Shikonin färbt Seide ebenso wie Lippen. Besonders Shikonin-haltige Biolipsticks wurden in Japan zu einem Verkaufsschlager (Abb. 11.10). Dem stark steigenden Bedarf konnte man nur durch die Produktion von Shikonin in Zellsuspensionskulturen entsprechen. Denn die natürlichen Bestände von *Lithospermum* waren fast ausgerottet und in Feldkulturen ließ sich die Art nicht großflächig anbauen. Die Produktivität des Zellkulturverfahrens ist mit 4000 mg /L (1) tausendmal höher als die Gewinnung aus der Pflanze (2).

Shikonin liefert eines der wenigen Beispiele für die gewinnbringende industrielle Herstellung eines sekundären Pflanzenstoffs in Zellkulturen.

[1] Fujita 1985, Review in Hess 1992. [2] Kreis et al. 2001.

11.3.5 Einfache Phenole und Benzochinone

Eliminiert man in Phenolcarbonsäuren auch das letzte C vor dem Benzolring, erhält man einfache **Phenole** .Von ihnen lassen sich verschiedene **Benzochinone** ableiten (Abb. 11.2).

▶ **Hydrochinon** bzw. **Arbutin** (Abb. 11.8): Das wichtigste einfache Phenol ist das Hydrochinon, das mit Hilfe von UDPG zu **Arbutin** glucosidiert wird (Abb. 11.11). Bekannte Quellen sind die Blätter von Saxifragaceen, Ericaceen und Birnen (*Pyrus communis*). Die Blätter der Bärentraube (*Arctostaphylus uva-ursi*) dienen als Desinfiziens der Harnwege. Arbutin wird dabei in Hydrochinonderivate überführt, aus denen mit aller Wahrscheinlichkeit in alkalisch reagierendem Harn Hydrochinon als eigentlicher Wirkstoff freigesetzt wird. Zur Schwarzfärbung von Birnenblättern im Herbst → Seite 387.

▶ **Benzochinone:** Die uns schon bekannten **Ubichinone** (Seite 121) lassen sich in ihrer Biosynthese an das Hydrochinon anschließen. Es müssen nur noch die weiteren Substituenten, vor allem der Polyprenyl-Anteil aus 9 oder 10 5-C-Einheiten angefügt werden (Abb. 11.11). Nur erwähnt werden kann, dass Benzoesäure auch in das **Phyllochinon** (Seite 98) eingeht, wenn auch auf einem anderen Weg. Die **Plastochinone** (Seite 97) jedoch sind trotz ihres ähnlichen Bautyps anderer Herkunft.

Abb. 11.10
Biolipsticks. Die bekannte japanische Sängerin Seiko Matsuda benutzt Biolipsticks mit Shikonin (Foto M. ZENK; HESS 1992).

Abb. 11.11
Schema der Biosynthese von p-Hydroxy-benzoesäure, Hydrochinon, Arbutin und Ubichinonen. Ubichinon mit n = 9 bezeichnet man auch als Coenzym Q9, mit n = 10 als Coenzym Q10.

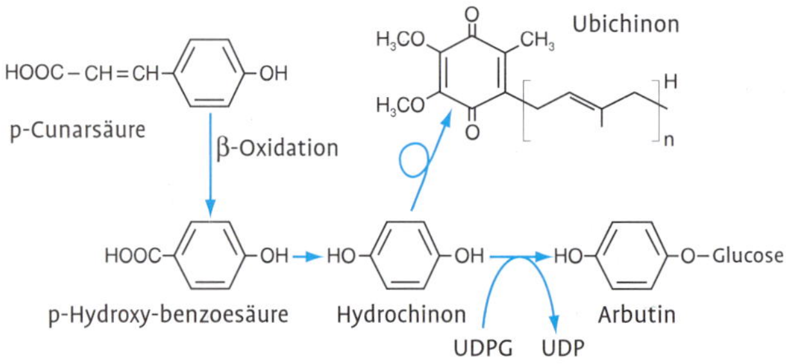

11.3.6 Flavonoide

Die Flavonoide stellen die größte Gruppe der Phenolkörper. Ihren Namen tragen sie nach der gelben (lat. flavus = gelb) Farbe mehrerer Vertreter. Nach dem Oxidationszustand des mittleren Heterozyklus gliedern sie sich in eine Reihe von Untergruppen, von denen hier nur die wichtigeren erwähnt werden können (Abb. 11.12).

Die meisten Flavanderivate kommen in den Pflanzen in glykosidierter Form vor. Die Zucker werden an Hydroxylen des Ringes A und des Heterozyklus eingefügt, besonders oft am Hydroxyl des C-Atomes 3.

▶ **Flavonole:** Häufig vorkommende Flavonol-Aglyka sind Kämpferol und Quercetin. Myricetin ist seltener (Abb. 11.17). Favonolglykoside können Blüten eine weißliche bis leicht gelbe Färbung verleihen. Sie kommen aber keinesfalls nur in Blüten vor, sondern fanden sich in allen daraufhin untersuchten Pflanzenteilen. Das ubiquitäre Vorkommen spricht für eine zentrale Funktion der Flavonole, bei der es sich möglicherweise um einen UV-Schutz handeln könnte. Hinzu kommen Sonderfunktionen. So sind sie für die Entwicklung des Pollens unerläßlich (Seiten 185, 375), oder sie können die plasmidiale *vir*-Region in *Agrobacterium tumefaciens* zur Übertragung der T-DNA aktivieren (Seite 80).

Abb. 11.12
Flavan und der mittlere Heterozyklus einiger wichtiger Flavonoide. Das Chalkon ist kein Flavonoid, aber Zwischenstufe zu ihnen (Abb. 11.17).

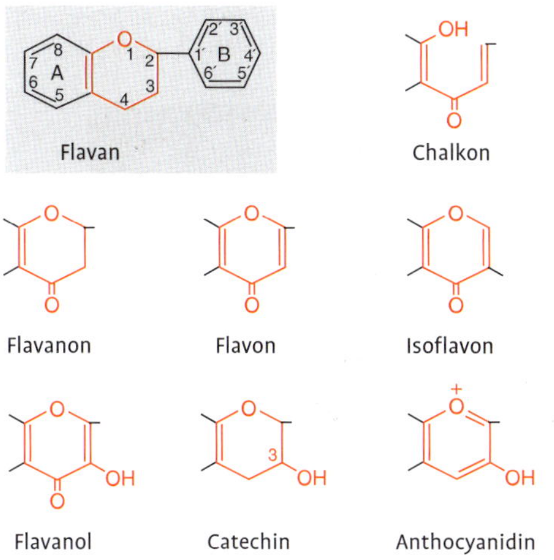

▶ **Anthocyane:** bei ihnen handelt es sich überwiegend um im Zellsaft gelöste Blütenfarbstoffe, die rote und blaue Farben bedingen (Seite 199). Doch fehlen sie auch in vegetativen Pflanzenteilen nicht, in denen Glykoside des Cyanidins vorherrschend sind.

Die Aglyka der Anthocyane, die **Anthocyanidine**, sind durch einen Heterozyklus charakterisiert, der in saurem Medium eine Oxoniumstruktur aufweist. Der Unterschied zwischen den einzelnen Anthocyanidinen liegt im **Substitutionsmuster des Ringes B** (Abb. 11.13). Nur selten treten Anthocyanidine auf, die sich durch Substitutionen in den beiden anderen Ringsystemen voneinander unterscheiden.

Von wenigen, nicht ganz gesicherten Ausnahmen abgesehen, liegen die Anthocyanidine in den Pflanzen als **Glykoside** vor. Wie erwähnt wird das Hydroxyl an C-Atom 3 bevorzugt glykosidiert. Als erster Zucker findet sich hier immer Glucose, an die dann noch weitere und auch andere Zucker angefügt werden können. Zusätzliche Varianten bringt die **Acylierung** mit sich.

Fassen wir zusammen, wodurch die Schar der verschiedenen Anthocyane zustande kommt:

Abb. 11.13
Die wichtigsten Anthocyanidine. Links die Grundstruktur eines Anthocyanidins, sonst jeweils der Ausschnitt des Rings B, in dessen Substitution sich die einzelnen Anthocyanidine unterscheiden. Die Farben geben ungefähr die Farben der isolierten Anthocyanidine wieder (→ Seite 199).

Die Pfeile deuten die Abfolge im Substitutionsmuster an: von oben nach unten zunehmende Hydroxylierung, von links nach rechts zunehmende Methylierung bestimmter Hydroxyle.

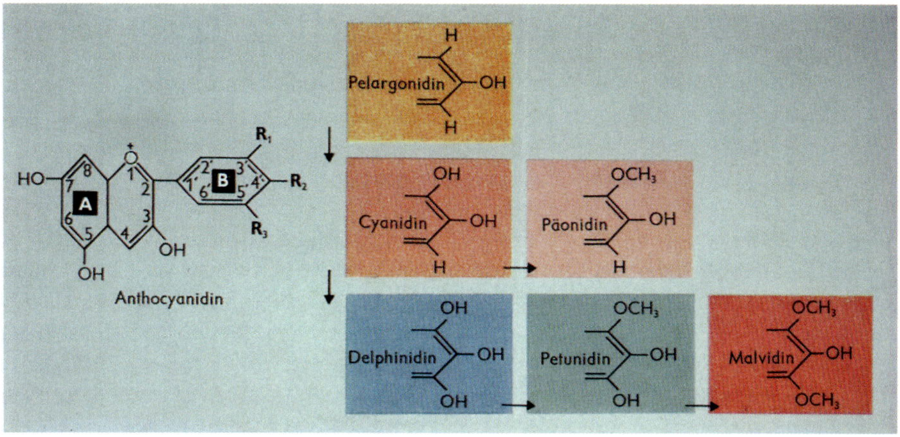

Abb. 11.14
Transfer von Genen für Blütenanthocyane bei *Petunia hybrida*. Ein früher erster Versuch (HESS 1969) hatte Fragen offen gelassen, doch zehn Jahre später konnten mit Hilfe der direkten Pollentechnick sichere Daten erhalten werden. Pollen einer weiß blühenden Mutante (**b**) waren mit Gesamt-DNA aus einer rot blühenden reinen Linie (**a**) inkubiert und dann zu Selbstungen eingesetzt worden. Unter den Nachkommen fanden sich wiederholt hemizygot transgene Pflanzen (**c**; bei transgenen Pflanzen wird anstatt heterozygot der der Begriff hemizygot verwendet). Sie zeigten Anthocyan-Akkumulation entlang der Schlundadern, an denen auch in der Normalform die Anthocyanbildung am stärksten war. Dieser Phänotyp fand sich nicht, wenn die DNA mit DNase behandelt worden war. Er trat weder in Kontrollen (Mutanten, deren Pollen mit homologer DNA behandelt worden waren) noch spontan während 25 Jahren Kultivierung der Mutante auf (Fotos D. HESS; Lit. HESS 1980; Review HESS 2006).

BOX 11.2

Anthocyane als Modellsubstanzen der Genetik

▶ **Chemogenetik und Biochemische Genetik.** Schon 1907 wurde von Wheldale (1) in Untersuchungen am Löwenmäulchen (*Anthirrhinum majus*) eine Korrelation zwischen Genen und chemischen Merkmalen hergestellt. Bei den Merkmalen handelte es sich um das Auftreten bestimmter Zucker und B-Ring-Substituenten bei Blüten-Anthocyanen. Damit war die **Chemogenetik** begründet. Erst zwei Jahre später folgten entsprechende Befunde Garrods (2) am Menschen (Alkaptonurie).
In der Folge waren Anthocyane beliebte Modellobjekte der Chemogenetik an Pflanzen. Denn sie ließen sich leicht nachweisen. Verbesserungen der Methodik wie die Papier- und dann die Dünnschichtchromatographie erleichterten die Analysen erheblich. Aber erst in den letzten Jahrzehnten des 20. Jahrhunderts wurde es nach Aufklärung der Biosynthese durch Grisebach (3) und andere möglich, die im Mendel-Experiment gefaßten Gene und das Auftreten der genannten Merkmale (Glykosidierungen und Substitutionen am Ring B) mit definierten Enzymen zu korrelieren. Die meisten Enzyme der Biosynthese sind isoliert und charakterisiert. Aus der Chemogenetik wurde so eine **biochemische Genetik.** Die codierenden Gene wurden großenteils kloniert. Ein kompliziertes Netzwerk von Transkriptionsfaktoren, die oft zur Familie der MYB-Faktoren gehören, steuert die betreffenden Gene (4, 5). Die Anthocyane behielten also auch im Zeitalter der **molekularen Genetik** Modellcharakter, allerdings nicht mehr so dominierend wie in der Chemogenetik.

▶ **Gentechnik und erste Freisetzung in Deutschland.** An vorderster Front standen die Anthocyane auch in der Gentechnik. In frühen Versuchen zum Gentransfer wurden anthocyanfreie Mutanten von Petunien zur partiellen Anthocyansynthese korrigiert (Abb. 11.14; 6). Von einer Arbeitsgruppe um Saedler (7) war in eine anthocyanfreie Mutante von ebenfalls Petunien ein Gen aus Mais für die Synthese von Pelargonidin übertragen worden. Das Gen, das unter der Kontrolle des CaMV-35S-Promotors stand, codierte eine Dihydroflavonol-Reduktase (Abb.

Abb. 11.15
Die erste Freisetzung in Deutschland. In eine weißblühende Mutante von *Petunia hybrida* war ein Gen für Dihydroflavonol-Reduktase (Abb. 11.17) aus dem Mais übertragen worden. Die transgenen Petunien bildeten Pelargonidin-Anthocyane. Ihre Blüten waren im Gewächshaus lachsfarben (MEYER et al. 1987). In Freilandversuchen (Bild) waren zahlreiche Blüten jedoch nur partiell lachsfaben oder sogar weiß. Durch Methylierung des Promotors war das Transgen inaktiviert worden (Foto H. SAEDLER; HESS 1992, Lit. MEYER *et al.* 1992, 1993).

11.17), die Dihydroflavonole mit dem Ring B der p-Cumarsäure in Pelargonidin überführen konnte. Petunien verfügen über das betreffende Gen nicht und bilden deshalb normalerweise kein Pelargonidin. Im Gewächshaus waren die Blüten transgener Pflanzen durch Pelargonidin-Anthocyane lachsfarben bis orange, eine für Petunien neue attraktive Farbgebung.
Mit diesen transgenen Petunien wurde auch die erste „Freisetzung" in Deutschland durchgeführt. Frei gesetzt waren die Pflanzen allerdings keinesfalls; sie wuchsen nur anstatt im Gewächshaus nun im Freiland, allerdings im umzäunten Institutsgelände. Dabei versagten die transgenen Petunien jedoch großenteils in der Pelargonidin-Synthese: sie waren dann gescheckt, gestreift oder gar völlig weiß (Abb. 11.15). Der Grund: der Promotor des übertragenen Pelargonidin-Gens war unter den unkontrollierbaren Feldbedingungen teilweise durch Methylierungen inaktiviert worden (8). Der Versuchsausfall demonstrierte auch die Notwendigkeit, transgene Pflanzen im Freiland zu überprüfen.

▶ **Gentechnik: neue Blütenfarben.** Mit Kenntnis der Biosynthesewege und nach Isolierung und Klonen der relevanten Gene wurde es wie erwähnt möglich, die Blütenfarben gezielt zu verändern. Ein Verkaufsschlager auf diesem Sektor wurden blaue Nelken (*Dianthus caryophyllus*) einer australisch-japanischen Firma. Ausschlaggebend war neben anderen genetischen Veränderungen der Transfer eines Gens aus Petunien, das in die 3′- und 5′-Position des Rings B Hydroxylgruppen einfügte (F3′5′H; Abb. 11.17). Das Gen sollte zur Bildung von Delphinidin führen, bedingte für sich allein jedoch noch keine stärkere Farbvertiefung. Das war erst der Fall, nachdem zusätzlich noch ein Gen zur Verstärkung der hydoxylierenden Potenz eingeführt worden war. Dann akkumulierten große Mengen an Delphinidin und verliehen den Blüten eine tiefblaue Farbe (9; Abb. 11.18). Eine blaue Rose ist bei der gleichen Firma in Bearbeitung.

[1] Wheldale 1907. [2] Garrod 1909. [3] Grisebach 1965. [4] Mol et al. 1998. [5] Yu et al. 2006. [6] Hess 1980, 2006. [7] Meyer et al. 1987. [8] Meyer et al. 1992, 1993. [9] Brugliera et al. 2000, Tanaka 2006, Tanaka and Brugliera 2006.

Abb. 11.16
Moonvista, die Nelke mit dem tiefsten Blau, die nach Übertragung unter anderem eines Gens für Flavonoid-3′5′-Hydroxylase und damit Delphinidin-Synthese (Abb. 11.17) aus Petunien erhalten wurde (Foto FLORIGENE PTy LTD, Bundoora, Australien; mit freundlicher Genehmigung).

- durch **Substitutionen** vor allem im Ring B;
- durch **Glykosidierungen;**
- durch **Acylierungen.**

▶ **Biosynthese der Flavonoide.** Ihre Etappen (Abb. 11.17) sind das Zustandekommen des 15-C-Grundgerüstes, die Veränderungen im mittleren Heterozyklus, die Substitution im Ring B und die Glykosidierung.

- **Bildung des 15-C-Grundgerüstes**: Es handelt sich um eine Kombination des Acetat-Malonat-Wegs mit Zimtäuren aus dem Shikimisäure-Weg. Zimtsäuren werden zunächst in ihre CoA-Ester überführt. Die Cinnamoyl-CoA-Ester dienen dann als Starter, an den drei Einheiten Malonyl-CoA unter Decarboxylierung unter Bildung von Chalkonen angefügt werden. Die dabei aktiven Enzyme nennt man dementsprechend Chalkonsynthasen. Sie arbeiten mit bestimmten Zimtsäure-CoA-Estern, die wichtige **p-Cumaroyl-Chalkonsynthase** mit p-Cumaroyl-CoA.
- **Veränderung im Heterozyklus:** Chalkone sind noch keine Flavonoide, aber deren Muttersubstanzen. Denn sie gehen unter Aus-

Abb. 11.17 (rechts)
Die Biosynthese der wichtigsten Flavonoide, vor allem der Flavonole und Anthocyanidine. **1** Flavonol-Synthase; **2** Dihydroflavonol-4-Reduktase. Das Enyzm reduziert im mittleren Heterozyklus der Dihydroflavonole die CO-Funktion zu einer HO-Gruppe. Falls die Flavan-3,4-diole wie hier Intermediate zu Anthocyanen sind, werden sie auch Leukoanthocyanidine genannt. **3** Anthocyansynthase. **F3′H** Flavonoid-3′-Hydroxylase; **F3′5′H** Flavonoid-3′5′-Hydroxlyase. Durch diese Enzyme werden zusätzliche Hydroxyle in der Ring B eingebracht. **3′5′OMT** = 3′5′O-Metlytransferase. Das Enzym bringt Methylgruppen in die Hydroxyle ein. Es könnte durch **3′OMT** und **5′OMT** ersetzt werden. Die B-Ring-Substitution kann fallweise auch auf andere Weise zustande kommen (Abb. 11.18).

Abb. 11.18
Einbau von ^{14}C-Methyl-Sinapinsäure (rot = ^{14}C) in das 3-Monoglucosid des Malvidins (Mal-3-G) von Petunien-Blüten. Die Blüten enthielten außerdem 3-Monoglucoside des Petunidins und des Delphinidins. Oben Strukturformel der Sinapinsäure, die Blütenknospen zugeführt wurde; darunter der Ring B der genannten Anthocyanidine. Ordinate: spezifische Radioaktivität. Weitaus die meiste Sinapinsäure-Radioaktivät fand sich in Malvidin, das die gleiche Substitution wie Sinapinsäure aufweist. Die geringe Radioaktivität in Petunidin geht auf eine Demethylierung im 5′Hydroxyl zurück. Eine zweite Demethylierung zu Delphinidin ist nicht fassbar (HESS 1964).

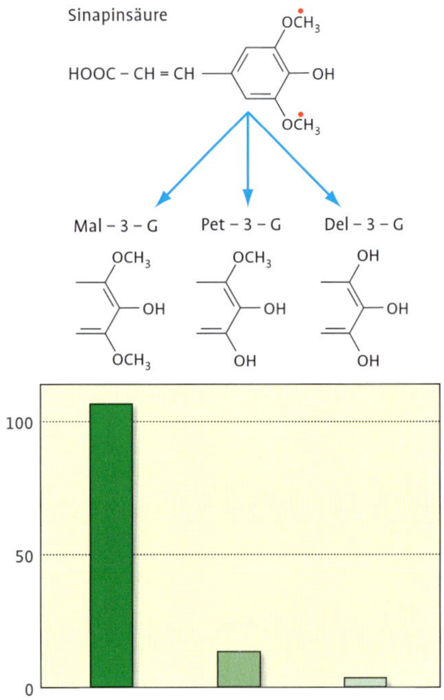

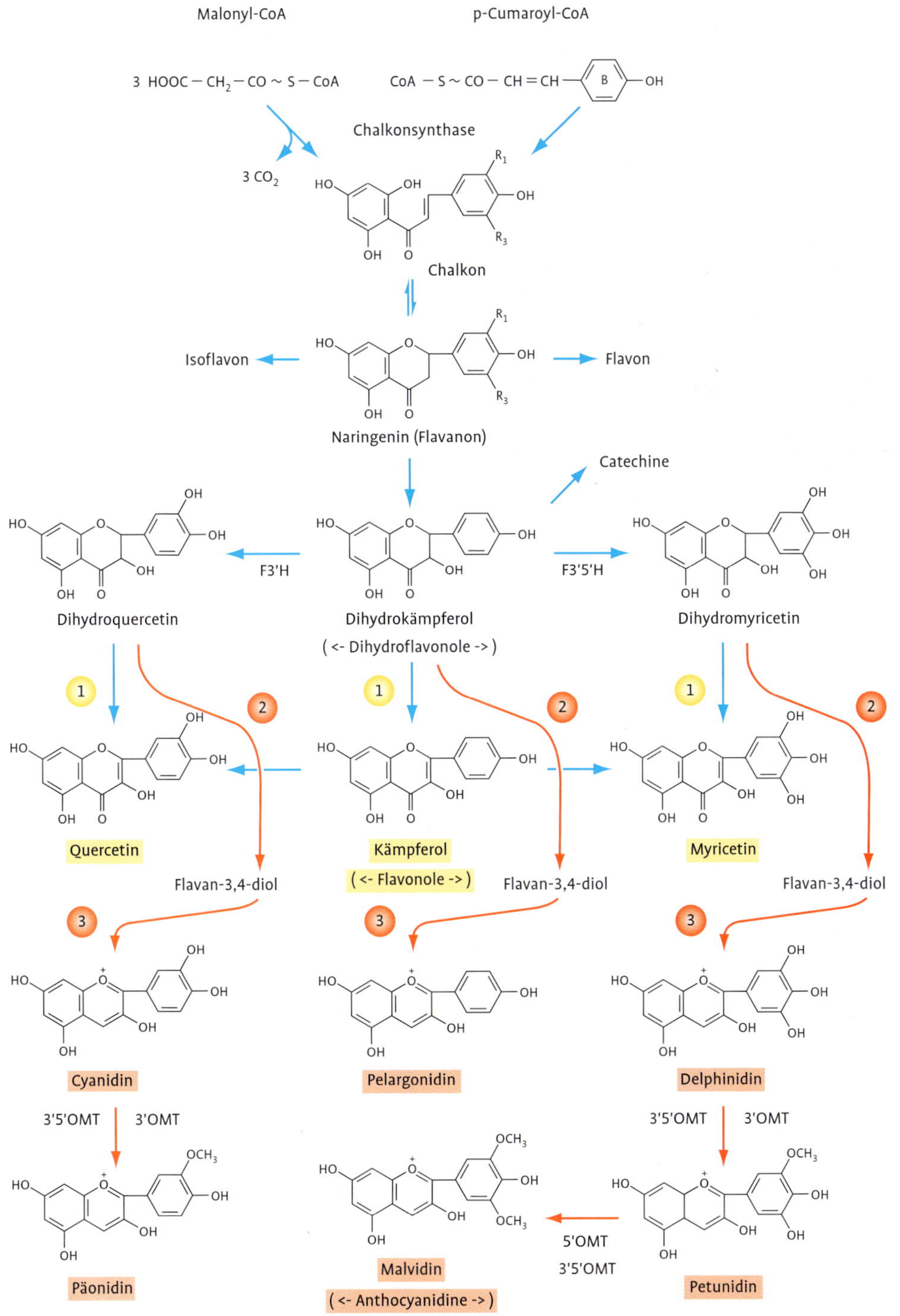
Malonyl-CoA
p-Cumaroyl-CoA
3 HOOC – CH2 – CO ~ S – CoA
CoA – S ~ CO – CH = CH – B – OH
Chalkonsynthase
3 CO2
Chalkon
Isoflavon
Flavon
Naringenin (Flavanon)
Catechine
F3'H
F3'5'H
Dihydroquercetin
Dihydrokämpferol
(<- Dihydroflavonole ->)
Dihydromyricetin
1
2
Quercetin
Kämpferol
(<- Flavonole ->)
Myricetin
Flavan-3,4-diol
3
Cyanidin
Pelargonidin
Delphinidin
3'5'OMT
3'OMT
Päonidin
Malvidin
(<- Anthocyanidine ->)
5'OMT
3'5'OMT
Petunidin

BOX 11.3

Die Zimtsäuren-Start-Hypothese der Anthocyan-Biosynthese: eine Alternative

Abb. 11.17 zeigt den Hauptweg der Anthocyan-Biosynthese. Doch ergeben sich in Details noch Fragen. So wird in Lehrbüchern und vielfach sogar in wissenschaftlichen Übersichtsreferaten das Einbringen von Methylgruppen in die Hydroxyle 3′ und 5′ des Rings B der Anthocyane überhaupt nicht erwähnt. Auch Reviews aus den letzten Jahren (1) gehen auf Anthocyan-OMTs nur am Rande ein.

Eine Reihe von Befunden aus der Chemogenetik der Anthocyane spricht nun gegen eine Substitution von 15-C-Zwischenstufen (2). Nur ein Beispiel: bei *Impatiens balsamina* (Garten-Springkraut), *Pelargonium zonale* (Zonal-Pelargonie), *Primula sinensis* (Chinesische Primel) und *Streptocarpus hybridus* (Drehfrucht) führt **ein** dominanter Genlocus dazu, dass sich in den Blüten anstatt Pelargonidin Malvidin bildet. Nach dem Schema der Abb. 11.17 müsste also **ein** Gen mindestens **zwei sehr verschiedene** Enzyme codieren: eine Flavonoid-3′5′-Hydroxylase (F3′5′H) und eine O-Methyltransferase (3′5′ OMT), die eine Methylgruppe in jedes der beiden über F3′5′H gebildeten Hydroxyle einbringt. Möglicherweise sind alternativ auch eine 3′- und eine 5′OMT aktiv.

Zur Erklärung wurde die **Zimtäuren-Start-Hypothese** vorgeschlagen (2). Ihr zufolge kann die Biosynthese der Anthocyanidine auch mit Chalkonsynthasen starten, die mit anderen CoA-Estern als p-Cumaroyl-CoA arbeiten, zum Beispiel mit Sinapoyl-CoA oder Feruloyl-CoA. Solche Chalkonsynthasen sind schon lange bekannt (3). Über ihre Aktivität werden die Substituenten der betreffenden Zimtsäuren zu B-Ring-Substituenten der Anthocyanidine: wenn die Biosynthese zum Beispiel mit dem CoA-Ester der Sinapinsäure (Seite 170) startet, resultiert Malvidin. Damit wäre der oben erwähnte monogene Unterschied erklärt: **ein** Gen steuert nur **einen** biochemischen Schritt, den Start mit einer bestimmten Zimtsäure.

In der Tat werden in ihrer Methlgruppe ^{14}C-markierte Zimtsäuren bei *Petunia hybrida* in entsprechend substituierte Anthocyanidine eingebaut, etwa ^{14}C-Methyl-Sinapinsäure in Malvidin (Abb. 11.18; 4). Auch eine Reihe weiterer biochemischer Daten spricht für das Zutreffen der Zimtsäuren-Start-Hypothese in bestimmten Fällen (5). Ihr Vorteil ist, dass sie eine Reihe von chemogenetischen Befunden verständlich macht, für die der generelle Biosyntheseweg der Abb. 11.17 keine Erklärung zu geben vermag.

[1] Yu et al. 2006, Tanaka and Brugliera 2006; [2] Hess 1968 (Review); [3] Kreuzaler and Hahlbrock 1972; Sütfeld et al. 1978, Beerhues and Wiermann 1985; [4] Hess 1964; [5] Hess 2006 (Review).

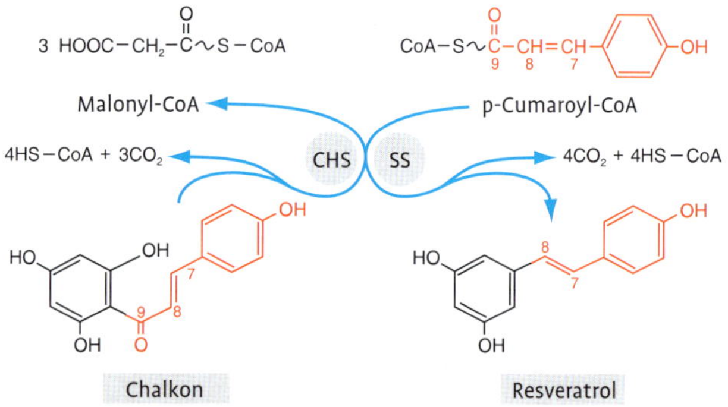

Abb. 11.19
Biosynthese von Chalconen und Resveratrol. CHS = Chalkon-Synthase; SS = Stilben-Synthase. Beide Enzyme arbeiten mit den gleichen Substraten, die Stilben-Synthase eliminiert jedoch auch die Carboxylgruppe des p-Cumaroyl-CoA, so dass kein mittlerer Heterozyklus zustande kommt, wie er für Flavanderivate charakteristisch ist.

Abb. 11.20
Pollensterilität in Tabakblüten (*Nicotiana tabacum*) und ihre Beseitigung im *Cre*-Rekombinase *loxP*-System. **a** Tabakkontrolle, pollenfertil; **b** transgener Tabak mit überexprimiertem *sts*-Gen, pollensteril; **c** Tabak aus b nach Herausschneiden von *sts* durch die *Cre*-Rekombinase (Abb.11. 22), wieder pollenfertil (Foto M. Bayer; Lit. Bayer and Hess 2005).

Abb. 11.21
Pollensterilität in Weizen (*Triticum aestivum*). Links Ähre einer transgenen Pflanze, die durch ein überexprimiertes *sts*-Gen pollensteril war und bei Selbstung keine Körner bildete. Rechts Kontrollähre einer pollenfertilen Pflanze, die nach Selbstung Körner ausbildete (Foto M. Bayer; Lit. Hess et al. 2003; Bayer 2004; Review Hess 2006).

Abb. 11.22 (unten)
Schema zur Eliminierung des Stilben-Synthase-Gens (*sts*) durch die Cre-Rekombinase. Beispiel Weizen. Links eine durch Überexpression von *sts* im Tapetum pollensterile, nach Selbstung nicht fruchtende Pflanze. Ansatzstellen für die Rekombinase (*loxP* = ▶) flankieren *sts*. Rechts: Eine für die Rekombinase transgene Pflanze wurde in eine pollensterile Pflanze eingekreuzt. *Sts* wurde durch die Rekombinase herausgeschnitten. Der Promotor kommt jetzt mit dem Reportergen *uidA* (Seite 75) in Kontakt; *uidA* wird abgelesen und liefert in entsprechenden Testen eine Blaufärbung. Dadurch lässt sich der Erfolg schon frühzeitig erkennen, sodass man nicht bis zu Ährenbildung warten muss (Vorlage M. Bayer; Lit. Hess et al. 2003; Bayer 2004; Review Hess 2006).

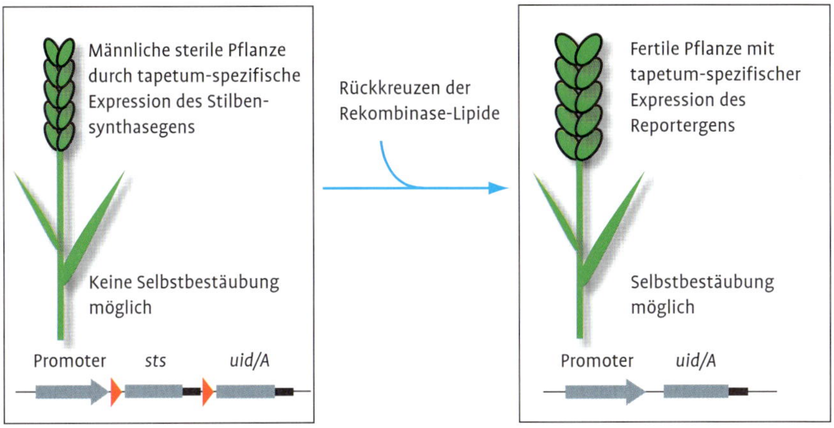

BOX 11.4

Stilbensynthase, Resveratrol, Phytoalexine, Long-Life-Gene und Pollensterilität

Stilbensynthase und Resveratrol sind für Mensch wie Pflanze unter verschiedenen Aspekten wichtig. Befunde zur lebensverlängernden Wirkung von Resveratrol bei Tieren scheinen sogar fast spektakulär, falls sie bestätigt werden. Deshalb werden Stilbensynthase/Resveratrol hier etwas detaillierter besprochen. Damit lässt sich exemplarisch zeigen, wie faszinierend die Befassung mit einem sekundären Pflanzenstoff sein kann.

▶ **Resveratrol: Biosynthese und Struktur**. Eine Chalkonsynthase schließt 3 Malonyl-CoA und p-Cumaroyl-CoA zu einem Chalkon zusammen (Seite 182). Die gleichen Substrate setzt ein anderes Enzym, die **Stilben-Synthase**, zur Synthese von **Resveratrol** ein. Der Unterschied ist, dass die Carboxylgruppe der p-Cumarsäure dabei verloren geht, so dass kein mittlerer Heterozyklus gebildet werden kann (Abb. 11.19).

▶ **Resveratrol als Phytoalexin**. Resveratrol gehört zur Gruppe der **Stilbene.** Es kommt in so verschiedenen Pflanzenarten wie der Rebe (*Vitis vinifera*), der Erdnuss (*Arachis hypogaea*) und verschiedenen Gräsern vor. Es zählt zu den Phytoalexinen, postinfektionellen Abwehrstoffen (Seite 335), wie in vitro festgestellt wurde. Was die Situation in der ganzen Pflanze anging, gab es Zweifel, bis ein Gen für Stilben-Synthase (*sts*) in Tabak übertragen worden war. *Sts*-Transgener Tabak zeigte eine erhöhte Toleranz gegenüber phytopathogenen Pilzen. Damit war die Wirkung eines Phytoalexins auch in vivo abgesichert (1). Außerdem war eine weitere Möglichkeit gefunden, den Einsatz von toxischen Fungiziden zu reduzieren und so unsere Umwelt zu entlasten. *Sts*-Gene wurden auch in andere Arten übertragen, zum Beispiel in Weizen (2) und Gerste (3). In Weizen konnte Resveratrol erstmals glykosidiert nachgewiesen werden (2). Damit wurde verständlich, warum eine Resveratrolbehandlung gelegentlich versagte: es kommt nicht nur darauf an, dass es vorliegt, sondern auch, ob und in welcher Form es glykosidiert wird.

▶ **Resveratrol, auch für den Menschen pharmakologisch wichtig?** Was den Menschen angeht, dürfte Resveratrol einer der Faktoren des French Paradoxon sein. Darunter versteht man, dass die Gesundheit der Franzosen durch den Genuss von Rotwein trotz einer an gesättigten Fettsäuren und Cholesterol reichen Nahrung offensichtlich positiv beinflusst wird. Rotwein kann bis zu 50 mg/l Resveratrol enthalten. In der letzten Dekade hat ein Team um Sinclair herausgefunden, dass Resveratrol „long-life"-Gene aktivieren kann (4). Das gilt nicht nur für Hefen und wirbellose Tiere, sondern auch für Wirbeltiere. Bei *Nothobranchius furzeri*, einem Fisch, ließ sich

bildung des mittleren Ringsystems in **Flavanone** über, von denen sich **Flavone** und **Isoflavone** ableiten. Auf dem Hauptweg bilden die Flavanone **Dihydroflavonole.** An sie schließen die noch verbleibenden Flavanderivate an: Flavonol-Synthasen leiten zu den **Flavonolen** über, Dihydroflavonol-Reduktasen zu **Flavan-3,4-diolen** und von diesen Antho-cyanidin-Synthasen zu den **Anthocyanidinen.**

- **Substitutionen:** Berücksichtigen wir nur die besonders wichtigen Substitutionen im Ring B. Wenn die Biosynthese mit der p-Cumaroyl-Chalkonsynthase startet, ist nur das 3′- Hydroxyl im Ring B von Anfang gegeben. Weitere Hydroxyle werden in Dihydroflavonole über Hydroxylasen mit Cytochromen P_{450} als Wirkgruppen eingebracht, die Methylgruppen jedoch erst in Anthocyanidine. Doch zumindest bei den Anthocyanen mit Methylgruppen in Hydroxylen des Rings B kann der Start fallweise auch über Chalkonsynthasen erfolgen, die mit anderen Zimtsäure-CoA- Estern arbeiten, etwa mit Sinapoyl-CoA oder Feruloyl-CoA. Dann werden die **Substituenten der jeweiligen Zimtsäure zu den Substituenten des Rings B** der fertigen Anthocyane (→ Box 11.3).

die Lebenszeit durch eine Resveratroldiät um 60 % verlängern (5), bei Mäusen um immerhin 15 % (6). Um einen ähnlichen Effekt beim Menschen zu erreichen, müsste man nach einer entsprechenden Berechnung allerdings 50 Flaschen Rotwein pro Tag konsumieren! Auch wenn man Maus und Mensch nicht gleichsetzen darf, wären das erhebliche Quantitäten. Doch schon werden hochkonzentrierte Resveratrol-Kapseln auch in Deutschland als Nahrungsergänzungsmittel angeboten.

▶ **Pollensterilität durch transgene Stilbensynthase und ihre Beseitigung.** Stilbensynthase und Chalkonsynthase konkurrieren um die gleichen Substrate (Abb. 11.19). Übertrug man in Tabak ein besonders stark exprimiertes *sts*-Gen, wurde das Enzym im Übermaß gebildet. Dann setzte es sich in der Konkurrenz durch. Die Synthese der Flavonoide wurde beeinträchtigt. Das galt auch für die Flavonole, die für die Bildung funktionsfähiger Pollen unabdingbar sind. Die Folge: entsprechend *sts*-transgener Tabak war männlich steril (Abb. 11.20; 7, 8).

Männliche Sterilität wird von den Pflanzenzüchtern immer wieder angestrebt. Eine neue Technik dazu stand nun zur Verfügung. In der Tat erhielt man nicht nur bei der Modellpflanze Tabak, sondern auch beim Weizen (*Triticum aestivum*) durch Transfer eines überexprimierten *sts*-Gens männlich sterile transgene Pflanzen (Abb. 11.21; 9).

Die männliche Sterilität erlaubt es, Selbstbestäubungen zu vermeiden und bestimmte Kreuzungen durchzuführen. Doch dann sollte sie wieder **entfernt werden**. Das gelang mit einem **Rekombinase-System**. Eine spezielle Rekombinase (Cre-Rekombinase) schneidet DNA nur an ganz bestimmten Ansatzstellen (*loxP*-Stellen). Das überexprimierte sts-Gen wurde an beiden Enden mit *loxP* besetzt und dann übertragen. Die betreffenden Pflanzen waren wie erwartet pollensteril. In andere Pflanzen wurde das *Cre*-Gen übertragen. Wenn man sie mit den *sts/loxP*-Pflanzen kreuzt, wird das *sts*-Gen von der Rekombinase herausgeschnitten (Abb. 11.22). Beim Tabak (Abb. 11.20; 8) ebenso wie beim Weizen (9) erhielt man so wieder normal fertile Pflanzen. Damit wurde auch eines der Beispiele dafür gegeben, dass man **unerwünschte Transgene wieder eliminieren kann.**

[1] Hain et al. 1993. [2] Fettig and Hess 1999. [3] Leckband andLörz 1998. [4] Wood et al. 2004. [5] Valenzano et al. 2006. [6] Baur et al. 2006. [7] Fischer et al. 1997. [8] Bayer and Hess 2005. [9] Hess et al. 2003, Bayer 2004, Review Hess 2006.

- **Glykosidierungen:** Sie erfolgen durch spezifisch arbeitende Zucker-Transferasen. Bestimmte Enzyme glykosidieren zum Beispiel Flavonole, aber nicht Anthocyanidine, auch wenn sie im Ring B gleichartig substituiert sind, und umgekehrt.
- **Acylierungen:** Fallweise können Anthocyane auch acyliert werden. Acylreste wie der Acetylrest und häufiger Zimtsäuren-Reste werden dabei in die Glucose an C 5 eingeführt. Die Zimtsäurenreste führen zu einer stärkeren UV-Absorption, was für die Anlockung von UV-tüchtigen Insekten-Bestäubern durch Blüten wichtig wird.

FRAGEN
(Seitenverweise zur Beantwortung)

- Geben Sie eine Definition der pflanzlichen Phenole! (Seite 169)
- Welches ist der wichtigste Biosyntheseweg der pflanzlichen Phenole? (Seite 169)
- Welcher primäre Stoff ist die wichtigste Ausgangssubstanz für pflanzliche Phenole? (Seite 169)
- Was verstehen Sie unter einem Phenylpropan? Geben Sie Beispiele! (Seiten 169, 171–173)
- Welche beiden Phenolcarbonsäuren finden sich universell in höheren Pflanzen? (Seite 174)
- Schildern Sie die Biosynthese der Ubichinone! (Seite 176)
- Nennen Sie zwei wichtige Flavonoid-Gruppen und charakterisieren Sie sie! (Seiten 177, 178)
- Zeichnen Sie die Strukturformel des Cyanidins! (Seite 177)
- Sind die Anthocyane im Zellsaft oder in Chromoplasten gelöst? (Seite 177)
- Die Flavonoide werden aus zwei sehr unterschiedlichen Bausteinen gebildet. Aus welchen? (Seite 180).

12 Stickstoffhaltige niedermolekulare Sekundärstoffe: Alkaloide und Tetrapyrrole

INHALT

Viele niedermolekulare N-haltige Sekundärstoffe leiten sich von Aminosäuren ab. Auch bei ihnen finden sich teils Vertreter, die **in allen Lebensphasen** unabdingbar und dann universell verbreitet sind, teils solche, die spezielle oder unbekannte Funktionen in nur wenigen Pflanzenarten und gegebenenfalls nur **in bestimmten Entwicklungsphasen** erfüllen. Das gilt auch für eine weitere große Gruppe sekundärer Pflanzenstoffe, die **Alkaloide.** Die Ableitung von bestimmten Aminosäuren ergibt die Gliederung für ihre Besprechung. Dabei werden teils Stoffe von zentraler Bedeutung wie die Pyridin-Nucleotide oder die Purin- und Pyrimidinbasen der Nucleinsäuren besprochen, teils werden Alkaloide behandelt, die die Pflanze oft als Fraßschutzmittel einsetzt. Der Mensch nutzt sie teilweise als Stimulantien oder Rauschgifte, oft nach Fortfall von Schranken, die eine frühere kultische Nutzung gesetzt hatte. Dazu gehören die Tabak-Alkaloide, Tropan-Alkaloide, Morphin-Alkaloide und Methylxanthine.

Stickstoff findet sich aber auch in vielen oft zahlenmäßig kleinen, aber wichtigen Gruppen von Sekundärstoffen. Von ihnen sollen nur die **Tetrapyrrole** ihrer Bedeutung wegen hier angeschlossen werden. Sie leiten sich ebenfalls von einer Aminosäure ab. Weitere Gruppen wie **cyanogene Glykoside** (Seite 298) oder **Glucosinolate** (Seite 343) werden fallweise eingeführt.

12.1 Einteilung in Gruppen

Derzeit sind rund 12 000 Alkaloide bekannt. Daher ist es kein Wunder, dass nicht alle gebräuchlicherweise hierher gezählten Stoffe der → Definition voll und ganz entsprechen. So reagieren nicht alle von ihnen basisch (nicht zum Beispiel Nicotinsäure und die Betalaine). Außerdem zählt man zu den Alkaloiden im weiteren Sinn auch noch die **Protoalkaloide**, die N nicht in einem Heterozyklus enthalten. Bei **Pseudoalkaloiden** stammt das C-Skelett gar nicht von Aminosäuren, sondern wie zum Beispiel bei den **Terpenoid-Alkaloiden** von IPP. IPP kann aber auch zusätzlicher Baustein bei echten Alkaloiden sein, etwa bei Ergolin-Alkaloiden.

Tab. 12.1 Wichtige Gruppen der Alkaloide (A) mit Aminosäurenvorstufen und Beispielen.

Struktur Gruppe	Alkaloidgruppe	Vorstufe	Beispiele	Strukturformel
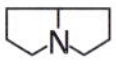	Pyrrolizidin-A.	Ornithin	Senecionin	S. 342
		Arginin		
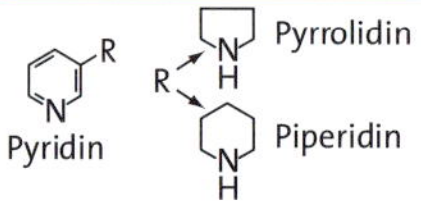	Pyridin-A.	Nicotinsäure	Nicotin	S. 192
		Ornithin	Nornicotin	
		Lysin	Anabasin	S. 192
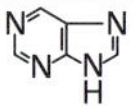	Purin-A.	Glycin	Adenin	S. 16
			Guanin	S. 16
			Theophyllin	S. 195
			Theobromin	S. 195
			Coffein	S. 195
	Pyrimidin-A.	CO_2	Uracil	S. 16
		Glutamin	Cytosin	S. 16
		Aspartat	Thymin	S. 16
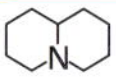	Chinolizidin-A.	Lysin	Lupinin	
			Lupanin	S. 189
	Tropan-A.	Ornithin	Cocain	S. 192
			Hyoscyamin	S. 192
			(Atropin)	
			Scopolamin	
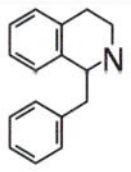	Benzyliso-chinolin-A.	Tyrosin	Morphin	S. 193
			Codein	S. 193
			Papaverin	
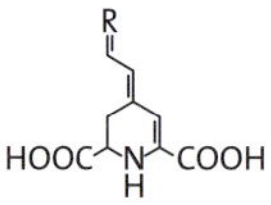	Betalaine	Tyrosin	Betanidin	S. 193
			Indicaxanthin	S. 193
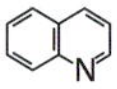	Chinolin-A.	Tryptophan	Chinin	
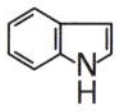	Indol-A.	Tryptophan	Strychnin	
			Curare	
			Ergolin-A.	S. 194
			Vincristin	
			Vinblastin	

DEFINITION
Alkaloide sind Naturstoffe, die sich von Aminosäuren ableiten und heterozyklisch gebundenen N enthalten, auf den die namengebende alkalische Reaktion zurückgeht.

Die **biogenetische Ableitung von Aminosäuren** ist die Klammer, die die heterogene Gruppe zusammenhält. Die Bildung aus bestimmten Aminosäuren erlaubt auch eine Einteilung in Gruppen (Tab. 12.1).
Bei der Biosynthese gibt es zwar gemeinsame Details. So wird die Aminosäure vielfach zunächst zu ihrem **biogenen Amin** decarboxyliert (Abb. 12.1, 12.9). Im Einzelnen verläuft die Biosynthese aber so verschieden, dass sie, wenn überhaupt, bei den einzelnen Gruppen besprochen werden muss.
Auch die Funktionen sind verschieden. Sie reichen von ökologischen Sonderfunktionen bis zu den Nucleinsäuren-Basen oder den Pyridin-Nucleotiden, die absolut lebensnotwendig sind.

12.2 Derivate von Ornithin und Lysin

Ornithin liefert über Decarboxylierung als biogenes Amin **Putrescin,** Lysin **Cadaverin** (Abb. 12.1). Daraus entstehen die fünfzähligen Ringe der **Pyrrolizidin-Alkaloide** und die sechszähligen der **Chinolizidin-Alkaloide.** Jeweils eine der beiden Aminosäuren geht auch zusammen mit

Abb. 12.1
Zyklisierung von Ornithin und Lysin.

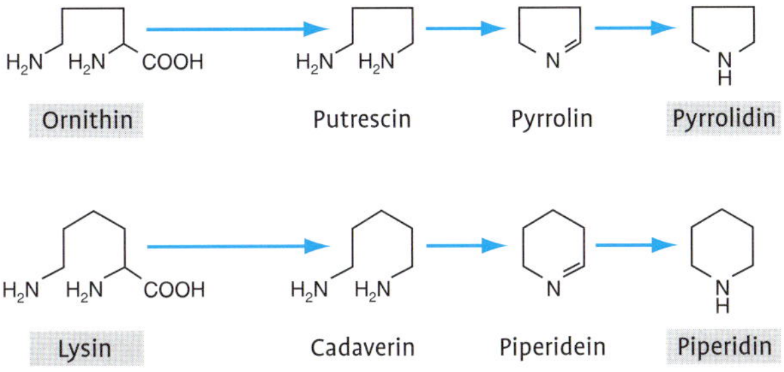

Abb. 12.2
Zwei Lupinen-Alkaloide. Zur ihrer Synthese werden drei Einheiten Cadaverin benötigt.

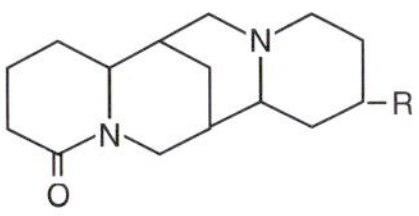

R = H: Lupanin
R = OH: Hydroxy-lupanin

Nicotinsäure in die **Pyridin-Alkaloide** (Tabak-A.) ein. Die Nicotinsäure wird über den **Pyridinnucleotid-Zyklus** angeliefert, über den auch die lebenswichtigen **Pyridinnucleotide** entstehen.

12.2.1 Pyrrolizidin-Alkaloide

In geringen Mengen sind die Pyrrolizidin-Alkaloide im Pflanzenreich ziemlich weit verbreitet. In höheren Konzentrationen finden sie sich in bestimmten Asteraceen (*Eupatorium, Senecio*), Boraginaceen (*Cynoglossum, Heliotropium, Symphytum*) und Fabaceen (*Crotalaria*). Sie bestehen aus einem Kern, dem eigentlichen auch als Necinbase bezeichneten Alkaloid, und damit veresterten Necinsäuren. Die wichtigste Necinbase ist das Retronecin (Seite 342), das aus zwei Molekülen Ornithin gebildet wird. Bei den Necinsäuren handelt es sich um verzweigte Mono- oder Dicarbonsäuren, die sich meistens von entsprechend verzweigten Aminosäuren wie Valin- oder Isoleucin ableiten. Zur Funktion → Seite 342.

12.2.2 Chinolizidin-Alkaloide

Die Chinolizidin-Alkaloide führen ein oder zwei Chinolizidinsysteme, die über Lysin/Cadaverin angeliefert werden. Sie finden sich vor allem in den Fabaceae, darunter in der Gattung *Lupinus*. Nach diesem Vorkommen haben sie auch den Namen Lupinenalkaloide erhalten. Lupanin und Hydroxy-lupanin mit jeweils zwei Chinolizidinsystemen sind Beispiele für

BOX 12.1

Süßlupinen: Züchtung einer Kulturpflanze im 20. Jahrhundert

Der Schwerpunkt der Gattung *Lupinus* liegt in Südamerika, doch kommen einige wichtige kultivierte Arten, die Weiße, Gelbe und Blaue Lupine (*Lupinus albus*, *luteus* und *angustifoliius*) aus dem Mittelmeergebiet und Ägypten. Dort wurde besonders die Weiße Lupine schon im Alterum angebaut. Störend war ihr Alkaloidgehalt. Zwar ließen sich die Alkaloide durch Wässern auslaugen, doch traten dabei stets auch erhebliche Verluste an Proteinen auf.

Abhilfe kam ab Ende der zwanziger Jahre des vergangenen Jahrhunderts über die **Selektionszüchtung** durch von Sengbusch und seine Mitarbeiter. Voraussetzung dafür waren semiquantitative Schnelltests zur Abschätzung des Alkaloidgehalts: Samen wurden aufgekocht; nach Versetzen mit Jodjodkalium bildete sich in Gegenwart von Alkaloiden eine braune Färbung. Man konnte auch Saft aus dem Blattstiel auf Filterpapier abtupfen. Mit Jodojodkalium ergab sich ebenfalls Braunfärbung. Mit Hilfe dieser Methoden wurden ab 1927 rund 10 Millionen Pflanzen getestet. Bei allen drei genannten Arten fanden sich zwar keine völlig alkaloid-freien, aber doch einige wenige alkaloid-arme Mutanten. Bei *L. angustifolius* zeigte eine von ihnen anstatt 25 % Alkaloide in der Ausgangsform nur noch 0.001 %, war damit als Körnerfutter für das Vieh ohne Bedenken einsetzbar und schien auch für den menschlichen Verkehr prinzipiell geeignet. Die Alkaloidarmut wurde mit einer Reihe anderer Eigenschaften kombiniert: kein vorzeitiges Abbrechen und Platzfestikeit der Hülsen, dünne Schale und schnelle Quellfähigkeit oder speziell für die penible Hausfrau auch makellos weiße Farbe (1). Der Proteingehalt dieser **Süßlupinen** ist mit 35–40 % deutlich höher als bei Erbsen und Bohnen.

Neben Straßen und an Bahndämmen findet man zur Bodenverbesserung überall Lupinen. Auch zur Gründüngung werden sie eingesetzt. Doch die Süßlupinen traten nach dem zweiten Weltkrieg als Nahrung für Mensch und Tier immer mehr zurück. Zwei Ereignisse brachten in Deutschland einen Umschwung. Einmal 1991 das Verbot, Tiermehl für die tierische Ernährung zu verwenden, was zur Rückbesinnung unter anderem auf Süßlupinen als Körnerfutter führte. Das andere war die Furcht, gentechnisch „verseuchtes" Sojamehl zur menschlichen Ernährung einzusetzen. 1995 wurde sogar ein Tofu-artiges Produkt aus Süßlupinen, Lopino, auf einer deutschen Biomesse zum Produkt des Jahres gewählt. Süßlupinen begannen Soja (*Glycine max*) zu ersetzen, insbesondere dort, wo man Soja nicht anbauen konnte (2). Das galt weltweit, nicht nur für Deutschland (Abb. 12.3). Bedauerlicherweise wird dabei das Potenzial der südamerikanischen Lupinen zu wenig genutzt, obwohl Brücher dort schon 1977 erste alkaloid-arme Formen über Mutationszüchtung erhalten hatte (3).

[1] Von Sengbusch 1942, 1953. Hackbarth und Troll 1959. [2] Schieber und Carle 2006. [3] Brücher 1977.

wichtige Lupinenalkaloide (Abb. 12.2, → Box 12.1). Die giftigen und bitter schmeckenden Substanzen dienen als Fraßschutz.

12.2.3 Pyridinnucleotid-Zyklus: Nicotinsäure und Pyridinnucleotide

Je nach Art der Organismen entsteht auf zwei verschiedenen Wegen **Chinolinsäure**, ein bekanntes Beispiel für eine **biochemische Konvergenz** (Abb. 12.4). Chinolinsäure wird dann unter Decarboxylierung in Nicotinsäure-mononucleotid überführt, aus dem direkt freie Nicotinsäure gebildet werden kann. Doch es kann auch zum Nicotinsäure-adenindinucleotid ergänzt werden. Wenn jetzt noch die Carboxylgruppe der Nicotinsäure amidiert wird, sind wir bei **NAD^+** und damit auch bei **$NADP^+$** angelangt. Von NAD^+ kommt man über Nicotinsäure-amid zu Nicotinsäure und dann Nicotinsäure-mononucleotid zurück. Damit

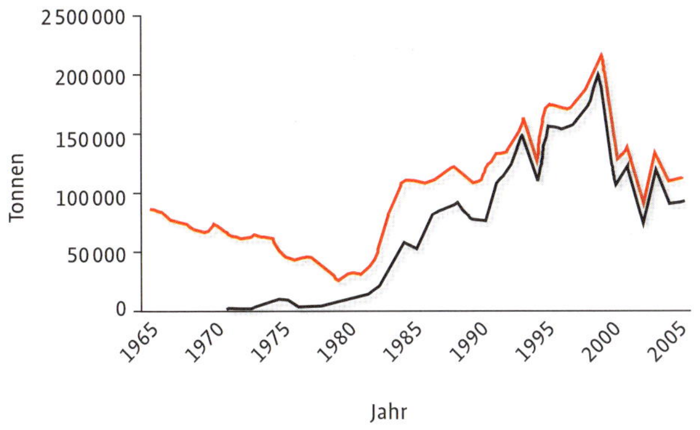

Abb. 12.3
Entwicklung der Lupinen-Produktion in Australien (schwarz) und weltweit (rot) von 1965 bis 2005 (verändert nach FAO 2006 aus SCHIEBER und CARLE 2006).

Abb. 12.4
Pyridinnucleotid-Zyklus: Biosynthese von Nicotinsäure und von NAD^+ und $NADP^+$.

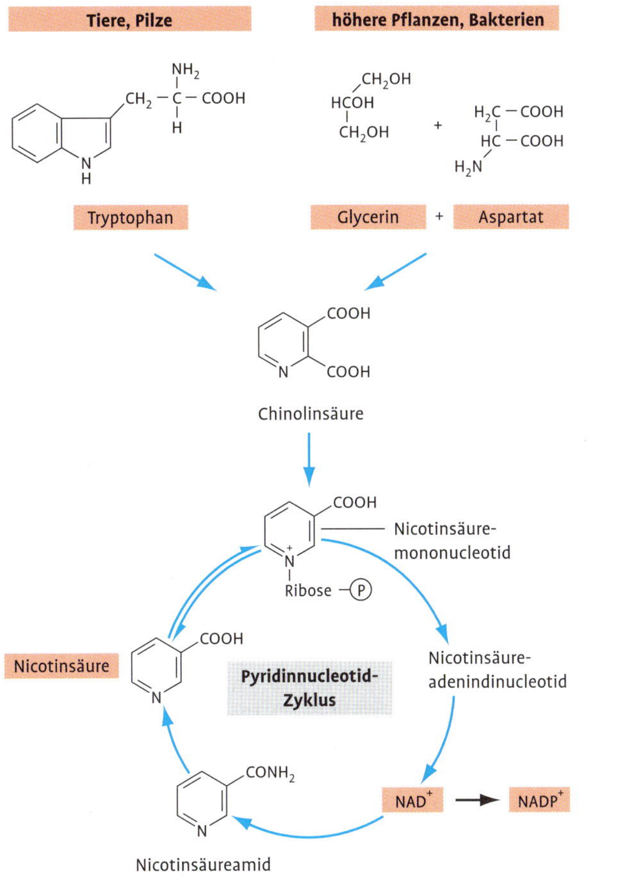

ist der Zyklus geschlossen. Für Tabakarten wird die Nicotinsäure als Baustein ihrer Alkaloide wichtig, doch **für alle Pflanzen sind die Pyridinnucleotide NAD^+ und $NADP^+$ lebensnotwendig.**

12.2.4 Tabak-Alkaloide

Nicotinsäure, einer der Bausteine der Tabak-Alkaloide, ist ein Pyridin. Die Tabak-Alkaloide (*Nicotiana*-A.) sind also Pyridin-Alkaloide. Wichtige Vertreter sind **Nicotin** und **Anabasin.** Die Bausteine des Nicotins sind Nicotinsäure und Ornithin, die von Anabasin Nicotinsäure und Lysin (Abb. 12.5). Beim Tabak (*N. tabacum*) werden Nicotin und sein Nebenalkaloid Anabasin in den Wurzeln gebildet und von dort mit dem Transpirationsstrom in die Blätter transportiert. In Tabakarten sind die Alkaloide Fraßschutzmittel. Entsprechende Präparate wurden als Insektizide verwendet, die allerdings wegen ihrer Giftigkeit auch für den Menschen stark an Bedeutung verloren haben.

Abb. 12.5
Biosynthese der der zwei wichtigsten Tabakalkaloide. Nicotin bildet sich aus Nicotinsäure und Ornithin, Anabasin aus Nicotinsäure und Lysin.

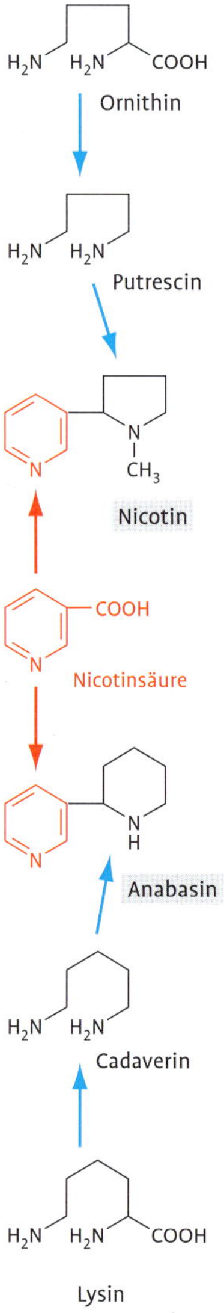

12.2.5 Tropan-Alkaloide

Namengebend ist das Tropanskelett. Aus Ornithin wird über Putrescin der Pyrrolidin-Ring angeliefert (Seite 189). Zusätzliche C-Atome aus 2 Acetyl-CoA (oder 2 Malonly-CoA unter Decarboxylierung) bilden an ihm ein zweites Ringsystem mit einer Hydroxylgruppe. Im Fall des Cocains wird sie mit Benzoesäure, im Fall des Hyoscyamins mit Tropasäure vererstert (Abb. 12.6).

Abb. 12.6
Die Tropan-Alkaloide Cocain und Hyoscyamin. Das Tropanskelett ist Grau unterlegt. Die C-Atome in Benzoesäure und Tropasäure sind rot gehalten.

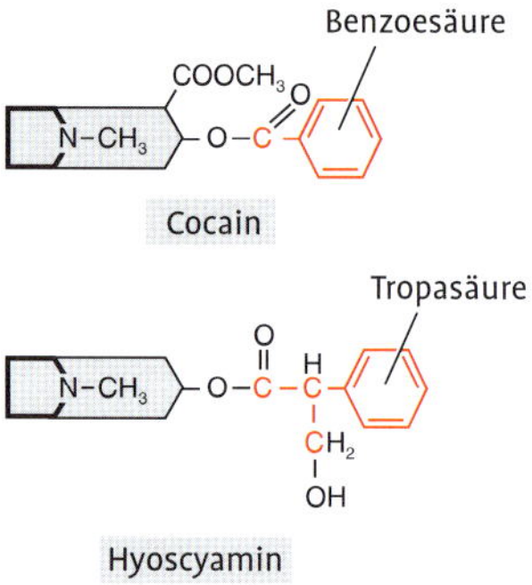

Cocain ist der wirksame Bestandteil der Coca-Blätter (*Erythroxylon coca*). **Hyoscyamin** (aus dem sich bei der Isolierung sein Racemat **Atropin** bildet) und sein Derivat **Scopolamin** sind Giftstoffe und die psychotropen Faktoren vieler dafür bekannter Solanaceen (*Atropa, Datura, Hyoscyamus* und *Mandragora*).

12.3 Derivate von Phenylalanin und Tyrosin

12.3.1 Betalaine

In der Ordnung der Caryophyllales finden sich in allen Familien mit Ausnahme der Caryophyllaceae und der Molluginaceae rote und gelbe zellsaftlösliche Pigmente, die eine eigene Farbstoffgruppe bilden. Sie kommen in Blüten, aber auch in vegetativen Organen vor. Nach ihrem Vorkommen in der Gattung *Beta* (Rübe) nennt man sie **Betalaine.** Sie gliedern sich in die beiden Untergruppen der **Betacyane** und **Betaxanthine.**
Die Grundstruktur beider Gruppen ist die Betalaminsäure, die aus Tyrosin über DOPA (Di-oxyphenylalanin) in komplizierten Umbauten gebildet wird (Abb. 12.7). In einer zweiten, mit der Betalaminsäure kombinierten Komponente unterscheiden sich die beiden Untergruppen.

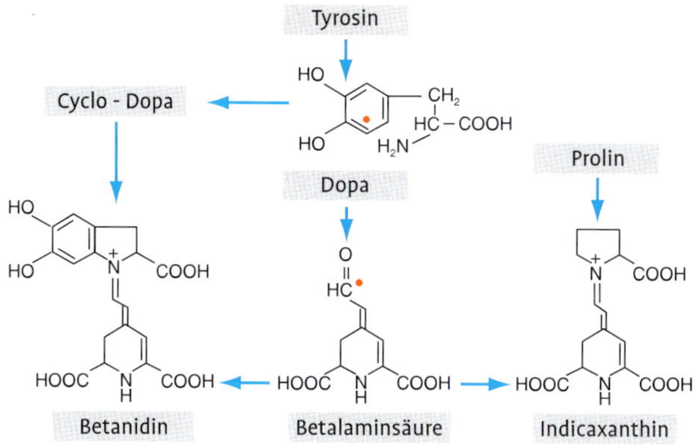

Abb. 12.7
Betacyane (Betanidin) und Betaxanthine (Indicaxanthin) und Schema ihrer Biosynthese aus DOPA. DOPA liefert Betalaminsäure an. Dabei wird das Ringsystem des DOPA aufgeschnitten und Betalaminsäure unter Zyklisierung seiner Seitenkette gebildet (vgl. den Stellungswechsel des rot markierten C-Atoms). Bei Betanidin wird Betalaminsäure mit Cyclo-DOPA (einem DOPA mit zyklisierter Seitenkette), bei Indicaxanthin mit Prolin kombiniert.

Betacyane sind rotviolette Farbstoffe. Ein Beispiel ist das Betanidin, das Aglykon des Glykosids Betanin der Roten Rübe (*Beta vulgaris*). Bei ihm wird auch der zweite Teil des Moleküls aus DOPA gebildet: durch Cyclisierung der Seitenkette bildet sich ein Cyclo-DOPA, das mit Betalaminsäure zusammengeschlossen wird.
Betaxanthine sind gelbe Farbstoffe. Ein Beispiel ist das Indicaxanthin aus den Blüten des Feigenkaktus (*Opuntia ficus-indica*). Bei ihm wird Betalaminsäure mit Prolin kombiniert. An die Stelle des Prolins können in anderen Betaxanthinen auch weitere Aminosäuren treten.
▶ **Betalaine und Chemosystematik.** Die Betalaine sind ein Musterbeispiel dafür, dass sich das Vorkommen sekundärer Pflanzenstoffe **chemosystematisch** auswerten lässt. Denn innerhalb der Caryophyllales führen alle Familien mit Ausnahme der Molluginaceen und der wichtigen Nelkengewächse (Caryophyllaceae) Anthocyane. Damit waren Systematiker bestätigt, die bei der Auswertung anderer Merkmale ebenfalls eine Sonderstellung der Molluginaceae und Caryophyllaceae angenommen hatten.
Nun sind auch die roten Farbstoffe im Hut des Fliegenpilzes (*Amanita muscaria*) Betalaine. Doch das bedeutet keinen Widerspruch. Denn den Fliegenpilz kann man kaum in eine Diskussion über Familiengruppen bei den Caryophyllales einbeziehen.

12.3.2 Benzylisochinolin-Alkaloide

Die kompliziert gebauten Ringsysteme der Benzylisochinolin-Alkaloide leiten sich ebenfalls von Tyrosin ab. Dabei gehen zwei Moleküle Tyrsosin wieder zunächst in DOPA über. Beide Moleküle DOPA stellen nach einigen Veränderungen die komplizierten Ringsysteme der **Morphin-Alkaloide** vor allem des Schlafmohns (*Papaver somniferum*; Abb. 12.8). Beim Schlafmohn gelang es auch, über RNAi die Bildung eines Enzyms der Biosynthese und so den Gehalt an Morphinalkaloiden zu reduzieren.
Opium wird als Rohopium aus den unreifen Fruchtkapseln Kapseln des Schlafmohns und verwandter Arten gewonnen. Opium-haltige Präparate, aber auch die wirksamen Alkaloide nennt

Abb. 12.8
Morphin-Alkaloide. Sie werden aus jeweils zwei Einheiten Tyrosin gebildet. Wider Erwarten entsteht zuerst Thebain, das dann durch Demethylierung in Codein und Morphin übergeht. Im halbsynthetischen Heroin ist in den beiden Hydroxylen des Morphins jeweils H durch H_3C-CO- ersetzt.

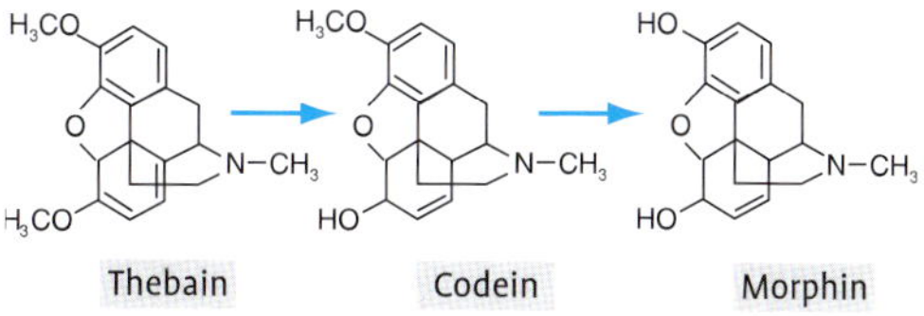

Abb. 12.9
Decarboxylierung von Tryptophan zu seinem biogenen Amin Tryptamin.

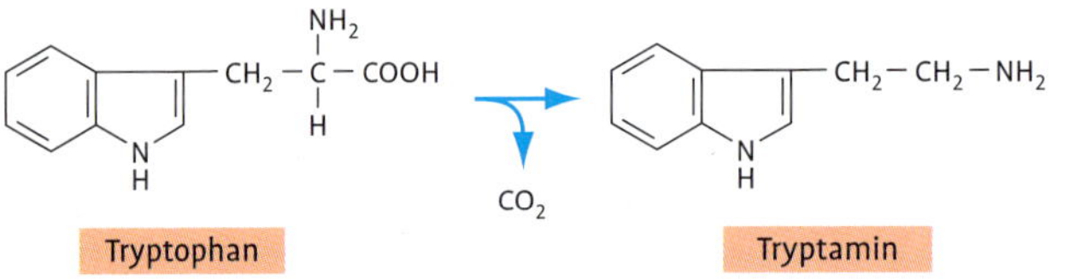

man Opiate. In unter anderem Gehirn und Rückenmark binden sie an Rezeptoren für **Endomorphine.** Dabei handelt es sich um kleine Peptide, die eine schmerzlindernde Wirkung ausüben, aber auch zum Beispiel das autonome Nervensystem beeinflussen. Opiate ersetzen die Endomorphine teilweise funktionell und können deshalb medizinisch zur Schmerzabschwächung eingesetzt werden. Als angenehm wird auch ihre euphorisierende Wirkung empfunden. Doch die Verdrängung der Endomorphine und zahlreiche negative Effekte der Opiate führen auf Dauer zu schweren Schädigungen.

Abb. 12.10
Lysergsäure und Derivate, außerdem der Neurotransmitter Serotonin, der ihnen partiell ähnlich ist. Die Tryptamin-Komponente ist rot gehalten. Die restlichen C-Atome werden von IPP gestellt. Varianten an der Carboxylgruppe der Lysergsäure sind grau unterlegt.

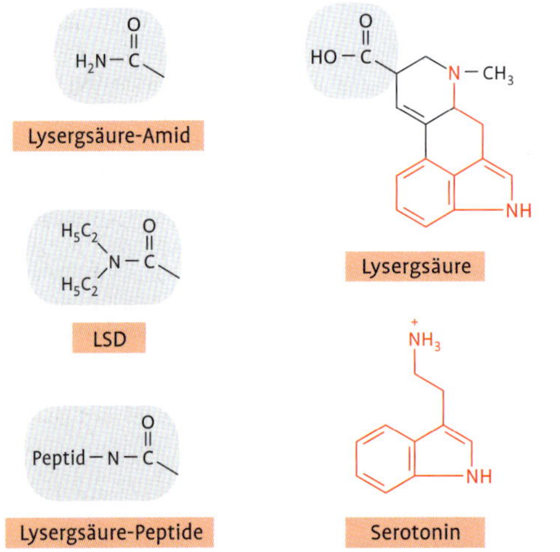

12.4 Derivate von Tryptophan: Indolalkaloide

Kennzeichnend ist das Vorliegen eines Indolkernes, der von der Aminosäure Tryptophan über Tryptamin (Abb. 12.9) gestellt wird. Bei der Synthese kommen ein oder zwei Einheiten Tryptophan zum Einsatz. Vielfach werden an den Indolkern noch ein oder zwei 5-C-Bausteine angelagert, so dass kompliziert gebaute Alkaloide entstehen.

12.4.1 Ergolin-Alkaloide

An der Synthese der Ergolin-Alkaloide beteiligt sich nur ein Molekül Tryptophan. Hinzu kommt noch eine Einheit IPP. Grundgerüst ist die Lysergsäure (Abb. 12.10). Je nach der Besetzung ihrer Carboxylgruppe unterscheidet man zwischen Lysergsäure-Amiden und Lysergsäure-Peptiden.
▶ **Lysergsäure-Amide**. Dazu gehört das Lysergsäure-amid selbst, aber auch das halbsynthetische **Lysergsäure-diethylamid** (**LSD**). Dabei handelt

Abb. 12.11
Mutterkorn (*Secale cornutum*) auf Roggen (WALTER 1950).

Abb. 12.12
Turbina corymbosa, ein Windengewächs (WAGNER 1969).

Abb. 12.13
Madagaskar-Immergün (*Catharanthus roseus;* Wildform). Bekannter ist bei uns eine Züchtung mit weißen Blüten und rotem Schlund, die am rechten Rand zu sehen ist (BÄRTELS 2003).

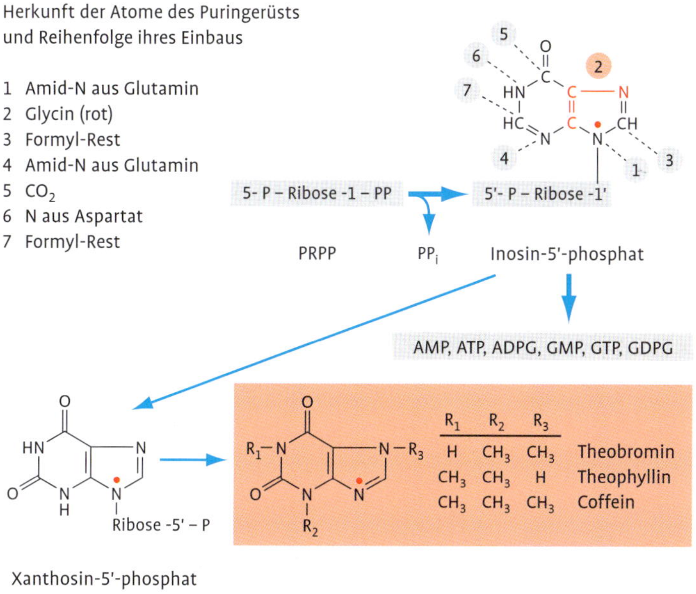

Abb. 12.14
Schema der Purinbiosynthese mit Herkunft der Atome des Purin-Grundgerüsts. An PRPP wird zuerst in Position 1 der Ribose der Amidstickstoff (durchgehend durch roten Punkt markiert) aus Glutamin angebaut (**1**). Dann folgen die drei Atome des Glycins (**2**, im Schema oben rechts rot gehalten) usf. bis Inosin-5′-phophat gebildet wurde. Der Hauptweg führt zu AMP Adenosin-monophosphat und GMP Guanosin-monophosphat, an die sich weitere Nucleotid-Derivate und auch die entsprechenden Desoxyribonucleotide anschließen lassen. Ein Abzweig geht zu den Methylxanthinen.

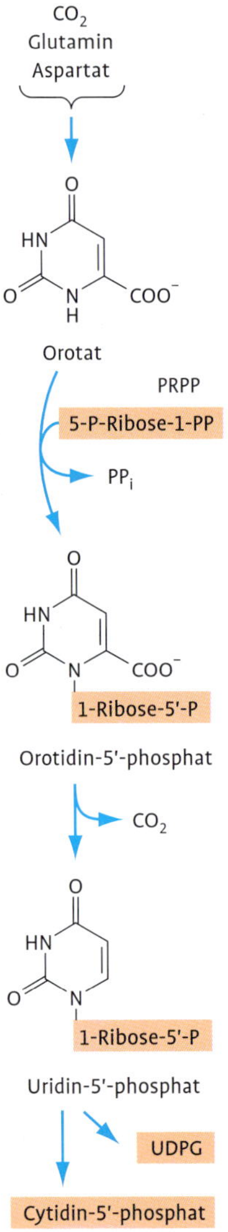

Abb. 12.15
Schema der Pyrimidinbiosynthese. Zuerst wird Orotat gebildet, das dann in sein Mononucleotid überführt wird. Daraus entsteht über Decarboxylierung Uridin-5′-phosphat, aus dem Cytidin-5′-phosphat und UDPG gebildet werden können. Die Desoxyribonucleotide lassen sich anschließen.

es sich um eines der stärksten Halluzinogene. Die Amide ähneln dem Neurotransmitter Serotonin (Abb. 12.10). Sie setzen sich an dessen Stelle an die Serotoninrezeptoren und verändern so psychische Funktionen.

▶ **Lysergsäure-Peptide**. Bei den Lysergsäure-Peptiden sind in die Carboxylgruppe jeweils drei Aminosäuren als Minipeptid eingefügt. Die letzte Aminosäure ist immer Prolin, die beiden anderen

Abb. 12.16 (rechts)
Schema der Biosynthese der Tetrapyrrole. Nur ein Teil des Wegs wurde angedeutet. Glutaminsäure wird in 5-Aminolävulinsäure überführt. Dabei ändert sich die Zählung der C-Atome: das C1 der Glutaminsäure wird zum C5 der 5-Aminolävulinsäure. Zwei Einheiten 5-Aminolävulinsäure werden über die durch rote Doppelpfeile angedeuteten Verbindungen zu Porphobilinogen zusammengeschlossen. Vier dieser Pyrrole zyklisieren und stellen das Protoporphyrin IX, von dem sich alle weiteren Tetrapyrrole ableiten, durch Aufschneiden des Porphyrinrings auch die linearen Tetrapyrrole.

können je nach Peptid wechseln und tragen Kohlenwasserstoffketten als Substituenten.

▶ **Vorkommen.** Ergolin-A findet sich einmal in **Pilzen** der Gattung *Claviceps*. Die Pilze befallen verschiedene Gräser, die dann in den Blüten anstatt Körner **Sklerotien** bilden. Am bekanntesten ist das Mutterkorn, Sklerotien von *Claviceps purpurea* (Abb. 12.11), der vor allem Roggen (*Secale cereale*) befällt. Die Sklerotien sind Überdauerungstadien, mit denen der Winter überbrückt wird.

Ergolinalkaloide finden sich aber auch in höheren Pflanzen, nämlich in der Familie der Convolvulaceae. zum Beispiel in *Ipomoea violacea*, *Turbina corymbosa* (Abb. 12.12) und *Convolvulus tricolor*.

▶ **Anwendung**. Mutterkorn in schwächerer Dosierung wurde im Mittelmeerraum zu kultischen Zwecken benutzt, so in den Mysterien von Eleusis zu Ehren der Göttin Demeter, Herrin der Fruchtbarkeit, des Ackerbaus und der Getreide. Dazu dienten *Claviceps*-Arten, die Wildgräser befallen und halluzinogene Ergolin-Alkaloide enthalten.

Die Ergolin-Alkaloide von *Claviceps purpurea* sind sympatholytisch wirksam oder verursachen Kontraktionen der glatten Muskulatur. Im Mittelalter – und in Frankreich noch in den 50er Jahren des vergangenen Jahrhunderts – kam es immer wieder zu Massenvergiftungen mit vielfach tödlichem Ausgang über mit Mutterkorn versetztes Mehl (Veitstanz, Heiliges Feuer).

In der Medizin finden bestimmte Mutterkornalkaloide über Uteruskontraktionen zur Anregung der Wehen Verwendung. Ob sich der Name Mutterkorn darauf oder auf die Kornmutter Demeter bezieht, ist umstritten. Der Bedarf an Mutterkorn-

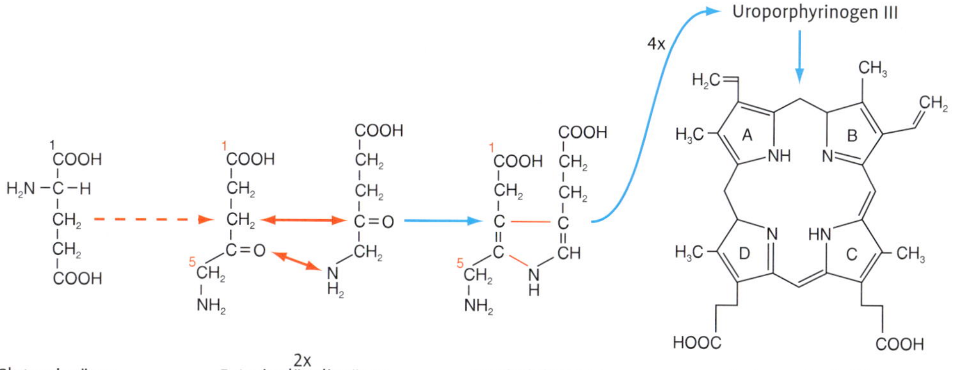

Glutaminsäure

2x
5-Aminolävulinsäure

Porphobilinogen

Protoporphyrin IX

Abb. 12.17
Prachtprimel (*Primula spectabilis*). Blüten tief rosa durch Anthocyane (Foto D. Hess; Hess 2001).

Abb. 12.18
Aurikel (*Primula auricula*). Blüten gelb durch Carotinoide (Foto D. Hess; Hess 2001).

Alkaloiden wird über Beimpfen von Roggen und anderen Poaceen mit Konidiensuspensionen von *Claviceps* gedeckt.
Die Samen der Windengewächse, die reichlich halluzinogene Lysergsäure-Amide enthalten, wurden und werden in den Indianerkulturen Mittelamerikas als Aphrodisiaka und als Halluzinogene zu kultischen Zwecken genutzt, unter der Bezeichnung Ololiuqui besonders diejenigen von *Turbina*.

12.4.2 Bisindol-Alkaloide

Der Gruppenname (lat. bis = zweimal) nimmt Bezug darauf, dass zur Synthese zwei Einheiten Tryptophan benötigt werden. Hierher gehören **Vinblastin** und **Vincristin**, die im Madagaskar-Immergrün *Catharanthus roseus* vorkommen. Ursprünglich aus Madagaskar stammend, findet es sich heute verwildert in anderen tropischen Regionen und bei uns als Zimmerpflanze (Abb. 12.13). Beide Alkaloide unterbinden durch Assoziation mit Tubulinen (Seite 267) die Ausbildung des Spindelfaserapparates und hemmen dadurch die Mitose. Sie werden deshalb gegen einige Krebsarten wie Leukämie bei Kindern und das Hodgkin-Lymphom eingesetzt. Leider kommen sie in *Catharanthus* nur in geringen Mengen vor. Aus 250 Kilo Blättern kann man lediglich 500 mg gewinnen. Versuche, sie in vitro von Zellen und Wurzeln von *Catharanthus* bilden zu lassen, waren bisher wenig erfolgreich.

12.5 Derivate von Glycin: Purin-Alkaloide

Purinbasen sind uns schon von den Basenbausteinen Adenin und Guanin (Seite 16) der Nucleinsäuren her bekannt. Hinzu kommen die im Pflanzenreich ziemlich häufigen Methylxanthine. Bekannt ist ihr Vorkommen im Kaffee (unter anderem *Coffea arabica*), im Tee (*Camellia sinensis*) und im Kakao (*Theobroma cacao*), wo sie von uns Menschen als Stimulantien und Genussmittel genutzt werden. In der Natur dienen Methylxanthine als Fraßschutz.
Für ihre Biosynthese ist typisch, dass unerwarteterweise nicht zuerst das freie Puringerüst gebildet und dann in Derivate wie die Nucleotide überführt wird, sondern dass an eine Ribosephosphat-Einheit nach und nach der Purinring angebaut wird. Abb. 12.14 zeigt den Ablauf und gibt an, welche Atome des Purinrings von welchen Substanzen gestellt werden. Immerhin stammt

Abb. 12.19
Bougainvillea (Nyctaginaceae). Hochblätter um die drei Blüten rotviolett durch Betacyane (Foto D. Hess; Hess 2005).

Abb. 12.20
Notocactus ottonis (Cactaceae). Blüte gelb durch Betaxanthine (Foto D. Hess, Hess 2005).

Abb.12.21
Großblütiges Schneeglöckchen (*Galanthus elwesii*), Blick in die Blüte (Foto D. Hess; Hess 1990).

der größte Anteil von Glycin. Der Hautweg der Biosynthese liefert lebenswichtige Nucleotide an. Eine Abzweigung führt von Inosin-5′-phosphat zu Xanthin-5′-monophosphat. Um zu den Methylxanthinen zu kommen, wird Xanthin aus seinem Nucleotid freigesetzt und entsprechend methyliert.

BOX 12.2

Blütenfarbstoffe und Blütenfarben

Mit der Besprechung der Betalaine haben wir die letzte wichtige Stoffgruppe kennengelernt, die sich an der Blütenfärbung beteiligt. Deshalb hier ein kurzer Überblick, wobei das für die Blütenökologie wichtige UV nicht berücksichtigt werden kann. Daten dazu finden sich in Veröffentlichungen der Arbeitsgruppe um Barthlott (1).

Anthocyane, im Zellsaft gelöste Farbstoffe, ergeben rote und blaue Blütenfarben. Bei den kristallisierten Anthocyanidinen findet sich mit zunehmender Anzahl der **Hydroxyle im Ring B** eine Farbvertiefung von lachsfarben über Rot nach Blau. Methlygruppen schwächen die Blautendenz ab (Seite 177).

Doch andere Faktoren sind wichtiger. Dazu gehört der **pH-Wert**. Die im Buch wiedergegebenen Formeln zeigen Oxoniumstrukturen. Im **Reagenzglas** stellen sie sich in saurem Medium ein. Die Farben sind dann rot, in alkalischer Lösung blau. Das trifft jedoch für die **Situation in vivo nur bedingt zu**. Nur ein Beispiel: die bekannt blauen Blüten der Kornblume (*Centaurea cyanus*) weisen einen pH von 3,8–5,0 auf (2). Sie sollten also eigentlich rot sein! Grund ist, dass die blaue Farbe auch bei sauerem pH stabilisiert werden kann. Das geschieht über eine **Chelatbildung mit Al^{3+} und Fe^{3+}**, die alle Anthocyanidine mit zwei benachbarten Hydroxylen im Ring B besonders leicht eingehen können. Die Chelate werden außerdem noch an **hochpolymere Kohlenhydrate** gebunden. Die Anthocyan-Chelat-Kohlenhydrat-Komplexe stabilisieren die blaue Farbe. Sie finden sich unter anderem in der eben erwähnten Kornblume oder in blau blühenden Lupinen (2).

Sogenannte **Copigmente** wie Flavonole, vor allem das häufige Quercetin (Seite 181), fangen die Metallionen ab und verhindern dadurch die Ausbildung der blauen Komplexe, wenn sie in größeren Mengen vorhanden sind (2). Andererseits können sie aber auch zur Stabilisierung der blauen Komplexe beitragen.

Flavonole und **Flavone**, ebenfalls im Zellsaft lokalisiert, können in wässeriger Lösung nahezu farblos sein, bedingen aber häufiger weißliche bis hell gelbe Färbungen. 95 % aller weiß blühenden Arten führen Flavonole und Flavone. Obwohl Anthocyane und Flavonole chemisch nahe verwandt sind, ist es eher die Ausnahme, dass in einer gegebenen Gattung die einen Arten Anthocyan-Blüten, die anderen Flavonol-Blüten aufweisen, wie man früher als Regel angenommen hatte. Stattdessen geht die gelbe Farbe dann in der Regel auf Carotinoide zurück. Bekannte Beispiele liefern Enziane (*Gentiana*) und Primeln (*Primula;* Abb. 12.17, 12.18). Listen mit Angaben über Farbstoffe in zahlreichen Arten mit einer einfachen Phasenprobe zur Unterscheidung der Flavonole/Flavone von Carotinoiden finden sich in 3.

Carotinoide bedingen (tief) gelbe, orange und sogar rote Farben, dies auch in anderen Organen wie bei Mohrrübe, Paprika und Tomate. Sie finden sich in Chromoplasten.

Betalaine, im Zellsaft gelöst, liefern rote (Betacyane; Abb. 12.19) oder gelbe Farben (Betaxanthine; Abb. 12.20).

Chlorophylle, Farbstoffe in Chloroplasten, verleihen seltener ganzen Blüten ihre grüne Farbe, setzen aber vielfach grüne Akzente (Abb. 12.21).

[1] BIEDINGER und BARTHLOTT 1993, BURR und BARTHLOTT 1993, BURR et al.1995; [2] BAYER et al. 1966; [3] SEYBOLD 1954.

12.6 Derivate von Aspartat: Pyrimidin-Basen

Die Pyrimidin-Basen sind als Nucleotide ebenfalls lebenswichtige Bausteine von Nucleinsäuren oder von aktivierten Zuckern (zum Beispiel UDPG). Bei ihrer Biosynthese wird aus CO_2 und der Amidgruppe vom Glutamin unter Beteiligung von ATP eine Zwischenstufe gebildet, die mit Aspartat zu Orotat, einem Pyrimidin, zusammengeschlossen wird. Asparat stellt dabei die meisten Atome. Orotat wird dann mit PRPP zum Nucleotid gekoppelt. Weitere Veränderungen führen zu den Nucleotiden der Pyrimidinbasen (Abb. 12.15).

12. 7 Derivate von Glutamat: Tetrapyrrole

Tertrapyrrole sind keine Alkaloide, sollen aber hier als Derivate des Glutamats angeschlossen werden. Wie der Name sagt, bestehen sie aus vier Pyrrolringen. Diese können ringförmig geschlossen sein. Dann erhält man **Porphyrine** (Seite 95) wie **Chlorophylle**, **Cytochrome**, **Sirohäm**, **Katalasen** oder **Peroxidasen**. Sie können aber auch sekundär offenkettig = linear werden wie bestimmte Farbstoffe und das **Phytochromobilin**, die Farbstoffkomponente der **Phytochrome** (Seite 251).

Ihre Biosynthese kann hier nur in Grundzügen angegeben werden (Abb. 12.16). Sie findet in Chloroplasten statt. Dabei liefert ein Glutamat zunächst 5-Aminolävulinsäure. Zwei Einheiten davon gehen in ein einfaches Pyrrol, das Porphobilinogen, über. Vier Porphobilinogene schließen sich dann zum **Protoporphyrin IX** zusammen. Von diesem ersten Tetrapyrrol leiten sich alle weiteren Tetrapyrrole ab, nach Aufschneiden des Porphyrinrings auch das Phytochromobilin (Seite 254).

FRAGEN

(Seitenverweise zur Beantwortung)

- Was verstehen Sie bei der Biosynthese der Alkaoide unter einem biogenen Amin? Geben Sie ein Beispiel! (Seiten 189, 194)
- Welche Pflanzengattung ist durch Chinolizidin-Alkaloide besonders bekannt? (Seite 189)
- Wieso findet sich bei der Biosynthese der Chinolinsäure eine biochemische Konvergenz? (Seite 191)
- Wie bildet sich Atropin? (Seite 192)
- Nennen Sie diejenigen Familien der Caryophyllales, die keine Betalaine bilden! (Seite 193)
- Welche Pflanzenart bildet Heroin? (Seite 193)
- In welcher Familie der höheren Pflanzen finden sich Ergolin-Alkaloide? (Seite 196)
- Welches Kulturgetreide befällt *Claviceps purpurea* bevorzugt? (Seite 196)
- Welche Aminosäure stellt C-Atome für die Biosynthese der Purine? (Seite 195)
- Aus welcher regelwidrig gebauten Aminosäure bilden sich Pyrrolringe? (Seite 200)

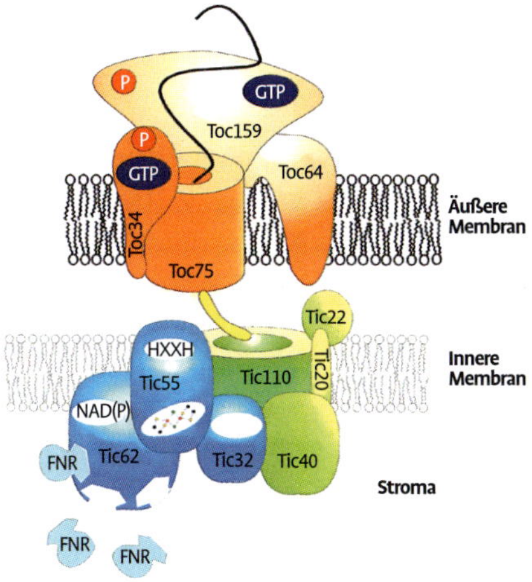
P
GTP
Toc159
P
GTP
Toc64
Äußere Membran
Toc34
Toc75
Tic22
HXXH
Innere Membran
Tic55
Tic110
Tic20
NAD(P)
Tic62
Tic32
Tic40
FNR
Stroma
FNR
FNR

D Transport

Im vorhergehenden Bereich C Stoffwechsel hatten wir immer wieder Transportvorgänge unterstellen müssen, teils innerhalb der Zelle, teils von Zelle zu Zelle, teils aber auch über weitere Strecken innerhalb der Pflanze, ohne darauf näher einzugehen. Das soll nun nachgeholt werden.
Doch Transportvorgänge und deren leitende Elemente sind nicht nur für den Massentransport von Wasser, Ionen und Assimilaten wichtig. Lignifizierte Elemente besonders des Xylems tragen auch wesentlich zu den mechanischen Eigenschaften der Landpflanzen bei. Vor allem aber kommt es über den Transport von Phytohormonen und anderer Regulatoren auch zur Kommunikation und Regulation innerhalb der Pflanze. Deshalb soll der Transport noch vor dem Bereich Entwicklung behandelt werden.

13 Transport

INHALT

Möglichkeiten zum Transport sind in allen Lebensphasen der Pflanze unabdingbar. Nach Eingehen auf den Wasserstatus der Pflanzenzelle wird zuerst der Transmembrantransport in passiven und über ATP betriebenen aktiven Varianten geschildert, darunter auch der Ex- und Import in Organellen wie Zellkern und Chloroplasten. Transmembrantransporte spielen auch bei den danach geschilderten Transportvorgängen immer wieder eine wichtige Rolle. Dabei handelt es sich einmal um die Aufnahme und den Transport von Wasser und Ionen von den Wurzelhaaren über den Wurzelquerschnitt bis zum Xylem – mit dem anschließenden Wassersteigen über Kohäsionskräfte in den Gefäßen des Xylems. Danach wird die Druckstromtheorie des Assimilattransports besprochen, an deren Zustandekommen bei Angiospermen das Beladen und Entladen des Siebröhren-Geleitzellen-Komplexes entscheidend beteiligt ist.

13.1 Möglichkeiten des Transports

▶ **Apoplasmatischer und symplasmatischer Transport.** Die Protoplasten der Zellen stehen über Plasmodesmen miteinander in Verbindung. Den gesamten von Plasmalemma umgebenen Bereich einer Pflanze nennt man **Symplast**, den außerhalb des Plasmalemmas liegenden Bereich **Apoplast** (→ Definition). Zum Symplasten gehören die Zellwände und die im ausdifferenzierten Zustand plasmalemma-freien Tracheen und Tracheiden. Einen **Transport** innerhalb des Apoplasten nennt man **apoplasmatisch**. Der Symplast umfasst alle über Plasmodesmen miteinander verbundenen Zellen und damit auch die Elemente des Assimilattransports. Einen **Transport** innerhalb des Symplasten bezeichnet man als **symplasmatisch**. Gegenüber apoplasmatischen Systemen bieten symplasmatische die Möglichkeiten eines aktiven Transports und einer Kontrolle der zu transportierenden Stoffe.

DEFINITION
Symplast: gesamter Bereich innerhalb des Plasmalemmas; **Apoplast**: gesamter Bereich außerhalb des Plasmalemmas.

▶ **Gliederung nach Transportstrecken.** Je nach den Entfernungen unterscheidet man einen **Kurzstreckentransport** innerhalb einer gegebenen Zelle, einen **Mittelstreckentransport** von Zelle zu Zelle, der nicht über Leitgefäße erfolgt, und einen **Langstreckentransport,** der an spezielle Leitgefäße gebunden ist.

13.2 Wasserstatus der Zelle

Bei allen Transportvorgängen, insbesondere beim Langstreckentransport, kann der Wasserhaushalt der Zellen wichtig werden. Deshalb dazu einführende Vorbemerkungen:

13.2.1 Diffusion, Osmose, osmotischer Wert

Für den Wasserstatus der Zelle ist die Vakuole entscheidend. Sie bildet sich im Lauf der Zellentwicklung aus vielen kleinen Zellsafträumen, die sich schließlich vereinigen. Sie kann hohe Konzentrationen an Salzen enthalten oder auch als Exkretbehälter im Stoffwechsel nicht mehr benötigte sekundäre Pflanzenstoffe speichern. Diesen Stoffen kommt jedoch vielfach eine Schutzfunktion zum Beispiel gegen Pilze oder als Fraßschutz zu. Manche Stoffe werden nur vorübergehend in die Vakuole eingespeist und gegebenenfalls zur weiteren Nutzung wieder aus ihr herausgeholt, so Malat bzw. Äpfelsäure beim CAM (S. 111). Besonders wichtig wird die Vakuole jedoch dadurch, dass sie am Zustandekommen der **Saugspannung** der Zellen und damit der ganzen Pflanze entscheidend beteiligt ist. Lässt sie nach, welken die Pflanzen.

▶ **Diffusion.** Dabei handelt es sich um die freie thermische Bewegung von Wassermolekülen und darin gelösten Stoffen bis zum Konzentrationsausgleich zwischen beiden: Wenn man eine Saccharose-Lösung vorsichtig mit Wasser überschichtet, werden sich solange Zuckermoleküle in die Wasserschicht und Wassermoleküle in die Zuckerschicht bewegen = diffundieren, bis eine gleichmäßig konzentrierte Lösung resultiert. Auch dann geht die Bewegung weiter, aber statistisch gesehen bleibt die einmal eingestellte einheitlich konzentrierte Lösung erhalten.

▶ **Osmose und osmotischer Wert.** Eine Diffusion kann auch durch Membranen stattfinden. Falls die Membran für alle gelösten Stoffe gleichmäßig durchlässig ist, ändert sich nichts. Nun sind Biomembranen für Wasser leicht, für darin gelöste Stoffe aber unterschiedlich, oft überhaupt nicht passierbar. Eine solche Membran nennt man **selektiv permeabel**. Die Diffusion durch eine selektiv permeable Membran bezeichnet man als **Osmose.** Bei ihr bewegen sich die Wassermoleküle aus dem Kompartiment mit der niedrigeren Konzentration an gelösten Stoffen, der **hypotonischen** Lösung, in dasjenige mit der höheren Konzentration, die **hypertonische** Lösung. Dabei ist nicht die Art, sondern nur die Anzahl der gelösten Moleküle maßgebend. Durch den Wasserimport kommt es in der hypertonischen Lösung es zu einem Druckanstieg, den man in entsprechenden Versuchsvorrichtungen sichtbar machen kann (→ Box 13.1). Den betreffenden Druck bezeichnet man als **osmotischen Druck** oder **osmotischen Wert.**

▶ **Die Pflanzenzelle als osmotisches System.** Plasmalemma und Tonoplast sind selektiv permeable Membranen. Zwischen ihnen liegt das Cytoplasma. Seine Proteine können unter Ausbildung von Hydrathüllen quellen oder umgekehrt entquellen und so den Wasserstatus der Zelle beeinflussen. Doch das geschieht verglichen mit der Vakuole in so geringem Ausmaß, dass man das Cytoplasma im gegebenen Zusammenhang vernachlässigen kann. Insgesamt liegt damit ein selektiv permeabler Schlauch vor, bestehend aus Plasmalemma, Cytoplasma und Tonoplast. Er umgibt die Vakuole, die mit ihrem hypertonischen Zellsaft entscheidend ist. Die in ihr osmotisch wirksamen Substanzen sind vor allem Salz-Ionen, Zucker, Glykoside und organische Säuren. Wenn die Umgebung der Zelle (andere Zellen oder eine Lösung) hypotonisch ist, wird Wasser geradezu in die Vakuole hinein gesogen. Der gesamte Protoplast dehnt sich aus und übt auf die Zellwand einen osmotischen Druck aus, den man als **Turgordruck** bezeichnet. Die Zellwand lässt sich jedoch nicht beliebig dehnen. Sie übt einen Gegendruck (Wanddruck) aus, zu dem gegebenenfalls der Außendruck umgebender Zellen und

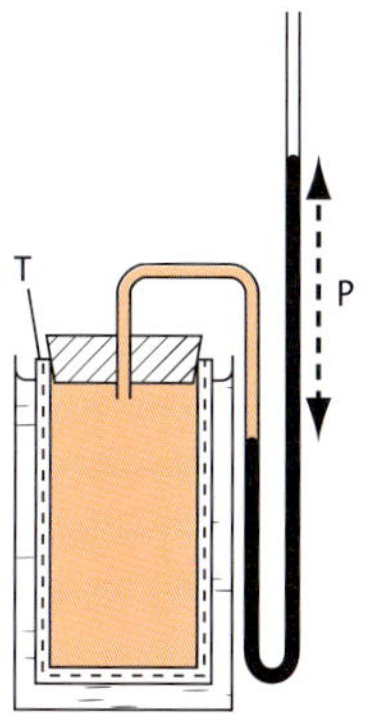

Abb. 13.1
Die Pfeffersche Zelle.
T Ton mit selektiv permeabler Membran; **P** osmotischer Druck (verändert nach WALTER 1950).

BOX 13.1

Die Peffersche Zelle: Modell für die Pflanzenzelle

In ein Gefäß wird Wasser eingefüllt (Abb. 13.1). Es umgibt ein zweites Gefäß aus porösem Ton, in dessen Wandung ein Niederschlag aus Ferrocyankupfer eine selektiv permeable Membran bildet. Das Tongefäß enthält eine Saccharoselösung (rot). Wasser diffundiert durch die selektiv permeable Membran in die hypertonische Saccharoselösung im Tongefäß. In einem angeschlossenen Manometer wird dann eine Quecksilberfüllung (schwarz) empor geschoben. An der Höhe der Quecksilbersäule lässt sich der jeweilige osmotische Druck ablesen. Die Pheffersche Zelle kann als Modell für die Situation in der Pflanzenzelle dienen.

Gewebe kommt. Dadurch wird der weiteren Ausdehnung ein Ende gesetzt wird. Diese Situation fasst man in der **Saugspannungsgleichung** (osmotische Zustandsgleichung) zusammen:

$$S = p^* - (P \pm A)$$

Dabei ist S = **Saugspannung** der Zelle, also das Potenzial der Zelle, Wasser aufzunehmen; p* = potentieller osmotischer Druck **(osmotischer Wert)** des Zellsafts, dem P = Wanddruck und gegebenfalls A = Außendruck entgegenwirken. Doch kann A auch negative Werte annehmen. Die Saugspannungsgleichung lässt sich auch als Wasserpotenzialgleichung wiedergeben, doch genügt für unsere Zwecke die etwas einfachere Betrachtungsweise.

13.3 Transmembrantransport

Immer wieder müssen beim Stofftransport Biomembranen (Seite 94) überwunden werden, nicht nur beim Kurzstreckentransport innerhalb einer Zelle, sondern auch in Teilprozessen des Mittel- und Langstreckentransports. Deshalb soll hier vorweg auf den Transmembrantransport eingegangen werden. Bei ihm unterscheidet man zwischen einer passiven und einer aktiven Variante.

13.3.1 Passiver Transmembrantransport

Ein passiver Transport (Abb. 13.2) erfolgt durch **freie Diffusion** entlang dem Konzentrationsgefälle der betreffenden Stoffe mit der Tendenz, einen Konzentrationsausgleich herbeizuführen. Haupthindernis dabei ist die Lipid-Doppelschicht der Biomembranen. Kleinere lipophile Stoffe können sie passieren, auch Wasser durch winzige Lücken, die sich bei der Bewegung der Lipide vorübergehend auftun, Ionen jedoch kaum.

Spezielle **integrale Membranproteine** können die Diffusion durch die Lipiddoppelschicht erleichtern, sodass das angestrebte Gleichgewicht beschleunigt eingestellt wird. Eventuell erforderliche Energie geht beim passiven Transport auf den Ausgleich des Konzentrationsgefälles an den betreffenden Substanzen zurück. Die **erleichterte Diffusion** kann über Kanäle oder Carrier vonstattengehen. Beide können auch aktiv betrieben werden (→ unten).

▶ **Kanäle.** Wasser kann durch **Aquaporine** Membranen passieren. Dabei handelt es sich um integrale Tunnelproteine, die nur Wasser durchlassen. Integrale Proteine können auch **Ionenkanäle** bilden, die erst geöffnet werden müssen. Das kann über Signale geschehen. Sie sind meist für bestimmte Ionen spezifisch. Die Spezifität kann zu einer **selektiven Ionenaufnahme** führen.

▶ **Translokatoren (Transporter, Carrier).** Dies sind ebenfalls integrale Proteine, die die zu transportierenden Substrate nach einer gängigen Vorstellung auf der einen Seite der Biomembran binden und sie auf der anderen in Richtung des Konzentrationsabfalls wieder frei setzen. Sie fungieren als Katalysatoren. Dabei durchlaufen sie eine **Konformationsänderung.**

13.3.2 Aktiver Transmembrantransport

Der Aktive Transport erfolgt unter Einsatz von Energie, die direkt oder indirekt über ATP bereit gestellt wird.

▶ **Primär aktiver Transport.** Beim primär aktiven Transport (Abb. 13.3) wird über Hydrolyse von ATP Energie direkt dazu verwendet, Protonen auch entgegen einem Konzentrationsgefälle durch Biomembranen zu verlagern. Die Spaltung des ATP wird von membrangebundenen ATPasen durchgeführt, die gleichzeitig auch die Protonen translozieren. Man nennt sie deshalb **H^+-ATPasen** oder **Protonenpumpen** (Abb. 13.3 a).

In höheren Pflanzen kennt man drei Typen von H^+-ATPasen. **P-ATPasen** sind im Plasmalemma lokalisiert und pumpen H^+ in den Apoplasten (→ Seite 232). **V-ATPasen** im Tonoplasten bringen H^+ in die Vakuole ein. In den Membranen von Mitochondrien und Chloroplasten finden sich **F-ATPasen**, die insofern umgekehrt arbeiten, als sie den Ausgleich eines Protonen-

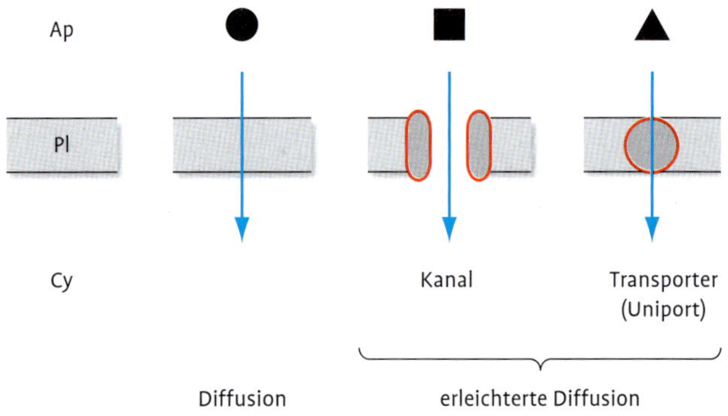

Abb. 13.2
Passiver Transport durch Membranen. Diffusion und erleichterte Diffusion durch Kanäle oder Transporter folgen dem Konzentrationsgefälle der betreffenden Substanzen. Bei der Membran handelt es sich um das Pl Plasmalemma. Andere Biomembranen verhalten sich entsprechend. Ap = Apoplast, Cy = Cytoplasma. Uniport → Legende zu Abb. 13.3 (Hess 2004).

Abb. 13.3
Aktiver und sekundär aktiver Transport durch Membranen. Eine P-ATPase (**a**) im PL Plasmalemma bewerkstelligt einen primär aktiven Protonentransport in den Ap = Apoplasten, der zum Aufbau eines Protonengradienten führt. Dessen elektrochemisches Potential liefert die Energie zum sekundär aktiven Transmembrantransport anderer Jonen und auch ungeladener Stoffe über Kanäle (**b, c**) oder Transporter (**d–g**). Uniport: nur ein Partikel (Jon oder ungeladene Substanz) wird transloziert. Symport: H^+ und eine ungeladene Substanz werden beide in der gleichen Richtung, Antiport: H^+ und eine ungeladene Substanz werden in Gegenrichtung transloziert. Für andere Biomembranen als das Plasmalemma gilt Entsprechendes (Hess 2004).

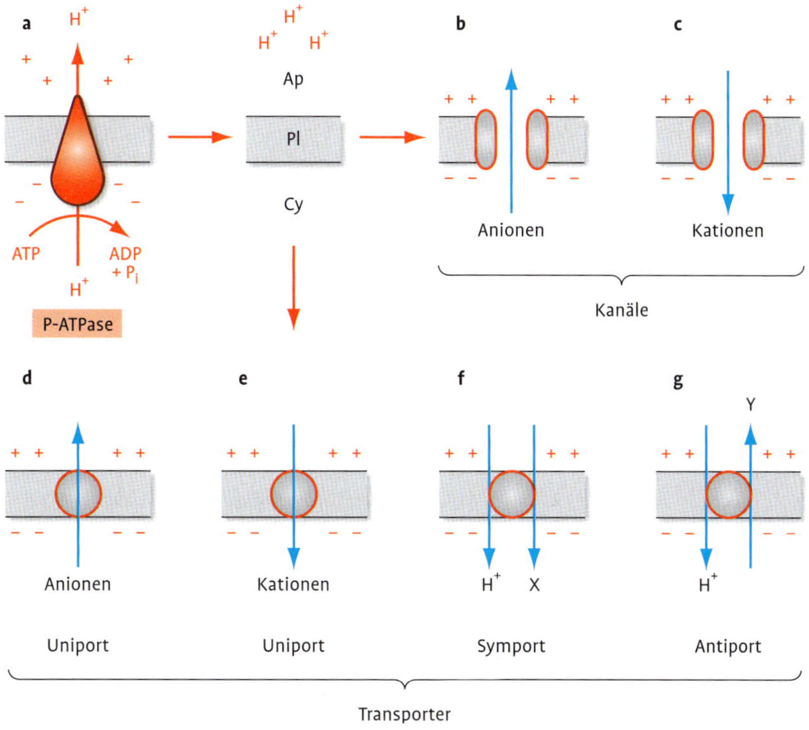

gradienten dazu nutzen, ATP zu synthetisieren (S. 105, 123).

Über die Aktivität der H^+-ATPasen wird ein Wasserstoffionengradient quer durch die Membran aufgebaut und damit eine **protonenmotorische Kraft** geschaffen.

▶ **Sekundär aktiver Transport.** Der über H^+-ATPasen aufgebaute Protonengradient kann dazu genutzt werden, den Fluss der Protonen mit dem Transmembrantransport anderer Ionen oder auch ungeladener Stoffe zu koppeln. Bei solchen indirekten Förderungen, die über Kanäle oder Carrier (→ oben) erfolgen, spricht man von einem **sekundär aktiven Transport** (Abb. 13.3).

13.3.3 Transmembrantransport von Polypeptiden

Polypeptide bleiben keinesfalls immer am Ort ihrer Translation, sondern werden oft in andere Zellbereiche transportiert. Dabei kann es erforderlich sein, Membranen zu passieren. Das ist zum Beispiel für vom Zellkern codierte Chloroplastenproteine offensichtlich, trifft aber auch in zahlreichen anderen Fällen zu.

▶ **Cotranslationaler Transport.** Der Transmembranstransport kann schon während der Translation ablaufen. Dann spricht man von einem cotranslationalen Transport (lat. co = zusammen;

Abb. 13.4). Das betreffende Gen und dann auch seine mRNA enthalten die Information zur Bildung eines **Signal-** oder **Transitpeptids**, das dem codierten Polypeptid vorgeschaltet ist. Im Beispiel handelt es sich um eine Translation am rauen ER, die im Verbund eines Polyribosoms abläuft. Drei der Ribosomen des Polyribosoms (3-5) sind an der Außenseite der ER-Membran befestigt. Der Transport der wachsenden Polypeptidkette durch die Membran in das Lumen des ER erfolgt bereits während der Translation (cotranslational). In Abb. 13.4 werden aufeinander folgende Etappen des cotranlationalen Transports gezeigt.

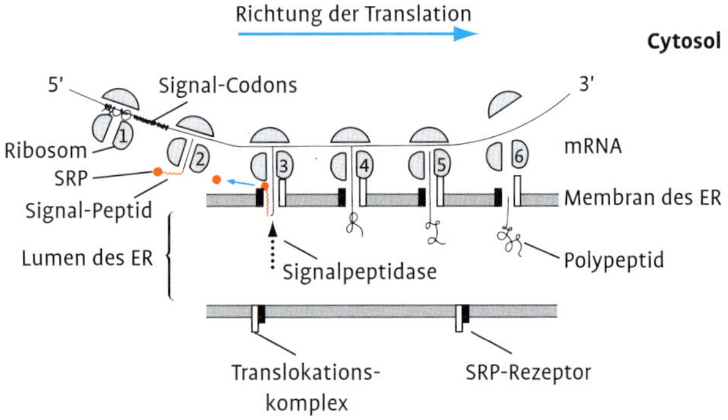

Abb. 13.4
Cotranslationaler Transport (→ Text).

Nach dem Start der Translation werden zunächst Signalcodons abgelesen (Ribosom 1). An der Spitze des wachsenden Polypeptids steht dann das **Signalpeptid.** Wenn die wachsende Kette rund 70 Aminosäuren lang geworden ist, bindet ein Signalerkennungspartikel **SRP** (engl. **S**ignal **R**ecognition **P**article = **SRP**) an ihre Spitze (Ribosom 2). Beim SRP handelt es sich um ein kleines Ribonucleoproteid. Die Translation wird vorübergehend eingestellt, wodurch eine inkorrekte Faltung am falschen Ort verhindert wird. Das SRP nimmt mit einem SRP-Rezeptor in der Membran Kontakt auf. Da er Komponente eines **Translokationskomplexes** aus integralen Proteinen ist, wird damit auch das Ribosom in die richtige Position gebracht. SRP wird abgespalten und ins Cytosol freigesetzt. Danach kommt es gleichzeitig zur Wiederaufnahme der **Translation** und zur **Translokation** ins Lumen des ER. Der gesamte Prozess ist energieabhängig: er erfordert die Hydrolyse von GTP. Nach Durchtritt, Signalpeptid voran, spaltet eine Signal-Peptidase das Signalpeptid ab (Ribosom 3). Das Polypeptid wächst wie üblich durch die größere der beiden Ribosomenuntereinheiten und durch die Membran hindurch (Ribosomen 4 und 5) und wird im Lumen des ER mit Hilfe von Chaperonen korrekt gefaltet. Die Aktivität der Chaperone wird in Abb. 13.4 nicht gezeigt.

Nach Beendigung der Translation und Entlassen des Polypeptids zerfällt das letzte Ribosom (6) wie üblich in seine Untereinheiten (→ Ribosomen-Zyklus).

▶ **Transport in Chloroplasten.** Beim Transport von Proteinen in Chloroplasten (und ähnlich in Mitochondrien) handelt es sich um einen posttranslationalen Transport, bei dem zwei Membranen überwunden werden müssen. In jeder von ihnen gibt es Transportdurchlässe, die **Translocons,** in der äußeren Chloroplastenmembran **TOC** (**T**ranslocon of the **O**uter **C**hloroplast Membrane), in der inneren **TIC** (**T**ranslocon of the **I**nner **C**hloroplast Membrane). Beide müssen zur Deckung gebracht werden (Abb. 13.5). Ihren Aufbau und ihr Funktion weitgehend zu klären, war eine schwierige Aufgabe der Molekularbiologie (Review Soll and Schleif 2004).

Die an den Ribosomen des Cytosols gebildeten Proteine tragen Transitpeptide, die auch zwischen Chloroplasten und Mitochondrien differenzieren. Denn meistens sollen die Proteine nur in einen Organellen-Typ eingebracht werden. Chaperone (Seite 48), vor allem HSP70, verhindern eine vorzeitige Faltung der Polypeptide. TOC besteht bei *Pisum sativum* aus vier Proteinen. Das GTP-abhängige TOC34 ist der zentrale Rezeptor für ankommende Präproteine (Vorstufen der funktionsfähigen Proteine). Doch können Chaperon-Präprotein-Komplexe auch zunächst an TOC64 gebunden werden, das sie dann an

Abb. 13.5
Die Translocon-Komplexe höherer Pflanzen. Oben TOC, unten TIC. Aus TOC75 kommt gerade das Transitpeptid heraus. → Text (leicht verändert nach einer Vorlage von J. SOLL).

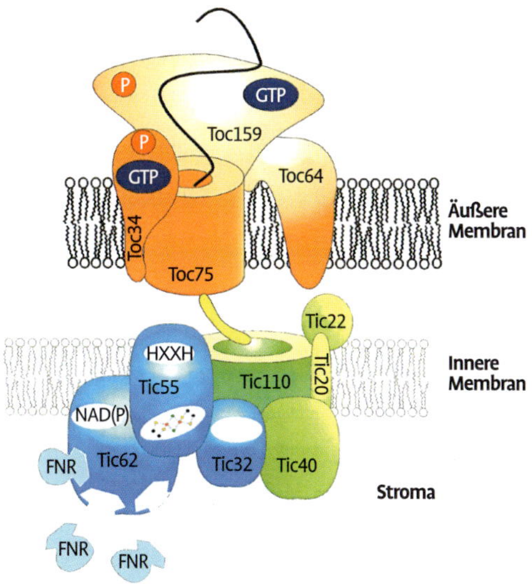

TOC34 weitergibt. Das konnte für Komplexe HSP90/Präprotein festgestellt werden. TOC75 bildet einen Durchlass-Tunnel. Das GTP-abhängige TOC159 bewerkstelligt ein Durchpressen des Präproteins durch den TOC75-Tunnel. In vitro bilden TOC75 und TOC 159 die kleinste Einheit, die Präproteine spezifisch erkennen und durch eine Membran durchschleusen kann.
TIC ist weniger genau untersucht. Transitpeptid voran wird das Präprotein durch TIC110 durchgefädelt. TIC 20 ist mit TIC110 eng assoziiert und trägt möglicherweise zur Verbindung mit TOC bei. TIC40 vermittelt eventuell den Kontakt mit Chaperonen im Stroma, die für die Aufffaltung des einmal importierten Präproteins zuständig sind. Die restlichen TICs sind Redox-Systeme (FNR = Ferredoxin-NAD(P)-Reduktase; TIC führt ein Eisen-Schwefel-Zentrum und eine Eisen-Bindungsstelle). Möglicherweise nutzen sie die energetische Kapazität der Chloroplasten für einen Teil des Imports. Im Stroma wird das Transitpeptid abgespalten. Die Präproteine werden durch Auffaltung mit Hilfe von Chaperonen zu funktionsfähigen Proteinen.

▶ **Transport durch Kernporen.** Kompliziert gebaute Durchlässe in der Kernmembran, die **Kernporen** (Abb. 13.6), ermöglichen die Kommunikation zwischen Zellkern und Cytosol. Ionen, Metaboliten und kleine Proteine können sie über Diffusion hinein oder heraus passieren. Doch der **Import** von Strukturproteinen der Chromosomen, von RNA- und DNA-Polymerasen oder von Transkriptionsfaktoren ebenso wie der **Export** von RNAs oder Ribonucleoproteiden sind ATP-abhängig. Die Proteine müssen Signal-Sequenzen für den Eintritt und andere für den Austritt enthalten. Beim **Import** handelt es sich dabei um kurze Abfolgen von wenigen Aminosäuren, die **in** die betreffenden Polypeptide **eingefügt sind.** Diese Kernerkennungssequenzen (engl. **N**uclear **L**ocalisation **S**ignals = **NLS**) binden an NLS-Rezeptoren, die **Importine**, die den Kontakt mit den Proteinen der Kernpore vermitteln. Nach Passieren der Kernpore werden die Importine abgespalten.

Abb. 13.6
Transit durch Kernporen. Die doppelte Kernmembran mit zwei Kernporen ist dargestellt. Ringstrukturen aus Proteinen umgeben einen Zentralpfropfen mit Durchlass für Makromoleküle, der sich ATP-abhängig öffnet. Proteine benötigen für den Durchlass außerdem Signalpeptide. Metaboliten sind kleinere Stoffwechselteilnehmer, RNPs Ribonucleoproteide (verändert nach BUCHANAN et al. 2000 aus HESS 2004).

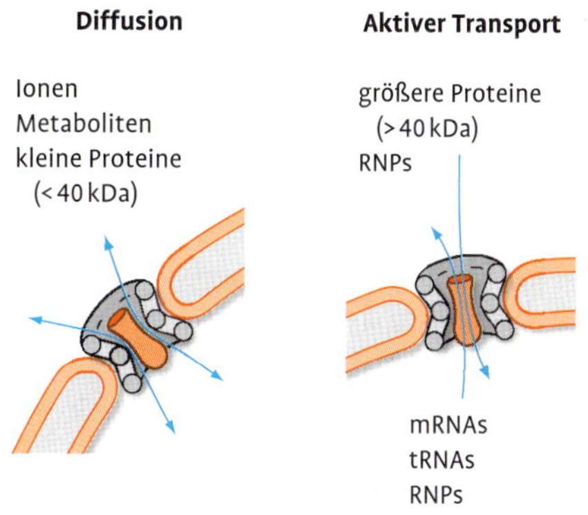

13.4 Aufnahme und Quertransport (Mittelstreckentransport) von Wasser und Ionen

Von Sonderfällen abgesehen, werden Wasser und Mineral-Ionen über Wurzelhaare aus dem Boden aufgenommen. Dabei können Transmembrantransporte stattfinden. Nach der Aufnahme kommt es zu einem Quertransport zu den Gefäßen, bei dem es sich um einen Mittelstreckentransport handelt.

13.4.1 Aufnahme und Quertransport von Wasser

Wasser liegt im Boden teils in Kapillaren (Kapillarwasser), teils an Kolloide (Quellungswasser) gebunden vor. Nur das Kapillarwasser ist für die Pflanzen frei verfügbar. Die Wurzelhaare dringen weit in die Bodenkapillaren ein und nehmen Wasser zunächst in ihren Apoplasten (Zellwände) auf. Wenn es zu einer Wasseraufnahme aus den Zellwänden in das Cytosol, also in den Symplasten, kommen soll, muss der osmotische Wert der Wurzelhaarzellen höher sein als derjenige des Kapillarwassers mit seinen Ionen. Das ist meistens der Fall. Wasser wird dann osmotisch vor allem im Symplasten, daneben aber auch nach wie vor im Apoplasten bis zur Endodermis transportiert.

13.4.2 Aufnahme von Ionen

Nur ein geringer Anteil der Ionen ist im Kapillarwasser gelöst; die meisten sind an Bodenkolloide gebunden. Sie werden über Austauschabsorption freigesetzt. Die Wurzel gibt dazu vor allem H^+ und HCO_3^- als Austauschionen ab. Die Protonen stammen von H^+-ATPasen oder organischen Säuren. HCO_3^- bildet sich aus dem CO_2 der biologischen Oxidation und H_2O.

Die Aufnahme kann wie zum Beispiel beim Eisen auf Schwierigkeiten stoßen.

▶ **Aufnahme von Eisen.** Die Wurzeln nehmen in der Regel Fe^{2+} auf. In **alkalischen Böden** liegt aber dreiwertiges Eisen vor, teils als $Fe(OH)_3$, überwiegend als wasserunlösliches Fe_2O_3. Dikotyledonen und die (ehemaligen) Monokotyledonen mit Ausnahme der Poaceae scheiden Citrat und Malat als Chelatbildner aus. P-ATPasen pumpen Protonen nach außen (protonenmotorische Kraft und Absenkung des ursprünglich alkalischen pH). Daraufhin aus unlöslichem Fe_2O_3 gebildete lösliche Fe_3-Chelate werden am Plasmalemma über eine spezielle Reduktase zu Fe^{2+}-Chelaten reduziert. Sie werden über einen spezifischen Fe^{2+}-Transporter in die Zelle aufgenommen (Abb. 13.7).

13.4.3 Quertransport von Ionen

Ionen gelangen in den Wurzelhaaren zunächst in den Apoplasten, den Zellwandbereich der Wurzelhaare. Nicht nur in ihm, sondern auch in den Zellwänden der im Wurzelquerschnitt nach innen zu folgenden Parenchymzellen, gibt es für Wasser

Abb. 13.7
Mobilisierung und Aufnahme von Fe bei Di- und Monokotyledonen mit Ausnahme der Poaceen. H^+-ATPase (**1**) im Plasmalemma (PL). In der Rhizosphäre (von der Wurzel beeinflusster Raum des Bodens) Mobilisierung von an BP Bodenpartikel gebundenem Fe^{3+} durch Chelatbildner (Malat und Citrat), Reduktion zu Fe^{2+} durch eine Reduktase (**2**) im PL, Transport von Fe^{2+} ins Cytoplasma mit Hilfe eines hochspezifischen Transporters (**3**). 1 – 3 werden bei Eisenmangel induziert (verändert nach Hess 2004).

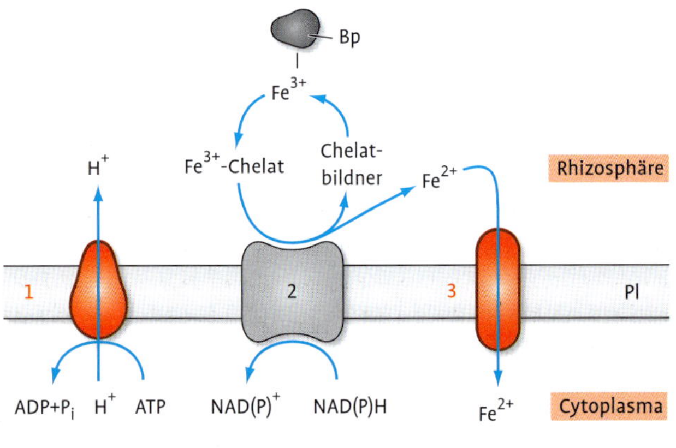

Abb. 13.8
Quertransport von Wasser und Mineralsalzen von den Wurzelhaaren (links außerhalb) über die primäre Endodermis bis zu den Gefäßen im Zentralzylinder (rechts). Schwarze Pfeile: Symplastischer Transport innerhalb des Plasmalemmas (Plasmalemma nicht eingezeichnet). Rote Pfeile: Apoplastischer Transport, der an der Endodermis zwangsweise in symplastischen Transport umgeleitet wird. Symplastisch durchs Holzparenchym, von dessen Zellen unter Energieaufwand in die Gefäße abgegeben, in diesen apoplastisch weiter. C = Cytosol, P = Plasmodesmos, V = Vakuole (verändert nach LÜTTGE 1974).

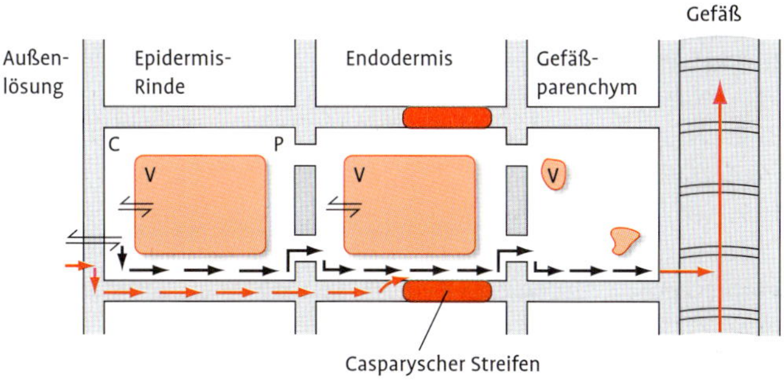

und Ionen zunächst kaum Hindernisse, wenn man davon absieht, dass Ionen an entsprechend geladenen Wandbestandteilen festgelegt werden können. Das gilt für Kationen, die an den Carboxylgruppen von Pektinstoffen reversibel gebunden werden können. Doch im Großen und Ganzen ist die wassergetränkte Zellwand für die Diffusion der Ionen ein **apparent free space**. Dabei können verhältnismäßig lange Strecken zurückgelegt werden.

Doch ein Großteil der Ionen wird wie im Fall des Eisens gleich nach der Aufnahme oder etwas später nach einer kürzeren Passage durch die Zellwände in den Symplasten aufgenommen. Wenn dabei Konzentrierungen stattfinden, erfolgen sie über sekundär aktive Transportvorgänge. Die beteiligten Kanäle oder Carrier arbeiten meistens ionenspezifisch, sodass eine Selektion möglich ist.

▶ **Endodermis mit Casparyschen Streifen: Kontrolle.** Im sogenannten primären Zustand der Endodermis, der innersten Schicht der Wurzelrinde, zwingen in den Radiärwänden liegende Casparysche Streifen aus Lignin und Suberin alle Ionen in den Symplasten, auch diejenigen, die bisher in den Zellwänden diffundiert waren (Abb. 13.8). Soweit die Aufnahme von Ionen nicht schon bei einem früheren Übergang in den Symplasten kontrolliert worden war, ist das jetzt der Fall. Die Endodermis fungiert also als **physiologische Scheide**. Nach ihr erfolgt der Transport symplastisch bis zum Gefäßparenchym. Dessen Zellen scheiden die Ionen in die Gefäße des Xylems aus, wahrscheinlich über aktive Prozesse. Wasser strömt nach. Wenn die Transpiration fehlt oder schwach ist, also kein Sog nach oben ausgeübt wird, kann sich in den Gefäßen dadurch ein positiver hydrostatischer Druck entwickeln, der **Wurzeldruck.** Wenn aber bei starker Transpiration ein entsprechender Sog gegeben ist, verhindert die Endodermis ein unkontrolliertes Ansaugen von Wasser und darin gelösten Ionen, wie es aus dem Apoplasten heraus möglich wäre.

13.5 Langstreckentransport von Wasser und Nährsalzen im Xylem

Wasser, Nährsalze und weitere wasserlösliche Stoffe sind nach ihrem Quertransport durch den Zentralzylinder in das Xylem gelangt, in dem sie aufwärts transportiert werden können. Für den Transport direkt wichtig sind die im ausdifferenzierten Zustand abgestorbenen **Tracheen** und **Tracheiden**, die ihrer Funktion aber nicht ohne umgebende **lebende Parenchymzellen** nachkommen können.

13.5.1 Transpiration

Die Höhen, die beim Langstreckentranport erreicht werden, sind schon bei rund 50 m Maximalhöhe wie bei unseren Tannen (*Abies alba*) und Fichten (*Picea abies*) beachtlich, bleiben aber hinter *Sequia* in den USA oder *Eucalyptus* in Australien mit weit über 100 m stark zurück. Die treibende Kraft dazu ist die **stomatäre Transpiration**.

Die Transpiration der Laubblätter verläuft zu höchstens 10 % durch die Cuticula, ansonsten über Stomata. Dabei sollte man nicht vergessen, dass über sie nicht nur eine Wasserabgabe, sondern ganz generell ein **Gasaustausch** stattfindet. Er ist auch für die Photosynthese unabdingbar, die ja CO_2 und H_2O benötigt. Dass dabei Konfliktsituationen eintreten können, etwa wenn bei Hitze und Trockenheit die Transpiration unterbunden wird, die CO_2-Aufnahme für die Photosynthese aber eigentlich weiter gehen sollte, wurde schon besprochen. C_4-Pflanzen und Sukkulente haben dieses Problem weitgehend gelöst (S. 109, 111).

Die **stomatäre Transpiration** ist also entscheidend. Das gilt einmal wie eben erwähnt hinsichtlich der Quantität. Eine mit Stomata besetzte Blattoberfläche vermag wegen des **Randeffektes** (Abb. 13.9) sehr viel mehr Wasser abzugeben, als man erwarten würde, in vielen Fällen eine dem eigenen Gewicht entsprechende Wassermenge und mehr pro Tag. Die stomatäre Transpiration ist aber auch deshalb von besonderer Wichtigkeit, weil sie im Gegensatz zur cuticulären Transpiration über die Öffnungs- und Schließbewegungen der Spaltöffnungen **regulierbar** ist.

▶ **Bewegungen der Schießzellen.** Nur die aktiven Bewegungen der Schließzellen selbst werden hier berücksichtigt, nicht diejenigen, die ihnen gegebenfalls über die Turgeszenz des umliegenden Gewebes aufgezwungen werden. Es handelt sich um Nastien (Definition Seite 309): um ein durch den Bau der Schließzellen bedingtes Öffnen der Stomata über Erhöhung und um ein Schließen über Absenken der Turgeszenz (Abb. 13.10).

Abb. 13.9
Randeffekt bei der stomatären Transpiration. Die Spaltöffnungen liegen so weit auseinander, dass die aus ihnen austretenden Wassermoleküle bei Windstille wie in der Zeichnung ohne Störung auch nach den Seiten diffundieren können, was bei der Diffusion von einer geschlossenen Wasseroberfläche aus nicht möglich ist (verändert nach SUTCLIFF 1968).

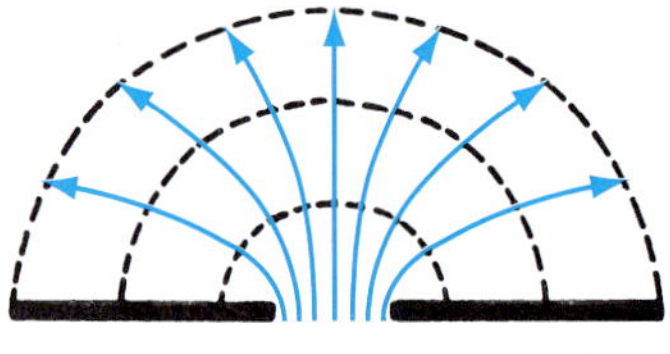

Abb. 13.10
Geöffnete (links) und geschlossene (rechts) Spaltöffnungen. Unten jeweils Aufsicht, darüber Querschnitt bei A (WALTER 1950).

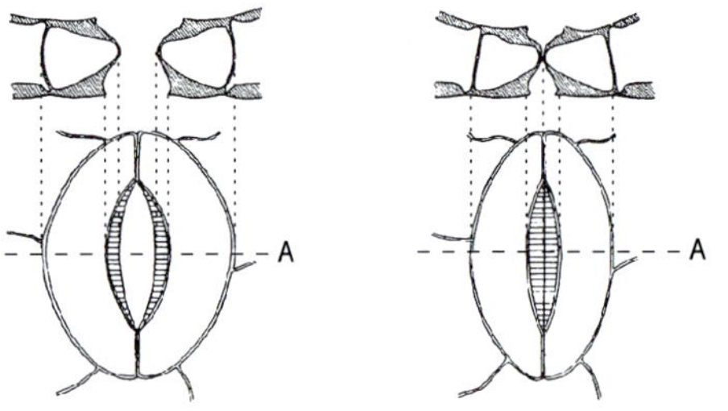

Die Bewegungen der Spaltöffnungen können diurnalen endogenen Rhythmen (Seite 314) folgen, die jedoch durch andere Faktoren überlagert werden. Dazu gehört zum Beispiel eine **Chemonastie** über Messung der CO_2-Konzentration an den Innenseiten der Schließzellen. Niedere Konzentrationen induzieren eine Öffnung, höhere ein Schließen. Zwei wichtige Nastien, die auch besonders gut untersucht sind, sollen hier besprochen wirden: die **Öffnung über Photonastie** (Faktor Licht) und das **Schließen über Hydronastie** (Faktor Wasser).

▶ **Photonastisches Öffnen der Stomata** (Abb. 13.11): Licht wirkt, zum Beispiel am frühen Morgen, über einen **Blaulicht-Rezeptor** in den Thylakoidmembranen. Dabei handelt es sich um das Xanthophyll Zeaxanthin (Seite 164). Über den Blaulicht-Rezeptor werden P-ATPasen im Plasmalemma der Schließzellen durch Phosphorylierung aktiviert. Protonen werden nach außen in den Bereich der Zellwand gepumpt. In sekundär aktivem Transport wird umgekehrt K^+ über sich jetzt nach innen öffnende K^+-Kanäle in das Cytosol und dann in die Vakuole der Schließzellen eingebracht. Dabei handelt es sich um die primäre Wirkung. Sie wird durch den Import anderer Osmotika ergänzt. Ein erstes Gegenion ist Cl^-, das durch das Plasmalemma ins Cytosol und dann in

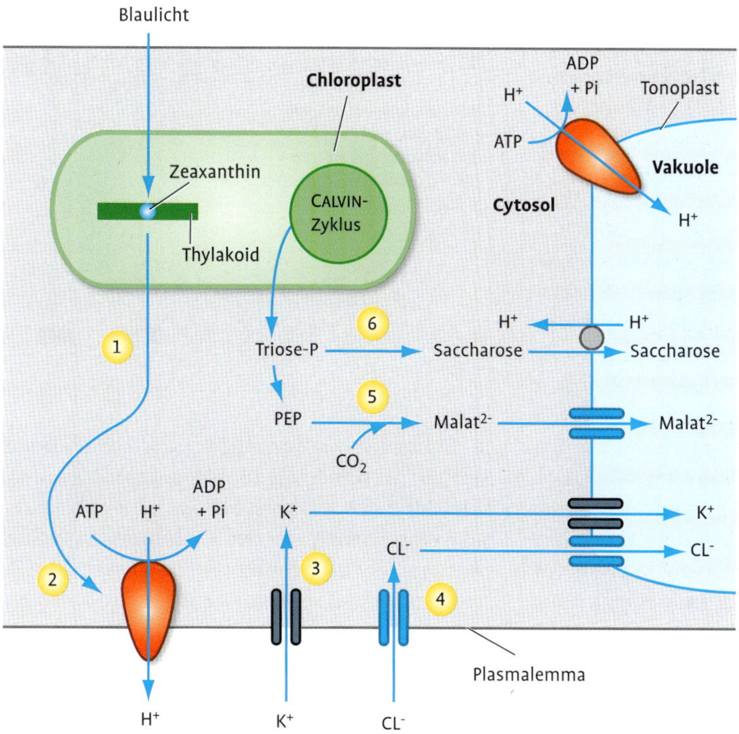

Abb. 13.11
Photonastie beim Öffnen der Stomata (→ Text). Blaulicht regt den Blaulicht-Rezeptor Zeaxanthin an. Von ihm geht eine noch in der Diskussion befindliche **1** Signaltransduktion aus, die zur **2** Aktivierung von P-ATPase über Phosphorylierung führt. **3** Sekundär aktiver Transport von K^+ ins Cytosol und dann in die Vakuole. **4** Import des Gegenions Cl^- ins Cytosol und dann in die Vakuole. **5** Import von $Malat^{2-}$ als Gegenion in die Vakuole. **6** Zeitlich verzögert Antiport von Saccharose in die Vakuole. Malat und Saccharose bilden sich aus Triosephosphat, das aus dem Calvin-Zyklus abgezweigt wird.

die Vakuole gelangt. Ein zweites Gegenion ist $Malat^{2-}$. Es bildet sich aus Triose-phosphat aus den Chloroplasten, das von einer im Cytosol der Schließzellen arbeitenden PEP-Carboxylase in Oxalacetat überführt und danach zu Malat hydriert wird (→ Seite 109). Erst **später** im Verlauf des Tages kann auch ein langsam anlaufender Saccharose-Import zur Erhöhung des osmotischen Werts der Vakuole beitragen. Die Saccharose leitet sich ebenfalls über Triosephosphat (→ Seite 132) aus dem Calvin-Zyklus der Schließzellen-Chloroplasten ab, gegebenfalls über transitorische Stärke.

Warum die Schließzellen von Ausnahmen abgesehen im Gegensatz zu den sonstigen Epidermiszellen Chloroplasten führen, ist damit funktionell begründet. Denn nicht nur der Blaulicht-Rezeptor ist in ihnen lokalisiert, sondern auch die Anlieferung von Malat und Saccharose erfordert photosynthetisch aktive Chloroplasten.

▶ **Hydronastisches Schließen der Stomata:** Sensoren im umgebenden Mesophyll messen die Saugspannung. Sinkt sie ab, kommt es zu Schließbewegungen. Zentraler Faktor dabei ist **Abscisinsäure** (ABA, Seite 244), die über noch nicht einwandfrei identifizierte Rezeptoren in die Schließzellen gelangt. Damit ist auch die von ABA eingeleitete Signaltransduktion noch in der Diskussion. Vermutlich über Proteinkinasen, ein G-Protein, Phospholipasen (C und D) und IP_3 (→ Seite 226) kommt es im Cytosol zu einem Anstieg von **Calcium**. Zuerst wird es von außen in die Schließzellen eingebracht, doch dann induziert es als sekundärer messenger (Seite 224) zunächst seinen weiteren Import aus den Vakuolen der Schließzellen ins Cytosol. Weiterhin bewirkt Calcium eine Öffnung von Anionen- und K^+-Kanäle aus der Vakuole heraus. Im Plasmalemma werden die P-ATPasen blockiert und nach innen führende K^+-Kanäle geschlossen. Nach außen führende Cl^--Kanäle (Anionenkanäle) werden geöffnet. Folge ist eine Depolarisierung, die ihrerseits zur

Öffnung nach außen führender Kanäle für K^+ führt. Im Endeffekt kommt es so zu einem Verlust vor allem an K^+ und Cl^- in den Schließzellen. Ihre Turgeszenz sinkt, die Spaltöffungen schließen sich.

13.5.2 Kohäsionstheorie des Wassersteigens

Die Zellen des Blattparenchyms, die Wasser über die inneren Atemhöhlen und dann die Stomata nach außen abgegeben haben, decken ihr Wasserdefizit aus den feinen Verästelungen des Xylems im Blattparenchym. Auf diese Weise wird ein Sog auf die Wasserfäden ausgeübt, die vom Wurzelbereich bis ins Blattparenchym die Elemente des Xylems füllen.

Ein Reißen dieser Wasserfäden wird durch in den Kapillaren des Xylems gegebene hohe Kohäsionskräfte zwischen den Molekülen des Wassers verhindert. Wenn also am oberen Ende eines solchen Wasserfadens über die Transpiration ein Sog ausgeübt wird, bewegt sich die ganze Wassersäule aufwärts. Man spricht von einer **Kohäsionstheorie des Wassersteigens** im Xylem, die von J. Böhm 1893 aufgestellt wurde. Zur Kohäsion kommt die **Adhäsion** der Wassermoleküle an die Moleküle der Xylemwandung, die ein Loslösen der Wasserfäden von den Gefäßwänden verhindert und dadurch ihr Reißen erschwert. Ein Übriges bewirkt die Scheide an lebendem Xylemparenchym um die leitenden, toten Xylemelemente herum. Sie verhindert das Eindringen von Luft (Embolie) in die bei starker Transpiration unter erheblichem Sog stehenden Leitelemente.

Bei Zutreffen der Kohäsionstheorie muss der **Sog an den Spitzen der Pflanze** beginnen. Dann sollte dort auch die **Bewegung des Wassers** einsetzen. Der Nachweis wurde 1941 von Huber erbracht. Der Inhalt des Xylems wurde lokal elektrisch erhitzt und die Wanderung der heißen Flüssigkeit mit Thermonadeln, die man in die betreffenden Leitbahnen einsteckte, verfolgt. Es zeigt sich, dass bei beginnender Erwärmung und damit Transpiration am Morgen eine Wasserbewegung zuerst in den Zweigspitzen und dann erst im Stamm von Bäumen fassbar war. Auch der **Sog lässt sich messen**. Jedes einzelne Leitelement im Xylem wird bei stärkerer Transpiration auf Grund der Adhäsion der Wassersäule an seine Wandung etwas zusammengezogen. Das lässt sich nun freilich nicht fassen. Aber die Summe der Querschnittsverkleinerung der einzelnen Xylemelemente lässt sich messen: der Stammdurchmesser von Holzgewächsen wird in der Mittagshitze bei starker Transpiration merklich geringer.

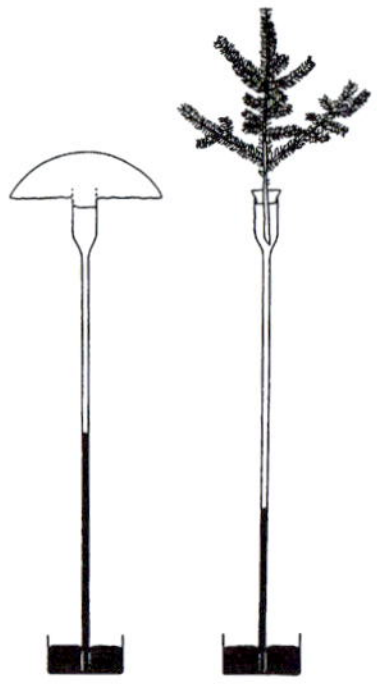

Abb. 13.12 Nachweis der Kohäsion. Bei Verdunstung von einem Gipsblock oder bei Transpiration von einem Zweig aus wird ein kohärenter Wasserfaden und dann Quecksilber (schwarz) in einer Glasröhre hoch gesaugt (WALTER 1950).

BOX 13.2

Ein einfaches Experiment zur Kohäsionstheorie

Dass Kohäsionskräfte, die Transpiration als treibende Kraft vorausgesetzt, tatsächlich ein Heben von Flüssigkeiten in Kapillaren gestatten, zeigt folgender, schon Ende des vergangenen Jahrhunderts ausgeführter Versuch (Abb. 13.12): Auf eine wassergefüllte Kapillare wird ein Gipsblock gesteckt, den man mit Wasser getränkt hat. Gipsblock und Kapillare werden in eine Schale mit Quecksilber gestellt. Bei Transpiration zum Beispiel über einen Fön wird das Quecksilber in der Kapillare nach oben gezogen. Wenn man den Gipsblock durch einen Zweig ersetzt, kommt man zum gleichen Ergebnis. Durch dessen Xylemelemente wird das Wasser ebenso hindurchgezogen wie durch die Glaskapillare darunter.

13.5.3 Wurzeldruck: Räumlich begrenzter Langstreckentransport ohne Transpiration

Wie erwähnt (Seite 211), kann bei fehlender Transpiration ein Wurzeldruck auftreten. Er entsteht vermutlich dadurch, dass in der Wurzel von Zellen des Holzparenchyms Ionen in die Gefäße abgeschieden werden. Folge ist ein vermehrter Wassereinstrom in diese Gefäße und damit ein Überdruck in ihnen. Dieser **Wurzeldruck** ermöglicht einen Wassertransport auch bei fehlender oder eingeschränkter Transpiration. Man kann nun seine Höhe leicht messen, etwa durch Aufsetzen von Manometern auf Schnittflächen. Dabei stellte man fest, dass er in der Regel niedriger als 0.1 MPa ist, aber auch 0.6 MPa erreichen kann.

▶ **Guttation.** Ein Wasseraustritt kann bei intakten Pflanzen über eigene Drüsen, die **Hydathoden** erfolgen. Immer wieder kann man bei höherem Feuchtigkeitsgehalt der Luft, also bei erschwerter oder blockierter Transpiration, Wassertröpfchen an Spitzen oder Zähnen von Blättern hängen sehen, etwa bei jungen Gräsern. Passive Hydathoden wie bei den Gräsern ermöglichen diese **Guttation** ohne eigenen Energieaufwand allein auf Basis des Wurzeldrucks. Dass ein Druck von unten zur Guttation durch passive Hydathoden führen kann, ließ sich sich bei Fuchsien leicht demonstrieren (Abb. 13.13).

▶ **Keimlingsentwicklung.** Eine hohe Luftfeuchtigkeit, über die die Transpiration erschwert wird, kann in Bodennähe gegeben sein. Dort durchlaufen Keimlinge ihre erste Entwicklung. Im Experiment wuchsen Keimlinge auch bei 100 % relativer Luftfeuchtigkeit maximal, obwohl dann keinerlei Transpiration möglich ist. Für Keimlinge kann deshalb der Wurzeldruck für den Wassertransport ausschlaggebend sein.

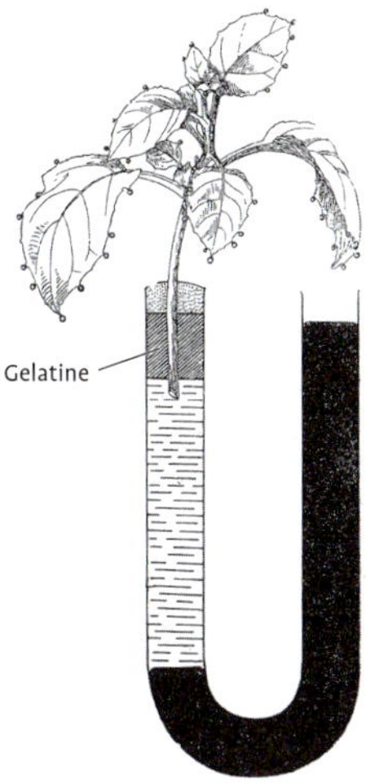

Abb.13.13
Guttation an einem Fuchsienzweig durch künstlichen Wurzeldruck. Quecksilber (schwarz) drückt Wasser in den Zweig. Ein Stopfen aus erstarrter Gelatine dichtet das Gefäß ab. An den Blatträndern werden Tröpfchen herausgepresst (verändert nach WALTER 1950).

▶ **Knospentreiben von Laubhölzern.** Mit 0,1 MPa wäre der Wurzeldruck hoch genug, eine Wassersäule in den Gefäßen des Xylems 10 m hoch zu pressen. Schon unsere einheimischen Bäume werden höher, ganz zu schweigen von den Riesen unter den Bäumen, *Sequoia* und *Eucalyptus*. Hinzu kommt, dass die engen Lumina der leitenden Xylemelemente, deren Innenwände noch dazu durch lokale Wandverstärkungen gegliedert sind, dem Aufsteigen des Wassers einen erheblichen Widerstand entgegensetzen. Der Wurzeldruck kommt also nicht als treibende Kraft für den Langstreckentransport in Bäumen in Frage. Doch er könnte beim Knospentreiben laubwerfender Bäume wichtig werden. Im blattlosen Zustand vor dem Laubtreiben gibt es bei ihnen keine nennenswerte Transpiration. Wenn man das Xylem verletzt, können jedoch erhebliche Mengen an Blutungssaft mit reichlich Zucker, aber auch Aminosäuren, austreten.

Beim Zuckerahorn (*Acer saccharum;* Seite 388) Nordamerikas fängt man im Frühjahr den Xylemsaft ab, der 2–7 % Saccharose enthält. Bei anderen Baumarten sind die Werte niedriger, betragen aber oft immer noch knapp 1 %. Die osmotischen Werte sind entsprechend hoch. Im Wurzelbereich wird dann so viel Wasser in die Gefäße gesaugt, dass es zum Blutungsdruck kommt. Man nimmt an, er könne ausreichen, das Knospentreiben zu ermöglichen.

13.6 Langstreckentransport von Assimilaten im Phloem

Die Elemente des Transports im Phloem sind bei den Gymnospermen **Siebzellen**, bei den Angiospermen **Siebröhren**, die mit **Geleitzellen** assoziiert sind. Die leitenden Elemente sind auch im

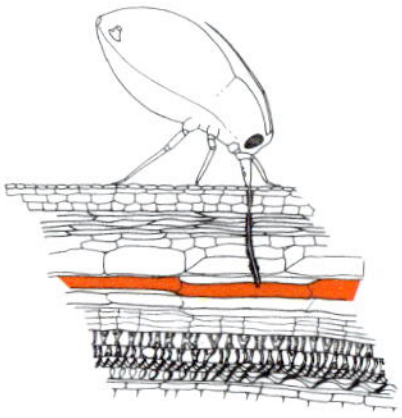

Abb. 13.14
Aphidentechnik. Eine Blattlaus hat eine Siebröhre angebohrt. Danach wird das Tier betäubt und so abgeschnitten, dass der Rüssel stehen bleibt. Der aus ihm unter Druck ausströmende Siebröhreninhalt wird gesammelt und analysiert (verändert nach ZIMMERMANN and MILBURN 1975).

ausdifferenzierten Zustand lebend, wenngleich stark degradiert. So fehlt den Siebröhren der Kern. Auch die Energiezentralen der Zelle, die Mitochondrien, sind in ausdifferenzierten Siebröhren fast ganz oder ganz verschwunden. Die Geleitzellen übernehmen hier einen Teil der Funktionen, denen die Siebröhre nicht mehr nachkommen kann. Ein morphologisch-funktioneller **Geleitzellen-Siebröhren-Komplex** entsteht.
Dass im Phloem ein Substanztransport von oben nach unten stattfinden kann, wurde im Prinzip schon 1679 von Malpighi demonstriert. Er entfernte von verschiedenen Bäumen über ihren ganzen Umfang einen Borkenring und stellte daraufhin ein Anschwellen der Rinde oberhalb der Ringelungsstelle fest. Im 19. Jahrhundert wurden dann die leitenden Elemente des Phloems entdeckt.

13.6.1 Transportierte Stoffe

Fragen wir uns nun nach der Art der Substanzen, die im Phloem transportiert werden. Auskünfte können autoradiographische Untersuchungen des Phloems nach Zufuhr markierter Stoffe geben. Außerdem aber setzen die Biologen hier eine Technik ein, die jedes biochemische oder biophysikalische Verfahren hinsichtlich der Sensibilität und Exaktheit in den Schatten stellt: die **Aphidentechnik**.
Blattläuse entnehmen den Pflanzen die benötigten Nährstoffe. Sie stechen dazu die Siebröhren an. Mikroskopische Überprüfungen zeigten, dass der Saugrüssel immer nur in eine Siebröhre eingestochen wird (Abb. 13.14). Einige Stunden nach dem Einstich wird die betreffende Blattlaus betäubt und von ihrem Saugrüssel abgeschnitten. Aus der Schnittfläche tritt dann ein Exudat aus

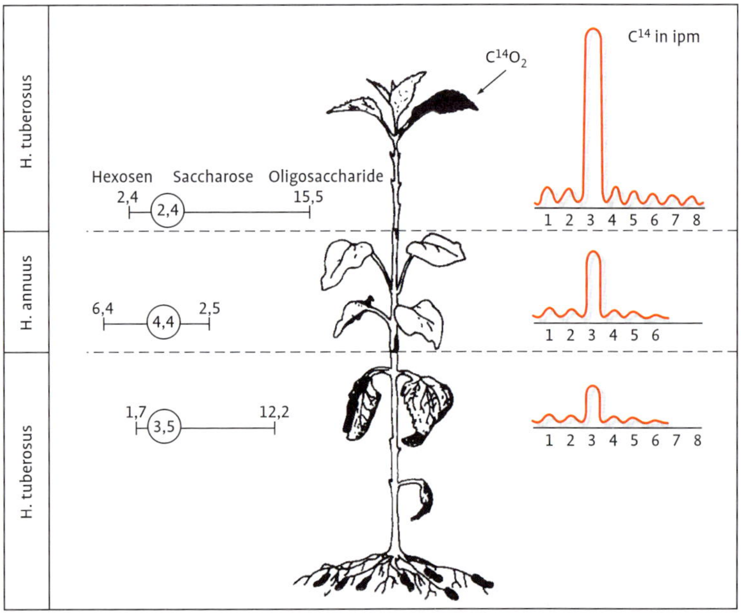

Abb. 13.15
Transportkohlenhydrate. Doppelpfropfung zwischen *Helianthus tuberosus* und *H. annuus* (linker Rand). $^{14}CO_2$ wurde von Blättern oben an der Pflanze aufgenommen. Links relativer Gehalt an verschiedenen Kohlenhydraten in der Rinde der einzelnen Pfropfabschnitte. Rechts die relative Radioaktivität verschiedener Kohlenhydrate aus den einzelnen Pfropfabschnitten, **1** Fructose, **2** Glucose, **3** Saccharose, **4–8** Oligosaccharide mit nach rechts zunehmendem Molekulargewicht. Saccharose bleibt unabhängig von der Pflanzenart das wichtigste im Phloem geleitete Kohlenhydrat (verändert nach KURSANOV 1963).

der angestochenen Siebröhre aus, das analysiert werden kann.
Mit diesem Verfahren ließ sich feststellen, welche Substanzen im Phloem transportiert werden. Der Menge nach im Vordergrund – oft über 90 % – stehen Kohlenhydrate, in erster Linie die Saccharose (Abb. 13.15). Hinzu kommen in geringeren Mengen die Oligosaccharide der Raffinose-Reihe (Seite 131). Außerdem finden sich Hexose-phosphate und Zuckeralkohole, Aminosäuren, Amide, Nucleotide, Nucleinsäuren, Viruspartikel und ein Teil der anorganischen Ionen. K^+ zum Beispiel wird im Phloem geleitet. Ca^{++} dagegen wird nur im Xylem transportiert. Angaben zum Transport der Phytohormone finden sich bei deren Besprechung ab Seite 228.

13.6.2 Die Druckstromtheorie

Münch stellte 1930 seine **Druckstromhypothese des Assimilattransports** auf. Nach ihr ist für den Transport in den Siebröhren ebenso wie für den Wassertransport im Xylem eine **Massenströmung** verantwortlich. Der Motor dieser Massenströmung ist ein Konzentrationsgefälle osmotisch

Abb. 13.16
Modellversuch von Münch zur Demonstration einer Massenströmung, **A** entspricht Source, **B** Sink (→ Text) (verändert nach ZIEGLER 1963).

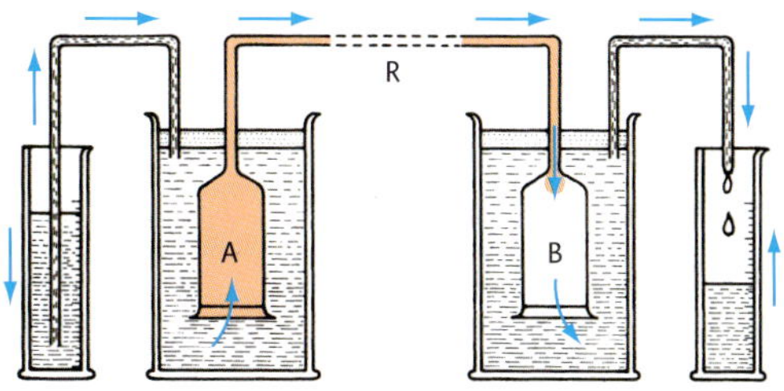

wirksamer Substanzen in Richtung des Transportes (→ Box 13.3).

▶ **Source und Sinks.** Der Druckstromtherie nach gibt es also von den Stellen des Beladens der Siebröhren, eine **Massenströmung** zu den Stellen des Entladens an den Orten des Verbrauchs oder der Speicherung (Abb. 13.17). Die Beladungsstellen nennt man Source, Entladungsstellen Sink. An einer Source weisen die Siebröhren

BOX 13.3

Münch's Modell zur Druckstromhypothese

Machen wir uns das Prinzip der Druckstromhypothese an einem von Münch aufgestellten Modell deutlich (Abb. 13.16). Zwei unten mit einer semipermeablen Membran überzogene Zellen A und B werden über eine Kapillare R miteinander verbunden. Zelle A enthält eine 10 %ige Saccharoselösung, der Kongorot zugesetzt wurde, um die Stoffströmung sichtbar zu machen.
Zelle B enthält Wasser. Zelle A nimmt nun auf Grund ihres hohen osmotischen Wertes durch die semipermeable Membran aus dem umgebenden Gefäß Wasser auf. Der entstehende Überdruck in Zelle A treibt die gefärbte Saccharoselösung durch die Kapillare R hinüber in Zelle B, ja es wird das Wasser sogar noch weiter durch die semipermeable Membran am unteren Ende der Zelle B hindurchgepresst. Münch setzte nun die Zelle A mit den Orten der Assimilation, also in erster Linie den grünen Laubblättern mit ihrer hohen Konzentration an Assimilaten, die Kapillare mit den Siebröhren und die Zelle B mit den Orten der Stoffspeicherung, dem Stamm oder auch unterirdischen Speicherorganen gleich. An den Orten der Stoffspeicherung werden die Assimilate ja in hochmolekularer, oft fester Form abgelagert, sodass dort die Konzentration osmotisch wirksamer Substanzen eigentlich geringer sein sollte. Eine Druckströmung befördert die Substanzen zwischen den beiden Orten unterschiedlicher Konzentration an osmotisch wirksamen Substanzen.

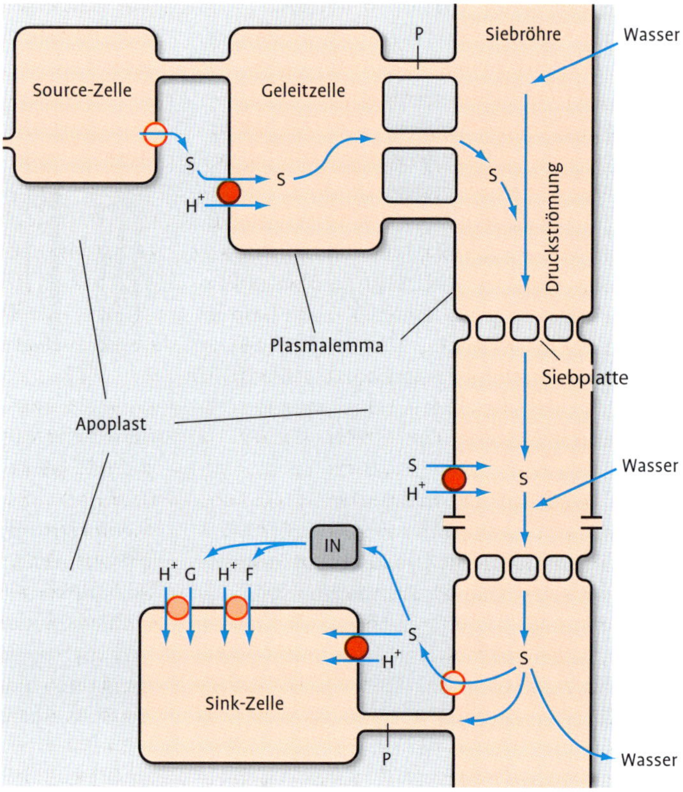

Abb. 13.17
Modell der Druckstromtheorie. Als Assimilat wurde Saccharose (S) angenommen, das häufigste Transportkohlenhydrat. S wandert von photosynthetisch aktiven Source-Zellen unter erheblichem S-Druck über Plasmodesmen bis zum Geleitzellen-Siebröhren-Komplex. Dort kommt es zum **Beladen der Siebröhren** (→ Text). Wasser strömt in die Siebröhren nach. An der Beladungsstelle entsteht dann ein Überdruck, der zu einem **Druckstrom** führt, im Beispiel abwärts. Auf der Transportstrecke kann es zu zusätzlichem Beladen mit Hilfe von S-H^+-Symportern kommen. Das **Entladen** kann symplastisch oder wie hier apoplastisch erfolgen (→ Text). Aus der Siebröhre tritt Wasser aus und kann letztlich wieder ins Xylem und damit in den Transpirationsstrom gelangen. Das Plamalemma mit Translokatoren wurde eingezeichnet. Darum herum liegt der grau gehaltene Apoplast. Roter Kreis: passive Translokatoren. Rot gefüllte Kreise: aktive S-H^+-Symporter. Rosa: Monosacharid-H^+-Symporter, P = Plasmodesmen, In = Invertase (in Anlehnung an WILLIAMS et al. verändert nach HESS 2004).

einen hohen, an einem Sink einen niedrigen osmotischen Wert auf. An der Source wird Wasser durch eine selektiv permeable Membran nachgezogen. Es entsteht ein Überdruck, der die Massenströmung zum Sink hin in Gang setzt. Dort müssen nicht nur die Assimilate entnommen werden, sondern auch Wasser, das ins Xylem übertreten kann. Die Strömung selbst erfolgt zumindest theoretisch ohne zusätzlichen Energieaufwand allein nach physikalischen Gesetzmäßigkeiten. Voraussetzung ist eine selektiv permeable Membran, die das System nach außen abdichtet. Sie ist mit dem Plasmalemma gegeben, das auch die Siebröhren noch aufweisen. Die Siebplatten bilden kein Hindernis. Man hatte angenommen, P-Proteine könnten die Siebporen der Platten verstopfen. Doch man konnte zeigen, dass die P-Proteine in funktionierenden Siebröhren an der Peripherie der Poren lokalisiert sind, sodass die Poren passierbar bleiben. Erst in beschädigten Siebröhren verstopfen die P-Proteine die Siebporen.

Die Strömung läuft allerdings nicht wie urprünglich angenommen von der Beladungsstelle, etwa den Blättern, kontinuierlich zur Entladungsstelle zum Beispiel einer Speicherwurzel durch. Dann wäre es überflüssig, auf der ganzen Strecke Geleitzellen beizubehalten, über die Beladungen möglich sind. Vielmehr ist während der gesamten Strömungsstrecke ein Nachschub oder eine Abgabe von Wasser oder auch eine erneute Beladung mit Assimilaten möglich, um den Strom zu unterhalten (Abb. 13.17). Im System gibt es also **nicht eine Source und einen Sink**, sondern zahlreiche Sources und Sinks in Folge.

▶ **Beladen und Entladen des Phloems.** Beladen und Entladen sind integrierende Elemente der Druckstromtheorie. Über das Beladen wird der namensgebende Druck geschaffen, über das Entladen gegebenenfalls ein Sog. Beide zusammen ermöglichen die Massenströmung; bei beiden kann im Gegensatz zur Druckströmung selbst Energieaufwand erforderlich werden.

▶ **Beladungsstellen** sind vor allem photosynthetisch aktive Laubblätter, aber auch Speicherorgane, deren Inhalt mobilisiert wird. **Entladungsstellen** sind Speicherorgane wie Stamm, Rhizome, Knollen, Wurzel, Früchte oder Wachstumszonen für Spross, Wurzel und Blüten. Wie die Aufzählung zeigt, ist der Phloemtransport in allen Richtungen möglich. Beladen und Entladen können apoplasmatisch, symplasmatisch oder in Kombination beider Möglichkeiten erfolgen.

▶ **Apoplastisches Beladen mit Saccharose:** In den meisten Pflanzenfamilien dient Saccharose als Transport-Kohlenhydrat. Sie wird bei laufender Photosynthese permanent angeliefert und gelangt über Plasmodesmen durch das Phloemparenchyms bis zum Geleitzellen-Siebröhren-Komplex. Dort wird sie mit Hilfe von Translokatoren in die Zellwand zwischen der letzten Phloemparenchym-Zelle und der Geleitzelle überführt (Abb. 13.17). Dabei muss die Saccharose ein erstes Plasmalemma passieren. Bei hohem Saccharose-Druck vom Mesophyll her ist das ohne weiteren Energieaufwand über Translokatoren möglich. Um aus der Zellwand, also aus dem Apoplasten, in die Geleitzelle zu gelangen, muss die Saccharose jedoch noch das Plasmalemma der Geleitzelle überwinden. Das geschieht mit Hilfe eines **H^+-Saccharose-Symporters** (Abb. 13.3 f; x = Saccharose), der Saccharose unter ATP-Verbrauch in die Geleitzelle überträgt. Aus der Geleitzelle gelangt die Saccharose dann über Plasmodesmen in die Siebröhre. Anstatt in die Geleitzelle kann der Saccharose-H^+-Symport aber auch in die Siebröhre selbst erfolgen.

▶ **Symplastisches Beladen: Die Polymer-Falle.** In mehreren Familien der Angiospermen, zum Beispeil bei den Kürbisgewächsen (Cucurbitaceae) oder Walnußgewächsen (Juglandaceae) sind Raffinose und andere Zucker der Raffinose-Reihe die Transport-Kohlenhydrate. Arten dieser Familien weisen besonders viele Plasmodesmen im Geleitzellen-Siebröhren-Komplex auf.

Beim symplasmatischen Beladen könnte der Konzentrationsunterschied zwischen Source und Sink die einzig treibende Kraft für den Transport sein. Doch kann ein Import auch gegen ein Konzentrationsgefälle erfolgen. Eine Erklärung gibt die Modellvorstellung der **Polymer-Falle** (Abb. 13.18): Wie üblich diffundiert Saccharose über Plasmodesmen in das Phloemparenchym und von ihm in die Geleitzellen. Dort wird Saccharose zu Raffinose und Stachyose verlängert (Seite 131). Diese Polymere sind zu groß, um ohne weiteres in die Phloemparenchymzellen rückdiffundieren zu können, sitzen also in der Geleitzelle zunächst wie in einer Falle fest. Nur ein Ausweg ist möglich: die Diffusion in die Siebröhre. Eine Reihe von Daten spricht für das Zutreffen dieser Vorstellung, so der Befund, dass bei Cucurbitaceen die Enzyme für die Synthese von Raffinose und Stachyose tatsächlich in den Geleitzellen nachgewiesen werden konnten.

▶ **Entladen des Phloems.** Das Entladen (Abb. 13.17) kann in **Wachstumszonen** wie der Spross- oder der Wurzelspitze **symplasmatisch** über Plasmodesmen erfolgen. In **Speicherorganen** verläuft das Entladen **apoplasmatisch**. Für Sac-

Abb. 13.18
Modell der Polymer-Falle. Es handelt sich um eine symplastische Beladung des Phloems, die Energieaufwand zur Synthese von Zuckern der Raffinose-Reihe erfordert, die als Polymere fungieren (→ Text) (verändert nach TURGEON 1996).

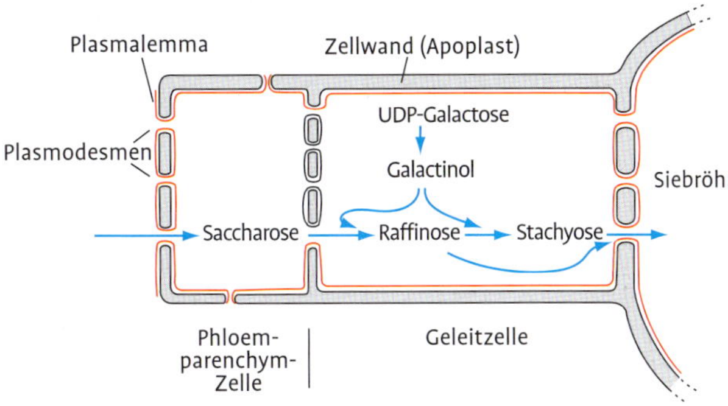

charose gibt es dabei verschiedene Möglichkeiten, zum Beispiel folgende: Die über die Siebröhren herantransportierte Saccharose diffundiert zunächst in die Zellwand einer angrenzenden Sink-Parenchymzelle. Dort wird sie durch Invertase in Glucose und Fructose gespalten. Beide Zucker werden dann mit Hilfe von Glucose- bzw. Fructose-spezifischen H^+-Symportern (Abb. 13.3 f) unter Energieaufwand durch das Plasmalemma in die Parenchymzelle eingebracht.

FRAGEN
(Seitenverweise zur Beantwortung)

- Was versteht man unter einem symplasmatischen, was unter einem apoplasmatischen Transport? (Seite 204)
- Definieren Sie den Begriff Osmose! (Seite 204)
- Formulieren Sie die Saugspannungsgleichung und erläutern Sie die Komponenten! (Seite 205)
- Was ist der Unterschied zwischen einem primär und einem sekundär aktiven Transmembrantransport? (Seiten 206, 207)
- Was verstehen Sie unter einer H^+-ATPase? (Seite 207)
- Schildern Sie den Ablauf eines cotranslationalen Peptidtransports ins Lumen des ER! (Seite 207)
- Welche Wandbildungen in der primären Endodermis blockieren den weiteren apoplasmatischen Quertransport von Ionen? (Seite 211)
- Definieren Sie den Begriff Nastie ! (Seite 309)
- Schildern Sie den Ablauf des photonastischen Öffnens der Stomata! (Seite 212)
- Welches Phytohormon kann das Schließen der Stomata induzieren? (Seite 213)
- Was besagt die Kohäsionstheorie des Wassersteigens im Xylem? (Seite 214)
- Was ist Guttation? (Seite 215)
- Welche Transportkohlenhydrate sind Ihnen bekannt? Versuchen Sie, die Strukturformeln zu zeichnen oder schildern Sie wenigstens die Strukturen! (Seite 217)
- Wie erklärt die Druckstromtheorie den Assimilattransport im Phloem? (Seite 217)
- Schildern Sie das Beladen des Geleitzellen-Siebröhren-Komplexes mit Saccharose! (Seite 219)
- Was verstehen Sie beim Beladen des Geleitzellen-Siebröhren-Komplexes unter der Polymer-Falle? (Seite 219)

Entwicklung

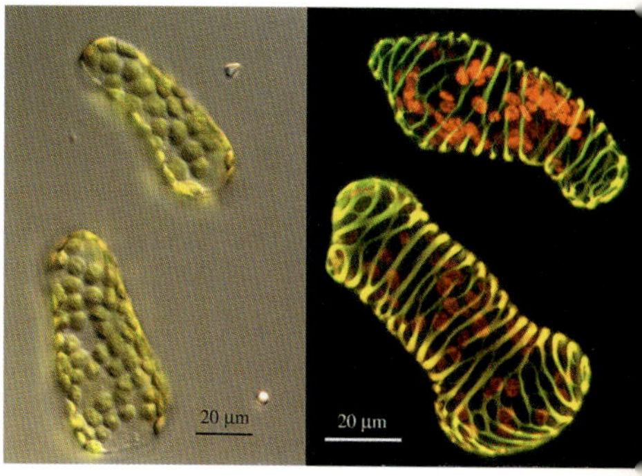

MERKSATZ

Entwicklung: Wachstum + Differenzierung + Musterbildung → Morphogenese

In den vorangegangenen Kapiteln hatten wir uns mit Stoffwechsel und Stoffleitung bei höheren Pflanzen befasst und uns damit eine Basis für die nun folgende Darstellung von Entwicklungsvorgängen verschafft. Das vielzellige System einer höheren Pflanze wächst bei sexueller Fortpflanzung aus einer einzigen Zelle, der Zygote, heran. Dieses **Wachstum** ist der erste Aspekt der Entwicklung. Aber damit ist es es nicht getan. Erinnern wir uns daran, dass die einzelnen Zellen einer Pflanze voneinander sehr verschieden sein können. Diese **Differenzierung** ist der zweite Aspekt der Entwicklung. Sie steht in engem Zusammenhang mit der **Musterbildung**. Alle drei Vorgänge führen zu einer bestimmten **Morphogenese**. Die → Definitionen:

DEFINITION

▶ **Wachstum ist eine irreversible Volumenzunahme**. Dazu eine Anmerkung: Der Keimung der Samen geht in der Regel eine Quellung mit erheblicher Volumenzunahme voraus. Falls sie nicht zu lange anhält, ist sie ohne bleibenden Schaden reversibel. Es handelt sich bei ihr also nicht um einen Wachstumsprozess.

▶ **Differenzierung ist ein Verschiedenwerden in Struktur und Funktion**, das oft auf eine entsprechend differentielle Genaktivität zurückgeht. Eine solche Differenzierung findet sich in einzelnen Zellen ebenso wie in vielzelligen Organismen.

▶ **Musterbildung ist die räumliche Anordnung differenzierter Elemente**. Wieder findet sie sich sowohl innerhalb einer gegebenen Zelle als auch im vielzelligen Organismus.

▶ **Morphogenese:** Aus dem Zusammenwirken von Wachstum, Differenzierung und Musterbildung resultiert eine übergeordnete Gestalt. **Diese Gestaltbildung bezeichnet man als Morphogenese** (gr. morphe = Gestalt; gr. gennan = entstehen (lassen)). Dabei kann es sich um eine Zelle, ein Organ oder eine ganze Pflanze handeln, in Sinnverengung auch um ein Merkmal.

▶ **Zum Inhalt der Kapitel über Entwicklung**. Der Behandlung der Entwicklung im definierten Sinn soll zunächst die Besprechung der Phytohormone vorangestellt werden (Seite 223). Denn mit welchem Prozess der Entwicklung wir auch beginnen, sie sind unweigerlich im Spiel! Ähnliches gilt aber auch für den Außenfaktor Licht. Deshalb werden die wichtigsten morphogenetischen Pigmentsysteme ebenfalls vorweg besprochen (Seite 249). Danach wird in grundlegende Prinzipien der Differenzierung eingeführt und das Wachstum als frühe Differenzierung behandelt. Anschließend befassen wir uns mit der embryonalen Phase, mit der Keimlingsphase, mit verschiedenen Etappen der vegetativen und der reproduktiven Phase, und schließlich mit der Seneszenz und dem programmierten Zelltod.

14 Regulation durch Phytohormone

INHALT

Am Beginn steht eine Einführung in die Prinzipien der Signaltransduktion. Dann werden für die schon länger bekannten Phytohormongruppen der Auxine, Gibberelline, Cytokinine, Abscisinsäure und Ethyen sowie für die erst später entdeckten Brassinosteroide jeweils Struktur, Biosynthese, Transport, Abbau bzw. Inaktivierung, physiologische Funktionen und Signaltransduktion besprochen. In nachfolgenden Kapiteln werden weitere mehr singulär wirkende Phytohormone behandelt. Phytohormone werden in **allen Lebensphasen der Pflanze** benötigt.

Bei Pflanzen werden Faktoren der **interzellulären Regulation** von Zelle zu Zelle, von Organ zu Organ transportiert. Beim Langstreckentransport geschieht das über die Leitungsbahnen im Xylem und Phloem. Eine dominierende Rolle nehmen dabei die Phytohormone ein (→ Definition).

DEFINITION
Bei **Phytohormonen** handelt es sich um in geringen Konzentrationen wirkende organische Botenstoffe der Pflanzen, bei denen Bildungs- und Wirkungsort in ein- und demselben Organismus liegen, aber voneinander getrennt sind.

14.1 Grundlagen der Signaltransduktion

Ein Signal wird an die Pflanzenzelle herangetragen – ein Substrat, ein Elicitor bei Pilzbefall, ein Lichtreiz oder ein Phytohormon. Das Signal löst letztendlich irgendwo in der Zelle bestimmte Wirkungen aus. Dazu muss das Signal zunächst von einem Rezeptor aufgenommen werden (**Signalperzeption**) und dann bis zur **Zielstruktur** innerhalb der Zelle weitergeleitet werden. Diese Weiterleitung bezeichnet man als **Signaltransduktion** im eigentlichen Sinn. Beide Vorgänge stehen in engem Zusammenhang. Wir fassen sie deshalb hier unter Signaltransduktion zusammen. Im Folgenden werden wir uns mit der Signaltransduktion bei Phytohormonen befassen.

14.1.1 Signalperzeption

Eine letztlich auf Paul Ehrlich zurückgehende Vorstellung zur Hormonwirkung bei Tieren hat sich auch bei Pflanzen als gültig erwiesen: die **Rezeptorhypothese**. Ihr zufolge sind in bestimmten Zielzellen **signalspezifische Rezeptoren** lokalisiert, die die Hormone abfangen und nur in den betreffenden Zielzellen zur Wirkung kommen lassen. So lässt es sich verstehen, dass Hormone nicht überall im Organismus, wohin sie transportiert werden, auch wirksam werden, sondern nur in ganz bestimmten Zielbereichen. Große und hydrophile Hormone können das Plasmalemma nicht passieren. Für sie muss es Rezeptoren im Plasmalemma geben. Kleine und lipophile Hormone, die das Plasmalemma überwinden können, benötigen Rezeptoren im Cytoplasma. Alle Phytohormone mit Ausnahme von Peptiden (Seite 340) können das Plasmalemma zumindest prinzipiell passieren. Trotzdem finden sich für sie Rezeptoren sowohl im Cytoplasma als auch im Plasmalemma.
Die Rezeptoren müssen die Botschaft des Signals vermitteln. Die Nachweise dafür sind schwer zu erbringen. Deshalb kennt man zwar eine Vielzahl von Proteinen, die ein bestimmtes Signal binden, aber nur wenige davon sind zweifelsfrei auch Rezeptoren. Das ist umso enttäuschender, als man pro Phytohormongruppe mit einer ganzen Reihe von spezifischen Rezeptoren rechnen muss. Einige Rezeptoren werden in den Fallbeispielen für Signaltransduktion gebracht.

14.1.2 Signaltransduktion

Wie zuerst Untersuchungen von Sutherland in den 50er Jahren des 20. Jahrhunderts belegten, kommen Hormone der Tiere, die selbst nicht oder nur schwer in die Zelle gelangen können, dadurch zur Wirkung, dass sie an Oberflächen-Rezeptoren binden und die Bildung von Botenstoffen zweiter Ordnung im Zellinnern auslösen, die man im Gegensatz zu den Hormonen selbst, den primären Messengern, als **sekundäre Messenger** bezeichnet. Sutherland entdeckte, dass häufig zyklisches Adenosin-monophosphat (engl. cyclic = zyklisch; **cAMP**) als sekundärer Messenger dient. Auch bei Pflanzen wird die Botschaft des Signals oft von Transmembranrezeptoren im Plamalemma abgegriffen und über sekundäre Faktoren an die Zielstrukturen weitergeleitet. Damit ist auch eine Potenzierung des ursprünglichen Signals gekoppelt. Man spricht dann von einem **Kaskadeneffekt.**

▶ **Heterotrimeres G-Protein**. Signalspezifische Rezeptoren im Plasmalemma können an ihrer Cytosol-Seite mit dem heterotrimeren G-Protein verbunden sein, das eine zentrale Stellung bei der Einleitung von Signalkaskaden einnimmt. Es kann in aktiviertem Zustand Signalketten über Phospholipasen, zum Beispiel Phospholi-

Abb. 14.1
Möglichkeiten der Signaltransduktion von einem aktivierten G-Protein aus (→ Text).

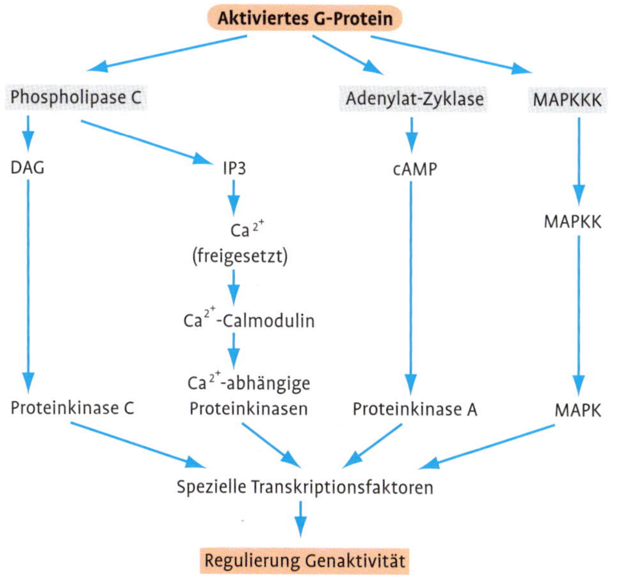

Abb. 14.2
Aktivierung eines Enzyms über ein stimulatorisches (aktiviertes) G-Protein. **a** Ein inaktiver Rezeptor steht in Kontakt mit einem G-Protein. Dessen α-Untereinheit bindet GDP (β und γ sind weitere Untereinheiten des G-Proteins). **b** Ein Signal, zum Beispiel ein Hormon, aktiviert den Rezeptor. In dessen α-Untereinheit wird nun GDP gegen GTP ausgetauscht: ein stimulatorisches G-Protein resultiert. **c** Die α-Untereinheit des aktivierten G-Proteins mit dem gebundenen GTP wandert zu einem membran-gebundenen Enzym, zum Beispiel der Phospholipase C. **d** Das membrangebundene Enzym wird aktiviert. Nach Hydrolyse des GTP kann die α-Untereinheit zum restlichen G-Protein zurück diffundieren und erneut eingesetzt werden.

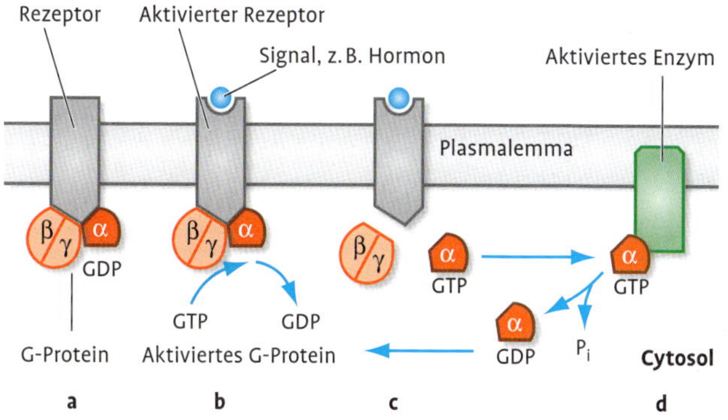

pase C, über cAMP oder cGMP und über MAP-Kinasen einleiten (Abb. 14.1). Seine Funktion bei höheren Pflanzen ist noch nicht voll gesichert, gewinnt aber zunehmend an Gewicht. Bei phytopathogenen Pilzen wie dem Maisbrand (*Ustilago maydis*) ist es mit Sicherheit in die Signaltransduktion eingeschaltet.

Der Name nimmt darauf Bezug, dass das Protein **G**uanosin-phophat (GTP oder GDP) bindet und aus drei voneinander verschiedenen Untereinheiten (gr. heteros = verschieden; gr. treis = drei; gr. meros = Teil) besteht. Seine inaktive, rezeptorgebundene Form bindet über die α-Untereinheit GDP (Abb. 14.2). Wenn ein Signal vom Rezeptor empfangen wurde, wird GDP entfernt und stattdessen GTP gebunden. Die α-Untereinheit mitsamt GTP dissoziiert von den beiden anderen Untereinheiten und diffundiert zu einem Enzymprotein, das von ihr aktiviert wird. GTP wird hydrolysiert. Aber auch der β/γ-Verbund kann Enzyme aktivieren. Die α-Untereinheit kann wieder zu einem β/γ-Verbund zurückkehren. Die aktivierten Enzymproteine leiten die erwähnten Signalkaskaden ein. Bei Pflanzen wird das geschilderte heterotrimere G-Protein fallweise auch durch **monomere** G-Proteine, also durch **GTP-Hydrolasen**, ersetzt.

▶ **Signaltransduktionen mit und ohne G-Proteine.** Im Folgenden werden außer möglicherweise vom G-Protein abhängigen Signaltransduktionen (Symbol ●) auch Transduktionen behandelt, die vom G-Protein unabhängig sind (Symbol ■).

●/■ **Proteinkinasen** (Seite 51) sind oft Elemente der Signaltrans-

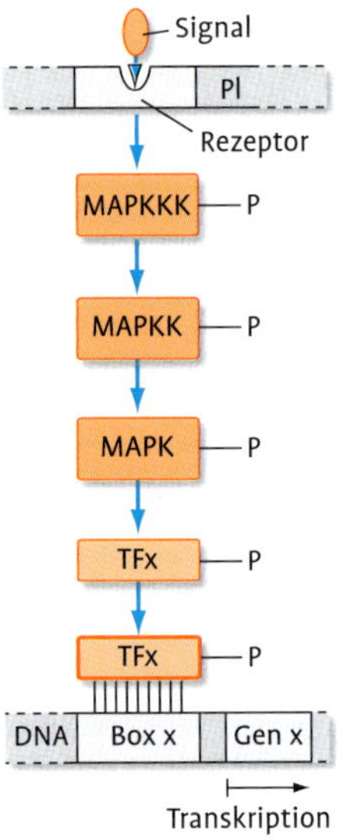

Abb. 14.3
Schema einer MAPK-Kaskade. Ein Signal aktiviert einen Transmembran-Rezeptor. Er aktiviert über Phosphorylierung eine erste MA-Proteinkinase MAPKKK. -P deutet jeweils die erfolgte Phosphorylierung an. Dabei werden auf jeder Stufe viele und teils auch verschiedenartige nachfolgende MA-Proteinkinasen aktiviert (Kaskadeneffekt mit möglicher Diversifikation). So kommt man über MAPKKs zu MAPKs. Diese phosphorylieren spezifische Transkriptionsfaktoren (TF), hier TFx. Die dadurch aktivierten TFs fixieren sich an entsprechende Boxen, zum Beispiel TFx an die Box x im Promotor des Gens x. Dessen Transkription beginnt. Das Schema enthält nur die für das Verständnis wichtigsten Elemente (Hess 2004).

duktion. Zu den dabei wichtigsten Proteinkinasen gehören die **MAPKs** (**M**itogen **A**ctivated **P**rotein **K**inases). Die pflanzlichen MAPKs phophorylieren Serin, Threonin und Tyrosin in den Zielproteinen. Pro Pflanzenart finden sich zahlreiche, nur leicht unterschiedliche, also hochkonservierte MAPKs, in *Arabidopsis* über 20.

Signaltransduktionen über MAPKs kommen in vielen Varianten vor. Im Anschluss an einen Rezeptor werden MAPKs in Kette hintereinander gesetzt (Abb. 14.3). Der Rezeptor kann wie in Abb. 14.3 unabhängig vom G-Protein sein, doch möglicherweise auch bei Pflanzen wie in Abb. 14.1 mit dem G-Protein gekoppelt werden. Der Rezeptor kann Kinasen führen und phoshoryliert mit ihrer Hilfe **MAPKKK**, die so genannt wird, weil es sich um die erste von **drei** hintereinander geschalteten **K**inase-Formen handelt. Es folgen **MAPKK** und **MAPK**. Eine Kinase in der Kette phosphoryliert jeweils **zahlreiche** Moleküle der nachfolgenden Kinase. Damit kommt es zu einem **Kaskadeneffekt.** Dabei können auch **verschiedenartige** nachfolgende Kinasen phosphoryliert werden. Das bedeutet **Diversifikation.** MAPKs phosphorylieren spezifische Transkriptionsfaktoren, die dadurch aktiviert werden und sich an entsprechend spezifische DNA-Boxen im Promotor der Ziel-Gene binden. Die Ziel-Gene werden dann exprimiert.

MAPK-Kaskaden können durch Stressfaktoren wie Verwundungen, Kälte, hohen Salzgehalt, Trockenheit, Nährstoffmangel, Elicitoren aus pathogenen Pilzen, Salicylsäure, aber auch durch die klassischen Phytohormone ausgelöst werden.

● **Zyklische Nucleotide**. Ein wichtiger sekundärer Messenger bei Tieren ist das von Sutherland entdeckte cAMP (Abb. 14.4.; → auch Abb. 14.1.). Für seine Rolle als sekundärer Messenger auch in Pflanzen sprechen erst relativ wenige Befunde. An seine Stelle tritt in Pflanzen oft das **z**yklische **G**uanosin-**m**onophosphat (**cGMP**), das über eine Guanylzyklase aus GMP gebildet wird. Es ist zum Beispiel an der Signaltransduktion über Phytochrom (Seite 250) beteiligt.

● **Inositol-1,4,5-triphosphat und Diacylglycerin.** Eine der vom G-Protein induzierten Signalketten verläuft über Inositol-1,4,5-triphosphat (**IP$_3$**) und Diacylglycerin (**DAG**) (Abb. 14.5; → auch Abb. 14.1). Ein Plasmalemmalipid, das Phoshatidyl-Inositol (**PI**), wird durch Proteinkinasen in seiner Inositol-Komponente zweimal phophoryliert. Dadurch bildet sich ein Phospha-

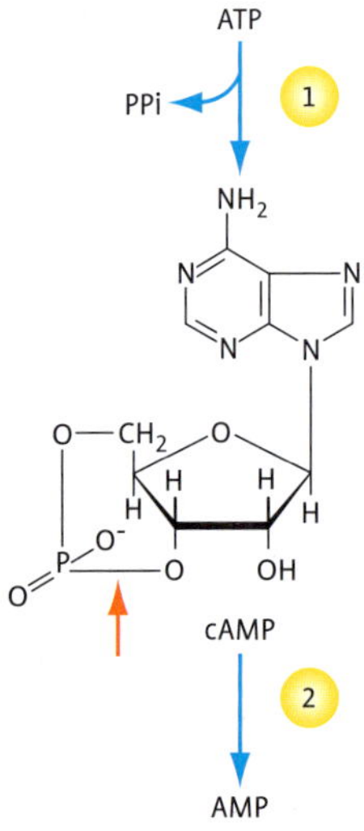

Abb. 14.4
Zyklisches Adenosin-monophosphat (cAMP), seine Bildung über **1** Adenyl-Zyklase und seine Inaktivierung (Spaltung des Phosphatrings = roter Pfeil) durch **2** cAMP-abhängige Phosphodiesterase. cAMP wird bei Pflanzen vielfach durch zyklisches Guanosin-monophosphat (cGMP) ersetzt.

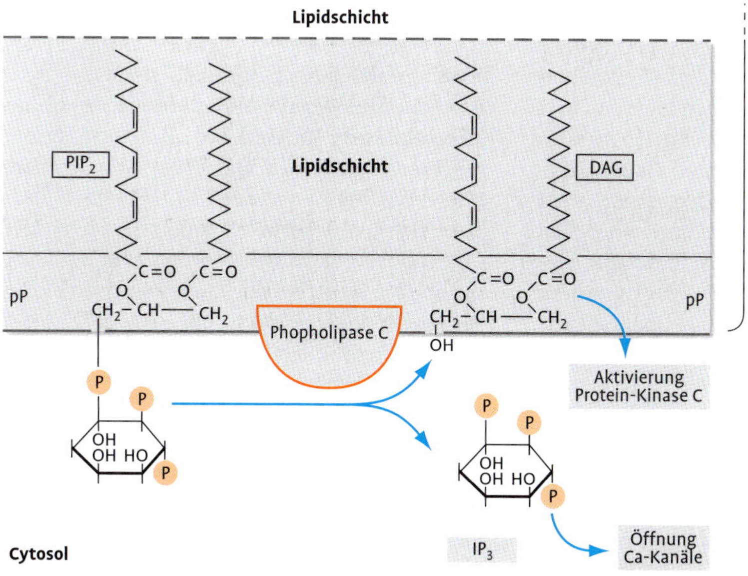

Abb. 14.5 Bildung der sekundären Messenger Diacylglycerin (DAG) und Inositol-1,4,5-triphosphat (IP_3) über Spaltung von Phosphatidyl-Inositol-4,5-bisphosphat (PIP_2) durch Phospholipase C. Diese wurde durch die α-Untereinheit (α) eines aktivierten G-Proteins aktiviert (Abb. 14.2). Das lipophile DAG verbleibt nach Befunden an Tieren im Membranbereich und wird dort als sekundärer Messenger tätig, zum Beispiel bei der Aktivierung der Protein-Kinase C. P = Plasmalemma; pP = polar gebaute Seite des Plasmalemmas.

tidyl-Inositol-4,5,-bisphosphat (PIP_2), das wie die Ausgangssubstanz PI noch membrangebunden bleibt. Eine membrangebundene Phopholipase (**PLC**), die über G-Protein aktiviert wurde (Abb 14.1), spaltet PIP_2 in DAG und IP_3. DAG bleibt in der Membran und aktiviert mit einiger Wahrscheinlichkeit auch bei höheren Pflanzen eine spezielle Ca^{2+}-abhängige Proteinkinase C. Das polare IP_3 diffundiert ins Cytosol und löst über Öffnung von Ca^{2+}-Kanälen im Tonoplasten und im ER einen Anstieg im Ca^{2+}-Gehalt des Cytosols aus, der über Calmodulin (→ unten) zu einer Aktivierung einer Ca^{2+}-abhängigen Proteinkinase führt.

In der Signaltransduktion werden außer PLC noch zwei weitere Phospholipasen wichtig, die offensichtlich über G-Proteine aktiviert werden. **PLA** spaltet von membrangebundenen Phospholipiden Fettsäuren ab; **PLD** hydrolysiert sie zu Phosphatidsäuren und Cholin.

●■ **Ca^{2+}/Calmoduline/Calmodulin-bindende Proteine**. Eben war eine vom G-Protein ausgehende Signalkette über IP_3 zu Calcium erwähnt worden (Abb 14.2). Doch ist das nur eine der Mögichkeiten, die Konzentration an Ca^{2+} zu erhöhen. Es geht auch ohne GTP.

Die Konzentration der Ca^{2+}-Ionen im Cytosol liegt bei 0.0001 mM, diejenige in Ca^{2+}-Speichern bei 0.5 bis 10.0 mM. Solche Ca^{2+}-Speicher sind die Vakuole, das ER, der Zellwandraum, aber auch die Mitochondrien. **Bei Einwirken eines Signals öffnen sich Kanäle, über die Ca^{2+}-Ionen in das Cytosol einströmen.** Danach pumpen spezielle Ca^{2+}-ATPasen in den Membranen der genannten Speicher die Ca^{2+}-Ionen wieder in die Speicher zurück. Auch die Kanäle schließen sich. Die Ca^{2+}-Konzentration im Cytosol geht so auf den Ausgangszustand zurück; die Signalgebung durch Ca^{2+} ist beendet.

Vorübergehend steigende Konzentrationen an Ca^{2+}-Ionen sind zentral wichtige Faktoren der Signaltransduktion. Kein Wunder, dass es verschiedene Möglichkeiten dazu gibt. So kann Ca^{2+} **direkt Einfluss auf Proteine** nehmen. Durch Bindung aktiviert es Proteinkinasen oder Proteinphosphatasen. Darüber hinaus gibt es **spezielle Ca^{2+}-bindende Proteine**. Die wichtigsten von ihnen sind die überall in der Zelle vorkommenden **Calmoduline.** Es handelt sich um Proteine aus rund 150 Aminosäuren. Die zahlreichen in Pflanzen und Tieren gefundenen Calmoduline unterscheiden sich nur in einem Dutzend Aminosäuren. Sie sind also hochkonserviert. Jedes Calmodulin kann in vier schlingenartigen Strukturen vier Ca^{2+} binden (Abb. 14.6) Dabei verändert es seine Konformation derart, dass hydrophobe Aminosäurensequenzen exponiert werden. An sie binden Zielproteine, die dabei aktiviert werden. Bisher sind zahlreiche derartige **Calmodulin-bindende Zielproteine** gefunden, aber nur wenige davon genauer charakterisiert worden. Darunter sind Proteine des Cytoskeletts, aber auch Proteinkinasen, die spezifische Transkriptionsfaktoren phosphorylieren und damit aktivieren.

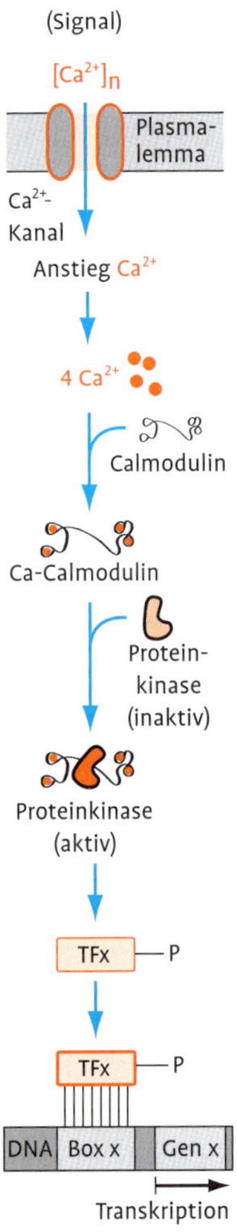

Abb. 14.6
Schema einer Signaltransduktion Ca^{2+}/Calmodulin/Proteinkinase. Nach Einwirken eines Signals hat sich ein Ca^{2+}-Kanal im Plasmalemma geöffnet. Ca^{2+} strömt ins Cytosol. Jeweils vier Ca^{2+} können an ein Calmodulin gebunden werden, das dadurch aktiviert wird. Ca-Calmodulin seinerseits aktiviert eine Proteinkinase, die einen spezifischen Transkriptionsfaktor (hier Tf x) phosphoryliert (-P) und damit aktiviert. Tfx bindet an Box x im Promotor des Gens x. Die Transkription des Gens x beginnt. Das Schema enthält nur die für das Verständnis wichtigsten Elemente (Hess 2004).

14.2 Phytohormone

Etabliert als generell multipel wirkende Phytohormone sind **Auxine**, **Gibberelline**, **Cytokinine**, **Abscisinsäure, Ethylen** und als neuere Gruppe die **Brassinosteroide**. Diese fünf Gruppen bzw. Einzelsubstanzen werden im Folgenden nach dem gleichen Schema behandelt. Dabei werden auch Abbbau bzw. Inaktivierung erwähnt, auch wenn dazu weniger oder umstrittene Daten vorliegen. Denn sie helfen mit, ein bestimmtes Niveau des jeweiligen Phytohormons einzustellen. Zum Abschluss wird die Signaltransduktion behandelt. Die wichtigsten Daten dazu wurden durch Mutantenanalyse bei *Arabidopsis* gewonnen. Die entsprechenden Kürzel für ihren Namen werden nur erklärt, soweit sie ohne lange Ausführungen verständlich sind.
Später werden im jeweils gegebenen Zusammenhang weitere Phytohormone behandelt, bei denen Sonderfunktionen in den Vordergund treten. Es handelt sich um **Jasmonsäure** (Seite 339), **Salicylsäure** (Seite 336), **Peptidhormone** (Seite 340) und **Florigen** (Seite 365).

▶ **Multiple Wirkung der Phytohormone.** Ein übergreifendes Faktum muss der Besprechung der einzelnen Phytohormone vorangestellt werden. Schon Hormone der Tiere zeigen manchmal ein recht breites Wirkungsspektrum. Diese Aussage gilt für Phytohormone generell. Denn für sie ist eine multiple Wirkung typisch (Tab. 14.1):

- Ein gegebenes Phytohormon kann verschiedene Prozesse beeinflussen.
- Ein gegebener Prozeß kann von verschiedenen Phytohormonen beeinflusst werden.

14.2.1 Auxine

Der Name der Gruppe bezieht sich auf ihre wachstumsfördernde Wirkung (gr. auxanein = wachsen lassen). Sie beeinflussen auch das Teilungswachstum (Seite 258), doch die sichtbare Wachstumsförderung geht überwiegend auf das Streckungswachstum (Seite 265) zurück.

▶ **Struktur der natürlichen Auxine.** Einige Indolderivate sind Phytohormone. Das wichtigste

Prozess	Auxine	Gibbe-relline	Cyto-kinine	Abscisin-säure	Ethylen
Zellteilung					
Apikalmristeme					
Spross	+	+	+		
Wurzel	+				
Kambium					
Spross	+	+			
Wurzel	+		+		
Streckungwachstum					
Spross	+	+		–	– (+)
Wurzel	+			–	–
Differenzierung von Gefäßen					
Spross	+				
Wurzel	+				
Entfaltung Blätter	+	+	+		
Öffnung Stomata			+	–	
Blattfall		+			+
niedere Konzentrationen	–				
hohe Konzentrationen	+				
Blütenfall	–				+
Fruchtfall	–				+
Bildung von Adventivwurzeln	+		–		+
Bildung von Seitenwurzeln	+	–	–		+
Knollenbildung (Kartoffel)	–	+	+		
Ethylenbildung in Seitenknospen	+				
Austreiben Seitenknospen	–	+	+	–	+/–
Entfaltung Blätter	+	+	+		
Seneszenz Blätter	–	–	–	+	+
Blütenbildung					
Ausnahmen	+		+		+
bestimmte Gruppen		+			
Geschlecht (monözische Pflanzen)					
mehr weibliche Blüten	+				
mehr männliche Blüten		+			+
Fruchtwachstum	+	+	+		
Fruchtreife				+	+
Parthenokarpie	+	+	+		
Samenreife				+	
Samenkeimung	+	+	+	–	+/–

Tab. 14.1
Multiple Wirkungsweise von Phytohormonen. Es wurden nur in vivo-Funktionen berücksichtigt. Daten aus Gewebekulturen sind nicht enthalten. Die Angaben beruhen teilweise auf Untersuchungen an nur wenigen Pflanzenarten, sodass die Allgemeingültigkeit nicht immer gesichert erscheint. Da täglich neue Daten hinzukommen, kann die Tabelle auch keinen Anspruch auf Vollständigkeit erheben.
\+ Förderung
– Hemmung

von ihnen ist **IAA** (Indole-3-acetic acid; Indol-3-essigsäure; ß-Indolyl-essigsäure) (Abb. 14.7). Sie wurde 1934 von Kögl im menschlichen Harn, dann in Mikroorganismen und schließlich auch in höheren Pflanzen nachgewiesen. IAA liegt in den Pflanzen frei oder als Konjugat vor, zum Beispiel als Glucoseester oder in Peptidbindung mit Asparaginsäure und Glutaminsäure.

▶ **Biosynthese, Transport und Abbau.** Die **Biosynthese** verläuft über einen Abzweig des Shikimisäure-Wegs von Tryptophan aus. **Ort** der Biosynthese sind Meristeme, aber auch Embryonen (Abb. 14.8) und junge Pflanzenteile wie Spross- und Wurzelspitzen oder junge Blätter. Der **Transport** erfolgt im Phloem und Xylem (aber auch polarer Transport; → unten). Als Abbauweg wurde lange Zeit ein oxidativer **Abbau** durch IAA-Oxidasen von der Seitenkette her angenommen. Diese Möglichkeit ist derzeit umstritten. Erste Daten sprechen dafür, dass statt dessen schon zu Beginn der Degradation der Indolkern aufgebrochen wird.

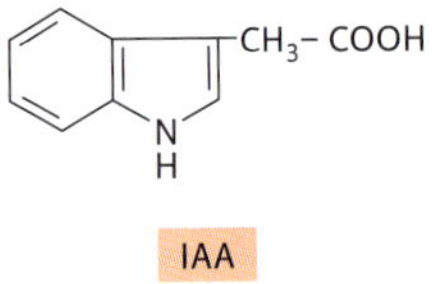

Abb. 14.7
IAA.

Abb. 14.8
Deformierte Erdbeeren nach teilweiser Entfernung der Nüsschen. Nur diejenigen Teile der Blütenachse (die das Fruchtfleisch bildet) entwickeln sich normal, die von den Embryonen innerhalb der Nüsschen mit IAA beliefert worden waren. Wenn man lokal IAA zuführt, normalisiert sich die Fruchtentwicklung (nach NITSCH aus TORREY 1968).

▶ **Biologische Testverfahren.** Die bekanntesten biologischen Nachweisverfahren sind der ***Avena*-Krümmungstest** (Abb. 14.9) und der ***Avena*-Sektionstest** (Abb. 14.10). Mit dem *Avena*-Krümmungstest hatte Went 1928 die Existenz der IAA schon vor ihrer Isolierung biologisch nachgewiesen.

Der Sektionstest ist leichter zu handhaben. Da-

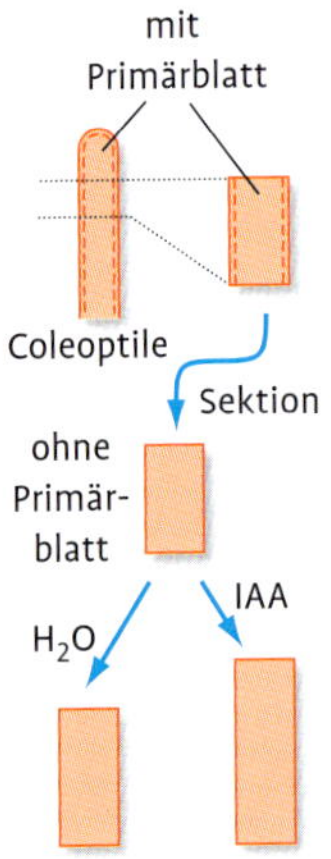

Abb. 14.9
Prinzip des *Avena*-Sektionstestes. Aus der Hauptstreckungszone der Hafer-Koleoptile werden Zylinder herausgeschnitten. Der in ihnen noch enthaltene Teil des Primärblattes wird entfernt Die Sektionen ohne Primärblatt werden in IAA-haltige Lösungen eingelegt.

Abb. 14.10
Prinzip des *Avena*-Krümmungtestes. Eine Hafer-Koleoptile (**a**) wird dekapitiert **b, c**). Mit Entfernung der Spitze, die IAA anliefern kann, kommt es zur Verarmung an IAA und damit einer Sensibilisierung gegen IAA. Das Primärblatt wird vom Korn (unten, nicht gezeichnet) durch Rucken gelöst (**d**). Ohne Einstrom vom Korn her werden die Eigenbewegungen des Primärblatts reduziert. Ein IAA-haltiges Agarblöckchen wird mit etwas Gelatine einseitig aufgeklebt (**e**). IAA wandert in der Koleoptile polar abwärts (rote Pfeile; e, f) und löst **einseitig** Streckungswachstum aus. Es kommt zur Krümmung der Coleoptile (**f**). Der Winkel *a* liefert ein Maß für die Stärke der Krümmung und damit für den IAA-Gehalt im Agarblöckchen (verändert nach WALTER 1950).

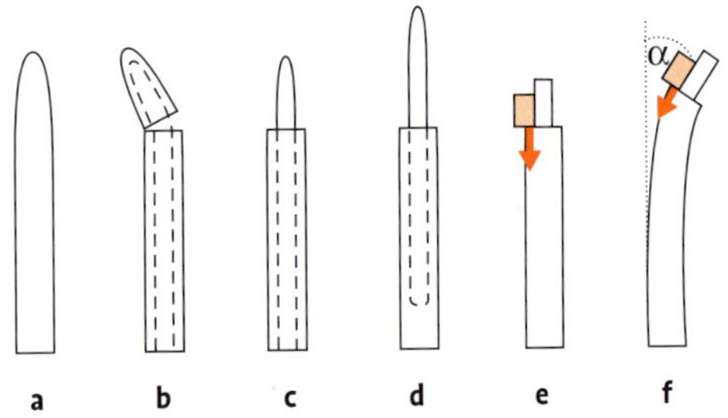

Abb. 14.11
Optimum-Kurven des Streckungswachstums von Wurzel, Seitenknospe und Spross sowie Ethylenbildung (gestrichelt) in Wurzel und Spross nach experimenteller Zufuhr steigender IAA-Konzentrationen (verändert nach GOODWIN und MERCER 1985).

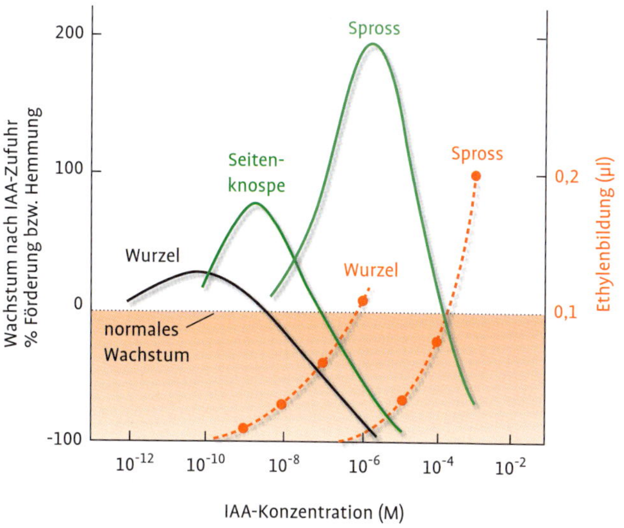

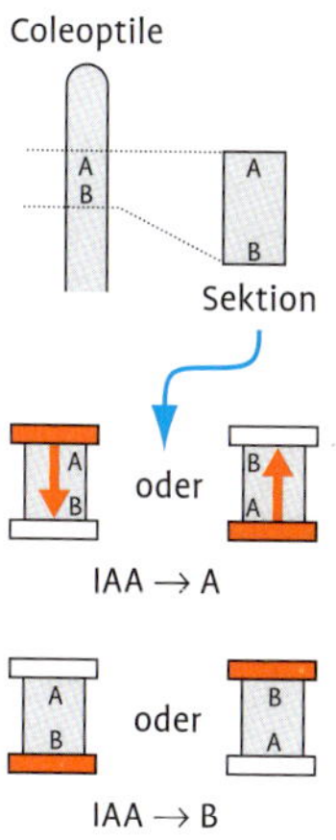

Abb. 14.12
Nachweis der polaren Wanderung der IAA in der *Avena*-Koleoptile. Eine Sektion wird aus der Hauptwachstumszone herausgeschnitten. Einseitig wird ein IAA-haltiges Agarblöckchen (rot) aufgelegt. Auf der jeweils anderen Seite findet sich ein Agarblöckchen zum Abfangen der durch die Sektion gewanderten IAA (weiß). Sein IAA-Gehalt kann im *Avena*-Krümmungstest bestimmt werden (Abb.14.9). Wenn man IAA auf der morphologischen Oberseite (A) zuführt (IAA → A), kommt es auch gegen die Schwerkraft zu einem Transport (roter Pfeil) in Richtung der morphologischen Unterseite (B). Wenn man IAA dagegen auf der morphologischen Unterseite (IAA → B) verabreicht, unterbleibt der Transport selbst in Richtung der Schwerkraft (verändert nach GALSTON 1964).

für ist er unspezifisch. Auch zum Beispiel Zucker oder Aminosäuren können in ihm die Zellstreckung fördern. Der Krümmungstest ist in der Technik aufwendiger, dafür aber empfindlicher und hochspezifisch. Die Spezifität geht auf die **polare Wanderung** der IAA zurück (Seite 232).

▶ **Konzentrationsabhängige Wirkungsoptima.** Im Gegensatz zu anderen Phytohormonen kann IAA konzentrationsabhängige Wirkungsoptima aufweisen, die je nach Organ bei verschiedenen Konzentrationen liegen. Bei der Förderung des Streckungswachstums (Seite 270) liegt das Optimum im Spross am höchsten, gefolgt von den Seitenknospen und von der Wurzel (Abb. 14.11).

14.2.1.1 Polarer Auxintransport

▶ **Der Nachweis.** An der *Avena*-Koleoptile lässt sich die polare Wanderung der IAA leicht demonstrieren. Denn sie wandert hier aus der Spitzenregion polar abwärts. Davon kann man sich durch einige einfache Experimente überzeugen (Abb. 14.12).

▶ **Das Phänomen.** Außer dem Langstreckentransport in Leitbahnen gibt es einen polaren Transport, der charakteristisch für Auxine ist, besonders für IAA, aber auch für manche synthetischen Auxine. Dabei handelt es sich um eine energieabhängige Wanderung in basipetaler Richtung ohne Querverschiebung, die mit 5–15 mm pro Stunde recht langsam vonstatten geht. Die Schwerkraft spielt dabei keine Rolle. Der polare Transport wurde als Kurzstreckentransport von Zelle zu Zelle zuerst in *Avena*-Koleoptilen (Abb. 14.12) und in Spross-Segmenten entdeckt. Doch findet er sich generell im jungen Apex nahe der Spitzenregion, vor allem in den Strängen des Prokambiums – und nicht nur dort. Denn es gibt auch einen polaren Zell-zu-Zell-Transport über lange Strecken im Kambium und in Parenchymzellen entlang der Gefässe bis in den Wurzelbereich. Nach einem nicht-polaren

Langstrecken-Transport im Phloem kann IAA auch in einen polaren Transport übergeleitet werden.

▶ **Auxin-Efflux- und Auxin-Influx-Carrier.** Vor allem bei *Arabidopsis* fand man im Plasmalemma lokalisierte Carrier, die den Aus- und Eintritt von IAA in die Zelle katalysieren.

- **Auxin-Influx-Carrier** transportieren IAA aktiv in die Zellen hinein. Ein Gen *Aux1* von *Arabidopsis* codiert ein AUX1-Protein, das als Influx-Carrier fungiert.
- **Auxin-Efflux-Carrier** transportieren IAA aktiv aus den Zellen hinaus. Sie sind besser untersucht als die Influx-Carrier. Bei *Arabidopsis* entdeckte man eine ganze Familie von *AtPIN*-Genen. Sie wurden nach *A. thaliana* (At) und nach der nadelartigen (engl. pin = Stecknadel) Wuchsform von Mutanten des betreffenden Genorts benannt. Im Folgenden werden sie kurz als *PIN* bezeichnet. Die PIN-Proteine sind derart in den Zellen lokalisiert, wie man es von Auxin-Efflux-Carriern in der betreffenden Transportsituation zu erwarten hätte (Abb. 14.13).

▶ **Das chemiosmotische Modell des polaren IAA-Transports** (Abb. 14.13). IAA ist im nichtdissoziierten Zustand lipophil und kann deshalb das Plasmalemma durch Diffusion passieren. Im Cytosol ist der pH-Wert höher als in der Zellwand (7,0 gegenüber 5,5). IAA dissoziiert deshalb dort zu IAA^-. Influx-Carrier befördern zusätzliche IAA-Anionen durch das Plasmalemma und erhöhen so den Import an Auxin. Theoretisch könnten die Influx-Carrier überall im Plasmalemma liegen, nur nicht übermäßig in dessen basalem Anteil. Doch sie konnten gerade auch im apikalen Plasmalemma nachgewiesen werden, also zweckmäßigerweise den Efflux-Carriern gegenüber (→ unten).

Die polarisierten IAA-Anionen sitzen insofern in einer Falle, als sie das Plasmalemma zunächst nicht passieren können. Doch im basalen Plasmalemma lokalisierte IAA-Efflux-Carrier (PINs) transportieren IAA^- nach außen und unten in die Zellwand, wo sie wieder in IAA übergeht. Dann wiederholen sich die Aufnahmevorgänge in die Zelle darunter. Über weitere Wiederholungen resultiert ein polarer Transport.

Abb. 14.13
Die chemiosmotische Hypothese des polaren IAA-Transports. Protonenpumpen im Plasmalemma geben H^+ nach außen ab und senken so den pH-Wert im Bereich der Zellwand. IAA^- wird dort zu IAAH und kann nun durch die Lipidschicht des Plasmalemmas diffundieren. Beim höheren pH des Cytosols dissoziiert IAAH wieder zu IAA^-. Außerdem transportieren IAA-Influx-Carrier IAA^- aus der Zellwand ins Cytosol. IAA^- kann jedoch das Plasmalemma nicht durch Diffusion passieren und ist so zunächst im Cytosol gefangen. Doch am basalen Ende der Zelle sind IAA^--Efflux-Carrier lokalisiert, die IAA^- in die Zellwand ausschleusen. Dort wird IAA^- wieder zu IAAH. Der gleiche Vorgang wiederholt sich in der anschließenden, weiter basal liegenden Zelle usf.. So kommt ein polarer Transport zustande.

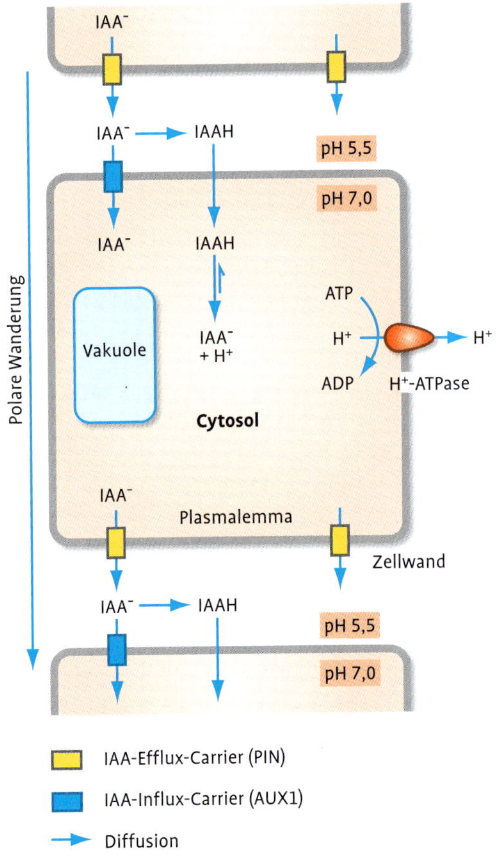

Entscheidend sind wie erwähnt die entsprechend positionierten Efflux-Carrier. Schon mit ihnen allein wäre ein polarer Transport möglich.

14.2.1.2 Aktivierung von Genen für die Synthese von Phytohormonen

Phytohormone können Gene für die Synthese anderer Phytohormone aktivieren oder hemmen. Das gilt besonders für IAA, die man deshalb schon als „master hormon“ bezeichnet hat. Zwei Beispiele:

- Die **ACC-Synthase** (**ACS**) ist das zentrale Enzym der Ethylen-Biosynthese (Seite 246). In *Arabidopis* und der Tomate hat man Multigen-Familien aus rund zehn Genen entdeckt, die für sie codieren. Bei *Arabidopsis* werden einige dieser Gene durch höhere Dosen an IAA aktiviert.
  Damit ergibt sich auch eine Erklärungsmöglichkeit für die Optimum-Kurven der IAA (Abb. 14.11): der mit steigender Konzentration fördernden Wirkung durch IAA wirkt die durch IAA induzierte gesteigerte Synthese an hemmendem Ethylen derart entgegen, dass ein Wirkungsoptimum resultiert.
- **GA_1-Biosynthese:** In Mendels Zwergerbsen ist ein Gen *LE* (engl. **Le**ngth = Länge) durch den Austausch einer DNA-Base zu *le* mutiert. Dadurch kommt es zum Austausch einer Aminosäure in einem Enzym der Biosynthese des Gibberellins GA_1 (Seite 235). Das betreffende Enzym weist dann eine stark reduzierte Aktivität auf. Die Folge ist ein Zwergwuchs, der sich durch experimentelle Zufuhr von GA_1 normalisieren lässt. Normalerweise wird *LE* durch IAA aktiviert.

14.2.1.3 Physiologische Funktionen (IAA)

Eine Übersicht findet sich in Tab. 14.1. Hier werden nur diejenigen Funktionen angegeben, die in nachfolgenden Kapiteln genauer besprochen werden:

- Förderung des Streckungswachstums (Seite 270).
- Förderung der Wurzelbildung in Gewebekulturen (Seite 289).
- Förderung von Zellteilungen in Gewebekulturen (in geringen Mengen, zusammen mit höheren Konzentrationen an Cytokininen (Seite 289).
- Auxingradienten Embryogenese (Seite 285).
- Anlage SAM (Seite 289).
- Anlage WAM (Seite 289).
- Induktion Blattprimordien (Seite 304).
- Förderung Apikale Dominanz (Seite 306).
- Differenzierung Leitungselemente (Seite 307).
- Gravitropismus (Seite 310).
- Phototropismus (Seite 313).
- Verzögerung der Blatt-Seneszenz (Seite 390).

14.2.1.4 Signaltransduktion

Die Frage nach der Signaltransduktion blieb viele Jahrzehnte trotz intensiver Bemühungen unbeantwortet. Doch 2005 gelang den Teams um Estelle und Leyster **TIR1** als Auxin-Rezeptor zu identifizieren. TIR1 (**T**ransport **I**nhibiting **R**esponse) hat nichts unmittelbar mit dem Transport zu tun, wie man zunächst vermutet hatte, sondern ist ein Auxin-bindendes Protein (ABP). Es wurde wie fast alle anderen Teilstücke des Puzzles der Auxin-Signaltransduktion in Untersuchungen an *Arabidopsis*-Mutanten gefunden.

Um es vorweg zusammenzufassen: **IAA induziert eine spezifische Ubiquitinierung** (Seite 51) **von bestimmten Genrepressoren und infolgedessen deren Abbau.** Damit werden Gene für frühe Auxinwirkungen dereprimiert und dann transkribiert.

Gehen wir zuerst auf die Situation am Genort, dann auf den ubiquitinierenden TIR1 -Komplex vor und nach IAA-Fixierung, und schließlich auf das Zusammenspiel beider ein.

▶ **Die Situation am Auxin-regulierten Gen vor Einwirkung von IAA** (Abb. 14.14 a). Im Promotor der IAA-regulierten Gene sind **Auxin-Response-Elemente** (**AuxREs**) mit TGTCTC-Motiven vorhanden. An sie binden spezifisch **Auxin-Response-Faktoren** (**ARFs**). Bei ihnen handelt es sich um kurzlebige Proteine, die als spezifische Transkriptionsfaktoren Aktivatoren oder Repressoren der Genaktivität sein können. Im Folgenden werden nur aktivierende ARFs berücksichtigt.

Bis dahin verläuft alles wie üblich. Doch nun kommen noch **Aux/IAA-Proteine** hinzu. Sie binden an die ARFs und hemmen sie. Damit entfällt die Funktion der ARFs. Wenn das betreffende ARF ein Aktivator ist, unterbleibt die Transkription.

▶ **Zusammensetzung des SCF (TIR1-E3-Ligase-Komplex;** Abb. 14.14 c**).** Das IAA-bindende TIR1 gehört zu den sogenannten **F-Box-Proteinen,** die Motive zur Bindung an andere Proteine aufweisen. Es ist Bestandteil eines Ubiquitinierungskomplexes mit der **E3-Ubiquitin-Ligase** und weiteren Proteinen. Der Komplex wird **SCF** genannt und findet sich bei allen Eukaryonten. Nach Aktivierung katalysiert er die ATP-abhängige Ubiquitinierung von zum Abbau bestimmten Proteinen.

▶ **Aktivierung von SCF** (Abb 14.14 d)**, Ubiquitinierung und Abbau von Aux/IAA** (Abb. 14.14 b). TIR1 bindet IAA. Dadurch kommt es zu einer Konformationsänderung von SCF, die erstens zu seiner Bindung an das Aux/IAA-Protein und zweitens zu einer Aktivierung der E3-Ligase führt. Aux/IAA wird mit Ubiquitin markiert und in Proteasomen abgebaut. ARF ist nicht mehr blockiert. Die Transkription des IAA-gesteuerten Gens beginnt.

Abb. 14.14
Signaltransduktion bei IAA-Einwirkung. **a** Situation vor Einwirken von IAA. Ein Aux/IAA-Protein hemmt den spezifischen, normalerweise aktivierenden Transkriptionsfaktor ARF. ARF sitzt an AuxRE im Promotor des IAA-regulierten Gens. Wegen der Hemmwirkung von Aux/IAA ist die Transkription des IAA-regulierten Gens unterbunden. **b** Induktion des IAA-regulierten Gens. Der aktivierte SCF-Komplex bindet an das hemmende Aux/IAA-Protein und ubiquiniert es (U-U-U). Aux/IAA löst sich ab und wird in Proteasomen abgebaut. Damit entfällt die Hemmung auf AuxRE. Die Transkription des IAA-regulierten Gens beginnt. **c ,d** Der SCF-Komplex (**c**; einschließlich TIR1) wird durch IAA aktiviert (**d**).

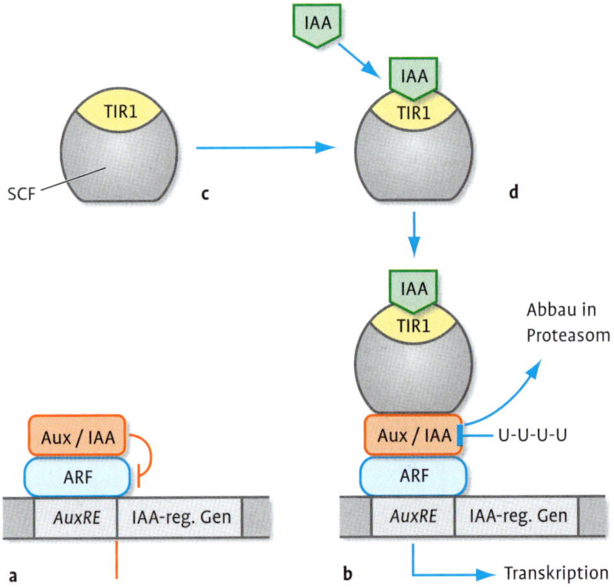

In *Arabidopsis* werden immer mehr TIR1s entdeckt, die zu den **AFB**s (**Auxin-F-Box** proteins) gehören. Man spricht von TIR1- oder AFB-Familien. Auch zunehmend mehr ARFs, AuxREs und Aux/IAAs werden nachgewiesen. Die erforderliche Vielfalt ist also gegeben.

▶ **Frühe und späte Gene.** Nach Einwirkung von IAA reagieren bestimmte Gene sehr schnell (**frühe Gene**). Schon nach Minuten kann die betreffende RNA festgestellt werden, in anderen Fällen erst nach einigen Stunden. Bei einigen dieser Gene, etwa bei den *SAURs* (**S**mall **Au**xin-**U**p**r**egulated)-Genen ist die Funktion noch fraglich (Seite 271). Zu den frühen Genen gehören alle über TIR1 gesteuerten Gene. Mit ihnen werden zahlreiche Reaktionen auf IAA erfasst. Auch die rasche Reaktion wird verständlich: alle an der Transkription beteiligten Proteinfaktoren sind schon vorweg vorhanden und müssen nur noch aktiviert werden.

Eine der Aufgaben der frühen Gene ist, die Synthese der Transkriptionsfaktoren für **späte Gene** in die Wege zu leiten. Solche Gene mit später Expression sind unter anderem stress-aktivierte Gene, so auch diejenigen für die Synthese von ACC-Synthase und damit Ethylen-Synthese.

▶ **Weitere Rezeptor-Proteine außer der TIR1/AFB-Familie.** Vor der Entdeckung von TIR1 war das membrangebundene **ABP1** (**A**uxin-**B**inding-**P**rotein 1) als **der** Auxin-Rezeptor favorisiert worden. Nur entsprach es den an ihn gestellten Anforderungen nur teilweise. Doch als IAA-Rezeptor beim **IAA-induzierte Streckungswachstum** (Seite 271) kommt es nach wie vor in Frage.

14.2.1.5 Synthetische Auxine: Struktur und Verwendung

IAA ist thermolabil, in Gegenwart von Sensibilisatoren lichtsensibel und schwer wasserlöslich. Ihre Verwendung in der Praxis wird dadurch eingeschränkt. Sie lässt sich jedoch durch synthetische Stoffe ersetzen, die ebenfalls als Auxine wirken (Abb. 14.15).

In Gewebekulturen zum Beispiel wird in der Regel **α-Naphthylessigsäure** (**N**aphthalene **A**cetic **A**cid = **NAA)** anstatt IAA eingesetzt. Ein wichtiges synthetisches Auxin ist 2,4-Dichlor-phenoxy-Essigsäure (**2,4-D**). Wie andere synthetische Auxine wandert 2,4-D polar, allerdings nur mit rund 20% der Geschwindigkeit von IAA. 2,4-D wird auch zur Induktion von Embryoiden verwendet (Seite 62). Beide Auxine werden zur Wurzelbildung an Stecklingen eingesetzt.

Vor allem aber sind **2,4-D** und ihre Derivate als **Unkrautbekämpfungsmittel im Getreidefeld** bekannt. Denn die Substanz wirkt bei Dikotyledonen mit Ausnahme zum Beispiel der Erbse (*Pisum sativum*), die 2,4-D abbauen kann, als sehr starkes Auxin. Dikotyledone Unkräuter wachsen sich unter seinem Einfluss praktisch zu Tode, nicht jedoch Monokotyledone wie die Getreide.

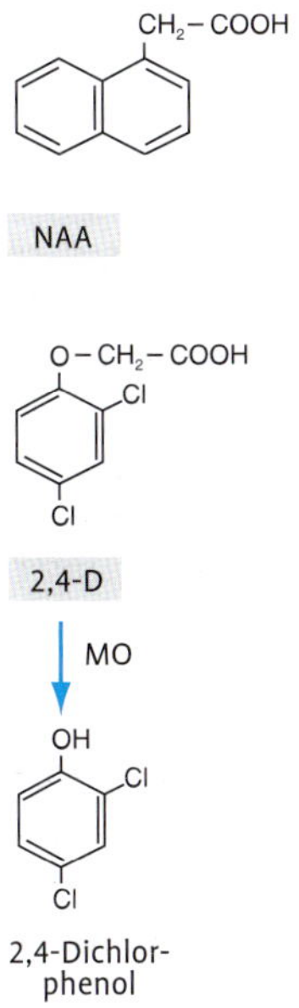

Abb. 14.15
Beipiele für synthetische Auxine: NAA (α-Naphthyl-essigsäure) und 2,4-D (2,4-Dichlor-phenoxy-essigsäure). Der Abbau der Seitenkette von 2,4-D durch eine Monooxygenase (MO) aus dem Bakterium *Alcaligenes eutrophus* ist angegeben. Das Gen für die Ausbildung der Monooxygenase konnte aus dem Bakterium in unter anderem Baumwolle übertragen werden. Sie wurde dadurch gegen 2,4-D resistent.

14.2.1.6 Gentechnik: Transfer von Genen für 2,4-D-Abbau

Aus dem Bakterium *Alcaligenes eutrophus* wurde ein Gen isoliert, das für eine Mono-oxygenase codiert, die die Seitenkette von 2,4-D abbaut (Abb. 14.15). Das Abbauprodukt 2,4-Dichlor-phenol ist bei Dikotyledonen weitgehend unwirksam. Das betreffende Gen wurde nicht nur in die Modellpfanze Tabak, sondern zum Beispiel auch in Baumwolle (*Gossypium* spec.) übertragen. Transgene Pflanzen waren im Gewächshaus resistent gegen 2,4-D.

Über 2,4-D-resistente transgene Dikotyledone eröffnet sich die Möglichkeit, zweikeimblättrige Unkräuter ohne Schaden für ebenfalls Zweikeimblättrige, zum Beispiel für transgene Baumwolle, zu bekämpfen.

2,4-D-resistente transgene Baumwolle wird aber auch dann wichtig, wenn man zweikeimblättrige Unkräuter im Getreidefeld bekämpfen möchte, ohne dass es zu Schädigungen benachbarter Baumwollfelder kommt. Beim Versprühen von 2,4-D vom Flugzeug aus geschieht das sonst

Abb. 14.16
Gibban, GA_3 und GA_1, beides in Blütenpflanzen aktive Gibberelline.

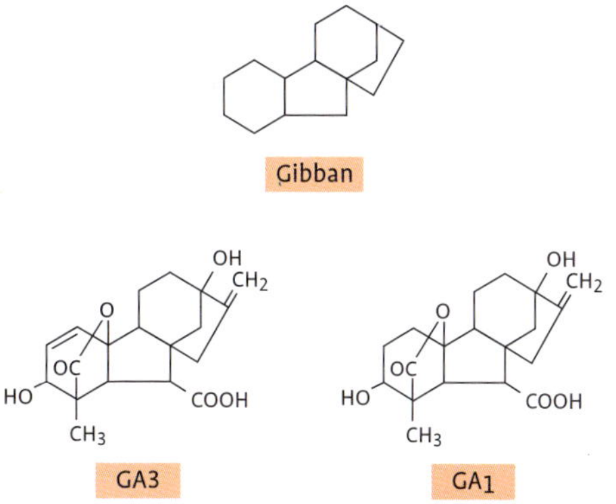

durch Windvertrieb immer wieder. Auch wenn den umweltbewußten Mitteleuropäer bei derart wenig zielsicheren Bekämpfungsaktionen Unbehagen befällt, sollte man nicht vergessen, dass es sich dabei leider um eine Realität handelt.

14.2.2 Gibberelline

Der Name geht auf die Pilzgattung zurück, in der die Phytohormongruppe erstmals nachgewiesen wurde. Augenfälligste Funktion ist die Förderung des Längenwachstums.

▶ **Struktur.** Gibberelline sind Phytohormone, die in ihrer chemischen Struktur durch den Besitz des Gibbanskeletts (Abb. 14.16) und in ihrer biologischen Wirkung durch eine starke Wachstumsförderung bei bestimmten Zwergmutanten charakterisiert sind. Die physiologisch aktiven Gibberelline gehören zu einer sogenannten A-Reihe, daher das Kürzel GA. Dahinter setzt man Zahlen, um die zahlreichen Varianten der Grundstruktur zu kennzeichnen, also GA_1, GA_2, GA_3 etc.. Man kennt inzwischen über 110 Varianten des GA-Skeletts, die aber nur teilweise physiologisch aktiv sind. In Pflanzen am wichtigsten ist GA_1. Experimentell wird oft aus Pilzen gewonnenes GA_3 verwendet. Es wird in den Pflanzen meistens in GA_1 überführt. Im keimenden Gerstenkorn wird offensichtlich GA_3 selbst aktiv (Seite 237).

▶ **Historik.** Schon lange war in Ostasien eine Krankheit des Reises bekannt, bei der sich die erkrankten Pflanzen durch ein besonders starkes Längenwachstum auszeichneten. Man sprach von der Bakanae, der Krankheit der „verrückten Keimlinge“. Sie wird von dem Pilz *Gibberella fujikuroi* (= *Fusarium moniliforme*) hervorgerufen. 1926 gelang es Kurosawa, das Symptom des verstärkten Längenwachstums auch mit Kulturfiltra-

Abb. 14.17
Test auf GA_3 an der Zwergmutante *dwarf-1* des Maises (verändert nach RUHLAND 1961).

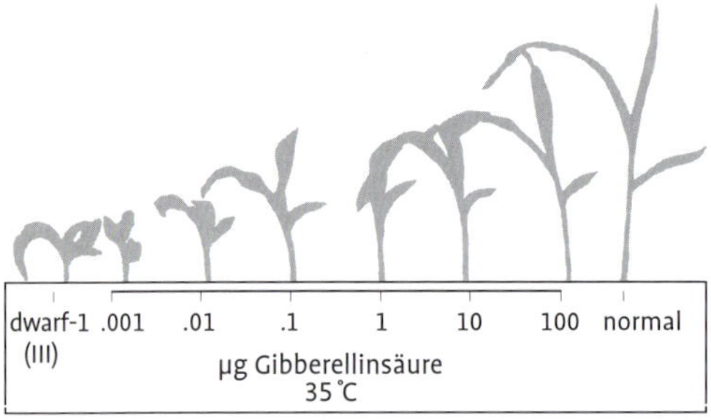

Abb. 14.18
Induktion des Stärkeabbaus im Endosperm des Maises durch den Embryo. Im Praktikumsversuch kann anstatt Gerste auch das leichter zu handhabende Maiskorn eingesetzt werden. Kornhälften ohne (**a**) und mit (**b**) Embryonen werden mit der Schnittfläche auf Stärke-Agar gesetzt. Anschließend werden die Platten mit Jod/Jod-Kalium überschichtet. Stärkehaltiger Agar färbt sich dann tiefblau. Weiße Höfe zeigen einen Stärke-Abbau durch Amylasen aus den Kornhälften an. Nur unter den Kornhälften mit Embryonen war es zu einem intensiven Abbau gekommen. Der geringfügige Abbau auch unter Kornhälften ohne Embryonen geht auf die Aktivtät von β-Amylasen zurück (Foto M. ISER).

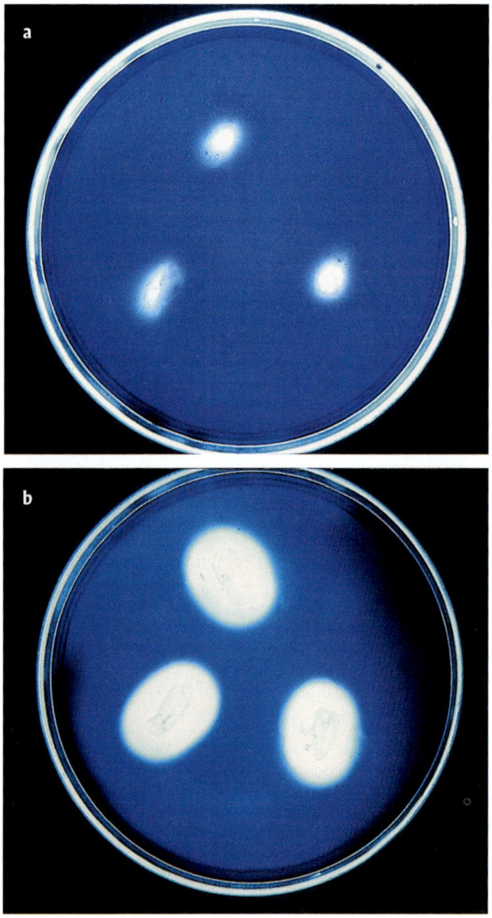

BOX 14.1

Aktivierung des Genmaterials für α-Amylase durch GA_3

Bei der Keimung des Gerstenkorns (*Hordeum vulgare*) wird Stärke mobilisiert. Das geschieht vor allem über die Aktivität von Amylasen. Bei der Keimung der Gerste ist die Induktion der aus mehreren Isoenzymen bestehenden **α-Amylase** am besten untersucht. An ihr ließ sich **erstmals für Pflanzen belegen, dass Hormone Gene aktivieren können.**

▶ **Ein einführender Versuch**. Man kann ein Gerstenkorn so halbieren, dass die eine Hälfte den Embryo führt, die andere embryofrei ist. Kornhälften mit und ohne Embryo werden mit der Schnittfläche nach unten auf eine Schicht Stärke-Agar gesetzt. Dann wird vor allem unter der embryo-führenden Hälfte Stärke abgebaut (Abb. 14.18), weil aus ihr α-Amylase in den Stärke-Agar diffundiert war. Wenn man embryo-freien Hälften experimentell GA_3 zuführt, wird auch in ihnen α-Amylase tätig. Derartige Befunde ließen vermuten, dass normalerweise der Embryo GA_3 produziert, die für den Stärkeabbau verantwortlich ist.

▶ **Der Wirkungsort von GA_3**. Das Endosperm besteht aus den mit Stärkekörnern gefüllten, im ausdifferenzierten Zustand abgestorbenen Zellen des Stärke-Endosperms und der Aleuronschicht aus lebenden Zellen (Abb. 14.20). Zielzellen für GA_3 sind vor allem diejenigen des Aleurons. Denn wenn man Aleuronstückchen mit GA_3 behandelt und auf Stärke-Agar auslegt, wird unter ihnen die Stärke abgebaut. Aleuron-Kontrollen, die nur mit Wasser behandelt worden waren, lieferten keine Stärkehydrolyse.

▶ **Aktivierung des Genmaterials für α-Amylase.** GA_3 löst im Gerstenkorn eine Vielzahl von Reaktionen aus. Dazu gehört die Transkription des Genmaterials für α-Amylase. Ein Beleg dafür war, dass die Produktion von α-Amylase durch Inhibitoren der Transkription und Translation gehemmt werden konnte. Der entscheidende Durchbruch kam ab 1964, als Varner unter Einsatz von radioaktiven (1,2) und stabilen Isotopen (3) eine von **GA_3 induzierte Neusynthese von α-Amylase** in embryolosen Kornhälften (1) ebenso wie im isolierten Aleuron nachweisen konnte (2,3). Eine von GA_3 induzierte mRNA-Synthese im Aleuron ließ sich ebenso durch Actinomycin C1 (Seite 37) hemmen wie parallel dazu die Bildung von α-Amylase (4). Später wurde festgestellt, dass GA_3 im Aleuron die Bildung von speziell mRNA auslöst, die in α-Amylase translatierbar ist (Abb. 14.19).

▶ **Mobilisierung der Reservestoffe im Gerstenkorn**. Ebenso wie α-Amylase werden auch andere Hydrolasen wie Proteasen und Nucleasen unter Einwirken von GA_3 de novo gebildet und aus dem Aleuron ins Stärke-Endosperm ausgeschüttet. Wieder andere Enzyme, so eine 1,3-β-Glucanase (Seite 374), sind bereits im Aleuron vorhanden und werden nur freigesetzt. Im Stärke-Endosperm beteiligt sich die α-Amylase an der Hydrolyse der Stärke, die übrigen Enzyme bauen andere Kohlenhydrate, Proteine und Nucleinsäuren ab. Die Reservestoffe werden so mobilisiert und stehen damit dem Embryo für sein nun einsetzendes Wachstum zur Verfügung (Abb. 14.20).

ABA wirkt GAs bei der Aktivierung des Genmaterials im Gerstenkorn entgegen. Andere Getreide verhalten sich teilweise ähnlich.

[1] Varner 1964; [2] Varner and Chandra 1964; [3] Filner and Varner 1967; [4] Chandra and Varner 1965.

ten des Pilzes hervorzurufen. Damit wurden in Japan Isolierung und Charakterisierung des aktiven Prinzips möglich. Erst nach dem Zweiten Weltkrieg wurden die Daten westlichen Interessensgruppen bekannt und von ihnen bestätigt. Nur in der Struktur war noch eine kleinere Änderung erforderlich. Die wirksamen Stoffe, die man nach *Gibberella* benannt hatte, wurden dann auch in höheren Pflanzen nachgewiesen.

Biologische Testverfahren. Grundlage ist die Förderung des Längenwachstums, die im Gegensatz zu den Auxinen auch an der intakten Pflanze

Abb. 14.19
Induktion der α-Amylase im isolierten Aleuron der Gerste durch GA_3. Das Aleuron wurde für die unten angegebenen Zeiten mit GA_3 inkubiert. Danach Polyacrylamid-Gelelektrophorese der jeweils im Aleuron gebildeten Proteine. → αA: Lage der α-Amylase. Die Zahlen am linken Rand geben die Lage von Referenzproteinen in Kda an (verändert nach WILKINS 1984).

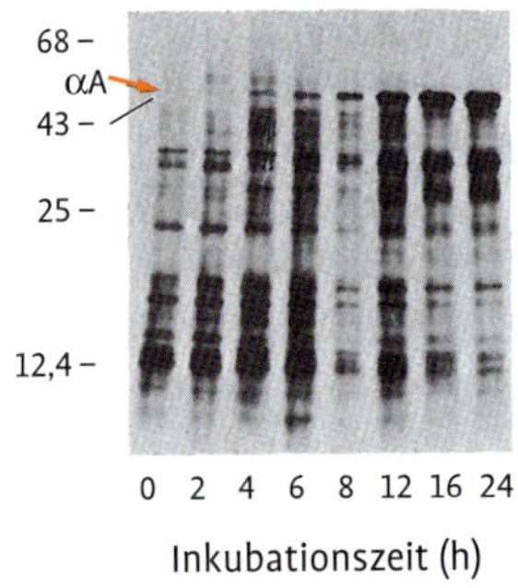

sehr auffällig ist. Bevorzugte Testobjekte sind Zwergmutanten zum Beispiel der Bohne und des Maises, in denen die Biosynthese der Gibberelline durch Einzel-Gen-Mutation blockiert ist (Abb. 14.17).

▶ **Biosynthese, Transport und Einstellen des GA-Niveaus.** Die **Biosynthese** der Gibberelline findet ähnlich wie diejenige der IAA in stoffwechselaktiven jüngeren Geweben statt. Es handelt sich um Diterpene, deren Biosynthese in drei Kompartimenten abläuft: in **Plastiden** auf dem DXP-Weg zunächst zu IPP (Seite 156) und dann zu einer ersten Substanz mit dem Gibban-Skelett, dem Kauren; im **ER** weiter zu zwei frühen GAs; danach im **Cytosol** zu zahlreichen GAs, darunter auch GA_1. Der **Transport** erfolgt wahrscheinlich im Xylem und Phloem. Beispiele für das **Einstellen des GA-Niveaus:** Ein Gen *GAOx* codiert eine Oxidase, die physiologisch aktive GAs, zum Beispiel GA_1, durch Einbringen einer Hydroxylgruppe in o-Stellung zur Hydroxylgruppe im Ring A (Abb. 14.16, Ring links) inaktiviert und so den Spiegel an pysiologisch aktiven GAs absenkt. Außerdem können GAs die Expression von Genen für ihre eigene Synthese nicht nur fördern, sondern auch hemmen. Wahrscheinlich wird dadurch ein über innere oder äußere Faktoren erhöhtes GA-Niveau wieder normalisiert.

Abb. 14.20
Mobilisierung der Stärke und anderer Reservestoffe im Gerstenkorn durch GA, in der Natur wahrscheinlich durch GA_1. Aus dem Embryo wird GA über das Scutellum ins Aleuron transportiert. Dabei werden im Embryo unter dem Einfluß von IAA angelegte Gefäße genutzt. Im Aleuron induziert GA die Aktivität einiger Gene für hydrolytische Enzyme, vor allem für α-Amylase, aber auch für Proteasen. Sie und andere Enzyme, die bereits im Aleuron vorlagen (Ribonuclease, β-3,1-Glucanase), werden ins Stärkeendosperm ausgeschüttet. Dort mobilisieren sie Reservestoffe, vor allem Stärke. Dabei soll eine Protease auch die schon vorhandene β-Amylase durch Abspalten eines Peptids aktivieren. Die Spaltprodukte wie Zucker oder Aminosäuren werden vom Saugorgan Scutellum aufgenommen und stehen für die Entwicklung des Keimlings zu Verfügung (verändert nach BLACK aus HESS 1981).

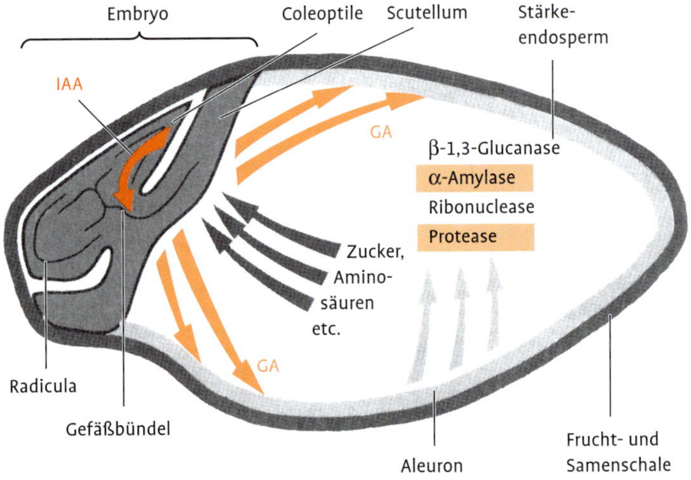

14.2.2.1 Physiologische Funktionen

Eine Übersicht findet sich in Tab. 14.1. Hier werden nur diejenigen Funktionen angegeben, die in nachfolgenden Kapiteln genauer besprochen werden:

- Förderung von Zellteilung und Zellstreckung und damit des Spross-Längenwachstums (Seiten 234, 259).
- Förderung der Apikalen Dominanz (Seite 305).
- Förderung der Samenkeimung (→ Box 14.1).
- Förderung der Blütenbildung bei vielen Langtagpflanzen und kältebedürftigen Pflanzen (Seite 358).

14.2.2.2 Signaltransduktion (Induktion des Genmaterials für α-Amylase im Gerstenkorn)

Bislang konnte noch kein GA-Rezeptor einwandfrei ermittelt werden. Doch einiges spricht dafür, dass es sich um einen Transmembranrezeptor mit angeschlossenem heterotrimerem G-Protein handelt (Seite 224). Für die nächsten Schritte werden ebenfalls noch mindestens zwei Wege diskutiert. Doch dann kommt man auf festeren Grund (Abb. 14.21): Ein DELLA-Repressor-Protein blockiert zunächst den Promotor für Gen *GA-MYB*. Bei **DELLA-Proteinen** handelt es sich um reprimierende spezifische Transkriptionsfaktoren, bei **MYB-Proteinen** um eine in Eukaryonten, auch in Pflanzen, weit verbreitete Gruppe von ebenfalls spezifischen Transkriptionsfaktoren. Sie wirken bei zahlreichen Reaktionen auf GA als positive Regulatoren. Auch *GA-MYB* codiert für einen spezifischen, **aktivierenden** Transkriptionsfaktor. Unter GA-Einwirkung wird der DELLA-Repressor von einem SCF-Komplex (Seite 234) durch Ubiquitinierung für den Abbau markiert und in Proteasomen degradiert. *GA-MYB* kann nun transkribiert werden. Die betreffende mRNA wandert ins Cytoplasma. Das dort hergestellte Aktivator-Protein **GA-MYB** wandert in den Nucleus zurück und bindet im **GA-R**esponse **E**lement (**GARE**) an die Sequenz TAACAAA. Die Transkription des Gens für **α-Amylase** beginnt.

Abb. 14.21
Aktivierung der Gene für α-Amylasen im Aleuron der Gerste durch GA. Für zwei Isoenzyme, α-Amylase 1 und 2, findet sich ein fast identischer Ablauf, der hier für α-Amylase 1 beschrieben wird. GA, in der Gerste im Experiment oft GA_3, in der Natur wahrscheinlich GA_1, wird von einem noch unbekannten Rezeptor im Plasmalemma abgefangen. Für die Signaltransduktion **in den Zellkern** hinein kommen mehrere Wege in Frage. Sie sind in der Abb. durch nur **einen** Pfeil symbolisiert. Im Zellkern wird durch Ubiquitinierung durch den SCF-Komplex (→ Seite 234) ein DELLA-Repressor abgebaut (Querbalken), der bisher dem *GA-MYB*-Gen vorgeschaltet war. Danach kommt es zur Transkription von *GA-MYB*. Die betreffende mRNA wird im Cytoplasma in den spezifischen aktivierenden Transkriptionsfaktor GA-MYB translatiert. GA-MYB wandert in den Zellkern zurück und bindet im Promotor des α-Amylase1-Gens an GARE. Das α-Amylase1-Gen wird nun transkribiert. Das Schema enthält nur derzeit gut gesicherte Elemente (verändert nach HESS 2004).

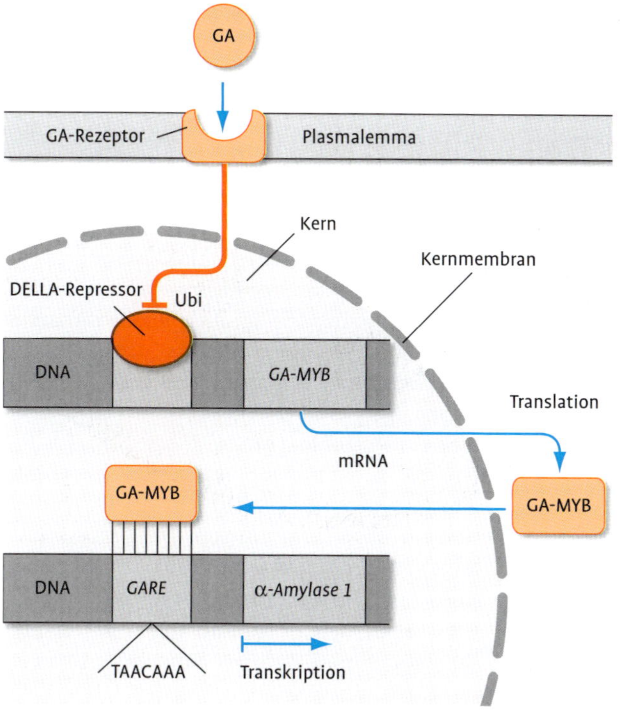

14.2.2.3 Gentechnik: Erhöhung der Standfestigkeit bei Getreide

Zahlreiche Arbeiten befassen sich mit dem Transfer von Genen, die den GA-Spiegel in Pflanzen erhöhen oder senken. Bei Getreiden ist es oft notwendig, den Wuchs zu reduzieren und dadurch die **Standfestigkeit zu erhöhen**. Das lässt sich über die Blockierung von Genen der GA-Synthese mit der Antisense-Technik oder durch Transfer von Genen für GA-Inaktivierung erzielen. Bei unter anderem Weizen und Reis übertrug man das Gen *GA2-Ox* (Seite 238). Je nach der Stärke seiner Expression resultierten gestauchte oder sogar zwergige Transformanten (Abb. 14.22).

Abb. 14.22
Halmverkürzung und damit Erhöhung der Standfestigkeit nach Übertragung eines Gens für GA-Abbau (GA-2-Oxidase unter der Kontrolle des Ubiquitin-Promotors). Ganz links Kontrolle, nach rechts zu transgene Pflanzen mit je nach der Expression des Transgens unterschiedlich verkürzten Halmen, ganz rechts sogar eine Zwergform (Hedden and Phillips 2000; mit freundlicher Genehmigung von Elsevier).

14.2.3 Cytokinine

Die hervorstechende Funktion der Phytohomongruppe ist die Förderung der Zellteilung, falls etwas Auxin vorhanden ist. Darauf bezieht sich auch der Name (gr. cytokinesis = Zellteilung).

▶ **Struktur.** Die Cytokinine sind Derivate des Adenins, in denen die Aminogruppe in Position 6 bestimmte Substituenten trägt. **Kinetin** (6-Furfurylaminopurin) und 6-**B**enzyl**a**minopurin (**6-BA**) sind experimentell oft verwendete synthetische Cytokinine; **Zeatin** und **I**so**p**entenyl**a**denin (**IPA**) sind Beispiele für natürlich vorkommende Cytokinine (Abb. 14.23).

▶ **Historik.** Schon 1913 erbrachte Haberlandt Indizien dafür, dass Substanzen aus dem Phloem Zellteilungen im Kartoffelparenchym anregen können. Bei der Entdeckung der Cytokinine war dann wie so oft der Zufall im Spiel. Im Labor von Skoog wurden alte oder durch starkes Autoklavieren degradierte DNA-Präparate aus Hefe und Heringssperma an Kallusgewebe des Tabaks getestet. Sie lösten Zellteilungen aus. 1955 gelang dann die Isolierung des aktiven Prinzips, das man Kinetin nannte. Kinetin ist ein Artefakt. Aber später wurden chemisch verwandte Substanzen auch in Pflanzen gefunden, die wie das Kinetin die Zellteilung stimulierten. Sie erhielten den Namen **Cytokinine**. 1963 wurde als erstes natürliches Cytokinin Zeatin aus Maiskörnern isoliert.

▶ **Biologische Testverfahren.** Biologische Teste können über die Zellteilungsförderung in Gewebekulturen durchgeführt werden. Allerdings müssen dazu im Medium auch Auxine vorhanden sein (Seite 288).

▶ **Biosynthese, Transport und Inaktivierung/ Abbau.** Der Purinkern entsteht über den üblichen Weg der **Purinbiosynthese** (Seite 198). Die Seitenkette an der Aminogruppe natürlicher Cytokinine leitet sich von **IPP** her. **Ort** der Biosynthese sind vor allem junge Wurzeln. Der **Transport** erfolgt von den Wurzeln aufwärts im Xylem. Der **Abbau** in höheren Pflanzen ist noch nicht genügend untersucht. Degradierungen sowohl des Adenin-Kerns als auch der Seitenkette (bei einigen Cytokininen) wurden festgestellt. Der Abbau der Seitenkette erfolgt über Cytokinin-Oxidasen.

Abb. 14.23
Synthetische und natürliche Cytokinine. **Oben** die Grundstruktur, **unten** die Reste R einiger Cytokinine.

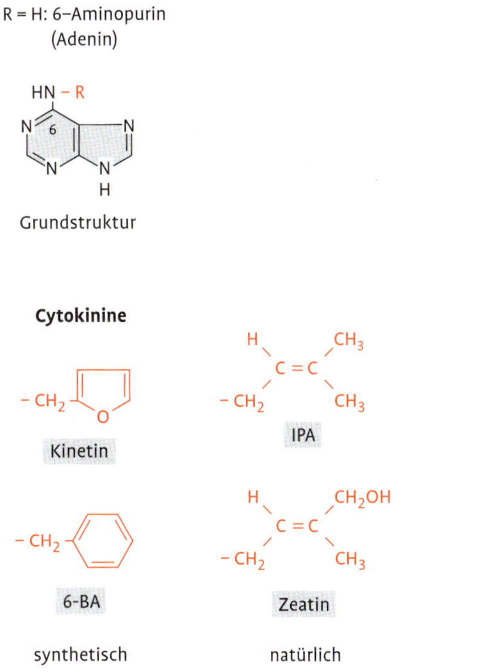

14.2.3.1 Physiologische Funktionen

Eine Übersicht findet sich in Tab. 14.1. Hier werden nur diejenigen Funktionen angegeben, die in nachfolgenden Kapiteln genauer besprochen werden:

- Förderung der Zellteilung nicht nur in Gewebekulturen, sondern auch in der Pflanze (Spross und Wurzel), falls Auxin vorhanden ist (Seite 289).
- Hemmung der Apikalen Dominanz (Seite 305).
- Verzögerung der Blatt-Seneszenz (Seite 390)

14.2.3.2 Signaltransduktion

Die Signaltransduktion (Abb. 14.24) wurde an Mutanten von *Arabidopsis* aufgeklärt. Als Signalrezeptor dient ein Transmembranrezeptor vom Typ der Zweikomponenten-Regulatoren. Sie waren von Bakterien schon länger bekannt. Die beiden Komponenten sind eine plasmalemmagebundene **Histidin-Sensorkinase** (ihrerseits wieder aus zwei Komponenten) und eine zum Cytosol hin angeschlossene **Regulatorische Domäne,** die die weitere Signaltransduktion und damit die Reaktion auf das Hormon einreguliert. Aktive Zweikomponenten-Systeme liegen als Dimer vor. Die Histidin-Sensorkinase dient als Rezeptor für Cytokinine. Unter deren Einfluss phosphorylieren sie einen Histidinrest in der eigenen Struktur. Der Phosphatrest wird dann an einen Asparaginrest in der Regulatorischen Domäne und von ihr auf einen Histindinrest in AHPs weitergegeben. Bei den **AHP**s handelt es sich um mobile Proteine für den **A**rabidopsis-**H**is-**p**hosphotransfer. Sie wandern in den Zellkern und übertragen Phosphat an **ARR**s (**A**rabidopsis **R**esponse **R**egulators), die in zwei Typen vorliegen:

- **Typ A-ARRs** bestehen nur aus einer Domäne, die auch als Empfänger dient. Mit hoher Wahrscheinlichkeit wird sie von AHPs über Phosphorylierung aktiviert. Sie hemmt die Transkription von Typ-B *ARR*-Genen und damit ihre eigene Produktion (→ unten). Über Protein-Protein-Interaktionen beeinflusst sie Cytokinin-regulierte Reaktionen, stabilisiert aber auch Phytochrom B in seiner aktiven $PhyB_{DR}$-Form (Seite 251).
- **Bei Typ B-ARRs** handelt es sich um Transkriptionsfaktoren mit einer Empfänger-Domäne, die von AHP phosporyliert wird, und der eigentlichen Transkriptionsfaktor-Domäne. Zunächst reprimiert die Empfänger-Domäne die zweite Domäne. Nach Phosporylierung erlischt diese Repression. Über die nun aktivierte Transkriptionsfaktor-Domäne kommt es dann zur Transkription von Typ A-*ARR*-Genen und weiteren Cytokinin-regulierten Genen. Die Typ A-*AAR*-Gene codieren für Typ A-ARRs, die wie oben erwähnt über Phosphorylierung aktiviert werden. Die Typ A-ARR-Proteine werden also auf dem Umweg über die Typ-B-ARR-Proteine gebildet.

Abb. 14.24
Cytokinin-Signaltransduktion bei *Arabidopsis.* **1** Aktivierung der homodimeren Sensor-Histidinkinase CRE1. **2** Phosphorylierung AHP, Wanderung AHP in Nucleus. **3** Phosphorylierung Typ A-ARR-Protein durch AHP. **4** Stabilisierung $phyB_{DR}$. **5** Hemmung Typ B-ARRs. **6** Phosphorylierung Typ B-ARRs, deren Transkriptions-Domäne aktiviert nun verschiedene Cytokinin-regulierte Gene, darunter Typ A-*ARR*-Gene (Pro Promotor). **7** Typ A-*ARR*-Gene codieren für Typ A-ARR-Proteine, die wie in **3** phosphoryliert werden. → Text (in Anlehnung an TAIZ und ZEIGER 2004).

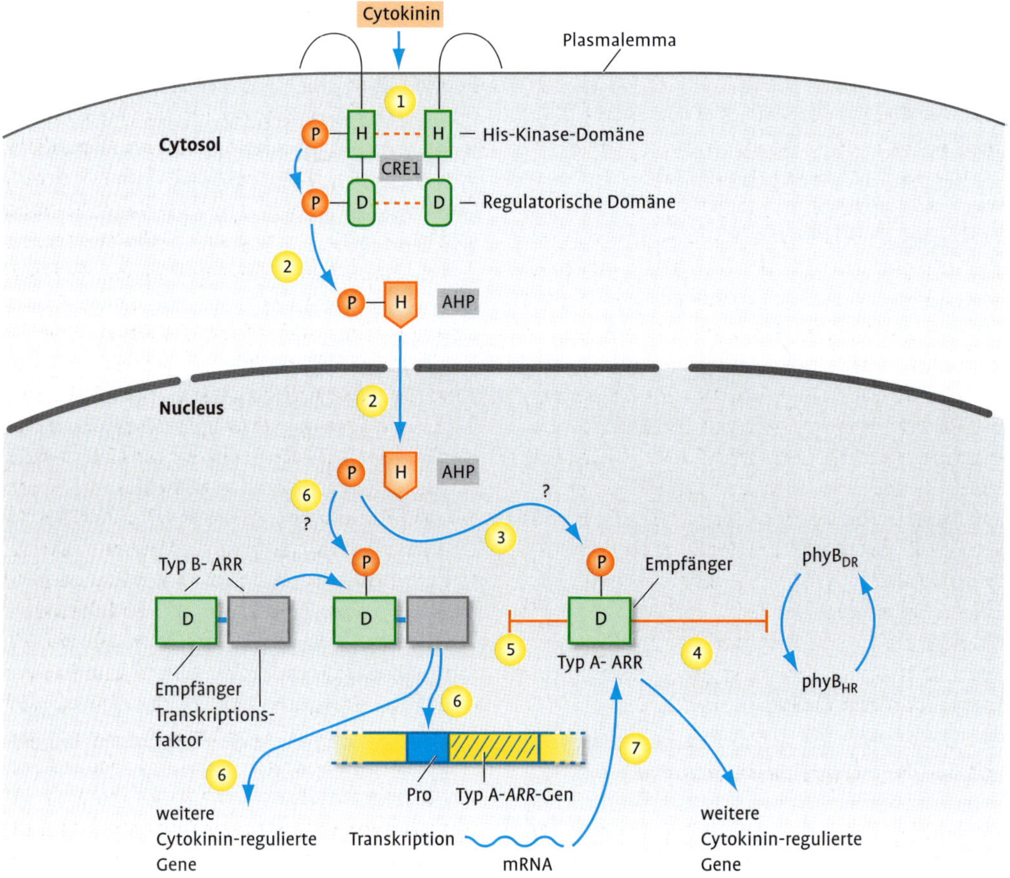

14.2.4 Brassinosteroide

Es handelt sich um eine Gruppe von Steroidhormonen, die unter anderem Zellteilung, Zellstreckung und Fertilität stark beinflussen.

▶ **Struktur.** Die wichtigste Substanz ist das **Brassinolid** (BL; Abb. 14.25), von dem sich derzeit rund 40 weitere Brassinosteroide (BR) durch Veränderungen in der Seitenkette ableiten lassen. Es handelt sich um ein abwegig gebautes Sterandererivat (Seite 160), weil Ring B durch Sauerstoff als Heteroatom siebenzählig ist.

▶ **Historik.** Zuerst in Pollen der Erle (*Alnus glutinosa*) und des Rapses (*Brassica napus*) wurde eine neue Phytotohormongruppe vermutet. Aus den in größeren Mengen verfügbaren Rapspollen konnte man schließlich 1979 als erstes aktives Prinzip das Brassinolid isolieren und identifizieren. Dazu wurden 500 Pfund Rapspollen benötigt, die man zweckmäßigerweise von Bienen

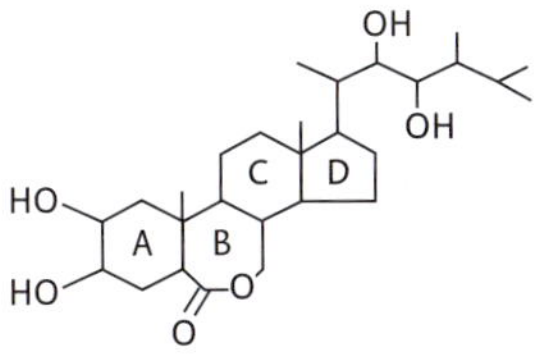

Abb. 14.25 Brassinolid (BL), ein wichtiges Brassinosteroid.

einsammeln ließ. Heute weiß man, dass die Brassinosteroide in Pflanzen weit verbreitet sind.

▶ **Biologische Testverfahren.** Mehrere Testverfahren nutzen die Wirkung auf das Längenwachstum, so ein Test mit Sektionen aus dem zweiten Internodium von Bohnen. Bei niedrigeren Konzentrationen kommt es zu Streckungen und bei höheren zur Längsspaltung der Sektionen und Einwärtskrümmung der Sektionenhälften.

▶ **Biosynthese, Transport und Inaktivierung.** Die **Biosynthese** verläuft wie für Steroide der Pflanzen üblich über Squalen (Seite 159) zu dem Sterol Campesterol, der wichtigsten Vorstufe der Brassinosteroide. In einem späten Stadium wird in Ring B das Sauerstoff-Atom eingefügt. Der **Transport** kann im Xylem oder im Phloem erfolgen. Dabei liegt der **Ort** der Biosynthese oft im gleichen Organ, also nahe beim Wirkungsort. Eine **Inaktivierung** kann über verschiedene Enyme, darunter Oxidasen, erfolgen.

14.2.4.1 Physiologische Funktionen

Die Gruppe fehlt in Tab. 14.1, weil für sie im Vergleich zu der Datenfülle, die für die dort aufgeführten Phytohormone seit Jahrzehnten erarbeitet wurde, noch vergleichsweise wenige Angaben vorliegen. Hier werden wichtigere Funktionen genannt, von denen einige auch an anderer Stelle behandelt werden:

- Förderung der Zellteilung (Seite 259).
- Förderung der Zellstreckung und des Längenwachstums.
- Induktion von Gefäßen in Zellkulturen (Seite 386).
- Förderung der Synthese von Ethylen.
- Hemmung von Entwicklung und Wachstum der Wurzeln.

14.2.4.2 Signaltransduktion

Auch hier wurden die Grundzüge der Signaltransduktion in genetischen und molekularen Untersuchungen an *Arabidopsis* geklärt. Eine Hilfestellung bedeutete es, dass die Signaltransduktion durch Steroide bei Tieren ähnlich verläuft. Vereinfacht ergibt sich für **BL** folgender Ablauf (Abb. 14.26):

Beim BL-Rezeptor **BRI1** (**Br**assinosteroid **I**nsensitive **1**) handelt es sich um eine im Plasmalemma lokalisierte Rezeptorkinase, die als Homodimer vorliegt. Jedes Dimer besteht aus einer extrazellulären Domäne aus zahlreichen hintereinander geschalteten Leucin-reichen Wiederholungen, in deren Basis die BL-Bindungsstelle eingeschoben ist. Auf der Seite des Cytosols liegt die Kinase-Domäne, eine Serin/Threonin-Kinase. Vor Bl-Einwirkung (Abb. 14.26 a) ist sie inaktiv, was auf einen mit ihr assoziierten Inhibitor BKI1 (**B**RI1 **K**inase **I**nhibitor **1**) zurückgehen könnte. Im Cytosol und im Zellkern phosphoryliert **BIN2** (**Br**assinosteroid **In**sensitive **2**) die beiden aktivierenden Transkriptionsfaktoren **BES1** und **BZR1.** Im Cytosol werden die beiden Proteine nach der Phosphorylierung in Proteasomen abgebaut, im Zellkern können sie nicht mehr an DNA binden.

Nach Bindung von BL (Abb. 14.26 b) wird die Kinase-Domäne in Serin- und Threoninresten mehrfach phosphoryliert. Danach bindet sich **BRI1** an eine zweite homodimere Rezeptorkinase **BAK1** (BKI1-**A**ssociated **K**inase **1**). Der Komplex aus den beiden Rezeptorkinasen wird aktiv. Alternativ wird angenommen, Monomere aus BRI1 und BAK1 könnten zu einem heterodimeren funktionellen Komplex assoziieren.

Noch mehr Klärungsbedarf besteht bei der Signaltransduktion ins Cytosol und in den Zellkern. Nur das Ergebnis steht fest: Die phosphorylierende Aktivität von BIN2 wird im Cytosol ebenso wie im Zellkern gehemmt. BES1 und BZR1 können aus dem Cytosol in den Zellkern wandern. Die dort schon vorhandenen, bislang phosphorylierten Aktivatoren BES1 und BZR1 werden durch eine Phosphatase **BSU1** dephosphoryliert. Beide binden danach an entsprechende Sequenzen in den Promotoren von zwei BL-regulierten Gengruppen, von denen die eine Genexpressionen

Abb. 14.26
Brassinolid (BL)-Signaltransduktion. **a** vor Einwirken von BL. **b** nach Bindung von BL an den Rezeptor BRI1. Der Ablauf im Cytosol wurde in der Abb. nicht berücksichtigt. → Text (nach Daten in Li and Jin 2007; für die im Text erwähnte Alternative (Monomere) → zum Beispiel RESKI 2006).

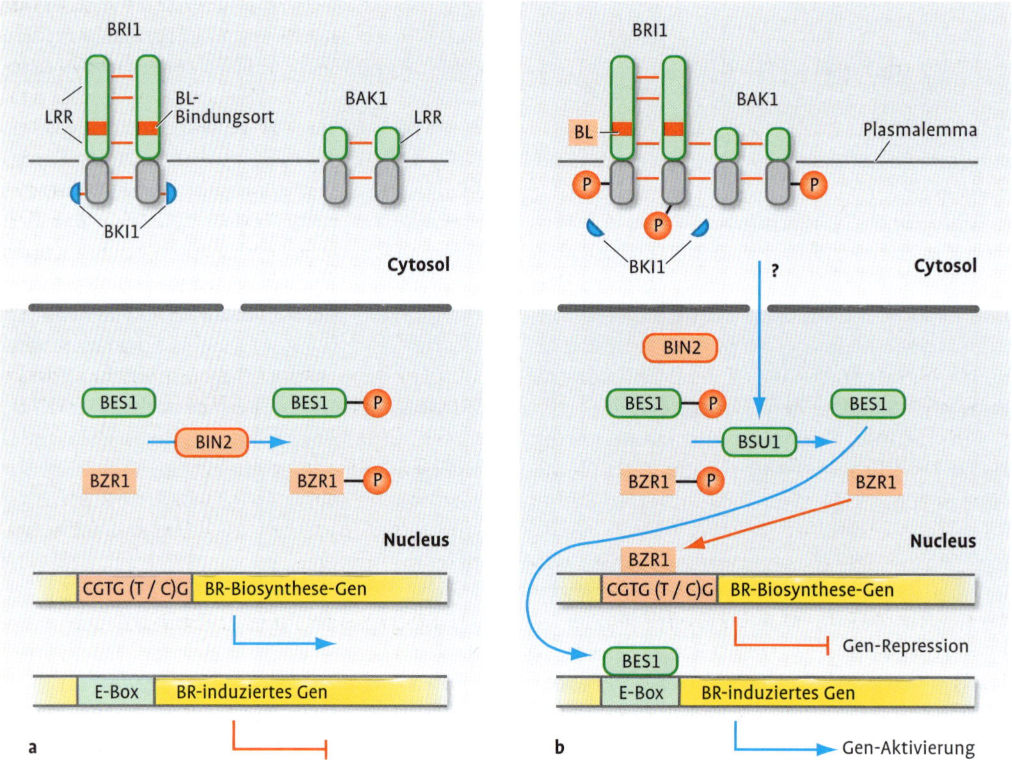

fördert, die andere Gene für die BR-Biosynthese reprimiert.

14.2.5 Abscisinsäure

Bisher hatten wir uns mit Hormongruppen befasst. Mit der Abcsisinsäure liegt ein einzelnes Hormon vor. Es dient besonders als **Antistress-Hormon im Wasserhaushalt** (Seite 321) und als **Reifungshormon der Samen** (Seite 292). Der Name **Abscisinsäure** (**ABA**; lat. abscidere = abschneiden, trennen) scheint deshalb unpassend. In der Tat beruht er auf einem Irrtum (→ Historik).

▶ **Struktur.** Bei ABA handelt es sich um ein Sesquiterpen (Abb. 14.27).

▶ **Historik.** Eine erste Arbeitsgruppe hatte die Physiologie des Abfalls von Samenkapseln der Baumwolle bearbeitet. 1965 war ihre chemische Struktur geklärt. Die Substanz erhielt den Namen Abscisin II. Gleichzeitig hatte sich sich eine andere Arbeitsgruppe mit der Identifizierung des Prinzips befasst, das den Ruhezustand von Knospen des Bergahorns (*Acer pseudoplatanus*) bedingt. Man nannte die Substanz Dormin (lat. dormire = schlafen). Als man feststellte, dass Abscisin II und Dormin identisch waren, einigte man sich auf den Namen **Abscsisic Acid** (**ABA**). Heute weiß man, dass ABA trotz des Namens nichts mit dem Blatt- und Fruchtfall zu tun hat.

▶ **Biologische Testverfahren.** Die Tests basieren

Abb. 14.27
Schema der Biosynthese von Abscisinsäure (ABA) unter oxidativer Spaltung von Violaxanthin. Intermediärprodukte zwischen Violaxanthin und ABA wurden nicht angegeben. Der 10-C-Rest ließ sich verschiedentlich nachweisen – eine Bestätigung des Schemas.

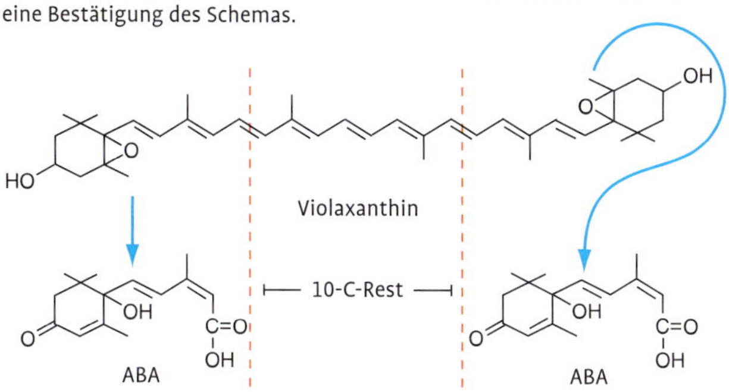

14.2.5.1 Physiologische Funktionen

Eine Übersicht findet sich in Tab. 14.1. Dabei fällt auf, dass die bislang besprochenen Phytohormone überwiegend fördernd wirken, IAA zumindest im optimalen Bereich. ABA und Ethylen dagegen zeigen mehr negative Funktionen. Dabei lässt sich auch die Förderung von Ruhezuständen als negativ bewerten. ABA wirkt den drei genannten Hormongruppen vielfach entgegen, etwa GA_3 bei der Genaktivierung im keimenden Gerstenkorn. Im Folgenden werden nur diejenigen Funktionen angegeben, die in anderen Kapiteln genauer besprochen werden:

- Schließen Stomata (Seite 213).
- Wasserstress (Seite 321).
- Reifungshormon Embryonen (Seite 292).
- Akkumulation Reservestoffe, u. a. LEA-Proteine (Seite 293).
- Hemmung Zellteilung (Seite 259, 293).
- Dormanz Embryonen (Seite 293).

auf verschiedenen Hemmungen der Entwicklung, so der Hemmung der Samenkeimung.

▶ **Biosynthese, Transport und Inaktivierung.** ABA entsteht durch Abbau des Xanthophyllepoxids Violaxanthin. Es wird unter Freisetzen seiner beiden Enden und eines Mittelstücks aus 10 C-Atomen gespalten. Die beiden Enden werden dann in ABA überführt (Abb. 14.27). Wasserstress löst eine rasche Biosynthese aus. **Ort** der Biosynthese sind Chloroplasten und andere Plastiden. Der **Transport** kann aus den Wurzeln im Xylem, aus Blättern im Phloem stattfinden. Eine **Inaktivierung** ist durch Oxidation ohne Spalten des Ringsystems oder durch Veresterung von Glucose mit der Carboxylgruppe der Seitenkette möglich.

14.2.5.2 Signaltransduktion

Noch keine Signaltransduktion ist vollständig bekannt. G-Proteine und vor allem ABA-aktivierte Proteinkinasen könnten eine Rolle bei ABA-induzierten Veränderungen der Genaktivität spielen. ABA nimmt auf die verschiedensten Prozesse Einfluss. Dementsprechend rechnet man mit unterschiedlichen ABA-Rezeptoren und Signaltransduktionen. Verhältnismäßig gut bekannt ist die Situation beim *Em*-Gen des Weizens (Abb. 14.28). In seiner Promotorregion findet sich ein ***ABRE*** (**ABA**-**R**esponsive-**E**lement), an das ein aktivierender spezifischer Transkriptionsfaktor EmBP1 ansetzt, bei dem es sich um einen Leucin-Zipper handelt. Doch das genügt nicht: es müssen stromaufwärts von ABRE noch weitere Transkriptionsfaktoren

Abb. 14.28
Aktivierung des *Em*-Gens beim Weizen. Im Promotor gibt es mehrere Ansatzstellen für spezifische Transkriptionsfaktoren. Wichtig ist *ABRE*, an dem der aktivierende Transkriptionsfaktor EmBP1 ansetzt. *ABRE* kann mehr als einmal vorhanden sein. Stromaufwärts binden in der AT-reichen Region noch weitere Transkriptionsfaktoren (verändert nach ROCK and QUATRANO aus DAVIES 1995).

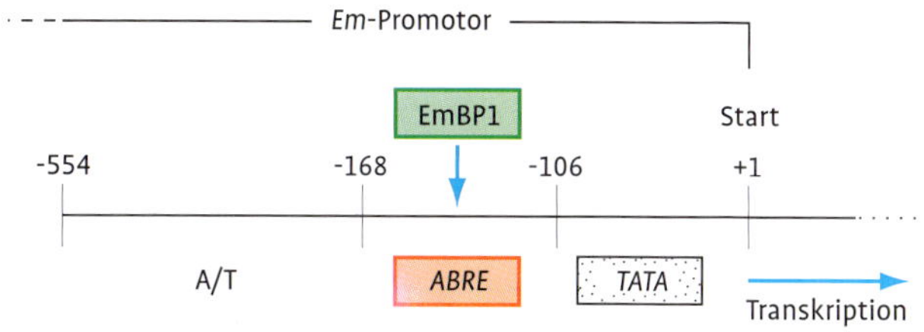

binden, die offensichtlich eine spezifische Reaktion auf die verschiedenen Situationen ermöglichen, in denen ABA gebraucht wird.

14.2.6 Ethylen

Wie bei ABA handelt es sich um eine einzelne, in diesem Fall gasförmige Substanz.

▶ **Struktur.** → Abb. 14.29

▶ **Historik.** Physiologische Wirkungen des Ethylens waren schon seit der zweiten Hälfte des 19. Jahrhunderts bekannt. Denn man hatte festgesellt, dass Strassenbäume in der Umgebung der Gaslaternen ihre Blätter im Herbst schneller abwarfen als anderswo. Zu Beginn des 20. Jahrhunderts fand dann ein russischer Botaniker heraus, dass das im Leuchtgas vorhandene Ethylen die wirksame Komponente war. Er stellte auch die dreifache Reaktion (**triple response**) von etiolierten Erbsenkeimlingen auf Ethylenzusatz fest: Reduktion des Längenwachstums, Anschwellen der Sprosse im subapikalen Bereich und Verlust des geotropischen Reaktionvermögens (Abb. 14.30). Der gasförmige Charakter und die zunächst schlechten Nachweismöglichkeiten waren der Anlass, Ethylen erst nach langem Zögern als „ordentliches" Hormon zu akzeptieren.

▶ **Testverfahren.** Als biologisches Verfahren ließ sich früher die in ihrer Stärke konzentrationsabhängige triple response verwenden. Doch heute setzt man fast ausschließlich die **Gaschromatographie** ein, die im Fall des Ethylens ebenso einfach zu handhaben wie sensibel ist. Auf sie ist der enorme Aufschwung der Ethylenforschung in den letzten Jahrzehnten zurückzuführen.

▶ **Biosynthese, Transport und Entweichen.** Die Biosynthese geht von Methionin aus, dessen C-Atome 3 und 4 in Ethylen eingehen (Abb. 14.30). Es wird unter Einsatz von ATP zunächst in 5-Adenosylmethionin (SAM) überführt, bei dem es sich um einen wichtigen Methylgruppendonator handelt. Doch hier reagiert SAM anders: es wird von der **ACC-Synthase** in Methylthioadenosin und 1-Aminocyclopropan-1-carboxylsäure (ACC) überführt. Zunächst zum Methylthioadenosin: Unter Freisetzung von Adenin geht es in Methylthioribosid über, das dann das C-Gerüst eines neuen Moleküls Methionin stellt. Damit ist der **Methio-**

Abb. 14.29
Methionin-Zyklus und Ethylenbildung im Gewebe des Apfels (*Malus sylvestris*). Met = Methionin, SAM = S-Adenosylmethionin, ACC = Amino-cyclopropancarboxylsäure, MTA = Methylthio-adenosin, Ade = Adenin, MTR = Methylthioribosid. **1** ACC-Synthase; **2** ACC-Oxidase (verändert nach WILKINS 1984).

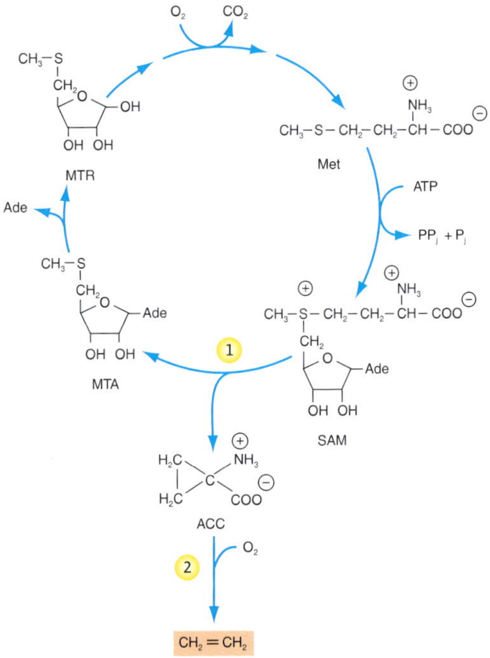

Abb. 14.30
Die dreifache Reaktion (triple response) von Erbsenkeimlingen (*Pisum sativum*) auf Ethylen. Links unbehandelte Kontrolle, nach rechts Keimlinge, die 48 Stunden lang mit den angegebenen Konzentrationen an Ethylen behandelt worden waren. Der Verlust der geotropischen Reaktionsfähigkeit wird durch das seitliche Wachstum angezeigt (MOORE 1979).

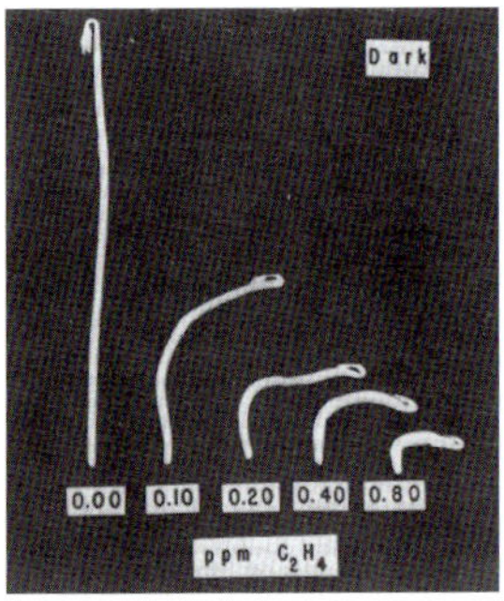

nin-Zyklus geschlossen. Aus ACC, dem zweiten Produkt der ACC-Synthase, wird **Ethylen** von der **ACC-Oxidase** freigesetzt. Syntheseort können die verschiedensten Gewebe sein, vor allem unter Stress, aber auch reifende Früchte. Der **Transport** erfolgt durch Diffusion. Doch kann auch die Ethylen-Vorstufe ACC im Xylem und Phloem transportiert und weit entfernt von Syntheseort in Ethlyen überführt werden. Ein oxidativer **Abbau** ist möglich, wird aber weitgehend durch Entweichen des Gases ersetzt.

14.2.6.1 Physiologische Funktionen

Eine Übersicht findet sich in Tab. 14.1. Danach wäre die Wirkungsweise des Ethylens ebenso unter den gleichen Aspekten wie diejenige der Abscisinsäure meistens als negativ einzustufen. Unten werden nur diejenigen Funktionen angegeben, die in nachfolgenden Kapiteln genauer besprochen werden:

- Förderung Fruchtreife (Seite 295).
- Überflutungsstress (Seite 324).
- SAWR (Seite 337).
- Herbivor-Abwehr (Seite 339, 340).
- Förderung Blattseneszenz (Seite 391).

14.2.6.2 Signaltransduktion

Die Ethylen-Rezeptoren sind im ER lokalisiert (Abb. 14.31). Das ist möglich, weil das lipophile Ethylen leicht ins Zellinnere passieren kann. Bei den Rezeptoren handelt sich um eine ganze Familie, die wie die Cytokinin-Rezeptoren mit den bakteriellen Zwei-Element-Histidin-Kinasen eng verwandt sind. Zwischen den derzeit fünf bekannten Rezeptoren finden sich Unterschiede. Wir bringen als Prototyp den Rezeptor **ETR1** (**Et**hylen **R**esistant 1). Er liegt als Homodimer (aus zwei gleichen Teilen) vor und besteht aus einem **RAN1-Protein**, das mit Hilfe von Kupfer Ethylen bindet. Nach innen folgen eine **His-Kinase-Domäne** und eine **Regulatorische Domäne**, die nach Phosphorylierung die folgenden Schritte einreguliert.

Das nächste Glied ist **CTR1** (**C**onstitutive **T**riple **R**esponse 1), weil die entsprechende *Arabidopsis*-Mutante *ctr1* permanent die triple response gibt. Es handelt sich um eine Proteinkinase (→ Seite 51), die offensichtlich einer MAPKKK entspricht. Wahrscheinlich steht sie am Beginn einer MAP-Kaskade. Anders als zunächst erwartet ist **CTR1 ein negativer Regulator**: in **Abwesenheit von Ethylen** unterbinden die Ethylen-Rezeptoren über CTR1 die Signaltransduktion, sodass Ethylen-Reaktionen wie die triple response ausbleiben. Wenn

Abb. 14.31
Ethylen-Signaltransduktion. Nach Bindung von Ethylen an den homodimeren Rezeptor ETR1 wird CTR1 inaktiviert. Dann kann das an eine unbekannte Membran gebundene EIN2 aktiv werden und im Zellkern über eine Kaskade von Transkriptionsfaktoren ethylen-regulierte Gene zur Expression bringen. → Text.

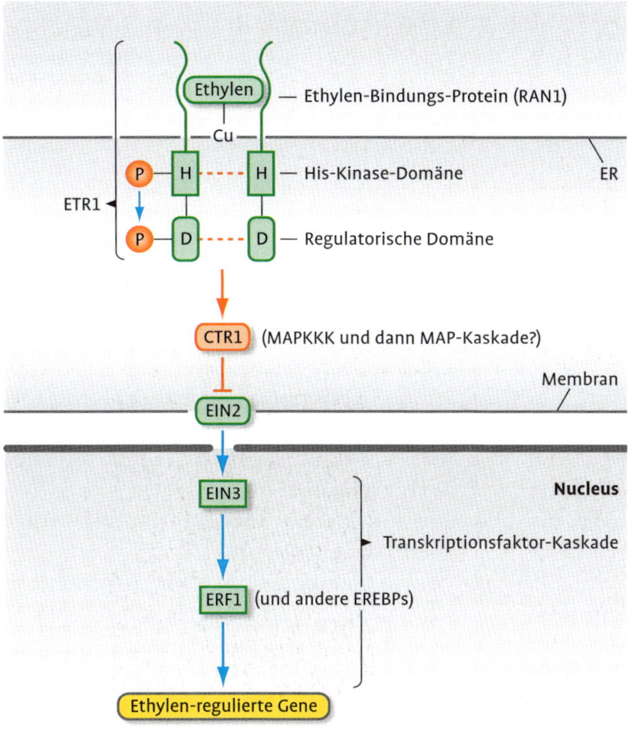

CTR1 wie in *ctr1* infolge einer Mutation zur Funktionslosigkeit verändert wird, entfällt seine Hemmwirkung und es kommt zu Reaktionen auf Ethylen.
Die **Bindung von Ethylen** an einen Rezeptor wie ETR1 führt zum gleichen Ergebnis. ETR1 legt nach Bindung von Ethylen CTR1 still, so dass es wie in der Mutante *crt1* funktionell ausfällt. Das membrangebundene **EIN2** (**E**thylen **In**sensitive 2) ist nun nicht mehr inaktiviert. Der Wirkungsmechanismus von **EIN2** ist unbekannt. Man weiß noch nicht einmal, an welche Membran es gebunden ist. Jedenfalls stabilisiert EIN2 die Transkriptionsfaktor-Familie **EIN3.** In Abwesenheit von Ethylen werden deren Angehörige über zwei SCF-Komplexe (Seite 234), **EBF**1 und **EBF**2 (**E**IN3-**B**inding-**F**-Box) zum Abbau ubiquitiniert. Ethylen hemmt diesen Abbau über EIN2. Dann steht genügend EIN3 zur Verfügung, das im Zellkern die Transkription einer Reihe weiterer Transkriptionsfaktoren aus der großen **EREBP**-Familie (**E**thylen-**R**esponse-**E**lements-**B**inding-**P**rotein) wie zum Beispiel **ERF**1 (**E**thylen **R**esponse **F**actor) induziert. Über sie wird die Aktivität zahlreicher ethylen-abhängiger Gene reguliert.
Das Bild scheint kompliziert genug, ist aber dennoch nur vorläufig. Denn trotz Bestätigungen bei einigen anderen Arten wie der Tomate, bezieht es sich vor allem auf *Arabidopis*. Selbst bei *Arabidopsis* finden sich Mutanten, deren Eingliederung in das Schema noch nicht erfolgt ist.

14.2.6.3 Anti-Matsch-Tomate einmal anders: Antisense-Technik und RNAi

Ethylen ist das Hormon der Fruchtreife (Seite 295). Es fördert das Erweichen der Früchte, zum Beispiel der Tomate, durch Abbau der Pektinstoffe. In seiner Biosynthese (Abb. 14.30) sind im gegebenen Zusammenhang die Enzyme wichtig, die die beiden letzten Schritte zum Ethylen hin steuern, die ACC-Synthase und die ACC-Oxidase. Die jeweils codierenden Gene wurden invers in Tomaten eingeführt. Über **Antisense-Blockierung** (Seite 77) kann es dann zu einer starken Reduktion der Ethylensynthese in Tomaten kommen. Folge davon ist, dass die Fruchtreife verzögert wird. Transgene Tomaten behalten länger ein festes Fruchtfleisch, daher auch hier die Bezeichnung Anti-Matsch-Tomaten.
Soweit ist das nichts Neues. Beide Enzyme werden nun von ganzen Genfamilien codiert. Die einzelnen Gene solcher Familien sind in ihrer DNA-Sequenz leicht verschieden. Ihre mRNA kann dann nicht immer über **eine** gegebene Antisense-RNA gebunden werden. So unterband bei Tomaten ein inverses Gen für ACC-Synthase aus dem Pfirsich (*Prunus persica*) zwar die Ethylensynthese in vor allem Früchten, nicht aber in Blättern. Dort war ein anderes inverses ACC-Gen wirksam. Die Antisense-Technik wird damit zu einem der Hilfsmittel, die Funktionen von Einzelgenen in Genfamilien zu ermitteln.
Auch über **RNAi** (Seite 79) ließ sich das Gen für ACC-Synthase in Tomaten hemmen und so die Haltbarkeit der Früchte erhöhen.

FRAGEN
(Seitenverweise zur Beantwortung)

- Definieren Sie den Begriff Phytohormon! (Seite 224)
- Welche Phytohormongruppen sind Ihnen bekannt? (Seite 228)
- Was ist das wichtigste natürliche Auxin? Zeichnen Sie seine Struktur! (Seite 230)
- Schildern Sie die Prinzipien des *Avena*-Krümmungstestes! (Seite 230)
- Schildern Sie den Ablauf der polaren Wanderung von IAA nach dem chemiosmotischen Modell! (Seite 232)
- Nennen Sie Gene, die von IAA aktiviert werden können! (Seite 233)
- Nennen Sie einige physiologische Funktionen von Auxinen! (Seite 233)
- Welche in Pflanzen physiologisch aktiven Gibberelline sind Ihnen bekannt? (Seite 236)
- Schildern Sie Rolle von GA bei der Keimung des Gerstenkorns! (Seite 237).
- Derivate welcher Substanz sind die Cytokinine? (Seite 240).
- Was ist eine besonders wichtige physiologische Funktion von Cytokininen? (Seite 240).
- Nennen Sie zwei wichtige physiologische Funktionen von ABA! (Seite 244)
- Aus welchen Teilreaktionen besteht die triple response? (Seite 246).

15 Regulation über den Außenfaktor Licht

INHALT

Ebenso wie Phytohormone spielen auch morphogentische Pigmentsysteme **in allen Lebensphasen der Pflanze** eine wichtige Rolle. Von ihnen werden zuerst die Phytochrome genauer besprochen. Sie ließen sich wegen ihrer Photoreversibilität schon verhältnismäßig früh aufspüren und charakterisieren. Auch zur Signaltransduktion liegen für sie gesicherte Daten vor. Damit verglichen ist die Analyse der ebenfalls an zahlreichen Photomorphogenesen beteiligten Blaulichtrezeptoren noch im Rückstand. Doch immerhin sind drei Gruppen bereits in ihrer Struktur geklärt. Auf das Zeaxanhin wurde schon früher (Seite 212) verwiesen. Hier werden die Cryptochrome und die Phototropine eingeführt.

15.1 Morphogenetische Pigmentsysteme

Wenn man an die Photosynthese denkt, lässt sich nicht bestreiten, dass Licht ein zentral wichtiger Außenfaktor für die **normale Entwicklung der Pflanzen** ist. Denn jeder Prozess in der Pflanze wird direkt oder indirekt von der Photosynthese und ihren Produkten beeinflusst. Doch über diesen generellen Hintergrund hinaus gibt es eine Vielzahl spezifischer Lichtwirkungen auf die Entwicklung der Pflanzen. Sie basieren auf **morphogenetischen Pigmentsystemen**. Dabei handelt es sich um in geringen Mengen vorliegende Lichtrezeptoren, die Morphogenesen, im gegebenen Fall **Photomorphogenesen (Photomorphosen)**, einleiten. Unter Morphogenesen kann man auch biochemische Prozesse verstehen. Schließlich steht hinter einer Gestaltbildung (gr. morphogenesis) im eigentlichen Sinn eine Vielzahl von biochemischen Vorgängen. **Das Licht hat dabei wie die Phytohormone Signalwirkung.** Bei der hohen Zahl nachweislich lichtgesteuerter Prozesse könnte man annehmen, die Pflanzen müssten über eine entsprechend hohe Anzahl verschiedener Photorezeptoren verfügen. Doch wie bei den Phytohormonen gilt auch hier das Prinzip einer **multiplen Wirkung**. Der Grundstruktur nach sind es nur verhältnismäßig wenige Photorezeptoren, die über entsprechende Signaltransduktionen in die verschiedensten Prozesse eingreifen. Hier werden die Phytochrome und die Blaulichtrezeptoren behandelt. Beide Pigmentsysteme arbeiten bei Photomorphogenesen oft zusammen.

15.2 Phytochrome

15.2.1 Ein klassisches Experiment und seine Interpretation

Samen vieler Arten werden durch Licht in ihrer Keimung gefördert (Seite 300). Als man das Wirkungsspektrum des Lichtes bei der Keimung von Achänen des Salats (*Lactuca sativa*) aufstellte, fand man, dass hellrotes Licht (HR) die Keimung förderte, dunkelrotes Licht (DR) sie dagegen hemmte. Aber die Arbeitsgruppe um Borthwick und Hendricks, die sich mit der Keimung des Salats besonders eingehend befassten, fand zu Beginn der 50er Jahre des 20. Jahrhunderts noch mehr: Gab man Achänen des Salates zuerst HR, dann DR, so wurde die fördernde Wirkung des HR annulliert. Gab man HR, dann DR und danach wieder HR, so keimten die Achänen. Dieses Spiel ließ sich mehrfach wiederholen (Abb. 15.1). Das Wirkungsmaximum des HR lag bei 660 nm, das des DR bei 730 nm. Für die Keimung entscheidend war, welche Lichtqualität man zu-

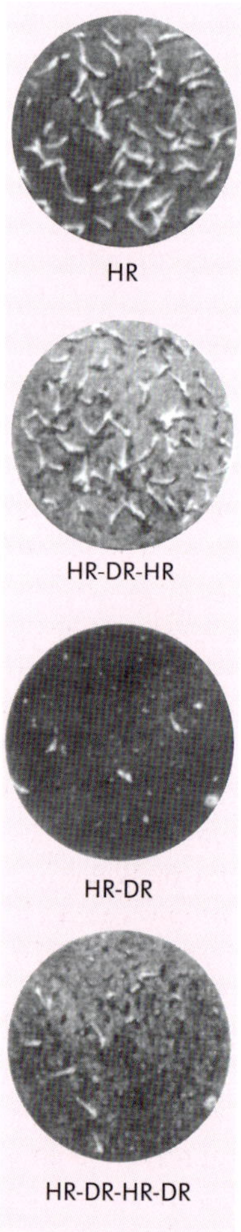

Abb. 15.1 Beteiligung des Phytochromsystems an der Keimung von Achänen des Salats (*Lactuca sativa*). Gequollene Achaenen wurden wie angegeben belichtet. HR Hellrot; DR Dunkelrot. Das Wechselspiel in der Belichtung wurde noch bis zum achten Mal mit dem gleichen Ergebnis wiederholt: gibt man zuletzt HR, wird die Keimung gefördert; bestrahlt man zuletzt mit DR, unterbleibt die Förderung (verändert nach GOODWIN 1965).

Abb. 15.2
Funktionsschema der Phytochrome. Dabei ist zwischen phyA (Klasse I) und phyB bis E (Klasse II) zu unterscheiden. phyA ist der bisher einzige Vertreter seiner Klasse. Von Klasse II wurde stellvertretend nur phyB eingezeichnet. Die Morphogenesen können Förderungen oder Hemmungen sein und auf die Beeinflussung der Genexpression zurückgehen. Ubi = Markierung des Proteins mit Ubiquitin zum Abbau (Seite 51) (Hess 2004).

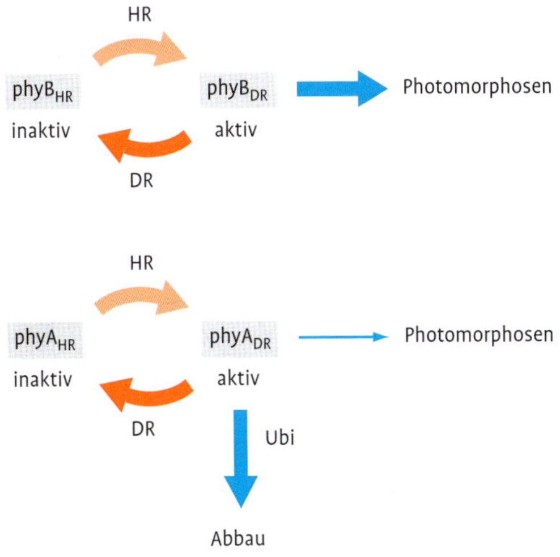

letzt gegeben hatte: HR bedeutete Keimung, DR Hemmung der Keimung.
Entsprechende Effekte fanden sich an anderen Objekten und bei anderen Entwicklungsprozessen, zum Beispiel bei der Blütenbildung (Seite 359). Schlussfolgerung aus allen diesen Daten war (Abb. 15.2 oben): In den Zellen der Pflanzen existiert ein morphogenetisches Pigmentsystem, das in zwei verschiedenen Zustandsformen vorliegen kann, die durch Licht bestimmter Wellenlängen wechselseitig ineinander überführbar sind. Die eine Zustandsform hat ein Absorptionsmaximum bei rund 660 nm und wird dementsprechend P_{HR} (HR = Hellrot) oder P_r (engl. r = red) genannt. Sie ist physiologisch inaktiv. Durch Bestrahlung mit HR wird sie in die zweite Zustandsform umgewandelt. Diese hat ein Absorptionsmaximum bei rund 730 nm und wird dementsprechend als P_{DR} (DR = Dunkelrot) oder als P_{fr} (engl. fr = far red) bezeichnet. Bei ihr handelt es sich um die aktive Form. Sie leitet die verschiedensten Morphogenesen ein, darunter auch die eben besprochene Keimung, kann Morphogenesen aber auch hemmen (Seite 355). Durch Bestrahlung mit DR wird P_{DR} wieder in P_{HR} überführt.
Schon Abb. 15.2 zeigt, dass dieses einfachste Funktionsschema des Phytochromsystems in Varianten vorliegen kann. Einer der Gründe ist, dass es nicht nur ein Phytochrom gibt, sondern mehrere verschiedene Phytochrome mit unterschiedlichen Eigenschaften.

15.2.2 Struktur

▶ **Genereller Aufbau.** Phytochrome sind Chromoproteide (Abb. 15.4), die als Homodimer vorliegen. Jede der beiden identischen Untereinheiten besteht aus einer Farbstoffkomponente (Chromophor), dem **Phytochromobilin** (→ auch

Abb. 15.3
Lichtinduktion der rbcS-Gene der Tomate. Keimlinge wurden unterschiedlich belichtet. Danach wurde aus ihnen jeweils die Gesamt-RNA isoliert: **0** RNA aus sieben Tage lang im Dunkeln aufgewachsenen Keimlingen; **6S** RNA aus sieben Tage lang im Dunkeln aufgewachsenen und danach sechs Stunden lang belichteten Keimlingen; **7T** RNA aus sieben Tage lang im Licht aufgewachsenen Keimlingen. In der Gesamt-RNA befanden sich jeweils auch die mRNAs der fünf rbcS-Gene. Über eine spezielle Hybridisierungstechnik (dot- oder slot-Hybridisierung) mit radioaktiv markierten DNA-Sonden der fünf rbcS-Gene wurde der Gehalt an jeder einzelnen der fünf rbcS-mRNAs bestimmt: ipm (radioaktive Impulse pro Minute)/5 ng der zur Hybridisierung eingesetzten Gesamt-RNA. Drei der rbcS-Gene (1, 2, 3A) hatten schon im Dunklen (**0**) etwas mRNA gebildet. Ihre Aktivität wird durch Belichtung stark gesteigert. Die beiden anderen rbcS-Gene (3B, 3C) wurden durch Belichtung (**6S** bzw. **7T**) induziert (verändert nach Wanner and Gruissem aus Fosket 1994).

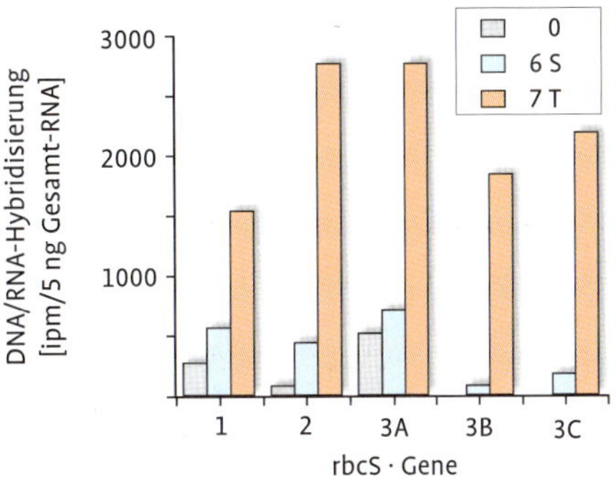

Seite 254) und einem **Apoprotein.** Die einzelnen Phytochrome unterscheiden sich in ihren Apoproteinen. Deren Art beeinflusst die Absorptionsmaxima, die deswegen je nach dem speziellen Phytochrom leicht verschieden sind und nur näherungsweise bei 660 bzw. 730 nm liegen. Deshalb verwendet man heute für die beiden Zustandsformen keine Zahlen mehr, sondern die auf den ersten Blick weniger exakten Bezeichnungen phy_{DR} und phy_{HR} oder einfach P_{DR} und P_{HR} (engl. P_{fr} und P_r).

Phytochrome sind in geringen Mengen wirksame Sensorpigmente. Am besten sind sie wie üblich in *Arabidopsis thaliana* bearbeitet. Dort kennt man derzeit fünf Phytochrome, phyA, phyB etc. bis phyE. In Getreiden hat man bisher nur phyA und phyB gefunden. Nur haben sie dort offensichtlich andere Funktionen als ihre Namensvettern in *Arabidopsis*.

Der Chromophor ist wie erwähnt in allen Phytochromen gleich. Die Unterschiede liegen in den Apoproteinen. Doch deren genereller Bau ist ähnlich (Abb. 15.3). Sie gliedern sich in eine **sensorische Domäne** am N-Terminus und eine **regulatorische Domäne** am C-Terminus. Die sensorische Domäne trägt das Tetrapyrrol, ist also der eigentliche Signalrezeptor. Die regulatorische Domäne enthält zwei Bereiche, die für die Überleitung des Phytochroms in den Zellkern (**NLS** = **n**uclear **l**ocalization **s**equeneces), für seine Dimerisierung und für den Kontakt mit regulatorischen Proteinen bei der Signaltransduktion notwendig sind. Am C-terminalen Ende ist eine Histidinkinase lokalisiert, die nach Autophosphorylierung regulatorische Proteine phosphoryliert und damit aktiviert, sodass die Botschaft des Lichtsignals weitergeleitet wird. Was die Signaltransduktion angeht, sind die Phytochrome also Proteinkinasen.

BOX 15.1

Zur Terminologie von Genen und Proteinen, exemplifiziert an den Phytochromen

Mit Ausnahme der Gene für Stickstofffixierung (Seite 349) werden Gene nach einer Konvention für *Arabidopsis* kursiv wiedergegeben, der Wildtyp in großen, Mutanten in kleinen Buchstaben. Proteine werden in römischer Schrift genannt, Apoproteine dabei in großen, Holoproteine in kleinen Buchstaben. Für die Phytochrome bedeutet das:

PHYA: Gen des Wildtyps für Phytochrom A

phyA: Mutante des Wildtyp-Gens für Phytochom A

PHYA: Apoprotein von Phytochrom A, also ohne Phytochromobilin

phyA: Holoprotein von Phytochrom A, also Phytochromobilin + Apoprotein

15.2.3 Klassen (bei *Arabidopsis*)

- **Klasse I:** Zu ihr gehört phyA, das in verschiedener Hinsicht Besonderheiten aufweist. Dazu gehört eine bis 300 nm ins UV reichende Lichtabsorption. Für die Überführung in $phyA_{DR}$ werden nur sehr geringe Lichtintensitäten benötigt und seine Akkumulation erfolgt in Dunkelheit. Das hat seinen Grund: $phyA_{DR}$ ist im Licht instabil. Es wird bei Belichtung unter Mitwirkung von Ubiquitin rasch abgebaut. Außerdem reprimiert es Gen *PHYA,* unterbindet also seine eigene Synthese. Eine Reversion ist zwar prinzipiell möglich, kommt aber wegen des raschen Abbaus im Licht kaum oder gar nicht zum Tragen (Abb. 15.2 unten). phyA ist unter anderem in frühen Entwicklungsstadien etiolierter Keimlinge wichtig. In der Entwicklung normal belichteter grüner Keimlinge tritt phyB in den Vordergrund.
- **Klasse II:** Sie besteht aus phyB bis phyE, die in Licht und Dunkel stabil sind. Für sie ist bei entsprechender Belichtung Reversibilität zwischen der DR- und der HR-Form typisch (Abb. 15.2 oben). Klasse II steuert weit mehr Reaktionen als für Klasse I bekannt. Am besten untersucht ist phyB, das auch bei der Keimung der Salat-Achänen aktiv wird (Abb. 15.1). Zu den anderen Phytochromen der Klasse liegen weitaus weniger Daten vor. Bei der Salatkeimung ebenso wie bei anderen Klasse I-Reaktionen ist nur ein geringer Photonenfluß im HR oder DR-Bereich erforderlich. Man spricht deshalb von **LFR** (**L**ow-**F**luence-**R**esponse). Doch es gibt auch Reaktionen auf

Photonenflüsse anderer Stärke, die hier nicht behandelt werden können.

15.2.4 Physiologische Funktionen

Bei einer Reihe von Funktionen wurde noch nicht ermittelt, welches Phytochrom für sie verantwortlich ist. Hier werden nur Funktionen angegeben, die nachweislich auf phyA und phyB zurückgehen. Oft wirken beide Phytochrome auch gemeinsam. Dabei wird im Folgenden nicht berücksichtigt, bei welchen Bestrahlungsstärken (→ oben LFR) die Effekte eintraten.

▶ **phyA** (oft zusammen mit Cryptochromen; Seite 255):
- Keimungsförderung bei wenigen Lichtkeimern;
- Förderung Koleoptilwachstum Hafer;
- Ergrünen etiolierter Keimlinge (Seite 252);
- Zeitgeber der physiologischen Uhr (Seite 315).

▶ **phyB:**
- Keimungsförderung bei Lichtkeimern (Seite 301);
- Ergrünen Keimlinge (Seite 352);
- Sprosswachstum vom Keimlingsstadium an;
- Schattenvermeidungsreaktionen (Seite 301);
- Zeitgeber der physiologischen Uhr (Seite 315);
- Photoperiodisch bedingte Morphogenesen, zum Beispiel Hemmung der Blühinduktion bei Kurztagpflanzen (Seite 359);
- Nyktinastische Bewegungen, zum Beispiel Laub- und Blütenblätter (Seite 314).

15.2.5 Signaltransduktion

Bei der Signaltransduktion unterscheidet man zwischen sehr rasch eintretenden Turgoränderungen und anderen, erst etwas später anlaufenden Reaktionen:

▶ **Turgoränderungen** finden unter anderem bei nyktinastischen Bewegungen von Laub- und Blütenblättern statt. Sie können rasch eintreten. An isolierten Zellen konnte man schon Sekunden nach einem P_{fr}-Impuls Änderungen des Oberflächenpotenzials feststellen. Offensichtlich werden Protonenpumpen eingeschaltet und auch Bewegungen anderer Ionen vor allem durch das Plasmalemma ausgelöst. Als sekundärer Messenger ist Calcium in der Diskussion. Doch sind die Details noch unbekannt.

▶ **Steuerung der Genaktivität.** Schon in den letzten Jahrzehnten des 20. Jahrhunderts wurde wiederholt festgestellt, dass aktives Phytochrom Genaktivitäten fördern kann. Ein Beispiel findet sich in Box 15.1.

▶ **Wanderung von P_{fr} in den Zellkern.** Eine der Überraschungen, die Pflanzen immer wieder parat haben, war, dass nur ein Bruchteil der aktiven Phytochrome im cytoplasmatischen Bereich bleibt. P_{DR} beider Phytochrome, von phyA ebenso wie von phyB, wandert zu einem Großteil in den Zellkern und fördert oder hemmt dort Genaktivitäten. Ausschlaggebend dafür waren Befunde an genetisch veränderten Pflanzen, in denen ein Fusionsprotein aus PhyA bzw. PhyB mit dem Reporter GFP (Seite 76) gebildet wurde. Die Aktivi-

BOX 15.1

Aktivierung der Gene für die kleine Untereinheit der RubisCO (Small SubUnit = SSU)

Phytochrom aktivert auch Kerngene, die Chloroplasten-Proteine codieren, darunter die SSUs (Seite 107). Die betreffenden Gene bezeichnet man als *rbcS*-Gene (rbc = Rubisco, S = small). In einer gegebenen Pflanzenart liegen mehrere *rbcS*-Gene vor, die für die Produktion der acht kleinen Untereinheiten zuständig sind. Sie liefern SSUs mit nur geringfügigen Unterschieden an. Bei der Tomate (*Lycopersicon esculentum*) codieren drei der dort fünf *rbcS*-Gene sogar identische SSUs. Sie liegen auf demselben Chromosom und sind wahrscheinlich das Ergebnis von Genduplikationen.
In Tomatenkeimlingen wurde nach Belichtung über DNA-RNA-Hybridisierungen der Gehalt an mRNA bestimmt, den jedes der fünf *rbcS*-Gene lieferte (Abb. 15.4). Dabei zeigte es sich, dass drei der Gene auch ohne Belichtung mRNA bildeten. Die beiden anderen sprangen jedoch erst nach Belichtung an. An dieser Lichtinduktion waren in erster Linie Phytochrome beteiligt.

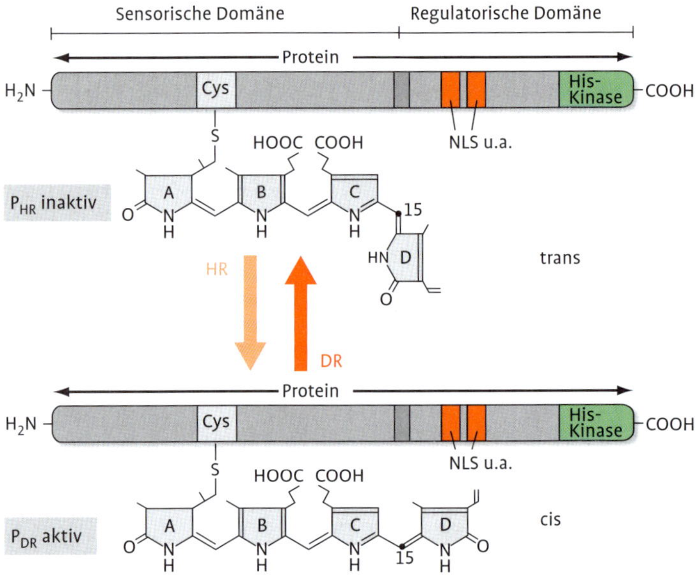

Abb. 15.4
Struktur eines Phytochroms und lichtinduzierte reversible Änderung seiner Zustandsform. Nur eines der Phytochrom-Homodimeren wird gezeigt. Das Apoprotein (H_2N- Amino-, -COOH Carboxyl-Ende) gliedert sich in eine sensorische und eine regulatorische Domäne. Die sensorische Domäne trägt an einem Cystein den Lichtrezeptor Phytochromobilin, ein offenes Tetrapyrrol. Bei Belichtung mit Hellrot (HR) geht es von der *trans*- in die *cis*-Form über. Ring D schwenkt dabei um C 15 nach oben. Das so gebildete P_{DR} ist morphogenetisch aktiv. Bei Belichtung mit DR kommt es zur Reversion zum inaktiven P_{HR}. Die His-Kinase-Region in der regulatorischen Domäne leitet Phosphorylierungen und damit die Signaltransduktion ein; zwei Regionen ebenfalls in der regulatorischen Domäne sorgen unter anderem für die Lokalisation im Nucleus (NLS u. a.) (verändert nach HESS 2004).

tät beider Phytochrome bleibt trotz der Fusion erhalten. Anhand der Fluoreszenz von GFP konnte man nach entsprechender Belichtung die Wanderung in den Zellkern verfolgen.

▶ **Signaltransduktion im Zellkern.** Dafür waren mehrere Varianten zu erwarten. In der Tat sind derzeit bereits zwei Möglichkeiten genauer bekannt. Eine arbeitet mit einem **Signalosom**, das im Dunkeln Transkriptionsfaktoren ubiquiniert und abbaut. Nach Belichtung unterbindet die aktive Form von phyA letztlich diesen Abbau, sodass die betreffenden Transkriptionsfaktoren an die Promotoren von lichtregulierten Genen binden und die Transkription einleiten können. Bisher liegen nur Daten für phyA vor.

Die zweite Möglichkeit gilt prinzipiell für phyA ebenso wie für phyB und sei deshalb etwas detaillierter vorgestellt. Sie arbeitet mit dem speziellen Transkriptionsfaktor **PIF3** (**P**hytochrom **I**nteracting **F**actor 3; Abb. 15.5). Nach Wanderung in den Zellkern binden die aktiven DR-Formen sowohl von phyA als auch von phyB an PIF3 oder dessen Varianten. Die HR-Formen gehen diese Bindung nicht ein. Der Komplex Phy_{DR}/PIF 3 assoziert über PIF 3 an eine Sequenz (zum Beispiel die G-Box) im Promotor von Genen, die sekundäre Transkriptionsfaktoren codieren. Diese werden im Cytoplasma gebildet, wandern in den Kern zurück und aktivieren dort phytochrom-regulierte Gene.

15.3 Blaulichtrezeptoren

Die Photoreversibilität war eine wichtige Hilfe bei der Analyse der Phytochrome. Bei der Bearbeitung der Blaulichtrezeptoren fehlte eine derartige Möglichkeit, sodass man mehr Zeit benötigte. Dass die morphgenetischen Blaulicht-Pigmentsysteme in ihrem Aktionsspektrum drei Maxima bzw. Schultern bei 436, 440 und 480 nm aufweisen, half auch nicht viel weiter, weil danach immer noch zu viele verschiedene Stoffe in Frage kamen. Doch kennt man heute drei Gruppen, von denen das **Zeaxanthin** schon erwähnt worden war (Seite 212). Hinzu kommen die **Cryptochrome** und die **Phototropine.** Bei beiden steht die Analyse der Signaltransduktion noch in den Anfängen.

Abb. 15.5
Signaltransduktion bei Phytochromen. phy A und phy B verhalten sich fast gleich. Der Ablauf wird für phyB geschildert. Die DR-Form wandert in den Zellkern und assoziiert dort mit dem Transkriptionsfaktor **PIF** 3 (**p**hytochrom **i**nteracting **f**actor). Der Komplex phyB $_{DR}$-PIF 3 bindet an eine sogenannte G-Box. Folge ist die Transkription von Genen für sekundäre Transkriptionsfaktoren (TF-Gene). Die betreffenden mRNAs werden im Cytoplasma zu Tfs translatiert, die in den Zellkern rückwandern und sich an die entsprechenden Boxen binden. Folge ist die Transkription von damit indirekt phyB-regulierten Genen. Das Schema enthält nur die für das Verständnis wichtigsten Elemente (verändert nach HESS 2004).

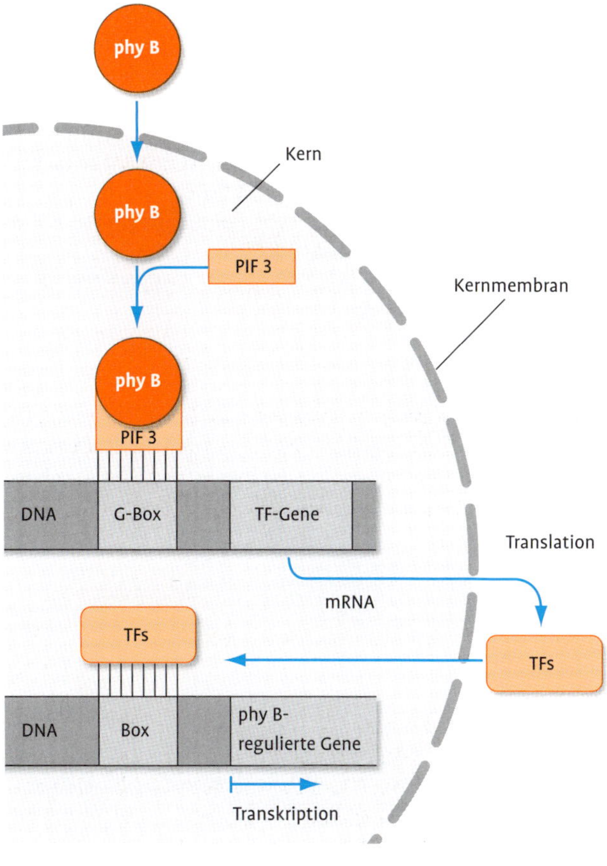

15.3.1 Cryptochrome

Die Gruppe hat ihren Namen (gr. kryptos = verborgen; gr. chroma = Farbe) daher, dass sie sich insofern verborgen hielten, als sie sich erst ab Mitte der 90er Jahre des vorigen Jahrhunderts fassen und charakterisieren ließen. Zwei homologe Farbstoffe, **CR2** und **CR2**, wurden zuerst über Untersuchungen an *Arabidopsis*-Mutanten bekannt. Sie sind im Pflanzenreich weit verbreitet. Ihr Apoprotein trägt jeweils ein **FAD** (Seite 98) und ein **Pterin**, gelbliche Farbstoffe, die ihren Namen nach ihrem Vorkommen in Schmetterlingsflügeln (gr. pteron = Flügel) tragen.

Cry1 bewirkt unter anderem eine Hemmung der Hypokotylstreckung und eine Förderung der Entfaltung der Kotyledonen und der Anthocyansynthese bei *Arabidopsis*. Außerdem richtet es mit Phytochromen die phyiologische Uhr (Seite 315). Cry1 und Cry2 wirken bei der Blühinduktion mit.

15.3.2 Phototropine

Auch beim Phototropismus sind Blaulichtrezeptoren eingeschaltet. In den letzten Jahren wurden die **Phototropine 1** und **2** (Abb. 15.6) aus *Arabidopsis* charakterisiert. Beide sind **Serin/Threonin-Proteinkinasen**. Ihre Apoproteine führen jeweils zwei **LOV**-Domänen aus rund 100 Aminosäuren. Der Name kommt daher, dass gleiche Aminosäurensequenzen auch in anderen Proteinen aus den verschiedensten Lebewesen vorkommen, die auf Reize durch Licht (engl. **L**ight), Sauerstoff (engl. **O**xygen) oder elektrische Reize (engl. **V**oltage) reagieren. Jede der LOV-Domänen bindet in Dunkelheit **nicht-kovalent** ein Molekül **FMN** (S. 98). Am C-terminalen Ende liegt die Kinase-Domäne. Unter Blaulicht-Anregung wird eine **kovalente** Bindung zwischen FMN und einem Cysteinrest in den LOV-Domänen gelegt. Folge ist eine Autophosphorylierung und damit Aktivierung des Apoproteins durch die Kinase-Domäne. Die weitere Signaltransduktion ist noch unbekannt.

Abb. 15.6
Struktur der Phototropine phot 1 und phot 2 aus der Schmalwand (*Arabidopis thaliana*). LOV 1 und 2 -Domänen, Kinase-Domäne. aa = Aminosäuren (verändert nach BRIGGS AND CHRISTIE 2002).

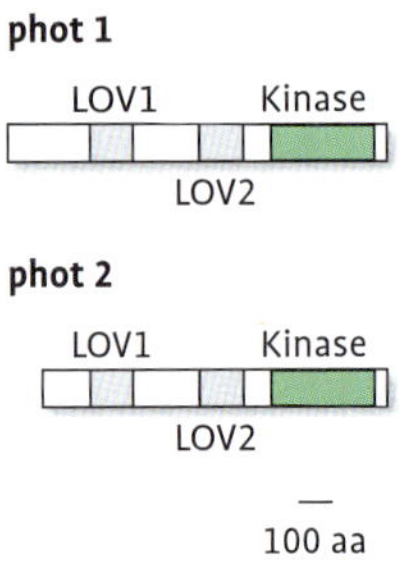

Phototropin 2 vermittelt bei *Arabidopsis* die phototropische Reakion bei höherem Photonenfluss als Phototropin 1. Die Phototropine sind auch Blaulichtrezeptoren, wenn sich die Chloroplasten bei starkem Lichteinfall auf die parallel zum Strahleneinfall liegenden, antiklin gestellten Zellwände verlagern. Dadurch lassen sich Lichtschäden des Photosynthese-Apparats vermeiden.

FRAGEN
(Seitenverweise zur Beantwortung)

- Was verstehen Sie unter einem morphogenetischen Pigmentsystem? (Seite 250)
- Müssen Sie mit HR oder DR belichten, um die aktive Form der Phytochrome zu erhalten? (Seite 251)
- Wie viele Phytochrome kennt man derzeit bei *Arabidopsis*? Welche von ihnen sind am besten untersucht? (Seiten 252)
- Schildern Sie die Struktur des Apoproteins von phyB! (Seite 254)
- Nennen Sie einige physiologische Funktionen von phyB! (Seite 253)
- Wandern bei phyA und phyB die P_{HR} oder die P_{DR}-Formen zur weiteren Signaltransduktion in den Zellkern? (Seite 253)
- Welche Gruppen von Blaulichtrezeptoren kennen Sie? (Seite 254)
- Schildern Sie die Struktur von Phototropin 1! (Seite 256)

16 Wachstum

INHALT

Teilungswachstum und Streckungswachstum werden besprochen. Die mitotische Zellteilung ist Teil eines Zellzyklus, in dessen S-Phase die DNA semikonservativ repliziert wird. Dabei legen DNA-Polymerasen in 5′- 3′-Richtung neue DNA-Stränge an, am Leitstrang kontinuierlich, am Folgestrang diskontinuierlich in einer Folge von Okazaki-Fragmenten. Die Replikation erfolgt zeitsparend an mehreren Replicons eines gegebenen Chromosoms gleichzeitig. Der Zellzyklus wird am Übergang G1 → S und G2 → M von Cyclin-abhängigen Proteinkinasen kontrolliert. Phytohormone wirken dabei fördernd oder hemmend auf die Zellteilung ein. Eine Rückkopplungschleife über die Gengruppen *WUS* und *CLV* hält den Bestand an Stammzellen im SAM in einem dynamischen Gleichgewicht. Zellen, die aus dem Zellyklus ausscheiden, werden determiniert und gehen Differenzierungen ein, meistens zunächst ein Streckungswachstum. Es besteht aus der plastischen Dehnung der Primärwand, der Zellstreckung im eigentlichen Sinn und der nachfolgenden Wandverstärkung über Multi-net Growth. Die plastische Dehnung der Primärwand erfolgt über ein Säurewachstum, das von IAA induziert werden kann. Wesentlich dabei ist eine durch IAA auf verschiedenen Wegen erhöhte Aktivität von H^+-ATPasen; wichtige Helfer sind die Expansine.

Wachstum ist als irreversible Volumenzunahme definiert (Seite 222). Bei Pflanzen weist es zwei Komponenten auf, Wachstum über Vermehrung und Wachstum über Vergrößerung der Zellen. Die Vermehrung erfolgt über ein mitotisches **Teilungswachstum**. Die Vergrößerung findet sich bei Pflanzen oft besonders ausgeprägt entlang einer Zellachse und wird dann **Streckungswachstum** genannt. Bei ihm handelt es sich bereits um einen Prozess der Differenzierung (Seite 222). In der Ontogenese folgt das Streckungswachstum dem Teilungswachstum.

16.1 Teilungswachstum

16.1.1 Der Zellzyklus

Das Teilungswachstum erfolgt über mitotische Kern- und Zellteilungen. Zwischen den Teilungen liegen Interphasen, in denen die jeweils folgende Teilung vorbereitet wird. Die über die Mitose angelieferten Tochterzellen können erneut in eine Interphase und eine Mitose eingehen. Doch sie können sich auch differenzieren, oft zuerst über ein Streckungswachstum. Abb. 16.1 zeigt die Situation bei Stammzellen (Seite 263): nach einer inäqualen Teilung (Seite 282) **kann** eine der Tochterzellen in einen neuen Zellzyklus eingehen, die andere kann sich differenzieren.

Zunächst die Phasen des Zellzyklus (Abb. 16.1):

G1-Phase. Die Interphase beginnt mit der G_1-Phase, der ersten Phase ohne DNA-Synthese (G = engl. Gap = Lücke in der DNA-Synthese). In ihr wird die Replikation der DNA und der Chromosomen, aber auch schon die Zellteilung vorbereitet. Es handelt sich um eine Phase hoher Stoffwechselaktivität, in der Enzyme, Mikrotubuli und weitere für die Mitose erforderliche Proteine ebenso wie Untereinheiten der Ribosomen und Membranmaterial gebildet werden. Die Zellen werden größer.

▶ **S-Phase: Replikation der DNA.** Die S-Phase hat ihren Namen (S = engl. synthesis = Synthese) daher, dass in ihr DNA repliziert, also synthetisiert wird. Von mehreren Modellvorstellungen dafür erwies sich diejenige einer **semikonservativen DNA-Replikation** als zutreffend. Sie wird unten geschildert.

▶ **G_2-Phase.** Eine zweite Lücke in der DNA-Synthese findet sich in der deshalb so genannten anschliessenden G_2-Phase. Wie in der G_1-Phase handelt es sich von der DNA-Synthese abgesehen um einen Zeitraum hoher Stoffwechselaktivität. Die Mitose wird weiter vorbereitet. So werden bei den meisten Pflanzen Centroplasmen erkennbar, diffuse cytoplasmatische Bereiche an den Zellpolen, die als Organisatoren von Mikrotubuli im späteren Spindelfaserapparat fungieren.

▶ **M-Phase: Mitotische Zellteilung (Mitose und Cytokinese).** Die M-Phase umfasst die **Mitose** (Kernteilung) und in der Regel auch die **Cytokinese** (Zellteilung). In der Mitose werden Schwesterchromatiden voneinander getrennt und zwei Tochterzellkernen zugeteilt, die dann Chromatiden, das heisst nicht-replizierte Tochterchromosomen mit gleichem Genbestand enthalten. **Die mitotische Zellteilung ist also erbgleich, was die Gene auf den Chromosomen angeht.** Die späteren Phasen der Mitose werden von der Cytokinese begleitet. Der Ablauf wird als bekannt vorausgesetzt.

16.1.2 Die Replikation der DNA

▶ **Das Prinzip der semikonservativen DNA-Replikation.** Nach dem Einstrang-Modell des Chromosomenbaus besteht eine Chromatide, ein nicht-repliziertes Chromosom, im Prinzip aus einer durchgehenden DNA-Doppelhelix, Histonen und Nicht-Histon-Proteinen. Mit einer solchen Chromatide startet die Replikation: jeder der beiden DNA-Einzelstränge dient als Matrize zur Bildung eines neuen komplementären Stranges. Zuerst wird die Helix lokal durch spezielle Enzyme, die Helicasen, entwunden. Andere Proteine halten die Einzelstränge auf Distanz. An jedem der beiden Einzelstränge ordnen sich d-Nucleosidtriphosphate entsprechend der Regel von der Basenpaarung an (Abb. 16.2; Seite 20). Sie werden von DNA-Polymerasen unter Abspaltung von PP_i zu einem neuen, komplementären DNA-Einzelstrang verbunden. Letztlich resultiert ein DNA-Doppelstrang aus einem alten und einem neuen Einzelstrang. Er ist also zur Hälfte

Abb. 16.1
Der Zell-Zyklus und seine Regulation. Nach der mitotischen Zellteilung geht hier die untere der beiden Tochterzellen erneut in den Zellzyklus ein, die andere wird determiniert und differenziert danach. Für zwei wichtige Übergänge, G1 → S und G2 → M wurde die Regulation über CDK/CYC-Komplexe angegeben (→ Text). Phytohormone, darunter besonders auch Cytokinine greifen aktivierend oder hemmend ein. C = Cytokinese, BR = Brassinosteroide. Weitere Abkürzungen → Text (teils verändert nach Hess 2004).

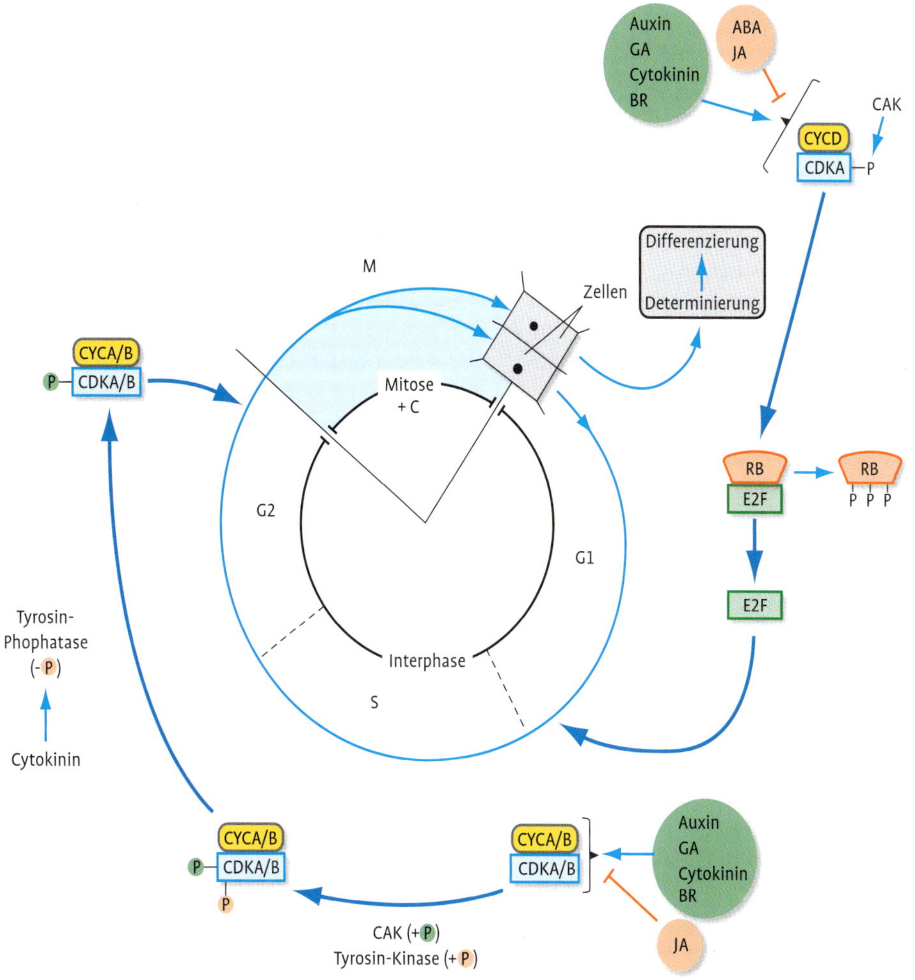

alt (semikonservativ). Eine Beweisführung für diese semikonservative Replikation lieferte das Meselson-Stahl-Experiment (→ Box 16.1). Ebenfalls in der S-Phase werden die meisten chromosomalen Proteine mit dem neuen Doppelstrang assoziiert.

▶ **Leitstrang und Folgestrang.** Der Bau der DNA (Seite 18) und die Arbeitsweise der DNA-Polymerasen bedingen eine **Asymmetrie** bei der Replikation der beiden Einzelstränge einer gegebenen DNA-Doppelhelix.

Die Enzyme der DNA-Replikation sind die **DNA-Polymerasen**, von denen man mehrere Formen mit entsprechend verschiedenen Funktionen kennt. Sie beginnen mit der Replikation **ausschließlich** am 3′-Ende eines kurzen **RNA-Primers**, der von einer speziellen RNA-Polymerase,

BOX 16.1

Das Meselson-Stahl-Experiment

In einem klassischen Experiment belegten Meselson und Stahl (1) den semikonservativen Charakter der DNA-Replikation zunächst für *Escherichia coli*. Der nach ihnen benannte Versuch wurde dann aber auch an Zellen von Eukaryonten mit entsprechendem Ergebnis durchgeführt. Gehen wir auf die Experimente an Tabakzellen ein (2).
In flüssigem Medium verdoppeln sich Tabakzellen in rund zwei Tagen, durchlaufen also in rund zwei Tagen einen DNA-Synthesezyklus. Nun wurden die Zellen zunächst über mehrere DNA-Synthese-Zyklen hinweg in einem Medium mit Verbindungen des „schweren" Stickstoffs ^{15}N gehalten („schwer", „mittelschwer" und „leicht" beziehen sich auf Unterschiede in der Dichte). Dabei wird ^{15}N in die Purin- und Pyrimidinbasen der DNA eingebaut. Schließlich liegt alle DNA als schwere DNA mit ^{15}N-Basen vor. Solche schwere DNA läßt sich in der Ultrazentrifuge im CsCl-Gradienten von normaler DNA mit ^{14}N-Basen abtrennen.
Nachdem die ganze DNA „schwer" geworden war, wurden die Zellen in ein Nährmedium überführt, das Stickstoff wieder in Form normaler ^{14}N-Verbindungen enthielt. In bestimmten Zeitabständen wurden Proben entnommen, aus denen die DNA isoliert und im CsCl-Gradienten auf ihre Dichte hin überprüft wurde (Abb. 16.3). Nach zwei Tagen in ^{14}N-Medium lag die gesamte DNA in einer mittelschweren Form vor. Meselson und Stahl hatten in ihrem Versuch mit Bakterien schon zuvor nachgewiesen, dass die Doppelhelices solcher mittelschwerer DNA aus je einem ^{15}N- und je einem ^{14}N-Einzelstrang bestehen, also $^{14}N/^{15}N$-Hybride darstellen. Am vierten Tag, das heißt nach zwei DNA-Replikationen, fand sich normale zu mittelschwerer DNA im Verhältnis 1:1. Mit jeder weiteren Replikation ging dann auch der Anteil an Hybrid-DNA zurück. Der Versuchsausfall lässt sich nur auf Basis einer semikonservativen DNA-Replikation erklären.
Über entsprechend angelegte autoradiographische Versuche am Wurzelmeristem von *Vicia faba* konnte Taylor (3) eine semikonservative Replikation auch auf dem Niveau von Chromosomen belegen.

[1] Meselson and Stahl 1958; [2] Filner 1965; [3] Taylor *et al.* 1957

der **Primase**, nach den Regeln der Basenpaarung am alten Strang gelegt wird. Der neue DNA-Strang wächst **nur** von 5′ nach 3′. Nach seiner Fertigstellung werden die Primer entfernt, durch DNA ersetzt und DNA-Teilstücke durch **DNA-Ligasen** miteinander kovalent verknüpft. Fehler, die gemacht werden können, korrigiert die DNA-Polymerase selbst.
Wenn wir uns nun den Bau der DNA-Doppelhelix in Erinnerung rufen, stoßen wir auf eine Schwierigkeit. Denn die beiden Einzelstränge einer gegebenen DNA-Doppelhelix weisen bekanntlich eine gegenläufige Polarität auf, sie sind antiparallel (Abb. 16.4). An dem einen dieser Ausgangsstränge wird einmal ein RNA-Primer gelegt. An ihm ansetzend läuft die DNA-Replikation kontinuierlich von 5′ nach 3′ ab. Den hier gebildeten neuen Strang nennt man **Leit-Strang**. An dem

Abb. 16.2
DNA-Replikation (Schema). Von einem Primer ausgehend legt eine DNA-Polymerase von 5′nach 3′(auf den wachsenden Strang bezogen) am Matrizenstrang (M) nach den Regeln der Basenpaarung einen neuen Strang. Bausteine dabei sind Nucleosid-triphosphate, aus denen beim Einbau PPi frei wird (verändert nach ALBERTS et al.1986).

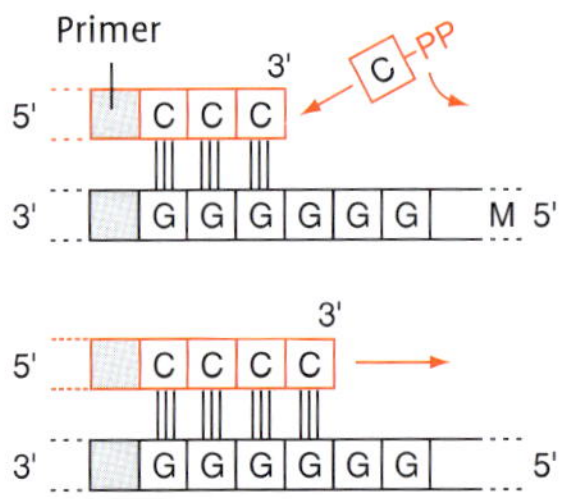

Abb. 16.3
Das Meselson-Stahl-Experiment. Oben die Positionen leichter (schwarz), mittelschwerer (schwarz-rot) und schwerer (rot) DNA im CsCl-Dichtegradienten, darunter der experimentelle Befund nach entsprechender Probennahme. Rechts daneben die Interpretation in Bezug auf die Art der Replikation. → Text (verändert nach GOODWIN and MERCER 1983).

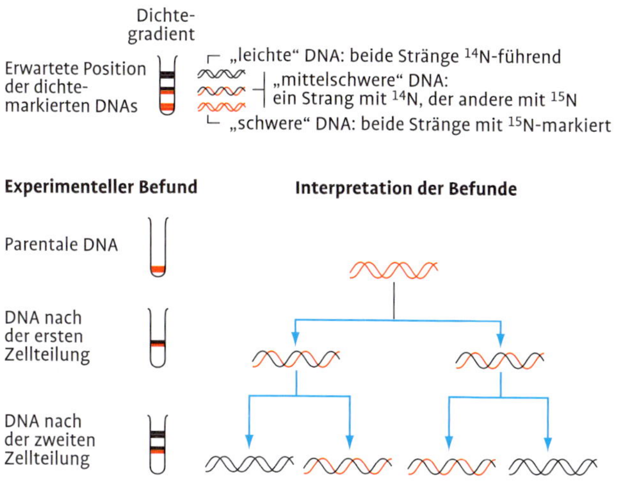

anderen Ausgangsstrang sollte die Replikation eigentlich überhaupt nicht möglich sein! Dennoch läuft sie ab, wenn auch etwas verzögert, diskontinuierlich und rückwärts. Den dort synthetisierten neuen Strang bezeichnet man deshalb als **Folge-Strang**.

Wie verläuft nun die Replikation am Folge-Strang? Die Primase legt hier immer wieder einen RNA-Primer, beginnend an der Basis der Replikationsgabel, die sich bei der Replikation weiter öffnet. Am 3′-Ende der jeweiligen RNA-Primer setzt eine DNA-Polymerase an und legt einen relativ kurzen DNA-Strang (Abb. 16.5). Er reicht bis zum Beginn des vorausgehenden RNA-Primers. Die RNA-Primer werden dann durch eine Nuclease abgebaut. Eine andere DNA-Polymerase schließt die dadurch entstandenen Lücken. Am Folge-Strang findet sich nun eine Sequenz neu synthetisierter DNA-Abschnitte, die man nach ihrem Entdecker als **Okazaki-Fragmente** bezeichnet. Eine DNA-Ligase legt schließlich die noch fehlenden kovalenten Bindungen zwischen den Okazaki-Fragmenten. Am Folgestrang arbeitet die DNA-Polymerase also zwar auch von 5′ nach 3′, aber in kleinen Stücken und rückwärts.

▶ **Zeitsparende Replikation über zahlreiche Replikations-Startpunkte.** Eine weitere Schwierigkeit liegt daran, dass eine von nur einem Replikations-Startpunkt pro DNA-Strang ausgehende Replikation viel zu lange dauern würde, auch wenn die betreffenden Enzyme an sich erstaunlich schnell arbeiten. Im Wurzelmeristem der Saubohne (*Vicia faba*) dauert der Zellzyklus bei 19° C 19 Stunden, die Mitose zwei Stunden und die S-Phase rund sieben Stunden. Bei einer durchschnittlich langen Chromatide würde die Replikation jedoch 2×10^5 Stunden erfordern, falls sie an dem einen Ende einer durchgehenden DNA-Doppelhelix beginnen und an dem anderen enden würde!

Dem wird dadurch abgeholfen, dass die Replikation bei Eukaryonten zeitsparend an vielen **Replikations-Startpunkten** eines gegebenen Chromosoms gleichzeitig stattfindet. Wenn die Replikation im Leit- und Folgestrang wie eben geschildert abläuft, bilden sich **Replika-**

Abb. 16.4
Schema der Replikationsgabel. Nach Entschraubung der alten DNA-Doppelhelix werden an den dadurch zugänglichen beiden Einzelsträngen neue Stränge jeweils von 5′ nach 3′ gelegt, bezogen auf den wachsenden Strang. Dabei kommt es zu Unterschieden in der Replikation, die man als Asymmetrie bezeichnet. → Text. Details zum diskontinuierlichen Wachstum des Folgestrangs finden sich in Abb. 16.5.

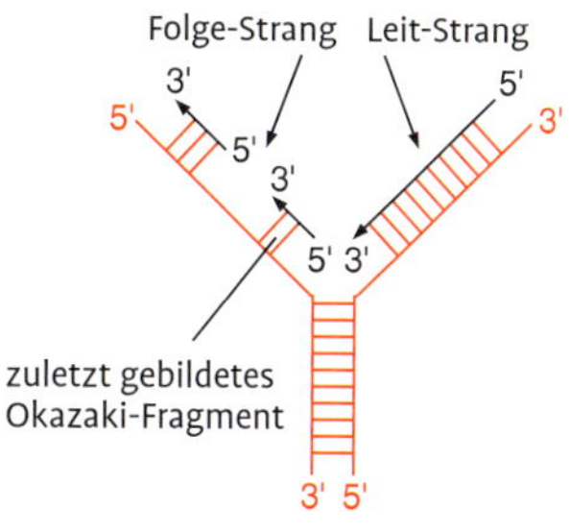

Abb. 16.5
Die DNA-Replikation im Folge-Strang. Eine spezielle RNA-Polymerase, die Primase, legt von der Basis der Replikationsgabel (vgl. Abb. 11.4) ausgehend am Matrizenstrang immer wieder einen RNA-Primer. Vom jeweiligen Primer aus beginnt eine DNA-Polymerase von 5′nach 3′zu arbeiten. Sie stoppt am Beginn des vorhergehenden Primers. Der Primer wird enfernt und eine andere DNA-Polymerase schließt die dabei entstehende Lücke. Die noch fehlenden kovalenten Bindungen zwischen den Okazaki-Fragmenten legt eine Ligase (verändert nach ALBERTS et al. 1986).

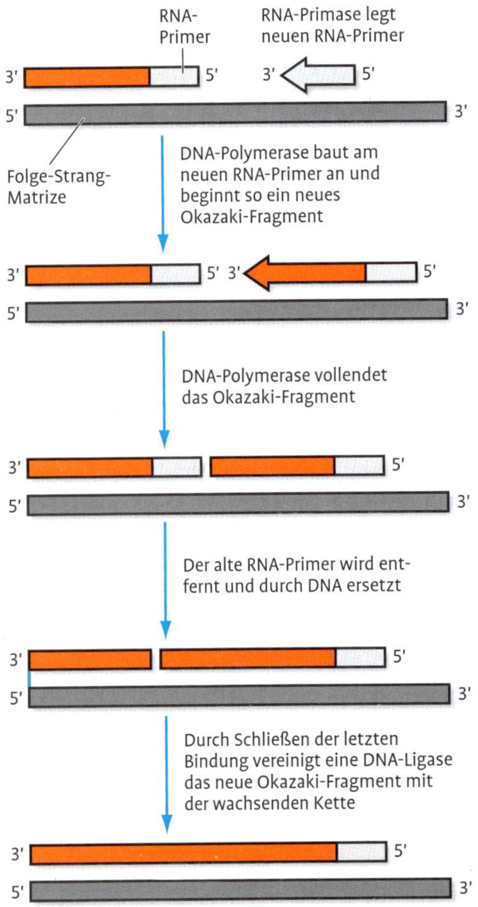

tionsblasen. An jedem ihrer beiden Enden findet sich eine elektronenoptisch fassbare **Replikationsgabel**, die bei der Replikation nach außen wandert, und zwar an den beiden Enden der Replikationsblase in entgegengesetzter Richtung (Abb. 16.6). Die sich ausweitenden Replikationsblasen gehen schließlich ineinander über. Durch die zahlreichen Startpunkte wird die Eukaryonten-DNA in entsprechend viele Replikationseinheiten (Replicons) gegliedert, in denen die Replikation weitgehend gleichzeitig erfolgt. Dadurch wird Schnelligkeit gewährleistet.

16.1.3 Die Regulation des Zellzyklus

Der Zellzyklus unterliegt sicherheitshalber einer doppelten Kontrolle, nämlich beim Übergang von G1 zur S und von G2 zu M (Abb. 16.1). In beiden Fällen sind **Cyclin-abhängige Protein-Kinasen** (**C**yclin-**D**ependent Protein **K**inase = **CDK**) die entscheidenden Steuerungselemente. Sie werden durch kleine, instabile Proteine, die **Cycline** (**CYC**) aktiviert. CDKs und CYCs liegen in Varianten vor.

▶ **Übergang G1 → S.** Während der G1-Phase werden die Gene für CDKA und CYCD durch Auxine, Gibberelline, Cytokinine und Brassinosteroide aktiviert. ABA und Jasmonsäure können hemmend wirken. CDKA und CYCD assoziieren miteinander. CDKA wird an einem Threonin-Rest durch eine **CDK-a**ktivierende **K**inase (**CAK**) phosphoryliert und dadurch aktiviert. Der CDKA/CYCD-Komplex phosphoryliert mehrfach das **RB**-Protein (**R**etino**b**lastom-Protein; in Tieren finden sich ähnliche Abläufe, daher der Name). RB hatte bislang den Transkriptionsfaktor **EF2** blockiert. Nach der Phosphorylierung löst es sich von ihm. EF2 kann nun die DNA-Replikation einleiten.

▶ **Übergang G2 → M.** Hier wird ein Komplex aus CDKA und B sowie CYC A und B gebildet und aktiviert. Dabei wirken Auxine, Gibberelline, Cytokinine und Brassinosteroide fördernd, Jasmonsäure hemmend. CAK phosphoryliert wieder am gleichen Threonin-Rest in CDKAB, was eine Aktivierung zur Folge hätte. Doch außerdem phosphoryliert eine Tyrosin-Kinase, die sich im CDKA/B/CYCA/B-Komplex befindet, einen Tyrosin-Rest in CDKA/B. Diese Phosphorylierung wirkt so stark hemmend, dass der gesamte Komplex zunächst inaktiv bleibt. Eine über Cytokinine einregulierte Tyrosin-phosphatase entfernt jedoch das tyrosin-gebundene, hemmende Phosphat. Der jetzt aktivierte CDKA/B/CYCA/B-

Abb. 16.6
Replikons bei der DNA-Replikation. Die DNA lockert sich an zahlreichen Replikations-Origins auf. An jedem Origin bilden sich zwei gegenläufig arbeitende Replikationsgabeln. Elektronenoptisch fassbare Replikationsblasen entstehen, die sich ausweiten und schließlich ineinander übergehen (verändert nach HESS 2004).

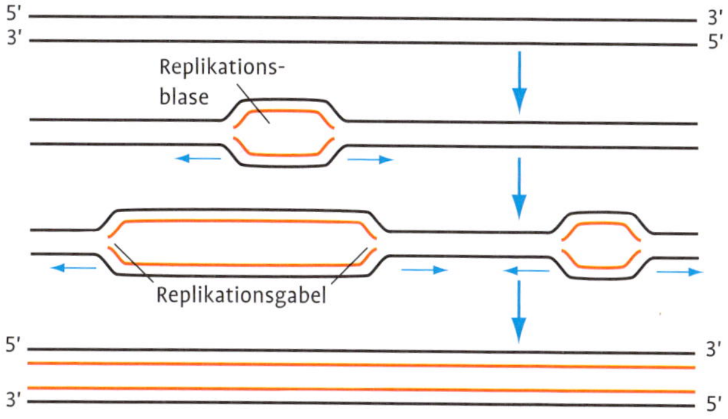

Komplex leitet nun die mitotische Zellteilung ein.

16.1.4 Balance zwischen Zellteilung und Differenzierung

In einem Meristem dürfen die teilungsaktiven Zellen nicht überhand nehmen. Umgekehrt dürfen nicht alle Zellen Differenzierungen eingehen. Neue teilungsaktive Zellen müssen den Abgang an Zellen zur Differenzierung exakt ausgleichen. Die zur Aufrechterhaltung eines konstanten Bestands an teilungsaktiven Zellen, besonders an Stammzellen (→ unten), notwendige Balance ist genetisch gesteuert. Insbesondere für das **S**pross**a**pikal**m**eristem (**SAM**) von *Arabidopsis* liegen dazu Daten vor.

▶ **Histologie des SAM.** Das SAM setzt sich aus Zonen mit verschiedenen Funktionen zusammen (Abb. 16.7 a); → auch Abb. 20.3). In der Mitte oben liegt die **Initialenzone** (**CZ** = **C**entral **Z**one). Sie besteht aus **pluripotenten Stammzellen** (→ Definition; lat. plures = viele; lat. potentia = Fähigkeit, also zu vielen Differenzierungen fähig). Sie sind dadurch charakterisiert, dass sie sich selbst vermehren und außerdem Zellmaterial in die Derterminierungszone und damit zur Differenzierung abgeben können. Dabei **kann** es sein, dass sich eine der Tochterzellen einer Stammzelle weiter teilt, die andere differenziert (Abb. 16.1). Doch eine feste Regel, wie manchmal behauptet, ist das im SAM nicht. Denn dann wäre das gleich zu schildernde genetische Regelwerk zur Aufrechterhaltung eines dynamischen Gleichgewichts zwischen Stammzellen und sich differenzierenden Zellen überflüssig. Eine solche Regulation ist aber notwendig, um den Zellbestand der Initialenzone zu erhalten und gleichzeitig den Zellbestand der Determinierungszone aufzufüllen. Denn diese gibt permanent Zellen ab, die sich differenzieren. Die Teilungsfolge der Stammzellen ist verhältnismäßig langsam.

DEFINITION
Stammzellen bei Pflanzen sind teilungsaktive pluripotente Zellen, deren Tochterzellen sich weiter teilen oder sich differenzieren können. Sie finden sich in allen Meristemen, im SAM ebenso wie im WAM (Wurzelapikalmeristem) oder in Kambien.

Die Zellen der **Determinierungszone** sind nach wie vor meristematisch. Sie können sich sogar schneller als die Stammzellen teilen. Doch sie sind determiniert. Früher oder später stellen die Zellen die Teilung ein und differenzieren sich. Das Flankenmeristem (**P**eriphere **Z**one **PZ**) liefert später vor allem Lateralorgane wie die Blattprimordien, das Markmeristem (**R**ib **Z**one **RZ**) unter anderem die Zentralgewebe des Sprosses.
Unter dem Aspekt der eben genannten Balance ist die Situation in der CZ entscheidend. Gehen wir deshalb genauer auf ihre Histologie ein. Bei den meisten Dikotyledonen finden sich drei Lagen von Initialzellen (Stammzellen), L1 bis L3 (Abb. 16.7 b). In L1 und L2 teilen sie sich ausschließlich antiklin und liefern die Tunica, in L3 teilen sie sich anti- und periklin und stellen den Corpus. Bei L3 bleibt es also nicht bei nur einer Zellschicht (Abb. 20.3).

▶ **Lokalisierung und Expression der Steuerungsgene in der CZ.** Von *Arabidopsis* sind mehrere Gene bekannt, die auf die Organisation des SAM Einfluss nehmen. Am weitesten vorangeschritten ist die Analayse für die *CLV*-Gruppe und *WUS* (Abb. 16.7c). Die Namen beziehen sich auf Mutanten von *Arabidopsis* mit abartigen Wuchsformen, die auf entsprechende Veränderungen im SAM zurückgehen: *CLV* = CLAVATA von lat. clava = Keule, *WUS* von deutsch (!) = Wuschel. Beide Gengruppen zusammen halten die oben erwähnte Balance aufrecht.

Drei *CLV*-Gene sind im Spiel: *CLV1-3*. *CLV2* wird in verschiedenen Geweben exprimiert, darunter auch im SAM. mRNA für CLV3 fand sich in L1 und L2, mRNA für CLV1 in L3. *WUS* wird während der vegetativen Entwicklung nur in einigen Zellen von L3 exprimiert, die unmittelbar unter der obersten L3-Schicht liegen.

▶ **Rückkoppelung auf molekularer Ebene.** Die Wirkungsweise von *CLV* und *WUS* ist einander entgegengesetzt: Die *CLV*-Gruppe limitiert die Zahl der Stammzellen. Die wenigen Zellen mit *WUS*-Expression dagegen bilden ein Organisationszentrum, von dem aus benachbarte Zellen zu Stammzellen umgestimmt werden, vermehrt also die Zahl der Stammzellen.

Von ihrem Zusammenspiel macht man sich folgende Vorstellung (Abb. 16.7 c, 16.8): Unter dem Einfluss von *WUS* im Organisationszentrum **vergrößert sich die Zahl der Stammzellen**. Mit steigender Zahl der Stammzellen wird aber auch die **Expression des Gens *CLV3* in L1 und L2 verstärkt.** Es codiert ein kleines Polypeptid CLV3, das über den Apoplasten nach L3 wandert. Dort aktiviert es eine plasmalemma-gebundene Kinase. Sie wird über die Gene *CLV1* und *CLV2* gebildet. CLV1 besteht aus einer extrazellulären Rezeptor-Domäne mit Leucin-reichen Wiederholungen, einem Transmembran-Bereich und einer Kinase-Domäne innerhalb des Plasmalemmas. CLV2 ist entsprechend gebaut, aber es fehlt ihm

Abb. 16.7
Histologie des SAM, Lokalisation und Rückkoppelungsschleife über Steuerungsgenen (→ Text). **a** Histologie des SAM: CZ Central Zone = IZ Initialen-Zone ; PZ Peripheral Zone = Flankenmeristem; RZ Rib Zone = Markmeristem. **b** Histologie der CZ: L1 und L2 = Tunica; L3 = Corpus. **c** Lokalisierung der Steuerungsgene *CLV*/*WUS* (schwarze Hinweisstriche), ihre Expression (grün) und Interaktionen der betreffenden Proteine (blau und rot). *CLV2* wird überall im SAM exprimiert. *FIL* Expression von Genen für Lateralorgane (verändert nach Bowman and Eshed 2000; mit freundlicher Genehmigung von Elsevier).

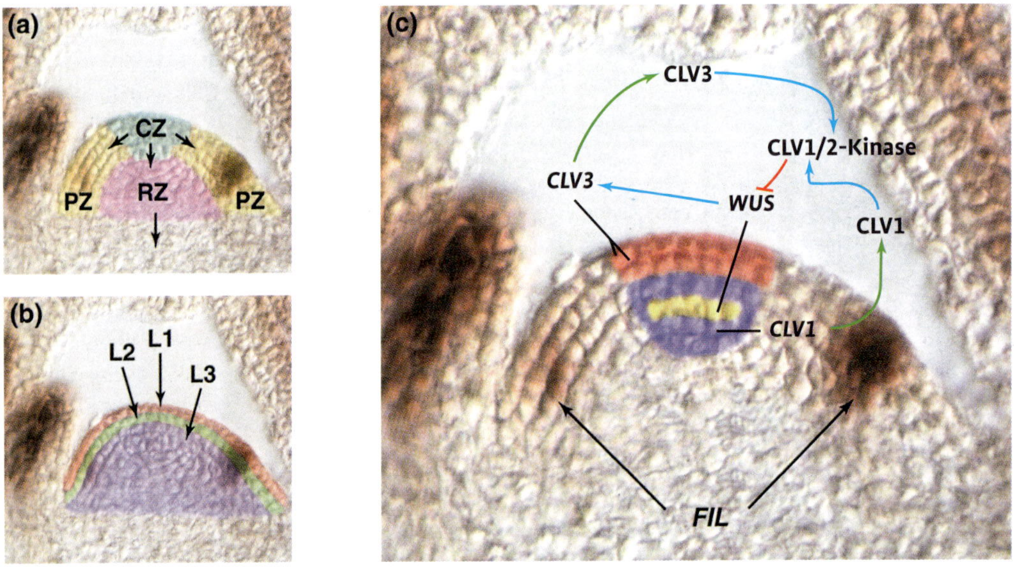

Abb. 16.8
Rückkoppelungsschleife bei Interaktionen in der Gengruppe *CLV/WUS*. In L1 und L2 der CZ (→ Abb. 16.7) codiert *CLV3* ein Polypeptid CLV3, das nach L3 in CZ und RZ wandert und dort die heterodimere CLV1/2-Kinase aktiviert. Sie hemmt letztlich das Gen *WUS*, das in einigen Zellen in der L3 exprimiert wird. Von diesem Organisationszentrum (OC) aus veranlasst *WUS* sonst eine Vermehrung der Stammzellen in L1 und L2 mit aktivem *CLV3*-Gen. Doch nach Blockierung von *WUS* geht die Stammzellen-Zahl mit aktivem *CLV3*-Gen zurück, die CLV1/2-Kinase wird nicht mehr aktiviert und die Hemmung von *WUS* wird ausgesetzt. Damit kann *WUS* wieder die Anzahl der Stammzellen in L1 undL2 erhöhen usf.! (in Anlehnung an Carles and Fletcher 2003).

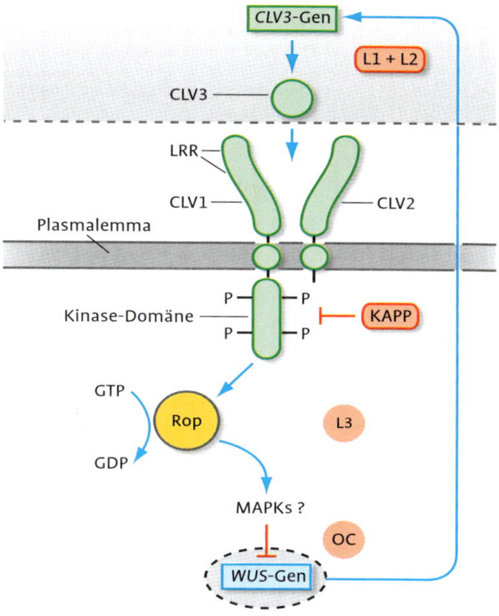

die Kinase-Domäne. Beide lagern sich zu einem Heterodimer (gr. heteros = verschieden, gr. dyo = zwei; gr. meros = Teil; also aus zwei verschiedenen Teilen). CLV3 aktiviert die CLV1/2-Kinase. Die Kinase-Domäre des Komplexes wird autophosphoryliert. Außerdem assoziieren noch Regulator-Proteine, die Phosphatase KAPP, die über Dephosphorylierung die Kinase-Aktivität hemmen kann, und vor allem die GTPase Rop, die mit hoher Wahrscheinlichkeit eine MAPK-Kaskade einleitet. Obwohl Details noch fehlen, steht fest, dass die **CLV-Kinase letztlich das *WUS*-Gen inaktiviert**. Dadurch wird die weitere Ausweitung des Stammzellenbereichs limitiert. Eine **Rückkoppelungsschleife** (Abb. 16.7 c, 16.8) sorgt also für ein dynamisches Gleichgewicht. Das jeweils gegebene Stammzellen-Reservoir im SAM bleibt erhalten.Über die Balance im SAM wird aber auch ein Gleichgewicht zwischen Zellteilung und Differenzierung gewährleistet. Wenn es die Situation erfordert, sind auch quantitative Verschiebungen im Regelkreis durch Eingriffe von außen möglich. Die Phosphatase KAPP wäre hier zu erwähnen.

16.2 Streckungswachstum

Das Streckungswachstum ist bereits ein Prozess der Differenzierung. Trotzdem soll es hier als zweite Komponente des Wachstums angeschlossen werden, bevor wir auf Grundlagen der Differenzierung eingehen. Dazu hier nur eine Andeutung: Zellen die aus dem Stammzellenbereich des SAM in die Determinationszone abgegeben werden, unterliegen andersartigen Informationen, werden dadurch andersartig determiniert und differenzieren schließlich entsprechend. Eine frühe Differenzierung ist das Streckungswachstum (→ Definition).

DEFINITION
Unter **Streckungswachstum (Zellstreckung)** versteht man eine irreversible Volumenerhöhung, die bevorzugt entlang einer bestimmten Achse erfolgt.

16.2.1 Das Prinzip: Lösen von Haftpunkten und plastische Dehnung der Zellwand

Bei der Zellstreckung wird das Volumen der Vakuolen oder des zentralen Zellsaftraums unter Wasseraufnahme ganz wesentlich vergrößert. Das ist über eine Erhöhung der Saugspannung der Zelle möglich. Nach der osmotischen Zustandsgleichung (Seite 215) – der Einfachheit halber sei der Außendruck nicht berücksichtigt – kann diese Erhöhung durch eine Steigerung des potentiellen osmotischen Drucks π^* oder durch eine Verminderung des Wanddrucks P erreicht werden.

Heute steht fest, dass Verminderung des Wanddruckes ausschlaggebend ist. Sie wird durch **Erhöhung der plastischen Dehnbarkeit der Zellwand** erreicht. Dazu werden Haftpunkte zwischen Makromolekülen der Zellwandbestandteile gelöst. Wasser strömt ein und bedingt über plastische Dehnung die Zellstreckung. In den streckungsfähigen primären Zellwänden finden sich Makromoleküle der verschiedensten Art, wie wir gleich erfahren werden. Die Frage muss sein, welche von ihnen die erwähnten Haftpunkte ausbilden.

16.2.2 Die Zellwand und ihre Veränderungen während des Streckungswachstums

Die Zellwand baut sich aus Schichten wechselnder Zusammensetzung auf. Sie dient nicht nur als Außenskelett und Abgrenzung der Zelle, sondern ermöglicht über Plasmodesmen auch die Verbindung der lebenden Zellen zum Symplasten (Seite 164).

Die Komponenten der Zellwand waren bereits besprochen worden. Hier geht es um ihr Vorkommen und ihre Anordnung in den einzelnen Schichten der Zellwand während der Streckung. Die Zellwand besteht aus einem **Skelett** aus **Cellulose-Mikrofibrillen** und einer umgebenden **Matrix aus Hemicellulosen, Pektinstoffen, Glykoproteinen und Proteinen**. Hinzu kommt die Einlagerung von Lignin sowie die Auflagerung von Cutin, Suberin und Wachs. Welche dieser Substanzen sich in welcher Menge am Aufbau der Zellwand beteiligt, hängt von deren Entwicklungszustand ab. Gegen Ende einer Zellteilung werden Mittellamelle, Primär- und Sekundärwände gebildet. Die Sekundärwände können dann noch durch Ein- und Auflagerungen verändert werden.

▶ Die **Mittellamelle** besteht überwiegend aus Pektinstoffen (Protopektin). Hinzu kommt noch Zellwandprotein.

▶ **Primärwand.** Hemicellulosen und Pektinstoffe überwiegen. Zellwandproteine kommen hinzu. Die Cellulose tritt mit höchstens 25 % der Trockenmasse mengenmäßig gegenüber den Matrixsubstanzen zurück. Lignin ist kaum vorhanden. Die Primärwand besteht aus Lamellen, die jeweils

Abb. 16.9
Das multi-net-growth der Primärwand. Ein Stück aus der Primärwand (**a**) wird herausgenommen. Die Maschen des zuletzt vom Plasmalemma aus gebildeten Netzwerks (rot) sind zunächst noch eng. Die Cellulose-Mikrofibrillen verlaufen senkrecht zur Längsachse, die auch Streckungsachse ist (**b**). Dadurch wird die Streckung entlang der Längsachse erleichtert. Bei Dehnung durch die Zellstreckung weiten sich die Maschen aus und die Cellulose-Mikrofibrillen reorientieren sich (**c** und **d**). Zur Verstärkung des gedehnten originären Netzwerks werden vom Plasmalemma her wiederholt neue Netze aufgelegt, von denen hier zwei ausschnittsweise wiedergegeben werden (n1 in c; n1, n2 in c und d) (verändert nach Wareing and Philips 1979).

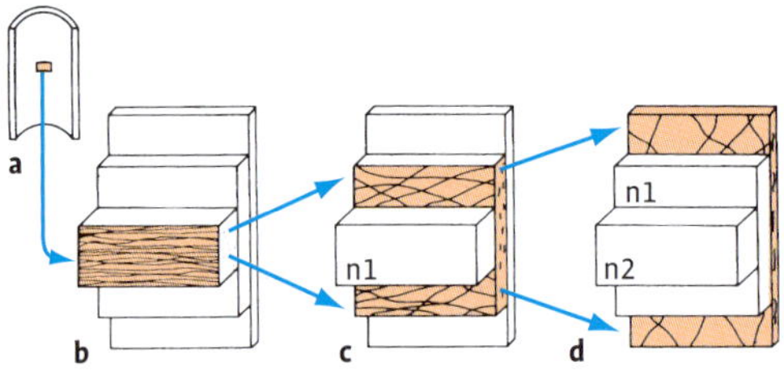

vom Protoplasten her auf die außen liegenden älteren Lamellen aufgelagert werden. Die Ausrichtung der Cellulose-Mikrofibrillen ist für **die Zellstreckung ausschlaggebend.** Denn in der jeweils jüngsten Wandlamelle streichen sie senkrecht zur Längsachse, bieten also der longitudinalen Streckung den geringsten Widerstand. Diese Ausrichtung wird durch **Mikrotubuli** bestimmt, die unterhalb des Plasmalemmas verlaufen. Bei der weiteren Dehnung wird diese primäre Ausrichtung aufgegeben, weil über die Apposition neuer Lamellen der Kontakt der beteffenden Schichten mit den richtenden Mikrotubuli verloren geht. Die Mikrofibrillen orientieren sich dann zunehmend auch parallel zur Streckungsachse (Abb. 16.9). Schließlich resultiert eine Streutextur mit kreuz und quer verlaufenden Cellulose-Mikrofibrillen (Abb. 8.9).

▶ **Sekundärwand.** Mit bis zu über 90 % der Trockenmasse dominieren nun Cellulose-Mikrofibrillen in den aus mehreren, oft drei Schichten bestehenden Sekundärwänden. Sie zeigen eine Paralleltextur, die von Schicht zu Schicht wechseln kann (Abb. 8.9). Schon dadurch wird ein Wachstum stark erschwert, wenn nicht unmöglich gemacht. In verholzten Sekundärwänden

BOX 16.2

Mikrotubuli und Ausrichtung der Cellulose-Mikrofibrillen

Bei den Mikrotubuli handelt es sich um Mikrofilamente, kleine Röhren aus 13 Reihen von Proteinpaketen, die man Tubuline nennt. Jedes Tubulin besteht aus einer α- und einer β-Einheit, ist also ein Heterodimer (Abb. 16.10).

Mikrotubuli sind wesentliche Komponenten des Spindelfaser-Apparates bei der Kern- und Zellteilung. Im Cytoplasma sind sie Bestandteile des Cytoskeletts. Sie bilden dort auch eine Art Gleitbahnen bei der Wanderung von mit Zellwandbestandteilen gefüllten Golgivesikeln in Richtung Plasmalemma und ebenso beim Spitzenwachstum des Pollenschlauchs (Seite 377). **Sie steuern auch die Ausrichtung der Cellulose-Mikrofibrillen beim Wachstum der Zellwand.** Schon seit den 70er Jahren des vegangenen Jahrunderts waren Parallelen zwischen dem Verlauf der Mikrotubuli unmittelbar unter dem Plasmalemma (kortikale Mikrotubuli) und demjenigen von Cellulose-Mikrofibrillen bekannt. Die betreffenden Mikrotubuli verstreichen zunächst ebenso senkrecht zur Streckungsachse der Zelle wie die Cellulose-Mikrofibrillen auf dem darüberliegenden Plasmalemma (Seite 137). 2006 wurde die **Bewegung der Cellulose-Synthase-Komplexe entlang der kortikalen Mikrotubuli in lebenden Zellen sichtbar gemacht.** Dazu wurden die Gene für Citrine **YFP** (Citrine **Y**ellow **F**luorescent **P**rotein; eine Mutante von GFP; Seite 76) und für CESA6 (Cellulose-Synthase) fusioniert. Das Fusionsprodukt *YFP::CESA6* wurde in *Arabidopsis* übertragen. Nach der Translation liegen dann Komplexe vor, in denenCESA6 durch YFP fluoreszenz-markiert ist. Die dadurch sichtbaren, zunächst einzelnen CESA-Moleküle vereinigten sich im etiolierten Hypokotyl von *Arabidopsis* noch ohne Kontakt mit Mikrotubuli zu Cellulose-Synthase-Komplexen, die sich dann den durch ein anderes, rot fluoreszierendes Fusionsprotein markierten kortikalen Mikrotubuli anschlossen, an ihnen nach der einen oder anderen Richtung (bidirektional) entlang wanderten und einen Schweif von Cellulose-Mikrofibrillen auf dem Plasmalemma hinter sich ließen (1; Abb. 16.11).

[1] Paredez *et al. 2006.*

Abb. 16.10
Räumliche Darstellung eines kurzen Abschnitts aus einem Mikrotubulus (verändert nach Alberts et al. 1986).

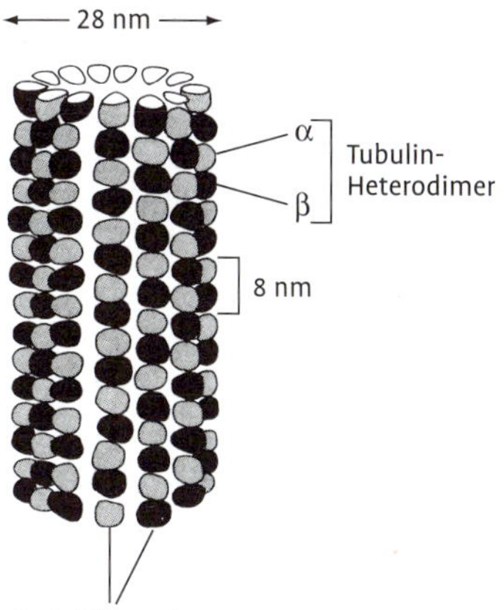

blockiert außerdem die Einlagerung von Lignin jegliches Wachstum.

Cutin, Suberin und Wachse sind heterogene hydrophobe Auflagerungen auf die Zellwände zur Vermeidung von Wasserverlusten. Sie können aber auch das Eindringen von pathogenen Mikroorganismen erschweren. Außerdem reflektieren Wachskristalle auffallendes Licht derart, dass eine übermäßige Erhitzung vermieden werden kann. Beim **Cutin**, das als **Cuticula** die Epidermis überzieht, handelt es sich außer zahlreichen anderen Komponenten vor allem um oxidierte C16- und C18-Fettsäuren, die miteinander verestert sind, etwa so, dass die Carboxylgruppe der einen Fettsäure mit der Hydroxylgruppe einer anderen Fettsäure reagiert. Es entsteht ein hochpolymeres Maschenwerk, in dem sich auch Phenole finden. **Suberin**, der Korkstoff, der die Korkzellen abdichtet, ist ein ähnliches Gemisch, das aber län-

Abb. 16.11
Colokalisierung von Mikrotubuli und Cellulosesynthase-Komplex (CESA6). YFP ist ein grün, CFP ein rot fluoreszierendes Protein. Gen YFP wurde mit Gen *CESA6*, Gen *CFP* mit dem Gen für Tubulin A1 (*TUA1*) fusioniert. Beide Fusionen wurden in *Arabidopsis* übertragen. In etiolierten Hypokotylen fluoreszieren in **a** die durch die Fusionsproteine YFP::CESA6-markierten Cellulosesynthase-Komplexe grün, in **b** die durch die Fusionsproteine CFP::TUA1-markierten Mikrotubuli rot. **c** zeigt beide in Kombination. Alle 10 s wurde fotografiert. Die beiden Fluoreszenzen zeigen übereinstimmende Bahnen, das heißt eine Colokalisierung von CESA6 und Mikrotubuli. Entsprechende Bereiche sind durch Dreiecke markiert (PAREDEZ et al. 2006; mit freundlicher Genehmigung von AAAS).

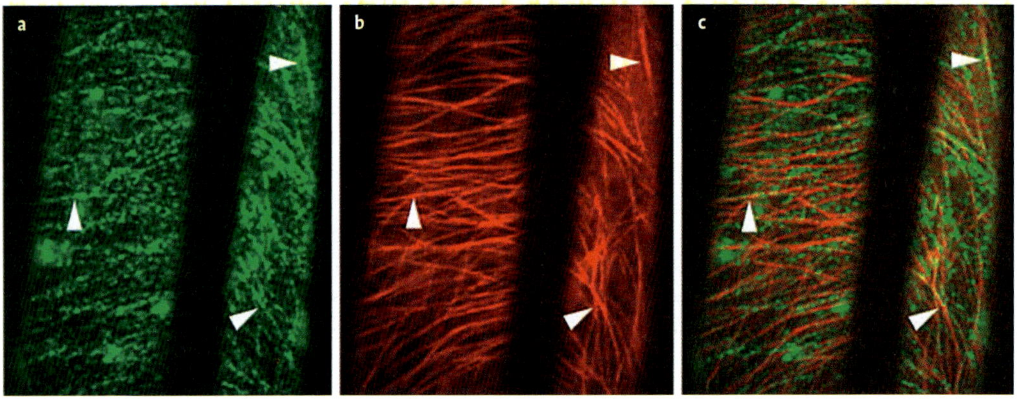

BOX 16.3

Die Samenhaare der Baumwolle, ein Extremfall der Zellstreckung

Nach der Befruchtung bilden sich aus Faserinitialzellen auf der jungen Samenschale der Baumwolle (*Gossypium spec.*) innerhalb von 20 Tagen bis über 5 cm lange Haare, die nach wie vor nur aus einer einzigen Zelle bestehen. Grund ist, dass in die Faserinitialen, nicht auch in andere Zellen der Samenepidermis, Saccharose in hoher Konzentration durch Sacharose-Translokatoren eingebracht wird (Abb. 16.12). Vor allem aber wird die Aktivität der Saccharose-Synthase (Seite 131) erhöht, die Saccharose in UDP-Glucose und Fructose spaltet. Dadurch steigt der osmotische Wert der Initialzellen weiter an. Doch kommt noch etwas hinzu: Plasmodesmen, durch die Saccharose oder ihre Spaltprodukte die Initialzellen wieder hätten verlassen können, werden durch Kallose-Pfropfen verstopft. Der hohe osmotische Wert wird dadurch stabilisiert. Wasser strömt ein, der Turgor erhöht sich, was zu der extremen Dehnung führt.

Bei Baumwollarten mit langen Fasern wie *G. barbadense* (Fasern über 5 cm lang) bleiben die Plasmodesmen länger verstopft als bei Arten mit kürzeren Fasern. Bei *G. hirsutum* B mit fast nie völlig geschlossenen Plasmodesmen dagegen werden die Fasern nur 1–2 cm lang. Die Art zeigt höhere Aktivitäten an 1,3-β-Glucanase, die Kallose abbaut, *G. barbadense* offensichtlich geringere. Wenn die Menge an Saccharose-Synthase in *G. hirsutum* gentechnisch erhöht wurde, bildete die Art längere Fasern aus (1, 2).

[1] Arioli 2004/2006; [2] Research 2005.

gere Alkohol-, Fettsäuren- und Kohlenwasserstoff-Komponenten und mehr Phenole enthält. **Wachse** bestehen unter anderem aus besonders langkettigen Fettsäuren, Alkoholen und Estern aus beiden. Sie sind hochgradig wasserabweisend. Sie können in Cutin und Suberin eingebettet sein, aber auch die Cuticula als **Oberflächenwachs** überziehen.

16.2.3 Physiologie der Zellstreckung

Das Streckungswachstum verläuft in der Regel in zwei Etappen. Die erste Etappe ist die **Zellstreckung über plastische Dehnung**. Wie schon bisher werden wir uns auch im Folgenden vor allem mit ihr befassen. Eine zweite Etappe ist das **Verstärkungswachstum der Zellwand**. Denn bei der plastischen Dehnung werden die verschiedenartigen Wandfibrillen so weit voneinander entfernt, dass eine Verstärkung der Zellwand erforderlich wird. Sie erfolgt über ein **Appositionswachstum** (lat. apponere = auftragen, hinzutun), über eine Auflagerung neuer Wandschichten auf die ursprüngliche, gedehnte Wand. Dabei werden neue Netze von Fibrillen vom Zellinneren her gleichsam auf das alte, ausgeweitete Wandnetz aufgeworfen. Man spricht deshalb auch von einem **multi-net growth**, einem Viel-Netz-Wachstum (Abb. 16.9).

16.2.3.1 Haftpunkte: Xyloglucane als cross-linking glycans

Nur die Primärwand ist streckungsfähig. Auf sie muss also die Frage nach der Art der Haftpunkte bezogen werden. Nach einer gängigen Modellvorstellung (Abb. 16.13) stehen Rhamnogalacturonane zunächst mit Arabinogalactanen in Verbindung. An den Arabinogalactanen setzen Xyloglucane an. Zwischen ihnen und den

Abb. 16.12
Zellstreckung bei Baumwollhaaren. Ein Saccharose-Translokator überführt Saccharose (Sa) in die Faserinitialen. Sie wird durch Sa-Synthase in Fructose und UDP-Glucose gespalten. Kallose-Pfropfen in den Plasmodesmen verhindern einen Austritt von Sa und ihren Spaltprodukten. Die stark erhöhte Turgeszenz führt zu der bekannten extremen Zellstreckung (verändert nach Research 2005).

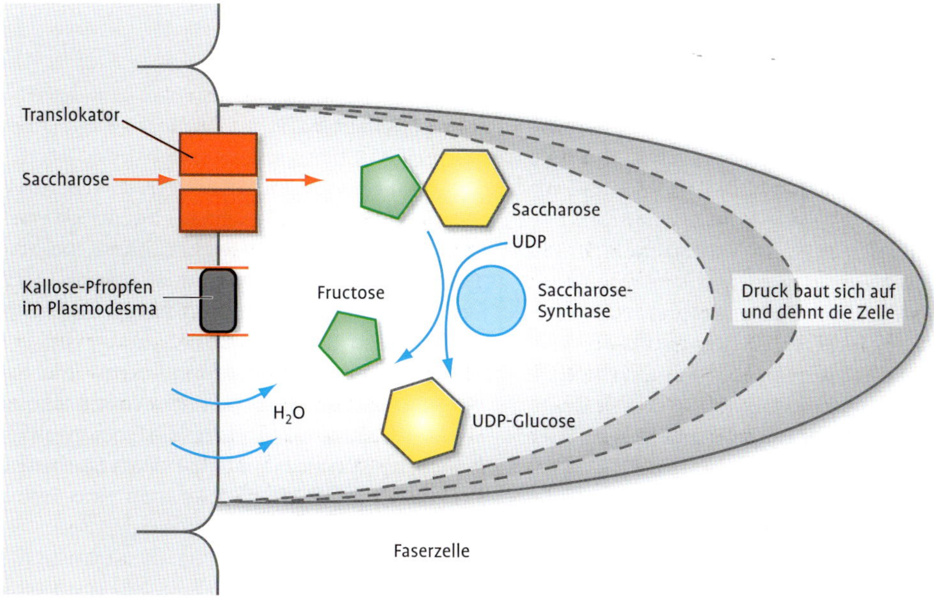

Cellulose-Mikrofibrillen bilden sich Wasserstoffbrücken aus. Die Xyloglucane fungieren somit als „cross-linking-glycans". Mit einer Ausnahme sind alle beteiligten Bindungen recht stabil, weil kovalent. Die Ausnahme sind die vergleichsweise schwachen Wasserstoffbrücken zwischen den Xyloglucanen und den Cellulose-Mikrofibrillen. Sie könnten die gesuchten **Haftpunkte** sein oder wenigstens zu ihnen gehören.

Abb. 16.13
Modell der wachstumsfähigen Primärwand. Ausschnitt mit den wichtigsten Komponenten: Cellulose-Mikrofibrillen sind in eine Matrix eingelagert. Sie besteht aus Rhamnogalacturonanen (Rhamnose ist eine Methylpentose, die Galacturonanketten covalent miteinander verbinden kann), die über Arabinogalactane mit Xyloglucanen verknüpft sind. Zwischen den Xyloglucanen und den Cellulose-Mikrofibrillen werden Wasserstoffbrücken ausgebildet, die beim Wachstum als Haftpunkte wichtig werden. An einer Stelle sind sie durch rote Pfeile angegeben (verändert nach Albersheim 1975).

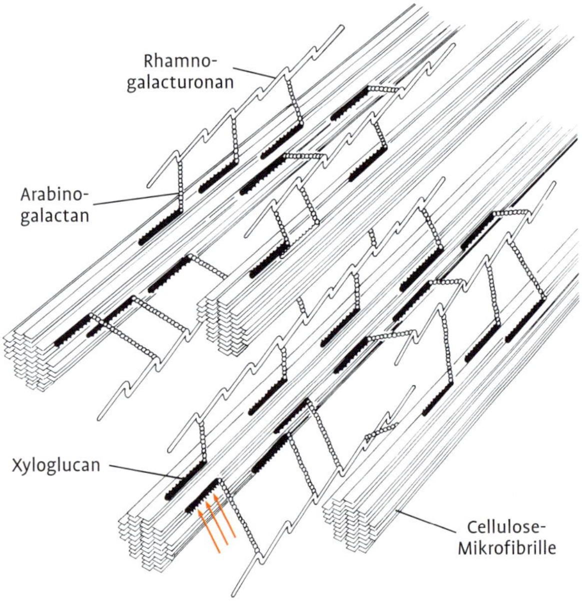

16.2.3.2 Säurewachstum und IAA-induziertes Säurewachstum

▶ **Säurewachstum**. Das Säurewachstum wurde 1962 von Hager entdeckt. An Auxin verarmte Längshäften von Sonnenblumen-Hypokotylen wurden in saure Puffer eingebracht. Unmittelbar danach begann ein Streckungswachstum (Abb. 16.14), das direkt auf die Protonen im Medium zurückging. 1971 publizierte Hager, dass IAA plasmalemma-gebundene H^+-ATPasen aktiviert, die als Protonenpumpen fungieren. Er fasste seine Daten etwas später als **acid-growth theory** zusammen (Hager 2003). Seine Befunde wurden vielfach bestätigt, so ab 1970 in eigenständigen Arbeiten durch die Arbeitsgruppe um Cleland.

▶ **IAA-induziertes Säurewachstum.** Heute ist bekannt, wie auch schon Hager herausgefunden hatte, dass IAA H^+-ATPasen nicht nur aktivieren, sondern auch ihre Neusynthese induzieren oder den Export von Bausteinen für ATPasen ins Plasmalemma fördern kann. Die H^+-ATPasen bewirken eine Ansäuerung im Zellwandbereich. Doch was geschieht **nach der Ansäuerung?**

▶ **Ansäuerung und Lösen von Wasserstoffbindungen:** Bei Zufuhr von Protonen – das bedeutet ja die Ansäuerung – brechen Wasserstoffbrücken zusammen. Ihre Lösung könnte die Ursache für die säurebedingte Streckung sein. Gute Kandidaten für entsprechende Haftpunkte sind die Wasserstoffbindungen zwischen den Xyloglukanen und den Cellulose-Mikrofibrillen (Abb. 16.13). Die Parallele zwischen schnell einsetzender IAA-Wirkung und ebenfalls schnell einsetzender Protonenwirkung führte zu der Hypothese, auch die IAA-induzierte Streckung könne auf das Lösen der genannten Wasserstoff-Bindungen zurückgehen (Abb. 16.15).

▶ **Lösen von Wasserstoffbindungen und Expansine:** Doch beim Lösen der Wasserstoffbindungen kommt es zu einer Hilfestellung. Verschiedene Enzyme können kovalente Bindungen bei niederem pH lösen. Doch in in vitro-Testen lösten sie keine Zellstreckung aus, wenn die Wände unter Druckspannung standen, wie das bei der Zellstreckung der Fall ist. Nur eine Faktorengruppe bewirkte eine Zellstreckung bei sau-

Abb. 16.14
Säurewachstum in Hypokotylen der Sonnenblume (*Helianthus annuus*), ausgelöst durch IAA, saure Puffer oder den Chelatbildner EDTA. Die Streckung beginnt fast unmittelbar nach Zusatz von IAA (verändert nach HAGER 1962).

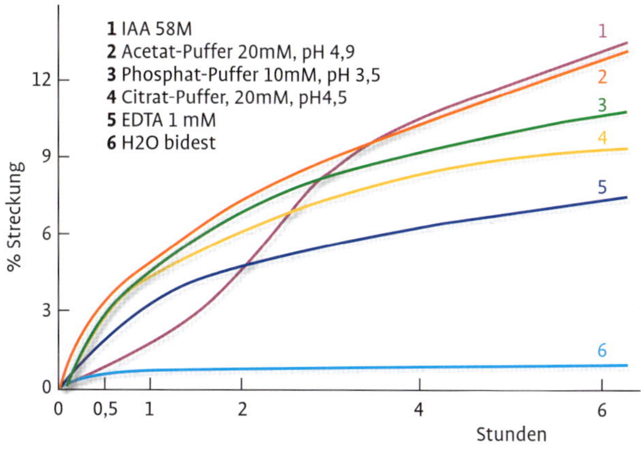

rem pH **und** unter Druck, die **Expansine**. Dabei handelt sich um eine in höheren Pflanzen weit verbreitete Familie aus kleinen, aber häufigen Proteinen, die in eben dem saurem Milieu aktiv werden, das über H^+-ATPasen geschaffen worden war. In vitro und in vivo führen sie rasch zur Streckung von Zellwandmaterial. Dabei lösen sie keine kovalenten Bindungen, sondern offensichtlich die nicht-kovalenten Wasserstoffbrücken zwischen Xyloglucanen und Cellulose (Abb. 16.16). Ihr Wirkungsmechanismus ist unbekannt.

Die Abfolge wäre also: IAA → H^+-ATPasen → Lösen von Wasserstoffbindungen zwischen Xyloglucanen und Cellulose-Mikrofibrillen unter Mitwirkung von Expansinen → Zellstreckung.

16.2.3.3 IAA-Signaltransduktion

Die Daten zum IAA-induzierten Säurewachstum sind bereits Teilstück einer von IAA ausgehenden Signaltransduktion. Hier werden weitere Bruchstücke aus möglicherweise mehreren Wegen der Signaltransduktion hinzugefügt. Insgesamt sind die von IAA ausgehenden Signaltransduktionen bei der Zellstreckung jedoch noch kaum bekannt.

▶ **Das IAA-Rezeptor-Problem bei der Zellstreckung.** Eine zentrale Frage bei der Aufklärung einer Signaltransduktion ist die nach dem signalspezifischen Rezeptor. Das früher geschilderte IAA-Rezeptor-System (Seite 233) kommt für die IAA-induzierte Zellstreckung nicht in Frage. Der beste Kandidat dafür ist das **A**uxin **b**indende **P**rotein 1 (**ABP**1), das zuerst aus Mais-Koleoptilen und dann auch aus anderen Pflanzen, darunter *Arabidopsis* isoliert wurde. Es handelt sich um ein Glykoprotein von 22kDA (beim Mais; Abb. 16.17), das am rauen ER gebildet wird und mit Hilfe eines Signalpeptids zunächst in das Lumen des ER gelangt. Ein Teil des ABP1 wird jedoch über Exocytose von Golgi-Vesikeln in den Bereich des Plasmalemmas transloziert. ABP1 ist jedoch nicht fest ins Plasmalemma integriert, sondern dockt an einen hypothetischen anderen Rezeptor im Plasmalemma an. Dort steht es am Anfang einer noch unbekannten Signaltransduktion, die zur Zellstreckung führt, wahrscheinlich unter Einschalten von H^+-ATPasen. Andere Auxin-Effekte als die Zellstreckung werden nicht über ABP1 gesteuert.

▶ **IAA und Genaktivität.** Die Steuerung von Genaktivität gehört fast routinemäßig zur Signaltransduktion von Hormonen. IAA induziert Genaktivität ebenfalls, und das auch sehr schnell. Die ersten Belege dafür lieferte schon 1965 eine Gruppe von Zoologen (Hamilton et al. 1965), denen ihre angestammte Wissenschaft offensichtlich keine ansprechende Thematik bieten konnte. Sie fanden, dass Actinomycin C1 (Seite 37) bei *Avena*-Koleoptilen eine IAA-induzierte Streckung annullierte. Entsprechende Befunde wurden seitdem wiederholt auch an anderen Objekten gemacht. Dabei zeigte es sich, dass Gene nach Zufuhr von IAA sehr rasch anspringen können. Bei *SAUR*-Genen (**s**mall **au**xin **u**pregulated **R**NA) lässt sich schon ab zwei bis fünf Minuten nach Beginn der IAA-Einwirkung mRNA nachweisen. Die Funktion der SAUR-Proteine ist unbekannt, doch wird vermutet, sie könnten in der IAA-Signaltransduktion mitwirken. **Eine Genaktivierung durch IAA kommt also nicht nur für das später eintretende Verstärkungswachstum, sondern auch für eine schnell einetzende plastische Zellstreckung durch Lösen von Haftpunkten in Frage.**

Zu schnell eintretenden Zellstreckungen einige Angaben: Auf Daten an der Sonnenblume war schon hingewiesen worden (Abb. 16.14). Bei Wurzelhaaren konnte man nur wenige Minuten nach Einbringen in IAA eine Streckung feststellen. Auch bei der *Avena*-Koleoptile lässt sich eine Reaktion auf IAA schon im Minuten-Bereich nachweisen. Im Zusammenhang mit dem Säurewachstum ist besonders wichtig, dass sich im Plasmalemma von Maiskoleoptilen schon zehn Minuten nach Beginn der IAA-Behandlung **neu gebildete H^+-ATPasen** nachweisen ließen. Zunächst hatte man irrtümlicherweise für Genaktivierungen über IAA eine längere lag-Phase angenommen. Die betreffenden Signaltransduktionen sind noch unbekannt.

Abb. 16.15
Hypothese zum IAA-induzierten Säurewachstums. **Oben** Zustand vor Einwirken von IAA, **unten** danach. Durch IAA werden Protonenpumpen im Plasmalemma aktiviert oder neu gebildet (Neusynthese nicht im Bild). Sie erhöhen die Protonenkonzentration im Bereich der Zellwand. Dort lösen sich jetzt Haftpunkte (gestrichelte Verbindungen), etwa zwischen den Xyloglucanen und den Cellulose-Mikrofibrillen (Abb. 16.13). Die Zellwand wird gelockert, Wasser kann einströmen, die Zellwand wird gedehnt (unten durch Pfeile abwärts angedeutet) (verändert nach Palmgren 1988).

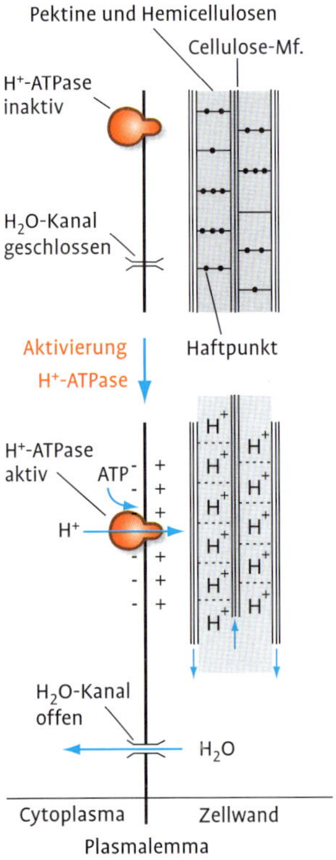

Abb. 16.16
Lösen von Wasserstoffbrücken zwischen Xyloglukanen und Cellulose-Mikrofibrillen durch Expansine. Die Füllmasse aus Rhamnogalacturonanen und Arabinogalactanen wurde fortgelassen (→ Abb. 16.12).

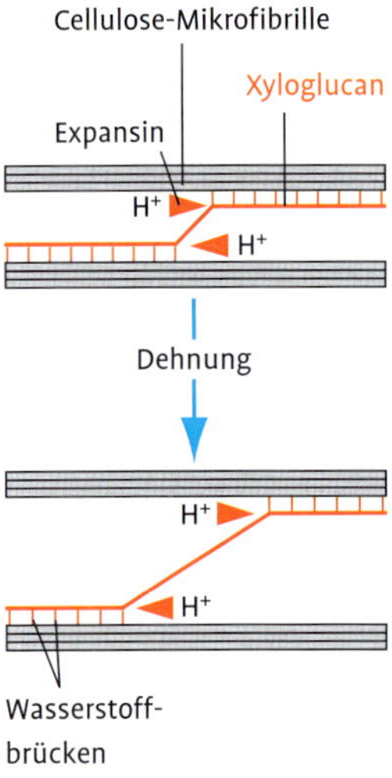

Abb. 16.17
ABP1 aus Mais-Koleoptilen. Grau ein N-terminales Signalpeptid. Rot drei Boxen A, B und C, die in allen ABPs hoch konserviert sind. An A bindet IAA. * Stelle der N-Glykosidierung. KDEL: ein C-terminales Signal zum Verbleib im ER (verändert nach Hagen et al. in Davies 2004).

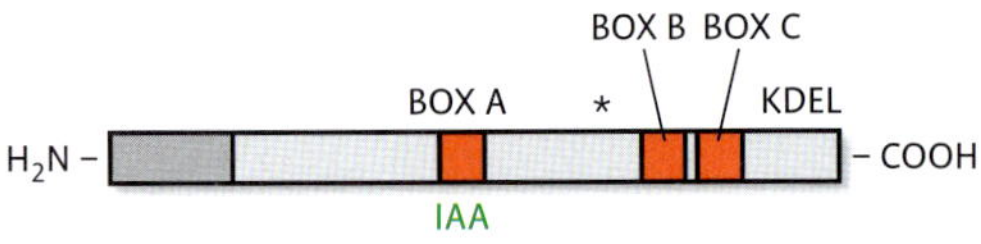

FRAGEN
(Seitenverweise zur Beantwortung)

- Nennen Sie die Phasen des Zellzyklus! In welcher von ihnen kommt es zur DNA-Replikation? (Seite 258)
- In welcher Richtung (bezogen auf den neu zu legenden Strang) arbeiten DNA-Polymerasen? (Seite 259)
- Was verstehen Sie bei der DNA-Replikation unter Leitstrang und Folgestrang? (Seite 260)
- Wie entstehen Okazaki-Fragmente? (Seite 261)
- An welchen zwei Phasenübergängen wird der Zellzyklus unter Beteiligung von Phytohormonen kontrolliert? Welcher Typ von Enzymen stellt die entscheidenden Steuerungselemente?(Seite 262)
- Definieren Sie den Begriff „Stammzelle"! (Seite 263)
- Wie wirken die Gengruppen *WUS* und *CLV* bei der Stabilisierung des SAM zusammen (nur Grundzüge)? (Seite 264)
- Definieren Sie den Begriff Streckungswachstum! (Seite 265)
- Geben Sie die Schichten der Zellwand an und schildern Sie deren stoffliche Zusammensetzung! (Seite 266)
- Welche der Zellwände ist streckungsfähig? (Seite 266)
- Was verstehen Sie unter Säurewachstum? (Seite 270)
- Zwischen welchen Bestandteilen der Zellwand finden sich Wasserstoffbrücken, die als Haftpunkte diskutiert werden? (Seite 269)
- Was verbinden Sie mit dem Begriff Expansine? (Seite 271)

17 Grundlagen der Differenzierung

INHALT

Über Regenerationsexperimente lässt sich die prinzipielle Totipotenz von Pflanzenzellen beweisen. Basis der Differenzierung sind differentielle Genaktivitäten, die heute bevorzugt über DNA-Microarrays nachgewiesen werden. Ursachen für differentielle Genaktivitäten können inäquale Zellteilungen sein, die auf der Polarität der Mutterzellen beruhen. Die Polarität steht vielfach kausal mit Gradienten im Zusammenhang, vor allem Auxingradienten. Solche Gradienten bedingen Positionseffekte, die ebenfalls zu differentiellen Genaktivitäten und damit zur Musterbildung führen.

17.1 Totipotenz

Lehrbuchmäßig ist die Mitose eine erbgleiche Teilung, was die auf den Chromosomen lokalisierten Gene angeht (Seite 258). Alle diploiden Zellen der höheren Pflanze sollten also über den gleichen Genbestand verfügen. Der Modus der DNA-Replikation scheint das zu gewährleisten. Wie lässt es sich dann aber erklären, dass sich die einzelnen Zellen der Pflanzen zu verschiedenen Zelltypen, Geweben und Organen differenzieren?

Während der Ontogenese könnten Mutationen zum **Verlust** oder zur **Veränderung von Genen** führen, die dann über Mitosen weitergegeben werden. Die vielzellige Pflanze wäre dann ein Mosaik aus genetisch verschiedenen Zellen und Zellverbänden. Über diese genetische Verschiedenheit würden entsprechende Differenzierungen verständlich. Zum gleichen Ergebnis könnte eine **irreversible Stilllegung von Genen** führen.

Auch wenn die mitotischen Zellteilungen einschließlich der DNA-Replikation Erbgleichheit gewährleisten, schließt das demnach nicht aus, dass der Gesamtorganismus Mosaikcharakter aufweisen könnte. In der Tat finden sich die eben erwähnten Effekte. Sie sind jedoch meist nebensächlich. Denn **Regenerationsexperimente** bewiesen, dass in der Regel alle Zellen einer höheren Pflanze noch über die gesamte genetische Information verfügen und sie gegebenenfalls auch zur Expression bringen können: sie sind **totipotent** (→ Definition; lat. totus = ganz, völlig; lat. potentia = Macht).

DEFINITION
Unter **Totipotenz** versteht man, dass eine Zelle (eines vielzelligen Organismus) noch über alle Gene verfügt, die in der Zygote vorhanden gewesen waren, und sie alle auch noch zur Expression bringen kann.

Bei Regenerationsexperimenten wird regelmäßig angeführt, dass sich aus einer einzigen Epidermiszelle eines Begonienblattes eine komplette neue Begonienpflanze bilden kann (Abb. 17.1). Doch kann man nicht ausschließen, dass über eine Nachbarschaftshilfe aus den umliegenden Zellen und Geweben eventuelle Defizite der regenerierenden Zelle kompensiert wurden. Überzeugend waren dagegen Regenerationen von ganzen Pflanzen aus **isolierten Einzellen**, die verschiedentlich, etwa an Möhre und Tabak, erfolgreich waren. Überzeugend sind aber vor allem die zahllosen Regenerationen kompletter Pflanzen aus **isolierten Protoplasten**, also sogar aus Zellen ohne Zellwand. Die Protoplasten werden aus den verschiedensten Geweben isoliert, oft aus dem Mesophyll von Laubblättern (Abb. 17.2), einem hochspezialisiertem Gewebe. Eine überzeugendere Beweisführung für die Totipotenz pflanzlicher Zellen kann man sich kaum vorstellen. Damit müssen andere Prinzipien für die Differenzierung maßgeblich sein als Verlust, Veränderung oder irreversible Stillegung von Genen.

Abb. 17.1
Regeneration von Begonien. Ein Begonienblatt wird ausgelegt und bewurzelt sich (**c**). Seine Blattnerven werden teilweise durchschnitten. In der Umgebung der Schnittstellen regenerieren neue Begonien. Dabei kann aus einer einzigen Epidermiszelle eine komplette neue Pflanze entstehen (**a, b**) (verändert nach STRASBURGER 1967).

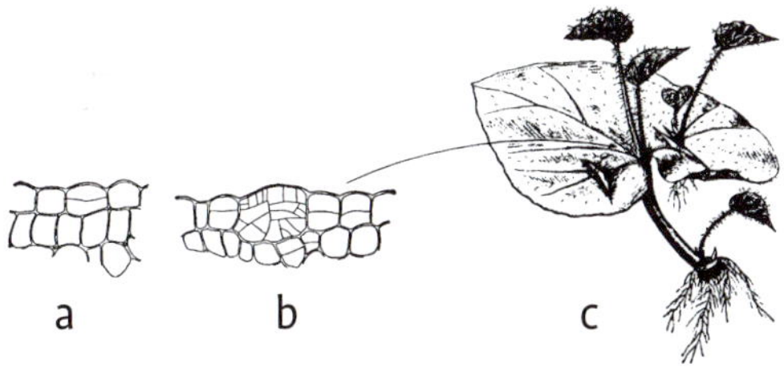

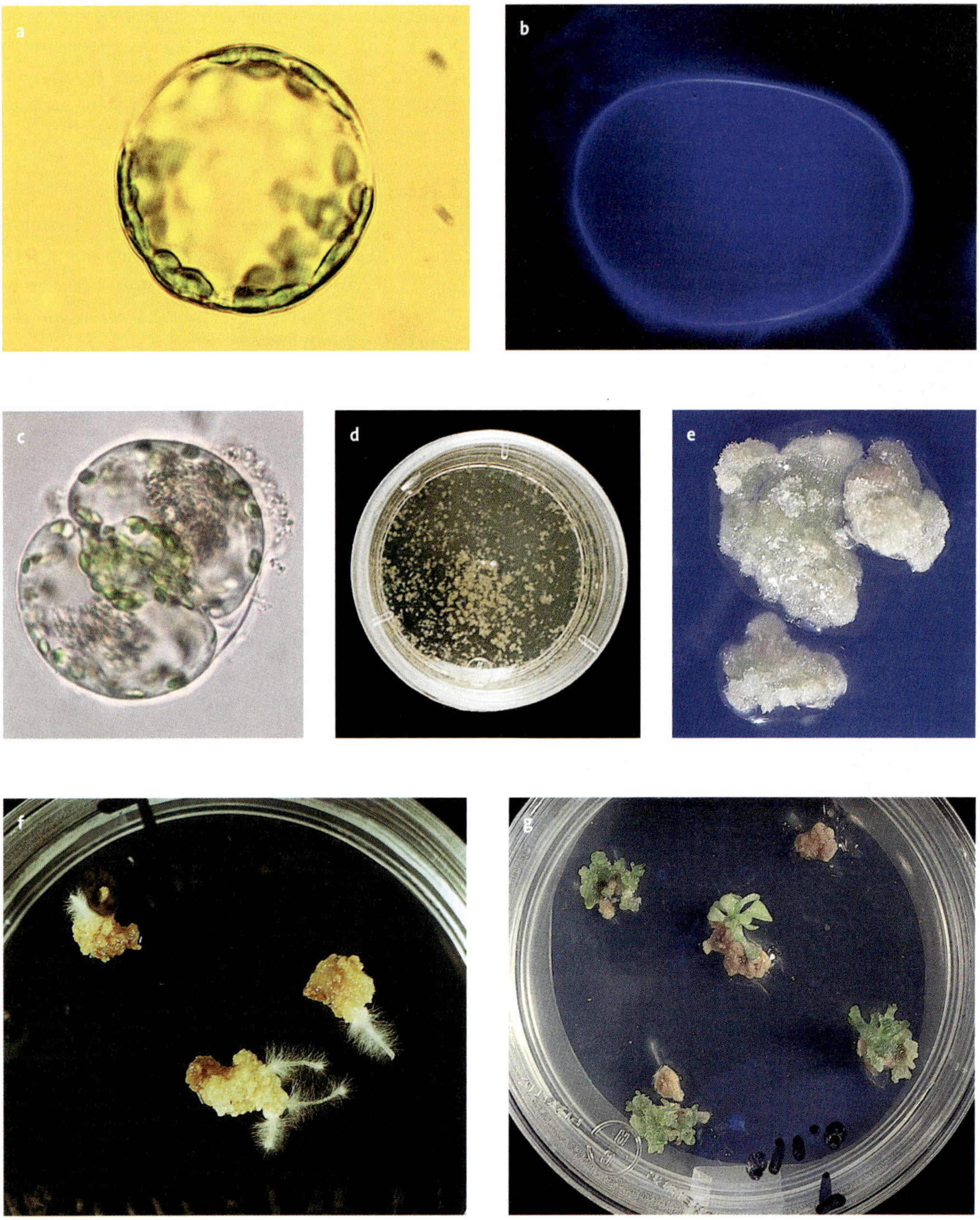
a
b
c
d
e
f
g

Abb. 17.2
Regeneration isolierter Mesophyll-Protoplasten von *Petunia hybrida* (vgl. dazu Abb. 4.12). **a** isolierter Protoplast. **b** Rückbildung der Zellwand, sichtbar nach Anfärbung mit dem Fluoreszenz-Farbstoff Calcofluor White. Die Kugelform wird nun aufgegeben. **c** erste Teilung in Flüssigmedium. Sie erfolgt erst nach Rückbildung der Zellwand. **d** kleine Kalli in Flüssigmedium. **e** größere Kalli nach Subkultur auf festem Nähragar. **f** Organogenese: Bildung von Wurzeln aus den Kalli (e) auf Medium mit relativ viel Auxinen. **g** Organogenese: Bildung von Sprossen aus den Kalli (e) auf Medium mit relativ viel Cytokininen. In der Praxis regeneriert man zuerst Sprosse, die dann bewurzelt werden. **h** regenerierte blühende Petunie (Fotos: a, b, d, h D. HESS; c N.N.; e, f, g G. DONN. Lit. D. HESS 2006).

17.2 Differentielle Genaktivität: Definition und Nachweis

17.2.1 Definition

Differenzierte Pflanzenzellen verfügen also in der Regel noch über die gesamte genetische Information und können sie auch in Merkmalsbildungen realisieren. Aber damit ist nicht gesagt, dass alle Gene **gleichzeitig aktiv** sein müssten. Auch wenn wir **irreversible Stillegungen** von Genen zurückstellen müssen, muss man doch nur **vorübergehende Inaktivierungen** berücksichtigen. In der Tat sind in einem bestimmten Gewebe und in einem bestimmten Entwicklungsstadium ganz bestimmte Gene aktiv, in einem anderen Gewebe und in einem anderen Entwicklungsstadium andere Gene. Dabei können bislang vorübergehend reprimierte Gene aktiviert und bislang aktive Gene stillgelegt werden. Jedem Muster aktiver Gene entspricht dann eine ganz bestimmte Differenzierungsleistung. An die Stelle einer Differenz im Genbestand tritt damit eine Differenz in den Genaktivitäten, die entsprechende Differenzen in der Merkmalsbildung zur Folge hat. Diese **differentielle Genaktivität** (→ Definition) ist eine wesentliche Triebkraft der Differenzierung. Alle weiteren Etappen auf dem Weg zum Merkmal sind sekundärer Natur.

DEFINITION
Eine **differentielle Genaktivität** liegt dann vor, wenn die Genexpression gewebe- und stadienspezifische Unterschiede aufweist.

17.2.2 Nachweis über DNA-Microarrays (DNA-Chips)

Früher war der Nachweis einer differentiellen Genaktivität mit einigen Schwierigkeiten verbunden. Man musste zunächst auf sekundäre Effekte zurückgehen, zu Beginn sogar auf Merkmalsbildungen, die mit Hilfe von Transkriptionshemmern blockiert wurden. Entsprechende Versuche lieferten unter günstigen Vorausetzungen und unter bestimmten Vorsichtsmaßnahmen positive Ergebnisse. Auch Protein- und Enzymaktivätsmuster aus verschiedenen Geweben und Entwicklungsstadien wurden herangezogen, wobei es bei Enzymaktivitäten immer fraglich war, ob sie auf eine Neusynthese oder nur auf eine Aktivierung schon vorhandener Enzyme zurückgingen. Frühzeitig befasste man sich auch mit mRNA. So wurden zum Beispiel schon 1965 zwei Tage alten Cotyledonen der Erdnuß (*Arachis hypogaea*) H^{3-} und 14 Tage alten Cotyledonen C^{14}-Uridin zugeführt. Bei einer Trennung über Methylalbuminsäulen zeigten die Elutionsprofile der jeweils gebildeten mRNAs deutliche Unterschiede (Chroboczek and Cherry 1965). Einen wesentlichen Fortschritt brachte dann das Northern-Blotting (Seite 64).

Erst nach diesem Rückblick lässt sich ermessen, welchen enormen Fortschritt **DNA – Microarrays (DNA-Chips**; Schena et al. 1995**)** bedeuten, mit denen sich die Expression tausender Gene gleichzeitig fassen lässt. Gehen wir nur auf den häufig praktizierten Einsatz von DNA-Sonden ein: Bekannte DNA-Sonden werden im Microarray fixiert und mit in Flüssigkeit gelösten, markierten Ziel-Nucleinsäuren (targets) hybridisiert. So kann man herausfinden, ob und in welcher Menge in den targets bestimmte DNAs vorhanden sind. Da die target-DNA auf mRNA zurückgeht, kann man so Genexpressionen analysieren. Gehen wir darauf etwas genauer ein:

Die **DNA-Chips mit den DNA-Microarrays** werden auf Glasträgern hergestellt (Abb. 17.3). Dabei trägt man die **DNA-Sonden** als „Punkte" (spots) in winzigen Hybridisierungskammern auf. Als Sonden können cDNAs oder cDNA-Fragmente dienen, die bestimmte Gene repräsentieren. Man erhält sie aus mRNA über reverse Transkription: eine **reverse Transkriptase (RT)** stellt an mRNA einen komplementären DNA-Strang her, eben die **cDNA** (**c**omplementary **DNA**). Sie wird über PCR (Seite 71) amplifiziert, um genügend Material zur Verfügung zu haben. RT und PCR zusammen bezeichnet man auch als RT-PCR. Instrumentell kann man so DNA-Microarrays mit rund 10 000 verschiedenen cDNA-Sequenzen pro Objektträger herstellen. Im normalen Labor sind es meistens einige 100. Eine Ausweitung ist möglich, wenn anstatt der längeren cDNAs **Oligonucleo-**

Abb. 17.3
Microarray-Analyse, zum Beispiel zur Genexpression in Kontrolle und Versuch. RT Reverse Transkription ; PCR = Polymerase-Ketten-Reaktion (Lit. Methodik z. B. Kuhn and Schaller 2004).

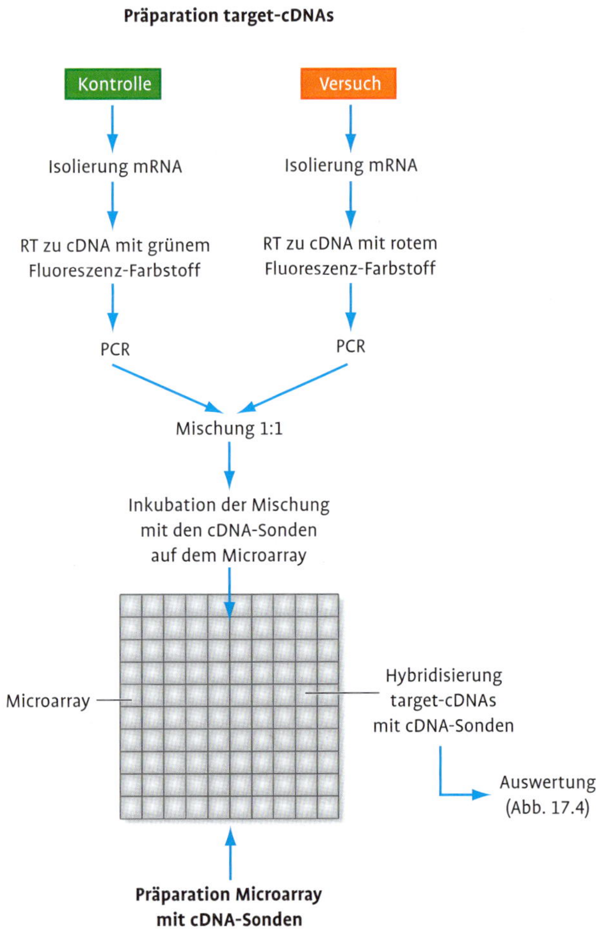

tide aus nur 20–25 genspezifischen Nucleotiden eingesetzt werden. Sie werden mit speziellen photolithographischen Methoden auf den Glasträgern selbst synthetisiert. Dann lassen sich einige 100 000 verschiedene Oligonucleotid-Sonden pro Glasträger platzieren.

Bei Expressionstudien gewinnt man die target-DNA aus Gesamt-mRNA, die revers transkribiert wird. Über RT-PCR erhält man ausreichende Quantitäten. Bei der RT werden die sich bildenden target-DNAs mit Fluoreszenzfarbstoffen markiert. Vielfach wird in die cDNA der Kontrolle ein grün, in die cDNA des Versuchs ein rot fluoreszierender Farbstoff eingebaut. Beide cDNA-Populationen werden im Verhältnis 1 : 1 gemischt. Die Mischung wird mit den Sonden im Microarray hybridisiert. Danach werden die fluoreszierenden spots auf den Chips mit Scannern einzeln quantitativ ausgewertet. Differenzen in der Intensität der Grün- und Rot-Fluoreszenz der Signale geben Unterschiede in den jeweiligen Genexpressionen wieder (Abb. 17.4).

Das Arbeiten mit DNA-Chips kann kostpielig werden. Dennoch sind DNA-Microarrays auf einem Siegeszug vor allem bei Expressionsstudien. Etwas im Rückstand ist noch eine andere Einsatzmöglichkeit, die Charakterisierung von Genen etwa in Mutanten.

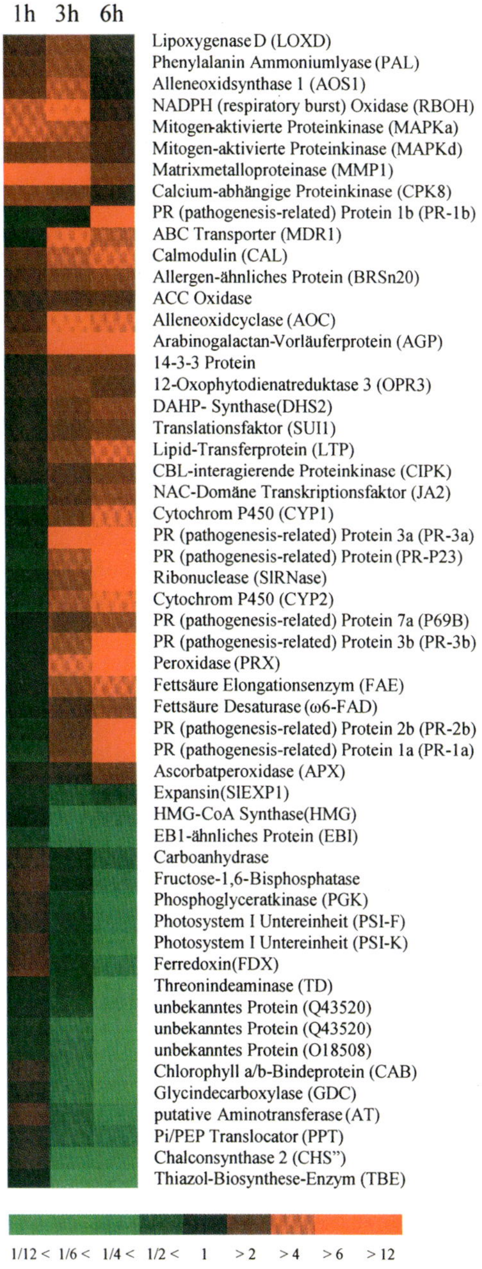

Abb. 17.4
Microarray-Analyse zum zeitlichen Ablauf von Genexpressionen in Tomaten nach Einwirkung von Fusicoccin (FC). FC ist ein Toxin des phytopathogenen Pilzes *Fusicoccum amygdali*, der Pfirisch- und Mandelbäume befällt. Doch wirkt FC darüber hinaus generell als Welketoxin, so auch bei der in dieser Hinsicht gut untersuchten Tomate. 1, 3 und 6 Stunden nach der Behandlung Microarray-Analysen: Die cDNAs der Kontrollen waren mit einem grün fluoreszierenden Farbstoff, die cDNAs der Versuche (FC-Behandlung) mit einem rot fluoreszierenden Farbstoff markiert. Die beiden cDNAs aus Kontrolle und Versuch wurden jeweils im Verhältnis 1 : 1 gemischt und im DNA-Chip mit den Sonden für die genannten Gene hybridisiert. Die Farbskala unten gibt die Intensität der dann gemessenen Fluoreszenz wieder. Grüne Fluoreszenz zeigt eine vergleichsweise schwache Expression an, zunehmend rote Fluoreszenz einen Anstieg in den betreffenden mRNAs, also eine Steigerung der Expression. In der Abb. wird nur ein Teil der insgesamt 235 untersuchten Gene gezeigt, doch lässt sich die Leistungsfähigkeit der Methode dennoch gut erkennen. Manche der Gene werden uns noch beschäftigen, etwa diejenigen für PR-Proteine (Seite 335), die erwartungsgemäß aufreguliert werden (Foto A. SCHALLER; Lit. FRICK and SCHALLER 2002).

17.3 Differentielle Genaktivität: Polarität und inäquale Teilungen

Zu einer differentiellen Genaktivität kann es nur kommen, wenn Unterschiede zwischen den Zellen gegeben sind. Durch innere und äußere Faktoren bedingte Unterschiede gibt es in der pflanzlichen Entwicklung von Beginn an, ganz gleich ob sie von einer Zygote im Embryosack oder von freigesetzten Zygoten oder Sporen ausgeht. Grundlagen dafür werden im Folgenden behandelt.

17.3.1 Polarität

Die Polarität kann zu den geforderten Unterschieden führen, inäquale Zellteilungen verteilen sie dann unterschiedlich auf die Tochterzellen.

DEFINITION
Unter **Polarität** versteht man das Auftreten von Unterschieden jeglicher Art an entgegengesetzten Seiten (Polen) eines (lebenden) Systems.

▶ **Das Phänomen.** Wenn wir im Folgenden von Polarität (→ Definition) sprechen, so handelt es sich dabei oft um eine Axialpolarität. Sie findet sich bei Zellwandbestandteilen, isolierten oder im Gewebeverband befindlichen Zellen und vielzelligen Organismen, ist aber nicht immer nachweisbar. Einige Beispiele:

- Eine Einzelzelle von oft mikroskopisch sichtbarer Polarität ist die **Eizelle** im Embryosack. Sie liegt im polar organisierten Embryosack, der sich seinerseits in ebenfalls polaren Organen der polar gebauten Mutterpflanze befindet (Abb. 24.2). Offensichtlich, aber kaum beweisbar, wird die Polarität der Eizelle und nach Befruchtung der Zygote (Abb. 18.1) durch die Lage in übergeordneten polaren Strukturen bedingt.
- Ein altbekanntes Beispiel für vielzellige polar gebaute Systeme liefert ein **Weidenzweig**, aus dem man einen Steckling herausschneidet (Abb. 17.5). An seinem unteren Ende bilden sich sprossbürtige Wurzeln, an seinem oberen Ende nicht. Und wenn man das Zweigstück um 180° dreht, so bildet es an dem seiner Herkunft nach unteren Ende Wurzeln, auch wenn dieses Ende sich nun oben befindet. Eine Sonderform der Polarität ist auch die Dorsiventralität, zum Beispiel die Verschiedenheit von Ober- und Unterseite der Blätter.

Abb. 17.5
Polarität bei der Regeneration von Wurzeln an Zweigstecklingen der Weide. Links normale Orientierung des Stecklings, rechts um 180° gedreht. Die Zweige befinden sich in einer feuchten Kammer (WALTER 1950).

▶ **Induktion und Fixierung der Polarität bei *Fucus*.** Die Induktion der Polarität lässt sich nur in Ausnahmefällen untersuchen. Denn in der Regel bedingt wie im Embryosack eine gegebene Polarität die Polarität von Substrukturen. Wenn wir sie an Ausnahmeobjekten wie *Fucus* verfolgen können, lässt das kaum Rückschlüsse auf die normale Pflanze zu. Höchstens lässt sich generalisieren, dass eine einmal fixierte Polarität hartnäckig beibehalten werden kann, wie schon das Experiment mit dem Weidenzweig demonstrierte.
Sporen von Schachtelhalmen (*Equisetum*) oder Eizellen bzw. Zygoten von Braunalgen wie *Fucus* und *Pelvetia* sind nicht polarisiert und damit Ausnahmen, die eine Untersuchung erlauben. Die Polarität kann bei ihnen in einer ersten Phase noch labil sein, wird dann aber fest fixiert. Bringen wir *Fucus* als Beispiel:

- **Induktion der Polarität.** Die Arten wachsen auf Felsen der Küstenregion. Sie setzen ihre Spermatozoiden und Eier frei. Die runden Eier sind nicht polarisiert. Sie flottieren über dem Grund und werden dort befruchtet. An der Stelle, an der ein Spermatozoid eindringt, bil-

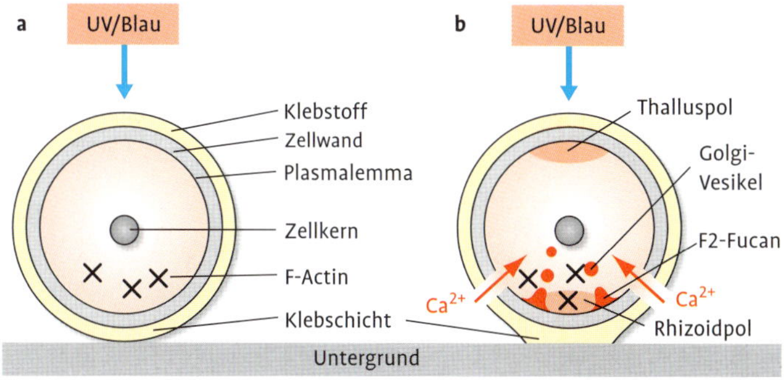

Abb. 17.6
Polarisierung einer Braunalgen-Zygote (*Fucus*). Das vorhergehende erste Stadium, in dem das eindringende Spermatozoid vorübergehend polarisiert hatte, wurde fortgelassen. **a** Induktion der Polarität. **b** Ausbau der Polarität. Golgi-Vesikel transportieren F2-Fucan heran und entleeren es über Exocytose in die Zellwand am Rhizoidpol. Dort öffnen sich auch Kanäle, über die Ca^{2+} einströmt.

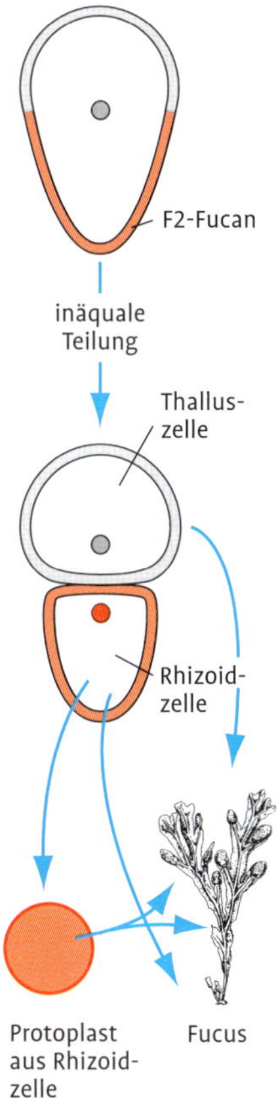

Abb. 17.7
Inäquale Teilung einer polarisierten Braunalgen-Zygote (*Fucus*) in Thallus- und Rhizoidzelle, aus denen sich Thallus und Rhizoid entwickeln (Fortsetzung zu Abb. 17.6). Ein Protoplast aus der Rhizoidzelle regeneriert zu einem kompletten *Fucus*.

den sich Lagen aus F-Actin (Abb. 17.6). Damit ist eine erste Polaritätsachse gesetzt. Wenn keine überlagernden Reize einwirken, entwickelt sich dort nach außen der Rhizoidpol. Doch normalerweise wird die erste Polaritätsachse wieder rückgebildet. Anzeichen dafür ist, dass das F-Actin resorbiert wird. Einige Stunden nach der Befruchtung gibt die Zygote ein Sekret nach außen ab, über das sie am Boden festklebt.

Von der Vielzahl von Außenfaktoren, die dann polarisierend wirken können, ist in der Natur das Licht am wichtigsten (Abb. 17.6). Nach Festlegung der Zygote kann es zur Wirkung kommen. Dabei ist UV und Blau am effektivsten. Diskutiert wird, ein dem tierischen Sehfarbstoff Rhodopsin verwandtes UV/Blaulicht-Pigment könne als Rezeptor dienen und eine noch weitgehend unbekannte Signaltransduktion einleiten. Erstes derzeit fassbares chemisch definiertes Produkt sind wieder F-Actine am definitiven Rhizoidpol.

Die Polarität wird nun ausgebaut (Abb. 17.6). Am Rhizoidpol erhöht sich die Ca^{2+}-Konzentration, vor allem durch Import über sich öffnende Kanäle. Über Ca^{2+}-Ionen als sekundäre Messenger lassen sich an einen Ca-Gradienten zwanglos weitere Phänomene anschließen, die dann ebenfalls polar ausgerichtet sind. So geben Golgi-Vesikel über Exocytose F2-Fucan, ein sulfatisiertes Polysacharid, in die wachsende Zellwand ab; die Klebschicht wird dicker.

- **Fixierung der Polarirtät.** Über permanente Strukturen, die nach Legen der definitiven Polaritätsachse gebildet werden, wird die Polarität fixiert. Dabei handelt es sich vor allem um die Zellwände, die mit 2F-Fucan inkrustiert sind. Entfernt man sie bei der Rhizoidzelle (s.unten), verhalten sich die Protoplasten, als wären sie nicht polarisiert. In ihnen lässt sich zwar über Belichtung die übliche Polarität – Rhizoidpol auf der Schattenseite – induzieren, aber wegen des Fehlens der Zellwand nicht fixieren. Ein überzeugender Beleg für die Rolle der Zellwand für das Fixieren der Polarität ist, dass sich aus isolierten Protoplasten der *Fucus*-Rhizoidzelle vollständige Individuen aus Rhizoid **und Thallus** entwickeln können (Abb. 17.7).

▶ **Inäquale Teilung.** Rund 15 Stunden nach der Befruchtung nimmt die Zygote eine leicht birnenförmige Gestalt an und lässt so die inzwischen erfolgte Polarisierung erkennen. Nach ungefähr neun weiteren Stunden ist die erste mitotische Zellteilung abgelaufen: zwei auch äußerlich voneinander verschiedene Zellen sind entstanden, die **Rhizoid**- und die **Thalluszelle**. Aus der einen entwickelt sich das Rhizoid, das der Verankerung im Untergrund dient, aus der anderen der Thallus (Abb. 17.7). Die Entstehung der beiden Zellen ist ein Musterbeispiel für eine **inäquale Teilung.**

17.3.2 Inäquale Zellteilungen

Worum es sich bei inäqualen Teilungen (→ Definition) handelt, hatte die erste Teilung der *Fucus*-Zygote demonstriert: nach der Polarisierung waren Inhaltsstoffe und Strukturen an den beiden Polen der Zelle voneinander verschieden. Beim Ziehen einer Zellwand senkrecht zur Polaritätsachse resultieren zwei voneinander verschiedene Tochterzellen. Die betreffende Teilung war also in Bezug auf Stoffe und Strukturen außerhalb der Chromosomen ungleich, inäqual. Die chromosomalen Erbfaktoren dagegen werden erbgleich verteilt.

DEFINITION
Eine **inäquale Zellteilung** liegt dann vor, wenn bei einer mitotischen Zellteilung zwar die chromosomalen Gene gleich, extrachromosomale Stoffe und Strukturen dagegen ungleich auf die Tochterzellen verteilt werden.

Sind erst einmal verschiedenartige Tochterzellen gegeben, lässt sich verstehen, dass es in ihnen auch zu einer differentiellen Genaktivität mit entsprechenden Folgen für die Differenzierung kommen kann.
Im Folgenden werden Beispiele für inäquale Zellteilungen gebracht, die schon unter dem Mikroskop als solche erkennbar sind. Dabei handelt es sich jedoch nur um die Spitze eines Eisbergs. Denn viel öfter lässt sich eine inäquale Teilung nicht fassen.

▶ **Erste Teilung der Zygote** (Abb. 18.1). Die erste Teilung der Zygote ist in der Regel inäqual. Über eine inäquale Teilung entsteht eine obere kleine Apikalzelle und eine untere größere Basalzelle. Zur weiteren Entwicklung → Seite 286. Die mit der Zygote vorgegebene Polarität wird nach der ersten inäqualen Teilung während der ganzen folgenden Entwicklung beibehalten.

▶ **Spaltöffnungsentwicklung.** In der Entwicklungsgeschichte der Spaltöffnungen kennt man eine Anzahl verschiedener Typen. Im Prinzip ist es aber immer so, dass sich eine Urmutterzelle

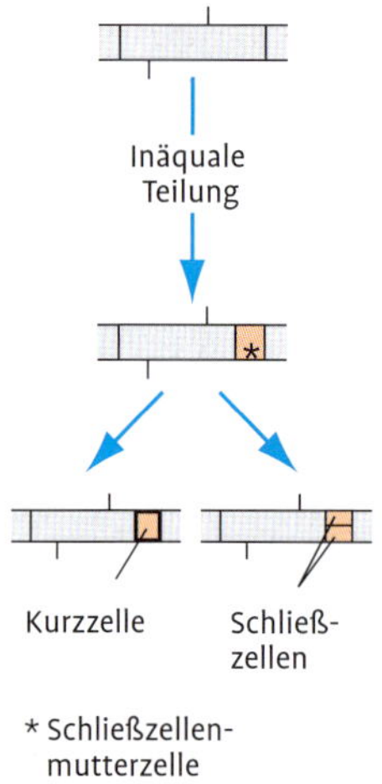

Abb. 17.8
Inäquale Teilung bei der Entwicklung von Spaltöffnungen und Kurzzellen von Gräsern

Abb. 17.9
Bildung von Trichoblasten und Wurzelhaaren (HESS 1981).

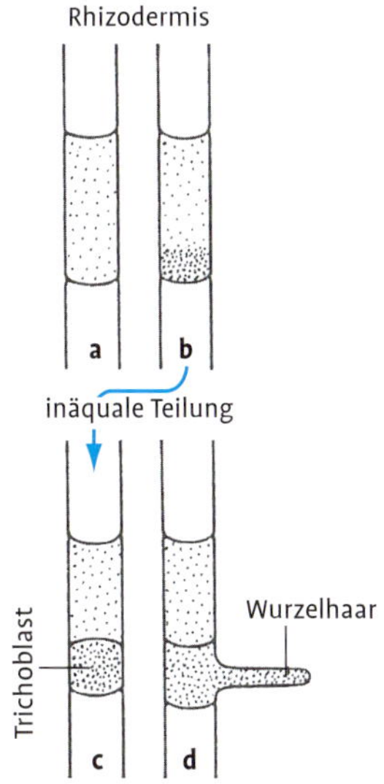

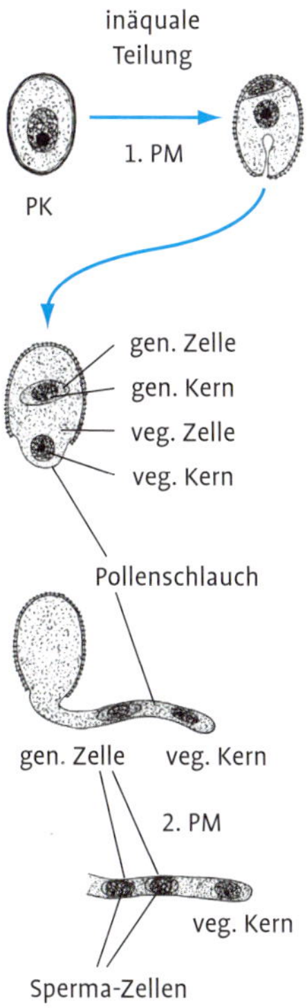

Abb. 17.10
Pollenentwicklung bei Lilien. PK = Pollenkorn; 1. PM = inäquale erste Pollenmitose; 2. PM = äquale zweite Pollenmitose. Die zweite Pollenmitose findet hier erst nach dem Auskeimen auf der Narbe statt (verändert nach WALTER 1962).

inäqual teilt. Die in der Regel kleinere, plasmareichere, mit einem größeren Kern ausgestattete Tochterzelle macht dann noch mehr oder weniger zahlreiche Teilungen durch bis schließlich die **Schließzellenmutterzelle** angeliefert wird, die sich äqual in die beiden Schließzellen teilt.

Am einfachsten ist die Situation bei vielen Monokotyledonen (Abb. 17.8). Eine Urmutterzelle teilt sich inäqual in eine größere und eine kleinere, plasmareiche Tochterzelle. Die kleine Tochterzelle ist hier aber auch schon die Schließzellenmutterzelle: Sie teilt sich längs in die beiden Schließzellen. Diese Längsteilung kann aber auch unterbleiben, dann entstehen Kurzzellen, die besondere Differenzierungen eingehen können. So kann in ihnen reichlich Kieselsäure eingelagert werden.

▶ **Wurzelhaarbildung** (Abb. 17.9). Bei manchen Arten kann jede oder nahezu jede Zelle der Rhizodermis zu einem Wurzelhaar auswachsen. In vielen Fällen bilden sich Wurzelhaare jedoch nur aus ganz bestimmten Zellen der jungen Rhizodermis, den **Trichoblasten**. Sie entstehen über inäquale Zellteilungen: Eine Zelle der jungen Rhizodermis teilt sich in eine größere und eine kleinere, plasmareichere Zelle, den Trichoblasten. Aus ihm wächst das Wurzelhaar aus.

▶ **Erste Pollenmitose** (Abb. 17.10). Unmittelbare Produkte der Meiosis in den Pollensäcken sind zunächst haploide, einzellige Pollenkörner. In der ersten inäqualen Pollenmitose entsteht aus jeder dieser Pollenzellen eine vegetative und eine generative Zelle. Die vegetative Zelle ist größer, ihr Kern ist groß und diffus gebaut (Abb. 1.10). Die generative Zelle ist sehr viel kleiner und wird oft allseitig von der vegetativen Zelle umgeben. Ihr Kern ist klein, aber kompakt. Auf den Narben wächst die vegetative Zelle zum Pollenschlauch aus, die generative Zelle macht vor oder nach der Bestäubung eine zweite äquale Pollenmitose durch, die die zwei Spermazellen liefert.

Die vegetative Zelle ist während des von ihr gesteuerten Pollenschlauch-Wachstums hochaktiv. Dementsprechend lässt sich in ihr im Zweizellstadium eine hohe, in der generativen Zelle eine

nur verschwindend geringe Genexpression feststellen.
Die Beispiele für leicht fassbare inäquale Zellteilungen ließen sich vermehren. Es sei nur noch die Bildung von **Siebröhren und Geleitzellen** bei den Angiospermen, von **Elateren und Sporenmutterzellen** bei den Lebermoosen und von **Hyalin- und Chlorophyllzellen** bei den Torfmoosen erwähnt.

17.4 Differentielle Genaktivität: Polarität, Positionseffekte und Musterbildung

Kommen wir wieder auf die Regeneration von Wurzeln und Sprossen an unserem Weidenzweig zurück (Abb. 17.5). Ganz offensichtlich sind die Zellen an den Enden über ihre Position im gesamten Steckling orientiert und bleiben es auch, wenn man ihn um 180° dreht. Die Information basiert hier in erster Linie auf der Polarität des Zweiges. Sie steht im Zusammenhang mit dem ebenfalls polaren Transport der IAA, der bei der beobachteten Regeneration mit im Spiel ist. Denn es kommt zu einem IAA-Stau am morphologisch unteren Ende, über den die Ausbildung von sprossbürtigen Wurzeln gefördert wird. Vöchting, der das Experiment mit dem Weidenzweig durchgeführt hatte, kam schon 1878 zu dem Schluß: „Und zwar ist es in erster Linie der Ort an der Lebenseinheit, welcher die Funktion der Zelle bestimmt."
Die Polarität in Kombination mit inäqualen Zellteilungen ist demnach eine wichtige, aber nicht die einzige Triebkraft in Differenzierung und Musterbildung. Zahlreiche weitere innere und äußere Faktoren beeinflussen die Entwicklung. Ob und wie stark sie auf eine gegebene Zelle einwirken, hängt von der **Position** dieser Zelle im pflanzlichen Organismus ab, ist also ein **Positionseffekt.** Die Zelle erhält eine positionsgebundene Information (**Positionsinformation**), die eine Kontrolle beinhalten kann (**Positionskontrolle**). Positionseffekte führen zu einer **Musterbildung** (Seite 222).
Die Polarität bleibt jedoch im Spiel. **Denn vor allem longitudinale, aber auch radiäre Gradienten an Phytohormonen, vor allem an Auxinen, spielen bei Positionseffekten eine wichtige Rolle.** Auch das hatte schon der Weidenzweig demonstriert. In den nächsten Kapiteln werden wir immer wieder darauf stoßen. Hier nur zwei Beispiele im Rückgriff:

- **Teilungsmodus im SAM.** Im SAM teilen sich die Zellen in L1 und L2 antiklin, in L3 anti- und periklin (Abb. 20.3). Wenn eine L2-Zelle sich ausnahmsweise periklin teilt und damit eine der Tochterzellen in den Bereich von L3 gerät, teilt sie sich nicht herkunftsgemäß antiklin, sondern ihrer neuen Poition entsprechend anti- **und periklin.** Das Teilungs**muster** bleibt also zellschicht- und damit **positionsgebunden** erhalten.
- **Streckungswachstum.** Sproßabwärts vom SAM nimmt die Teilungsaktivität mehr und mehr ab, bis die Tochterzellen sich nicht mehr teilen, sondern strecken. Auch dieses Verteilungs**muster** wird als **Positionseffekt** durch die Verschiebung der Zellen aus dem Bereich des SAM dikutiert.

FRAGEN
(Seitenverweise zur Beantwortung)

- Definieren Sie den Begriff Totipotenz (Seite 275).
- Mit welchen Experimenten ließ sich bei Pflanzen die Totipotenz beweisen? (Seite 275)
- Skizzieren Sie die DNA-Microarray-Technik! (Seite 277)
- Geben Sie einige Beispile für inäquale Teilungen! (Seite 282)
- Was verstehen Sie unter einem Positionseffekt? (Seite 284)

18 Die embryonale Phase

INHALT

In der embryonalen Phase laufen die Embryogenese, die Speicherung von Reservestoffen und die Bildung von Frucht und Samen ab. Alle drei Prozesse werden behandelt, besonders die Embryogenese, in der alle wesentlichen Organe der Pflanze angelegt werden. Der Verlauf von IAA-Gradienten während der Embryogenese und die molekulare Analyse von Mustermutanten vor allem bei *Arabidopsis* führten zu begründeten Aussagen zur Anlage vor allem des SAM und WAM. Nach der Speicherung der auch für die menschliche Ernährung wichtigen Reservestoffe wird der fertige Embryo mit Hilfe von ABA in einen Ruhezustand (Dormanz) versetzt. Parallel dazu bilden sich Früchte unter Kontrolle durch das Hormon der Fruchtreife Ethylen aus.

In der embryonalen Phase (→ Definition) kommt es parallel zueinander **zur Embryogenese** und zur **Bildung von Samen und Frucht**. Dementsprechend unterscheidet man drei Phasen, die **Emryogenese**, die **Reservestoffspeicherung** und die **Herbeiführung der Dormanz,** eines Ruhezustands mit Trockenheitsresistenz. Die beiden letzten Phasen fasst man auch als Samenreifung zusammen.

DEFINITION

Die **embryonale Phase** beginnt mit der Zygote und endet mit der Fertigstellung des in Samen und Frucht eingeschlossenen Embryos.

18.1 Embryogenese

Der fertige Embryo weist bereits die Grundorganisation einer Pflanze auf. In der Embryogenese müssen also die Anlagen von Spross und Wurzeln gebildet werden. Dabei handelt es sich um ein Grundproblem der Entwicklung, das intensiv untersucht wird.

18.1.1 Der Ablauf der zygotischen Embryogenese

Der Ablauf einer zygotischen Embryogenese (Seite 62) bei Dikotyledonen, wie er sich auch bei *Arabidopsis* findet, wird in Abb. 18.1 halbschematisch wiedergegeben. Auf die erste, inäquale Teilung der Zygote war schon hingewiesen worden (Seite 282).

18.1.2 Auxingradienten und Musterbildung

Zahlreiche Befunde wiesen daraufhin, dass Auxine über die Musterbildung morphogenetisch wirksam sind. Das gilt besonders auch für die Embryogenese. In ihr wurden Auxingradienten entdeckt, die für Positionseffekte verantwortlich sein könnten.

Verschiedene Methoden erlauben es, den Transport von Auxinen in der Pflanze und auch im Embryo zu verfolgen. Eine der wichtigsten greift auf Bekanntes zurück, die *PIN*-Familie, die IAA-Efflux-Carrier codiert. Durch Immunolokalisation mit Hilfe von Fluoreszenzfarbstoffen lässt sich die Lage von PIN-Proteinen feststellen. Daraus kann man dann auf die Richtung des Auxin-Transports rückschließen (Abb. 18.2).

Nach der ersten inäqualen Teilung der Zygote ist

Abb. 18.1
Embryogenese bei Dikotyledonen
(Schema; verändert nach LAUX and JURGENS 1997).

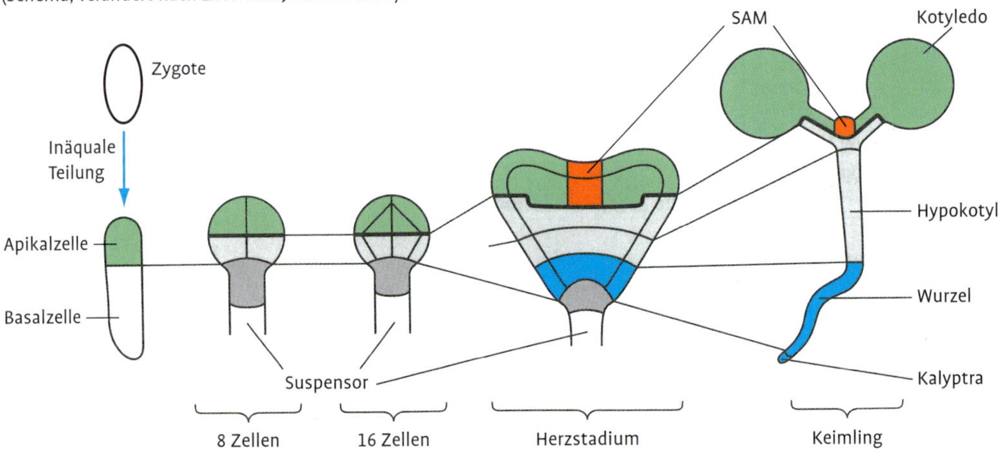

Abb. 18.2
IAA-induzierte Musterbildung in der frühen Embryogenese. **a**. IAA-Transport in der frühen Embryogenese. Der Transport wurde über die Lage der PIN-Efflux-Carrier in den Zellen erschlossen. **b** Querschnitte durch Übergänge spätes Kugel- zu frühem Herzstadium. Die über die Lage von PIN bedingte Anlage von Kotyledonen engt die Expression von CUC und dann STM auf die Zone an der Basis der zukünftigen Kotyledonen ein (verändert nach FINKELSTEIN aus DAVIES 2004).

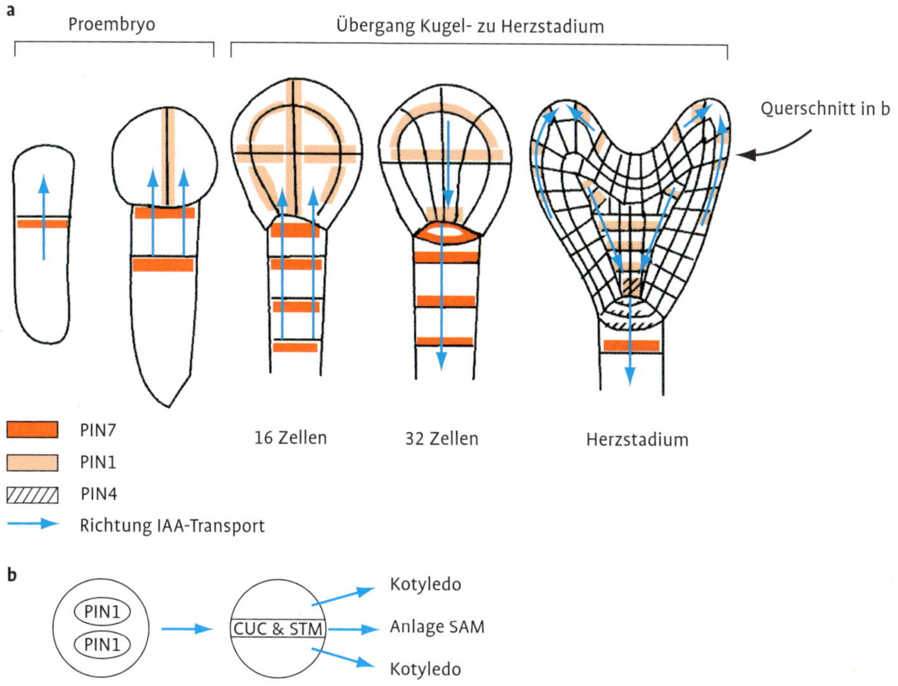

Protein PIN7 in der oberen Region der Basalzelle lokalisiert. Dadurch kommt es zu einem IAA-Transport in die Apikalzelle, von der aus die meisten Organanlagen des Embryos gebildet werden. Leider ist es unbekannt, wie es zu der entscheidenden primären Asymmetrie im Zweizellstadium kommt. Im 16-Zellstadium ist das PIN1-Protein im Kugelanteil des Embryos noch uniform verteilt. Doch vom 32-Zellstadium an konzentriert es sich zunehmend auf die basalen Zellwände des Prokambiums (prospektives Kambium). Man nimmt an, dass IAA die Bildung der Gefäße im Kambium induziert.

Außerdem kommt es zu einem IAA-Transport zum Wurzelpol, in dem IAA offensichtlich an der Ausbildung des **W**urzel**a**pikal**m**eristems (WAM) beteiligt ist. Im Herzstadium erfolgt aber auch ein Einstrom in die jungen Kotyledonen, zwischen denen in einer Zone mit geringer IAA-Zufuhr das SAM etabliert wird (→ unten).

Für sich genommen erlauben die Befunde zu Auxin-Gradienten während der Embryogenese zwar Hypothesen zur morphogenetischen Wirkung der Auxine, liefern aber keinen schlüssigen Beweis dafür. Doch weitere Daten erlauben die kausale Verknüpfung zwischen IAA-Gradienten und Morphogenese. Dazu gehören die Analyse von Mustermutanten und Details aus der Organogenese in Gewebekulturen.

18.1.3 Mustermutanten und Auxingradienten

Von einigen Pflanzenarten, der Sojabohne (*Gyzine max*) und besonders der Schmalwand (*Arabidopsis thaliana*) ließen sich Mutanten gewinnen, bei denen die normale Musterbildung während der Embryogenese gestört ist. An Keimlingen wirken sich die Ausfallserscheinungen dann deutlich sichtbar aus.

Für einige Mustermutanten von *Arabidopsis* sind Defekte in der Ausbildung von Auxin-Gradienten bekannt. Dazu gehören *monopteros* und *gnom* (Abb. 18.3).

▶ Bei ***monopteros*** fehlen im Muster vor allem basale Anteile wie das Hypokotyl und die Primärwurzel. Aber auch die Ausbildung von Gefäßen ist gestört, und zwar ebenso wie bei einem experimentell unterbundenen IAA-Transport. Offensichtlich ist die Normalform *MONOPTEROS* (*MP*) für den höheren IAA-Gehalt in basalen Abschnitten des Embryos zuständig (Abb. 18.2). Weil er in der Mutante *mp* nicht zustande kommt, entfallen die genannten Musterteile.

MP codiert für einen Auxin-Response-Faktor (ARF; Seite 233). Er wird durch ein Repressorprotein BODENLOS blockiert. In Gegenwart von IAA wird der Repressor degradiert, so dass der spezielle Transkriptionsfaktor MP die Transkription einleiten kann. Das entspricht dem generellen Modell der Regulation von Genaktivitäten durch IAA über Derepression (Seite 233). Über die betreffende Genexpression wird die Ausbildung von Gefäßen und damit der IAA-Transport gefördert. Der Zusammenhang zwischen Musterbildung und IAA-Gradienten ist bei *MP* also gegeben.

▶ Bei ***gnom*** entfallen die apikalen und basalen Teile des Musters. Die Normalform *GNOM* (*GN*) sorgt für die korrekte Verteilung von PIN-Efflux-Carriern. *GN* codiert für einen Guanin-Nucleotid-Austauschfaktor, der die Aktivität von kleinen GTPasen steuert. Die betreffenden GTPasen fördern den Transport von PIN-Proteinen über Golgi-Vesikel (Seite 140) ins Plasmalemma. Auch für *GN* ist damit ein Zusammenhang zwischen Musterbildung und Auxin-Transport belegt.

Abb. 18.3
Deletionen bei Mustermutanten von *Arabidopsis*. Ganz links die Bezeichnungen der mutierten Gene, rechts daneben Keimlinge des Wildtyps, bei den die fortfallenden Teile rot unterlegt und benannt wurden, ganz rechts die Teile, aus denen die mutierten Keimlinge noch bestanden (verändert nach MAYER et al. 1991).

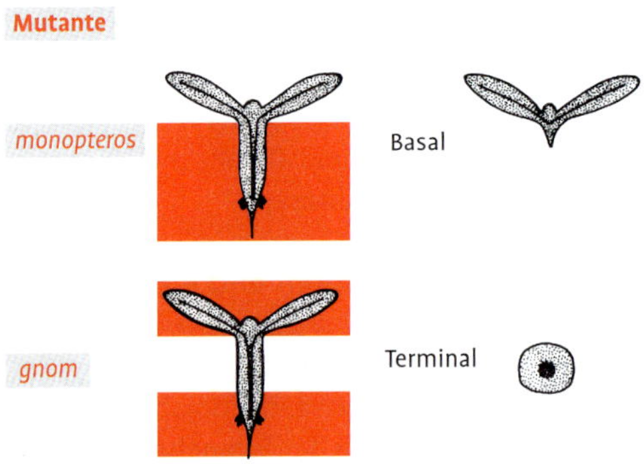

Abb. 18.4
Musterbildung im WAM von *Arabidopsis*. Die wenigen Zellen des Ruhenden Zentrums (QC) sind von nicht differenzierten Initialen umgeben. Dazu gehören die Initialen Ci für die Columella (C), in deren Zellen Stärke angefärbt wurde. Das Maximum an IAA findet sich in den Columella-Initialen (Ci, rot). Weitere determinierte oder differenzierte Zelltypen: LRC = seitliche Kalyptra, Epi = Epidermis, Cor = Wurzelrinde, Ste = Stele, End = Endodermis (verändert nach MORRIS et al. in DAVIES 2004).

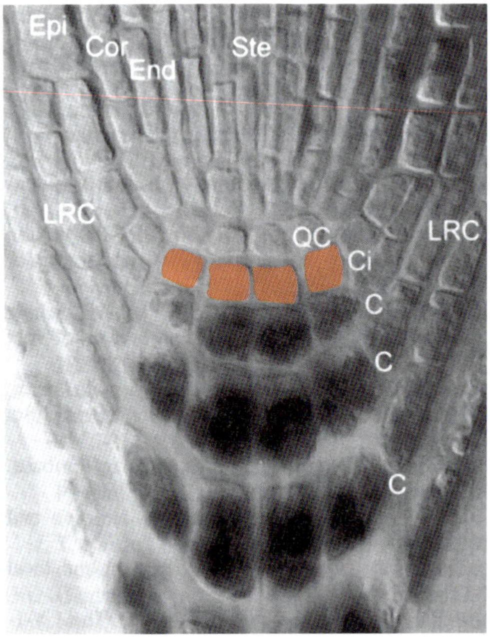

18.1.4 Mustermutanten und die Anlage der Apikalmeristeme

Entscheidend für die Entwicklung des Embryos und dann der vegetativen Pflanzen sind die beiden Apikal-Meristeme SAM und WAM. Auch zu ihrer Anlage lassen sich über die Analyse von Mustermutanten von *Arabidopsis* Aussagen machen.

- **Die Anlage des SAM.** Im Übergangsstadium Kugel – Herz und im frühen Herzstadium kommt es über eine entsprechende Verteilung von PIN-Efflux-Carriern zu einem Einstrom von IAA in die Anlagen der beiden Kotyledonen (Abb. 18.2). *MP* und das ähnlich wirkende *NPH4* (*NON-PHOTOTROPIC HYPOCOTYL*, codiert ebenfalls für einen ARF-Transkriptionsfaktor und wird durch IAA dereprimiert) sind daran über den Ausbau der Gefäße für den IAA-Transport wesentlich beteiligt. Die zentrale Zone dazwischen ist relativ **auxinarm.** In ihr wird die Gen-gruppe *CUC* (*CUP-SHAPED COTYLEDON*) aktiv, die für die Trennung der beiden Kotyledonen sorgt und damit Raum für die Anlage des SAM schafft. Dafür ist *STM* (*SHOOT MERISTEMLESS*) zuständig.
- **Die Anlage des WAM.** In den gleichen Stadien wie bei der Anlage des SAM kommt es wieder über eine entsprechende Verteilung von PIN-Efflux-Carriern zu einem starken IAA-Einstrom in die zukünftige Wurzelspitze. Auch hier spielen *MP* und *NPH4* die entscheidende Rolle. Sie aktivieren einen weiteren Gensatz für Transkriptionsfaktoren, *PLT* (*PLETHORA*), die ihrerseits einige Gene aktivieren, die die Ausbildung des **Ruhenden Zentrums** (RZ; Abb. 18.4) bestimmen. Der Name kommt daher, dass es sich um eine Zone mit geringer Teilungsaktivität handelt. Im Gegensatz zum SAM bildet sich das WAM in einem Bereich **hoher IAA-Konzentration.** Um das RZ gruppieren sich gesonderte Initialen für alle Schichten des Wurzelkörpers, so direkt unter ihm die Columella-Initialen. Wie im SAM ist die Teilungsaktivität der Initialzellen (Stammzellen) mäßig. Die Hauptteilungszone im Wurzelbereich liegt über ihnen, also basalwärts verschoben.

In beiden Fällen, SAM wie WAM, ist der Wirkmechanismus nicht für alle beteiligten Gene bekannt. Doch eine zentrale Rolle der IAA-Gradienten steht fest. **Nur wird das SAM bei niederen, das WAM bei hohen IAA-Konzentrationen ausgebildet.** Eine zufriedenstellende Erklärung dafür steht noch aus.

18.1.5 Organogenese in Gewebekulturen

Die Regeneration in Gewebekulturen erfolgt über vegetative Embryogenese oder Organogenese (Seite 62). Bei der vegetativen Embryogenese findet sich von Einzelzellen im Kallusverbund ausgehend der gleiche Entwicklungsablauf wie bei der zygotischen Embryogenese. Zusätzliche Erkenntnisse lassen sich dabei nicht gewinnen.

Anders bei der **Organogenese:** Ein klasssisches Experiment aus dem Labor von Skoog 1957 an Tabakkallus, das seitdem an vielen Arten wiederholt wurde, lieferte erste Daten zur Rolle von Phytohormonen bei der Spross- und Wurzelbildung (Abb. 18.5). Im Kulturmedium waren IAA und Kinetin in einem je nach Versuchsansatz wechselnden Verhältnis vorhanden. Bei einem bestimmten

Abb. 18.5
Kalluswachstum bzw. Organogenese in Abhängigkeit von den Mengenverhältnissen an IAA (= JES). (Auxin) und Kinetin (Cytokinin). Explantate aus dem Tabakmark wurden auf Nähragar mit den jeweils angegebenen Hormonzusätzen kultiviert (nach Ray aus Mohr und Schopfer 1978; nach Daten von Skoog and Miller 1957).

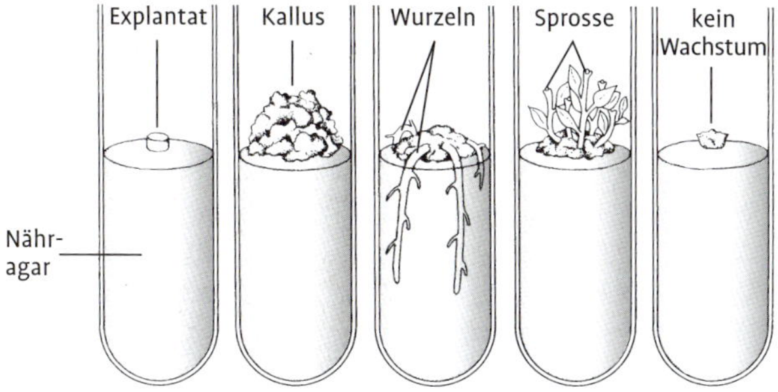

plus					
	IES:	3 mg/l	3 mg/l	0,03 mg/l	—
	Kinetin:	0,2 mg/L	0,02 mg/L	1 mg/L	0,2 mg/L

Verhältnis von IAA zu Kinetin kommt es zu einem Teilungswachstum des Kallus ohne Differenzierungen. Senkt man den relativen Gehalt an IAA, bilden sich Sprosse. Erhöht man den Anteil an IAA, entstehen Wurzeln. Fehlt das Kinetin oder ist es in zu hohen Dosen vorhanden, wird das Teilungswachstum eingestellt.

MERKSATZ
Relativ wenig Auxine und viel Cytokinine → **Spross**; relativ viel Auxine und wenig Cytokinine → **Wurzel.**

Die Ergebnisse des „uralten" Versuchs sind für Praxis und Theorie von heute relevant:

▶ **Praxis der Gewebekulturen** (Seite 56). Über entsprechendes Variieren der im Medium vorhandenen Hormone hat man es in der Hand, den

BOX 18.1

Speicherproteine, Ernährung und Gentechnik

Die Speicherproteine sind auch für unsere Ernährung wichtig. Dabei gibt es Probleme. Denn Getreide mit Ausnahme des Reises (*Oryza sativa*) enthalten in ihren Reserveproteinen vor allem wenig Lysin, aber oft auch wenig Threonin und Tryptophan, Leguminosen wenig oder kein Methionin und oft wenig Cystein. Alle genannten Amiosäuren sind essentiell. Eine in dieser Hinsicht ausgewogene menschliche Ernährung sollte auf beiden beruhen, Getreiden wie Hülsenfrüchtlern. Entsprechend gemischte Kulturen können Abhilfe schaffen. So bauen Indios in Mittelamerika seit vorkolumbianischen Zeiten Mais und Bohnen gemeinsam an. Tierfutter wird mit den fehlenden Aminosäuren versetzt, aber teilweise auch Nahrungsmittel für uns Menschen, zum Beispiel Schokoladepulver. Man verfolgt auch mehrere verschiedene gentechnische Ansätze. Naheliegend war es dabei, Gene für Speicherproteine entsprechend zu übertragen.

▶ **Transfer von Genmaterial für Lysin-Speicherproteine in Mais**: Vor allem in Tabak wurden vielfach Gene für Reserveproteine aus Hülsenfrüchtlern übertragen. Doch selbst in der Modellpflanze Tabak war die Ausbeute nur mäßig. Doch das hat sich geändert. Denn in den USA wurde in den letzten Jahren ein gv-Mais (LY038) entwickelt, der wesentlich mehr *Lysin* enthält als normal (2). In höheren Pflanzen wird die Lysin-Akkumulation durch Lysin über Rückkoppelungshemmung (Seite 51) auf die Dihydropicolinat-Synthase (DHPS), ein Enzym der Lysin-Synthese limitiert. Über Partikelbeschuß wurde in Mais aus *Corynebacterium glutamicum* ein bakterielles *DHPS*-Gen übertragen, das gegen Lysin insensitiv ist, sodass mehr Lysin akkumuliert werden kann. Als selektierbares Markergen diente *nptII* (Kanamycin-Resistenz), das über das *Cre -Lox*-System (Seite 185) wieder entfernt wurde. Über Einkreuzung erhielt man auch eine gv-Form mit Bt-Resistenz (Seite 344).

▶ **Transfer von Genmaterial für Methionin-Speicherproteine in Soja: Der Paranuss-Soja-Fall.** Von einer US-Firma wurde ein Gen für ein methionin-reiches Albumin aus der Paranuss (*Bertholetia excelsa*, Lecythidaceae) in Soja übertragen. Samen der gv-Soja bildeten das betreffende methionin-reiche Protein. Doch war bekannt, dass die Paranuss allergen wirken kann. Obwohl die gv-Soja nur als Geflügelfutter gedacht war, führte die betreffende Firma Allergie-Tests an Menschen durch. Das Ergebnis war positiv. Die Firma stellte das Programm daraufhin ein.

Gegner der grünen Gentechnik behaupteten, erst andere Wissenschaftler hätten die Allergenität der gv-Soja **nach** deren Marktzulassung entdeckt, angeblich ein Beweis für die Gefährlichkeit der Gentechnik und das fahrlässige Vorgehen der Gentechnik-Firmen. Jedoch hatte die betreffende Firma wie erwähnt von sich aus die Bremse gezogen. Selbst wenn das nicht geschehen wäre, hätten die vorgeschriebenen rigorosen amtlichen Testverfahren auch auf Allergenität gerade in den USA das Zulassungsverfahren gestoppt.

Kallus weiter undifferenziert wachsen zu lassen oder in ihm Spross- oder Wurzelbildung zu induzieren. Will man aus Kallus Pflanzen regenerieren, wird er zunächst auf ein Medium mit relativ viel Cytokininen und relativ wenig Auxinen gebracht. Haben sich kleine Sprosse gebildet, überträgt man sie zur Bewurzelung auf ein anderes Medium mit umgekehrt relativ viel Auxinen und wenig Cytokininen (Seite 63).
Das Prinzip gilt aber auch für das Auswachsen bereits angelegter SAMs und WAMs. Will man zum Beispiel bei der Mikropropagation im Reagenzglas Sprossknospen an isolierten Sprossspitzen oder Internodien auswachsen lassen (Seite 60), kultiviert man die Explantate zuerst auf Medien mit viel Cytokininen und wenig Auxinen. Das ist besonders dann notwendig, wenn wie bei isolierten Sprossspitzen eine durch IAA bedingte starke apikale Dominanz (Seite 305) gegeben ist. Die dann gebildeten Sprosse werden auf Medien mit viel Auxinen und wenig Cytokininen bewurzelt.

Abb. 18.6
Speicherproteine im Entwicklungszyklus von Angiospermen. Die Pfeile zeigen das Vorkommen von Speicherproteinen an, die für die vegetative oder sexuelle Fortpflanzung wichtig sind. Bei dem einzelnen Organen ist ihr N-Gehalt in % des Trockengewichts angegeben (verändert nach BOULTER and PARTHIER 1982).

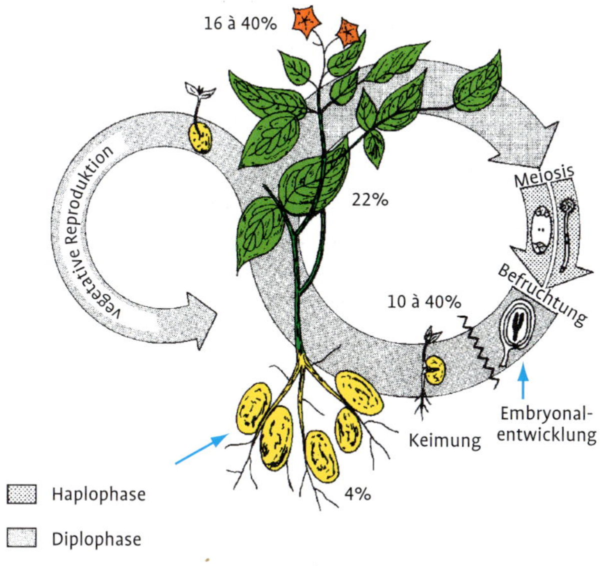

▶ **Morphogenetische Rolle von Auxingradienten.** Sprosse und Wurzeln werden aus dem SAM bzw. WAM gebildet. Das geschilderte Experiment zeigte: Wenig Auxin induziert SAM, viel Auxin WAM. Eben das war oben (Seite 289) für die Anlage von SAM bzw. WAM in der Embryogenese herausgestellt worden.

18.2 Reservestoffspeicherung

Der Keimling durchläuft nach der Keimung bis zum Ergrünen eine unselbständige vegetative Phase (Abb. 1.1), in der er auf Reservestoffe angewiesen ist, die ihm Same oder Frucht stellen. Die wichtigsten Reservestoffe sind die Kohlenhydrate, Fette und Proteine. Angaben zur Speicherung von Kohlenhydraten (Seite 134) und Fetten (Seite 144) wurden schon gemacht. Hier ein Nachtrag zur Speicherung von Proteinen.

18.2.1 Grobeinteilung der Speicherproteine

Bei Pflanzen wie Tieren finden sich metabolisch aktive Proteine und Strukturproteine. Bei den Pflanzen kommen die Speicherproteine noch als dritte große Gruppe hinzu. Bei Mensch und Tier sind sie wichtige Komponenten der Ernährung (→ Box 18.1). Sie werden in den Speicherorganen in teils erheblichen Quantitäten gebildet (Abb. 18.6). Seit über einem Jahrhundert hat sich folgende Grobeinteilung nach ihrer Löslichkeit bewährt, die allerdings nicht dem molekularen Verwandtschaftsgrad entspricht. So werden die Gluteline vielfach als eine Untergruppe der Prolamine betrachtet.

- **Albumine:** löslich in destilliertem Wasser;
- **Globuline:** unlöslich in aqua dest., aber in verdünnten Neutralsalzlösungen löslich;

- **Gluteline**: löslich in verdünnten Säuren oder Alkalien;
- **Prolamine**: löslich in 70- bis 90%igem Ethanol.

18.2.2 Synthese und Ort der Speicherung

Die **Synthese** der Speicherproteine erfolgt am rauen ER. Wie früher geschildert (Seite 207) gelangen die Proteine mit Hilfe eines Signalpeptids in das Lumen des ER. Ihre **Speicherung** erfolgt in Membransystemen. Dabei kann es sich um Abschnürungen des ER handeln wie bei den Prolaminen der Getreide. Eine andere Möglichkeit ist, dass die Proteine, zum Beispiel die Globuline der Leguminosen, in Golgi-Vesikel und über sie in die Vakuole gelangen – ein Vorgang, der der Exocytose über das Plasmalemma entspricht. Die Vakuole kann sich dabei in Teilvakuolen gliedern. Die speichernden Membransysteme werden schließlich völlig mit Proteinen ausgefüllt; **Proteinkörper** oder **Aleuronkörner** bilden sich. Die **Speichergewebe** sind verschieden. Bei den besonders proteinreichen Samen der Fabaceae handelt es sich um die Mittelachse des Embryos und besonders die Kotyledonen.

18.3 Dormanz der Embryonen

Für die Evolution der Samenpflanzen war die Ausbildung von Überdauerungszuständen wesentlich, in denen ungünstige Außenbedingungen überstanden werden konnten. Über den Entzug von Wasser wird ein anabiotischer Zustand herbeigeführt, der gleichzeitig eine hohe Trockenheitsresistenz schafft. Austrockung ist eine der wesentlichen Gefahren bei landlebenden Pflanzen.

18.3.1 ABA als Reifungshormon des Embryos

In der frühen Embryogenese finden sich auf den gesamten Embryo, nicht auf seine einzelnen Teile bezogen, kurz nacheinander Maxima an Auxinen, an Cytokininen und an GAs (Abb. 18.7). Sie werden zur Fertigstellung des Embryos benötigt. Doch schon in der mittleren Embryogenese erscheint **ABA.** Ihr Gehalt steigt in **der späten Embryogenese** stark an. Parallel dazu sinkt der Spiegel an IAA und GAs extrem ab. In der Schlussphase, wenn die Einlagerung der Reservestoffe und die Dehydratation abgeschlossen sind, fällt der Gehalt an ABA wieder ab. Im lufttrockenen Samen ist in den Embryonen ABA kaum mehr nachweisbar. Vom ABA-Gehalt in den Embryonen her gesehen, stünde einer Keimung nun nichts mehr im Weg. Doch spielen bei der Keimung noch andere Faktoren mit (Seite 297).
In der späten Embryogenese beginnt die Reifung der Embryonen, die zum lufttrockenen Embryo und Samen führt. In der Regel schließt sich dann eine Ruheperiode, die **Dormanz der Samen** an, bevor es zur Keimung kommt. ABA fördert die Reifung und verhindert eine verfrühte Keimung (Seite 298), ist also **Reifungshormon des Embryos und des gesamten Samens**.

Abb. 18.7
Allgemeines Schema von Embryonalentwicklung und Keimung. Der relative Gehalt an H_2O, Trockengewicht (TG) und Frischgewicht (FG) ebenso wie derjenige an IAA, Cytokininen (CK), GA und ABA ist angegeben (verändert nach ROCK and QUATRANO aus DAVIES 2004).

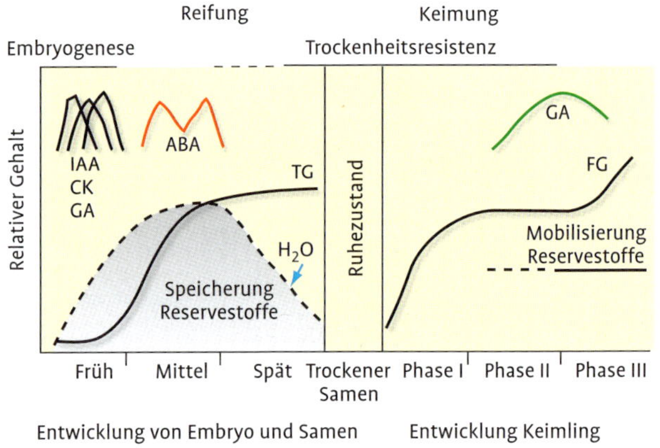

18.3.2 Molekularer Wirkungsmechanismus von ABA bei der Dormanz

Eine frühe Eingriffsstelle liegt bei der **Einstellung der Zellteilung** vor Beginn der Reservestoffspeicherung. ABA blockiert hier über einen Inhibitor der CDK den Übergang von G1 nach S (Abb. 16.1).

In der mittleren bis späten Embryogenese fördert ABA die Synthese und Akkumulation von Speicherproteinen und anderen Reservestoffen. In der späten Embryogenese, wenn die Speicherung abgeschlossen wird, aktiviert sie ***LEA*-Gene** (*LATE EMBRYOGENESIS ABUNDANT*), sogenannt, weil die betreffenden Proteine in der späten Embryogenese gehäuft auftreten. **LEA-Proteine** sind stark hydrophil. Man nimmt deshalb an, dass sie Wasser bereitstellen, um etwaigen Schäden bei der Dehydratation vorzubeugen. Daher kommt auch die Bezeichnung Dehydrine. Für ihre Schutzfunktion gegen Austrockung spricht auch, dass ihre Synthese in verschiedenen Geweben unter Trockenstress oder durch experimentelle ABA-Zufuhr ausgelöst werden kann. Die Aktivierung der LEA-Gene durch ABA ist noch nicht völlig geklärt. Doch steht fest, dass dazu pro Gen mehrere durch ABA-induzierte spezifische Transkriptionsfaktoren benötigt werden.

18.4 Bildung der Frucht

Der Samen ist schon eine Verbreitungseinheit, das heißt in Form von Samen kann sich die Art verbreiten. In vielen Fällen ist die Verbreitungseinheit aber die Frucht. In ihr werden die Samen in Ein- oder Mehrzahl noch von zusätzlichen Hüllschichten umgeben, die vor allem aus den Fruchtblättern entstehen. Am Aufbau der Frucht können sich aber auch Blütenstandsachsen und Blätter im Bereich des Blütenstandes beteiligen.

DEFINITION
Die **Frucht** ist die Blüte im Zustand der Samenreife.

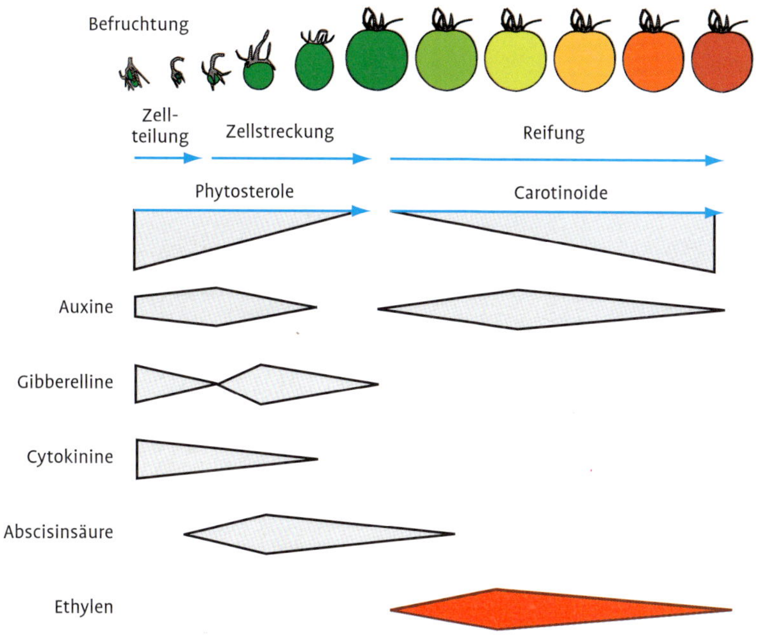

Abb. 18.8 Fruchtentwicklung bei der Tomate (*Lycopersicon esculentum*). Nacheinander werden die Phasen der Zellteilung, Zellstreckung und Reifung durchlaufen. Der Beginn der Reifung fällt mit den ersten Anzeichen des Farbumschlags von Grün nach Rot zusammen. Die jeweils vorherrschenden Phytohormone sind angegeben. Ethylen charakterisiert sich deutlich als Reifungshormon (verändert nach GILLASPY et al. 1993).

Die Entwicklung der Frucht beginnt im Grunde genommen schon mit der Blütenbildung. Denn Organe der Blüte werden ja zur Fruchtwand umgebildet. Die Umformung setzt aber erst mit der Bestäubung ein. Schon 1909 zeigte Fitting, dass wässerige Extrakte aus Orchideenpollen das Ovarium von Orchideen anschwellen ließen. Später konnte nachgewiesen werden, dass in den Pollenextrakten IAA enthalten war. In Ausweitung dieser Versuche konnte man dann an den verschiedensten Objekten eine Fruchtentwicklung ohne Befruchtung, eine **Parthenokarpie,** durch Behandlung mit Phytohormonen erzielen (Seite 229).

Mit der Bestäubung beginnen also schon Veränderungen im zukünftigen Fruchtgewebe. Gleichzeitig wird aber auch, ebenfalls unter dem Einfluss von Phytohormonen, die Ausbildung einer Trennschicht unterhalb der Blüte und damit der vorzeitige Fruchtfall verhindert. In der Frucht selbst unterscheidet man drei Phasen der Entwicklung (Abb. 18.8):

18.4.1 Phasen der Fruchtbildung

▶ **Zellteilungen**. Während der Embryo über Teilungen heranwächst, kommt es in einer ersten Phase auch im Fruchtgewebe zu lebhaften Zellteilungen. Die steuernden Hormone, IAA, GAs und Cytokinine stammen zunächst möglicherweise aus dem Endosperm, in späteren Stadien aus dem Embryo selbst.

▶ **Zellstreckung.** In der zweiten Phase kommt es zu einer starken Streckung der Zellen. Die steuernden Phytohormone sind in erster Linie IAA und Gibberelline, zu denen sich jetzt auch ABA gesellt. Dass dabei wiederum die sich entwickelnden Embryonen eine Rolle spielen können, hat Nitsch eindrucksvoll an Erdbeeren demonstriert (Seite 230). In der späten Streckungsphase kann es zu einer Anreicherung von Mono- und Oligosacchariden in der Vakuole kommen. Dabei wird auch aus der sonstigen Pflanze einströmende Saccharose durch Saccharose-Synthase (Seite 131) gespalten. Durch die damit verbundene Erhöhung des osmotischen Wertes wird die Streckung noch gefördert (Seite 268).

▶ **Reifung**. Die dritte und letzte Phase ist durch eine Serie biochemischer Veränderungen gekennzeichnet: Auflösung der Pektinstoffe der Mittellamelle und damit Aufweichung des Gewebes; Hydrolyse anderer polymerer Kohlenhydrate zu Oligo- und Monosacchariden und damit ein Schmackhaftwerden der Frucht; Ausbildung von Aromastoffen und Veränderungen der Färbung: Abbau von Chlorophyllen, Synthese von Carotinoiden wie bei der Tomate, in manchen Fällen, so beim Apfel, Synthese von Anthocyanen unter Phytochromsteuerung und damit verbesserte Lockwirkung.

Bei vielen Pflanzenarten, etwa Apfel, Avocado, Birne, Feige, Mango oder Tomate, kommt es in der Phase des Reifens über ein starkes plötzliches Ansteigen der biologischen Oxidation zu einem Maximum, dem **Klimakterium**. Mit Erreichen des Klimakteriums ist die Frucht reif. Bei anderen Arten verlaufen die Veränderungen graduell und ohne Klimakterium, so bei Erbeere, Kirsche, Traube oder Zitrusfrüchten.

Abb. 18.9
Endogene Ethylenproduktion und Klimakterium (gemessen über die Freisetzung von CO_2) bei der Banane (*Musa acuminata*). Das Maximum der Ethylenproduktion geht dem Klimakterium eindeutig voraus (verändert nach BURG and BURG aus MOORE 1979).

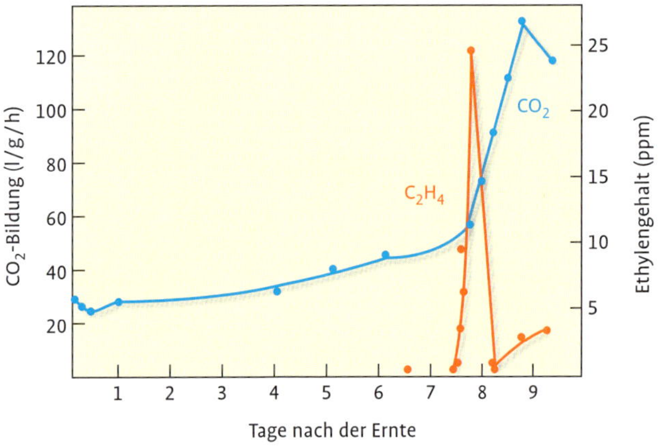

18.4.2 Ethylen als Hormon der Fruchtreife

Ein zentraler Faktor der Reifung ist das Ethylen (Seite 246). Wir hatten schon erfahren, dass Früchte beschleunigt reifen, wenn man auf sie Ethylen einwirken lässt. Ethylen wird aber auch von Früchten selbst gebildet. Dabei kommt es sogar zu einer Förderung der Ethylensynthese durch Ethylen selbst, also zu einer Autokatalyse. Erst unter Einsatz der empfindlichen Gaschromatographie ließ sich definitiv belegen, dass Ethylen nicht etwa ein Beiprodukt der Reifung ist, sondern sich schon **vor** dem Klimakterium bildet (Abb. 18.9). Der molekulare Wirkungsmechanismus des Ethylens bei der Fruchtreife ist noch nicht im Detail bekannt. Doch in Mutanten der Tomate war die Reifung dadurch blockiert, dass ein Ethylen-Rezeptor ausgefallen war. **Damit steht Ethylen als Hormon der Fruchtreife fest.**

FRAGEN
(Seitenverweise zur Beantwortung)

- Nennen Sie einige Mustermutanten bei *Arabidopsis!* (Seite 287)
- Wird das SAM bei hoher oder niederer Konzentration an IAA angelegt? (Seite 289)
- Muss man zu einer Wurzelbildung aus Kallus dem Medium relativ mehr Auxine als Cytokinine oder umgekehrt mehr Cytokinine als Auxine zusetzen? (Seite 290)
- In welchem subzellulären Bereich werden die Speicherproteine synthetisiert? (Seite 292)
- Welche essentiellen Aminosäuren fehlen den Speicherproteinen der Getreide, welche den Speicherproteinen der Hülsenfrüchtler? (Seite 290)
- Welches Phytohormon wirkt als Reifungshormon der Embryos? (Seite 292)
- Was verstehen Sie unter LEA-Proteinen? (Seite 293)
- Geben Sie eine Definition der Frucht! (Seite 293)
- Welches Phytohormon gilt als Hormon der Fruchtreife? (Seite 295)
- Nennen Sie Pflanzen mit Klimakterium bei der Fruchtreife! (Seite 294)

19 Die Keimlingsphase

INHALT

Der Ablauf der Keimung wird skizziert. Dabei wird auf schon behandelte Vorgänge verwiesen. Genauer besprochen werden kritische Phasen. Dazu gehört das Brechen der Dormanz von Embryonen durch GA. Die Dormanz kann aber auch auf weitere Faktoren wie unter anderem Keimungshemmstoffe zurückgehen. Ihre Beseitung erfolgt so, dass die Entwicklung der Keimlingsgeneration in verschiedener Hinsicht abgesichert wird. Wenn die Dormanz auf allen Ebenen gebrochen wurde, müssen adaequate Keimungsbedingungen gegeben sein. Dazu gehört vor allem genügend Wasser, um nicht nur die Keimung, sondern auch die weitere Entwicklung zu gewährleisten. Was den Keimungsfaktor Licht angeht, wird eine Schattenvermeidungsreaktion eingeführt, die über Phytochrom ermöglicht wird.

Die Keimlingsphase (→ Definition) wird auch als unselbständige vegetative Phase bezeichnet. Denn der Keimling greift noch auf Reservestoffe zurück, die ihm von der Mutterpflanze in Samen bzw. Frucht mitgegeben wurden, ist also insofern unselbständig. Anders steht es mit der Versorgung mit Wasser und Mineralstoffen. Was sie anbelangt, ist der Keimling in der Regel selbständig.

DEFINITION
Die **Keimlingsphase** beginnt mit der Keimung und endet mit dem Ergrünen des Keimlings.

19.1 Ablauf der Keimlingsphase (Kurzform)

Bei der Keimung kann man drei Phasen unterscheiden (Abb. 18.7). In Phase 1 findet sich eine starke Erhöhung des Frischgewichts (FG) vor allem über die Wasseraufnahme bei der **Quellung**, in Phase 2 bleibt das FG fast gleich. Hier wird Phase 3 vorbereitet, zu deren Beginn **die Radicula die Samenschale durchbricht**. Damit ist die Keimung erfolgt (→ Definition). Ein erneuter Anstieg des FGs über Wasseraufnahme bei der nun starken Zellstreckung ist die Folge. In Phase 3 kommt es auch zu einer intensiven **Mobilisierung der Reservestoffe**. Sie wurde schon besprochen (Proteine Seite 237, Kohlenhydrate Seite 135, Neutralfette Seite 249). **GA erweist sich auch dabei als das Hormon der Keimung** (Seiten 237, 292).

DEFINITION
Keimung liegt dann vor, wenn die Radicula die Samenschale durchbricht.

Die Reservestoffe dienen als **Baumaterial** und zum **Energiegewinn**, der in den drei Phasen über Glykolyse, Biologische Oxidation und bis zum Ergrünen auch über den oxidativen Pentosephospat-Zyklus (Seite 124) erfolgt. Das **Ergrünen** wurde ebenfalls schon besprochen: die Bildung der Chloroplasten auf Seite 90, die Synthese der Chlorophylle auf Seite 200.
In diesem Kapitel sollen nur einige kritische Stadien in der Keimlingsphase etwas ausführlicher behandelt werden. Dabei handelt es sich um das Brechen der Dormanz in Embryonen durch GA, um weitere Faktoren der Dormanz und deren Beseitigung sowie um einige Keimungsbedingungen.

19.2 Brechen der Keimruhe (Dormanz)

Der Same kann sofort nach dem Freiwerden von der Mutterpflanze keimfähig sein. In vielen Fällen aber keimt er erst nach einer mehr oder weniger langen **Keimruhe (Dormanz).** Sie kann auf sehr verschiedene Ursachen zurückgehen, die beseitigt werden müssen.

19.2.1 Brechen der Dormanz von Embryonen

Die Dormanz der Embryonen war schon behandelt worden (Seite 292). ABA war bei ihrem Herbeiführen das entscheidende Phytohormon. Für ihr **Brechen ist GA auschlaggebend**. Was eintritt, Dormanz oder Keimung, wird vom Verhältnis ABA/GA bestimmt, wie vor allem Mutationsanalysen an *Arabidopsis* zeigten. In der Regel sinkt ABA gegen Ende der Embryonenreifung allerdings stark ab. Dann sind die Maxima von ABA und GA in ihrem Auftreten zeitlich so weit voneinander entfernt (Abb. 18.7), dass das Verhältnis beider eine mehr theoretische Rolle spielt.

19.2.2 Dormanz der Samen durch weitere Faktoren und ihre Beseitigung

Gehen wir auf Ursachen für die Dormanz der Samen ein, die nicht auf die ABA-Dormanz der Embryonen zurückgehen.
▶ **Unvollständige Embryonen**. Bei Freiwerden des Samens oder der Frucht von der Mutterpflanze sind die Embryonen noch nicht voll entwickelt. Während der Keimruhe wird diese Entwicklung nachgeholt. Ein Beispiel aus der einheimischen Flora: Samen der Esche (*Fraxinus excelsior*; Abb. 19.1) weisen eine Keimruhe auf, während der der Embryo sich erst voll entwickelt.

Abb. 19.1.
Samen der Esche (*Fraxinus excelsior*) unmittelbar nach dem Freiwerden von der Mutterpflanze (**a**) und nach sechs Monaten Lagerung in feuchter Erde (**b**). Embr. = Embryo, Schl. = aus dem Endosperm (End.) hervorgegangene Schleimschicht (RUGE 1966).

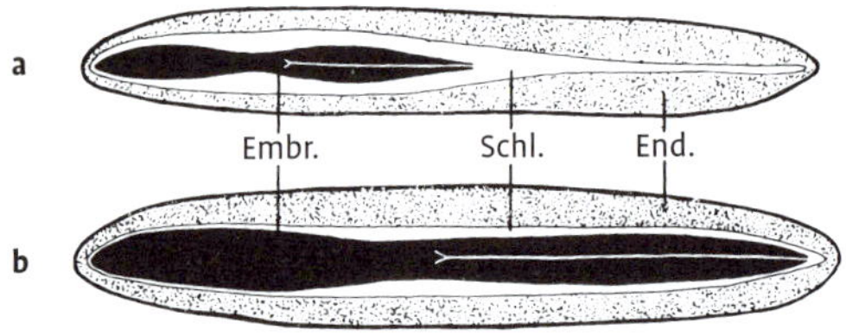

Abb. 19.2.
Enzymatische Freisetzung von HCN aus Amygdalin. Das Enzymgemisch aus Amygdalin-Hydrolase (**1**) und Prunasin-Hydrolase (**2**) wird als Emulsin bezeichnet. Glu = Glucose.

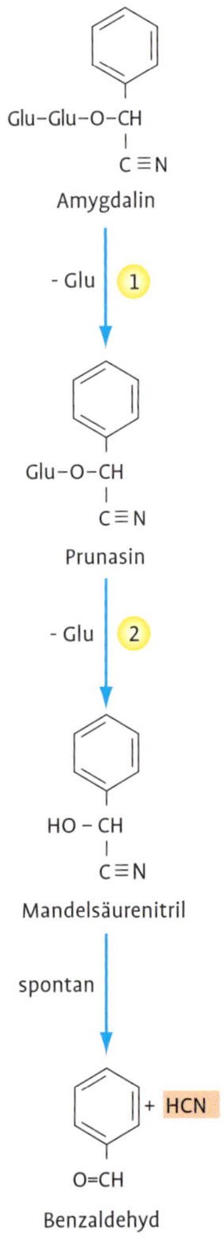

▶ **Impermeabilität für Wasser und/oder Gase.** Eine Keimung ist ohne Wasseraufnahme und Gasaustausch nicht möglich (→ Keimungsbedingungen). Die den Embryo umgebenden Schichten können für Wasser und Gase mehr oder weniger undurchlässig sein. Die Sperrschicht kann vom Endosperm, Nucellus, von der Samenschale oder den Fruchtwänden gestellt werden. Eine für Gase undurchlässige Samenschale weist zum Beispiel die schon erwähnte Esche auf.
Die Sperrschichten lassen sich mit verschiedenen Mitteln durchlässig machen: Anritzen der Samen, Behandlung mit konzentrierter Schwefelsäure, mit Alkohol, Blausäure, Wasserstoffperoxid und weitere. In der Natur werden die Sperrschichten vor allem durch die Tätigkeit von Mikroorganismen allmählich abgebaut. Feuchtigkeit in Kombination mit Wärme begünstigt den Prozess

▶ **Keimungshemmstoffe.** Alle Teile eines Samens oder einer Frucht einschließlich des Embryos selbst können Hemmstoffe enthalten, die die Keimung verhindern.

- **Amygdalin.** In den **Embryonen** mancher Rosaceen, vor allem unserer Stein- und Kernobstgewächse, ist Amygdalin als Vorstufe des Inhibitors Blausäure enthalten. Beim Quellen der Samen wird ein Gemisch aus zwei β-Glucosidasen aktiviert, das man als Emulsin bezeichnet. Zwei Glucosemoleküle werden durch Emulsin vom Amygdalin unter Bildung von Mandelsäurenitril abgespalten (Abb. 19.2), aus dem spontan Blausäure freigesetzt werden kann. Da das **Endosperm** der betreffenden Arten für Gase **undurchlässig ist**, kann die Blausäure nicht entweichen. Sie hemmt die Keimung solange, bis das dünne Endosperm verrottet ist (Abb. 19.3).
- **ABA.** Auch im **Fruchtfleisch** kommen Inhibitoren vor. Sie sind unbedingt notwendig. Denn das Fruchtfleisch einer Tomate (*Lycopersicon esculentum*) etwa bietet ohne den Inhibitor ABA beste Voraussetzungen für eine Keimung: bei einer Mutante, deren Fruchtfleisch keine ABA enthielt, keimten die Samen bereits in der Frucht. Falls die Bedingungen ausserhalb der Frucht die weitere Entwicklung nicht gewährleisten, kann das verhängnisvoll werden. ABA und andere Inhibitoren im Fruchtfleisch brem-

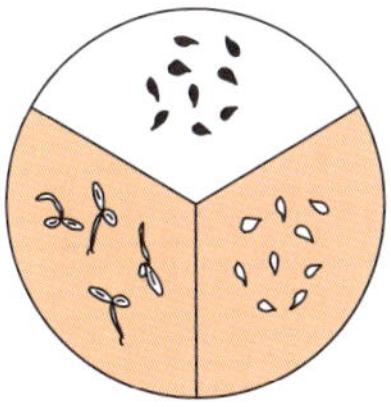

Abb. 19.3.
Keimung von Apfelsamen nach Entfernung von Samenschale und Endosperm. Erst wenn man auch das Endosperm entfernt, kommt es zur Keimung (verändert nach RUGE 1966).

Abb. 19.4
Viviparous-1-Mutante beim Mais (*Zea mays*). Engl. *viviparous* = lebendgebärend. Über die Mutation wird die Sensibilität gegenüber ABA stark reduziert. Der Hemmstoff ABA fällt dadurch funktionell weitgehend aus, die Keimung der hier gelben mutierten Körner beginnt viel zu früh schon auf dem Kolben (verändert nach SCHWECHHEIMER and BEVAN 1998, mit freundlicher Genehmigung von Elsevier).

BOX 19.1

Der biochemische Keimfähigkeits-Test (TTC-Test)

Während der Keimruhe sind die Samen normalerweise zwar keimungs**fähig**, aber nicht keimungs**bereit**. Man unterscheidet dementsprechend zwischen der generellen **Keimungsfähigkeit** und der aktuellen **Keimungsbereitschaft**. In der Praxis stellt sich oft die Frage, ob Samen, die nicht keimen, überhaupt noch keimungsfähig sind. Rasche Auskunft liefert ein 1942 von Lakon (1) eingeführter biochemischer Keimfähigkeitstest mit Triphenyl-tetrazoliumchlorid (TTC) oder Derivaten. Er wird aber auch in vielen anderen Situationen eingesetzt, um (bis zur Durchführung des Testes) lebende Zellen nachzuweisen.
Falls der Samen noch keimungsfähig ist, müssen sich die in ihm enthaltenen Enzyme nach Wasseraufnahme aktivieren lassen. Gequollene Samen aus dem fraglichen Samenmaterial werden in das leicht wasserlösliche, fast farblose TTC eingelegt. Innerhalb einiger Stunden wird die Substanz zu rotem, wasserunlöslichem **Formazan** reduziert, oft von NADH+H^+-abhängigen Enzymen. Lebende Gewebe im Embryo färben sich dann rot. Je nach der Art der rot gefärbten Gewebe lässt sich beurteilen, ob der Embryo noch keimungsfähig ist oder nicht (Abb. 19.5).

[1] Lakon (1942).

sen die Keimung solange, bis die Frucht über die Tätigkeit von Mikroorganismen zersetzt wurde. Das ist aber nur dann möglich, wenn auch in der Umgebung ausreichend Feuchtigkeit gegeben ist. Damit ist aber auch die weitere Entwicklung der Keimlinge einigermaßen gesichert.
Eine ähnliche Situation findet sich bei lebendgebärenden Mutanten des Maises. Die Körner einer ABA-insensitiven Mutante können schon auf dem Kolben auskeimen (Abb. 19.4).
Häufig vorkommende Keimungshemmstoffe sind auch *trans*-Zimtsäuren (Seite 270) und

Abb. 19.5
TTC-Test am Maiskorn (vgl. Abb. 14.20). Die gequollenen Körner wurden längs geschnitten und für einige Stunden in TTC-Lösung in Dunkelheit (Lichtsensibilität des TTC) inkubiert. Embryo, Scutellum und Aleuron sind durch Formazan rot gefärbt. Das innerhalb des Aleurons liegende Stärkeendosperm ist im ausdifferenzierten Zustand abgestorben und färbt sich deshalb nicht. Formazan ist in Wasser unlöslich und kann deshalb nicht aus den Zellen heraus diffundieren. Deshalb lassen sich lebende Gewebe exakt fassen (Foto M. Iser).

das von ihnen abgeleitete Cumarin und Scopoletin (Seiten 172, 173).

▶ **Ökologische Bedeutung der Keimsperren.** Wie wiederholt erwähnt, sind die Sperren erst beseitigt, wenn genügend Wasser auch für die **Entwicklung nach der Keimung** gegeben ist. Denn der Abbau der Hemmstoffe erfolgt meist durch Mikroorganismen, die erst bei ausreichender Feuchtigkeit entsprechend aktiv werden können. Außerdem wird **die Keimung zeitlich gedehnt**, sodass nicht alle Samen keimen und deshalb auch nicht alle ungünstigen Bedingungen zum Opfer fallen.

19.3 Keimungsbedingungen und Keimung

Ist die Dormanz gebrochen, ist der Embryo prinzipiell keimfähig. Er keimt aber erst dann, wenn bestimmte **Keimungsbedingungen** gegeben sind. Dazu gehören ausreichend **Wasser**, **Temperaturen**, die den jeweils gegebenen äußeren Bedingungen entsprechen, geeignete **Lichtverhältnisse** und mit fortschreitender Keimlingsentwicklung auch genügend **Sauerstoff**. Greifen wir die Faktoren Wasser und Licht heraus.

19.3.1 Wasser: Quellung und Keimung

Wasser wäre schon dann erforderlich, wenn nur die Trocknung der reifen Embryonen rückgängig gemacht werden sollte (Abb. 18.7). Die Wasseraufnahme in den trockenen Samen beginnt mit der **Quellung**, einem rein physikalischen Prozess. Daran schließt sich die mit der Keimung verbundene Wasseraufnahme an. Besonders die im Zuge der Keimung stattfindende Zellstreckung basiert auf einer intensiven Wasseraufnahme.
Als Faustregel gilt, dass die Quellung ohne größeren Schaden für den Keimling durch Wasserentzug wieder rückgängig gemacht werden kann. Das ist bei der anschließenden Keimung, die mit Zellteilungs- und Zellstreckungsaktivität verbunden ist, nicht mehr möglich. Allerdings sind die Grenzen zwischen dem physikalischen Prozeß der Quellung und dem auf biochemisch-physiologischer Aktivität beruhenden Keimprozeß nicht so scharf, wie man manchmal angenommen hatte. So kann in Embryonen während der Quellung mRNA gebildet werden, in Embryonen des Weizens sogar schon Minuten nach Beginn der Quellung.

19.3.2 Licht

Die einzelnen Pflanzenarten stellen bei der Keimung unterschiedliche Lichtansprüche (Tab. 19.1). Die meisten Pflanzen werden durch Licht in ihrer Keimung gefördert, eine kleinere Gruppe gehemmt. Dementsprechend spricht man von **Licht-** und **Dunkelkeimern.** Da die Reaktion der Samen jedoch nicht 100 %ig ist, sind die Bezeichnungen **lichtgeförderte und lichtgehemmte Keimer** korrekter.

▶ **Lichtkeimer und Phytochrom-Relationen.** Das eingestrahlte Licht wirkt über das Phytochromsystem wie früher besprochen (Seite 250). Über die Bestrahlung muss also genügend P_{DR} gebildet werden, um die Keimung zu induzieren. Nun wirkt in der Natur das Mischlicht der Sonne auf die gequollenen Samen ein. Es enthält mehr

Lichtkeimer	Dunkelkeimer
Digitalis purpurea	*Amaranthus caudatus*
Epilobium hirsutum	*Cucurbita pepo*
Lythrum salicaria	*Nigella damascena*
Lactuca sativa var. *Grand Rapids*	*Phacelia tanacetifolia*
Nicotiana tabacum	*Prenanthes purpurea*
Oenothera biennis	

Tab. 19.1
Einige Licht- und Dunkelkeimer (lichtgeförderte und lichtgehemmte Samen)

Abb. 19.6.
Schattenvermeidungsreaktion bei der Keimung eines Lichtkeimers (*Plantago major*). *Plantago* wurde unter *Sinapis alba* ausgesät, wobei die Beschattung durch die *Sinapis*-Blätter zunehmend erhöht war: der Blattflächenindex gibt das Verhältnis von Blattfläche zu Bodenfläche wieder. Er steigt in der Graphik von links nach rechts. Oben sind die Relationen P_{DR}/P_{total} angegeben, die sich bei der betreffenden Beschattung in den *Plantago*-Blättern einstellten. ---- Keimung bei Dunkelheit (verändert nach FRANKLAND and POO aus BEWELEY and BLACK 1986).

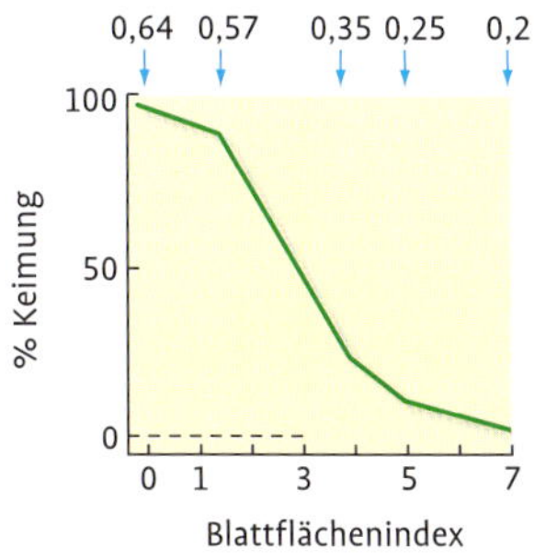

Hell- als Dunkelrot. Infolgedessen verlagert sich das Photogleichgewicht zwischen P_{DR} und P_{HR} zugunsten von P_{DR}. Das Verhältnis P_{DR} zu P_{total}, das zur Induktion der Keimung gegeben sein muss, ist artspezifisch verschieden (Tab. 19.2). Um es zu erreichen, sind entsprechende Expositionszeiten gegenüber Licht erforderlich.

▶ **Schattenvermeidungsreaktionen.** Die Frage lässt sich kaum vermeiden: Wäre es nicht einfacher und vielleicht sogar effizienter, wenn es keine Photoreversibilität gäbe?

Das Verhältnis P_{DR} zu P_{HR} verändert sich je nach den Außenbedingungen, in erster Linie entsprechend der Belichtung. Damit ist ein sensibles Messsystem gegeben, über das die Pflanze über die jeweilige Außensituation orientiert wird. Grüne Blätter absorbieren Hellrot (HR) besonders stark, Dunkelrot sehr viel weniger. Licht unter einem grünen Blätterdach wird also relativ wenig HR enthalten. Dementsprechend verschiebt sich das Verhältnis P_{DR}/P_{total} zuungunsten des keimungsinduzierenden P_{DR}.

- **Keimung:** Wenn man Lichtkeimer-Samen einen keimungsinduzierenden Impuls HR gibt und sie dann in Blattschatten bringt, kann die

Art	P_{DR}/P_{total}
Amaranthus reflexus	0,01
Amaranthus caudatus	0,02
Wittrockia superba	0,02
Sinapis arvensis	0,05
Cucumis sativus	0,1–0,15
Chenopodium album	0,3
Lactuca sativa	0,59

Tab. 19.2
Werte des Photogleichgewichtes von aktivem Phytochrom (P_{DR}) zu Gesamt-Phytochrom (P_{total}), die erreicht werden müssen, damit die Keimruhe gebrochen werden kann (aus BEWLEY and BLACK 1986).

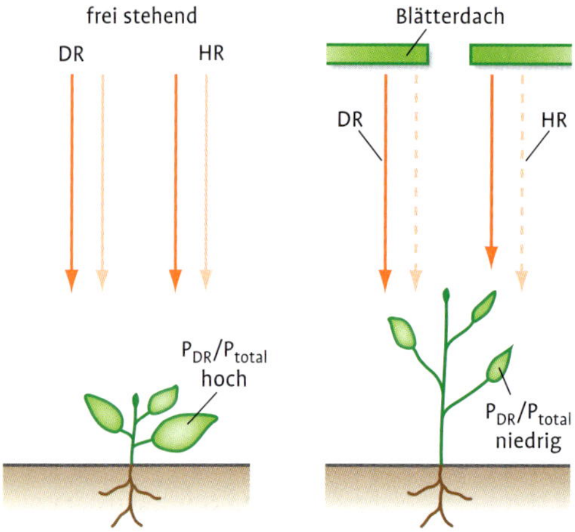

Abb. 19.7
Schattenvermeidungsreaktion bei ergrünten Pflanzen. Links: Entwicklung freistehender Pflanzen, rechts unter einem Blätterdach (→ Text).

Keimung unterbleiben. Aber auch eine quantitative Abhängigkeit zwischen der beschattenden Blattfläche und der Keimungsrate ist möglich (Abb. 19.6).

- **Ergrünte Pflanzen**: Eine Schattenvermeidungsreaktion findet sich auch bei älteren ergrünten Pflanzen, die von anderen Pflanzen beschattet werden (Abb. 19.7). Sie wird des Zusammenhangs wegen hier angeschlossen, obwohl es sich nicht mehr um die Keimung handelt. Nicht nur die Intensität des einfallenden Lichts ist im Blattschatten geringer als bei frei wachsenden Pflanzen, sondern auch hier stellt sich in den beschatteten Pflanzen ein niedriges Verhältnis P_{DR}/P_{total} ein. Vor allem phyB, aber auch D und E registrieren die Lichtqualität und regulieren die Schattenvermeidungsreaktion ein: die Internodien und die Blattstiele verlängern sich, die Blattstiele richten sich auf. Die Blattmasse wird dagegen reduziert: die Blätter werden schmaler und dünner. Unter dichtem Bestand mit nur von oben einfallendem Licht bleiben die Schattenpflanzen aufrecht. Bei einseitiger Belichtung verhalten sie sich positiv phototrop. Dabei sind Phototropine (Seite 255) eingeschaltet. IAA und GAs fördern die Schattenvermeidungsreaktion, Ethylen unterbindet sie.

Die Keimungsauslösung und die ersten Keimprozesse erfordern nur geringe Lichtintensitäten. Aber für die weitere Keimlingsentwicklung sind höhere Lichtintensitäten erforderlich. In starkem Schatten müssten die Keimlinge im Extremfall zugrunde gehen. Gleiches gilt für ergrünte Pflanzen. **Damit erweist sich das Phytochrom als raffiniertes Informationssystem,** das gegebenenfalls die Keimung ganz unterbindet oder bei erfolgter Keimung die weitere Entwicklung entsprechend zu modifizieren gestattet.

FRAGEN
(Seitenverweise zur Beantwortung)

- Womit beginnt und womit endet die Keimlingsphase? (Seite 297)
- Welches Phytohormon fördert die Keimung besonders? (Seiten 297)
- Nennen Sie einige Keimungshemmstoffe und ihre ökologische Bedeutung! (Seite 298)
- Was verstehen Sie unter Quellung? (Seite 300)
- Nennen Sie einige Lichtkeimer! (Seite 301)
- Wie kommt es zur Schattenvermeidungsreaktion bei der Keimung? (Seite 301)

20 Die vegetative Phase: Organogenese im Spross-System

INHALT

Die Bildung der Längsachsen von Spross und Wurzeln, eine Folge von SAM und WAM, wurde insoweit schon besprochen (Seiten 289). Dieses erste Kapitel über die vegetative Phase (→ Definition) befasst sich mit der Bildung von Lateralorganen bei Sprossen, also mit der Anlage von Blättern und Seitenzweigen. Beide müssen auch an das Leitungssystem der Hauptachse angeschlossen werden.

Seitenwurzeln werden im Perizykel unter Beteiligung von IAA induziert. Zuerst kommt es in einem Bereich, der oft vor Xylemstrahlen liegt, zu antiklinen Teilungen, dann ziehen perikline Teilungen nach. Doch insgesamt liegen für den Wurzelbereich weniger schlüssige Daten vor als für den Spross, der deshalb bevorzugt behandelt werden soll.

Korrekterweise müsste in diesem und den folgenden Kapiteln von der Keimlingsphase, der unselbstständigen vegetativen Phase (Seite 297), dadurch differenziert werden, dass von **selbständiger** vegetativer Phase gesprochen wird (Oehlkers 1956). Der Einfachheit wegen sei darauf verzichtet.

DEFINITION
Die **vegetative Phase** beginnt mit dem ergrünten Keimling und endet mit der Blühinduktion.

20.1 Die Anlage der Blätter

Zwei Fragen stellen sich:
- Wie kommt es überhaupt zur Anlage von Blättern?
- Wie kommt es dazu, dass sich die Blätter an der Sprossachse in einer bestimmten Anordnung finden, die man **Phyllotaxis** (gr. phyllon = Blatt; gr. taxis = Anordnung; → Abb. 20.1) nennt?

Abb. 20.1
Hypothetische Ableitung von drei wichtigen Blattstellungstypen von entsprechenden Sperreffektmustern. Oben der Apex mit den Blattprimordien (schwarz) und den dazu gehörenden Hemmhöfen (rot), darunter die resultierenden Blattstellungstypen. **a** schraubige, **b** kreuzweise gegenständige, **c** wechselständige Blattstellung (verändert nach VON DENFFER aus KÜHN 1965).

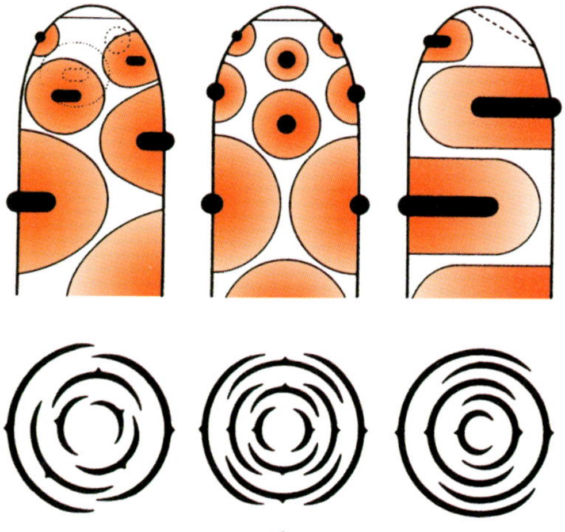

20.1.1 Sperreffekte bei Blattprimordien

In der Entwicklung der Pflanzen finden sich immer wieder kleine meristemähnliche Zellkomplexe in einer bereits andersartig differenzierten Umgebung. Nach einem Vorschlag von Bünning (1953) bezeichnet man sie als **Meristemoide** (→ Definition). Aus solchen Meristemoiden entstehen Spaltöffnungen (Seite 282), Wurzelhaare (Seite 283), oft Haare auf Blättern, bestimmte Spezialzellen (Idioblasten) und auch **Blattprimordien.** Gemeinsam ist den Meristemoiden, dass sich in ihrer Nachbarschaft keine gleichartigen Meristemoide angelegt werden können. Versuche belegten besonders für Blattprimordien, dass sie die Entstehung weiterer Primordien in ihrer Umgebung unterbinden. Man spricht hier von einem **Sperreffekt,** der zu einem **Sperreffektmuster** führt. Unterschiedlich geformte Blattprimordien bilden einen entsprechenden Hemmhof um sich herum aus. Man kann dann zumindest hypothetisch bestimmte Sperreffektmuster mit bestimmten Blattstellungen korrelieren (Abb. 20.1). Jede kausale Erklärung zur Anlage von Blattprimordien und damit auch Blättern **muss auch den Sperreffekt einschließen.**

DEFINITION
Als **Meristemoide** bezeichnet man isolierte Zellgruppen mit Teilungsaktivität, aus denen Sonderbildungen innerhalb eines andersartig differenzierten Gewebes entstehen.

20.1.2 Induktion von Blattprimordien durch IAA

Von der asymmetrischen Verteilung der PIN-Efflux-Carrier (Seite 286) kann man auf die Richtung des Auxin-Transports (IAA-Transport) rückschließen. Im SAM endet die apikale Wanderung von IAA an der Grenze zwischen der Initialenzone und der Derterminationszone (Abb. 20.2). Insbesondere im PZ (Flankenmeristem) der Determinationszone, in dem die Lateralorgane wie die Blätter angelegt werden, kommt es zu lokalen Anreicherungen von IAA in L1 (Abb. 20.2 a; zu

L1 → Abb. 20.3). Dort werden die Blattprimordien initiiert.
Zahlreiche Versuchsergebnisse führten zu dieser Aussage. Dazu gehören zum Beispiel Versuche an PIN-Mutanten von *Arabidopsis*, die nadelartig ohne Lateralorgane wachsen. Führt man ihrer PZ in winzigen Tröpfchen IAA zu, kommt es zu einer normalen Ausbildung und Anordnung von Blattprimordien. Auch synthetische Auxine induzieren Primordien, doch ist in diesem Fall die normale Phyllotaxis gestört. Damit wird die Rolle des natürlichen Regulators IAA betont. Entsprechende Daten erhielt man, wenn anstelle von Mutanten Hemmstoffe des IAA-Transports eingesetzt wurden. Auch dabei kam es zu einem Nadelwachstum ohne die Ausbildung von Lateralorganen, das durch Mikrozufuhr von IAA normalisiert werden konnte.
Werden die Blattprimordien etwas größer, strömt IAA verstärkt in sie ein und in ihnen basalwärts. Die Zone um sie herum verarmt an IAA, sodass dort kein neues Primordium initiiert werden kann. Erst in einiger Entfernung, die durch Verlagerung der Primordien im wachsenden SAM noch vergrößert wird, kann es durch Einstrom von IAA zu einer erneuten IAA-Anreicherung kommen, über die ein weiteres Primordium induziert wird (Abb. 20.2 b). Damit sind unsere zwei Eingangsfragen beantwortet:

- Blattprimordien werden durch höhere Konzentrationen an IAA in der L1 der PZ initiiert.
- Die Phyllotaxis ergibt sich über Freiräume um ein Primordium, in denen der IAA-Gehalt soweit abgesenkt ist, dass dort kein neues Primordium angelegt werden kann.

Damit wird aber auch das Sperreffektmuster der klassischen Entwicklungsphysiologie erklärt. Der Sperreffekt geht auf die lokale Verarmung an IAA um ein bereits gebildetes Primordium zurück.
Damit ist das Prinzip bekannt. Nun wird an den Varianten gearbeitet, die zu den verschiedenen Formen der Phyllotaxis führen. Weitere Untersuchungen gelten der Ausbildung der oberen und unteren Blattfläche.

Abb. 20.2
Musterbildung bei der Phyllotaxis (Modell nach experimentellen Daten). **a** Eine entsprechend polare Anordnung von PIN1 (nicht gezeigt) lässt IAA in L1 einfließen. In den rot gehaltenen Zonen kommt es zu einer Anreicherung an IAA, die in PZ zur Initiation (I_1) eines Blattprimordiums führt. **b** IAA strömt in das Primordium P_1 ein und in ihm abwärts. Die Zone um die Basis von P_1 verarmt an IAA. Gleiches geschieht mit und um das ältere Primordium P_2. In einigem Abstand (Sperreffekt!) von den beiden Primordien bildet sich über Einstrom von IAA eine neue Initiationsstelle (I_1). P_1 = das jeweils jüngste Blattprimordium, P_2 = älteres Blattprimordium. P_1 in **a** wird zu P_2 in **b.** I_1 Initiationsstelle für Blattprimordium (verändert nach KUHLEMEIER 2007 mit freundlicher Genehmigung von Elsevier).

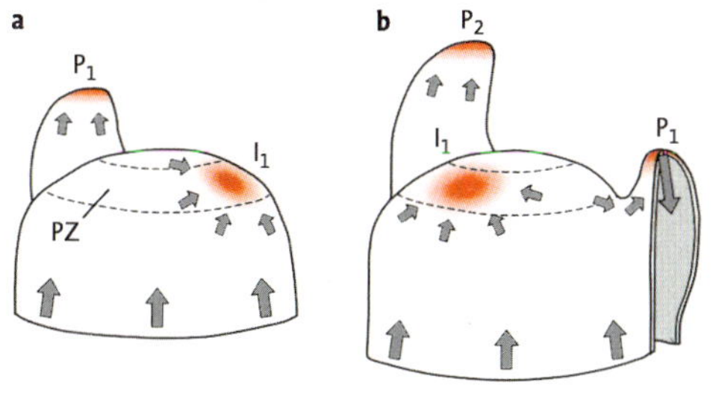

20.2 Die Verzweigung

In einem meristematischen Bereich an der Basis der Blattprimordien werden auch die Seitenknospen angelegt (Abb. 20.3). Damit ist ihre Lokalisation an der Längsachse der Sprosse festgelegt. Doch die Seitenknospen müssen auch auswachsen, wenn es zu einer Verzweigung kommen soll.

▶ **Die Apikale Dominanz.** Wichtige und auffällige Positionseffekte gehen bei zahllosen Pflanzen auf die Apikale Dominanz zurück. Denn über sie wird die gesamte Wuchsform der Pflanze entscheidend beeinflusst. Es handelt sich um eine Hemmwirkung der Spitzenregion auf die jeweiligen Seitenknospen. Solange zum Beispiel die Sprossspitze vorhanden ist, wird das Auswachsen der Seitenknospen am Hauptspross mehr oder weniger stark gehemmt (Abb. 20.4). Je nachdem spricht man von totaler oder partieller apikaler Dominanz. Dabei zeigt sich besonders bei der partiellen apikalen Dominanz eine ausgeprägte Polarität. Die unteren, vom Apex weiter entfernten Seitenknospen kommen hier zur Entwicklung, die allerdings schwächer ist als diejenige der Hauptachse. Wie entsprechende Versuche demonstrierten (Abb. 20.4), ist IAA der zentrale Faktor der apikalen Dominanz. Die in der Hauptachse basalwärts wandernde IAA hemmt das Auswachsen der Seitenknospen. Hinzu kommt noch aus jungen Blättern über den Blattstiel abfließende IAA, die ebenfalls hemmend wirkt.

Wie die IAA wirkt, ist derzeit unklar. Zunächst hatte man angenommen, die höhere Empfindlichkeit der Seitenknospen gegenüber IAA (Seite 231) ins Spiel bringen zu können. Eine für das Sprosswachstum fördernde Konzentration an IAA sollte die sensibleren Seitenknospen hemmen. Doch diese Annahme einer direkten Hemmwirkung von IAA ließ sich nicht halten. Das Aufbringen von IAA auf Seitenknospen zum Beispiel konnte deren Austreiben nicht stören. Noch weitere Befunde mit entsprechendem Ergebnis führten zu der Hypothese, IAA müsse indirekt wirken. Es lag nahe, die bekannte Förderung der Ethylensynthese durch IAA (Seite 233) heranzuziehen und die IAA-Hemmung über eine gesteigerte Synthese von hemmendem Ethylen zu erklären. Doch das könnte, wenn überhaupt, höchstens bei Keimlingen der Erbse zutreffen.

Auch die genauere Untersuchung anderer Faktoren des Auswachsens brachte keine befriedigenden Ergebnisse. Hier sei nur erwähnt, dass zum Beispiel die fördernde Rolle von aus den Wurzeln einströmenden Cytokininen und auch die hemmende Wirkung von ABA umstritten sind.

20.3 Anschluss der Lateralorgane an die Leitbahnen der Hauptachse

Blätter und Seitensprosse müssen an das Leitbahnsystem des Hauptsprosses angeschlossen werden. Entsprechende Differenzierungen lassen

Abb. 20.3
Struktur des SAM von Samenpflanzen (Schema). I = Initialenzone; D = Determinationszone mit F Flankenmeristem (im engl. Schrifttum PZ), M = Markmeristem, R = Restmeristem. P = Prokambium. Bp = Blattprimordien in verschiedenen Entwicklungszuständen. Ihre Anlage beginnt nach Initiation in L_1 mit vermehrten antiklinen Teilungen in L_2. Die zu ihnen führenden zukünftigen Leitbündel (tiefrot) münden als Prokambiumstränge in das Restmeristem bzw. Prokambium des Sprosses ein. A = Anlagen für Seitenknospen. Die roten Pfeile geben die Richtung an, in der die Tochterzellen abgegeben werden.
In der Teilzeichnung rechts sind die neuen Zellwände rot gehalten. In L_1 und L_2, der Tunica, finden sich nur antikline Teilungen, in L_3, dem Ausgangsmaterial für den Corpus, antikline **und** perikline Teilungen (HESS 2004, verändert nach STRASBURGER 1991).

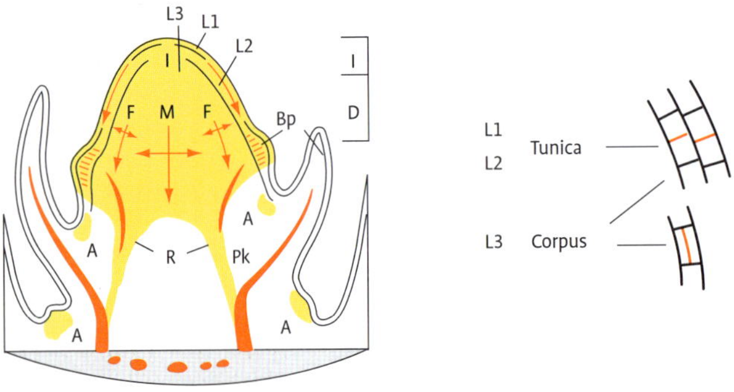

Abb. 20.4
Apikaldominanz. Das Wachstum der Seitenknospen kann völlig (**a**, totale Dominanz) oder nur in der Nähe des SAM (**b**, partielle Dominanz) blockiert sein. Entfernt man die Sprossspitze, erlischt die Apikaldominanz (**c**). Aufbringen von IAA auf die Schnittfläche stellt sie wieder her (**d**). Derartige Versuche wurden an vielen Pflanzen, zum Beispiel an der Buntnessel (*Coleus blumei*) durchgeführt (verändert nach BLACK and EDELMAN 1970).

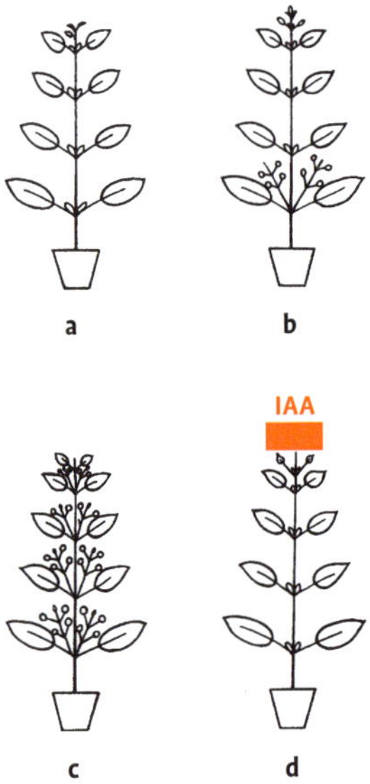

Abb. 20.5
Induktion von Gefäßen in einem Explantat aus einer Endivienwurzel (*Cichorium endivia*). Eine Endivien-Knospe (**1**) wird in das Explantat eingesetzt (**2**). Sie induziert im Parenchym des Explantats neue Gefäßstränge (rot), die die bestehenden Gefäßstränge (schwarz) von Knospe und Explantat miteinander verbinden (**3**). Die von der Knospe ausgehende Induktion erfolgt auch durch eine Zellophanmembran (C) hindurch (**4**). IAA kann die Knospe in **4** ersetzen (verändert nach KÜHN 1965).

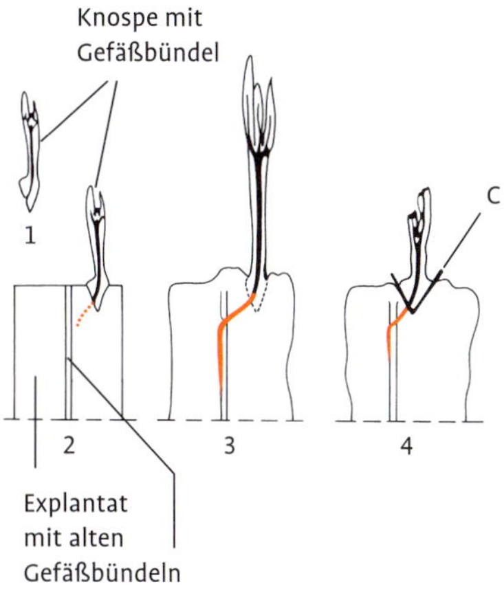

sich im Apex schon früh in der Ontogenese erkennen (Abb. 20.3). Auch dabei ist IAA ein wesentlicher Faktor.

▶ **IAA und Induktion von Leitungselementen.** Man kann in nicht oder wenig differenziertem Gewebe durch Aufsetzen von Knospen eine Bildung von Leitungselementen induzieren, wie unter anderem an der Endivie (*Cichorium endivia*) gezeigt werden konnte (Abb. 20.5). Man setzte in ein Explantat aus der Endivienwurzel eine Knospe ebenfalls aus der Endivie ein, die schon Gefäßbündel aufwies. Im Parenchym des Explantats wurde dann die Bildung von Leitungselementen induziert, vor allem von Xylem. Zunächst handelte es sich um kleine Nester, die sich vergrößerten und schließlich Kontakt mit den Gefäßsystemen der Knospe einerseits und denjenigen des Explantats andererseits aufnahmen.
Die Induktion erfolgte auch dann, wenn man zwischen Knospe und Kallus Cellophan einschob Auch wenn man die Knospe durch IAA ersetzt, kommt es zur Bildung von Leitungselementen. Dabei induzieren höhere Konzentrationen an IAA Xylem, niedrigere Phloem. Mit gleichem Erfolg wurde auch Kallus anstatt der Explantate verwendet. Der wirksame Faktor war also IAA.
Nach diesen frühen, aber überzeugenden Ergebnissen wurde inzwischen durch eine Fülle von Daten abgesichert, dass IAA auch in der normalen Entwicklung sowohl Xylem als auch Phloem induziert. IAA wandert in den Prokambiumsträngen, und im ausdifferenzierten Gewebe bevorzugt im Xylem. Das Hormon sorgt also auch für seinen eigenen besseren Transport, wodurch die Ausbildung morphogenetischer Auxintröme (Seite 286) erleichtert wird.

FRAGEN
(Seitenverweise zur Beantwortung)

- Was verstehen Sie unter Phyllotaxis? (Seite 304)
- Was bezeichnet man als Sperreffekt bei der Anlage von Blattprimordien? (Seite 304)
- Im welcher Region der Determinationszone werden die Blattprimordien durch welches Phytohormon induziert? (Seite 304)
- Was verstehen Sie unter Apikaler Dominanz? (Seite 305)
- Welches Phytohormon induziert Leitungselemente? (Seite 307)

21 Die vegetative Phase: Reaktionen auf abiotische Außenfaktoren

INHALT

Die Reaktionen höherer Pflanzen auf abiotische Außenfaktoren werden beschrieben. Das betrifft zuerst die normale Situation, wie sie bei Tropismen und Nastien gegeben ist. Der Gravi- und der Phototropismus werden behandelt. Bei beiden sind IAA-Verlagerungen maßgebend, wie schon in der ersten Hälfte des vergangenen Jahrhunderts in der Cholodny-Went-Hypothese postuliert worden war. Ebenfalls normal sind die nyktinastichen Bewegungen, die auf physiologische Uhren zurückgehen. Sie steuern zahlreiche Vorgänge, auch den später zu behandelnden Photoperiodismus bei der Blühinduktion. Erstmals lassen sich nicht nur für *Drosophila*, sondern auch für *Arabidopsis* gut begründete Vorstellungen zum Mechanismus des zentralen Oszillators, des Kernstücks der physiologischen Uhren entwickeln.
Im zweiten Teil werden Sondersituationen behandelt, nämlich Stressreaktionen, die weltweit die landwirtschaftliche Produktivität wesentlich beeinträchtigen. Dabei wird auf HSPs/Chaperone etwas detaillierter eingegangen, weil sie bei der Bewältigung vieler, auch hier nicht besprochener Stress-Situationen und in weiteren Funktionen wichtig werden. Aus den zahlreichen Forschungsarbeiten zur Stressbekämpfung werden einige vielversprechende biotechnische Erfolge erwähnt.

21.1 Bewegungen von Pflanzenorganen

Pflanzen können auf abiotische Reize mit Bewegungen reagieren. **Aktive Bewegungen** setzen die Lebenstätigkeit der Pflanze voraus. Bei ihnen unterscheidet man zwischen **Nastien** und **Tropismen** (→ Definitionen).

Abb. 21.1
Asymmetrische Auxingradienten und tropistische Bewegungen (verändert nach Öpik and Rolfe 2005).
a Phototropismus in Spross oder Koleoptile. Bei Belichtung von oben verlaufen die IAA-Ströme gleichmäßig basipetal. Bei einseitiger Belichtung kommt es zu einer IAA-Querverschiebung in der Spitze. Auf der Schattenseite strömt mehr IAA in die Streckungszone, es kommt zu einer postitiv phototropen Krümmung.
b Gravitropismus in der Wurzel. Bei Wachstum parallel zum Lot kommt es in der Kalyptra zu einer gleichmäßigen Umlenkung der IAA-Ström nach oben (basipetal) und damit zur Auxin-Fontäne. Bei seitlichem Ansatz der Schwerkraft erfolgt in der Kalyptra eine Querverlagerung auf die Unterseite, der untere basipetale IAA-Rückfluss ist stärker. In der stärker IAA-sensiblen Wurzel kommt es auf der Unterseite zu einer Hemmung der Streckung und damit zu einer positiv gravitropen Krümmung.

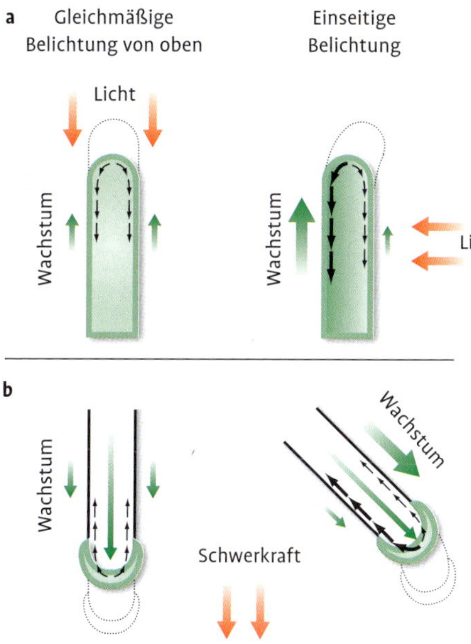

DEFINITION
Bei **Nastien** wird die Bewegungsrichtung durch den Bau des reagierenden Organs bestimmt und ist deshalb von der Reizrichung unabhängig. Bei **Tropismen** bestimmt die Reizrichtung die Bewegungsrichtung.

Nastien haben wir bereits mit den Bewegungen der Schließzellen kennengelernt (Seite 212). Zu ihnen gehört auch die bekannte Seismonastie der Mimose. Weitere Nastien sind die nyktinastischen Bewegungen von Blattorganen (Seite 314). In diesem Abschnitt werden zuerst **Tropismen** behandelt, und zwar der **Gravi-** und der **Phototropismus**. Beide sind nicht nur für die Pflanzen wichtig und außerdem gut untersucht, sondern bei beiden spielt auch eine **ungleiche Auxinverteilung** eine entscheidende Rolle. Diese Aussage basiert auf von zwei Forschern unabhängig voneinander erarbeiteten Daten. Sie wurde als **Cholodny-Went-Hypothese** bekannt (Went and Thimann 1937; Abb. 21.1). Da der Auxintransport in Spross und Wurzel behandelt werden muss, zuvor ein Hinweis auf die widersprüchliche Terminologie (Abb. 21.2).
Bei beiden Tropismen handelt es sich um **Wachs-**

Abb. 21.2
Terminologie zur Richtung der IAA-Ströme in Spross und Wurzel. In der Regel wird die zur Sprossspitze weisende Seite einer Zelle (rechts) als apikal bezeichnet, ganz gleich, ob sie in Spross oder Wurzel liegt. Bei Spross und Wurzel (links) dagegen bezieht man sich auf Basis oder Spitze des betreffenden Organs (verändert nach Morris et al. in Davies 2004).

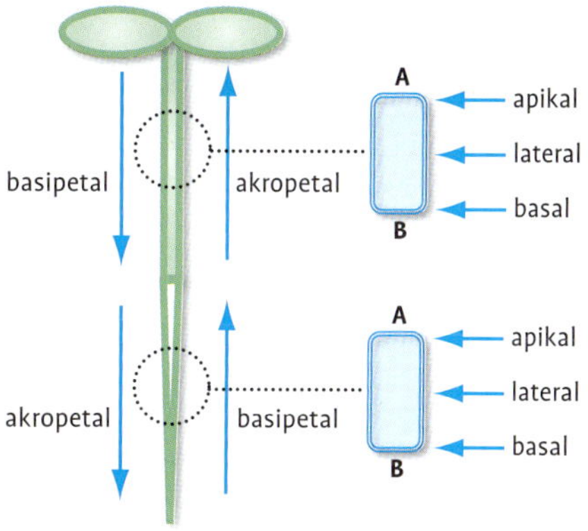

tumsbewegungen, die fast ausnahmslos auf die **Zellstreckung** zurückgehen.

21.1.1 Gravitropismus

Legt man einen Keimling horizontal, wächst der Spross an seiner Unter-, die Wurzel an ihrer Oberseite stärker. Der Spross richtet sich dann im Gegenlot negativ gravitrop auf, während die Wurzel positiv gravitrop nach unten wächst. Blätter nehmen eine Querrichtung zum Lot ein (Abb. 21.3) (→ Definition).

DEFINITION
Beim **Gravitropismus** (Geotropismus) handelt es sich um Wachstumsbewegungen in Reaktion auf die Schwerkraft.

21.1.1.1 Perzeption

Die Reizaufnahme erfolgt über Druck auf subzelluläre Strukturen in bestimmten Zellen, den **Statocyten** (gr. statos = -durch die Schwerkraft- eingestellt; gr. kytos = Höhlung, Zelle).

- Der **Ort der Perzeption** ist verschieden. In der **Wurzel** findet sie in der Kalyptra statt. Entfernt man sie, unterbleibt die gravitrope Reaktion. Im **Spross** kann die Reizaufnahme in verschiedenen Regionen erfolgen, bei Koleoptilen in deren Spitze, sonst in streckungsfähigen parenchymatischen Bereichen des Sprosses oder bei Getreiden in Knoten.
- Die **Art der Perzeption.** Auslösend wirkt die Verlagerung von **Statolithen** (gr. statos → oben; gr. lithos = Stein) je nach ihrer Ausrichtung zum Lot. Oft handelt es sich um Amyloplasten. Wenn man Wurzeln horizontal legt, verlagern sich die Amyloplasten in der Columella der Wurzelhaube positiv gravitrop (Abb. 21.4), bevor sich die Wurzel nach unten krümmt. Entfernt man die Kalyptra, unterbleibt die Reaktion. Die Amyloplasten fungieren also als Statolithen. Gleiches gilt für Sprosse: in Parenchmyzellen bestimmter Sprossbereiche oder in Zellen in den Knoten verlagern sich Amyloplasten positiv gravitrop. Der von Unwettern niedergedrückte Grashalm richtet sich durch stärkeres Wachstum auf der Unterseite der Knoten wieder auf.

Pflanzen können auch gravitrop reagieren, ohne erkennbare Statolithen in Form von Amyloplasten oder anderen Einschlusskörpern zu besitzen. Dann könnten der Protoplast selbst oder auch Teile des ER als Statolithen fungieren.

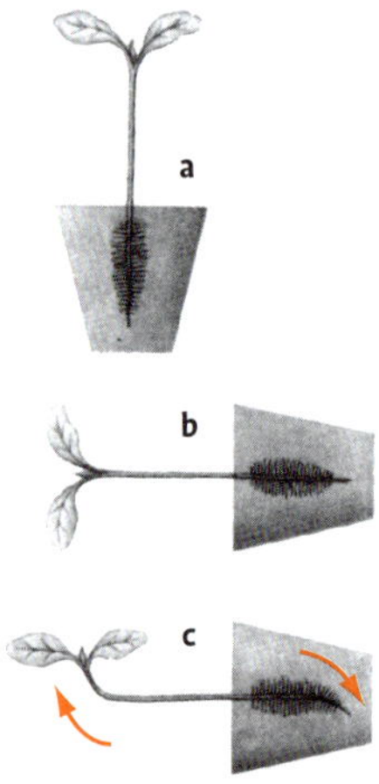

Abb. 21.3 Gravitropismus eines zweikeimblättrigen Keimlings. **a** normaler Wuchs: Spross negativ, Wurzel positiv geotrop. **b** Horizontale Lage (seitlicher Schwerereiz). **c** Wachstumskrümmungen aus der horizontalen Lage: Spross negativ, Wurzel positiv gravitrop (verändert nach HESS 1981).

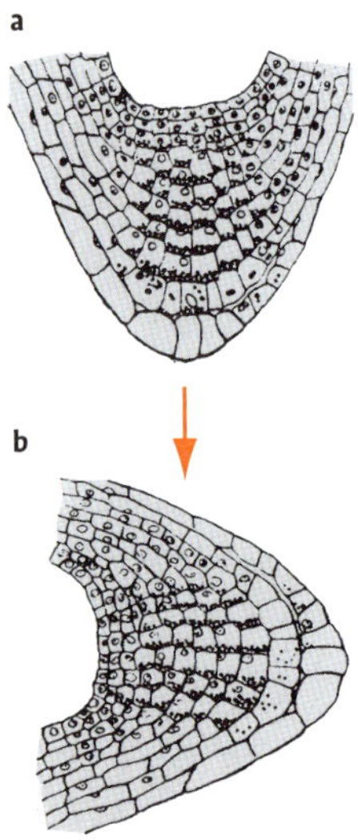

Abb. 21.4 Verlagerung der Statolithen (Amyloplasten) in der Kalyptra von Hirse. **a** Normale Orientierung, Amyloplasten auf der Unterseite der Zellen. **b** Horizontale Lage. Verlagerung der Amyloplasten auf die jetzige Unterseite (verändert nach WALTER 1950).

Abb. 21.5
Lokalisierung der PIN-Proteine in der Wurzelspitze von *Arabidopsis*. **A** Schema der Wurzelspitze eines Keimlings. Die Pfeile deuten die Richtung des Auxintransports an (vgl. Abb. 21.1). B – E In situ-Immunofluoreszenzmarkierung von PIN1 (B), PIN2 (C), PIN3 (D) und PIN4 (E, wird hier nicht weiter berücksichtigt). Antikörper für den betreffenden PIN werden mit Fluoreszenzfarbstoffen markiert und das Gewebe mit ihnen inkubiert. Die PINs fluoreszieren grünlich. → Text (WOLFF et al. 2003: mit freundlicher Genehmigung von Spektrum).

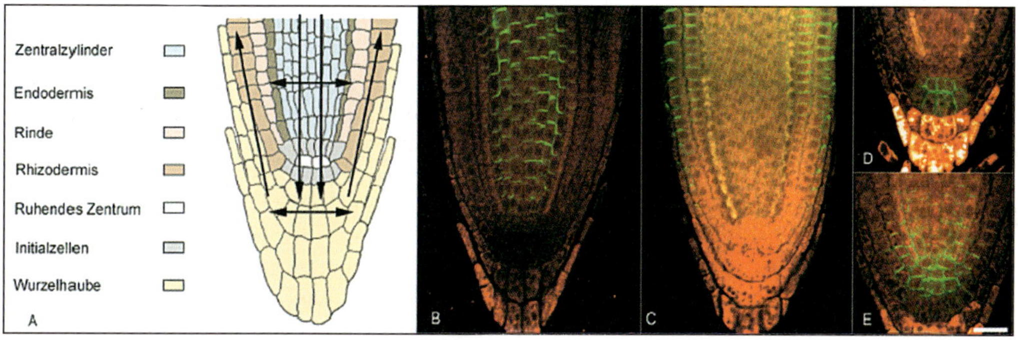

21.1.1.2 Signaltransduktion und Reaktion

Nach Verlagerung der Statolithen – welcher Art auch immer – wird Druck auf andere Bereiche des peripheren ER als zuvor ausgeübt. Möglicherweise erfolgen dann pH-Änderungen im Cytosol und in der Zellwand, die den polaren IAA-Transport (Seite 231) beeinflussen; möglicherweise öffnen sich auch Kanäle für den sekundären Messenger Ca^{2+}. Auch MAPK-Kaskaden werden diskutiert. Fest steht jedenfalls, dass der normalerweise über den Zentralzylinder heranfließende IAA-Strom in der Kalyptra asymmetrisch umgelenkt wird.

Bei senkrecht orientierten Pflanzen findet sich im Phloem der unteren Sprossabschnitte ein basipetaler IAA-Transport. In der Wurzel setzt er sich akropetal (Abb. 21.2) im Zentralzylinder fort. Transversale Gradienten sind für die Ausbildung von Seitenwurzeln verantwortlich (Seite 303). In der Wurzelspitze biegen die IAA-Ströme um und verlaufen nun in den Zellen der Rinde und der Rhizodermis zur Wurzelbasis zurück. Anschaulich spricht man hier von einer **Auxin-Fontäne** (Abb. 21.1; 21.5).

In der normal positiv gravitrop wachsenden Wurzelspitze von *Arabidopsis* sind die Auxin-Effluxcarrier (Seite 232; PINs) in der jeweiligen Zone und in deren Zellen so loklalisiert, wie man es bei einer solchen Auxin-Fontäne zu erwarten hat (Abb. 21.5). Das ließ sich in Experimenten zeigen, in denen die verschiedenen PINs mit Hilfe der Immunfluoreszenz in situ nachgewiesen wurden: PIN1 findet sich im Zentralzylinder. In dessen Zellen liegt es auf der Basalseite, also zur Wurzelspitze hin. Das stimmt mit dem zur Wurzelspitze laufenden, zentralen Auxinstrom überein. PIN2 findet sich in der Wurzelhaube und in den äußeren Geweben der Wurzelspitze. In den betreffenden Zellen ist es apikal lokalisiert, weist also zur Wurzelbasis, wie man es für die Leitung der äußeren Ströme der Auxin-Fontäne zu erwarten hat. PIN3 ist in der zentralen Wurzelhaube ohne bevorzugte Ausrichtung auf allen Seiten des Plasmalemmas zu finden. Soweit die Normalsituation.

▶ **Querverschiebung von IAA in der Wurzelspitze**. Bei horizontal liegenden Wurzeln **verstärken sich beim Rücklauf die unteren Ströme** (Abb. 21.1). Maßgebend dafür dürfte die Verlagerung von PIN3 sein. In Wurzeln, die einem seitlichen Schwerereiz ausgesetzt werden, verlagert es sich rasch in Reizrichtung (Abb. 21.6). Dann sollte IAA auf die Unterseite umgeleitet werden. Bislang hatten wir von der Lokalisation der PINs auf die Wanderungsrichtung der IAA rückgeschlossen. Direkte Belege stimmen damit überein. Sie wurden schon frühzeitig mit H^3-markier-

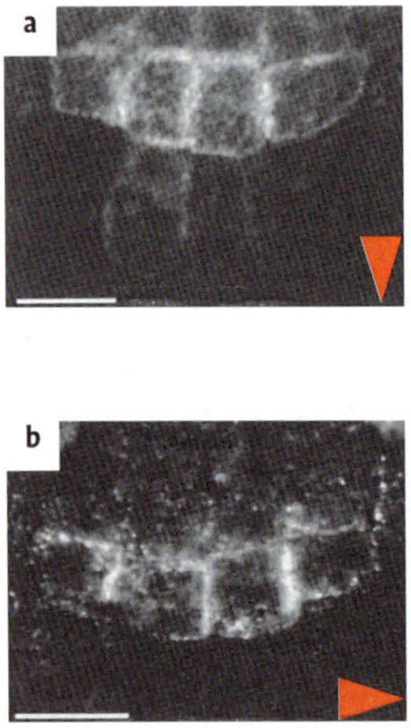

Abb. 21.6
Verlagerung des Auxin-Efflux-Carriers PIN3 (Nachweis über Immunofluoreszenz) in Zellen der zentralen Kalyptra bei seitlichem Schwerereiz. **A** Normale Ausrichtung. PIN3 ist gleichmäßig im Plasmalemma aller Seiten lokalisiert. **B** Seitlicher Schwerereiz (horizontale Lage) für 2 min: PIN3 verlagert sich in Reizrichtung. Pfeilkopf: Richtung des Lots (verändert nach FRIML et al. 2002 aus PALME et al. 2002).

Abb. 21.7
Querverlagerung von radioaktiv markierter IAA (rot) in der Spitze der *Avena*-Koleoptile im Schwerefeld. Die Spitze wurde nach Reizeinwirkung isoliert und auf ein Agarblöckchen gesetzt, in das IAA aus der Spitze diffundierte. **a** gleichmäßige Diffussion der IAA bei Normallage. **b** In horizontaler Stellung verlagert sich IAA nach unten; mehr IAA diffundiert aus der bisherigen Unterseite in Agar (verändert nach HESS 1981).

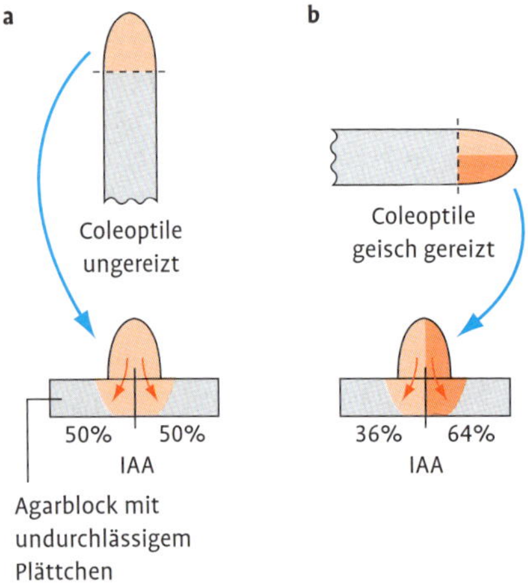

ter IAA in der Spitze der Avenakoleoptile erbracht (Abb. 21.7). Besonders überzeugend waren jedoch Versuche mit dem synthetischen Promotor *DR5,* der **nur** auf IAA anspricht (manche natürliche IAA-regulierte Promotoren kooperieren auch mit anderen Faktoren). Er wurde mit dem *GFP*-

Abb. 21.8
Auxinverlagerung in der Wurzelspitze von *Arabidopsis* nach gravitropischer Reizung. Nachweis über die grünliche Fluoreszenz von GFP, das von *gfp* unter der Kontrolle des synthetischen auxinspezifischen Promotors DR5 codiert wurde. **a** vor der gravitropischen Reizung, **b** danach.Pfeilspitze: Richtung des Lots (Fotos J. FRIML; Lit. OTTENSCHLÄGER et al. 2003).

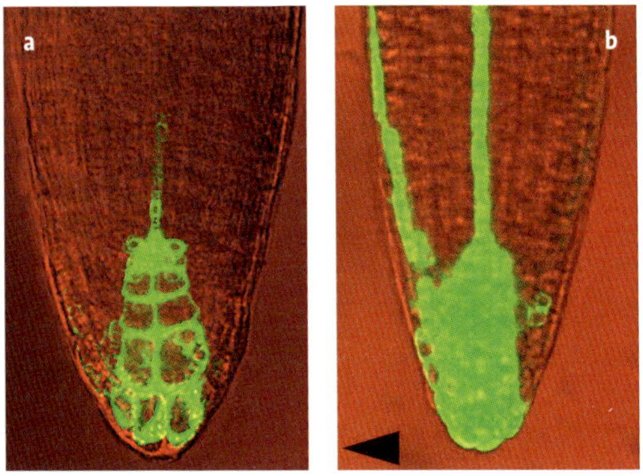

Gen (Seite 76) fusioniert und in *Arabidopsis* übertragen. Das chimäre Konstrukt *DR5::GFP* wurde exprimiert. Es ermöglicht den in vivo-Nachweis von IAA. Denn wo sich in der Kalyptra transgener *Arabidopsis*-Pflanzen GFP-Fluoreszenz aufinden ließ, musste auch IAA vorhanden gewesen sein, die den *DR5*-Promotor aktiviert hatte. In senkrechter Stellung fand sich eine symmetrische Verteilung von IAA, in horizontaler eine Verlagerung von IAA auf die Unterseite (Abb. 21.8). Das stimmt voll mit den Rückschlüssen aus der Lokalisierung der PINs überein.

▶ **Signalleitung und Streckungsreaktion.** Die Streckungszone liegt von der Kalyptra aus basalwärts. Die nach der Querverschiebung unterschiedlich starken IAA-Ströme fließen in sie ein (Signalleitung). Man nimmt an, dass die IAA-Konzentrationen auf der Unterseite für die Sprosse im optimalen, für die empfindlicheren Wurzeln im hemmenden Bereich liegen. Die Unterseite der Sprosse wird dann im Wachstum gegenüber der Oberseite gefördert, die Unterseite der Wurzeln gehemmt. Damit wäre die negativ gravitrope Reaktion der Sprosse und die positiv gravitrope der Wurzeln erklärt (21.9). Der molekulare Mechanismus der unterschiedlichen Sensibilität ist jedoch ungeklärt.

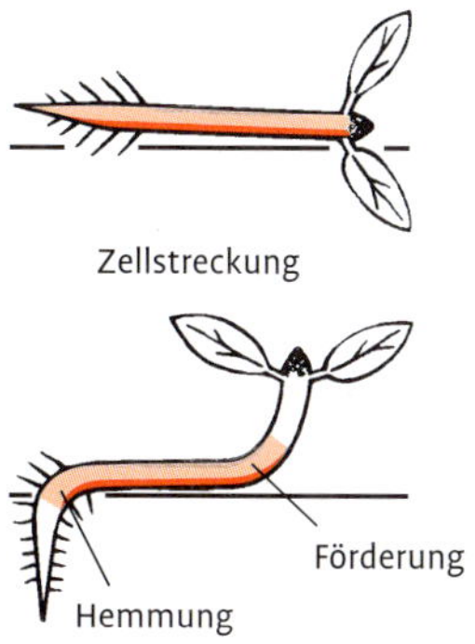

Abb. 21.9
Nach IAA-Querverschiebung (IAA rot) auf die Unterseite beim Spross Förderung des Wachstums auf der Unterseite und damit negativ gravitrope Reaktion, bei der Wurzel Hemmung des Wachstums auf der Unterseite und damit positiv gravitrope Reaktion bei der Wurzel. IAA-Gehalt in Rot (verändert nach HESS 1981).

21.1.2 Phototropismus

Kultiviert man eine Pflanze so, dass Licht sowohl den Spross wie die Wurzel erreichen kann, wendet sich bei normaler Lichtintensität der Spross dem Licht zu, die Wurzel vom Licht ab (Abb. 21.10). Der Spross zeigt also positiven, die Wurzel negativen **Phototropismus** (→ Definition). Wenn die Lichtintensität nicht zu hoch ist, stellen sich die Blattflächen senkrecht zum Licht ein.

DEFINITION
Beim **Phototropismus** handelt es sich um Wachstumsbewegungen in Reaktion auf einseitige Belichtung.

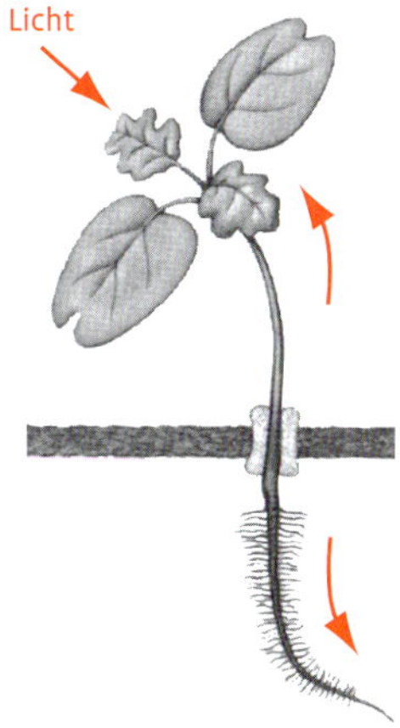

Abb. 21.10
Phototropismus eines zweikeimblättrigen Keimlings. Die Pflanze wurde auf einem Korken schwimmend gehalten und von links Oben belichtet. Der Spross zeigt eine positiv, die Wurzel eine negativ phototrope Wachstumsreaktion (verändert nach HESS 1981).

Abb. 21.11
Perzeption des Lichtes und IAA-Querverschiebung in der Spitze der *Avena*-Koleoptile bei einseitiger Belichtung. Perzeption: **a** positiv phototrope Reakion bei Belichtung. **b** keine Reaktion bei Abdecken der Spitze. **c** keine Reaktion bei Entfernung der Spitze. Querverschiebung: **d** Abnehmen einer Spitze, Aufsetzen auf Agarblöckchen, das durch ein undurchlässiges Trennplättchen halbiert wurde, einseitige Belichtung, dann in beiden Blöckchen-Hälften quantitative Bestimmung der eindiffundierten IAA. Die Verteilung der IAA in beiden Hälften ist angegeben (verändert nach HESS 1981).

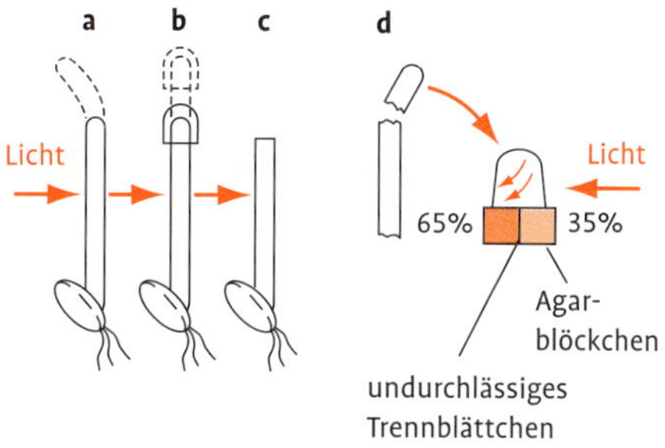

Die *Avena*-Koleoptile ist das hinsichtlich des Phototropismus bestuntersuchte Sprossorgan. Sie zeigt bei steigender Lichtintensität eine erste, zweite, und dritte positiv phototrope Reaktion. Übergehen wir diese Komplikationen und fragen wir im Folgenden vereinfachend, wie es bei ihr überhaupt zu einer positiv phototropen Reaktion kommen kann. Wie üblich, brachte die Analyse von *Arabidopsis*-Mutanten weitgehende Klarheit.

21.1.2.1 Perzeption

Schon Charles Darwin hatte 1880 durch Abschatten von Gras-Koleoptilen belegt, dass die Lichtperzeption in den Koleoptilspitzen erfolgt. Das ließ sich im vergangenen Jahrhundert vielfach bestätigen.

▶ **Ort der Perzeption.** Wenn man die Spitze der *Avena*-Koleoptile abdunkelt oder entfernt, unterbleibt die Reaktion (Abb. 21.11).

▶ **Lichtrezeptoren.** Wirksam ist vor allem Blaulicht, das von **Phototropinen** (Seite 255) perzipiert wird.

21.1.2.2 Signaltransduktion und Reaktion

Die an die Lichtperzeption unmittelbar anschließende Signaltransduktion ist noch unbekannt. Doch führt sie dazu, dass in der Koleoptilspitze IAA von der Lichtseite auf die Schattenseite verschoben wird. Außerdem wird der polare IAA-Transport auf der Lichtseite gehemmt.

▶ **Querverschiebung von IAA in der Koleoptilspitze.** Die erwähnte Verschiebung von IAA auf die Schattenseite lässt sich einfach dadurch belegen, dass nach Belichtung einer isolierten Koleoptilspitze IAA aus der Schatten- und aus der Lichtseite getrennt abgefangen und bestimmt wird. Auf der Schattenseite findet sich mehr IAA (Abb. 21.11). Wie beim Gravtropismus lässt sich die IAA-Verschiebung auch über *DR5::GFP*-Konstrukte in entsprechend transgenen *Arabidopsis*-Pflanzen überzeugend belegen.

Versuche mit unter anderem radioaktiv markierter IAA zeigten, dass die Unterschiede zwischen beiden Seiten nicht etwa durch einen verstärkten IAA-Abbau auf der Lichtseite zustande kommen. Die erwähnte Hemmung des IAA-Transports auf der Lichtseite beruht auf einem Ausfall von basal orientierten PIN-Efflux-Carriern. Damit wird IAA geradezu in den Quertransport gedrängt.

▶ **Signalleitung und Streckungsreaktion.** Auf der Schattenseite findet sich mehr IAA, die basipetal in die Hauptstreckungszone wandert, die etwas unterhalb der Koleoptilspitze liegt (Signalleitung). Dort wird die Zellstreckung verstärkt, sodass es zu einer Krümmung zum Licht hin kommt (Abb. 21.11).

Abb. 21.12
Registrierung der nyktinastischen Bewegungen eines Bohnenblattes. Hebung des Blattes → Senkung bei der Aufzeichnung; Senkung des Blattes → Hebung bei der Aufzeichnung (verändert nach HESS 1981).

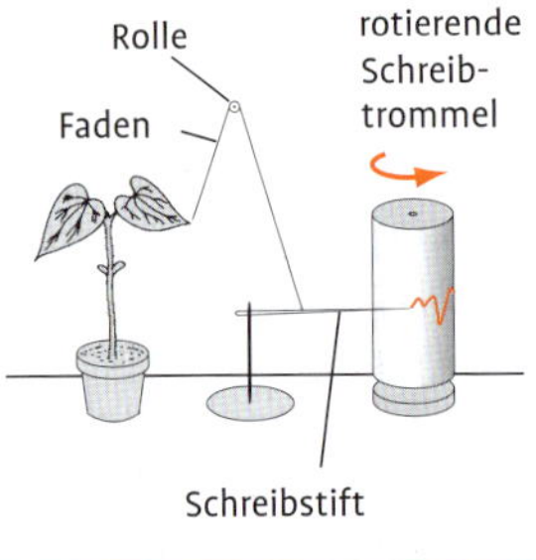

21.1.3 Circadiane Rhythmen: Physiologische Uhren

In der unbelebten Natur finden sich jährliche, monatliche oder tägliche Rhythmen. Die Pflanzen müssen sich ihnen für eine optimale Entwicklung anpassen. Entscheidend wichtig sind die Tag/Nacht-Zyklen, also **circadiane Rhythmen**.

21.1.3.1 Nyktinastische Bewegungen

Bei zahlreichen Pflanzenarten finden sich Tag- und Nachtstellungen von Laub- und Blütenblättern. Blüten können sich dabei über Nacht schließen. Bei den Bewegungen handelt es sich um Nastien (Seite 309), die wie bei Nastien in der Regel auf Turgoränderungen zurückgehen. Sie finden an der Basis der Blattorgane statt, oft in eigens ausgebildeten Gelenken. Bei Einnahme der Nachtstellung spricht man von **nyktinastischen Bewegungen** (gr. nyx, Gen. nyktos = Nacht).

Die Bewegungen lassen sich leicht registrieren (Abb. 21.12) und so längerfristig verfolgen. Dabei stellte man fest, dass sie auch in Dunkelheit weiterlaufen, soweit der Ausfall der Photosynthese kein Limit setzt. Es handelt sich also um **endogene Bewegungen**. Allerdings wird oft die Amplitude der aufgezeichneten Schwingungen verringert. Auch ihre Periode bleibt nicht konstant. Sie pendelt sich auf Werte **um 24 Stunden** herum ein (Abb. 21.13). Man spricht deshalb von **circadianen** endogenen **Rhythmen** (lat. circa = ungefähr; lat. dies = Tag; also: ungefähr einen Tag).

21.1.3.2 Circadiane Rhythmen

Circadiane Rhythmen müssen folgende Kriterien erfüllen (die beiden ersten hatten wir schon bei den nyktinastischen Bewegungen kennengelernt):

- Sie laufen unter konstanten Außenbedingungen weiter, etwa im Dauerdunkel.
- Sie laufen unter konstanten Außenbedingungen mit leichten Veränderungen (Amplitude,

Abb. 21.13
Nyktinastische Bewegungen der Blütenblätter von *Kalanchoe blossfeldiana*. Registrierung im Prinzip wie in Abb. 21.12. Die Ordinate gibt die Hebung und Senkung in mm an. Anfangs wurde mehrere Tage lang der übliche Wechsel zwischen Licht (gelb) und Dunkel (blau) gegeben. Nach dem 8. XII. wurden die Pflanzen in Dauerdunkel gehalten. Die Bewegungen gehen weiter und zeigen so ihren endogenen Charakter an (verändert nach BÜNNING 1967).

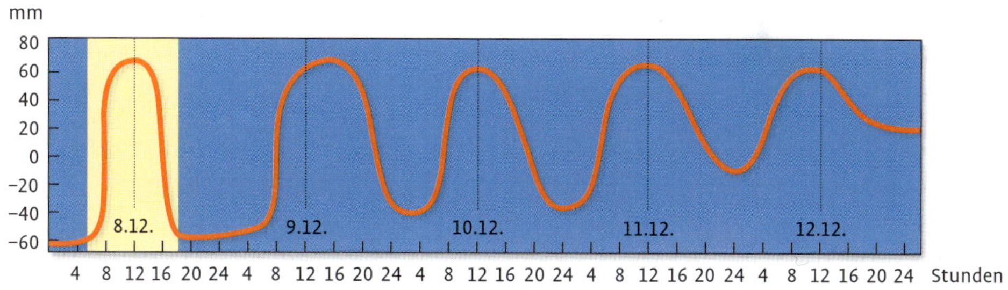

Periode) weiter. Das bedeutet, dass sie sonst beim Wechsel der Außenbedingungen zeitlich einreguliert werden (→ unten Zeitgeber).

- Sie sind temperatur-kompensiert. Bestehende Temperatur-Einflüsse kommen nicht zum Tragen, sondern sie werden über unbekannte Mechanismen kompensiert.

Die leicht registrierbaren nyktinastischen Blattbewegungen machten auf circadiane Rhythmen aufmerksam. Sie wurden dann vielfach aufgefunden. Ihre oft zentrale Bedeutung wird an einigen Beispielen deutlich:

▶ **Expression circadianer Gene:** Zahlreiche **Gene für die Photosynthese** (zum Beispiel für die kleine Untereinheit der RubisCO oder für CAB, ein Chlorophylle a und b bindendes Protein im Photosystem II) und für die photosynthetische Nitratassimilation (Nitratreduktase; Seite 41) zeigen um die Mitte der Lichtphase ihre höchste Expression. Die zentral wichtige Photosynthese und an sie angeschlossene Prozesse werden also zeitlich optimal einreguliert. **Gene für Oxidationsvorgänge** werden oft nachts aktiv.

▶ Ein circadianer Rhythmus liegt auch mit dem **CAM** vor (Seite 111).

▶ **Photoperiodismus**: Beim Photoperiodismus spricht die Pflanze auf die **jahreszeitlich** wechselnden Nacht- bzw. Tageslängen an, die sich zu beiden Seiten des Äquators ergeben. Doch dieses Ansprechen wird mit circadianen Rhythmen gekoppelt. Vor allem die **Blühinduktion** vieler Arten wird photoperodisch gesteuert (Seite 358).

21.1.3.3 Die circadiane Uhr

Zunächst ein Modell lichtgesteuerter circadianer Systeme (Abb. 21.14). Als Photorezeptoren dienen Phytochrome, vor allem phyB, und Cryptochrome. Über sie kommt es zu Signaleingängen in einen **Oszillator** ein, die eigentliche physiologische Uhr. phyB wirkt dabei offensichtlich über PIF3, also im Nucleus (Seite 255). Dafür spricht unter anderem, dass PIF3 an ein Motiv in den Promotoren von CCA1 und LHY (→ unten) binden kann. Über die Photorezeptoren wirkt Licht als **Zeitgeber**: jeweils bei Lichtbeginn, im circadianen Rhythmus also beim Wechsel von Dunkel zu Licht, wird die physiologische Uhr einreguliert (Abb. 21.15). Aus dem Oszillator kommt es zu Signalausgängen, die circadiane Rhythmen verschiedener Art bedingen. Dabei können vom Oszillator Genaktivitäten gesteuert werden (circadiane Gene, → oben).

Die zentrale Frage ist die nach der **Art des Oszillators**. Bei *Arabidopsis* ist man zu einer vorläufigen Modellvorstellung gekommen. Die **Kerngene im Oszillator** sind die Gene für die drei spezifischen Transkriptionsfaktoren **CCA1** (**C**ircadian **C**lock-**A**ssociated), **LHY** (**L**ate Elongated **Hy**pocotyls) und **TOC1** (**T**iming **o**f **C**AB). Die beiden erstgenannten sind mit den MYB-Transkrip-

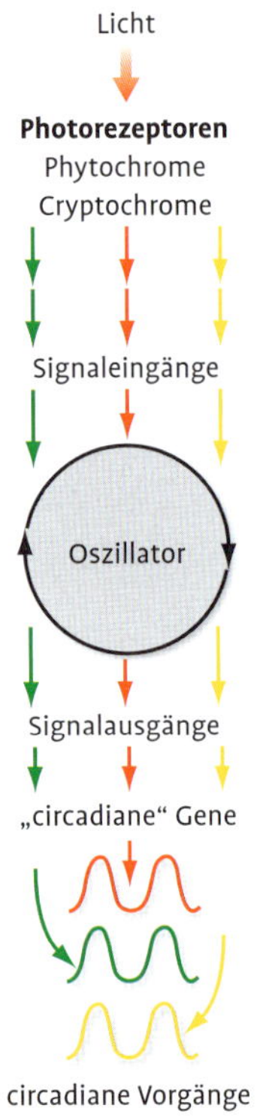

Abb. 21.14
Basismodell circadianer Systeme mit Oszillator, auf den lichtinduzierte Eingangssignale einwirken. Über Ausgangssignalwege kommt es zu den verschiedenen circadianen Erscheinungen.

tionsfakoren (Seite 239) verwandt. Die circadianen Aktivitäten dieser Kerngene und damit der tägliche Ablauf der Uhr finden sich in Abb. 21.16.
Weitere Gene verhalten sich gleichsinnig. Mit Sicherheit wird sich die Zahl der Oszillatorgene noch erhöhen. Fallweise, etwa beim Photoperiodismus (Seite 358), kommen noch zusätzliche Gene hinzu.

21.2 Stressresistenz

Jeder Faktor, der die Pflanzen schädigt, kann als **Stressfaktor** (**Stressor**) aufgefasst werden, also als Faktor, der zu einer Stress-Situation führt (engl. stress = Belastung, Anspannung). Diese Begriffsfassung wäre allerdings sehr weit. So sind Pflanzen vielfach habituell, sozusagen gewohnheitsmäßig, negativen Einflüssen ausgesetzt, etwa der Trockenheit im Sommer oder dem Frost im Winter. Um im gegebenen Zusammenhang derartige Situationen auszuschließen, wird in der → Definition der **akute** Charakter betont. Stress kann auch auf biotische Faktoren (Seite 326) zu-

Abb. 21.15
Endogener Rhythmus und Licht als Zeitgeber bei den nyktinastischen Blattbewegungen der Jackbohne *(Canavalia ensiformis)*. Registrierung wie in Abb. 21.12. Lichtzeiten gelb, Dunkelzeiten blau. Anfänglich war normal belichtet worden. Am 19.X. wurde erstmals nachts belichtet und tags verdunkelt. Noch am gleichen Tag passen sich die Bewegungen diesem inversen Licht-Dunkel-Zyklus an. Der Beginn der Belichtung fungiert also als Zeitgeber. Im Dauerdunkel (ab 22.X.) gehen die Bewegungen weiter und zeigen damit ihren endogenen Charakter an (verändert nach BÜNNING 1967).

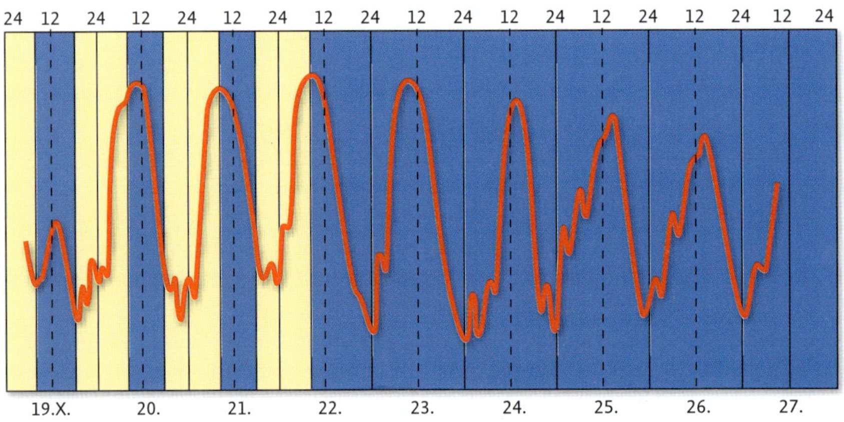

rückgehen. In diesem Kapitel wird der abiotisch bedingte Stress besprochen. Dabei ist zu berücksichtigen, dass alle Angaben über von Stressoren ausgelöste Schadeffekte relativ sind. Was für die eine Art eine Schädigung bedeutet, kann bei einer zweiten wirkungslos bleiben und auf eine dritte sogar fördernd wirken.

DEFINITION

Stress ist ein **akuter** Belastungszustand, der über Abweichungen vom optimalen Zustand zu Schädigungen führen kann.

Alle Stressfaktoren wirken als Signal, das zunächst perzipiert werden muss. Über die Art der

Abb. 21.16
Vorläufiges Modell eines Oszillators bei *Arabidopsis*. Bei Tagesanbruch, das heißt durch Licht, wird die Expression von *CCA1* und *LHY* stark gesteigert. Die Menge an CCA1 und LHY steigt rasch an (**1**). Im Zellkern binden sie an den Promotor von *TOC1* und hemmen *TOC1* (**2**), das über TOC1 die Expression von *CCA1* und *LHY* steigert (**3**). CCA1 und LHY hemmen noch weitere Gene (**7**), sind aber auch Aktivatoren für andere circadiane Gene, die damit vom Morgen an aktiv werden (Morgengene; **6**). Mit der Repression von *TOC1* nimmt die Menge an CCA1 und LHY bis zum Abend kontinuierlich stark ab (**4**). Das bedeutet aber, dass von ihnen bisher reprimierte circadiane Gene als Abend- bzw. Nachtgene wieder aktiv werden können (**7**). Vor allem geht auch die Repression von *TOC1* zurück. TOC1, Aktivator bei der Produktion von CCA1 und LHY, kann wieder gebildet werden. Gegen Abend steigt seine Konzentration stark an (**5**). TOC1 aktiviert die Gene *CCA1* und *LHY* zunehmend mehr (**3**). Damit ist eine der Voraussetzungen dafür gegeben, dass am nächsten Morgen Licht einen erneuten Anstieg an CCA1 und LHY induzieren kann (**1**). Über eine negative Rückkoppelungsschleife wird so die Uhr in Gang gehalten und an jedem Morgen über Licht neu eingestellt (verändert nach LACK and EVANS 2005).

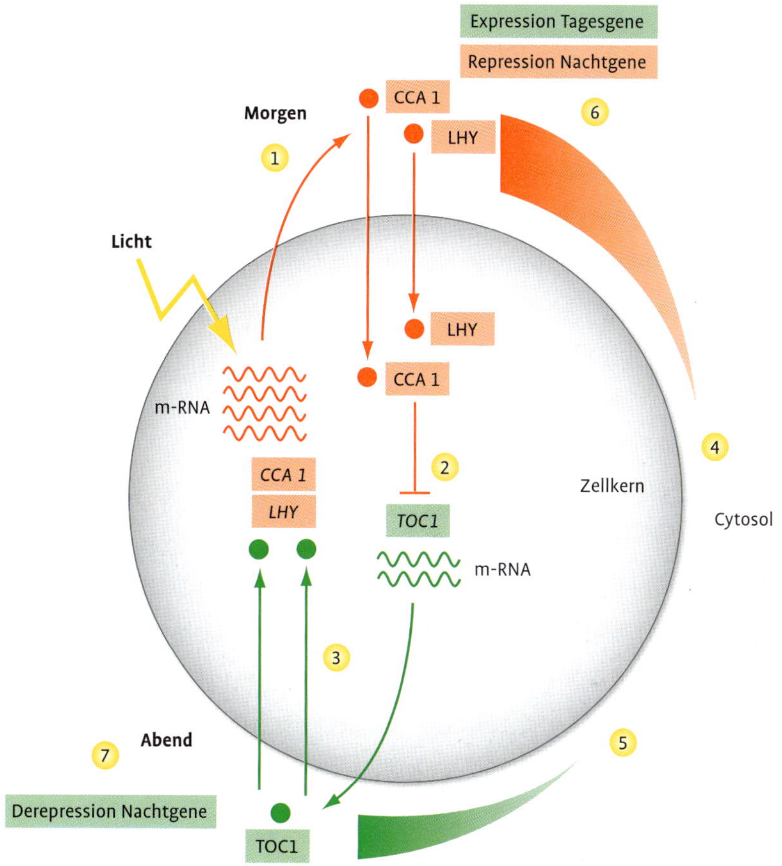

Perzeption ist meistens wenig bekannt. Sie könnte auch über eine bereits eingetretene Schädigung erfolgen. Nach der Perzeption kommt es zu einer Signaltransduktion, die oft zu Genaktivierungen führt. Die gebildeten Proteine wirken entweder direkt oder indirekt über Enzymprodukte derart, dass die Schadeffekte reduziert werden. Was die **Stressresistenz** angeht, kann sie auf **Stressvermeidung** oder **Stresstoleranz** zurückgehen (→ Definitionen). Im gegebenen Zusammenhang wird die Stresstoleranz vorrangig behandelt.

DEFINITION

Unter **Stressresistenz** versteht man die Fähigkeit, eine auf externe Faktoren zurückgehende Stresssituation zu überstehen. Das kann über **Stressvermeidung** geschehen, bei der das Eintreten einer Schädigung durch vorbeugende morphologische und physiologische Maßnahmen vermieden wird, oder über **Stresstoleranz**, bei der eine eingetretende Schädigung über aktuelle Vorkehrungen ausgehalten und überwunden wird.

Oft weit über 50 % der pflanzlichen Produktion gehen über abiotischen Stress verloren, Grund genug, dass weltweit intensiv daran geforscht wird. Im Folgenden können nur einige gut untersuchte Stresssituationen besprochen werden. Doch können ganz unterschiedliche Stressoren zu ähnlichen oder gleichen zellulären Effekten und dann auch Reaktionen führen. Damit werden weitere Stressfaktoren am Rande erfasst. Entsprechende Hinweise werden gegeben (Seiten 321, 322).

21.2.1 Starklicht-Stress

Besonders das Reaktionszentrum im Photosystem II (Seite 101) wird durch Starklicht leicht geschädigt. Doch lässt sich die Energie ableiten (Abb. 21.17): Bei Starklicht bildet sich ein starker Protonengradient durch die Thylakoidmembran (Seite 105). Das Thylakoidlumen und die angrenzende Außenseite der Thylakoidmembran zeigen einen niedrigen pH, bei dem eine De-epoxidase optimal arbeitet. Sie überführt Violaxanthin über Asteraxanthin in **Zeaxanthin.** Asteraxanthin und besonders Zeaxanthin können über einen umstrittenen Mechanismus Strahlungsenergie aufnehmen und als Wärme ableiten. Bei Schwachlicht und in Dunkelheit gehen der Protonengradient und damit die Ansäuerung zurück. Eine

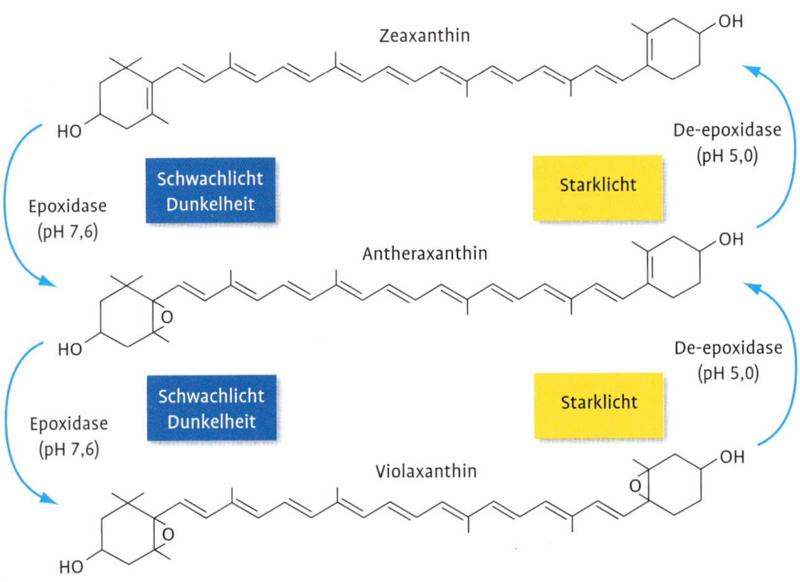

Abb. 21.17 Der Xanthophyll-Zyklus (→ Text).

Epoxidase mit Aktivitätsoptimum im leicht alkalischen Bereich überführt dann Zeaxanthin über Asteraxanthin wieder zurück in Violaxanthin. Diesen Kreislauf, über den sich eine Photoinhibition durch Starklicht vermeiden lässt, bezeichnet man als **Xanthophyll-Zyklus.** Denn die beteiligten Carotinoide sind Xanthophylle bzw. Xanthophyll-epoxide (Violaxanthin und Antheraxanthin).

Abb. 21.18
Aktivierung der *HSP*-Gene bei *Arabidopis*. Konstitutiv exprimierte HSF-Gene liefern Hitzeschutzfaktoren (HSF). Sie assozieren mit HSP70 zu Komplexen. Nach einem Hitzeschock werden die HSF frei, assozieren zu Trimeren und binden im Promotor von *HSP*-Genen an das Hitzeschock-Element *HSE*. Nach Phosphorylierung (P) der HSF kommt es zur Transkription des *HSP*-Gens (aktualisiert nach SCHÖFFEL et al. 1996).

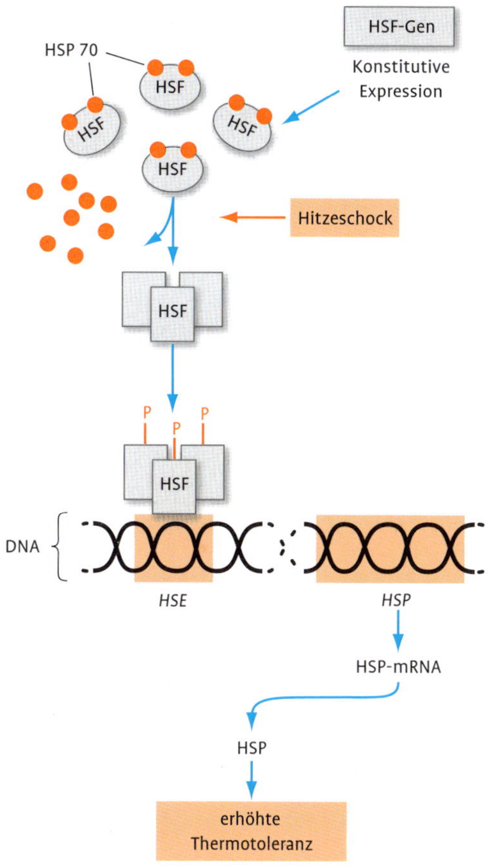

21.2.2 Hitzeschock

Jeder Organismus weist eine seiner Umgebung entsprechende Basis-Thermotoleranz auf. Temperaturen oberhalb 45 °C wirken auf lebende Zellen lethal. Unter **H**itze**s**chock (**HS**) versteht man einen plötzlichen Temperaturansteig über die Durchschnittstemperatur hinaus, unter der der betreffende Organismus lebt. Seine Höhe kann rund 5 bis 15 °C betragen.

Bei Einwirkung sublethaler hoher Temperaturen kommt es im molekularen Bereich vor allem zu Schädigungen der Membranen und der Proteine. Proteine entfalten sich oder gehen eine Fehlfaltung ein. Dabei geht ihre Funktion, etwa die Enzymaktivität, verloren. Falsch gefaltete Proteine können aggregieren und als unlösliche Kompexe ausfallen (Abb. 21.19).

Zu den Reaktionen auf einen HS gehört, dass die Transkription vieler Gene eingestellt und diejenige anderer Gene stimuliert wird. Vor allem aber werden Gene aktiviert, die **H**itze**s**chock**p**roteine (**HSPs**) codieren.

▶ **Aktivierung der Gene für HSPs.** Die Hitzeschock-Gene (*HS*-Gene) springen sehr rasch an. Nur wenige Minuten nach dem Schock kann *HSP*-mRNA und nach weiteren 10 bis 15 Minuten können HSPs nachweisbar sein.

Eine Temperaturänderung kann an jeder Stelle der Zelle ansetzen. Spezielle Rezeptoren sind nicht erforderlich. Die Bildung von HSPs wird auf der Ebene der Transkription reguliert. Die zentrale Rolle spielen dabei Transkriptionsfaktoren, in diesem Fall sogenannte **H**itze**s**chock-**F**aktoren (**HSFs**). Bei *Arabidopsis* werden über konstitutive Expression des betreffenden *HSF*-Gens zunächst inaktive monomere HSF-Polypeptide gebildet, die an vorhandenes HSP70 (→ unten) binden (Abb. 21.18). Diese Komplexe nehmen keinen Kontakt mit DNA auf. Die HSFs weisen hochkonservierte DNA-Bindungs-Domänen und außerdem Domänen für die Zusammenlagerung von monomeren HSF auf. Erst nach einem Hitzeschock werden die HSFs aus den Komplexen freigesetzt und bilden Trimere. Diese Trimere binden an *HSP*-DNA, und zwar an eine ganz bestimmte, hochkonservierte Sequenz der Promotor-Region, das Hitzeschock-Element (*HSE*). Nach Phospho-

Abb. 21.19
HSPs/Chaperone und ihre Funktionen bei abiotischem Stress. Bei jedem abiotischen Stress kann es zur Denaturierung funktionell wichtiger Proteinen, ihrer Aggregation und Degradation kommen. HSPs/Chaperone wirken dem entgegen. Dabei kann eine gegebene Chaperon-Klasse verschiedenen Funktionen nachkommen. Abiotischer Stress löst aber auch unter Mithilfe bestimmter Chaperone, zum Beispiel von HSPs70 in Abb. 21.18, die Synthese weiterer HPSs aus (nach einer Vorlage in WANG et al. 2004).

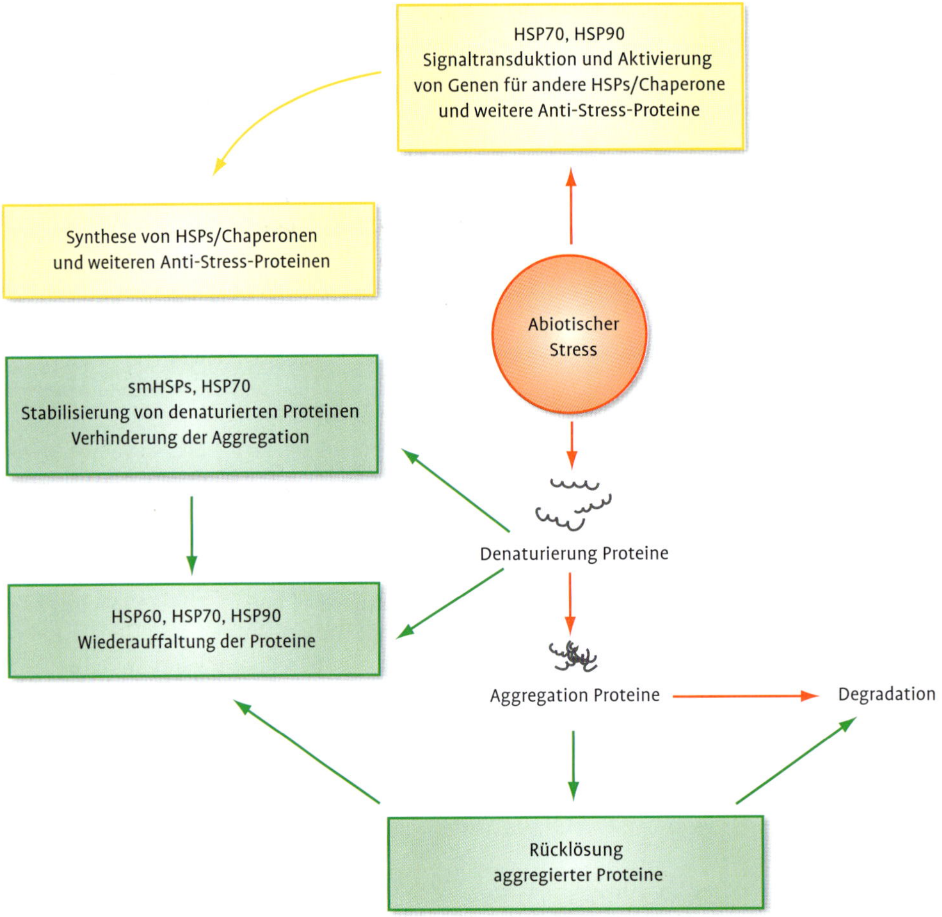

rylierung der gebundenen Trimere kommt es zur Transkription der *HSP*-Gene und der Translation zu HSPs.

▶ **Klassen der HSPs/Chaperone.** Chaperone (Seite 48) sind auch ohne Hitzeschock in den Zellen präsent. Das ist von ihrer Funktion her zu erwarten. Doch nach einem Hitzeschock werden viele **Chaperone** verstärkt oder auch neu gebildet. Chaperone sind also oft HSP – und wurden vielfach auch als solche entdeckt. Das kann in der Bezeichnung HSPs/Chaperone zum Ausdruck gebracht werden. Doch gibt es auch Chaperone, die nicht zu den HSPs zählen.

HSP finden sich bei Bakterien und Pflanzen ebenso wie bei Tieren einschließlich des Menschen. Sie sind in allen Organismen hochkonserviert. Nach ihrer Molekularmasse in kDA werden sie in fünf Klassen eingeteilt und benannt: HSP100,

HSP90, HSP70, HSP60 und smHSP (sm = small; 15-30 kDA). HSP60s hat man auch als **Chaperonine** bezeichnet. Sie nehmen insofern eine Sonderstellung ein, als sie für Prokaryonten typisch sind. Bei Pflanzen finden sie sich überwiegend in Chloroplasten und Mitochondrien, die sich ja von Prokaryonten ableiten lassen (Seite 93).

▶ **Funktionen der HSPs/Chaperone bei der Stressreaktion.** HSPs / Chaperone werden nicht nur als Reaktion auf Hitzeschock, sonden generell bei abiotischem Stress gebildet, etwa bei Kälte- Wasser-, Salinitäts-, und Sauerstoff-Stress. In allen diesen Fällen üben HSPs/Chaperone ähnliche Funktionen in den Abwehrreaktionen aus (Abb. 21.19).

▶ **Erworbene Toleranzen**. Nach einem überstandenen Hitzeschock werden oft noch für längere Zeit vermehrt HSPs gebildet. Setzt man dann einen an sich tödlichen Hitzeschock, kann die Pflanze ihn überstehen. Man spricht hier von einer **erworbenen Thermotoleranz**. Da teilweise die gleichen Abwehrmechanismen (→ oben) ausgebildet werden, kann die gegen einen Stressfaktor erworbene Toleranz auch zu Toleranz gegenüber einem anderen Stressor führen (Cross-Toleranz).

21.2.3 Wasserstreß (Wasserdefizit-Stress)

Organismen wie die Pflanzen, die zu mehr als 90 % aus Wasser bestehen, sind gegenüber Wassermangel besonders anfällig. Photosynthese und Wachstum sind die ersten wichtigen Prozesse, die bei einem Wasserdefizit geschädigt werden. Der Produktionsausfall bei Wasserstress wird als höher eingeschätzt als bei allen anderen abiotischen Stresssituationen zusammen genommen.

Eine Sicherung des Wasserhaushalts ist unabdingbar. Dem dienen zahlreiche Einrichtungen der Stressvermeidung. Denken wir im morphologisch-anatomischen Bereich nur an die Kakteen und andere Sukkulenten. In der Physiologie hatten wir bereits den C_4-Dicarbonsäure-Weg und den CAM kennengelernt.

Die Stressvermeidung sollte einmal erwähnt werden. In diesem Kapitel steht jedoch die Stresstoleranz im Vordergrund. Ein **Wasserdefizit-Stress**, abgekürzt **Wasserstress**, kann auf **Trockenheit** zurückgehen, und diese unter anderem auf **Hitze** (→ oben), aber ebenso auf einen **hohen Salzgehalt (hohe Salinität)** oder auf **Frost**, die beide ebenfalls Wasser festlegen. Die Abwehrmechanismen der Pflanze gegen diese drei abiotischen Schadfaktoren gleichen sich dementsprechend teilweise.

Die **Perzeption** erfolgt über Osmosensoren im Plasmalemma. Schon bei der hydronastischen Bewegung der Schließzellen war es ein Sensor im Mesophyll der umgebenden Zellen, der das Wasserdefizit registierte (Seite 213). Doch über Osmosensoren ist wenig bekannt.

Die **Signaltransduktionen** sind teils **von ABA abhängig, teils unabhängig.** Dabei gibt es Gene, die sowohl ABA-abhängig als auch ABA-unabhängig aktiviert werden können. Bei beiden Alternativen gibt es mehrere verschiedene Möglichkeiten. ABA-abhängige Signaltransduktionen kön-

Abb. 21.20
Wichtige kompatible Osmotika bei Wasserstress. Hinzu kommen Zucker wie Saccharose. Bei Salzstress wirken noch weitere Stoffe wie Pinitol.

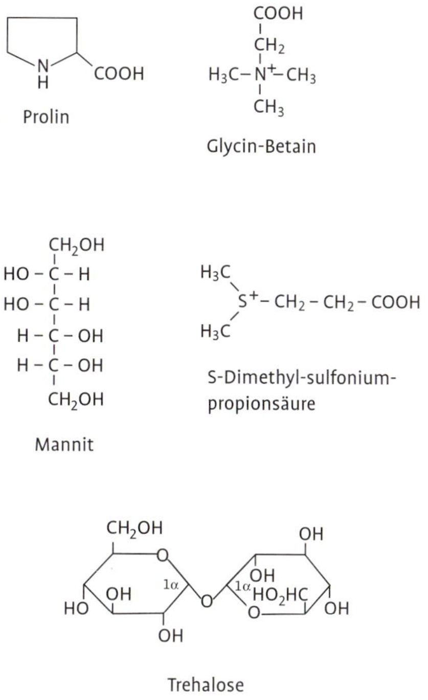

nen, aber müssen nicht über **ABRE** (Seite 245) verlaufen. Dabei können auch Gene der ABA-Synthese (Seite 245) aktiviert werden. In einer der ABA-unabhängigen Signaltransduktionen wird bei osmotischem Stress ein Transkriptionsfaktor **DRE** (**D**ehydration **Re**sponse **E**lement) gebildet, der einen ganzen Satz von Genen einreguliert.

▶ **Genaktivität und Antistress-Proteine.** Zahlreiche Proteine werden bei einem Wasserstress gebildet. Hierher gehören die Proteinkinasen der Signaltransduktion ebenso wie Transkriptionsfaktoren. **LEA-Proteine** (Seite 293), die besonders häufig sind, und **Chaperone** waren schon behandelt worden. Hinzu kommen unter anderem **Aquaporine** (Seite 206), die vermutlich einen rascheren Wassereintritt nach dem Wasserstress ermöglichen sollen.

Auch die Synthese zahlreicher Enzyme wird induziert oder verstärkt, etwa Superoxid-dismutase oder Katalase, die **ROS** (**R**eactive **O**xygen **Spe**cies) beseitigen. Vor allem aber handelt es sich

BOX 21.1

Wasserstress-Toleranz in transgenen Pflanzen

Zunehmende Trockenheit und Versalzung bedrohen die Pflanzenproduktion weltweit, vor allem in Ländern der sogenannten Dritten Welt. Gene für fast alle oben geschildertenToleranzfaktoren wurden übertragen. Zwei Beispiele für den Transfer von Genen für kompatible osmotisch aktiven Substanzen:

▶ **Trehalose-6-phosphat-Synthase**. Trehalose, ein nicht-reduzierendes Disaccharid aus Glucose (Abb. 21.20), kommt vor allem in Bakterien und Helfen vor. Sie wird in zwei Schritten gebildet: zuerst kombiniert die Trehalose-6-phosphat-Synthase UDP-Glucose mit Glucose-6-phosphat zu Trehalose-6-phosphat, dann entfernt eine Phosphatase den 6-ständigen Phosphatrest unter Bildung von Trehalose (Abb. 21.21).

Das Gen für Trehalose-6-phosphat-Synthase wurde zuerst 1996 aus Hefe in Tabak übertragen (1). In transgenem Tabak bildete sich dann Trehalose-6-phosphat, aus dem tabakeigene Phosphatasen Trehalose freisetzten. Die Trehalose verlieh dem Tabak eine gegenüber Kontrollen wesentlich gesteigerte Trockenheitstoleranz (Abb. 21.22).

Auch wenn sich bei Tabak leichter erste Einsichten (und schnellere Erfolge) verzeichnen lassen, muss die eigentliche Zielsetzung die Transformation von Nutzpflanzen sein. So konnte in Versuchen zur Trehalose-Genübertragung später unter anderem auch beim Reis (2) eine Erhöhung der Trockenheits-Toleranz erzielt werden.

▶ **Prolin-Synthese.** Noch ein weiteres Beispiel, bei dem die Synthese von Prolin gesteigert wurde. Prolin (Abb. 21.20) ist im Gegensatz zu Trehalose auch bei höheren Pflanzen ein wichtiges endogenes kompatibles Osmotikum.

Mit der indirekten Pollentechnik (3) wurde Genmaterial für die Synthese von Prolin unter Kontrolle des konstitutiven 35S-Promotors aus *Vigna aconitifolia* in Weizen übertragen (4). Ein erhöhter Salzgehalt bedingt ebenso einen Wasserstress wie Trockenheit. Außerdem ist er experimentell leichter einzustellen als ein Wasserstress über Trockenheit. Deshalb wurden die GVOs gegen NaCl getestet (Abb. 21.23). In der T0 zeigten die Transformanten ohne NACl einen gegenüber Kontrollen um das 12fache gesteigerten Prolingehalt. Auf NaCl war er nur doppelt so hoch. Doch zeigten alle Transformanten NaCl-Toleranz bis zu 200 mM NaCl, die Kontrollen starben schon bei über 100 mM NaCl ab.

Doch fielen nicht alle Transformationsversuche ähnlich positiv aus. Vielfach entsprachen die GVOs nicht den Erwartungen, etwa wenn eine für das transgene Enzym erforderliche Vorstufe limitierend war. Auch eine konstitutive Expression der Transgene war wie zu erwarten nicht immer optimal, weil eine permanente Produktion die Pflanzen zu sehr belastete.

[1] Holmström et al. 1996; [2] Garg et al. 2002; [3] Hess et al. 1990; [4] *Sahawel* and *Hassan* 2002.

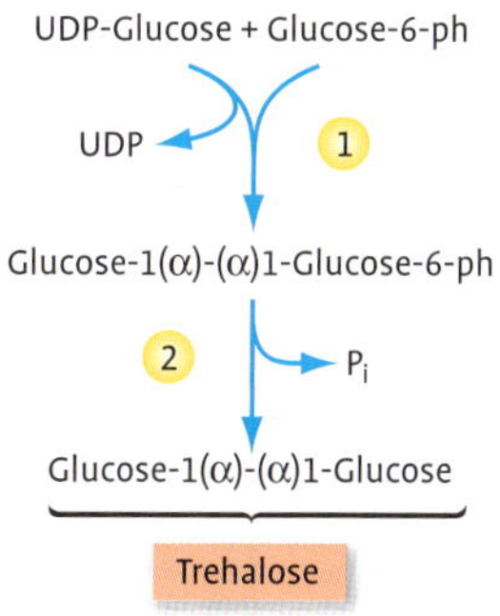

Abb. 21.21
Biosynthese der Trehalose. **1** Trehalose-phosphat-Synthase. **2** Phosphatase.

Abb. 21.22
Erhöhte Wasserstress-Toleranz bei für Trehalose transgenem Tabak. K = Tabak-Kontrolle ohne Trehalose; TT = transgener Tabak. Oh Beginn des Versuchs; 16 h = nach 16 h Wasserstress (die Pflanzen wurden bei nur 30% relativer Luftfeuchtigkeit gehalten); 50 h = nach weiteren 50 Stunden bei normaler Luftfeuchtigkeit. Transgene Pflanzen hatten sich völlig erholt (verändert nach PALVA et al. aus GRILLO and LEONE 1996).

auch um Enzyme, die kompatible Osmotika synthetisieren.

▶ **Kompatible Osmotika und osmotische Adaptation.** Kompatibel sind diese Stoffe insofern, als sie auch bei hoher Konzentration den Stoffwechsel nicht beeinträchtigen. Damit sind anorganische Ionen ausgeschlossen. Es handelt sich um niedermoleklare organische Substanzen wie Prolin, Glycin-Betain, Zuckeralkohole wie Mannit und die tertiäre Sulfoniumverbindung β-Dimethyl-sulfoniumpropionat (Abb. 21.20). Auch Zucker wie Saccharose gehören hierher. Die Substanzen bewirken eine Aufregulierung des osmotischen Wertes und stabilisieren Makromoleküle und Zellstrukturen bei Wasserverlust der Zelle. Pflanzen, die dauernd gegen Trockenheit ankämpfen müssen, weisen über konstitutiv, also permanent hohe Konzentrationen an den genannten Substanzen eine wesentlich verbesserte Trockenheitsresistenz auf.

21.2.4 Sauerstoffmangel (Anoxie)

Wasser kann auch zu viel des Guten sein, etwa bei Überflutungen. Sie führen zu **Sauerstoffmangel (Anoxie)** in den unter Wasser gesetzten Pflanzenteilen und dadurch zu einer massiven Störung des Energiegewinns über die Atmungsketten-Phosphorylierung (Seite 120). Falls die Pflanzen nicht absterben, kommt es zu gravierenden Reduktionen in Wachstum und Ertrag. Überflutungen sind einer der wichtigsten Faktoren für Produktionsverluste.

▶ **Überflutungstoleranz.** Semi-aquatische, das heißt partiell submerse Pflanzen können Überflutungen mit bestimmten Strategien begegnen. Ein gesteigertes Längenwachstum, um möglichst weit über die Wasseroberfläche hinauszuragen, gekoppelt mit der Ausbildung von Aerenchym, über das Sauerstoff auch in überflutete Pflanzenteile gelangen kann, gehören dazu. Das hilft bei Landpflanzen nicht weiter, wenn die Überflutungen stressartig plötzlich einsetzen und der Wasserspiegel zu hoch steigt. Bei Arten ohne Überflutungs-Toleranz kommt es zu starken Schädigungen (Abb. 21.24). Bei Pflanzen mit **Überflutungs-Toleranz** wird im Gegensatz zu semi-aquatischen Arten das Wachstum gebremst.

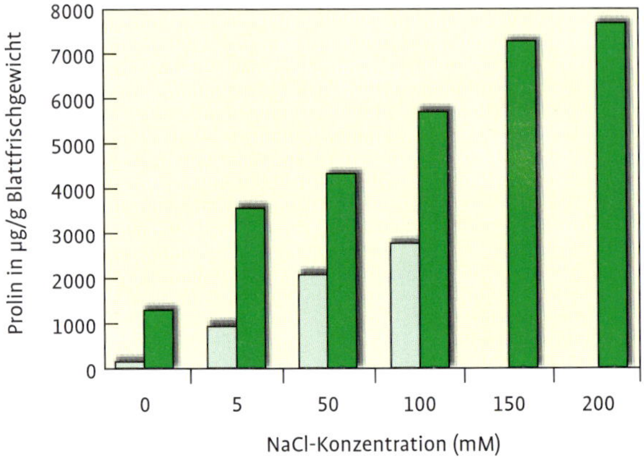

Abb. 21.23
Prolin-Gehalt in Weizen in für Prolin-Synthese trangenem Weizen (grün) und in Kontroll-Weizen (hellgrün). Die Kontrollpflanzen begegnen dem Wasserstress durch NaCl wie die transgenen Pflanzen mit einer allerdings geringeren Steigerung der Prolin-Akkumulation und sterben imn Gegensatz zu den GVOs bei mehr als 100 mM NaCl ab. → Text (verändert nach SAHAWEL and HASSAN 2002).

Damit lässt sich soviel Energie sparen, dass die Glykolyse mit anschließender Milchsäure- und Alkoholischer Gärung (Seite 119) zum Energiegewinn ausreicht.

▶ **Überflutungstoleranz beim Reis.** Besonders gefährdet durch Überflutungen ist das Grundnahrungsmittel Reis (*Orza sativa*), vor allem in Süd- und Südostasien. Im Gegensatz zu den meisten Varietäten der *Asiatica*-Gruppe sind einige *Indica*-Formen des Reises verhältnismäßig überflutungstolerant. Ein Großteil ihrer Toleranz geht auf die Genregion *Sub1* (**Sub**mergence tolerant) auf Chromosom 9 zurück. *Sub1* codiert für einige Transkriptionsfaktoren, die alle zu einer bestimmten Gruppe von ERFs (Ethylen Response Factors; Seite 248) gehören. Das Stresshormon Ethylen wird bei Überflutung vermehrt gebildet (Abb. 21.24). Die erwähnten Transkriptionsfaktoren werden von ihm aktiviert und steuern die Expression von Ethylen-regulierten Genen. So wird zum Beispiel die Synthese eines Expansins blockiert und damit das Streckungswachtum reduziert. Umgekehrt werden die Bildung von Pyruvat-decarboxylase und Alkohol-dehydrogenase und damit die Alkoholische Gärung gefördert.

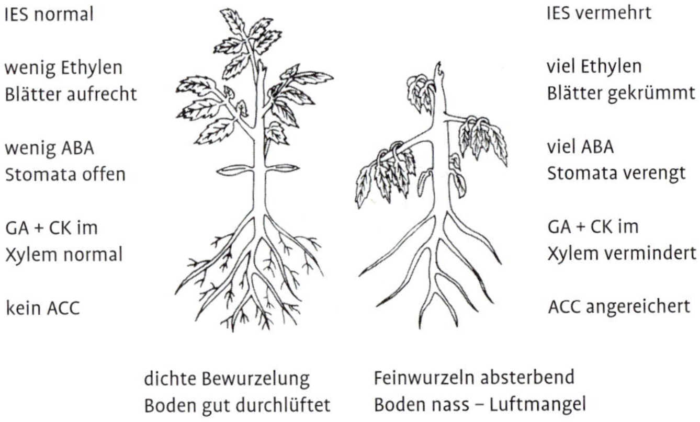

Abb. 21.24
Tomatenpflanzen bei Anoxie im Wurzelraum nach 24-48 Stunden Überflutung (rechts) und auf gut belüftetem Boden (links). Das welke Aussehen rechts geht hier auf ein Abwärtswachstum der Blätter zurück, das durch vermehrt gebildetes Ethylen ausgelöst wurde. Die Blätter blieben dabei turgeszent. ACC = Ethylenvorstufe (Seite 246), CK = Cytokinine, IES = IAA (nach BRADFORD and YANG aus LARCHER 2001)

Abb. 21.25
Überflutungstoleranter Reis durch Smart Breeding. Pflanze links jeweils ohne *sub1A*, rechts mit *sub1A*. **a** Zwei Wochen alte Pflanzen unmittelbar vor dem Überfluten; **b** Pflanzen nach zwei weiteren Wochen in Überflutung, also im Alter von vier Wochen. Die Pflanze mit *sub1A* ist kompakter und führt mehr Chlorophyll (Fotos T. F. Fukao und J. B. Bailey-Serres; Lit. Fukao et al. 2006; Xu et al. 2006, Review Perata and Voesenek 2007).

BOX 21.2

Überflutungstoleranz über Smart Breeding

Der wichtigste von der Region *Sub1* codierte Transkriptionsfaktor ist Sub1A. Gen *Sub1A* wurde mit Hilfe des Smart-Breeding (Seite 133) aus der *Indica*-Gruppe in eine *Japonica*-Varietät der *Asiatica*-Gruppe eingekreuzt. Der Erfolg war eine deutlich verbesserte Überflutungstoleranz (Abb. 21.25; 1,2). Damit besteht Hoffnung, zukünftig einmal Überflutungsschäden bei überflutungs-intoleranten Reis-Varietäten reduzieren zu können.

[1] Xu et al. 2006. [2] Perata and Voesenek 2007.

FRAGEN
(Seitenverweise zur Beantwortung)

- Definieren Sie die Begriffe Nastie und Tropismus! (Seite 309)
- Was besagt die Cholodny-Went-Hypothese? (Seite 309)
- Wie verändert sich die Auxin-Fontäne in der Wurzelspitze, wenn die Wurzel abweichend vom Lot ausgerichtet wird? (Seiten 309, 312)
- Beschreiben Sie die Lichtrezeptoren beim Phototropismus! (Seite 255)
- Wie kann man die Querverschiebung der IAA in der Spitze der *Avena*-Koloptile beweisen? (Seiten 312, 313)
- Was verstehen Sie unter nyktinastischen Bewegungen? (Seite 314)
- Was sind die Kriterien für circadiane Rhythmen? (Seite 314)
- Nennen Sie einige circadiane Erscheinungen! (Seiten 314, 315)
- Wann wirkt Licht als Zeitgeber bei circadianen Rhythmen, beim Wechsel Licht/Dunkel oder beim Wechsel Dunkel/Licht? (Seite 315).
- Definieren Sie den Begriff Stresstoleranz! (Seite 318)
- Nennen Sie einige abiotische Stressfaktoren! (Seiten 318, 319, 321, 323)
- Geben Sie einige Funktionen der HSPs/Chaperone in Stress-Situationen an! (Seite 320)
- Nennen Sie kompatible osmotisch wirksame Substanzen! (Seite 323)

22 Die vegetative Phase: Interaktionen mit biotischen Außenfaktoren

INHALT

Behandelt werden die Interaktionen höherer Pflanzen mit Lebewesen. Dabei kann es sich um andere höhere Pflanzen handeln, die in der Allelopathie meistens negativ beeinflusst werden. Entscheidend wichtig auch für die menschliche Ernährung ist die Abwehr von Pathogenen. Sie erfolgt über präinfektionelle und postinfektionelle Abwehrmaßnahmen. Bei der Abwehr von Herbivoren treten die postinfektionellen Maßnahmen etwas in den Hintergrund. An Hormonen wird bei der Pathogen-Abwehr mehr die Salicylsäure, bei der Herbivor-Abwehr mehr die Jasmonsäure wichtig. Die Abwehrmaßnahmen können sich vom Ort der Infektion oder der Verwundung durch Herbivore auf andere Pflanzenteile ausweiten (systemische erworbene Resistenzen). Dabei sind mobile Faktoren wirksam, bei der Pathogen-Abwehr ein noch unbekanntes Signal, bei dem es sich um Salicylsäure handeln könnte, bei der Herbivor-Abwehr Jasmonsäure. Ein Sonderfall sind Solanaceen wie die Tomate. Bei Herbivorie aktivieren sie ein hormonartiges Peptidsignal, das Systemin. Es löst in benachbarten Zellen die Synthese von Jasmonsäure aus. Aus Kampfgleichgewichten bei der Pathogen-Abwehr haben sich möglicherweise Symbiosen entwickelt. Von den zahlreichen Symbiosen höherer Pflanzen werden die Wurzelknöllchen-Symbiosen besprochen. Sie sind nicht nur für die landwirtschaftliche Praxis von Bedeutung, sondern liefern auch ein Musterbeispiel für Interaktionen. Diese gipfeln in der Aktivität der Nitrogenase, die N_2 fixiert und den Pflanzen nutzbar macht. Eine Variante sind Assoziationen höherer Pflanzen, vor allem auch von Getreide-Arten, mit Azospirillen und Rhizobien, in denen die N_2-Bindung und Wuchsstoffausscheidung der Bakterien für die Pflanzen nutzbar gemacht werden können.

22.1 Pflanzen gegen Pflanzen: Allelopathie

Auch andere Pflanzen können Stress bedeuten. Damit kommen wir zur **Allelopathie** (griech. allelos = ein anderer; griech. pathos = Leid). Die ursprüngliche Definition von Molisch (1937) ist heute noch gültig, wenn man die Bakterien ausschließt, die er damals noch einbezogen hatte (→ Definition).

DEFINITION

Allelopathie: Chemische Einflussnahme (Wasser ausgeschlossen) von Pflanzen mit Hilfe von Pflanzenstoffen auf artgleiche oder artverschiedene andere Pflanzen, bei der es sich meistens um eine Hemmung handelt.

Bei den Kampfstoffen handelt es sich um **sekundäre Pflanzenstoffe.** Sie liegen zunächst oft in entgifteter, zum Beispiel glykosidierter Form vor. Überdies können sie vorübergehend in eigenen Kompartimenten, wie der Vakuole deponiert und so vom pflanzeneigenen Stoffwechsel ferngehalten werden. Über Blatt- und Wurzelausscheidungen gelangen sie dann in den Boden. Durch mikrobielle Umwandlungen werden dort bislang entschärfte Chemikalien zu Kampfstoffen. Zu diesen Veränderungen gehört zum Beispiel das Freisetzen des Aglykons aus den Glykosiden. Aber auch über zerfallende pflanzliche Materie können sie in den Boden gelangen. Außer in den Boden werden Allelopathika auch in die Luft abgegeben.
Der Begiff Allelopathie bezieht sich definitionsgemäß nur auf von Pflanzen gebildete Stoffe. Eine Konkurrenz um zum Beispiel Wasser, die zu ähnlichen Erscheinungsbildern führen kann, wird ausgeschlossen.
Nur wenige Beispiele für Allelopathie müssen genügen. So kann nur erwähnt werden, dass auch die Bodenmüdigkeit auf Allelopathika zurückgehen kann. Doch die Beispiele belegen bereits die Relevanz für die landwirtschaftliche Produktion.

22.1.1 Ein historischer Fall: der Walnussbaum

Schon Theophrast (371–285 v. Chr). kannte von der Kichererbse (*Cicer arietinum*) ausgehende Hemmwirkungen auf andere Pflanzen. Bekannter ist, dass Plinius der Ältere (23–79 v. Chr.) in seinen „Naturalis historiae libri XXXVII" nicht nur darauf hingewiesen hat, dass Menschen unter Walnussbäumen Kopfschmerzen bekommen können, sondern dass in ihrem Schatten das Wachstum anderer Pflanzen gehemmt ist. Er deutete an, dass unter „Schatten" nicht nur schlechtere Licht- und Ernährungsbedingungen, sondern auch Ausscheidungen zu verstehen seien.
Plinius' Vermutungen ließen sich im vergangenen Jahrhundert bestätigen, und zwar vor allem an der nordamerikanischen Schwarzen Walnuss (*Juglans nigra*), dann aber auch an unserer europäischen Echten Walnuss (*Juglans regia*). Folgendes spielt sich ab (Abb. 22.1): In grünen Pflanzenteilen wird das 4-Glukosid des Hydrojuglons gebildet. Es stellt die entschärfte Form der allelopatisch wirksamen Verbindung dar. Nach Ausscheidung über Blätter und Fruchtschalen kommt es mit dem Regen in den Boden. Außerdem kann es auch von den Wurzeln abgegeben werden. Bodenmikroorganismen spalten zunächst die Glucose ab. Es entsteht dadurch das Aglykon Hydrojuglon, das mikrobiell zu Juglon oxidiert wird. Auf das Chinon Juglon gehen die beobachteten allelopathischen Erscheinungen zurück – und im Übrigen auch die Braunfärbung unserer Hände beim Schälen von Walnüssen.

22.1.2 Allelopathie im natürlichen Ökosystem: der Chaparral

Ein Beispiel aus der vom Menschen weniger beeinflussten Natur ist die Allelopathie im Chaparral. Dabei handelt es sich um eine Buschgesellschaft (span. chaparra = buschförmige Eiche) Kaliforniens, die in der Macchie des Mittelmeergebietes ihr Äquivalent findet. Der Sommer ist trocken, der Winter feucht und kühl. Das Wachstum findet vor allem in den Übergangszeiten statt, im Herbst nach den ersten Regenfällen und im Frühjahr.

Dominierend sind robuste immergrüne Büsche mit namengebender Sklerophyllie (Hartlaubigkeit) wie *Adenostoma fasciculatum*, der Chamise-Busch (Rosaceae; Abb. 22.2). Um die Sträucher herum findet sich eine ausgeprägte Hemmzone ohne Gräser und Kräuter. Von den Blättern werden Substanzen ausgeschieden, die mit dem Regen in den Boden gelangen. Dort unterbinden sie die Keimung von Gräsern und Kräutern. Die wirksamen Substanzen sind in erster Linie Phenolcarbonsäuren (p-Hydroxy-benzoesäure, Vanillinsäure, Syringasäure), Zimtsäuren (p-Cumarsäure, Ferulasäure) und Umbelliferon (Abb. 22.2.).

Im trockenen Sommer können bei Gewittern immer wieder durch Blitzschlag Brände ausgelöst werden. Die Hartlaub-Büsche brennen ab. In den ersten ein bis zwei Jahren nach dem Brand wachsen munter Gräser und Kräuter heran. Vom dritten bis vierten Jahr an erscheinen die ersten Hartlaub-Büsche, entweder aus Stockausschlägen oder aus Samen. Allmählich bilden sich um sie herum wieder die typischen Hemmhöfe aus. Nach fünf bis sieben Jahren ist der alte Zustand wieder hergestellt. Soweit der Mensch nicht eingreift, dauert ein solcher **Feuerzyklus** von Brand zu Brand rund 25 Jahre (Abb. 22.2).

Das Feuer wirkt auf verschiedenen Ebenen. Einmal werden die im Boden angereicherten allelopathisch wirkenden Phenole vernichtet. Der Nachschub bleibt zunächst aus, weil sich die Hartlaub-Büsche erst wieder entwickeln müssen. Nach dem nächsten Regen können die Gräser und Kräuter deshalb ungestört keimen. Hinzu kommt noch, dass Hitze die Keimung stimuliert. Zum Teil ist das auf die Zerstörung von sameneigenen Keimungshemmstoffen zurückzuführen. Außerdem fördert die beim Brand gebildete Holzkohle die Keimung, vermutlich teils über die Adsorption von im Boden noch vorhandenen Toxinen, teils über eine Anreicherung des Bodens mit Mineralstoffen.

Im Küstengebiet Südkaliforniens findet sich der Coastal Sage Scrub, der der Garigue des Mittelmeergebietes entspricht. Er wurde, was den Feuerzyklus angeht, gelegentlich mit dem Chaparral verwechselt. Doch die Sträucher dort sind viel

Abb. 22.1
Allelopathie beim Walnussbaum (*Juglans nigra, J. regia*). **1** Freisetzung durch Auswaschung; **2** Freisetzung durch Wurzelausscheidung; **3** Abspalten von Glucose (G'lc)und Oxidation zum aktiven Juglon; **4** allelopathische Hemmung (verändert nach SCHLEE 1986).

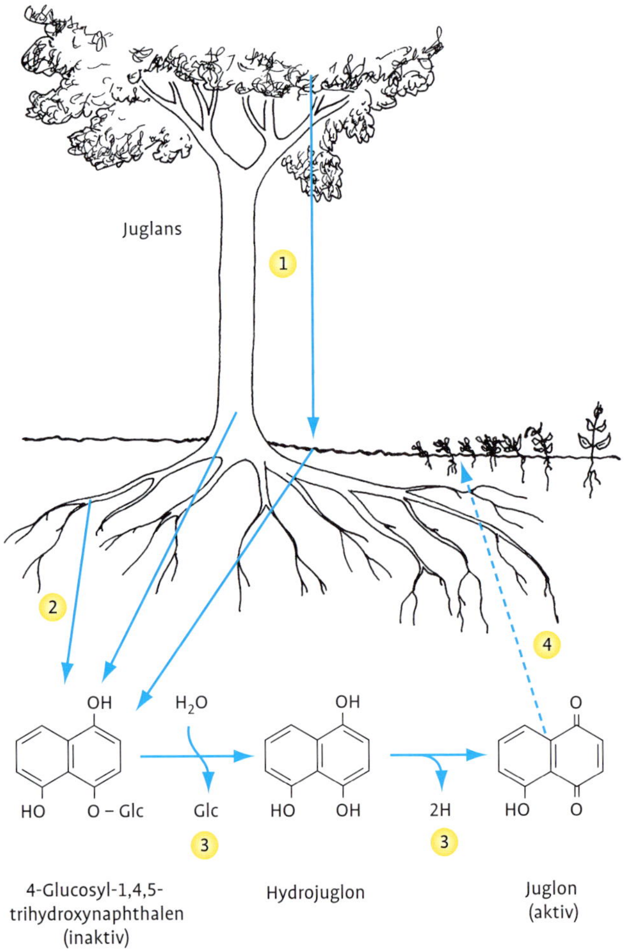

Abb. 22.2
Der Feuerzyklus im Chaparral. Oben Feuerzyklus, darunter der Chamise-Busch (*Adenostoma fasciculatum*) mit einigen der allelopathisch wirkenden Phenolkörper (oben nach SCHLEE 1986 und HARBORNE 1995).

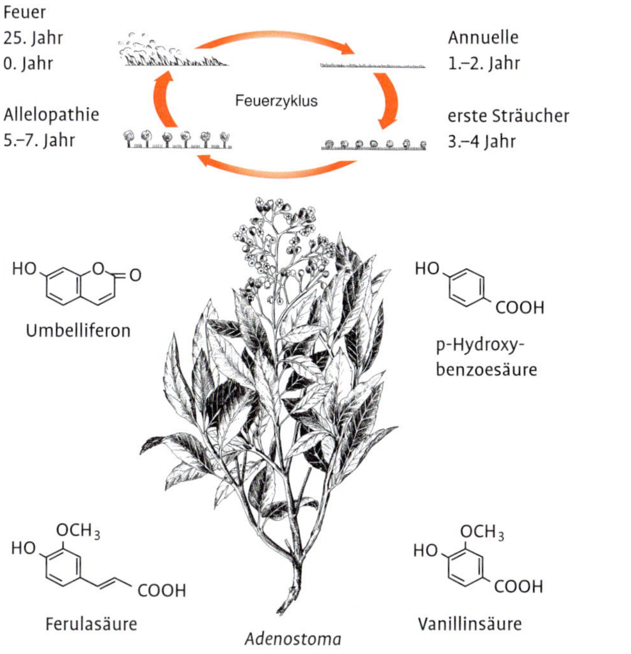

niedriger als im Chaparral und ihr Laub ist nicht so hart. Dass man deshalb auch von „soft Chaparral" spricht, mag Anlass zu Verwechslungen gewesen sein. Wichtig sind der namengebende Sage-Busch (*Artemisia tridentata*) und Salbei (*Salvia leucantha*). Beide haben nichts von einer chaparra an sich. Im Experiment wirken von ihnen ausgeschiedene Terpene allelopathisch. Sie reichern sich auch im Boden an. Doch die Blätter der betreffenden Sträucher werden vom Vieh verschmäht, das sich lieber an Kräuter und Gräser darum hält. Deshalb nimmt man an, dass die Hemmzone vor allem auf Herbivorie zurückgeht.

22.1.3 Allelopathie in Guayule-Kulturen

Allelopathisch wirksame Substanzen können auch im Konkurrenzkampf zwischen Individuen einer gegebenen Art eingesetzt werden. Im Südwesten der USA wird die Wüstenpflanze *Parthenium argentatum*, der Guayule-Strauch, zur Kautschuk-Gewinnung angepflanzt. Dabei wachsen die Pflanzen im Innern der Plantagen schlechter als diejenigen am Rand. Ursache ist die allelopathisch wirksame trans-Zimtsäure, die von den Wurzeln ausgeschieden wird. Die Pflanzen im Zentrum stehen im Gegensatz zu denjenigen am Rand unter allseitiger, das heißt stärkerer Hemmwirkung (Abb. 22.3). Unter **natürlichen** Verhältnissen bedingt es die trans-Zimtsäure, dass *Parthenium*-Sträucher nur in größeren Abständen voneinander aufwachsen. Damit wird die Wasserversorgung der Einzelpflanze am trockenen natürlichen Standort erleichtert. Außerdem wirkt trans-Zimtsäure auch gegen andere Arten allelopathisch.

22.1.4 Allelopathische Förderung: Hirsen und Strigol

Striga-Arten (bisher Scrophulariaceae) sind in den ariden und semiariden Tropen Parasiten verschiedener Getreide-Arten. Sie werden über winzige Samen verbreitet, die kaum Reserven für das Keimlingswachstum aufweisen und deshalb in der Nähe der Wirtswurzeln keimen müssen. Das wird dadurch abgesichert, dass die Keimung nur bei einer Stimulierung durch Allelopathika aus den Wirtswurzeln stattfinden kann. Hirsen (*Sorghum*) geben über ihre Wurzeln Strigol (Abb. 22.4) ab. Von anderen Getreiden wurden ähnliche Substanzen isoliert. Strigol fördert die Keimung von *Striga hermonthica*, die Hirsen befällt. Der Befall führt zu starken Ertragsverlusten, in Afrika 40 %. Dort sind davon 100 Millionen Menschen betroffen. Synthetische Strukturanaloge des Strigols können Abhilfe schaffen: Man gibt sie **vor** der Entwicklung der Wirtspflanzen auf das Feld. *Striga* wird zur Keimung gebracht, geht jedoch danach zugrunde, weil sie noch keinen Wirt vorfindet. Außerdem ist

Abb. 22.3
Allelopathie in Kulturen des Guayule-Strauchs (*Parthenium argentatum*). Rechts Struktur der allelopathisch hemmenden *trans*-Zimtsäure, darüber Schema der Wachstumshemmung. Die Grösse der Kreise symbolisiert das Wachstum der jeweiligen Guayule-Sträucher (verändert nach HARBORNE 1995).

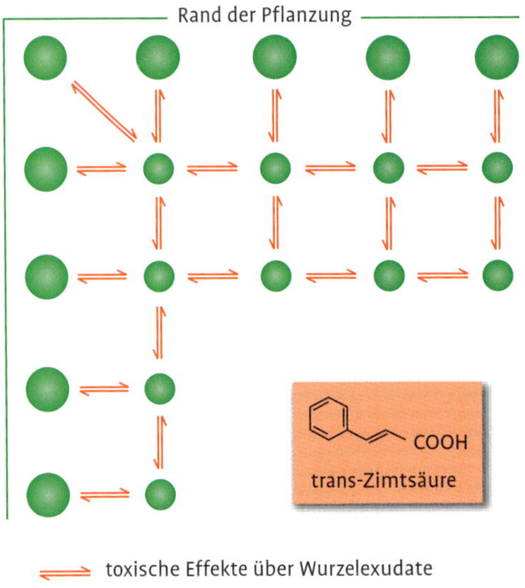

Abb. 22.4
Blütenstand von *Striga hermonthica*, Strigol und ein Struktur-Analogon mit Strigol-Wirksamkeit. Die attraktiven Blütenstände dürften die Farmer kaum über die Produktionsverluste trösten (Foto *Striga* B. HAUSSMANN; Lit. HAUSSMANN et al. 2001).

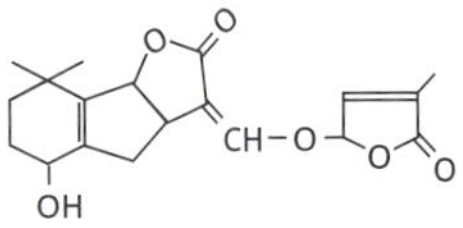

Strigol

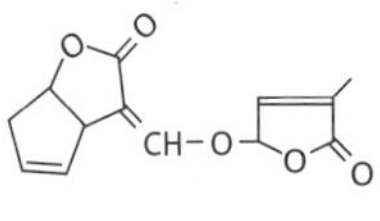

Strukturanalogon des Strigols

die Pflanzenzüchtung dabei, *Striga*-resistente Getreide-Varietäten zu etablieren.

22.2 Pflanzen gegen Pathogene: Pathogenabwehr

Die wichtigsten Pathogene der Pflanzen sind Viroide (kleine ringförmige RNAs), Viren, Bakterien und Nematoden. Pflanzen verfügen über ein breites Arsenal von Abwehrmechanismen gegen Pathogene. Dazu gehören strukturelle Verteidigungsmaßnahmen wie eine starke Lignifizierung der Zellwände oder die Beschaffenheit der Oberflächen einschließlich der Spaltöffnungen. Wachs-

Abb. 22.5
Indischer Lotus (*Nelumbo nucifera*) im Dal-See/Kaschmir. In der Basis der Blätter sind Wasseransammlungen aus herabgerollten Tröpfchen sichtbar. Teilweise haben sie erhebliche Mengen an Schmutz mit sich hinabgespült (Foto D. HESS).

BOX 22.1

Der Lotuseffekt

Dass sich Blätter und Blüten des Indischen Lotus (*Nelumbo nucifera*) makellos sauber aus oft stark verschmutztem Wasser erheben (Abb. 22.5), ist für jeden Betrachter überraschend. Schon vor 2 500 Jahren war der Lotus deshalb für Buddhisten das Symbol der Reinheit. Buddha wurde und wird auf einem Lotusthron sitzend dargestellt. Der Gründer des tibetischen Buddhismus wurde gar aus einem Lotus heraus geboren und heißt deshalb auf Sanskrit Padmasambhava, der Lotusgeborene.

Seit den 70er Jahren des vergangenen Jahrhunderts befasste sich W. Barthlott mit seinen Mitarbeitern an verschiedenen Pflanzen, darunter auch *Nelumbo,* mit diesem Phänomen. Der Reinigungseffekt geht auf das Mikrorelief der pflanzlichen Oberflächen, vor allem auf Wachskristalle auf der Cuticula zurück. Wachskegel, zwischen denen sich Luft befindet, verhindern eine lückenlose Benetzung der Oberfläche mit Flüssigkeiten. Die Kohäsion zum Beispiel von Wasser an die stark strukturierte Oberfläche ist viel geringer als die Adhäsion der Wassermoleküle untereinander. Wasser rundet sich deshalb zu kleinen Tröpfchen ab (Abb. 22.6), die leicht nach unten abperlen. Feste Partikel finden auf der Spitze der Wachskristalle eine nur geringe Auflagefläche. Abrollende Wassertröpfchen nehmen sie deshalb leicht mit sich. Die Blattoberfläche wird so gereinigt (1, 2). Störungen der Lichtperzeption bei Photosynthese und Reizreaktionen durch abschattende kleine Festkörper lassen sich so vermeiden. Doch wichtiger dürfte sein, dass auch Pilzsporen vom abgehenden Wasser mitgenommen und so **Pilzinfektionen erschwert werden.**

Die Bezeichnung **Lotuseffekt** geht auf eine Veröffentlichung in Jahr 1997 zurück (1), in der auch die Relevanz unter technischen Aspekten herausgestellt wurde. Unter Nutzung des Lotuseffekts wurden zum Beispiel Schmutz abweisende Dachziegel, Fassadenfarbe und Keramikprodukte entwickelt. Ein entsprechender Autolack setzte sich allerdings nicht durch, weil die Oberfläche ihren attraktiven Glanz verloren hatte. Doch inzwischen wurden auf Basis des Lotuseffektes Präparate aus hydrophoben Polymeren entwickelt, die eine Oberflächenbeschichtung mit den selbstreinigenden Eigenschaften, aber ohne die optisch störende Rauigkeit aufweisen. Sie kommen bei der Nanoversiegelung von Edelstahl, Glas, Keramik, Kunststoffen und Stein zum Einsatz (2).

[1] Barthlott and Neinhuis 1997; [2] Barthlott und Cerman 2006.

und Cutinüberzüge (Seite 267) können das Eindringen von Pathogenen (→ Box 22.1) ebenso hemmen wie eine geringe Anzahl von Stomata, deren Spaltöffnungen zudem möglichst eng sind. Ist ein Bakterium oder ein Pilz dennoch eingedrungen, kann ihm durch die verschiedensten Hemmstoffe Widerstand entgegengesetzt werden. Dabei unterscheidet man zwischen prä- und postinfektionellen Abwehrmechanismen.

Konstitutive (präinfektionelle) Abwehrmechanismen sind schon vor der Infektion vorhanden. Ihre Synthese kann aber nach erfolgtem Pathogenbefall gesteigert werden. Hierher zählen auch die erwähnten strukturellen Maßnahmen.

Induzierte (postinfektionelle) Abwehrmechanismen werden erst über die Infektion ausgelöst. Auf den ersten Blick erscheint das ökonomisch sinnvoller. Doch kann eine junge Pflanze mit nur wenig Pflanzenmasse bei einer Infektion so schwer geschädigt werden, dass sie nicht überlebt. Dann sind Präventivmaßnahmen (präinfektionelle Mechanismen) angebracht. Auch strukturelle Maßnahmen zählen dazu.

22.2.1 Konstitutive (präinfektionelle) Abwehrstoffe

Zahlreiche sekundäre Pflanzenstoffe sind präinfektionelle Abwehrstoffe oder werden wenigstens als solche diskutiert. Denn viele Phenole wirken

Abb. 22.6
Computergrafik der Oberfläche eines Lotusblatts. Wassertröpfchen haben sich auf Wachskegeln gebildet. Sie können leicht abrollen (Foto W. THIELICKE auf der Basis von REM-Aufnahmen von W. BARTHLOTT).

zwar in vitro antimikrobiell, doch **in vivo** wurden vielfach nur Parallelen zwischen ihrer Präsenz und der Kompatibilität oder Inkompatibilität herausgestellt. Doch für Terpene gibt es gut untersuchte Beispiele bei den **Saponinen** (Seite 160), den wichtigsten Abwehrstoffen der Pflanze gegen Pilze. Sie kommen mit den infizierenden Pilzen erst nach einer Schädigung in Kontakt, die zu einem Zusammenbruch der Kompartimentierung geführt hatte. Erst dann kann sich ihre fungizide Wirkung entfalten. Sie geht auf Komplexbildung der Saponine mit Sterinen in den Membranen der Pilze zurück. In den Pilzmembranen entstehen Lücken, die zum Absterben der Pilzhyphen führen.
Eine Reihe von Pilzen ist gegen Saponine resistent. Das kann an der Art der Sterine in den Pilzmembranen liegen. Außerdem aber können resistente Pilze über Glykosidasen verfügen, die Zucker an den Saponinen ganz oder teilweise abspalten. Die Restkörper sind inaktiv. Dafür ein Beispiel:

Abb. 22.7
Avenacin A-1. Glu = Glucose; ARA = Arabinose.

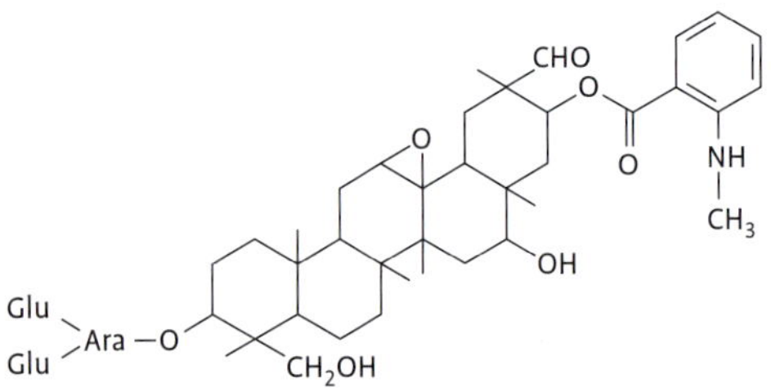

Avenacin im Hafer. In Wurzeln des Hafers finden sich einige Saponine, von denen Avenacin A-1 (Abb. 22.7) das wichtigste ist. Im 3-Hydroxyl trägt es drei Zucker. Über die Wurzeln dringt auch der Schadpilz *Gaeumannomyces graminis* ein. *G. graminis var. tritici* befällt Getreide ohne Avenacin, auch Weizen (Name!), doch der Hafer ist über seine Saponine weitgehend geschützt. Anders bei dem Haferspezialisten *G. graminis var. avenae*. Eine Glykosidase des Pilzes, die Avenacinase, spaltet von Avenacin A-1 die beiden Glucose-Einheiten ab. Der Restkörper wirkt kaum noch fungizid. Der Weizenvarietät des Pilzes fehlt die Avenacinase.

22.2.2 Induzierte (postinfektionelle) Abwehrmechanismen

Ist ein Pathogen, zum Beispiel eine Pilzhyphe, in eine Wirtspflanze eingedrungen, beeinflusst es deren Zellen über die Ausscheidung von Toxinen, bestimmten Enzymen (Polygalacturonasen) und Elicitoren (→ unten). In inkompatiblen Pflanzen lösen sie Signalkaskaden aus, die über Genaktivierungen zu Abwehrreaktionen der verschiedensten Art führen (Abb. 22.8). Dass zahllose Genaktivitäten betroffen sein können, zeigen Microarrays besonders eindrucksvoll (Seite 278).

22.2.2.1 Exogene und endogene Elicitoren

Bei Elicitoren handelt es sich um Signale, die Abwehrreaktionen der Pflanze auslösen, hervorlocken, wie ihr Name aussagt (engl. elicit; lat. elicere). Exogene Elicitoren werden von außen, vom Pathogen, an die Zelle herangetragen, endogene Elicitoren entstehen in der Pflanzenzelle selbst. Beide wirken auf Rezeptoren im Plasmalemma ein, die Signaltransduktionen einleiten.
▶ **Exogene Elicitoren** (Abb. 22.9). Der erste in seiner Struktur geklärte exogene Elicitor war ein Hepta-β-glucosid aus der Zellwand des Schadpilzes *Phytopthora sojae*. Je nachdem, wo man ex-

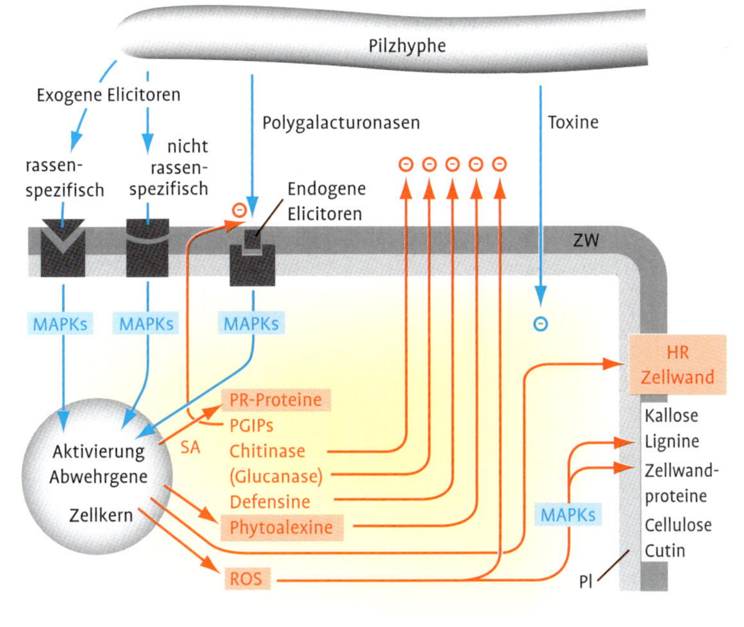

Abb. 22.8
Schema der induzierten Pathogen-Abwehr. Das Pathogen ist ein Pilz (oben). ZW = Zellwand, PL = Plasmalemma, MAPKs = MAPK-Kaskaden. HR = Hypersensitive Reaktion mit Zelltod. PGIPs = Polygalacturonase-Inhibitor-Proteine. ROS-Reactive Oxygen Species. SA wird selbst vermehrt gebildet und induziert ihrerseits die Synthese von PR-Proteinen (verändert nach HESS 2004).

perimentell die beiden Glucose-Seitenketten an die Fünfer-Hauptkette aus Glucose ansetzte, erhielt man verschiedene Heptaglucoside. Doch nur die in Abb. 22.9 gezeigte Struktur wirkte als Elicitor.

Weitere exogene Elicitoren wie Oligochitosane und Oligochitine enthalten N-Acetylglucosamin, den Baustein des Chitins, oder sein Derivat Glucosamin. Da die Zellwände der Pilze aus Chitin bestehen, ist das verständlich. Weitere exogene Elicitoren der verschiedensten Art wie Glykopeptide kommen hinzu. Sie alle stammen ebenfalls aus der Zellwand pathogener Pilze.

Abb. 22.9
Elicitoren. **a** ein exogener Elicitor, der erste in seiner Struktur aufgeklärte Elicitor; **b** ein endogener Elicitor. Glc = Glucose; GalA = Galacturonsäure (verändert nach BENHAMOU 1996 und JOHN et al. 1997).

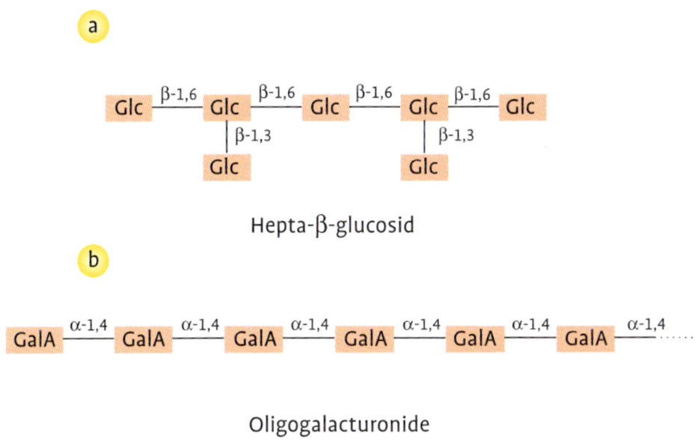

▶ **Endogene Elicitoren** (Abb. 22.9). Unter den Enzymen, die von Schadpilzen ausgeschieden werden, können sich auch Polygalakturonasen befinden. Sie gelangen in die Zellwand der Pflanzen und spalten dort innerhalb von Polygalakturonanen (Seite 138). In der Zellwand verschiedener Pflanzenarten werden dabei Oligogalacturonide aus 8 bis 15 Einheiten Galacturonsäure freigesetzt. Sie wirken als Elicitoren in der Pflanzenzelle, aus deren Zellwand sie stammen, sind aber nach Transfer in Zellen anderer Arten ebenfalls wirksam.

Fragmente mit weniger als 8 bis 15 Einheiten weisen eine nur sehr geringe Elicitor-Aktivität auf. Die Frage musste sein, warum die Endopolygalacturonasen nicht weiter spalten, sondern bei den wirksamen, größeren Verbänden haltmachen. Des Rätsels Lösung: unter den von der Pflanze gebildeten PR-Proteinen (Seite 335) befinden sich auch Polygalacturonase-Inhibitor-Proteine (PGIPs), die in die pflanzliche Zellwand übergehen (Abb. 22.8). Die PGIPs hemmen den Abbau der Pektinketten. Viele Details sind noch ungeklärt, so vor allem, warum die PGIPs so **gezielt hemmen**, dass weder zu große noch zu kleine Oligogalacturonide entstehen.

22.2.2.2 Signaltransduktion

Auf die Rezeptoren wirken die verschiedensten biotischen Stressoren ein. Dementsprechend verschieden kann die Signaltransduktion ausfallen. Außer MAPK-Kaskaden (Abb. 22.8) werden auch Wege über Ca^{2+} diskutiert. Letztlich kommt es zur Aktivierung von Abwehrgenen, die Abwehrreaktionen einleiten.

22.2.2.3 Abwehrreaktionen

Einmal in die Wege geleitet, sind die Abwehrreaktionen in der Regel unspezifisch. Die gleichen Abwehrmaßnahmen werden durch die verschiedensten Pathogene ausgelöst. Dementsprechend können sie auch zu erhöhter Toleranz gegenüber einer Vielzahl von Pathogenen führen. Sie können in Verbindung mit der HR (→ unten) stehen, aber auch losgelöst von ihr realisiert werden. Die wichtigsten Abwehrreaktionen seien genannt (Abb. 22.8).

- **Die Hypersensitivitäts-Reaktion.** Nach Infektionen zeigen kompatible Pflanzen vielfach eine **Hypersensitivitäts-Reaktion (HR).** Dabei sterben die Zellen um eingedrungene Pilzhyphen oder andere Pathogene herum ab, das Gewebe nekrotisiert lokal. Es handelt sich um einen programmierten Zelltod (Seite 384), über den eine mechanische Barriere gebildet wird. Sie wird in den angrenzenden lebenden Zellen noch über Veränderungen der Zellwände verstärkt. In ihnen werden vermehrt Lignine, Tannine (Gerbstoffe), Kallose, Suberin und hydroxyprolin-reiche Zellwandproteine gebildet.

Die folgenden Abwehrreaktionen treten auch unabhängig von der HR auf.

- Der **oxidative burst**, die frühzeitige Produktion von reaktiven Sauerstoffspezies (**R**eactive **O**xygen **S**pecies = **ROS)** wie Superoxid (O *-) und Wasserstoffperoxid (H_2O_2): Sie können das Pathogen über einen Sauerstoffstress schädigen sowie zur vermehrten Bildung von Ligninen, toxischen Phenolen und zur Vernetzung von Zellwandproteinen (s. unten) beitragen. ROS können den Zelltod in der HR fördern, aber allein nicht herbeiführen. Das ist vermutlich erst dann möglich, wenn die ROS von Stickstoffmonoxid (NO) unterstützt werden, das ebenfalls rasch zu Beginn der Infektion gebildet wird. H_2O_2 ist übrigens auch selbst Stressfaktor.
- Die **Verstärkung der Zellwand,**

Abb. 22.10
Synergistische Wirkung von Chitinasen und Glucanasen bei der Pilzabwehr transgener Sonnenblumen (*Helianthus annuus*). Ein kleiner Agarblock mit dem Schadpilz *Sclerotinia sclerotinorum* wurde auf das untere Drittel der Blätter gesetzt. Kontrollpflanzen (**B**) und Pflanzen, in die entweder ein Gen für Chitinase oder ein Gen für Glucanase übertragen worden war, zeigten keinerlei Hemmung des Schadpilzes. Pflanzen dagegen, in die **beide** Gene, das für Chitinase und das für Glucanase eingebracht worden waren, zeigten eine deutliche Pilzhemmung (**A**) (Foto N. Fischer; Fischer 2004).

ebenfalls eine frühe Reaktion, insbesondere bei Pilzbefall.

▶ Die Bildung von **PR-Proteinen** (**P**athogenesis **R**elated = **PR** genannt, weil sie bei Infektionen auftreten): Viele PR-Proteine sind noch nicht identifiziert. Einige Beispiele für bekannte PR-Proteine, die teils auch konstitutiv vorhanden sind, doch deren Aktivität nach einer Infektion gesteigert werden kann, seien genannt: **Glucanasen** und **Chitinasen,** die synergistisch am wirksamsten sind (Abb. 22.10), **Schlüsselenzyme der Lignifizierung wie PAL und CADs** (Seiten 170, 173), **Polygalacturonidase-Inhibitoren** (→ oben) sowie **fungizide PR-Proteine,** zum Beispiel **Defensine**, kleine (5 kDA) cysteinreiche Peptide, oder die größeren (24 kDA) **Osmotine**, die mit den ebenfalls fungiziden **Thaumatinen**, Süßstoffen aus *Thaumatococcus daniellii* (Marantaceae) verwandt sind.

▶ Die Bildung von **Phytoalexinen** (→ Definition; gr. phyton = Pflanze; gr. alexein = abwehren): Sie zählen zu verschiedenen Gruppen der sekundären Pflanzenstoffe. Einige Beispiele gibt Abb. 22.11.

Abb. 22.11
Einige Phytoalexine.

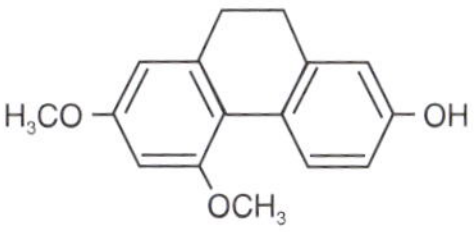

Orchinol (*Orchis militaris*)
Phenol-Derivat

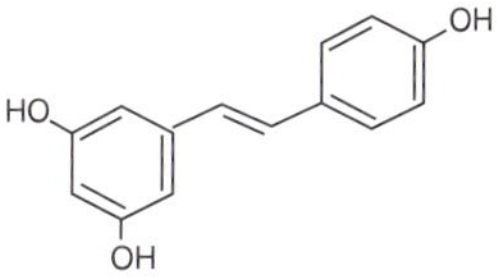

Resveratrol (*Vitis vinifera*)
Phenylpropan-Derivat

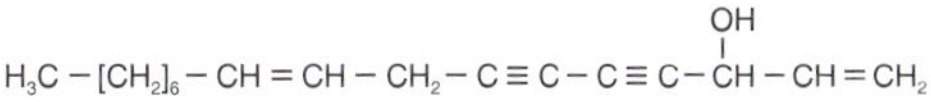

Falcarinol (*Lycopersicon esculentum*)
Polyacetylen

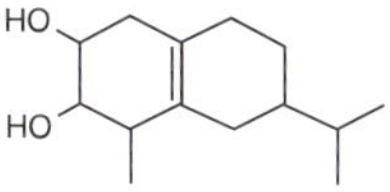

Rishitin (*Solanum tuberosum*)
Sesquiterpen

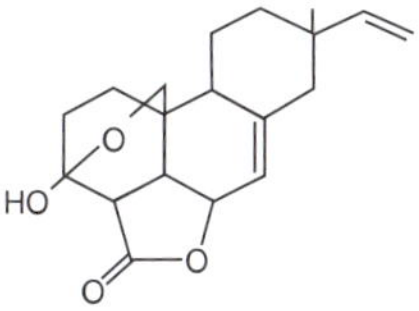

Momilacton (*Oryza sativa*)
Diterpen

DEFINITION

Phytoalexine sind antimikrobiell wirksame, niedermolekulare Substanzen, die von Pflanzen post-infektionell ausgebildet werden und in Zellen nahe der Infektionsstelle akkumulieren.

Abb. 22.12
Erhöhte Pilztoleranz in für ein *stil*-Gen (Resveratrol-Synthese) transgenem Tabak. Rechts transgenes Blatt, links Blatt einer Kontrolle. Beide Blätter sieben Tage nach Inokulation mit *Botrytus cinerea* (Foto R. HAIN; Lit. HAIN et al. 1993).

Phytoalexine sind vor allem gegen Pilze, weniger gegen Bakterien wirksam. Dass für das Resveratrol transgener Tabak den ersten überzeugenden Beleg für ihre in vivo-Wirksamkeit lieferte, war schon erwähnt worden (Seite 184; Abb. 22.12). Von vielen Pflanzenarten kennt man Rassen, die über Phytoalexine mehr oder weniger schadpilztolerant sind. Dabei kommt es nicht nur darauf an, dass überhaupt Phytoalexine gebildet werden können. Entscheidend ist, dass sie in entsprechen-

Abb. 22.13
Akkumulation von Resveratrol in einem Blatt der Rebe (*Vitis vinifera*) nach Inokulation mit *Botrytis cinerea* (dunkle runde Flecken in den rotbraunen, pilzbefallenen und abgestorbenen Arealen). Besonders um diese gezackten infizierten Bereiche herum akkumuliert Resveratrol, das im UV-Licht hell bläulich fluoresziert (gezackte Areale; Foto R. BLAICH; Lit. u. a. BLAICH and BACHMANN 1980).

den Konzentrationen, möglichst rasch und in den richtigen Gewebeteilen akkumulieren (Abb. 22.13).

▶ **Akkumulation von Salicylsäure (SA).** Schon 1979 hatte man bemerkt, dass nach Injektionen von SA und Aspirin die Toleranz von Tabak gegen das Tabakmosaik-Virus über die Synthese von PR-Proteinen erhöht wurde (Abb. 22.14). Seitdem hat man auch bei anderen Pflanzenarten nach einer Infektion zunächst einen starken Anstieg im Gehalt an SA festgestellt. Anschließend werden PR-Proteine und Phytoalexine gebildet. Oft geht ein erhöhter Gehalt an Salicylsäure mit einer erhöhten SAR parallel.

▶ **Systemische erworbene Resistenz** (Systemic Acquired Resistance = **SAR**). Für einige Zeit bleibt die Pflanze nach einer Erstinfektion gegen eine Zweitinfektion besser geschützt, als sie es gegen die Erstinfektion war. Man spricht dann von **erworbener Resistenz**. Sie findet sich auch, wenn die Zweitinfektion durch ein ganz anderes Pathogen erfolgt als die Erstinfektion. Da sich die Abwehrmechanismen beim Befall durch verschiedene Pathogene gleichen, lässt sich das verstehen. Nun können sich Resistenzerscheinungen vom primären Infektionsort auf andere Teile des pflanzlichen Systems ausweiten. Sie können lange anhalten. In solchen Fällen spricht man von **systemischer erworbener Resistenz**. Entsprechend findet sich bei der Herbivorie die systemische erworbene Wundantwort. Bei aller Ähnlichkeit unterscheiden sich beide im Detail (Abb. 22.15).

Bei der SAR ist **Salicylsäure (SA)** ein wichtiger Faktor. Sie wird einmal an der Infektionsstelle gebildet. Von älteren, infizierten Blättern wandert dann ein mobiler Faktor im Phloem in jüngere Pflanzenteile und löst dort die Bildung von SA aus, die dann Abwehrreaktionen wie die Synthese von Phytoalexinen oder PR-Proteinen einleitet. Ob SA selbst wandert, ist ungeklärt. Über die flüchtige Methyl-SA (MeSA) könnten weitere Pflanzenteile erfasst werden und SAR aufweisen.

Abb. 22.14
SA als Induktor von PR-Proteinen in Blätter des Tabaks (*Nicotiana tabacum*). H = unbehandelte Kontrolle; S = Behandlung mit SA; T = Inokulation mit dem Tabak-Moisaik-Virus. Über Northern Blotting wurde auf mRNA für eine Reihe von PR-Proteinen (PR-1, β-1,3-Glucanase, Chitinase und Thaumatine) überprüft. Die geschwärzten Areale im Autoradiogramm zeigen entsprechende mRNA, das heißt Genaktivierungen, an (verändert nach BOL et al. aus HOCK und ELSTNER 1995).

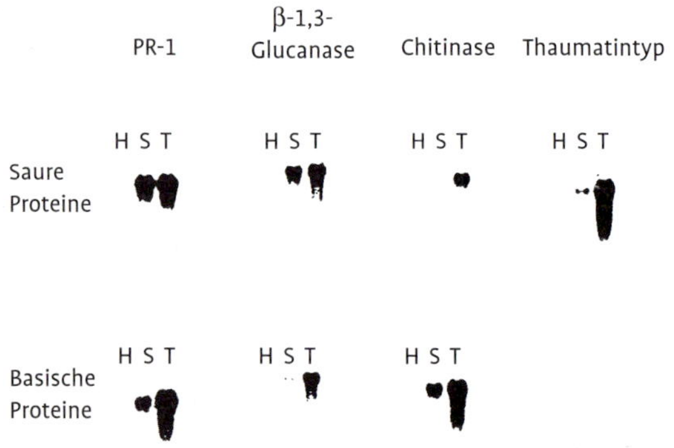

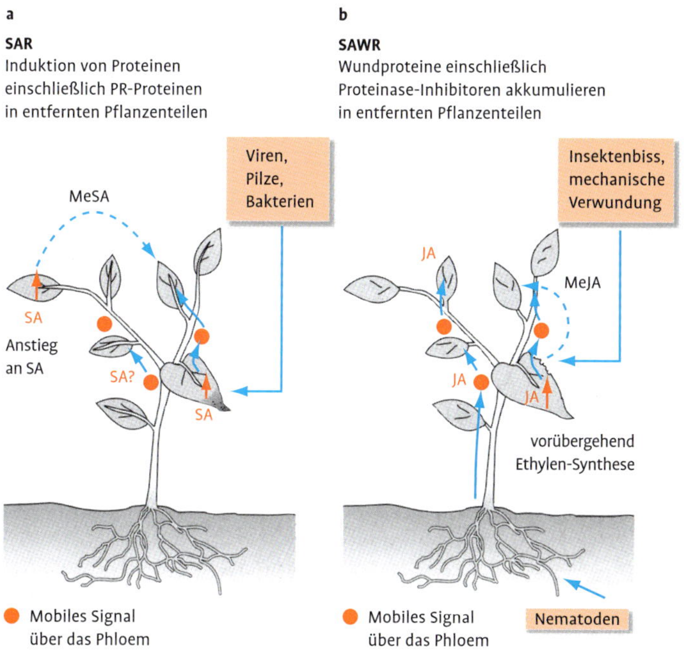

Abb. 22.15
Systemische erworbene Resistenz (SAR) und systemische erworbene Wundantwort (SAWR) im Vergleich. Bei der SAR ist das mobile Signal möglicherweise SA, bei der SAWR, wenn es sich um weitere Entfernungen handelt JA (aktualisiert und verändert nach BUCHANAN et al. 2000).

BOX 22.2

Salicylsäure als Phytohormon Calorigen und alternative biologische Oxidation

Der Blütenstand der Aronstabgewächse (Araceae) bildet eine Kesselfalle. Insekten werden in ihr vorübergehend gefangen gehalten, um die Bestäubung durchzuführen. In der Mitte der Falle ragt ein Spadix auf, der in einer **alternativen biologischen Oxidation** Wärme entwickelt.
Dabei übernimmt eine cyanid-insensitive **alternative Oxidase** Elektronen aus dem Ubichinon-Pool und reduziert mit ihrer Hilfe Sauerstoff zu Wasser (1). Es handelt sich um einen Kurzschluss der normalen Atmungskette, in dem die cyanidempfindlichen Cytochrome umgangen werden. Dabei bleiben allerdings auch Möglichkeiten zum Protonen-Import in den Intermembranraum der Mitochondrien ungenutzt (Abb. 7.8). Die ATP-Ausbeute wird also reduziert. Trotzdem findet sich der alternative Weg in vielen Pflanzengeweben, allerdings verglichen mit der normalen Atmungskette auf quantitativ niederem Niveau.
Doch im Spadix der Aracen wird die alternative Oxidation im Extrem realisiert. In der Eidechsenwurz (*Sauromatum guttatum*; Voodo-Lilie; Abb. 22.16) wandert das Hormon Calorigen aus jungen ♂ Blüten im Spadix aufwärts und stellt die Heizung an. Später zeigte es sich, dass es sich um **SA** handelt (2,3). Vermutlich aktiviert sie Genmaterial für die alternative Oxidase. Auch in weiteren Araceen fungiert SA als Calorigen. Die Wärme dient dazu, an der Spitze des Spadix Gestankstoffe zu verflüchtigen, die aasliebende Insekten zur Bestäubung anlocken. Einmal gefangen, wird den Insekten über die Spadix-Heizung außerdem ein gemütlich warmes Nachtquartier geboten.

[1] Vanlerberghe and McIntosh. 1997. [2] Raskin et al. 1989. [3] Raskin in Davies 1995.

Abb. 22.16
Blütenstand der Eidechsenwurz (*Sauromatum guttatum*). Ein Hochblatt, die Spatha, bildet eine Kesselfalle, aus der der Spadix aufragt. Von den Blüten und Sperrborsten, die sich an ihm befinden, sind gerade noch die hoch oben sitzenden männlichen Blüten zu sehen. Aus ihnen steigt SA als Calorigen im Spadix aufwärts und induziert die Wärmeentwicklung. Über sie wird die Verflüchtigung der Gestankstoffe gefördert (verändert nach DAVIES 1995).

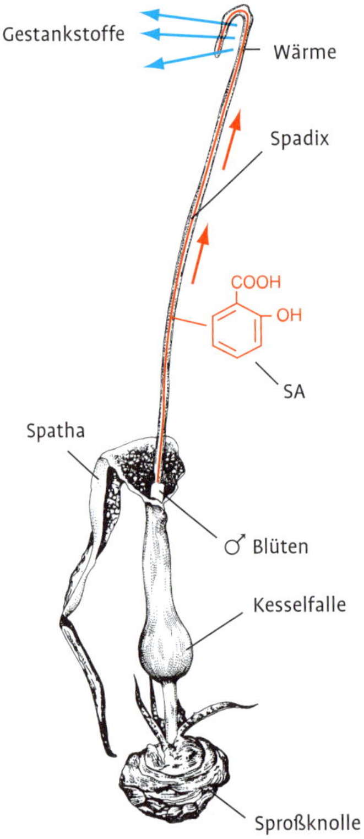

22.3 Pflanzen gegen Tiere: Herbivorabwehr

Als Fraßfeinde fallen Säugetiere und Insekten besonders ins Gewicht. Die Abwehrmaßnahmen sind auch hier konstitutiv oder induziert.

22.3.1 Konstitutive und induzierte Abwehr

▶ **Konstitutive Abwehr**. Morphologische Abwehrmaßnahmen gegen Säugetiere sind Strukturen wie Dornen, Stacheln oder Brenn- und Gifthaare; gegen Insekten dicke Zellwände, Cutinisierung oder Lignifizierung. Hinzu kommen chemisch-physiologische Abwehrmaßnahmen. Dabei wird gegen beide Herbivor-Gruppen ein Arsenal an toxischen sekundären Pflanzenstoffen eingesetzt, aber auch Proteinase-Inhibitoren. Außerdem finden sich Substanzen, die tierischen Hormonen ähneln und wie sie wirken.
Teilweise nehmen die konstitutiven Abwehrstoffe eine **Mittlerstellung zur induzierten Abwehr** ein: sie sind als Vorstufen konstitutiv vorhanden, aus denen dann bei Schädigung durch Fraß die physiologisch aktiven Komponenten freigesetzt werden (Abb. 22.21).

▶ **Induzierte Abwehr.** Die induzierte Abwehr tritt bei der Herbivorie gegenüber der konstitutiven Abwehr zurück. Grund dürfte sein, dass je nach Größe, Zahl und Appetit der Herbivoren eine Pflanze im Nu konsumiert sein kann, so dass keine Zeit für eine Induktion der Abwehr bleibt. Pilze dagegen breiten sich viel langsamer in den Pflanzen aus.
Die induzierte Abwehr geht oft auf Hemmstoffe von Enzymen im Verdauungstrakt der Insekten zurück. Am wichtigsten sind **Proteinase-Inhibitoren**, die an das aktive Zentrum von Proteinasen wie Trypsin und Chymotrypsin binden und die Enzyme dadurch blockieren.

▶ **Signale und Signaltransduktion**. Als Signale kennt man bei Insektenfraß einige Elicitoren. Aber auch Elicitoren aus der Phytopathologie sind wirksam. Ein generell wichtiges Signal ist die **Jasmonsäure (JA, →** unten), die bei Verwundungen aller Art gebildet wird. Sie aktiviert eine

Abb. 22.17
Biosynthese von Jasmonsäure (JA) in Chloroplasten und Peroxisomen und ihre Induktion über Systemin und andere Signale. Systemin wirkt in benachbarten Zellen über einen plasmalemmagebundenen Systemin-Rezeptor, der MAPK-Kaskaden einleitet. Zu den Elicitoren gehören auch solche für Pathogenabwehr. Von allen Signalen wird letztlich eine Phospholipase induziert, die mit dem Herauslösen von Linolensäure aus Membranlipiden die Biosynthese einleitet (→ Text). OPDA ist ein physiologisch aktives Jasmonat. Methyljasmonat (MeJA) erhält man, wenn im Cytosol H* in JA durch eine Methylgruppe ersetzt wird. PL = Plasmalemma, SR = Systemin-Rezeptor. ST = Signaltransduktion. AS = Aminosäuren (aktualisiert aus HESS 2004; zur Funktion des Systemins → RYAN and PEARCE 2004).

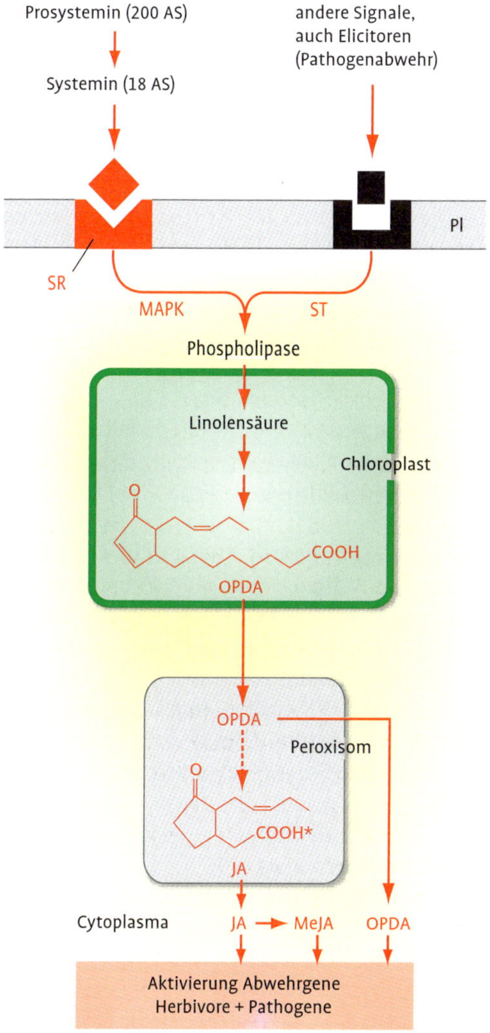

Vielzahl von Abwehrgenen. Die Signaltransduktionen sind teilweise denjenigen ähnlich, die bei Pathogenbefall ausgelöst werden. So sind oft MAPK-Kaskaden eingeschaltet.

22.3.2 Jasmonsäure, Abwehrfaktor bei Herbivorie

JA gehört zu den **Oxylipinen**, Oxidationsprodukten von Fettsäuren. JA, ihr flüchtiger Methylester (MeJA), und verwandte Stoffe wie die JA-Vorstufe OPDA werden auch als **Jasmonate** bezeichnet.

▶ **Induktion der Biosynthese** (Abb. **22.17**). Die Induktion erfolgt über Rezeptoren im Plasmalemma, die auf Signale wie Elictoren oder Systemin (→ unten) reagieren. Der Systemin-Rezeptor enthält eine extrazelluläre Domäne mit Leucin-reichen Wiederholungen und eine intrazelluläre Kinase-Domäne. Sie leitet MAP-Kaskaden ein, die zur Aktivierung einer Phospholipase führen, die Linolensäure aus den Membranlipiden der Chloroplasten freisetzt.

▶ **Biosynthese**. Die Biosynthese (Abb. 22.17) verläuft über den **Oktodekanoid-Weg** (griech. oktokaideka = 18, wegen der 18 C-Atome der beteiligten Substanzen). Er findet in zwei Organellen statt, Chloroplasten und Peroxisomen. In Chloroplasten wird wie erwähnt Linolensäure freigesetzt. Sie wird in **OPDA** (12-**O**xo-**P**hyto**d**ienolic **A**cid) überführt. OPDA geht in Peroxisomen über und wird dort zu **JA** und anderen Jasmonaten umgesetzt. Im Cytoplasma kann JA zu Methyljasmonat (**MeJA**) methyliert werden.

▶ **Signaltranduktionen**. Die von JA ausgehenden Signaltransduktionen sind erst teilweise bekannt. Das ist angesichts der Vielzahl von JA-gesteuerten Abwehrreaktionen kaum verwunderlich. Wieder sind MAPK-Kaskaden eingeschaltet. Über sie wird zum Beispiel ein spezifischer Transkriptionsfaktor aktiviert, der bei der Induktion von Genen für die Biosynthese von Terpenoid-Indolalkaloiden benötigt wird. Außerdem spricht der Transkriptions-Faktor ERF1 (Seite 248) nicht nur auf Ethylen, sondern auch auf JA positiv an. Dem könnte entsprechen, dass immer wieder IA **und** Ethylen für eine Reaktion erforderlich sind.

▶ **JA-gesteuerte Abwehreaktionen.** Bei der

Wundantwort und der **SAWR** (→ unten) induzieren Jasmonate die Bildung von **Proteinase-Inhibitoren** (→ oben) und anderen Wundproteinen, wohl die wichtigste Abwehrreaktion gegen Insekten. Allerdings ist oft Ethylen beteiligt, so bei der Bildung von PR-Proteinen. Doch spielt JA auch bei der **Pathogenabwehr** eine wichtigere Rolle, als man zunächst angenommen hatte, so zusammen mit Ethylen bei der Induktion von **Defensinen**. Vor allem aber induziert JA zumindest in Gewebekulturen die Synthese **aller Gruppen von sekundären Pflanzenstoffen**. Das lässt sich für die Praxis nutzbar machen. So stimuliert MeJA in Zellsuspension von *Taxus* die Synthese des gesuchten Krebsmittels Taxol (Seite 163). Aber auch in vivo sind Jasmonate nachweislich Faktoren der Pathogenabwehr.

▶ **JA als Phytohormon.** JA kann auch als normales Hormon fungieren, oft im Zusammenspiel mit anderen Phytohormonen. Gesicherte Befunde dafür sind allerdings relativ selten. Es kann sich um Hemmungen handeln, so beim Streckungswachstum. Umgekehrt werden die Pollenentwicklung, die Öffnung von Antheren und von Blüten, die Fruchtreife und die Seneszenz gefördert.

▶ **Systemische erworbene Resistenz.** Ähnlich wie bei der SAR gibt es auch bei Verwundungen eine systemische Ausweitung, die **SAWR** (**S**ystemic **A**cquired **W**ound **R**esponse; Abb. 22.15). Dabei wandert JA im Phloem vom Ort der Verwundung in andere Pflanzenteile und löst dort Abwehrreaktionen wie die Bildung von PR- und anderen Wundproteinen aus. Außerdem wird eine Übertragung durch die Luft über das flüchtige MeJA diskutiert, möglicherweise sogar auf andere Pflanzen.

▶ **Systemin und SAWR.** Bei Tomaten wird in verletztem Gewebe aus einer Vorstufe, dem 200 Aminosäuren langen Prosystemin ein kleines Peptid aus nur 18 Aminosäuren freigesetzt, das **Systemin** (Abb. 22.18). Im Gegensatz zu früheren Annahmen wandert Systemin nicht über weite Strecken, sondern aktiviert nach Bindung an den Systemin-Rezeptor in **benachbarten** Zellen die Phospholipase, mit der die Biosynthese von JA beginnt. JA wandert dann im Phloem weiter und löst in anderen Pflanzenteilen die SAWR aus.

22.3.3 Sekundäre Planzenstoffe: Abwehr und Nutzung bei Insekten

Nur einige Fallbeispiele für die Abwehr von Insekten durch Sekundärstoffe können gegeben werden. Dabei soll auch deutlich werden, dass Abwehrstoffe von Insekten auch für ihre Zwecke **umfunktioniert** werden können, etwa als Hormone, Pheromone oder als eigene Abwehrstoffe. Die betreffenden Pflanzenstoffe werden dabei teils unverändert, teils nach Strukturmodifikationen eingesetzt. Selbst hochgiftige Sekundärstoffe wirken so bei der einen Insektengruppe als Abwehrstoffe, bei der anderen als Nutzstoffe. Insekten, die sich an toxische Substanzen adaptieren, sichern sich eine ökologische Nische, die von anderen Insektenarten nicht besetzt werden kann.

22.3.3.1 Demissin und der Kartoffelkäfer

Beim Demissin (Abb. 22.18) handelt es sich ebenso wie beim α-Tomatin um ein Steroidalkaloid. Es findet sich in der Wildkartoffel *Solanum demissum* und bedingt deren Kartoffelkäfer-Resistenz. Durch Einkreuzen der Gene für Demissin in Kulturkartoffeln (*Solanum tuberosum*) kann man auch diese gegen Kartoffelkäferbefall toleranter machen. In den Jahren nach dem Zweiten Weltkrieg war das für unsere Ernährung besonders wichtig.

Auch die Kulturkartoffel führt in ihren Blättern ein Steroidalkaloid, das Solanin. Es unterscheidet sich vom Demissin durch andere Zucker am Hydroxyl 3 und durch eine Doppelbindung. Solanin ist gegen Kartoffelkäfer unwirksam. Die Wirksamkeit ist dann gegeben, wenn in Position drei ein Tetrasaccharid mit Xylose vorhanden ist und die bewusste Doppelbindung fehlt. Minuziöse

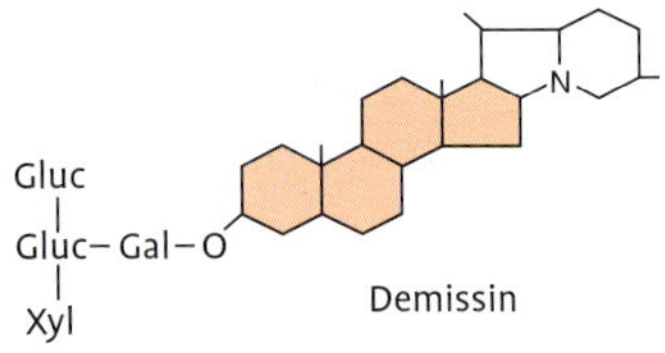

Abb. 22.18 Demissin.

Unterschiede in der Struktur entscheiden also, ob ein Steroidalkaloid als Abwehrstoff dienen kann oder nicht.

22.3.3.2 Herzglycoside der Asclepiadaceen und Danaiden

Die Asclepiadaceen (Seidenpflanzen- oder Schwalbenwurzgewächse) führen in ihren Blättern Cardenolide, zum Beispiel Glykoside des **Calotropagenins** (Abb. 22.19), die für Insekten wie Wirbeltiere toxisch sind. Danaiden haben sich jedoch gerade auf Seidenpflanzengewächse spezialisiert. Das gilt zum Beispiel für den Monarch (*Danaus plexippus*). Der Falter kommt vor allem in der westlichen Hemisphäre vor, fehlt aber auch in der Alten Welt nicht. Seine Raupen ernähren sich von Asclepiadaceen. Die dabei aufgenommenen Herzglykoside werden zunächst in der Raupe gespeichert und bei der Metamorphose dann in den adulten Schmetterling weitergegeben. Sowohl Raupe als auch Imago sind dadurch für Fressfeinde giftig. Sie tragen dementsprechend orangebraun-schwarze Warnfarben, die der Fressfeind allerdings kennenlernen muss. Blauhäher (*Cyanositta cristata*), die noch keine Erfahrungen mit dem Monarch gemacht hatten, schlucken den Falter **einmal**. Die Folge ist ein

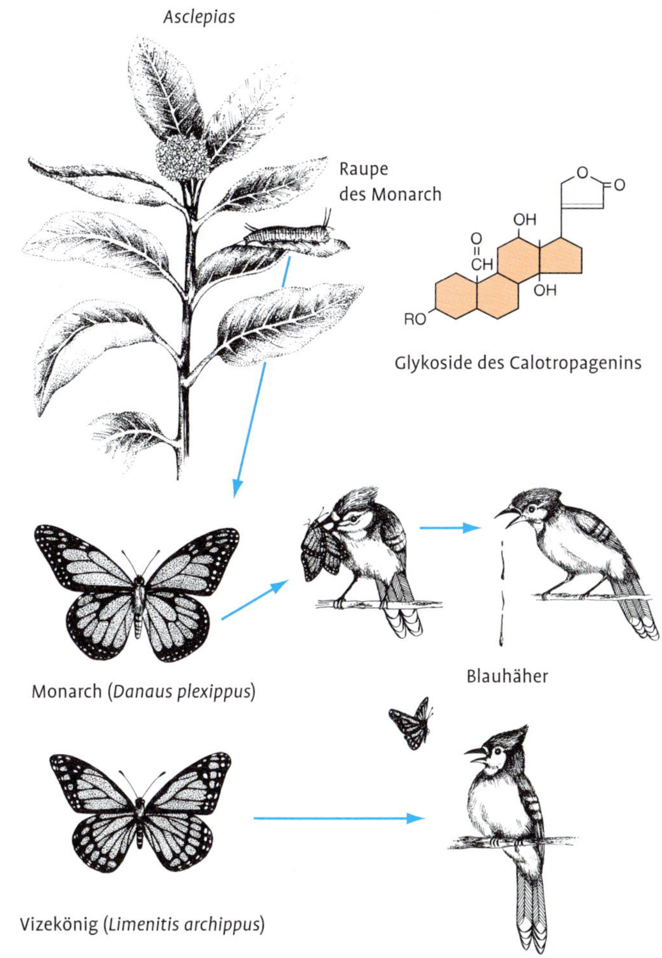

Abb. 22.19
Herzglykoside der Asclepiadaceen und Danaiden. Auf der Seidenpflanze *Asclepias curassavica* entwickelt sich die Raupe des Monarchfalters *Danaus plexippus*. Nicht nur die Raupe, sondern auch der adulte Schmetterling sind durch die von der Raupe beim Fressen aufgenommenen Herzglykoside (vor allem Glykoside des Calotropagenins, R = fallweise verschiedene Zucker) geschützt. Blauhäher, die noch keine Erfahrung mit *Danaus* gemacht haben, erbrechen nach dem Fraß eines Schmetterlings und meiden danach nicht nur *Danaus*, sondern auch Nachahmer wie den Vizekönig *Limenitis archippus* (verändert nach ROSENTHAL 1986).

heftiges Erbrechen. Der Vogel erholt sich zwar wieder, meidet aber von nun an den an seiner Warntracht leicht kenntlichen Monarch. Beide Seiten haben ihren Vorteil: Weitere Falter bleiben am Leben und der Vogel erspart sich erneute Vergiftungen.

Die Danaiden nutzen noch eine weitere Gruppe toxischer Pflanzenstoffe an anderer Stelle ihres Entwicklungszyklus, wie der nächste Abschnitt zeigen wird.

22.3.3.3 Pyrrolizidin-Alkaloide: differentielles Wirkungsspektrum je nach der Tiergruppe

Mit der pflanzlichen Nahrung aufgenommene Pyrrolizidin-Alkaloide (Seite 189; Abb. 22.20) wirken sich je nach der Art der Tiere verschieden aus. In **Säugetieren** wird die Necinbase durch Hydrolyse der Esterbindungen mit den Necinsäuren freigesetzt. Meistens handelt es sich dabei um **Retronecin**. Es kann zu Derivaten umgewandelt werden, die auf die Leberzellen toxisch und darüber hinaus noch krebserregend wirken (Derivat 1 in Abb. 22.20).

Bei den **Schmetterlingen** finden sich Unterschiede je nach der systematischen Stellung. Raupen von **Bären** (**Arctiidae**, zum Beispiel *Arctia caja*) fressen ohne selbst Schaden zu nehmen von den Blättern stark alkaloidführender Senecio-Arten (*S. vulgaris, S. jacobaea*). Die Alkaloide werden nicht nur in den Raupen gespeichert, sondern auch in die adulten Schmetterlinge, ja sogar noch bis in die Eier weitergegeben. Die Schutzwirkung gegen Freßfeinde ist stark. Nicht umsonst tragen die erwachsenen Tiere auffällige Warntrachten.

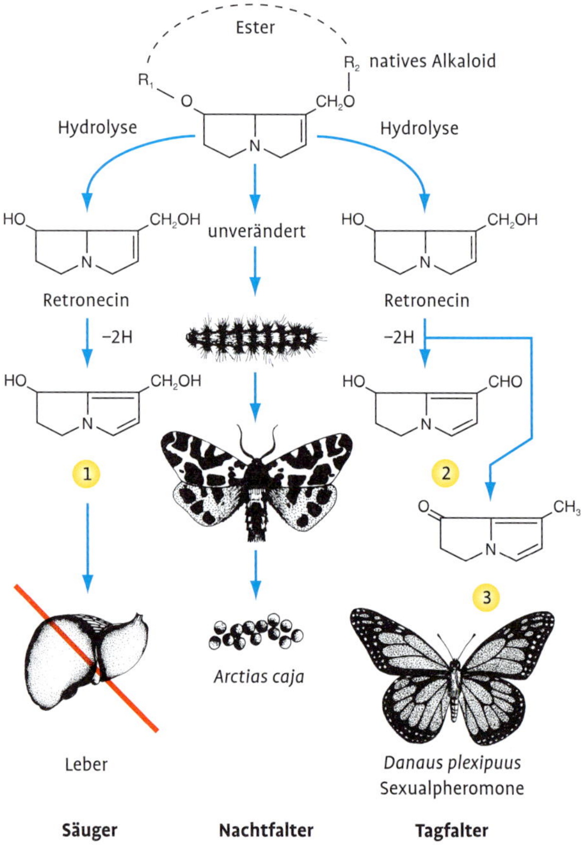

Abb. 22.20
Pyrrolizidin-Alkaloide in verschiedenen Tiergruppen. Natives Alkaloid: Nur die Necinbase, das eigentliche Alkaloid, wurde ausgezeichnet. Die Reste R1 und R2 können sogenannte Necinsäuren sein, die oft über eine Esterbrücke miteinander verbunden sind. In Säugern wird das native Alkaloid zunächst zur Necinbase Retronecin hydrolysiert, das dann in ein hepatotoxisches Derivat 1 überführt wird. Bei einigen Nachtfaltern wird das unveränderte Alkaloid von den Raupen aufgenommen und über die adulten Tiere sogar bis in die Eier weitergegeben. Die Alkaloide sollen einen Fraßschutz darstellen, vermutlich nach Umwandlungen in den Fraßfeinden. Einige Tagfalter hydrolysieren das native Alkaloid ebenfalls zu Retronecin, wandeln dieses dann aber zu den Derivaten 2 und 3 um, die den Männchen als Sexualpheromone dienen. (Entwicklung *Arctia* nach VAN DER DONK und VAN GERWEN 1981).

Ganz anders ist die Situation bei bestimmten **Danaiden**, vor allem aus der uns schon bekannten Gattung Danaus. Hier saugen die adulten Schmetterlinge die Alkaloide auf, zum Beispiel mit Exudaten welkender Pflanzenteile oder Sekreten. Wie in Säugetieren, so kommt es auch in Männchen der Danaiden zur hydrolytischen Freisetzungen von Retronecin. Die Substanz wird dann in bestimmte Derivate (2 und 3 in Abb. 22.20) überführt, die in Haarbüscheln der Abdomen gespeichert und von dort als Pheromone zur Anlockung von Weibchen abgegeben werden.
Die Danaiden sind also zu ihrem Vorteil eine doppelte Bindung mit Pflanzen eingegangen. Einmal nutzen sie die von Raupen mit der Nahrung aufgenommenen Herzglykoside als Schutzstoffe aus, und zum zweiten verwenden sie ausgerechnet die für viele andere Tiere hochtoxischen Pyrrolizidin-Alkaloide als Ausgangsmaterial für die Bildung von Sexuallockstoffen der Männchen!

22.3.3.4 Toxische Glucosinolate als Lockmittel und Beißfaktoren: Sinigrin und der Große Kohlweißling

In Blättern von Kohl-Varietäten (*Brassica oleracea*) und im Schwarzen Senf (*Brassica nigra*) wird das inaktive Senfölglucosid **Sinigrin** konstitutiv akkumuliert (Abb. 22.21). Getrennt davon enthalten spezielle Zellen das Enzym **Myrosinase**. Erst bei Verwundungen des Gewebes kommen beide zusammen. Dann spaltet die Myrosinase von Sinigrin Glucose und Sulfat ab. Der Restkörper geht spontan in **Allyl-isothiocyanat** über, das für viele Schmetterlingsraupen toxisch ist. Der Große Kohlweißling (*Pieris brassicae*) dagegen hat sich an den Giftstoff adaptiert. Seine Weibchen werden von Allyl-isothiocyanat zur Eiablage verlockt. Nach Eiablage fressen auch die Raupen ohne Schädigung munter von den Blättern. Dabei löst Sinigrin als Beißfaktor das Fressen aus. Der Große Kohlweißling hat sich so eine ökologische Nische gesichert, die ihm nur schwer streitig gemacht werden kann.

22.3.3.5 Insektenhormone in Pflanzen

Die Entwicklung der Insekten zum adulten Tier wird von zwei Hormongruppen gesteuert, den Juvenilhormonen (Abb. 22.23) und den Ecdysonen (Abb. 22.24). Bei den Juvenilhormonen handelt es sich um Sesquiterpene, bei den Ecdysonen um Steroidhormone, die von den Insekten aus pflanzlichen Sterolen gebildet werden, die sie mit der Nahrung aufnehmen. Insekten können keine Sterole synthetisieren.
Die Ecdysone fungieren als Häutungshormone (gr. ecdyein = ausziehen). Der Charakter der jeweiligen Häutung wird jedoch von den Juvenilhormonen bestimmt. Bei hohem Titer an Juvenilhormonen kommt es zu Larvenhäutungen; der juvenile Zustand bleibt also erhalten. Mit abnehmender Konzentration an Juvenilhormonen gehen holometabole Insekten zunächst zur Pup-

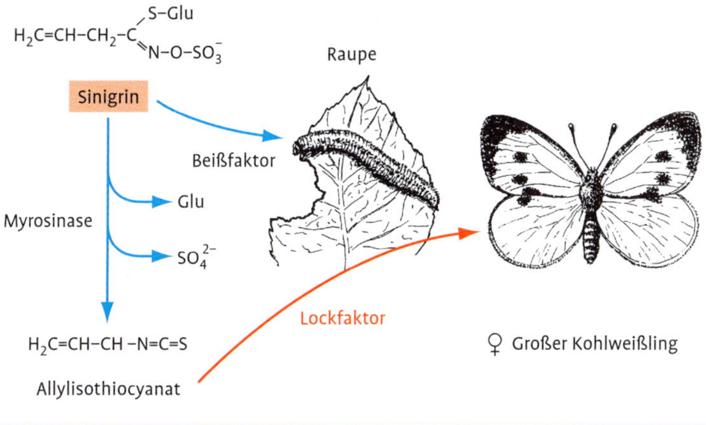

Abb.22.21
Sinigrin und der Große Kohlweißling (→ Text).

Abb. 22.22
Entwicklungshemmung bei der Feuerwanze *Pyrrhocoris aptera* durch den paper factor (PF). Eine der wirksamen Komponenten ist das Juvabion (Abb. 22.23). Normalerweise gehen Larven des 5. Stadiums (**a**) in geflügelte adulte Tiere (**b**) über. In Freßkontakt mit dem paper factor werden sie in der Entwicklung gehemmt. Es entstehen sechste (**c**) oder sogar siebte Larvenstadien (**d**), die dann wesentlich größer sind. Die abnormen Larven können sich nicht mehr häuten und sterben, ohne die Geschlechtsreife zu erreichen (verändert nach WILLIAMS 1967).

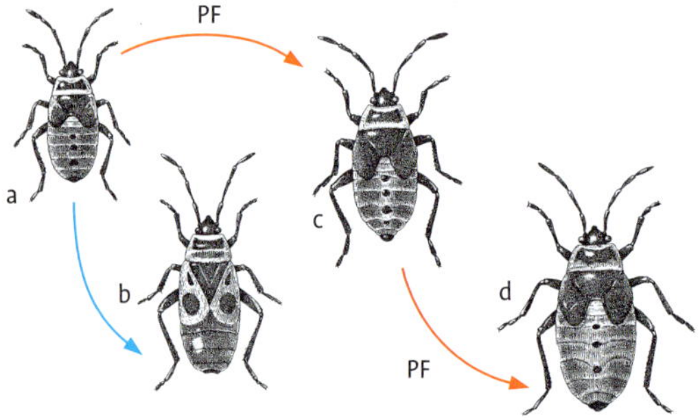

Abb. 22.23
Juvenilhormone. Juvenilhormon I ist eines der Hormone aus Insekten, Juvabion und Farnesol stammen aus Pflanzen.

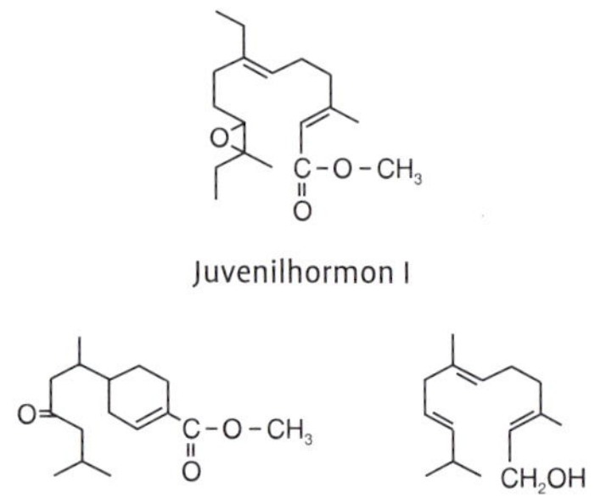

penhäutung und bei nur noch in Spuren vorhandenen oder fehlenden Juvenilhormonen zur Imaginalhäutung über.

▶ **Juvenilhormone.** In Pflanzen finden sich vielfach Substanzen mit Juvenilhormonwirkung. Entsprechende Untersuchungen begannen, als ein europäischer Wissenschaftler sein Versuchstier, die Feuerwanze (*Pyrrhocoris apteris*) in einem Institut in den USA heranziehen wollte. Die Larven ließen sich nicht zum normalen, hier hemimetabolen Übergang zum adulten Stadium bewegen (Abb. 22.22). Verantwortlich dafür war ein Inhaltsstoff der Balsamfichte (*Abies balsamea*) und anderer Hölzer, der bei der Papierherstellung auch in das zur Anzucht benutzte Filterpapier gelangt war. Es handelte sich um **Juvabion** (Abb. 22.23). Das Verbleiben im Larvenstadium war damit erklärt. In europäischen Hölzern und damit auch Papieren fehlt dieser Inhaltsstoff.

Juvabion wirkt ziemlich spezifisch nur bei der Feuerwanze und ihren Verwandten. Inzwischen sind weitere pflanzliche Juvenilhormone mit teils breiterem Wirkungsbereich gefunden worden. So besitzt zum Beispiel das **Farnesol** (Abb. 22.23) eine wenn auch nicht sehr ausgeprägte Wirksamkeit als Juvenilhormon. In höheren Dosen stören und hemmen die betreffenden Stoffe die Entwicklung von Insekten. Auch wenn dabei gefräßige Riesenlarven entstehen können (Abb. 22.22), wird wenigstens der Aufbau einer Schädlingspopulation verhindert. Analoge synthetische Stoffe werden deshalb als Insektizide eingesetzt.

Ecdysone sind im Pflanzenreich weit verbreitet. Oft handelt es sich um das **β-Ecdyson** (Abb. 22.24). Hinzu kommen aber noch mehrere Dutzend weiterer Phytoecdysone. Besonders häufig sind sie in Farnen (vor allem Polypodiaceae wie *Polypodium vulgare*) und Gymnospermen (vor allem Taxaceae wie *Taxus baccata* und Podocarpaceae) und das in enormen Quantitäten. In Angiospermen dagegen treten sie auffallend zurück.

Phytoecdysone zeigen eine viel stärkere hormonelle Aktivität als die tierischen Ecdysone. Sie können deshalb zu Entwicklungsstudien an Insekten eingesetzt werden. Doch bei nur etwas höherer Dosierung bedingen sie Entwicklungsstörungen und den Tod. Man nimmt deshalb an, dass sie auch in Pflanzen als Insektizide wirken.

22.3.4 Insektenbekämpfung durch Bt-Endotoxine

Bacillus thuringiensis wurde in der Mehlmotte (*Ephestia kühniella*) in einer Mühle in Thüringen entdeckt, daher der Artname. Das Bakterium bil-

Abb. 22.24
Ecdysone. α-Ecdyson ist eines der tierischen Häutungshormone, β-Ecdyson ist ein Phytoecdyson.

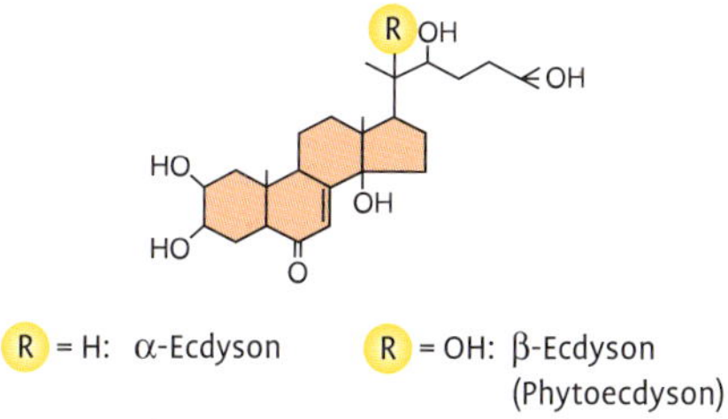

det bei der Sporulation neben der Spore die Vorform eines Endotoxins, den parasporalen Kristall aus Polypeptiden von ca. 130 kDa. Wenn er von Insekten aufgenommen wird, wird er in deren Darm durch Proteasen (Abspalten von Polypeptiden) zum eigentlichen Toxin mit ca. 65kDa aktiviert. Das Toxin bindet an Rezeptoren in der Darmwand und zerstört das Darmepithel mit letztlich tödlichen Folgen. Man kennt mehrere solche Endotoxine (und damit auch codierende Gene), die ziemlich spezifisch bei nur bestimmten Gruppen von Insekten wirksam sind, etwa bei Stechmücken, Hausfliegen oder Kartoffelkäfern. Das Endotoxin im Bt-Mais wirkt nur bei einigen Schmetterlingen (Lepidoptera), etwa beim Maiszünsler und dem nahen verwandten Graszünsler, ist aber für andere Insekten, Fische, Säugetiere und den Menschen ungefährlich.

▶ **Der Genmais.** Mit Hilfe von *Agrobacterium* (Seite 80) waren *Bt*-Endotoxin-Gene zuerst in die Modellpflanze Tabak übertragen worden. Inzwischen wurden sie in zahlreiche wichtige Kulturpflanzen eingeführt. Am bekanntesten ist der Genmais, der nach Transfer eins Bt-Toxin-Gens gegen den Maiszünsler (*Ostrinia nubilalis*) resistent wurde. Der betreffende transgene Mais ist in den USA seit 1996 zum Handel zugelassen und wird auch in Deutschland erprobt. Inzwischen wurde im Mais die Bt-Resistenz mit anderen landwirtschaftlich relevanten Transgenen kombiniert. Für den Laien läuft alles unter Genmais.

Der Maiszünsler war zunächst vor allem in Süddeutschland ein Problem, macht aber zunehmend auch den nördlichen und östlichen Bundesländern zu schaffen. Seine Larven befallen alle Pflanzenteile, bohren ihre Fraßgänge aber besonders gerne im Stängel entlang, daher auch der Namen Maisbohrer. Ganze Maisbestände können bei Befall zusammenbrechen. Nach vorsichtigen Schätzungen beträgt der Verlust in Deutschland ca. 4,4 Millionen EURO pro Jahr.

Im Stängel lassen sich die Larven durch Besprühen mit Insektiziden nicht erreichen. Die eingebaute Resistenz jedoch wirkt. Das ist jedoch nicht der einzige Vorteil der Bt-Resistenz. Vor allem kann man die bisher eingesetzten toxischen Insektizide einsparen. Das ist nicht nur finanziell, sondern vor allem auch ökologisch von Vorteil. Denn Insektizide vernichten **alle** Insekten im Maisfeld, Bt nur diejenigen, die den Mais wirklich befallen. Ein sekundärer Pilzbefall über die Fraßstellen des Zünslers wird ebenfalls vermieden. Außer zusätzlichen Schädigungen kann es durch Schadpilze auch zur Bildung von gesundheitlich gefährlichen Mycotoxinen kommen. Wir mögen lächeln, dass zuerst ausgerechnet in den USA vorgerechnet wurde, dass auch Treibstoff für das

Abb. 22.25
Ökonomische Bewertung der Verfahren zur Maiszünslerkontrolle (Angaben in Euro / ha) im Oderbruch 2000-2002. unb. = unbehandelte Kontrollen, wurden gleich 0 gesetzt; Tri = *Trichogramma*, biologische Bekämpfung mit einer Schlupfwespe, zu kostenaufwendig; Ins = Bekämpfung mit Insektiziden; Bt = Bekämpfung über für Bt transgenen Mais. Die Kosten für Insektizide und das transgene Mais-Saatgut sind berücksichtigt (verändert nach DEGENHARDT et al. 2003).

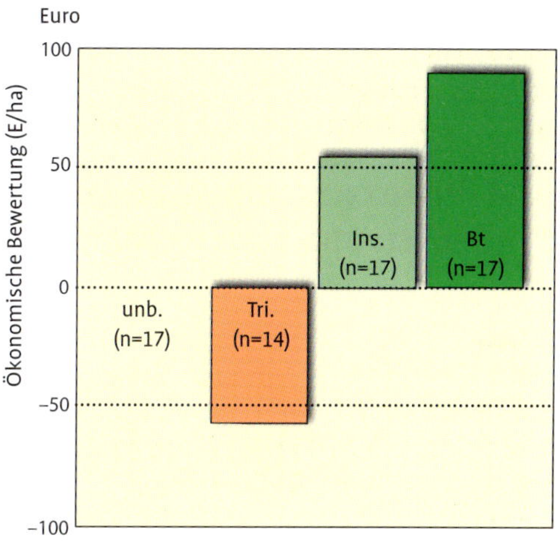

Befahren der Felder beim Spritzen eingespart wird, aber leugnen lässt es sich nicht! Letztendlich stimmt auch die Rentabilität: im Oderbruch erhielt der Landwirt im Schnitt der Jahre 2000–2002 nach Insektizidbehandlung 55 EURO, mit Bt-Mais 93 EURO pro Hektar mehr als bei unbehandelten Kontrollfeldern (Abb. 22.25).

▶ **Stechmückenbekämpfung mit Bt-Bakterien.** Von *Bazillus thuringiensis* stehen Stämme zur Verfügung, die begrenzt selektiv gegen nur bestimmte Insektengruppen wirken. Am bekanntesten ist ihr Einsatz gegen Stechmücken. Dazu wird *B.t. var. israelensis* verwendet. Der Bakterienstamm tötet zwar Stechmücken-Larven, aber nicht die zu einer anderen Verwandtschaftsgruppe gehörenden Bienen. Auch für andere Lebewesen ist er ebenso wenig gefährlich wie das Bt-Gen im Mais.

In manchen Jahren werden die Bakterienpräparate massenhaft zur Stechmückenbekämfung (*Culex pipiens*) ausgesprüht oder ausgestreut, etwa in den Rheinauen. Auch für die Bekämpfung des Maiszünslers sind Bt-Präparate zugelassen. Die öffentliche Meinung begrüßt diese biologische Schädlingsbekämpfung. Wie der Autor aus Diskussionen weiß, befürchtet die gleiche Öffentlichkeit nach entsprechender Information durch Gegner der Gentechnik, dass ihr die Bt-Gene oder die von ihnen codierten Endotoxine im Mais gefährlich werden könnten, etwa beim Verzehr von Maisprodukten oder durch Einatmen der Maispollen. Doch niemand macht sich Gedanken über die Bt-Gene und die Endotoxine in den massiv ausgebrachten Bakterien, obwohl die Bakterien überall hin gelangen können!

22.4 Pflanzen mit Bakterien: Symbiosen und Assoziationen

In den Interaktionen zwischen höheren Pflanzen und Mikroben kann es auch zu einem Kampfgleichgewicht kommen, das zu einem **Mutualismus**, einem gegenseitigen Nutzen für die beteiligten Akteure führt. Ein solcher Mutualismus findet sich in **Symbiosen** und bestimmten **Assoziationen.**

22.4.1 Wurzelknöllchen-Symbiosen

Die Bezeichnung Symbiose geht auf De Bary (1878/79) zurück. Seine Definition umfasste jedes Zusammenleben zweier artverschiedener Organismen, auch den Parasitismus. De Bary hatte sich auch auf seine Arbeiten an Flechten bezogen. Dass es sich bei ihnen um Doppelorganismen aus Algen und Pilzen handelt, war schon 1969 definitiv von Schwendener bewiesen worden. Heute kennt man verschiedene Definitionen, die häufig das Prinzip des Mutualismus berücksichtigen (→ Definition):

DEFINITION

Unter **Symbiose** versteht man ein kürzeres oder dauerndes Zusammenleben verschiedener Arten mit zumindest zeitweise gegenseitigem Nutzen.

Mit den **Flechten** ist schon eine der bekanntesten Symbiosen genannt. Eine außerordentlich wichtige Symbiose ist die **Mykorrhiza,** bei der Pflanzen im Wurzelbereich Symbiosen mit Pilzen eingehen. Die meisten Landpflanzen sind Mykorrhiza-Pflanzen. Die weit gefasste Definition schließt auch die Beziehungen zwischen Blüten und bestäubenden Tieren ein. Hier werden wir uns jedoch nicht damit befassen, sondern mit Symbiosen und Assoziationen (Seite 350) zwischen höheren Pflanzen und luftstickstoff-bindenden Mikroorganismen. Sie sind weltweit von vorrangiger Bedeutung für die menschliche Ernährung.

Luftstickstoffbindende Bakterien wie *Azotobacter, Clostridium, Rhodospirillum* kommen im Boden frei vor, andere gehen mit Pflanzen Symbiosen ein. Hier können nur die wichtigsten von ihnen besprochen werden, die Wurzelknöllchen-Symbiosen, und unter ihnen die Symbiosen zwischen Fabaceae (Leguminosen) und fünf Gattungen von Bakterien, die man mit dem Sammelnamen „Rhizobien" belegt. Zu ihnen gehören die schnell wachsenden *Rhizobium* und *Sinorhizobium* sowie das langsamer wachsende *Bradyrhizobium* (gr. *bradys* = langsam).

Die Pflanzen profitieren von dem Luftstickstoff, den die Bakterien fixieren. Der Gewinn auf Seiten der Bakterien: sie sind in den Knöllchen gegen widrige Außeneinflüsse weitgehend geschützt und werden außerdem von den Pflanzen versorgt, und zwar mit den Dicarbonsäuren Oxalacetat und Malat.

22.4.1.1 Der Ablauf der Nodulation

Zunächst in Kürze der typische Ablauf der Knöllchenbildung (Nodulation), ohne auf seine Steuerung über entsprechende Interaktionen zwischen den Partnern einzugehen (Abb. 22.26 **a–f**).
Bakterien werden durch Wurzelauscheidungen, wahrscheinlich vor allem Aminosäuren und Zuckern, aber auch Flavonoiden chemotaktisch angelockt und fixieren sich an die Spitzen von Wurzelhaaren (**a**), die sich krümmen (**b**). In der Krümmmung sitzende Bakterien lösen die Zellwände enzymatisch auf und dringen in die Wurzelhaare ein. Die sich permanent teilenden Bakterien werden dann in einem von der Pflanze gebildeten **Infektionsschlauch** (**c**) durch die Wurzelhaare in Rindenzellen weitergeleitet. Schon bevor die Bakterien in die Rinde gelangt sind, beginnen sich dort Zellen zu teilen. Aus ihnen entsteht ein **Apikalmeristem** (**d**), das nach innen zu Zellen abgibt: das Wurzelknöllchen bildet sich und schiebt sich nach außen. Neugebildete Gefäßstränge stellen die Verbindung mit den Gefäßen des Zentralzylinders her (**d, e**). In Inneren des Wurzelknöllchens liegt eine **Infektionszone** (**d, e**), in der die eingedrungenen Bakterien lokalisiert sind. Sie werden dabei im Cytosol der betreffenden Pflanzenzellen einzeln oder gruppenweise von einer **Peribakteroidmembran** umgeben. Die Membran enthält Kanäle und Transporter für den wechselseitigen Austausch zwischen Pflanze und Bakterium. Das von der Peribakteroid-Membran umschlossene Gebilde mit ein oder mehreren Bakterien nennt man **Symbiosom**. Die Bakterien im Symbiosom werden zu **Bakteroiden.** Diese sind größer als die Bakterien, knüppelartig verdickt, oft sogar verzweigt (Abb. 22.32). Ausgebildete Bakteroide teilen sich nicht mehr. Sie sind voll und ganz auf die Biologische N_2-Fixierung eingestellt.
Die geschilderte Knöllchenform findet sich an den Seitenwurzeln der Saatwicke (*Vicia sativa*, f). Die Gestalt der Knöllchen kann jedoch artgemäß modifiziert werden. Anstatt an Seitenwurzeln können sie auch an der Hauptwurzel gebildet werden.
Das Innere der Knöllchen ist durch **Leghämoglobine** rot gefärbt. Wer sie bildet, Pflanze oder Bak-

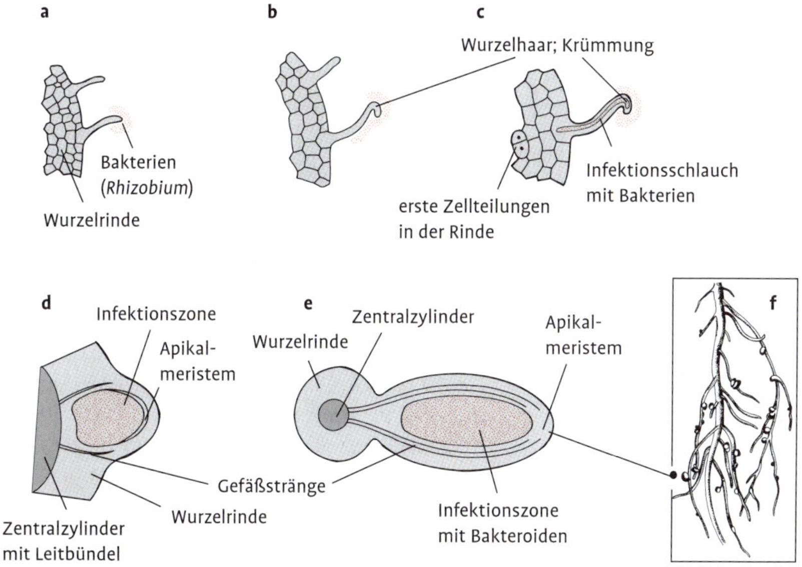

Abb. 22.26 Ablauf der Nodulation bei der Saatwicke (*Vicia sativa*) in Kooperation mit ihrem Symbionten *Rhizobium leguminosarum biovar. viciae* (→ Text) (a–e verändert nach Foskett 1994; f nach Walter 1950).

terium, war lange umstritten. Doch offensichtlich synthetisiert die Pflanze **beide** Komponenten, das Häm ebenso wie das Globin. Die Hauptfunktion von Leghämoglobin ist der Sauerstofftransport zur Atmungskette der Bakterien. Das ist dringend erforderlich, denn die Aktivtät der Nitrogenase (→ unten) erfordert erhebliche Quantitäten an ATP. Durch Abfangen von Sauerstoff schützt Leghämoglobin außerdem die extrem sauerstoffempfindliche Nitrogenase.

22.4.1.2 Genetisch gesteuerte Interaktionen bei Erkennung und Nodulation

Die Nodulation und über sie die Biologische Stickstoff-Fixierung kommen über ein ausgeklügeltes System von Wechselwirkungen zustande. Vor allem zwei Gengruppen sind beteiligt, auf Seiten der Bakterien die ***nod*-Gene (Nodulations-Gene)**, auf Seiten der Pflanze die ***NOD*-Gene (Nodulin-Gene).**

Die ***nod*-Gene** liegen bei schnellwachsenden Rhizobien (*Rhizobium* und *Sinorhizobium*) auf großen Plasmiden (Symplasmiden), bei dem langsam wachsenden *Bradyrhizobium* auf dem Hauptgenom, dem „Chromosom". ***nodD* ist ein übergeordnetes Regulatorgen.**

Es codiert konstitutiv den Transkritionsfaktor **NodD**, der zunächst inaktiv ist. Von den Pflanzenwurzeln ausgeschiedene Flavonole und Isoflavone (Seite 177) und einige wenige weitere Stoffe binden an die Carboxyl-Domäne von NodD und aktivieren den Transkriptionsfaktor. Die Flavonoide wirken dabei nicht artspezifisch. *nodD* kann in multiplen Formen vorliegen. Im einfachsten Fall handelt es sich um ein Gen und dann auch nur um einen von ihm codierten Transkriptionsfaktor NodD. Er aktiviert zwei Sätze von *nod*-Genen (bei multiplen Ausführungen von NodD gilt Entsprechendes). Der erste Satz sorgt für den Aufbau der Basisstruktur der Nod-Faktoren, der zweite für ihre Artspezifität. Denn die **Nod-Faktoren sind für bestimmte Wirtspflanzen spezifische Signale.**

Bei den **Nod-Faktoren** handelt es sich um **L**ipo**c**hito-**o**ligosaccharide (**LCO**s, Abb. 22.27). Die Grundstruktur besteht bei allen Nod-Faktoren aus drei bis fünf Einheiten N-Acetyl-Glucosamin, nur dass an der ersten von ihnen der Acetylrest gegen einen Fettsäurenrest mit 16 oder 18 C ausgetauscht wird. Diese Grundstruktur kann vielfach variiert werden und entspricht so der erforderlichen Wirtsspezifität.

In den Wurzelhaaren können die LCOs die Synthese von Lektinen (Seite 139) auslösen, die möglicherweise an der artspezifischen Infektion beteiligt sind. Der jeweils wirtsspezifische LCO dringt unterschiedlich weit in der Rinde vor, jedoch höchstens bis zur Endodermis. Er wird von Rezeptoren im Plasmalemma aufgenommen und aktiviert die *NOD*-Gene der Pflanzen.

Die ***NOD*-Gene** codieren für **Noduline**. Man unterscheidet zwischen frühen und späten Nodulin-Genen und Nodulinen.

Frühe *NOD*-Gene haben ihren Namen daher, dass sie die Infektion und frühe Stadien der Nodulation beeinflussen. Dazu gehören zum Beispiel die Krümmung der Wurzelhaare, die Bil-

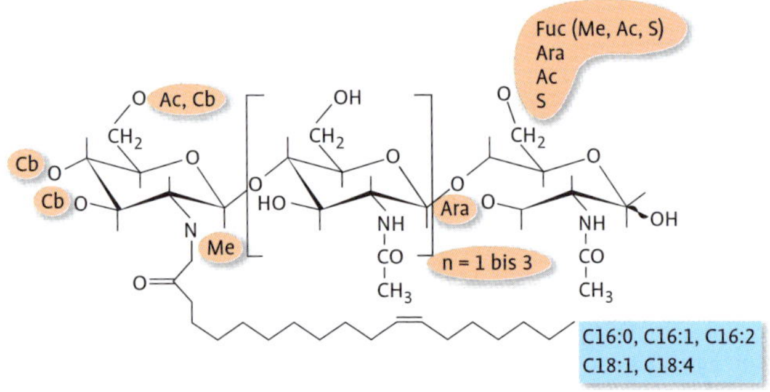

Abb. 22.27
Generelle Struktur und Variationsmöglichkeiten von Nod-Faktoren. Die Grundstruktur (schwarz) besteht aus drei bis fünf Einheiten Acetyl-glucosamin. Die erste Einheit trägt immer eine Fettsäure an Stelle des Acetylrests. Variationsmöglichkeiten: Schon die Zahl der Grundeinheiten kann wechseln. Dann steht eine ganze Reihe von Fettsäuren zur Verfügung. Außerdem kann H am Grundgerüst durch die angegebenen unterlegten Gruppen ersetzt werden: Ac = Acetyl, Ara = Arabinosyl, Cb = Carbonyl, Fuc = Fucosyl, Me = Methyl, S = Sulfuryl. Über diese Substitutionsmöglichkeiten ergibt sich eine Vielzahl von wirtspezifischen Nod-Faktoren (verändert nach CULLIMORE et al. 2001).

dung des Infektionsschlauchs oder die Zellteilungen, die zur Entstehung des Knöllchens führen. Auch Permeabilitätsänderungen im Plasmalemma stehen mit ihnen im Zusammenhang. Sie können auch einen Einstrom von Ca^{2+} in die Wurzelhaare bedingen, das als sekundärer Messenger eingeschaltet wird.

Späte *NOD*-Gene werden erst im Gewebe des weiter entwickelten Wurzelknöllchens aktiv. Von ihnen werden zum Beispiel die Apoproteine der Leghämoglobine und spezielle Glutamin-Synthetasen (s. unten) codiert.

22.4.1.3 Die Biologische Stickstoff-Fixierung: Nitrogenase

Die Biologische Stickstoff-Fixierung erfolgt über einen Enzymkomplex, die Nitrogenase. Sie ist imstande, den molekularen Luft-N_2 in einer energieaufwendigen Reaktion zu fixieren, zu spalten und zu Ammoniumionen zu reduzieren.

Abb. 22.28
Schema der Nitrogenase und ihrer Aktivität. Jedes Fe-Protein im NifH- Protein-Dimer enthält ein Eisen-Schwefel-Zentrum (in der Abb. durch Fe symbolisiert). Das MoFe-Protein besteht aus einem NifD- und einem NifK-Dimer. NifD führt den kompliziert gebauten Eisen-Molybdän-Cofaktor (in der Abb. durch MoFe symbolisiert), der aus zwei S-haltigen Clustern besteht. Die Elektronen werden von Ferredoxin geliefert und passieren den Komplex, bis am MoFe-Protein N_2 zu NH_3 reduziert wird (verändert nach BUCHANAN et al. 2000).

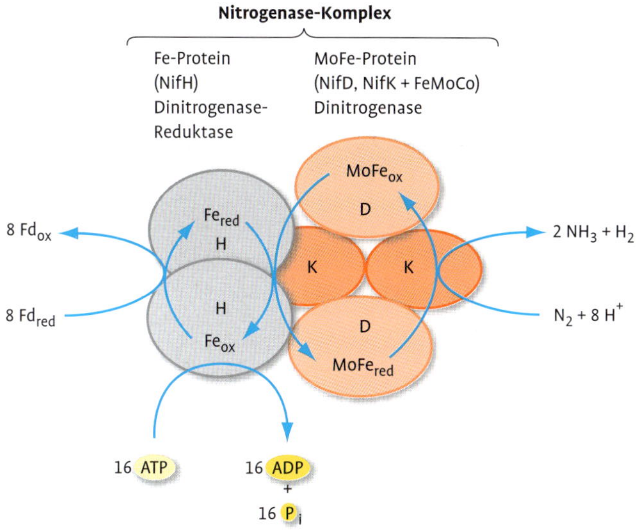

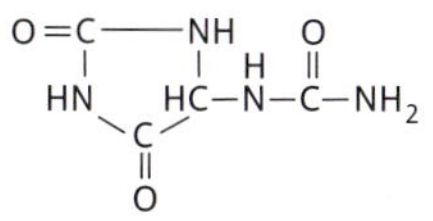

Abb. 22.29
Allantoin, ein Ureid, Transportform für N in tropischen Leguminosen.

Die **Nitrogenase** ist bei allen Luftstickstoff-fixierenden Mikroorganismen prinzipiell gleich gebaut (Abb. 22.28). Es handelt sich um einen Komplex aus zwei Komponenten, dem Fe-Protein (Dinitrogenase-reduktase), bestehend aus zwei Proteinen H, und dem MoFe-Protein (Dinitrogenase) aus je zwei Proteinen D und K. Die Proteine werden von *nif*-Genen (*nif H*, *D* und *K*; *nif* = *ni*trogen *f*ixation;) codiert, die wie die *nod*-Gene je nach der Bakterienart auf dem Symplasmid (bei *Rhizobium*) oder im Hauptgenom (bei *Bradyrhizobium*) liegen.

Elektronendonator für das Fe-Protein ist reduziertes Ferredoxin. Unter ATP-Verbrauch werden die Elektronen an das FeMo-Protein weitergegeben, das seinerseits N_2 zu NH_3 reduziert. Für die Reduzierung eines N_2 werden theoretisch 16 ATP benötigt, doch dürfte der reale Verbrauch bei 25 ATP liegen.

In den Bakteroiden kann die Nitrogenase 10 % des Proteins ausmachen. Sie ist dort voll aktiv. 90 % des von ihr gebildeten NH_4^+-Stickstoffs werden durch die Peribakteroidmembran in das Cytoplasma der Pflanzenzelle abgegeben. Die toxischen NH_4^+-Ionen dürfen sich dort nicht anreichern – und sie müssen für die Pflanze nutzbar gemacht werden. Dazu gibt es zwei Möglichkeiten:

- NH_4^+ wird über von späten Nodulin-Genen codierte spezielle **Glutamin-Synthetasen** in Glutamin überführt (→ Seite 42), etwa in Erbse (*Pisum*) oder Klee (*Trifolium*),
- NH_4^+ wird in Purine überführt, die in **Ureide** wie Allantoin

(Abb. 22.29) umgewandelt werden, etwa in Soja (*Glycine*) oder Cowpea (*Vigna*).

Die gebildeten Stickstoffspeicher werden dann im Xylem zur Verwertung an anderer Stelle abtransportiert.

BOX 22.3

Ein unerfüllter Wunschtraum: Nitrogenase in höheren Pflanzen

Seit den ersten geglückten Genübertragungen in höhere Pflanzen wird darüber diskutiert, ob man nicht auch die *nif*-Gene mit Erfolg in höhere Pflanzen übertragen könnte. Ein Weizen, der sich aus der Luft mit dem benötigten Stickstoff versorgt, war ein Wunschtraum vor allem der Presse. Insbesondere der Laie fragt sich nun, warum davon nichts zu hören ist. Deshalb sei darauf eingegangen.

Wissenschaftler waren skeptischer. Denn bei dem gut untersuchten Bakterium *Klebsiella pneumoniae* sind es mehr als zwei Dutzend Gene, die für die Fixierung des Luft-N_2 benötigt werden. Auch wenn ein Teil davon einer Regulation dient, die in höheren Pflanzen nicht in diesem Ausmaß erforderlich scheint, bleiben genug Gene, die zusätzlich zu den *nif*-Genen übertragen werden müssten, etwa Gene zur Regulation oder für Leghämoglobin.

Doch unerwarteterweise **scheiterten bisher alle Transfer-Experimente schon fast zu Beginn**. *nifH* wurde über die leaf-disk-Technik in Tabak übertragen, in Tabak-DNA integriert und entsprechend den Mendelschen Regeln in Folgegenerationen weitergegeben (1; Review mit weiteren Arbeiten in 2). *nifH* wurde transkribiert (1, 2, 3), aber eine Translation ließ sich nicht fassen. Ähnlich negative Ergebnisse wurden auch für *nifD* berichtet (3). Möglicherweise wurden die betreffenden Proteine gebildet, waren aber instabil und entzogen sich so dem Nachweis.

[1] Wenzel et al. 1989; [2] Hess 2006; [3] Zilberstein et al. 1988.

22.4.2 Diazotrophe Assoziationen höherer Pflanzen

Die Lehre aus den missglückten Versuchen zur Etablierung der Nitrogenase in höheren Pflanzen musste sein: Man lasse die Nitrogenase in den Bakterien, wo sie optimal funktioniert, und nutze die Bakterien auf andere Weise.

Eine solche Möglichkeit wurde von Joanna Döbereiner entdeckt. Sie legte auch die Grundlagen für den prosperierenden Soja-Anbau in Brasilien. Hier soll etwas anderes behandelt werden: In Brasilien gedieh Zuckerrohr (*Saccharum officinarum*) lange Jahre ohne jede N-Düngung auf denselben Feldern. Obwohl man errechnet hatte, dass der Stickstoffgehalt der Böden theoretisch von Jahr zu Jahr erheblich hätte absinken sollen,

Abb. 22.30
Wachstumsföderung von Sommerweizen in Assoziationen mit *Azospirillum lipoferum*. Die Pflanzen wuchsen unter Gewächshausbedingungen in Gefäßen auf Sand, dem K und P beigefügt war. N wurde nicht zugesetzt. Links Experiment: Inokulation mit *Azospirillum*; rechts Kontrolle: Behandlung mit dem gleichen Titer und Volumen autoklavierter Azospirillen in ihrem Nährmedium. Foto sechs Wochen nach der Keimung (Foto T. Mertens; Mertens and Hess 1984).

kam es zu keinen Ertragseinbußen. J. Döbereiner ging dem seit Beginn der sechziger Jahre nach. Sie entdeckte, dass Getreide und andere Gräser Assoziationen mit N_2-bindenden Bakterien eingehen können, in denen sie von dem Stickstoff profitieren, den die Bakterien zu binden vermögen.

Abb. 22.31
Bradyrhizobium 32H1 (Vigna) in abgestorbenen Wurzelhaaren von Sommerweizen. Anfärbung mit TTC (Seite 299) (Foto E.-M. Götz).

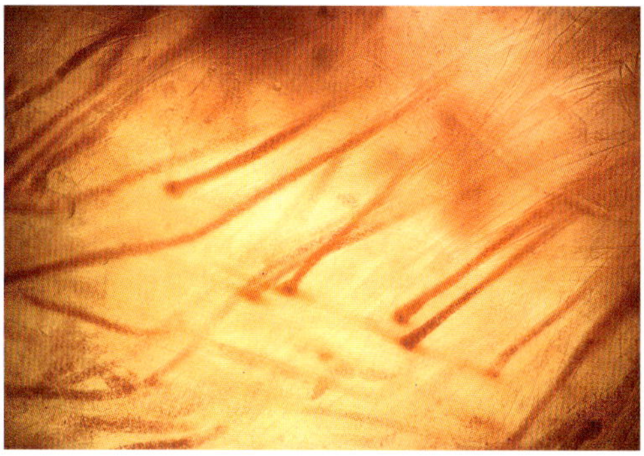

Abb. 22.32
Bakteroide von *Bradyrhizobium 32H11 (Vigna)* in einer lebenden Zelle des Wurzelparenchyms von *Petunia*. Auch in Assoziationen mit Nicht-Leguminosen bilden sich Bakteroide. rh = *Bradyrhizobium*; cw = Zellwand; phb = Polyhydroxybuttersäure (Seite 152) (Foto: E.-M. Götz; Hess et al. 1982).

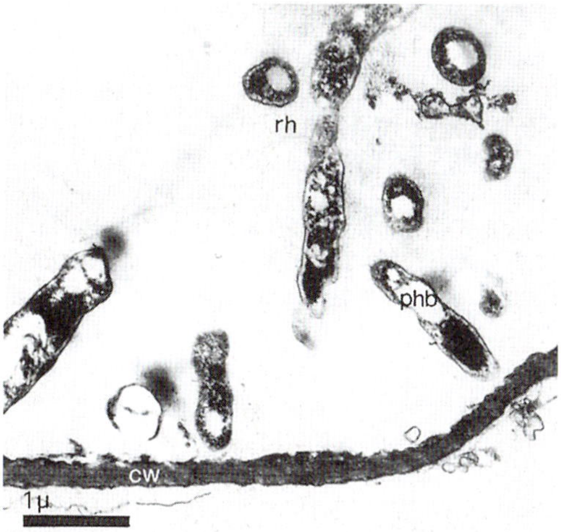

Im Fall des Zuckerrohrs wurde J. Döbereiner zunächst auf Bakterienpartner aus der Gattung *Azospirillum* aufmerksam (Döbereiner und Day 1976;. → aber auch Seite 353). Heute produziert Brasilien auf Basis der Arbeiten von J. Döbereiner kostengünstig Unmengen an Zucker, der freilich wegen Handelsperren kaum exportiert werden kann. Brasilien hat das Beste daraus gemacht: Der Zucker wird zu Akohol vergoren, der Benzin ersetzt, eine umweltfreundliche Nutzung eines nachwachsenden Rohstoffs.

Die N_2-bindenden Bakterien bezeichnet man als diazotroph (N_2 = Diazonium; gr. trephein = ernähren). In den Assoziationen profitieren die Pflanzen von dem N, der von den diazotrophen Bakterien gebunden wird. Die Bakterien nutzen zumindest in der Rhizosphäre nachweislich Wur-

Abb. 22.33
Wachstumsförderung von Sommerweizen in Assoziationen mit *Bradyrhizobium 32H1 (Vigna)*. Die Pflanzen wuchsen unter Gewächshausbedingungen in Gefäßen auf einer Erde/Sand-Mischung. Wöchentlich wurde mit einer N-freien Nährlösung gedüngt. Links Experiment: Inokulation mit *Bradyrhizobium*; rechts Kontrolle: Behandlung mit dem gleichen Titer und Volumen autoklavierter Bakterien in ihrem Nährmedium (Foto M. Martini; Martini 1990).

BOX 22.4

Rhizobien kooperieren in Assoziationen mit Weizen

Für die Landwirtschaft wichtiger als Assoziationen mit Azospirillen sind solche mit Rhizobien. Sicher wäre schon eine produktive Assoziation Weizen/Rhizobien ein Gewinn. Doch oft werden Leguminosen und Getreide im Fruchtwechsel kultiviert. Dann fragt es sich, ob die Inokulation eines Partners, etwa der Leguminose, bei geeigneten Anbaumethoden auch den folgenden Partner, das Getreide positiv beeinflussen kann. Das müsste über Assoziationen möglich sein, falls es sie auch bei Rhizobien gäbe!

Zunächst wurde von verschiedenen Arbeitsgruppen Kalli verschiedener Nicht-Leguminosen mit Rhizobien assoziiert (1). Der Kallus induzierte in den Rhizobien Nitrogenase-Aktivität. In Versuchen mit ^{15}N-markiertem N_2 ließ sich belegen, dass der Kallus von dem N profitiert, den die Rhizobien gebunden hatten (2). Im nächsten Schritt ersetzte erstmals die Arbeitsgruppe um Hess den Kallus durch ganze Pflanzen, zunächst durch die Modellpflanze *Petunia* (3), dann durch Weizen (4), Hirse (5) und Tomate (6). Dabei wurde meistens das von J. Döbereiner aus der Wurzel der Cowpea (*Vigna unguiculata*) isolierte *Bradyrhizobium* sp. (*Vigna*) 32H1 als Partner eingesetzt. Die Rhizobien fixierten sich polar an zum Beispiel Wurzelhaaren (7), drangen in tote Wurzelhaare ein und bildeten ähnliche Beläge um die Wurzeln wie Azospirillen. Die Pflanzen induzierten im Reagenzglas bakterielle Nitrogenase-Aktivität in Bakteroiden (Abb. 22.32; 8), und zwar nicht über eine Derepression nach Auschöpfen des N im Medium, sondern über eine Induktion durch nicht identifizierte Stoffe in ihren Wurzelausscheidungen (9).

In Gefäßversuchen kam es nach Inokulation von Sommerweizen mit Rhizobien zu einer starken Förderung des Wachstums (Abb. 22.33). Der Korngehalt wurde um 21 % und der N-Gehalt der Körner um 31 % erhöht (10). In Gefäßversuchen wurde auch ein Fruchtwechsel zwischen Cowpea, aus der *Bradyrhizobium* 32H1 isoliert worden war, und Sommerweizen durchgeführt. Vorfrucht und Nachfrucht wurden nacheinander im gleichen Gefäß kultiviert. Dabei zeigte es sich, dass eine Inokulation der Vorfrucht die Nachfrucht ohne erneute Inokulation positiv beinflusste, ganz gleichgültig ob als Vorfrucht Cowpea oder Weizen inokuliert worden war (10). In der landwirtschaftlichen Praxis sollte man also darauf achten, in der Fruchtfolge im Boden persistierende Rhizobien zu erhalten.

[1] Review, zur Thematik, in Hess 2006; [2] Lustig et al. 1980; [3] Hess and Götz 1977; [4] Götz and Hess 1980; [5] Hess and Kiefer 1981; [6] Hess et al. 1981; [7] Götz 1980; [8] Hess *et al.* 1982; [9] Hess *et al.* 1983; [10] Martini 1990.

zelausscheidungen der Pflanze. Es handelt sich also um Symbiosen, die auch als diazotrophe assoziative Symbiosen bezeichnet wurden (Vose and Ruschel 1982). Hier werden sie der Einfachheit wegen als **diazotrophe Assoziationen** bezeichnet (→ Definition).

DEFINITION

Als **diazotrophe Assoziationen** bezeichnet man Vergesellschaftungen zwischen höheren Pflanzen und diazotrophen Bakterien. Sie bilden sich auch in der Rhizosphäre und können dort relativ leicht praktisch genutzt werden. Bei der **Rhizosphäre** handelt es sich um denjenigen Bereich des Bodens, der von einer Wurzel beeinflusst wird.

Am besten untersucht sind **diazotrophe Assoziationen mit Azospirillen**, etwa *A. brasiliense* und *A. lipoferum*. In der Rhizosphäre (→ Definition) werden die Azospirillen von Wurzelausscheidungen, vor allem Zuckern und Aminosäuren chemotaktisch angelockt. Beide dienen den Bakterien auch als Nahrungsquelle. Die Azospirillen setzen sich an der Oberfläche von Rhizodermis-Zellen und Wurzelhaaren fest. Um die Wurzeln herum bilden sich schließlich handschuhartige, dicke Beläge aus Bakterien.

Solange genügend N im Boden (oder im Reagenzglas) vorhanden ist, arbeitet die Nitrogenase der Azospirillen kaum oder überhaupt nicht. Haben Bakterien und Pflanze den N im Substrat jedoch weitgehend ausgeschöpft, wird die bakterielle Nitrogenase dereprimiert. Ein Teil des dann von ihr fixierten Luft-N_2 wird von den Bakterien als NH_4^+ an die Pflanze abgegeben. Außerdem fördern von den Bakterien abgegebene Wuchsstoffe das Wachstum der Pflanzen.

Im Gefäß- wie im Feldversuch ließ sich bei verschiedenen Nicht-Leguminosen wiederholt eine Förderung des Wachstums feststellen (Abb. 22.30). Bei mehreren Getreide-Arten kam es zu einer Steigerung des Kornertrags und des N-Gehalts in den Körnern. Auch unter mitteleuropäischen Klimabedingungen konnte bei Sommerweizen im Freilandversuch ein Drittel des Stickstoffdüngers bei gleich bleibendem Ertrag durch Azospirillen ersetzt werden.

Untersuchungen in **diazotrophen Assoziationen von Nicht-Leguminosen mit Rhizobien** werden auch deshalb wichtig, weil sie im Fruchtwechsel mit Symbiosen zwischen Leguminosen und Rhizobien den N-Haushalt verbessern können (→ Box 22.4).

Doch stellt sich immer mehr heraus, dass nicht nur in Rhizosphäre und Wurzel, sondern in der ganzen Pflanze diazotrophe Bakterien vorkommen. Vor allem der von J. Döbereiner 1988 (Cavalcante and Döbereiner 1988) entdeckte ***Gluconacetobacter diazotrophicus*** erscheint erfolgversprechend und wird intensiv untersucht (Muthukumarasamy et al. 2002). *Gluconacetobacter* findet sich in allen Teilen des Zuckerrohrs und trägt mehr zu dessen N-Versorgung bei als *Azospirillum*. Wichtig für Länder mit intensiver N-Düngung ist, dass seine N_2-Fixierung im Gegensatz zu anderen diazotrophen Bakterien durch Nitrat im Boden nur wenig gehemmt wird. *Gluconacetobacter* wurde nicht nur im Zuckerrohr auch auf anderen Kontinenten, etwa in Ägypten, sondern von Gräsern über die Banane bis zum Kaffee in zahlreichen weiteren tropischen Pflanzen nachgewiesen.

Derartige Daten geben zu der Hoffnung Anlass, man könne über diazotrophe Assoziationen ohne Ertragsverlust N-Dünger einsparen und damit auch die Belastung unserer Böden verringern. In der Praxis ergeben sich jedoch Schwierigkeiten. Denn der Landwirt muss nun zwei Organismen gerecht werden, die über den Boden leicht beeinflussbar sind. Die Ansprüche der Assoziationspartner an Boden und Bodenfeuchtigkeit können verschieden sein. Fehlschläge sind damit vorprogrammiert. Doch gehen entsprechende Versuche weltweit weiter. Erfolge mit Azuspirillen sind unter anderem in Brasilien (→ oben) und Israel erzielt worden.

FRAGEN

(mit Seitenverweisen zur Beantwortung)

- Geben Sie ein Beispiel für Allelopathie und nennen Sie die dabei eingesetzten Kampfstoffe! (Seite 327)
- Welche Gruppe sekundärer Pflanzenstoffe stellt die wichtigsten Abwehrstoffe gegen Pilze? (Seite 332)
- Was verstehen Sie bei Pilzbefall unter exogenen Elicitoren? (Seite 332)
- Nennen Sie einige Teilreaktionen der Hypersensitivitäts-Reaktion! (Seite 334)
- Definieren Sie den Begriff Phytoalexine! Geben Sie einige Beispiele dafür! (Seite 335)
- Welcher hormonartige Faktor kann PR-Proteine induzieren? (Seite 336)
- Zeichnen Sie die Strukturformel der Jasmonsäure! (Seite 339)
- Schildern Sie den Ablauf der Biosynthese von Jasmonsäure! (Seite 339)
- In welchen Pflanzenfamilien befinden sich häufig und reichlich Phytoecdysone? (Seite 344)
- Nennen Sie einige Gattungen, die man landläufig unter dem Begriff Rhizobien zusammenfasst! (Seite 346)
- Wie nennt man die besondere Form, die Rhizobien bei der Fixierung von Luft-N_2 annehmen? (Seite 347)
- Welche Funktion hat der Transkriptionsfaktor NoD? (Seite 348)
- Aus welchen Proteinen bauen sich die beiden Teilkomplexe der Nitrogenase auf? (Seite 349)

23 Die reproduktive Phase: Blühinduktion

INHALT

Zahlreiche Pflanzenarten kommen ohne erkennbare Abhängigkeit von Außenfaktoren autonom zur Blüte. Bei anderen muss eine Blühinduktion über Kälte oder die richtige Photoperiode erfolgen, der dann die Blütendifferenzierung folgt. Die Vernalisation über niedere Temperaturen und die photoperiodische Induktion werden behandelt. Bei der letztgenannten ist eine Koinzidenz zwischen der Aktivität von Genen, die unmittelbar von einer inneren Uhr gesteuert werden, und der passenden Tages- bzw. Nachtlänge für den Erfolg der Blühinduktion entscheidend. Die molekularen Unterschiede in der Koinzidenz von Langtag- und Kurztagpflanzen werden beschrieben. Ein Abschnitt über die Suche nach dem Blühhormon, deren wohl letzte Phase derzeit läuft, schließt das Kapitel ab.

Während der Entwicklung durchläuft das Apikalmeristem einer Pflanze verschiedene Phasen: zunächst steuert ein **vegetatives Meristem** das vegetative Wachstum und die vegetative Entwicklung der Sprosses. Dann kommt es zur Blütenbildung. Dabei ändert sich der Charakter des Meristems, die sogenannte **Meristem-Identität**. Aus dem vegetativen Meristem werden reproduktive Meristeme, ein **Blüten-Meristem** oder ein **Infloreszenz-** und dann ein Blüten-Meristem (Abb. 23.1). Der Umschlag in der Meristem-Identität wird über die **Blühinduktion** (→ Definitionen) ausgelöst. Sie ist der erste Schritt der **reproduktiven Phase**. Ihr folgt die **Blütendifferenzierung** (Seite 369).

DEFINITION

Die **reproduktive Phase** beginnt mit der Blühinduktion und endet mit der Bildung der Zygote. Unter **Blühinduktion** versteht man alle Prozesse, die zu einer Veränderung der vegetativen Meristem-Identität in eine **reproduktive Meristem-Identität** führen.

23.1 Der Anfang: Gene für das vegetative Wachstum und andere Gene für die Blühinduktion

Die ersten molekularen Befunde, denen zufolge Außenbedingungen eine Aktivierung von Genen speziell für die Blühinduktion auslösen können, wurden ab 1959 veröffentlicht. Die Versuchspflanze war die Drehfrucht (*Streptocarpus wendlandii*), ein Außenseiter, was die vegetative Form angeht. Denn die in den Bergen Südafrikas beheimatete Art besteht oberirdisch nur aus dem Hypokotyl und einem der beiden Keimblätter: Der andere Kotyledo geht zugrunde. Zur Blühinduktion müssen die Pflanzen acht Wochen lang bei KT und Kälte (+10 °C) gehalten werden. Während der Induktion wachsen die Pflanzen nicht. Nach Abschluss der Induktion beginnen sie wieder mit dem Blattwachstum und bilden außerdem aus dem gleichen Meristem an der Blattbasis heraus Infloreszenzen.

Abb. 23.1
Schema einer blühenden Acker-Schmalwand (*Arabidopis thaliana*) mit Infloreszenz-Meristemen (IM) und Blüten-Meristemen (BM).

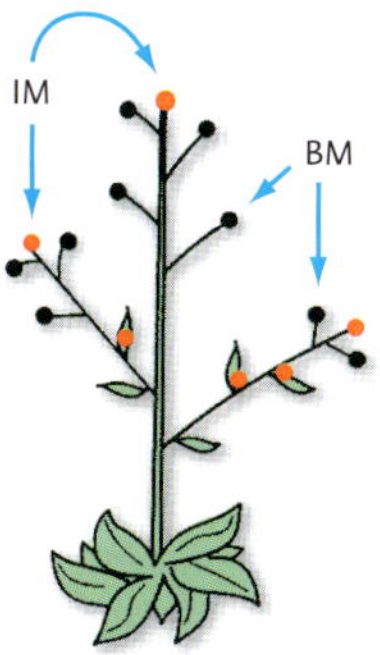

Die Pflanzen wurden während der Blühinduktion mit 2-Thiouracil behandelt, das in RNA eingebaut wird und dann funktionsuntüchtige RNA entstehen lässt (Seite 36). Dadurch gelang es, die Blütenbildung **selektiv zu unterbinden** oder zu verzögern, während das nach der Blühinduktion wieder einsetzende Blattwachstum völlig ungestört blieb. Bei Zufuhr von 2-Thiouracil zusammen mit einem Überschuss des natürlichen RNA-Bausteins Uracil wurde die Hemmung aufgehoben. Nach der Blühinduktion gegeben, blieb 2-Thiouracil ohne Wirkung auf das Blühen (Abb. 23.2). Mit diesen Daten ließ sich eine unspezifisch toxische Wirkung von 2-Thiouracil ausschließen. Diese und weitere Ergebnisse sprachen dafür, dass

- für die Blühinduktion und die nachfolgende Blütenbildung andere mRNAs und damit andere Gene verantwortlich sind als für das vegetative Blattwachstum,
- die Gene für Blühinduktion und für das vegetative Blattwachstum differentielle Aktivitäten zeigen.

Diese noch wenig differenzierte erste Aussage ließ sich später wesentlich verfeinern. Denn ein Netzwerk aus zahlreichen Genen steuert in Abhängigkeit von äußeren und inneren Faktoren jeden Wechsel in den obengenannten Meristem-Identitäten.

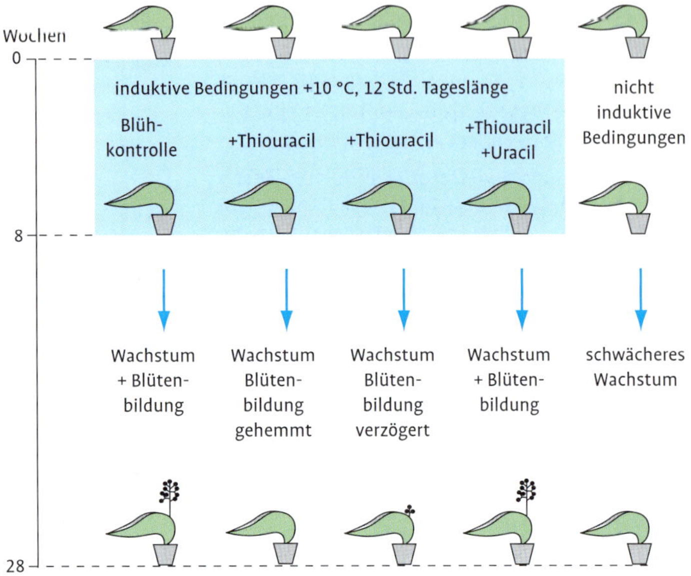

Abb. 23.2 Selektive Blockierung der Blütenbildung bei *Streptocarpus wendlandii* durch Behandlung mit 2-Thiouracil während der Blühinduktion. 2-Thiouracil wird in RNA eingebaut und verfälscht sie. Nur die Blütenbildung wird gestört, das nach der Induktion einsetzende Wachstum nicht. Behandlungen mit 2-Thiouracil nach der Induktion bleiben wirkungslos. Durch einen Überschuss an Uracil, dem natürlichen RNA-Baustein, lässt sich die selektive Hemmung aufheben (HESS 1968 nach Daten in HESS 1959).

23.2 Blühinduktion: Terminologie

Zuächst müssen die Pflanzen die **Blühreife** erlangen, also kompetent für eine Blühinduktion werden. Der dazu benötigte Zeitraum ist artspezifisch verschieden. Dann kommen zahlreiche Pflanzen ohne erkenntliche Abhängigkeit von Außenfaktoren **autonom** zur Blüte. So blühen viele große Bambus-Arten erst nach Jahrzehnten und sterben danach ab. Ende des 20. Jahrhunderts begannen in unseren Gärten und Anlagen einige Bambusarten annähernd synchron mit der Blüte und gingen danach ein. Vermutlich leiteten sie sich über vegetative Vermehrung von nur wenigen ungefähr gleichalten Ausgangspflanzen ab. Unbeeinflusst durch die unterschiedlichen Kulturbedingungen und die vegetative Vermehrung erreichten dann alle Stecklingsderivate gleichzeitig die Blühreife, ein überzeugendes Beispiel für eine autonome Blütenbildung aus endogenen Ursachen.

Zahlreiche Pflanzen müssen aber nach Erreichen der Blühreife während einer bestimmten Zeitspanne, der **Induktionsperiode, induktiven Außenbedingungen** ausgesetzt werden. Sie gewährleisten, dass die betreffenden Pflanzen zur geeigneten Jahreszeit blühen und dann auch fruchten. Die wichtigsten induktiven Außenfaktoren sind **Temperatur** (Vernalisation) und **Tages- bzw. Nachtlänge** (Photoperiodimsus).

23.3 Kälte und Blühinduktion: Vernalisation

Man hat schon alle Wirkungen niederer Temperaturen auf die Entwicklung der Pflanzen unter Vernalisation eingeordnet. Hier wird der Begriff auf eine Blühinduktion durch niedere Temperaturen eingeengt.

23.3.1 Vernalisationsbedürftige Ökotypen

In unseren Breiten handelt es sich vor allem um **Winterannuelle und Bienne**. **Winterannualle** sind einjährige Arten, die im Herbst keimen, überwintern und dann blühen. Zu ihnen gehören unsere Wintergetreide. Sommergetreide blühen in unseren Breiten ohne erkennbare Abhängigkeit von den Außenbedingungen. Die Unterschiede zwischen Winter- und Sommer-Getreiden sind genetisch bedingt. **Bienne** (Zweijährige) bilden im ersten Jahr nur eine bodenständige Blattrosette, die der Winterkälte ausgesetzt wird. Vielfach müssen beide Ökotypen im Jahr nach der Vernalisation noch einer weiteren induktiven Bedingung, der richtigen Tageslänge, ausgesetzt werden bevor sie zur Blüte kommen. So benötigt Winterroggen zuerst eine Kälteeinwirkung, die in der Natur im Winter nach der Aussaat gegeben ist, und danach den Langtag des folgenden Sommers.

23.3.2 Höhe der Temperatur

Die benötigten Temperaturen sind regional verschieden. Bei Pflanzen aus unseren Breiten liegen sie einige Grade über Null, bei den Pflanzen tropischer Gebirge höher, teils über 10 °C.

23.3.3 Perzeption des Kältereizes

Beim Petkuser Winterroggen, mit dem sich im vergangenen Jahrhundert Gregory und Purvis eingehend befasst hatten, ließen sich wenigzellige Embryonen vernalisieren (dazu wurden Eisbeutel in die jungen Fruchtstände gehängt). Außerdem gelang die Vernalisation auch mit isolierten Sprossspitzen auf künstlichen Nährböden. Aus ihnen konnten voll blühfähige Pflanzen regeneriert werden. Der Kältereiz wird also **in meristematischen Zellen perzipiert**. Außer dem Apikalmeristem kommen auch Restmeristeme im Blattbereich dafür infrage.

23.3.4 Epigenetische Veränderungen

Aus wenigzelligen Embryonen, aus isolierten Sprossspitzen, oder nach Vernalisation nur einer Blattrosette lassen sich optimal blühende Pflanzen gewinnen, obwohl die Zellenzahl beim Aufwachsen enorm angesteigt (→ oben). Der Blühimpuls wird also nicht verdünnt. Die Erklärung sind **epigenetische Veränderungen** (Seite 64). Der veränderte Expressionzustand wird über Zellteilungen weitergegeben, deshalb keine Verdünnung.

23.3.5 Devernalisation

Gibt man nach einer Vernalisation eine Behandlung mit hohen Temperaturen (beim Petkuser Roggen rund 40 °C für nicht mehr als höchstens zwei Tage) so kann man den Vernalisationseffekt oft weitgehend beseitigen. Man spricht hier von einer **Devernalisation**. Sie ist umso gründlicher, je kürzer die vorhergegangene Vernalisationsperiode war. Das lässt auf eine stufenweise Reaktionsweise zu einem Endprodukt hin schließen. War die Vernalisationsdauer lang genug und hatte sich somit auch ausreichend Endprodukt angehäuft, war eine Devernalisation nicht mehr möglich.

23.3.6 Zeitliche Abfolge der induktiven Außenbedingungen

Wie erwähnt, wird oft nach der Kälte noch die richtige Tageslänge benötigt, zum Beispiel beim Winterroggen Langtag und bei der Winteraster Kurztag. Versuche an der zweijährigen Rasse des Bilsenkrauts (*Hyoscyamus niger*) zeigten, dass **zuerst die Kälte**, dann die richtige Tageslänge gegeben werden muss, wenn die Pflanzen zum Blühen kommen sollen (Abb. 23.3).

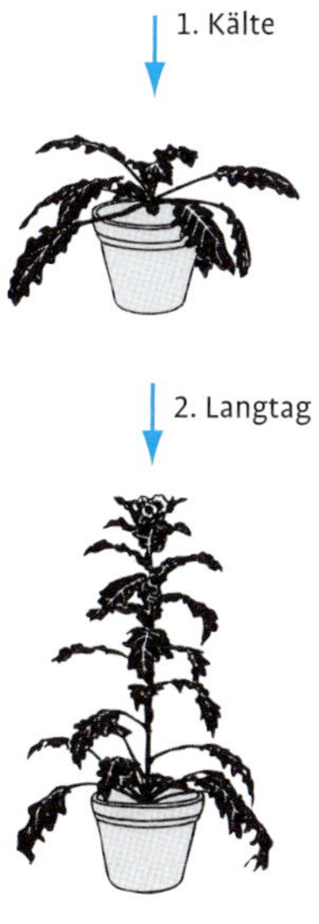

Abb. 23.3 Blühinduktion der zweijährigen Rasse des Bilsenkrauts (*Hyoscyamus niger*) durch zuerst Kälte, dann LT. Gibt man die beiden Außenbedingungen in der umgekehrten Reihenfolge, bleibt die Pflanze vegetativ (verändert nach RUGE 1966).

23.3.7 Genetisch-molekulare Steuerung

Wieder einmal brachte die Mutantenanalyse bei *Arabidopsis* erste Einsichten. *Arabidopsis* ist in der Regel eine Langtagpflanze. Doch wie von einer Modellpflanze zu erwarten, gibt es bei ihr freundlicherweise auch Winterannuelle. In ihnen blockiert der Genlocus ***FLC*** (*FLOWERING **L**OCUS **C***) die Blütenbildung (Abb. 23.xx). In nicht-vernalisierten Sprossspitzen findet sich reichlich *FLC*-mRNA. Mit der Vernalisation verschwindet sie. Dabei geht das Chromatin durch Modifikationen der Histone in einen inaktiven, sogenannten heterochromatischen Zustand über. **Die Kälte bewirkt also die Repression eines Genlocus, über den die Blütenbildung blockiert worden war.** Mit dem Fehlen des Repressors FLC ist die wichtigste Voraussetzung für die Blütenbildung gegeben. Doch müssen oft noch zusätzliche Faktoren den Übergang zur Blütenbildung vollends auslösen. Dazu gehören die passende Tageslänge, aber auch GAs (Abb. 23.4).

Abb. 23.4
Ersatz der Kältebehandlung (Vernalisation) durch GA_3 bei der Möhre (*Daucus carota*). Links nicht vernalisiert, Mitte mit GA_3 behandelt, rechts vernalisiert (verändert nach LANG aus HESS 1981).

23.4 Tageslänge und Blühinduktion: Photoperiodismus

Zahlreiche Entwicklungsvorgänge bei Pflanzen sind photoperiodisch gesteuert (→ Definition), etwa die Bildung von Knollen, die Knospenruhe, die Samenkeimung, die Aktivität des Kambiums oder der vegetative Habitus, zum Beispiel die Sukkulenz.

DEFINITION

Unter **Photoperiodismus** versteht man die Abhängigkeit von Entwicklungssprozessen von der Tages- bzw. Nachtlänge. Dazu gehört bei zahlreichen Pflanzen auch die Blühinduktion.

▶ **Historik.** Garner und Allard bemühten sich 1920 in der Umgebung von Washington/USA darum, eine Varietät des Tabaks mit besonders großen Blättern, var. *Maryland Mammut*, zur Blüte zu bringen. Sie blühte in Washington erst so spät im Jahr, dass die Samenbildung im Freiland in den Winter gefallen wäre. Man musste sie ins Gewächshaus bringen, wollte man Samen und damit die Varietät erhalten. Doch die Blütenbildung ließ sich experimentell erreichen, wenn die Pflanzen eine bestimmte Zeit hindurch unter kurzen Tagen und langen Nächten gehalten wurden. Damit war das Phänomen des Photoperiodismus für Wissenschaft und Praxis akut geworden.

Tab. 23.1
Einige Kurztagpflanzen und Langtagpflanzen. *Cannabis* ist eine quantitative KTP, *Lactuca* eine quantitative LTP.
Bei solchen quantitativen Pflanzen ist die richtige Photoperiode nicht obligatorisch, aber sie fördert die Blütenbildung.

KTP	LTP
Cannabis sativa	*Allium cepa*
Chrysanthemum indicum	*Avena sativa*
Dahlia veriabilis	*Beta vulgaris*
Helianthus tuberosus	*Daucus carota*
Kalanchoe bloßfeldiana	*Hyoscyamus niger*
Nicotiana tabacum	*Nicotiana sylvestris*
Perilla ocymoides	*Lactuca sativa*
Soja hispida	*Papaver somniferum*
Xanthium strumarium	*Vicia faba*

Abb. 23.5
Perzeption der Photoperiode durch das Blatt. Das Achsensystem über einem einzigen im Kurztag gehaltenen Blatt von *Kalanchoe bloßfeldiana* beginnt zu blühen (verändert nach KÜHN 1965).

Abb. 23.6
Die Blütenbildung von Kurztag- (KTP) und Langtagpflanzen (LTP) in Abhängigkeit von der Photoperiode (kritische Dunkelperiode) und die Wirkung von Störlicht und Stördunkel auf die Blütenbildung.

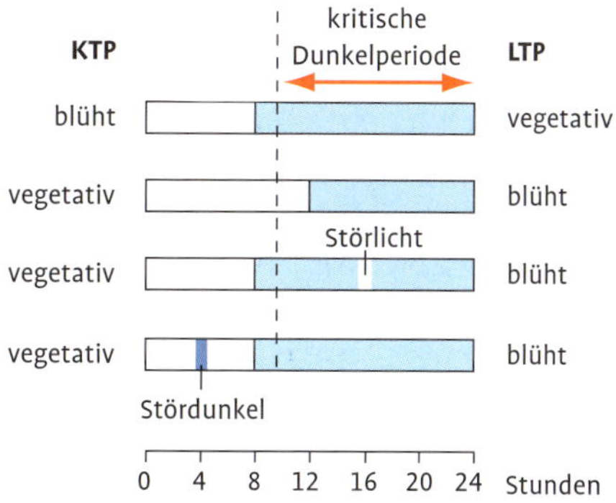

23.4.1 Photoperiode und circadiane Rhythmen

Bei der photoperiodischen Blühinduktion müssen die Photoperiode und endogene circadiane Rhythmen in Übereinstimmung gebracht werden.

▶ **Tageslängenabhängigkeit.** Tagneutrale (TN) zeigen keine deutlich erkennbare Abhängigkeit von der Tageslänge. Zu ihnen gehört die Mehrzahl der Pflanzen. Zahlreiche Pflanzen (Tab. 23.1) sind aber für eine Blühinduktion von der Tages- bzw. Nachtlänge abhängig. Von Sonderfällen abgesehen unterscheidet man zwischen Langtagpflanzen (LTP) und Kurztagpflanzen (KTP). Sowohl für LTP als auch für KTP gibt es eine **kritische Tageslänge**, die artspezifisch fixiert in der Regel zwischen 10 und 14 Stunden liegt. LTP erfordern eine über die kritische Tageslänge hinausgehende Belichtungsdauer, KTP verlangen eine kürzere als die kritische Tageslänge bevor sie zur Blütenbildung kommen. Nahe Verwandte können verschiedenen Ökotypen angehören. So ist *Nicotiana tabacum Maryland Mammut* eine KTP, *N. sylvestris* eine LTP. Bei einigen Arten, etwa bei der Winde *Ipomoea nil* (= *Pharbitis nil*) und bei der Spitzklette *Xanthium strumarium* ist ein einziger Tageszyklus für eine Blühinduktion ausreichend. Doch in der Regel sind dafür mehrere bis zahlreiche **Licht-Dunkel-Perioden** erforderlich.

▶ **Perzeption der Photoperiode.** Die induktiven Licht-Dunkel-Perioden werden von den Laubblättern perzipiert. Das gilt für KTP ebenso wie für LTP. Ein Beispiel: *Kalanchoe bloßfeldiana*, das Flammende Käthchen, blüht als KTP nur dann, wenn sie eine Zeitlang 12 bis 14 Stunden Dunkelheit pro Tag erhalten hatte. Dabei genügt es, ein

Abb. 23.7
Nachweis der Beteiligung von Phytochrom an der Blühinduktion von *Xanthium strumarium*, einer KTP. In der Dunkelperiode wurde wie angegeben mit HR Hellrot und DR Dunkelrot belichtet (verändert nach GALSTON 1964).

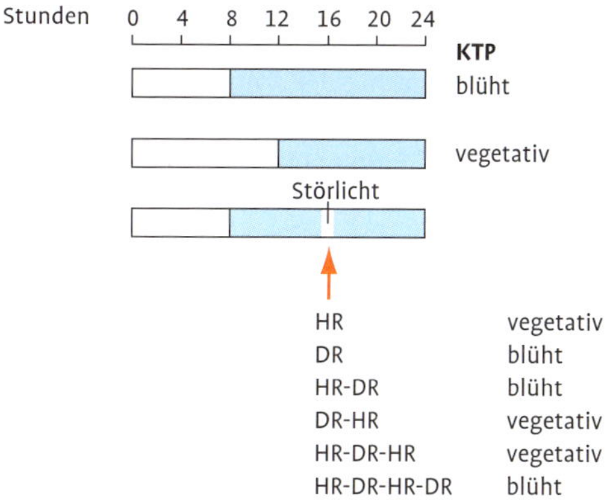

einziges Blatt im induktiven Kurztag zu halten, etwa durch Verdunkeln mit einem Säckchen. Dann kommt der Sprossbereich oberhalb dieses Blattes zur Blüte (Abb. 23.5). Der Lichtreiz war also über das betreffende Blatt wirksam geworden.

▶ **Zentrale Bedeutung der Dunkelperiode.** KTP wurden verschieden langen Licht- und Dunkelphasen ausgesetzt. Die Pflanzen blühten, wenn eine kritische Dunkelphase erreicht oder überschritten wurde. Ob die Lichtphase länger oder kürzer war, hatte dagegen keinerlei Einfluss auf die Blütenbildung. Gibt man KTP ungefähr in der Mitte einer induktiven Dunkelphase Störlicht in Form einer nur kurzen, eingeschalteten Lichtperiode, so bleiben die Pflanzen vegetativ (Abb. 23.6). Wenn man aber umgekehrt LTP während der Lichtphase eine Dunkelzeit gibt, bleibt das ohne jede Wirkung. Gibt man ihnen Störlicht in der Dunkelphase, wird ihre Blütenbildung in der Regel gefördert. Denn diese Belichtung kann noch in die lichtsensitive Phase ihres endogenen Rhythmus fallen, in der sie bei LTP blühfördernd wirkt (→ unten). Derartige Versuche zeigten besonders deutlich für KTP, dass für die Blühinduktion entscheidende Prozesse in der Dunkelheit ablaufen. **Die Tageslänge wird über die Länge der Dunkelphase gemessen.**

Die Versuche mit Störlicht machten sich auch in klingender Münze bezahlt: Will man LTP im Winter zur Blüte bringen, belichtet man sie nicht permanent, sondern nur für eine vergleichsweise kurze Zeitspanne während der Dunkelphase – und spart Strom.

▶ **Photorezeptoren.** Die **Photorezeptoren,** die auch als Zeitgeber funktionieren, sind **in erster Linie Phytochrome,** aber bei LTP können auch **Cryptochrome** mitwirken. Die Beteiligung von Phytochromen wurde an KTP durch Versuche mit HR- und DR-Störlicht in der Dunkelphase belegt. An *Xanthium strumarium* etwa ließ sich ganz ähnlich wie bei der Keimung der Salatachänen (Seite 250) die Beteiligung des reversiblen Phytochromsystems belegen (Abb. 23.7). Das **aktive P_{DR},** das sich bei Belichtung mit HR einstellt, **hemmt die Blütenbildung,** eine Belichtung mit DR, die P_{DR} in das inaktive P_{HR} umwandelt, lässt die Blütenbildung

Abb. 23.8
Abtasten der Dunkelperiode durch Störlicht und Beeinflussung der Blütenbildung bei KTP und LTP. Bei *Kalanchoe bloßfeldiana* (KTP) war die Dunkelperiode 15 Stunden lang. Zu den angegebenen Zeiten wurde für jeweils 1 min belichtet. Der Effekt auf die Blütenbildung wurde über die Blütenzahl gemessen. Bei *Fuchsia* (LTP) dauerte die Dunkelperiode 16 Stunden. Zu den angegebenen Zeiten wurde für jeweils eine Stunde belichtet. Die Auswirkung auf die Blütenbildung wurde als Blühbeschleunigung erfasst (verändert nach THOMAS and VINCE-PRUE aus VINCE-PRUE 1975).

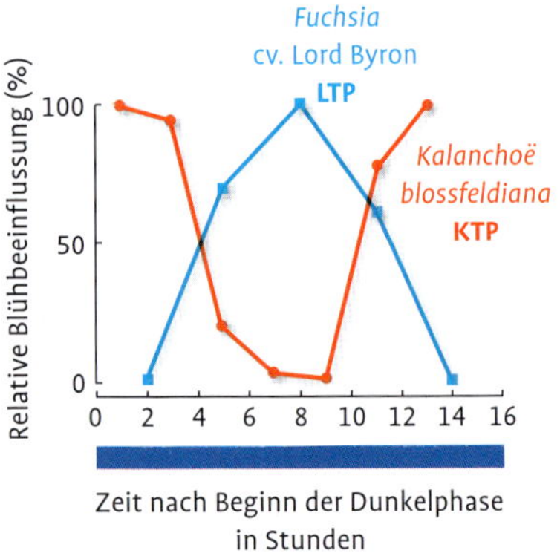

Abb. 23.9
Endogener Rhythmus der Lichtempfindlichkeit bei der Blühinduktion einer KTP (*Kalanchoe bloßfeldiana*). In getrennten Versuchen wurde eine verlängerte Dunkelzeit mit je zwei Stunden Störlicht abgetastet. Wie der Effekt auf die Blütenbildung zeigt, kehren in einem circadianen Rhythmus Phasen unterschiedlicher Lichtempfindlichkeit wieder (verändert nach BÜNNING 1967).

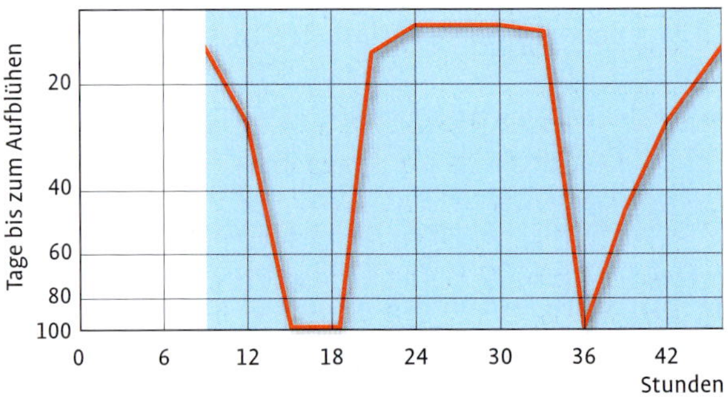

Abb. 23.10
Molekulare Koinzidenz und Blühinduktion bei LTP (*Arabidopsis*). Als Abendgen (Seite 315) zeigt *CO* am späten Abend maximale Expression. Das von ihm codierte CO-Protein muss im Licht (phyA und cry) stabiliert werden. CO induziert im Blatt *FT*. *FT* sendet ein mobiles Signal in das SAM. Koinzidenz zwischen *CO*-Expression und Licht ist nur im LT möglich. Im KT fehlt das Licht, über das das CO-Protein stabilisiert wird, die Blütenbildung unterbleibt (verändert nach HAYAMA and COUPLAND 2004).

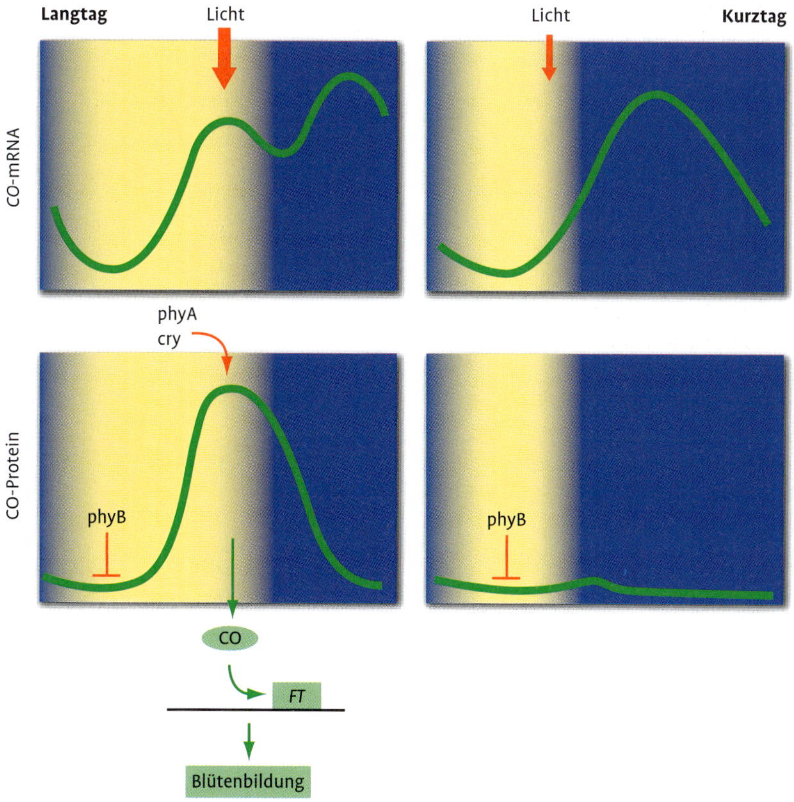

zu. Das hemmende Phytochrom ist phyB. Andere Phytochrome wirken fördernd (Seiten 361, 362).

▶ **Endogene Rhythmen: licht-sensitive und licht-insensitive Phasen.** Bei den eben genannten Störlichtversuchen erfolgte die Belichtung in der Mitte der Dunkelphase. Man kann nun bei KTP ebenso wie bei LTP die **gesamte** Dunkelphase mit Licht abtasten und feststellen, wie stark jeweils die Auswirkung auf die Blütenbildung ist. Das Ergebnis: bei KTP wirkt Licht in der Mitte der Dunkelphase am stärksten hemmend. Davor und danach ist die Hemmung weniger stark. Bei LTP gilt entsprechendes für die Förderung der Blütenbildung: sie ist in der Mitte der Dunkelperiode stärker als davor und danach (Abb. 23.8).

Nach Bünning (1939) wechseln sich bei tageslängenabhängigen Pflanzen eine photophile (lichtliebende) und eine skotophile (dunkelheitsliebende) Phase miteinander ab. Heute spricht man statt dessen von einer **lichtinsensitiven** und einer **lichtsensitiven Phase**. Die skotophile oder lichtsensitive Phase hat ihren Namen daher, dass sich in ihr Licht bei LTP und KTP auf die Blütenbildung auswirkt, positiv bei LTP und negativ bei KTP (Abb. 2.38). Im Dauerdunkel laufen diese Phasen noch für einige Tage weiter (Abb. 2.39). Es handelt sich also um **endogene Rhythmen.**

Abb. 23.11
Molekulare Koinzidenz und Blühhemmung bzw. Blühinduktion bei KTP (*Oryza*). Als Abendgen (Seite 315) zeigt *Hd1* am späten Abend maximale Expression. Das von ihm codierte Hd1-Protein muss im Licht (phyA) stabiliert werden. Hd1 hemmt das Blühgen *Hd3a*. Koinzidenz zwischen *Hd1*-Expression und Licht ist nur im LT möglich. Im LT wird die Blütenbildung gehemmt. Im KT fehlt die stabilisierende Lichtwirkung. Hd1 akkumuliert nicht; *Hd3a* wird aktiviert und wirkt dann in Parallele zu *CO* (verändert nach HAYAMA und COUPLAND 2004).

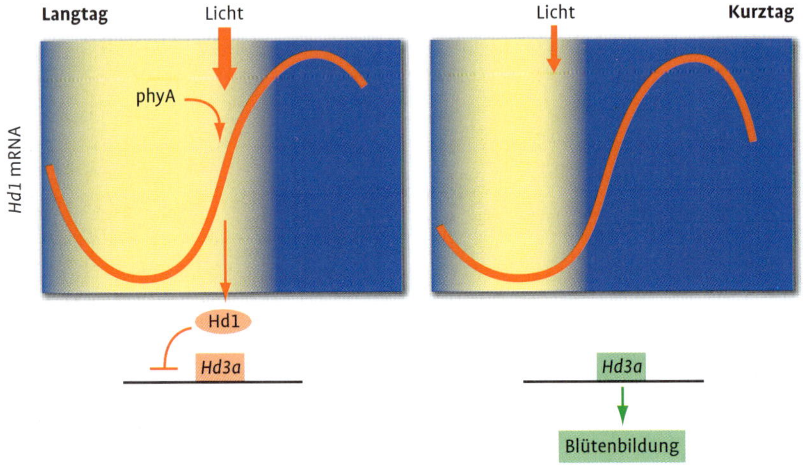

Stellen wir noch einmal heraus: Bei LTP wirkt Licht während der lichtsensitiven Phase blühfördernd, bei KTP blühhemmend (Abb. 2.38). Zu einer Blühförderung kommt es bei KTP nur, wenn Licht nach Ablauf der lichtsensitiven Phase gegeben wird. Das lässt auf einen **zentralen Unterschied** bei der Blühinduktion von LTP und KTP schließen (Seite 363).

▶ **Die Koinzidenz-Hypothese.** Wie realisieren KTP und LTP die für sie blühfördernde Photoperiode? Nach der **Koinzidenz-Hypothese** von Bünning (1936; 1960) müssen die auf dem circadianen Rhythmus basierenden Phasen und die tatsächlichen Lichtverhältnisse so zur Deckung gebracht werden, dass die Blühinduktion ablaufen kann. Der Oszillator wird jeweils durch den Zeitgeber Licht am Morgen eingestellt und spult dann seine endogene Vorgabe ab. Lässt sie sich in Übereinstimmung mit der Photoperiode bringen, kommt es zur Blühinduktion. Das wird leichter verständlich, wenn wir auf das molekulare Geschehen eingehen (→ unten).

Doch vorweg zu einer prinzipiellen Schwierigkeit: In unseren Breiten sind die Tage im Frühjahr ebenso wie im Herbst kurz. Wie vermeiden es die KTP, auf den Kurztag im Herbst anzusprechen? Denn das würde bedeuten, dass sie mit der Fruchtbildung in den Winter gerieten. Eine Möglichkeit hatten wir schon erwähnt (Seite 357): oft ist dem Photoperiodismus eine Vernalisation vorgeschaltet. Dem lässt sich in unserem Breiten nur im Frühjahr entsprechen. Dann kann es sein, dass Pflanzen zuerst Kurztag, dann Langtag oder auch umgekehrt benötigen. Auch das bedeutet eine Anpassung an regionale Gegebenheiten.

Molekulare Koinzidenz

Vorweg eine **Übersicht:** Bei den **LTP** bildet sich vom Oszillator gesteuert am späten Nachmittag ein **blühförderndes Protein.** Nur im LT ist auch am späten Nachmittag Licht zu einer ausreichenden Produktion dieses Aktivators gegeben. Die Blütenbildung erfolgt im LT.

Bei den **KTP** wird zum gleichen Zeitpunkt ebenfalls vom Oszillator gesteuert ein **blühhemmendes Repressor-Protein** angeliefert. Deshalb wird bei ihnen die Blütenbildung im LT blockiert. Der

KT ist für die Bildung des Inhibitors nicht lang genug, die Hemmung entfällt und es kommt im KT zur Blütenbildung.
In der molekularen Steuerung gibt es also einen gravierenden Unterschied: von der Uhr unmittelbar gesteuert wird bei LTP ein Aktivator, bei KTP ein Inhibitor.Doch danach findet sich der gleiche Ablauf. Die Gene *CO* (LTP, → unten) und *Hd3a* (KTP, → unten) konnten sogar gentechnisch mit Erfolg in den jeweils anderen Ökotyp übertragen werden.

▶ **LTP**. Wie üblich, ist die LTP *Arabidopsis* am besten untersucht. Doch die Befunde häufen sich, nach denen der für *Arabidopsis* geschilderte Ablauf auch bei anderen LTP realisiert ist.

Der circadiane Rhythmus läuft bei *Arabidopis* im Prinzip (es kommen einige Faktoren hinzu) wie schon geschildert ab (Seite 317). Das für die Blühinduktion zentrale Gen ist ***CO*** (*CONSTANS)*. Am späten Nachmittag wird es als **Abendgen** (Seite 315) in Laubblättern über den circadianen Rhythmus aktiviert, falls Licht vorhanden ist (Abb. 23.10). Es bildet CO, einen aktivierenden Zink-Finger-Transkriptionsfaktor. Im Dunkeln wird das CO-Protein rasch über Proteasomen degradiert. Doch Licht, vor allem über phyA und Cryptochrome, stabilisieren CO (phy B dagegen wirkt am Morgen hemmend). Dieser Ablauf ist nur im **LT** möglich, in dem lange genug Licht gegeben wird. Im **KT** wird *CO* zwar ebenfalls exprimiert und es kommt zur Bildung von *CO*-mRNA. Doch das für die Stabilierung des CO-Proteins erforderliche Licht fehlt. Die Akkumulation von CO und damit die Blütenbildung unterbleiben. Voraussetzung für die **Blühinduktion bei LTP ist also eine Koinzidenz von *CO*-Expression und LT.**
In der anschließenden weiteren Signaltransduktion aktiviert CO noch im Laubblatt ein Gen *FT* (F*lOWERING LOCUS* T). Es codiert für ein kleines Protein aus einer Gruppe von Kinasen, die MAPK-Kaskaden einleiten können. Von *FT* wird ein Signal über das Phloem in den Apex geleitet, bei dem es sich entweder um die *FT*-mRNA oder nach Translation noch im Blatt um das FT-Protein handelt (→ links). Dieses mobile Signal ist das **Florigen** (Seite 365). *FT*-mRNA, falls tranportiert, würde im SAM zu FT-Protein translatiert. So oder so stellt sich also **FT-Protein** im SAM ein. Dort bildet es einen Komplex mit einem **FD-Protein**, bei dem es sich um einen Leucin-Zipper-Transkriptionsfaktor handelt. Der FD/FT-Komplex aktiviert im SAM Gene, die den Meristemcharakter umstimmen (Meristem-

Abb. 23.12
Molekulare Steuerung der Blühinduktion durch Kälte, KT und LT (vereinfachtes Schema). ? hinter *Hd3a* und *FT* deutet an, dass es gegenwärtig noch nicht völlig sicher ist, dass im Laubblatt auch die Translation der beiden Gene erfolgt. Die Produkte von *Hd3a* verhalten sich wie diejenigen von *FT* und werden als FT-Derivate geführt. Wenn nicht schon zuvor, erfolgt die Bildung von FT im SAM. SOC1 ist ein Arabidopsis-Protein, dem man eine zentrale Rolle bei der Umteuerung des SAM zuschreibt. Die Details der molekularen Koinzidenz für LTP und KTP finden sich in Abb. 23.10 bzw. 23.11, Angaben zur Kältewirkung auf Seite 358).

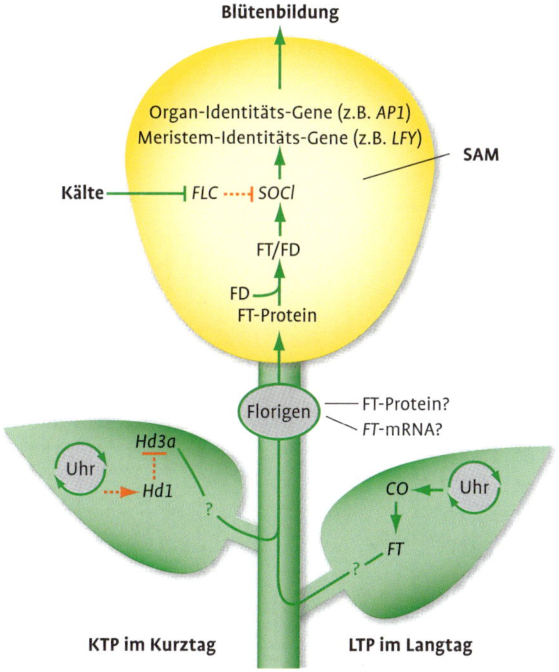

Identitäts-Gene) und die Ausbildung von bestimmten Blütenorganen steuern (Blütenorgan-Identitäts-Gene; Seite 370) (Abb. 23.12).

▶ **KTP.** Die wichtigsten Grundlagen wurden an der KTP Reis (*Oryza sativa*) erarbeitet. Doch auch in diesem Fall scheint der Ablauf in anderen KTP grundsätzlich der Situation im Reis zu entsprechen.

An die Stelle von *CO* tritt beim Reis ***Hd1*** (*HEADING-DATE 1*) und an die Stelle von *FT* das Gen ***Hd3a*** (Abb. 23.11). Der grundlegende Unterschied zu *Arabidopsis* ist, dass es sich beim HD1-Protein um einen **Inhibitor** handelt. Bei einer Expression von *Hd1* wird *Hd3a* blockiert und damit die Blütenbildung unterbunden. Im **LT** fördert im Laubblatt phyA die Expression des **Abendgens** *Hd1* und die damit Akkumulation des Inhibitors Hd1. *HD3a* und mit ihm die Blütenbildung werden blockiert. Im **KT** kommt es in Parallele zu *Arabidopsis* zwar zur Bildung von *Hd1*-mRNA, doch Hd1-Protein akkumuliert nicht. Die Folge ist, dass *Hd3a* exprimiert werden kann und einen Blühstimulus zum Apex sendet. Er ist mit dem Blühstimulus, der bei LTP von *FT* ausgeht, identisch oder ihm sehr ähnlich. Wieder fragt es sich, ob es sich um mRNA oder Protein handelt (Seite 363). Im SAM findet sich ebenfalls eine Kooperation mit Protein FD (Abb. 23.12). **Bei KTP führt also die Koinzidenz von *Hd1*-Expression und LT zu einer Blühhemmung, die im KT ausbleibt.**

23.4.3 Die Suche nach dem Blühhormon

Wir hatten eben schon darauf hingewiesen, dass bei LTP ebenso wie bei KTP in den Laubblättern ein **Blühhormon** gebildet wird, das zum Apex wandert. Es wird auch **Florigen** (lat. flos, Gen. floris = Blüte; gr. gennan = entstehen lassen) genannt. Seit Jahrzehnten hatte man vergeblich versucht, es zu identifizieren. Erst heute steht man kurz vor der Klärung.

▶ **Propfversuche zum Nachweis**

Abb. 23.13
Übertragung des Blühstimulus durch Pfropfung. **a** Versuch: auf die KTP *Nicotiana tabacum* wurde ein Blatt der LTP *N. silvestris* gepfropft. **b** Kontrolle: auf *N. tabacum* wurde ein Blatt von *N. tabacum* gepfropft. Die Pflanzen wurden im LT gehalten. Das Blatt von *N. silvestris* wird im LT induziert und leitet nach der Pfropfung den Blühstimulus in die Unterlage *N. tabacum*, die trotz des für sie nicht induktiven LT zu blühen beginnt. Die Kontrolle bleibt vegetativ (KÜHN 1965).

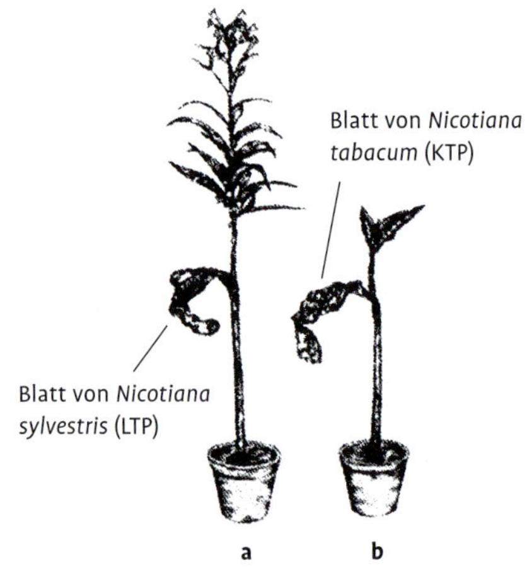

Abb. 23.14
Erfolgreiche Propfversuche zur Übertragung des Blühstimulus bei Nachtschattengewächsen (Solanaceae). Der Donor war jeweils der blühfähige Pfropfpartner. Er brachte den Rezeptor unter für diesen nicht induktiven Bedingungen zur Blüte (verändert nach LANG aus THOMAS and VINCE-PRUE 1997).

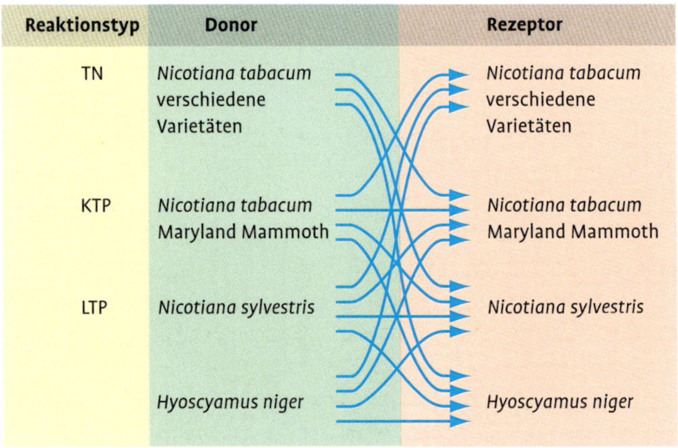

Abb. 23.15
Wanderung des Blühstimulus im Blatt von *Streptocarpus wendlandii*. **a** blühende Pflanze. **b – e** Stecklinge nach acht Wochen optimaler Blühinduktion. **b** Steckling, der sofort Blütenstände bildet. **c** Steckling, der zuerst Blätter und dann Blütenstände bildet. **d** Steckling, der nur Blätter bildet. **e** Verteilung der Stecklinge b, c und d über die Blattspreite nach der Blühinduktion. Die Zahlen an der Mittelachse des Blattes geben die Länge in cm an (→ Text) (verändert OEHLKERS aus KÜHN 1965).

eines Blühhormons (Florigen). Der Lichtreiz wird im Blatt aufgenommen, umgestimmt werden muss aber das Apikalmeristem. Das ließ vermuten, es könne ein Blühhormon geben, das von den Blättern zu den Apikalmeristemen wandert. Schon Befunde wie in Abb. 23.8 ließen sich mit der Existenz eines Blühhormons vereinbaren, das aus dem induzierten Blatt in das Sprosssystem darüber aufgestiegen war.

Die überzeugendsten Belege für die Existenz eines Blühhormons lieferten Pfropfversuche. Wenn man zum Beispiel auf eine im Langtag gehaltene Pflanze von *Nicotiana tabacum* nur ein einziges Blatt der LTP *N. sylvestris* aufpfropfte, kam die KTP *N. tabacum* unter dem für sie nicht induktiven Langtag zum Blühen (Abb. 23.13). Die Erklärung: Das Blatt von *N. sylvestris* hatte die induktive Tageslänge perzipiert und offensichtlich ein Blühhormon gebildet, das dann in *N. tabacum* überging.

Abb. 23.14 demonstriert für die Familie der Solanaceae, dass der Blühstimulus über Pfropfungen weiter geleitet werden kann. Dabei sind KTP und LTP austauschbar und induzierte Pfropfpartner aus beiden Gruppen fördern die Blütenbildung auch von TN. Aber auch außerhalb der Solanaceen kam es zu erfolgreichen Pfropfkombinationen Das Blühhormon sollte demnach unabhängig von der systematischen Stellung für alle KTP, LTP und TN gleich oder wenigstens austauschbar sein. Es wird im Phloem geleitet. Auf seine Beschaffenheit werden wir noch eingehen (Seite 366).

Vernalisierte Pflanzen dagegen können den Blühimpuls, den sie erhalten hatten, nicht über Pfropfung weitergeben. Einige anscheinend positive Befunde ließen sich nicht bestätigen.

BOX 23.2

Daten von gestern: RNA oder ein RNA-Protein-Komplex als Florigen?

Schon vor Jahrzehnten wurden an der Außenseiter-Pflanze *Streptocarpus* und an der Modellpflanze für Blühinduktion *Pharbitis* Daten zu einer in diesen Jahren besonders akuten Fragestellung erarbeitet.

▶ ***Streptocarpus wendlandii.*** Das große Blatt von *Streptocarpus* lässt sich leicht in Stecklinge zertrennen, die sich gut bewurzeln und zu neuen Pflanzen heranwachsen. Stecklinge aus vegetativen Pflanzen bilden an ihrer Basis nur Blätter, nie Blütenstände. Stecklinge aus Blättern **nach** der Blühinduktion (8 Wochen; KT und 10 °C, Seite 355) fallen in mehrere Gruppen (Abb. 23.15): Teils bilden sie nur Blätter (d), teils zuerst Blätter und dann Blütenstände (c), teils sofort Blütenstände (b). Diese letzte Gruppe sollte also den höchsten Gehalt an Florigen enthalten. Nach einer unvollständigen Blühinduktion von nur sechs Wochen fanden sich nur **wenige Typ b-Stecklinge, die aus der Mitte des Blattes** stammten. Nach einer optimalen Blühinduktion von acht Wochen fanden sich viele **Typ b-Stecklinge – und alle von der Blattbasis,** aus deren Meristemen sich die Blütenstände entwickeln (Abb. 23.16). Diese Daten sprechen für eine Wanderung des Blühhormons aus dem Blatt, das den KT perzipiert, in Richtung Meristeme (1).

Einen ersten Hinweis auf die Natur des Florigens lieferten Inokulationen mit dem TMV, einem RNA-Virus. Unter nicht-induktiven Außenbedingungen blieben die TMV-Läsionen auf die älteren Blattbereiche beschränkt. Die jüngeren Blattareale und insbesondere die basalen Meristeme wurden nicht erfasst (Abb. 23.16). Doch **nach der Blühinduktion** weitete sich der Virusbefall entlang der Gefäßstränge bis zu den Meristemen an der Blattbasis aus. Die Wanderung in Richtung Basis war jetzt möglich. Die Parallele zwischen der Wanderung des Florigens und des Virus lieferte erste schwache Indizien dafür, dass es sich beim Florigen um RNA oder RNA-Protein-Komplexe handeln könnte (2, 5).

▶ ***Pharbitis nil.*** Bei *Pharbitis* handelt es sich um eine KTP, bei der **ein induktiver Zyklus, also eine Langnacht,** für die Blühinduktion ausreicht. Außerdem lassen sich schon die Kotyledonen induzieren, mehr noch, eine Blühinduktion gelingt auch über nur **einen Kotyledo**. Damit lässt sich exakt feststellen, wann in der induktiven Dunkelheit das Florigen durch den Stiel zum Apex wandert: man schneidet in getrennten experimentellen Serien den Kotyledo zu verschiedenen Zeiten ab und wartet, ob und wie viele Blütenknospen sich danach jeweils bilden. Man kann so nicht nur den **Zeitpunkt der Wanderung** feststellen, sondern über die Knospenzahl auch **Aussagen zur Quantität des gewanderten Stimulus** machen (3).

In einer ersten Versuchsreihe wurden während der Dunkelheit RNase und Kontrollsubstanzen über einen Baumwollfaden in den Stiel des Kotyledo hineingesaugt. Dabei kam es zu einer Blühhemmung oder zu einer Reduktion der Blütenzahl durch RNase, die auf die enzymatische Aktivität der RNase zurückging (Abb. 23.17). Über das Abschneiden der Kotyledonen ließ sich zeigen, dass die Masse des Blühstimulus zwischen den Stunden 12 und 16 nach Beginn der induktiven Dunkelphase transloziert wurde. Die größte Hemmung durch RNAse erfolgte 14 Stujnden nach Beginn der Dunkelheit, also **zum gleichen Zeitpunkt**. Die Ergebnisse ließen sich mit einer mobilen RNA als Blühstimulus interpretieren (4, 5), erlaubten aber noch keine definitive Aussage. Man hätte sich unter anderem auch einen mobilen RNA-Protein-Komplex vorstellen können, in dem die labile RNA leichter durch RNAse als das Protein durch Proteinase degradiert wurde. Und man könnte an irgendwelche Sekundärwirkungen der RNase denken, was allerdings durch die enge zeitliche Fixierung unwahrscheinlich wird.

[1] Oehlkers 1955, 1956; [2] Hess 1961; [3] Zeevart 1962; [4] Hess 1970b; [5] Hess 2006 (Review).

BOX 23.3

Daten von heute: RNA, Protein oder ein RNA-Protein-Komplex als Florigen?

Derzeit wird diskutiert, ob es sich beim Florigen um RNA oder Protein handelt. Sicher ist, dass bei *Arabidopsis* von *FT* ein mobiles Signal ausgeht, das in das Apikalmeristem wandert und es umstimmt (Seite 363). 2005 hatte eine Arbeitsgruppe noch diskutiert, ob FT den Apex von *Arabidopsis* nicht auf einem indirekten Weg beinflussen könnte. Im Fall einer direkten Einwirkung wurde offen gelassen, ob *FT*-RNA oder FT-Protein den Blühstimulus stellen könnten (1). Ebenfalls 2005 erschien eine Veröffentlichung, nach der bei *Arabidopsis FT*-RNA das mobile Signal sein sollte. Sie wurde jedoch zurückgezogen. Im Gegenzug erschienen 2007 Publikationen, die Proteine als Signale herausstellten. Zu den beiden ersten derartigen Veröffentlichungen: in einer von ihnen wurde für *Arabidopsis* das FT-Protein als Langstrecken-Signal herausgestellt (2), in der anderen wurde bei Reis das Hd3a-Protein als mobiles Signal erkannt (3). Sowohl bei der LTP *Arabidopsis* als auch bei der KTP Reis wäre demnach das Florigen ein Protein. Einige weitere Autorengruppen kamen zu entsprechenden Ergebnissen (zum Beispiel 4 und 5 für das FT-Protein in *Arabidopsis*).

[1] Wigge et al. 2005; [2] Corbesier et al. 2007; [3] Tamaki et al. 2007; [4] Jaeger and Wigge 2007; [5] Mathieu et al. 2007.

Abb. 23.16
Die Blühinduktion und Leitung von RNA oder RNA-Protein-Komplexen (TMV). Die Blühinduktion eröffnet im Blatt von *Streptocarpus wendlandii* für RNA oder RNA-Protein-Komplexe basipetale Transportmöglichkeiten zu den Meristemen. **a** Inoculation mit TMV *flavum*. Inokulation und Kultur kontinuierlich unter nicht induktiven Bedingungen. Die Virus-Symptome bleiben strikt auf die älteren Blattteile begrenzt. **b** Vier Wochen nach der Inokulation für acht Wochen Blühinduktion (Seite 355). Vor der Blühinduktion hatten sich die Virussymptome wie unter a entwickelt. Nach der Blühinduktion verlagern sich die Virus-Symptome entlang der Blattadern basipetal zum meristematischen Komplex, aus dem auch die Infloreszenzen gebildet werden. Beide Fotos zur gleichen Zeit nach der Inokulation, und zwar zwei Wochen nach der Blühinduktion von b (Hess 1961).

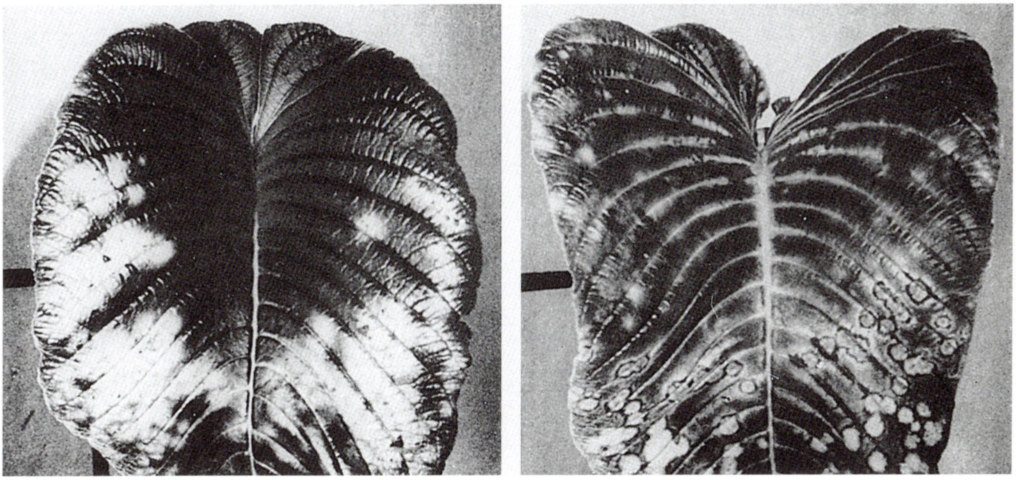

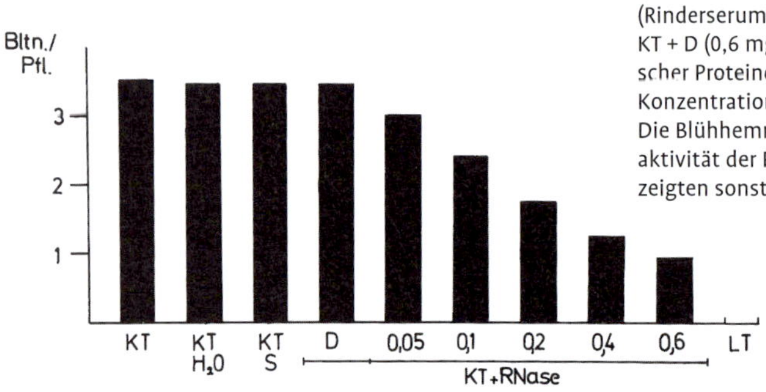

Abb. 23.17
Blühhemmung bei der KTP *Pharbitis nil* durch RNase während der Wanderung des Blühstimulus aus dem Kotyledo in den Apex. An den Keimlingen befand sich nur ein Kotyledo. Die Pflanzen wurden für 16 Stunden bei 22°C blühinduziert. Vom Beginn der Blühindktion an wurden RNase und andere Stoffe über einen entfetteten Baumwollfaden in den Stiel des Kotyledos eingeführt. Nach der Blühinduktion kamen die Pflanzen wie zuvor unter nicht-induktiven Langtag. Ordinate: Blüten pro Pflanze. LT = vegetative Langtagkontrollen. KT = unbehandelte blühende Kontrollen nach Induktion im Kurztag. KT + H_2O (aqua dest): kein Unterschied zu KT, also keine unspezifischen mechanischen Effekte. KT + S (Rinderserumalbumin): kein unspezifischer Proteineffekt. KT + D (0,6 mg RNase alkali-denaturiert): kein unspezifischer Proteineffekt der RNase. KT + RNase: ansteigende Konzentrationen an RNase in mg/ml : Dosisabhängigkeit. Die Blühhemmung geht nach diesen Daten auf die Enzymaktivität der RNase zurück. Die blühgehemmten Pflanzen zeigten sonst keine Störungen (HESS 1970a).

▶ **RNA oder Protein als Blühhormon?** Seit Jahrzehnten scheiterten alle Versuche, das Blühhormon zu isolieren und zu charakterisieren. Dennoch wiesen schon „uralte" Versuche in die Richtung, die auch die Molekularbiologie von heute einschlägt: beim Florigen handelt sich um RNA oder Protein oder beides (→ Box 23.2).

Derartige Daten lieferten Indizien dafür, dass es sich bei dem gesuchten Blühhormon um RNA oder RNA-Protein-Komplexe handeln könnte. Eben diese Möglichkeiten werden derzeit überprüft, und zwar nun mit dem vollen Repertoir der Molekularbiologie (→ Box 23.3).

Somit neigt sich die Waage derzeit zu Gunsten des Proteins als Florigen. Doch angesichts der vielen Fehlschläge bei der Florigen-Suche findet sich noch begründete Skepsis. Vielleicht ist die Entscheidung bis zum Erscheinen dieses Buchs gefallen!

FRAGEN

(Seitenverweise zur Beantwortung)

- Welches sind die wichtigsten Außenfaktoren bei der Blühinduktion? (Seite 356)
- Nennen Sie vernalisationsbedürftige Ökotypen! (Seite 356)
- In welchem Teil der Pflanze wird bei der Vernalisation der Kältereiz perzipiert? (Seite 357)
- Nennen Sie einige TN, einige LTP und einige KTP! (Seite 358)
- In welchem Teil der Pflanze wird die Photoperiode perzipiert? (Seite 358)
- Was verstehen Sie unter einer kritischen Tages- bzw. Nachtlänge? (Seite 359)
- Wird bei KTP durch Störlicht in der Dunkelphase die Blütenbildung gefördert oder gehemmt? (Seiten 359, 360)
- Wie ließ sich der endogene Charakter des Wechsels, zwischen licht-sensitiver und lichtinsensitiver Phase experimentell belegen? (Seiten 360, 361)
- Was versteht man nach Bünning unter Koinzidenz? (Seite 362)
- Welches ist der grundlegende Unterschied zwischen LTP (*Arabidopsis*) und KTP (*Oryza*) bei der molekularen Koinzidenz? (Seite 363)
- Ist das Blühhormon nach den Ergebnissen von Pfropfversuchen in TN, LTP und KTP verschieden oder gleich? (Seite 365)

24 Die reproduktive Phase: Blütendifferenzierung

INHALT

Die Blütendifferenzierung erfolgt über Gen-Kaskaden, in denen sich besonders viele MADS-Box-Gene finden. Nach Aktivierung der Meristem-Identitäts-Gene bei der Blühinduktion werden Blütenorgan-Identitäts-Gene in Kooperation mit weiteren Genen für die Blütendifferenzierung maßgebend. Nach dem ABC-Modell steuern sie die Anlage der verschiedenen Blütenorgane. In ihnen entwickeln sich auch der Embryosack (Makrogametophyt) und die Pollen (Mikrogametophyten). Mit Hilfe der Gentechnik lassen sich sterile Pollen herstellen und damit die züchterisch wichtige NMS etablieren.

Oft bildet das Apikalmeristem nur eine einzige Blüte. Vielfach wird jedoch ein Blütenstand (Infloreszenz) ausgebildet, an dessen Auszweigungen sich Blüten entwickeln. Das vegetative Meristem geht dann zuerst in ein Infloreszenz-Meristem und dann in ein Blüten-Meristem (Abb. 23.1) über.

24.1 Gen-Kaskaden bei der Blütenbildung

Die erwähnten Übergänge werden durch eine Hierarchie von Genen gesteuert, die kaskadenartig hintereinander geschaltet sind: eine Gengruppe steuert jeweils die Aktivität der nachgeordneten Gruppe. Vereinfacht handelt es sich um folgende Gruppen:

- **Blühinduktions-Gene:** Hierher gehören alle Gene, die zu Bildung, Transport und Funktion des Blühhormons im SAM beitragen. Sie können auch den Zeitpunkt der Blütenbildung bestimmen (Blühzeitpunktsgene). Bisher haben wir uns vor allem mit ihnen befasst. Zu ihnen gehört auch *SOC1* (Abb. 23.15). Die Aktivitäten der Blühinduktions-Gene führen im SAM zu einem Umschlagen der vegetativen in reproduktive Meristeme. Das geschieht über eine Aktivierung der
- **Meristem-Identitäts-Gene.** Mit ihnen beginnt die **Blütendifferenzierung.** Sie gehören zum Übergangsbereich zur Differenzierung oder zur Differenzierung selbst. Die Entscheidung zwischen Infloreszenz-Meristem oder Blüten-Meristem zum Beispiel ist ein früher Schritt der Determinierung bzw. der nachfolgenden Differenzierung.
- **Organ-Identitäts-Gene** (Blütenorgan-Identitäts-Gene) steuern in den Blüten-Meristemen die **Differenzierung** zu den Blütenorganen. Dabei sind besonders viele MADS-Box-Gene beteiligt (→ Box 24.1).

Die genannten Gengruppen sind vielfach miteinander vernetzt. Einzelne Gene können sogar als Determinationsfaktoren bei der Meristemidentität und außerdem als Organ-Identitäts-Gene fungiern. Weitere Stromabwärts-Gene für Differenzierungen folgen, zum Beispiel diejenigen für die Synthese von Blüten-Anthocyanen, bis schließlich die gesamte Blüte ausgebildet wurde. Über die **Analyse von Mutanten** wurden derartige Gen-Kaskaden vor allem bei den LTP Löwenmäulchen (*Antirrhinum majus*), Schmalwand (*Arabidopsis thaliana*) und Petunie (*Petunia hybrida*) aufgedeckt.

BOX 24.1

MADS-Box-Gene

Viele Meristem-Identitätsgene und die meisten Organ-Identitäts-Gene stammen aus der Familie der MADS-Box-Gene. Sie weisen am N-terminalen Ende eine gemeinsame Sequenz auf, die MADS-Box. **MADS** leitet sich von den vier Anfangsbuchstaben repräsentativer Mutanten her: **M**CM1 (*Saccharomyces cerevisiae*), **A**G (*Arabidopsis thaliana*), **D**EF (*Antirrhinum majus*) und **S**RF (*Homo sapiens*). MADS-Box-Gene beteiligen sich an der Regulation wichtiger Entwicklungsprozesse. Sie finden sich hoch konserviert bei den verschiedensten Eukaryonten, von Hefen über Farne, Blütenpflanzen, Pilze und Säugetiere bis zum Menschen.

Die MADS-Box-Gene codieren in der Regel Transkriptionsfaktoren. Die MADS-Box-Domäne der betrefffenden Proteine bindet an die DNA-Zielsequenz. Eine anschließende Domäne sichert die Dimerisierung. Solche Dimerisierungen sorgen für eine festere und spezifischere Bindung an die Ziel-DNA (Seite 26). Es kann sich dabei um zwei gleichartige (Homodimere) oder zwei verschiedene Proteine (Heterodimere) handeln (u. a. 1, 2).

[1] Schwarz-Sommer et al. 1990; [2] Yanofsky and Schmidt 1999.

24.2 Blütendifferenzierung

Die genetische Steuerung der Blütengrundorgane und die Entwicklung der Gametophyten, vor allem diejenige des Mikrogametophyten (Pollenentwicklung) werden besprochen.

24.2.1 Das ABC-Modell: Blütenorgan-Identitäts-Gene und Bildung der Blütenorgane

Nach der Grundversion des ABC-Modells sind die Blütenorgan-Identitäts-Gene in den Gruppen A, B und C zusammengefaßt (Abb. 24.1). Weitere Gene sind hinzugekommen, doch hier wird nur

Abb. 24.1
Das ABC-Modell: Funktionsanalyse der Blütenorgan-Identitäts-Gene über homöotische Mutanten. Die Genaktivitäten gliedern sich in drei sich überlappende Gruppen: **A** ist für die Wirtel 1 und 2 (Kelch- und Kronblätter), **B** für die Wirtel 2 und 3 (Kron- und Staubblätter, **C** für die Wirtel 3 und 4 (Staub- und Fruchtblätter) zuständig. Oben die normale Situation, unten die *apetala-3*-Mutante, der die Aktivitätsgruppe B fehlt. Sie führt in Wirtel 2 anstatt der Kron- etwas kleinere Kelchblätter und in Wirtel 3 anstatt der Staubblätter Fruchtblätter. Rechts daneben die entsprechenden **Blütendiagramme** und ganz rechts die **Blüten** (→ Text) (verändert nach MEYEROWITZ aus HESS 2004; Fotos Blüten YANOFSKY and SCHMIDT 1999; mit freundlicher Genehmigung von Elsevier).

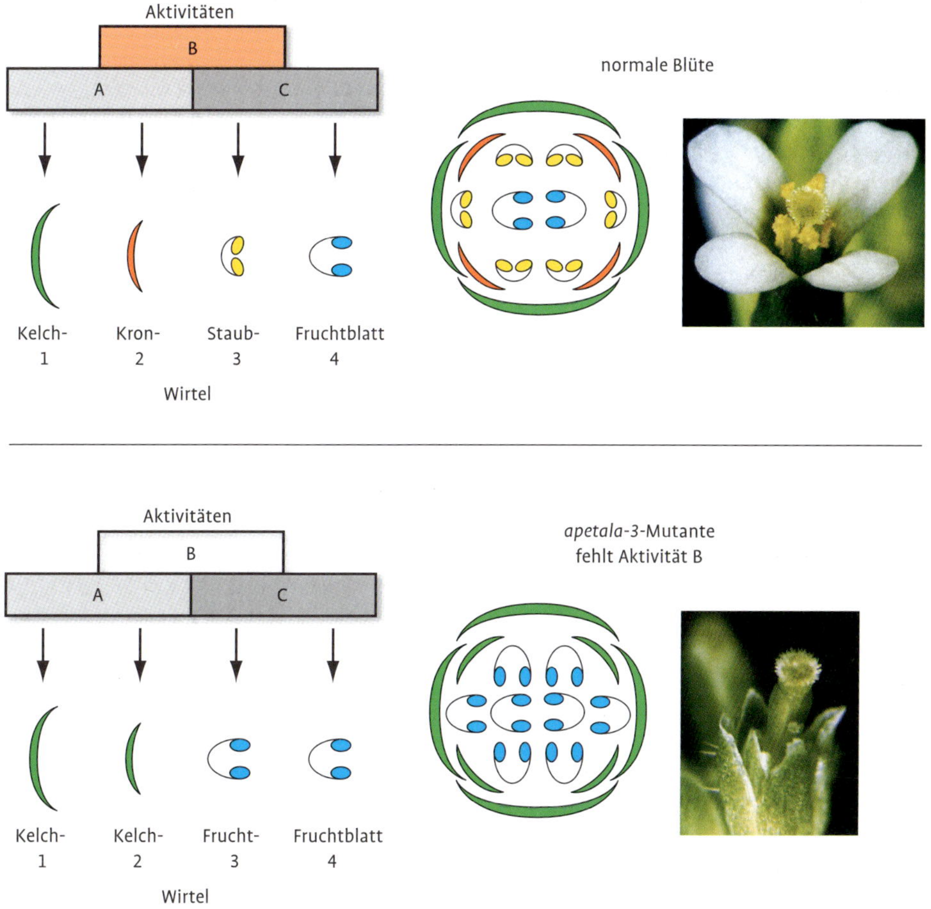

das an *Arabidopsis* erarbeitete Grundmodell behandelt. Über die Aktivitäten der Gene in diesen Gruppen gaben **homöotische Gene** Auskunft. Dabei handelt es sich um Mutanten, bei denen ein normaler (gr. homoios = gleichartig) Phänotyp auftritt, nur in der falschen Position. In der Blüte bedeutet das, dass bestimmte Blütenorgane außer in ihrem angestammten Wirtel noch in anderen Wirteln auftreten können

Ein Beispiel soll die Vorgehensweise bei der Analyse solcher homoiotischer Mutanten verdeutlichen. Der besseren Verständlichkeit wegen nehmen wir das Endergebnis, das **ABC-Modell**, vorweg:

Bei *Arabidopsis,* einem Keuzblütler, baut sich die Blüte aus vier Wirteln mit jeweils Kelch-, Blüten-, Staub- und Fruchtblättern auf (Abb. 24.1). Die zwei Wirtel mit Staubblättern, die der Systematiker mit Recht aufführt, sind zu einem Kreis reduziert. Denn phylogenetisch soll ursprünglich nur ein Kreis aus vier Staubblättern vorhanden gewesen sein. Zwei der Staubblätter haben sich dann verdoppelt und einen eigenen Wirtel gebildet. Diese normale Anordnung ist durch die drei Aktivitäten A, B und C bedingt, die die Organidentität in den vier Wirteln steuern. Dabei ist A für die Wirtel 1 und 2 (Kelch- und Kronblätter), B für die Wirtel 2 und 3 (Kron- und Staubblätter) und C für die Wirtel 3 und 4 (Staub- und Fruchtblätter) zuständig. Im ABC-Modell überlappen sich also die drei Aktivitätsgruppen.

Unser Beispiel ist die homöotische Mutante *apetala 3* (*ap 3*). In ihr ist Aktivität B entfallen. Ihre Blüten enthalten in Wirtel 2 keine Kronblätter mehr. Sie sind durch etwas kleinere Kelchblätter ersetzt. Außerdem finden sich in Wirtel 3 anstatt der Staubblätter nun Fruchtblätter. Aktivität A sorgt also in dieser Mutante dafür, dass zusätzlich zu den normalen Kelchblättern homoitisch weitere Kelchblätter auch in Wirtel 2 erscheinen, und C dafür, dass homoiotisch Fruchtblätter auch in Wirtel 3 gebildet werden. A und C sind nur deshalb dazu imstande, weil B mutativ ausgefallen ist. Daraus folgt, dass B normalerweise in den Wirteln 2 und 3, also bei der Bildung und Positionierung von Kron- und Staubblättern aktiv wird. Über derartige Versuche ließ sich das oben skizzierte ABC-Modell aufstellen.

24.3 Entwicklung der Gametophyten

Zur Blütendifferenzierung gehört auch die Ausbildung der Gametophyten, auf denen die sexuelle Fortpflanzung basiert (Abb. 24.2).

24.3.1 Entwicklung des Embryosacks

Im Nucellus der Samenanlagen macht eine Makrosporenmutterzelle die Meiosis durch. Von den resultierenden vier haploiden Makrosporen gehen aber in der Regel drei zugrunde, die vierte bildet den Embryosack. Ihr Kern teilt sich in drei Schritten in acht Tochterkerne, von denen je drei sich an den beiden Enden des Embryosacks einfinden und dort Zellen bilden. Eine

Abb.24.2
Bildung der Gametophyten (Pollen und Embryosack) und doppelte Befruchtung bei Angiospermen (Schema; S = Synergide; A = Antipoden; → Text) (verändert nach HESS aus KLINGMÜLLER 1994).

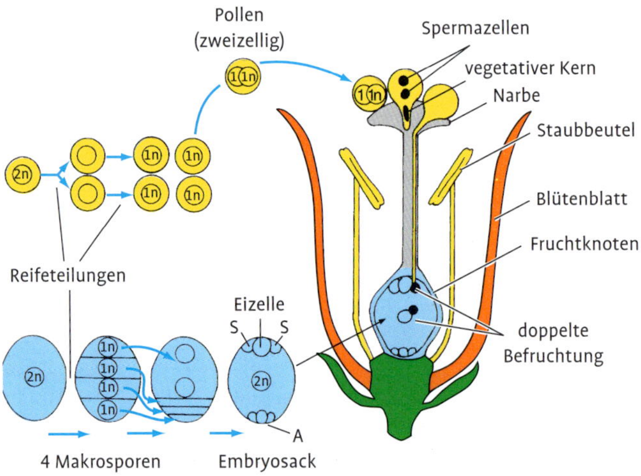

Abb. 24.3
Schema der Pollenentwicklung beim Raps (*Brassica napus*). Bei anderen Arten verläuft die Entwicklung im Prinzip entsprechend. Der Ablauf in Abb. 24.2 wird detaillierter wiedergegeben. Kallose rot, Sporopollenine schwarz. 2n Pollenmutterzelle (PMZ) geht in die Meiosis (Me) ein, über die eine Tetrade (Te) aus 1n Mikrosporen gebildet wird. Kallase aus dem Tapetum setzt die Mikrosporen (Mi) frei. 1. inäquale Pollenmitose (1PM) liefert zweizelligen Pollen aus generativer und vegetativer Zelle; 2. Pollenmitose (2PM) äquale Teilung der generativen Zelle in zwei Spermazellen und damit Bildung von dreizelligem Pollen. Im reifenden Pollen wurden nur die Zellkerne, nicht auch die Zellgrenzen eingezeichnet. Bei vielen Arten wird der Pollen zweizellig übertragen und 2PM findet erst nach der Bestäubung statt (verändert nach HIRT et al. in SCOTT and STEAD 1994).

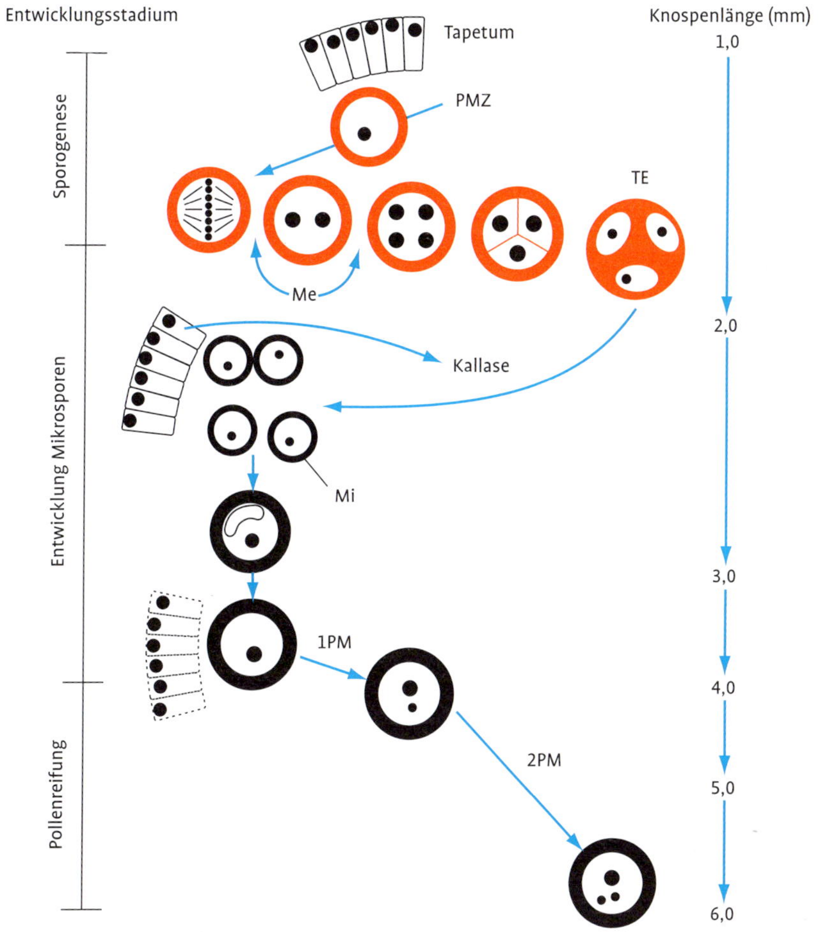

dieser sechs haploiden Zellen im Embryosack ist die **Eizelle**. Sie wird von den beiden **Synergiden** flankierrt. Am anderen Ende des Embryosacks liegen die drei **Antipoden**. Die beiden letzten Kerne, **die Polkerne**, verschmelzen miteinander zum diploiden, sog. **sekundären Embryosackkern**. Bei dem fertiggestellten **Embryosack** handelt es sich um den **Makrogametophyten**.

Bei der **Analyse der Entwicklung des Embryosacks**, der im Gewebe des Sporophyten, also der Mutterpflanze, eingeschlossen ist, gibt es experimentelle Schwierigkeiten. Für die Entwicklung wichtige Gene kann man über die Isolierung von

BOX 24.2

Pollensterilität (NMS)

Für den Pflanzenzüchter kann **männliche Sterilität** eine Arbeitsvoraussetzung sein. Denn dann lassen sich Kreuzungen durchführen, ohne dass man Störungen über Selbstungen zu erwarten hat. Bekannt ist das Beispiel des Maises, bei dem man früher in mühevoller und kostspieliger Handarbeit die männlichen Blütenstände ausbrechen musste, wenn man zur Gewinnung von Hybridmais kreuzen wollte. Beim Mais brachte eine cytoplasmatisch bedingte männliche Sterilität (**CMS**; **c**ytoplasmic **m**ale **s**terility) Abhilfe. Unter anderem auch durch Genübertragungen kann man auch zu einer **kern-bedingten männlichen Sterilität** (**NMS**; **n**uclear **m**ale **s**terility) kommen. Die Transformanten werden dann fremdbestäubt. Doch für die weitere Verwendung muss die transgene NMS wieder entfernt oder stillgelegt werden. Denn sie verhält sich dominant bzw. epistatisch. Würde sie nicht beseitigt, erhielte man bei der Produktion von Hybridsaatgut wieder pollensterile Pflanzen. Einige Beispiele aus zahlreichen Ansätzen zur Etablierung einer transgenen NMS:

- **Transfer β-1,3-Glucanase-Gen.** Ein Kallase-Gen (β-1,3-Glucanasegen aus dem Tabak) wurde mit tapetum-spezifischen Promotoren aus *Arabidopsis* gekoppelt. Die betreffenden Promotoren steuern eine sehr frühe Expression schon zu Beginn der Meiosis. Das Konstrukt wurde in wiederum Tabak übertragen. Die transgenen Tabakpflanzen bildeten in ihrem Tapetum Kallase früher als normal, nämlich herkunftsgemäß schon zu Beginn der Meiosis. Die Folge war eine partielle oder totale männliche Sterilität (1).
- **Überexpression von übertragenen Stilbensynthase-Genen.** Das Verfahren wurde bereits auf Seite 185 im Zusammenhang mit der Besprechung des Resveratrols geschildert. Dabei war auch ein generell praktikables Verfahren zur Entfernung von Transgenen erwähnt worden.
- **Das *Barnase-Barstar*-System.** Die beiden Gene stammen aus *Bacillus amyloliquefaciens*. *Barnase* codiert für eine cytotoxische Ribonuclease, *barstar* für einen Protein-Inhibitor. Er bildet einen festen Komplex mit der Barnase und inaktiviert sie dadurch. Beide codierende Regionen wurden unter die Kontrolle des tapetum-spezifischen Promotors T29 aus *Nicotiana tabacum* gestellt. *T29::barnase* wurde in Tabak und Raps (*Brassica napus*) übertragen. Das Tapetum wurde durch die Expression von Barnase schwer geschädigt, die Pollenbildung entsprechend beeinträchtigt. Die überwiegend pollensterilen Transformanten wurden fremdbestäubt und lieferten fertilen Samen (2). Doch entwickelten sich die Samen zu pollensterilen Pflanzen, was unerwünscht war. Wenn man die Transformanten jedoch mit *T29::barstar*-Pollen bestäubte, wurde in der neuen Generation die Barnase blockiert. Die Samen entwickeln sich zu pollenfertilen Pflanzen (3). Das Verfahren zum Ausschalten des Transgens ist hier nicht generell anwendbar, sondern auf die Barnase und verwandte Ribonucleasen beschränkt. Varianten des ursprünglichen Barnase-Barstar-Sytems kamen auch schon bei Weizen, Mais und Reis zur Anwendung (4).

[1] Worrall et al. 1992; [2] Mariani et al. 1990; [3] Mariani et al. 1992; [4] deBlock et al. 1997.

mRNA und die Anlage von cDNA-libraries fassen. Denn mRNA bedeutet ja Genexpression. cDNA (complementary DNA) erhält man über die reverse Transkriptase, die RNA in cDNA umschreibt. Im Fall des Makrogametophyten bekommt man es jedoch allzu leicht mit Genen zu tun, die im umgebenden Sporophyten exprimiert wurden. Doch Ansätze für die weitere Analyse sind gegeben. So hat man zum Beispiel bei Petunien MADS-Box-Gene gefasst, die sich an der Entwicklung des Makrogametophyten beteiligen.

24.3.2 Pollenentwicklung

In Mikrosporenmutterzellen (Pollenmutterzellen = PMZ) läuft die Meiosis ab (Abb. 24.3). Jede

PMZ liefert vier haploide Mikrosporen. Sie bilden sich in einer dicken Matrix aus Kallose (Seite 138). Eine im Tapetum gebildete antheren-spezifische Kallase, eine Mischung aus β-1,3-Glucanasen, setzt die fertigen Mikrosporen aus der Kallose frei. Die Kallase-Gene müssen dabei zum richtigen Zeitpunkt aktiv werden. Wenn die Kallase wie in Mutanten von Hirsen (*Sorghum*) und Petunien zu früh oder zu spät ausgebildet wird, kommt es zu gravierenden Störungen in der Pollenentwicklung, die zu männlicher Sterilität führen. Sie lässt sich auch über Gentransfers erreichen (→ Box 24.2).

In jeder Mikrospore läuft die erste inäquale Pollenmitose zur vegetativen und generativen Zelle ab. Ihr folgt, oft erst auf der Narbe oder im Griffel der bestäubten Pflanze, die zweite Pollenmitose, in der die beiden Spermazellen gebildet werden. Die vegetative Zelle wächst nach der Bestäubung zum Pollenschlauch aus, der im Griffelgewebe zum Embryosack vorstößt. Bei dem fertiggestellten Pollen handelt es sich um den **Mikrogametophyten**.

▶ **Flavonole und Pollen**. Flavonole sind außer als möglicher UV-Schutz auch unter anderen Aspekten wichtig. Vor allem sind Flavonole, bei Mais und Petunie vor allem Kämpferol-Glykoside oder das aus ihnen freigesetzte Kämpferol selbst (Seite 181) für die Entwicklung der Pollen unabdingbar. Das demonstrieren auch die Versuche, in denen über gentechnische Blockierung der Flavonol-Biosynthese männlich sterile Pflanzen erhalten wurden (Seite 185). Mit Kämpferol wurde der erste pollenspezifische Regulator der Pollenentwicklung gefasst. Bei einer Reihe von Pflanzen wird von ihm auch das Wachstum des Pollenschlauchs (Seite 377) gefördert. An welcher Stelle Kämpferol eingreift, ist allerdings unbekannt.

Die Pollen selbst bilden keine Flavonole. Sie werden in den umgebenden Wandschichten der Anthere, vor allem dem Tapetum, über antherenspezifische Chalkonsynthasen (Seite 180) synthetisiert und dann in die Exine der Pollen exportiert.

BOX 24.3

Flavonole als Signale

Flavonole fungieren als Signale bei Agrobakterien und Rhizobien, die nahe miteinander verwandt sind. Flavonolglykoside diffundieren aus der Exine der Pollen von Petunien (1) und Weizen (2) in umgebendes Flüssigmedium und aktivieren die plasmidiale *vir*-Region von *Agrobacterium tumefaciens*, ein Befund, der für Gentransfers wichtig wird (3). Denn man kann gegebenenfalls beim indirekten Gentransfer auf einen Zusatz von Acetosyringon (Seite 82) verzichten. Daran erinnert sei, dass auch bei Rhizobien Flavonole als Signale fungieren, nämlich bei der Einleitung der Wurzelknöllchen-Symbiose (Seite 348).

[1] Zerback et al. 1989 a; [2] Hess et al. 1990; [3] Zerback et al. 1989 b.

FRAGEN
(Seitenverweise zur Beantwortung)

- Welche Gengruppen steuern den Übergang vom vegetativen Meristem zum Blütenmeristem? (Seite 370)
- Was wissen Sie über MADS-Box-Gene? (Seite 370)
- Definieren Sie den Begriff homöotisches Gen! (Seite 372)
- Schildern Sie die Funktionsweise des ABC-Modells! (Seite 372)
- Nennen Sie eine der Möglichkeiten, über Gentransfers eine NMS zu etablieren! (Seite 374)

25 Die reproduktive Phase: Pollenschlauchwachstum, Selbstinkompatibilität, Doppelte Befruchtung

INHALT

Das Pollenschlauchwachstum, einer der schnellsten und auf dem seltenen Spitzenwachstum beruhende Wachstumsprozesse bei Pflanzen, kann bei Selbstinkompatibilität gestoppt werden. Die Selbstinkompatibilität fördert die Fremdbefruchtung und damit die Rekombinationsrate. Sie wurde deshalb bei den höheren Pflanzen stark ausgebaut. Man unterscheidet zwischen der weit verbreiteten gametophytischen und der weniger häufigen sporophytischen Selbstinkompatibilität. Bei beiden wird das molekulare Geschehen seit der Jahrhundertwende fassbar.
Es wird hier in einigen Grundzügen mitgeteilt. Bei kompatiblen Kombinationen Pollen/Stempel erreicht der Pollenschlauch den Embryosack und führt die für Angiospermen charakteristische doppelte Befruchtung durch.

25.1 Pollenschlauchwachstum

Gelangt der Pollen auf die Narbe, kommt es zunächst zu einer Adhäsion an die Narbenoberfläche. Dort wird der lufttrockene Pollen wieder hydratisiert und keimt aus. Dabei bildet die vegetative Zelle einen Pollenschlauch. Flavonole sind oft auch für Keimung und Wachstum des Pollenschlauchs notwendig. Sie stammen aus der Exine (Seite 375), können aber in diesem Fall auch vom Narbengewebe vorgelegt werden. Für die in vitro-Keimung wird in der Regel Borsäure benötigt.
Der Pollenschlauch durchdringt die Cuticula der Narbenzellen und gelangt dann in das **Transmissionsgewebe** des Griffels. Es sorgt für die Ernährung und die Adhäsion der Pollenschläuche an Zelloberflächen und richtet möglicherweise auch ihr Wachstum. Bei *Lilium* sind die Zellen des Transmissionsgewebes mit Pektinen und einem kleinen (9 kDA) Protein besetzt. Die Kombination beider Stoffe sorgt für die Adhäsion des Pollenschlauchs an die Oberfläche des Transmissionsgewebes. Bei hohlen Griffeln wie bei *Lilium* wandert der Pollenschlauch an der Oberfläche des Transmissionsgewebes, das einen schleimgefüllten Hohlraum umgibt. Bei soliden Griffeln wie bei *Arabidopsis* wandert der Pollenschlauch zwischen den Zellen des Transmissionsgewebes.
Der Pollenschlauch zeigt ein schnelles **Spitzenwachstum** von bis zu $10\,\mu m \times min^{-1}$. Dabei ist der Turgor im Gegensatz zum Streckungswachstum nur am Rande wichtig. Das Cytoplasma konzentriert sich in der wachsenden Spitze. Dahinter sperrt ein Kallosepfropfen den restlichen Schlauch ab. Mit weiterem Wachstum werden nach hinten zu immer neue Kallosepfropfen gesetzt (Abb. 25.1).
Im Cytoplasma der Spitze liegen der das Wachstum steuernde vegetative Kern und die beiden Spermazellen oder die generative Zelle (Abb. 25.1). Die Wandung des Pollenschlauchs besteht aus einer äußeren wachstumsfähigen Primärwand vor allem aus Pektinen, die bei den einzelnen Pflanzenarten sehr unterschiedlich dick sein kann, und einer inneren Sekundärwand aus Kallose, die erst unterhalb der Spitze beginnt. Die äußerste Spitze wird als klare Zone bezeichnet. Sie wird nach außen nur vom Plasmalemma und einer sehr dünnen Primärwand begrenzt. Golgi-Vesikel mit Baumaterial für die Primärwand werden dorthin transportiert und fusionieren unter Exocytose mit der Plasmamembran. Dadurch kommt es zum Wachstum von Membran und Primärwand. Wichtig dafür ist eine Anreicherung von Ca^{2+} in der Spitze. Fehlt sie, werden die Exocytose und das Wachstum eingestellt.

Abb. 25.1
Spitze eines Pollenschlauchs von *Nicotiana* (Schema; gezeichnet nach FRANKLIN-TONG 1999).

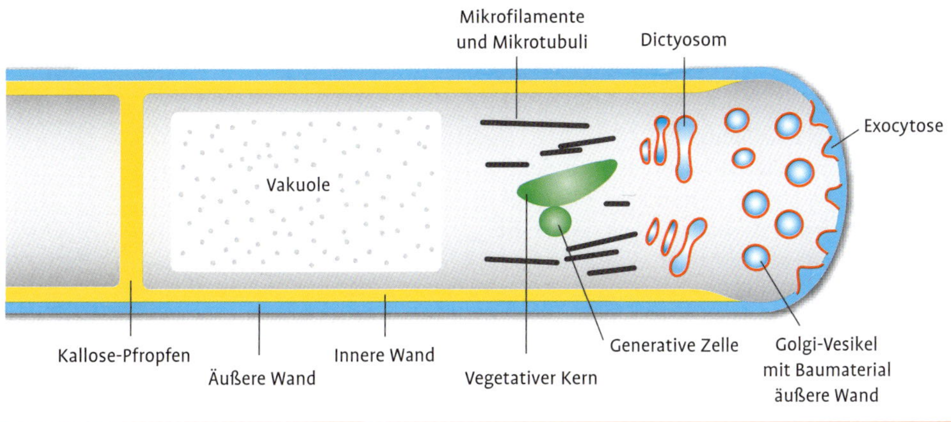

Richtende Faktoren für das Wachstum sind unter anderem chemische Signale aus dem Embryosack, vor allem aus den Synergiden. Beim Mais zum Beispiel könnte es sich um kleine Peptide handeln. Auch Haptotropismus (gr. haptein = binden) wird diskutiert. Beim ihm sollen Strukturen im Griffel das Wachstum leiten.

25.2 Selbstinkompatibilität

Die Angiospermen haben mehrere Mechanismen entwickelt, um die Selbstbestäubung zu erschweren oder zu verhindern. Sie sind nicht Gegenstand dieses Buchs. Doch muss erwähnt werden, dass bei ihnen mit Ausnahme der Diözie die Verhinderung der Selbstung nicht absolut ist. Ein anderer, sehr effektiver Mechanismus ist die **Selbstinkompatibilität (SI)**. Sie verhindert nicht die Selbstbestäubung, sondern das nachfolgende Wachstum von Pollen, der der Empfängerpflanze genetisch gleich oder ähnlich ist. Man nimmt an, dass der Siegeszug der Angiospermen seit der Oberen Kreide wesentlich auf die SI zurückgeht, die eine höhere genetische Variabilität und damit einen Evolutionsvorteil bedingt. SI findet sich bei 60 % der Blütenpflanzen.

Ausschlaggebend für die SI ist je ein *S*-Locus auf der Pollenseite und im Stempelbereich, der von *S*-Allelen besetzt ist. Man bezeichnet sie als S_1, S_2, S_3 usw. Die Entwicklung des Pollens wird auf der Narbe oder im Griffel früher oder später gehemmt, wenn bei einer Bestäubung *S*-Allele aus dem Pollen in Narbe und Griffel auf die **gleichen** *S*-Allele stoßen. Die Befruchtung unterbleibt dann. Soweit wenigstens die Betrachtung des Formalgenetikers. Die molekulare Seite sieht etwas anders aus (→ unten).

Über die SI wird eine Befruchtung nach Selbstung verhindert – aber nicht nur diese. Denn Pollen werden auch dann blockiert, wenn sie **nur die gleichen *S*-Allele** tragen sollten, sonst aber andere Gene. Das ist eine Vorsichtsmaßnahme. Denn wenn in einem Pollenkorn die S-Allele gleich sind, muss damit gerechnet werden, dass auch weitere Gene mit solchen in der Empfängerpflanze übereinstimmen.

Abb. 25.2
Schema der Sporophytischen und der Gametophytischen Selbstinkompatibilität (SSI und GSI). Von den möglichen Kombinationen von Pollen mit Stempel wurde die halbhomologe Kombination gewählt. In ihr trifft nur eines der vom Pollen eingebrachten Allele auf ein entsprechendes Allel im Stempel. Bei der SSI führt im Beispiel der pollenliefernde Sporophyt S_1 und S_2, im Stempel finden sich S_2 und S_3. Bei der GSI führt der pollenliefernde Sporophyt ebenfalls S_1 und S_2, im Stempel finden sich S_1 und S_3. Die Transkripte der S-Allele wurden bei S_1 als schwarze, bei S_2 als rote Zackenreihen wiedergegeben. Bei der SSI werden die von den Allelen des pollenliefernden Sporophyten gebildeten Transkripte in der Exine abgelagert, also auf der Pollenoberfläche. Der Pollen bringt dann die Transkripte beider S-Allele des alten Sporophyten mit sich. Bei der GSI bilden die S-Allele im Pollen die Transkripte. Es kommt dann nur das eine Allel zum Zug, das sich im jeweiligen Pollenkorn findet. Treffen Transkripte von der Seite des Pollens mit gleichfarbigen Transkripten auf der Seite des Stempels zusammen, kommt es zur Hemmung des Pollenschlauchwachstums, bei der SSI schon im Bereich der Narbe, bei der GSI erst im Griffel. Wenn sich auf der Stempelseite kein gleichfarbiges Transkript findet, kommt es zu einem normalen Wachstum des Pollenschlauchs wie im Fall von S_2 bei der GSI. Die Transkripte auf der Pollen- und auf der Stempelseite sind voneinander verschiedene männliche und weibliche Determinanten. Das wurde in der Abb. berücksichtigt. Die Transkripte bestimmter Allele tragen zwar die gleiche Farbe, um ihre Herkunft anzudeuten, aber die Transkripte im Stempel stimmen mit denen auf der Pollenseite nicht völlig überein. Um es noch weiter zu komplizieren: an der SSI sind nicht Allele eines Gens, sondern die Allele von mindestens zwei verschiedenen Genen beteiligt(→ Text). Genau genommen handelt es sich hier also gar nicht um nur einen Genlocus. Das konnte in der Abb. nicht berücksichtigt werden (Hess 2004).

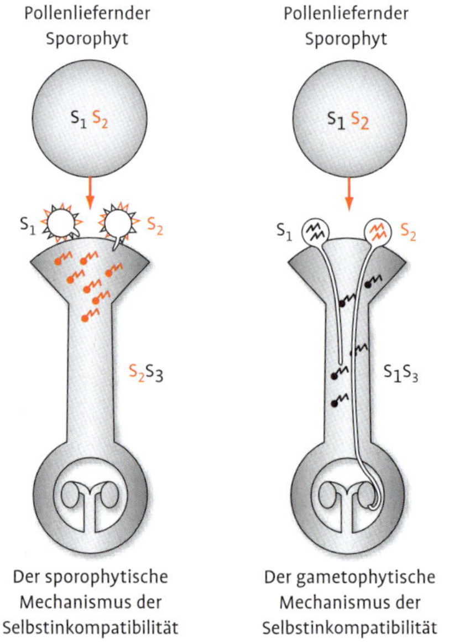

Man kennt eine **Gametophytische SI (GSI)** und eine **Sporophytische SI (SSI)**. Bei beiden findet sich eine Interaktion von **weiblichen und männlichen Determinanten.** Darunter versteht man die von den *S*-Allelen bzw. - Genen des Pollens bzw. des Pollenempfängers codierten Polypeptide, aber oft auch die *S*-Allele bzw. - Gene selbst.

25.2.1 Gametophytische SI

Auf Seite der Pollen sind die *S*-Allele **im** Mikro-**Gametophyten** (Name!) ausschlaggebend. Stoßen sie im Griffelgewebe auf die gleichen *S*-Allele, wird dort, also relativ spät, das Pollenwachstum unterbunden (Abb. 25.2). Die GSI ist weitaus häufiger als die SSI. Sie findet sich unter anderem bei Campanulaceae, Fabaceae, Onagraceae, Papaveraceae, Poaceae, Primulaceae, Ranunculaceae, Scrophulariaceae und Solanaceae.
Bei der GSI findet sich manchmal eine stark ausgebaute multiple Allelie. So hat Emerson bei einer nur 500 Individuen umfassenden Population von Nachtkerzen (*Oenothera organensis*) in den westlichen USA rund 50 verschiedene *S*-Allele gefunden, ein Hinweis auf die Bedeutung der SI.

▶ **Molekulare Mechanismen.** Bei der GSI finden sich verschiedene molekulare Mechanismen. Zwei wurden bei den Solanaceae und Papaveraceae genauer analysiert, doch werden weitere vermutet. Gehen wir auf den Solanaceen-Typ ein (→ Box 25.1).

25.2.2 Sporophytische SI

Die Exine wird vom Tapetum aus aufgelagert. Beim SSI enthält sie aus dem Tapetum Proteine (Abb. 25.3). Damit sind auf Seite des Pollens Transkripte ausschlaggebend, die vom alten **Sporophyten** (Name!) stammen. Treffen sie auf der Narbe der Empfängerpflanze auf gleiche *S*-Allele, wird das Wachstum der Pollen bereits im Narbenbereich gehemmt, wobei schon die Hydratation der Pollen oder ihr Auskeimen blockiert sein können (Abb. 25.2). Die SSI ist weniger häufig als die GSI. Sie findet sich unter anderem bei Asteraceae, Brassicaceae, Caryophyllaceae und Malvaceae und wurde bei den Brassicaceaeae, vor allem der Gattung *Brassica,* eingehend analysiert.

BOX 25.1

Der Molekulare Mechanismus der GSI bei Solanaceae

S-Allele im Griffel des Sporophyten produzieren als **weibliche Determinanten** allelspezifische RNasen (1, 2), die man als **S-RNasen** bezeichnet, zum Beispiel S_1- und S_2-S-RNasen. Nach der gängigen Auffasung werden beide vom Pollen aufgenommen und können gegebenenfalls dessen rRNA abbauen. Der betreffende Pollen stirbt dann ab. Was auf der Pollenseite geschieht, ist noch in der Diskussion. Einiges spricht dafür, dass die **männliche Determinante** ein spezifisches **F-Box-Protein** (Seite 234; 2) sein könnte, das die Ubiquitinierung von Nicht-Selbstungs-RNasen und damit ihren Abbau in die Wege leitet. Würde in einem S_1/S_1-Griffel mit S_1-Pollen bestäubt, bliebe die Selbstungs-RNase S_1 im Pollen erhalten und würde aktiv. Der S_1-Pollen würde dann absterben. Bei einer Bestäubung mit S_2-Pollen dagegen würde die Nicht-Selbstungs-RNase S_2 im Pollen über das F-Protein markiert und degradiert. Der S_2-Pollen könnte weiter wachsen und zur Syngamie kommen.

[1] Reviews: Franklin-Tong and Franklin 2003 a; [2] zuerst Lai et al. 2002.

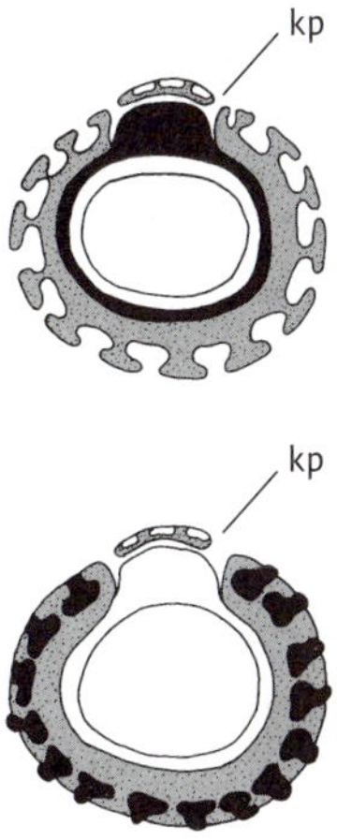

Abb. 25.3. Schematischer Schnitt durch ein Pollenkorn. Oben sind die Proteine der Intine, unten die der Exine schwarz hervorgehoben. Diejenigen der Exine sitzen in nach außen offenen Hohlräumen. Die Exine mit ihren Proteinen wird vom Tapetum des pollenliefernden Sporophyten aufgelagert. kp = Keimpore (verändert nach Graham und Wareing aus Hess 1990).

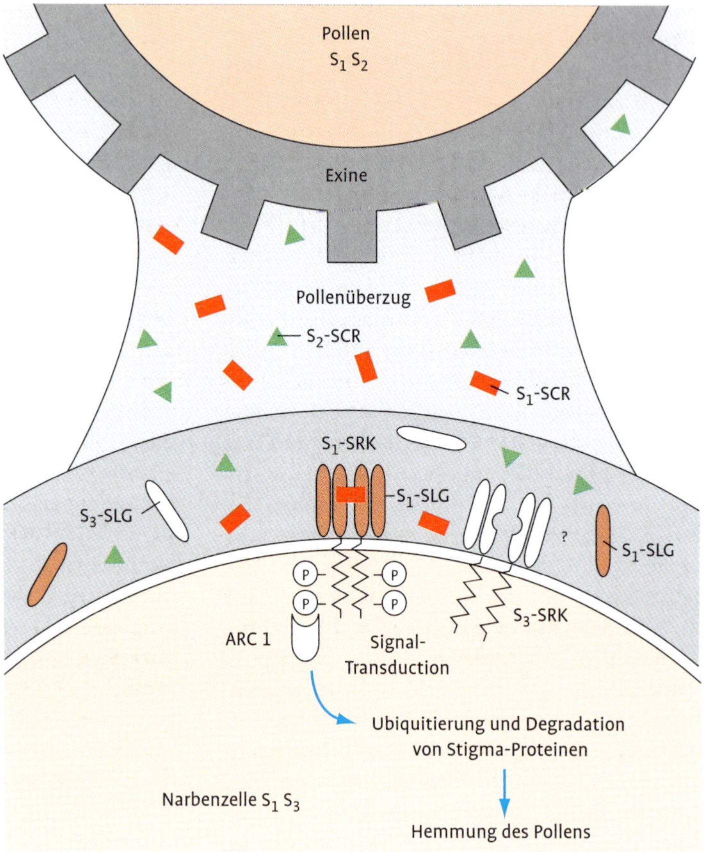

Abb. 25.4
Modell der sporophytischen Selbstinkompatibilität (SSI) in *Brassica*. Die männlichen Transkripte S_1-SCR und S_2-SCR werden aus der Exine freigesetzt und gelangen zunächst in den Pollen-Überzug (Pollen-Mantel). Dabei handelt es sich um eine lipidartige Schicht über der Exine, die auch den Kontakt zur Narbenoberfläche herstellt. Vielfach, so bei Brassicaceen, ist sie als Pollenkitt ausgebildet. Sonstige Angaben → Text (verändert nach HISCOCK AND MCINNIS 2003 a).

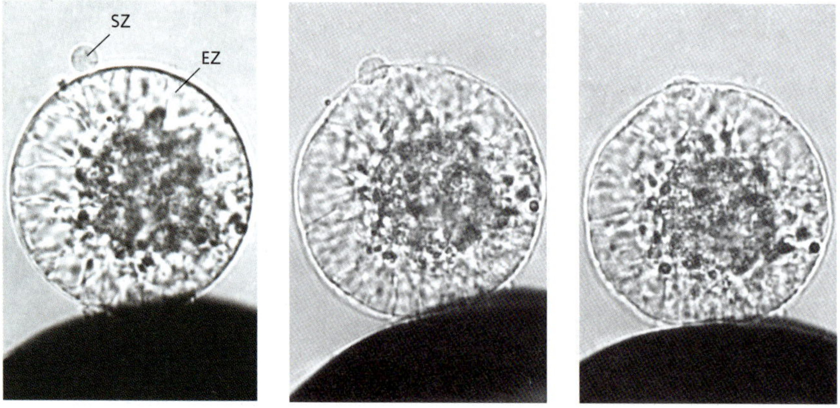

a b c

Abb. 25.5
In vitro-Syngamie. Drei Stadien (a–c) in der Elektrofusion von Spermazelle (SZ) mit Eizelle (EZ) des Maises. Aus Fusionszygoten lassen sich in vitro normale Maispflanzen aufziehen (KRANZ und DRESSELHAUS 1996; Originalarbeit KRANZ and LÖRZ 1993).

BOX 25.2

Der molekulare Mechanismus der SSI bei Brassica

In Abb. 25.4 findet sich ein Beispiel für die Interaktionen zwischen männlichen und weiblichen Determinanten bei der GSI. Dabei wird immer nur eine der beiden Seiten berücksichtigt. Deshalb sollte nicht vergessen werden, dass der *S*-Locus Gene für die männliche **und** für die weibliche Seite führt.

Im Tapetum findet sich im *S*-Locus ein ***SCR***-Gen. Es liegt in vielen Allelen vor. Die von ihm codierten Proteine werden als **männliche Determinanten** in die Exine abgegeben. Es handelt sich um kleine **S**-Locus-**C**ysteinreiche Peptide (**SCR**, 6 kDa), die allelspezifisch verschieden sind (1, 2, 3), im Beispiel S_1-SCR und S_2-SCR.

Im Narbengewebe werden von zwei Genen im *S*-Locus ein **S-Locus-Glykoprotein** (**SLG**) und die **S-Rezeptor-Kinase** (**SRK**; 4) codiert. Mit **SCR** sind also mindestens **drei Gene im *S*-Locus** vorhanden. Beide Narbengene liegen in allelspezifischen Varianten vor. SLG hat nur Zusatzfunktionen. SRK jedoch ist die eigentliche **weibliche Determinante**. Sie durchspannt das Plasmalemma der Narbenzellen mit einer Transmembrandomäne. Auf der cytoplasmatischen Seite trägt sie eine Serin/Threonin-Kinasedomäne, auf der Außenseite eine sehr variable Region, auf der die Allelspezifität beruht.

Im Bereich der Narbe kommen die männlichen Determinanten mit den weiblichen Determinanten in Kontakt. S_1-SCR bindet an die passende S_1-SRK, wobei zwei Einheiten S_1-SRK dimerisieren (5, 6). Damit ist S_1-SRK aktiviert. Wahrscheinlich bindet auch S_1-SLG an diesen Komplex und verstärkt die Wirkung. Die entscheidende Ligation zwischen S_1-SCR und S_1-SRK ließ sich auch gentechnisch absichern: Nach Übertragung von SCR und SRK aus einer selbst-inkompatiblen Form von *Arabidopsis* in eine selbst-kompatible Form von *Arabidopsis* wurde die selbstkompatible Variante selbst-inkompatibel (7).

Am Beginn der Signaltransduktion stehen Autophosphorylierungen in Serin und Threonin in der Kinasedomäne der S_1-SRK (6). Protein ARC 1 bindet an die Kinasedomäne und wird seinerseits durch Phosphorylierung aktiviert. ARC1 leitet eine Ubiquitinierung (8) und damit Degradierung von Faktoren ein, die für das Pollenwachstum wichtig sind. Am Ende der weiteren, im Detail noch unbekannten Signaltransduktion steht die Hemmung des Pollens.

Hätte der Pollen in unserem Beispiel nur S_2-SCR mit sich gebracht, wäre es nicht zur Blockierung gekommen. Denn die Narbenzellen enthalten bei der gegebenen genetischen Konstitution S_1S_3 keine S_2-SRK.

[1] Review: Hiscock and McInnis 2003; [2] Schopfer et al. 1999; [3] Takasaki et al. 2000; [4] Stein et al. 1991, 1996; [5] Kachroo et al. 2001; [6] Takayama et al. 2001; [7] Nasrallah et al. 2002; [8] Stone et al. 2003.

▶ **Molekularer Mechanismus.** Die molekulare Genetik hat frühere Auffassungen entscheidend verändert. Bei den Determinanten auf der Pollen- und auf der Stempelseite handelt es sich nicht um Allele, sondern um **verschiedene Gene**, die aber sehr eng gekoppelt sind. **Mindestens zwei von ihnen** müssen im *S*-Locus lokalisiert sein, die für **männliche und weibliche Determinanten** codieren (es können jedoch auch mehr als zwei Gene pro Locus vorhanden sein). Jedes dieser beiden Gene kann in Allelen vorliegen. Die Bezeichnung *S*-Locus hat man bislang nicht ganz korrekt beibehalten. Details finden sich in → Box 25.1.

25.3 Doppelte Befruchtung

Der wachsende Pollenschlauch gelangt zunächst in eine Samenanlage (Abb. 24.2). Er dringt dabei durch die Mikropyle ein. Dabei scheinen Anreicherungen an Glykoproteinen richtungsweisend zu sein. Eine der beiden Spermazellen fusioniert mit dem diploiden sekundären Embryosackkern zum nun triploiden Endospermkern, aus dem sich zusammen mit umgebendem Cytoplasma das Endosperm entwickelt, das als Reservestoffspeicher dienen kann. Die zweite Spermazelle fusioniert mit der Eizelle. Eine der beiden Synergiden, die dabei degradiert wird, leistet Hilfestellung. Die diploide Zygote entwickelt sich zum Embryo.

▶ **Syngamie in vitro.** Die Kausalanalyse der Syngamie stößt auf erhebliche Schwierigkeiten, weil sie im Gewebeverband erfolgt. Hier könnten in vitro-Verfahren die Wende bringen. Beim Mais ist es geglückt, isolierte Spermazellen und Eizellen im elektrischen Feld zu fusionieren und die Zygoten zu fertilen Pflanzen aufzuziehen (Abb. 25.5).

Damit eröffnen sich neue Möglichkeiten, fremdes Genmaterial in die Spermazellen, in die Eizellen oder in die Zygoten einzubringen. Vor allem aber lässt sich nun auch der erste Schritt in der Entwicklung einer höheren Pflanze ohne Überlagerung durch Prozesse im umgebenden Gewebe analysieren. Allerdings sollte die Elektrofusion umgangen werden, um natürliche Attraktionen erfassen zu können.

FRAGEN

(Seitenverweise zur Beantwortung)

- Über welchen Vorgang wird Baumaterial in der äußersten Spitze des Pollenschlauchs zum raschen Wachstum der Primärwand abgegeben? (Seite 377)
- Definieren Sie den Begriff Selbstinkompatibilität! (Seite 378)
- Warum wurde die Selbstinkompatibilität bei höheren Pflanzen stark ausgebaut? (Seite 378)
- Nennen Sie die formalgenetischen Unterschiede zwischen der gametophytischen und der sporophytischen Selbstinkompatibilität! (Seiten 378, 379)
- Nennen Sie wenigstens eine Familie mit gametophischer, mit sporophytischer Selbstinkompatibilität! (Seite 379)
- Welches sind die weiblichen Determinanten bei der gametophytischen Selbstinkompatibilität? (Seite 379)
- Wie viele Gene mindestens finden sich im sogenannten *S*-Locus bei der sporophytischen Selbstinkompatibilität? (Seite 381)

26 Die Seneszenz: Programmierter Zelltod und Seneszenz von Organen

INHALT

Der programmierte Zelltod (PCD) gehört zur normalen Entwicklung der Pflanze, findet sich aber auch bei der HR in der Pathogenabwehr. Über den PCD werden nicht nur unnötig gewordene Zellen beseitigt, wobei auch Platz geschaffen werden kann (Aerenchym). Vielmehr wird über den PCD bei der Bildung der Tracheen und Tracheiden erst die definitive Funktion ermöglicht, die Wasserleitung. Ebenso programmiert ist die Seneszenz. Besprochen wird die Seneszenz der Laubblätter, bei der es zu einem geregelten Abbau und einem Rücktransport vor allem von N-, aber auch P-haltigen Stoffen in die perennierenden Pflanzenteile kommt. Ohne neu einregulierte Genaktivitäten wäre beides unmöglich. Die Seneszenz lässt sich über bestimmte Phytohormone, aber auch über Mutationen verzögern, was zu Konsequenzen in der landwirtschaftlichen Praxis führen kann. Doch früher oder später steht am Ende auch der Seneszenz der PCD.

▶ **Begriffsbestimmungen: Programmierter Zelltod und Seneszenz.** In der Entwicklung der Pflanzen findet sich immer wieder ein Absterben bestimmter Zellen oder Zellbereiche, das genetisch gesteuert wird. Man spricht hier von einem programmierten Zelltod (**P**rogrammed **C**ell **D**eath = **PCD**; → Definition). Dabei kann es sich um normale Entwicklungsschritte handeln. Aber auch Reaktionen auf äußere Schadfaktoren, etwa Pathogenbefall, gehören hierher. So findet sich PCD bei der HR (Seite 334).

DEFINITION

Unter **PCD** versteht man einen genetisch regulierten Selbstmord bestimmter Zellen, der bei Pflanzen der normalen Entwicklung oder der Abwehr von Schädigungen dient.

Bei der **Seneszenz** handelt es sich um das Altern von Zellen, Organen und Organismen (lat. senescere = altern). Sie ist ebenfalls programmiert und führt über das Altern der Zellen des betreffenden Organs oder Organismus schließlich zum Zelltod. Die Seneszenz endet also mit dem PCD.

26.1 Der programmierte Zelltod

Bei Tieren hat man mehrere Typen des PCD gefunden. Am häufigsten realisiert sind die Apoptose und die Autophagie. Die Frage war, ob und inwieweit diese beiden Möglichkeiten auch bei höheren Pflanzen realisiert sind.

26.1.1 Apoptose

Für die Apoptose (gr. apo = weg, gr. ptosis = Fall) typisch ist der folgende Ablauf: Bildung von Vesikeln, den **apoptotischen Körpern** aus Zell- und Kernmembran mit cytoplasmatischen Anteilen, die nach außen abgegeben werden; Degradation der Nuclearsubstanz; Phagocytose der apoptotischen Körper durch benachbarte Zellen und ihre völlige Auflösung in deren Lysosomen. Dabei handelt es sich bei Tieren um Kompartimente mit lytischer, also auflösender Funktion, die unter bestimmten Voraussetzungen bei Pflanzen ihr Korrelat in der Vakuole finden können (Seite 386). Typisch sind auch **Caspasen.** Dabei handelt es sich um Cystein-Proteasen, die mit Hilfe eines Cysteinrestes andere Proteine an einem **Asp**artatrest spalten, daher der Name **C**a**sp**asen. Sie liegen zunächst als Procaspasen vor, die durch hydrolytisches Abspalten von Polypeptiden aktiviert werden und dann ganze Protease-Kaskaden auslösen.

Ob Apoptose in höheren Pflanzen vorkommt, ist umstritten. Die Zellwand erschwert die Bildung von apoptotischen Körpern oder macht sie unmöglich. Dem entspricht, dass man an isolierten Protoplasten von Pflanzen, also nach Beseitigung der Zellwand, für die Apoptose typische Vorgänge beobachten kann, nämlich eine Phagocytose durch **andere** Protoplasten und dann eine völlig Lyse in deren Vakuole (Abb. 26.1). Doch normalerweise tritt die Apoptose bei höheren Pflanzen in den Hintergrund, auch wenn man zum Beispiel bei der HR Anklänge daran finden kann, und auch wenn Caspase-ähnliche Proteasen von Pflanzen bekannt sind.

▶ **Autophagocytose.** Bei der Autophagocytose (gr. autos = selbst; gr. phagein = fressen; gr. kytos = Höhlung, Zelle; also Selbstauffressen der Zelle) handelt es sich um den wichtigsten Typ des PCD bei Eukaryonten, der in mehreren Varianten vorkommt. Typisch ist, dass in der betreffenden Zelle selbst Vesikel gebildet werden, die Bestandteile der gleichen Zelle aufnehmen, darunter auch komplette Organellen. Diese **Autophagosomen** geben ihren Inhalt bei Pflanzen in die Vakuole ab, wo er hydrolytisch abgebaut wird. In einer bei Pflanzen häufigen Variante wird der Abbauweg verkürzt: der **Tonoplast wird undicht und entlässt Hydrolasen in das Cytoplasma,** das mit allen seinen Strukturen aufgelöst wird. Diese Möglichkeit ist zum Beispiel bei der Bildung des Aerenchyms, des Xylems (Seite 386) und bestimmter Elemente des Phloems, den Zellen der Wurzelhaube und beim PCD im Anschluss an die Seneszenz von Blattzellen (Seite 390) realisiert.

Abb. 26.1
Apoptose-ähnlicher Zelltod bei Protoplasten aus den Blütenblättern von *Nemesia strumosa*. **a** Protoplastensuspension mit durch Anthocyane roten und durch Crocetinderivate gelben Protoplasten. Die Protoplasten wurden in Medien mit KNO_3 und hohem pH inkubiert, um sie zu hybridisieren. Außer Hybridisierungen kam es aber auch zur Phagocytie: die robusteren gelben Protoplasten nahmen die roten Protoplasten auf. Nach Übergängen (**b**) entstanden Formen, die an apoptotische Körper erinnerten (**c**). Zuletzt waren die roten Protoplasten völlig resorbiert (Fotos D. Hess, nicht publizierte Beobachtungen 1975).

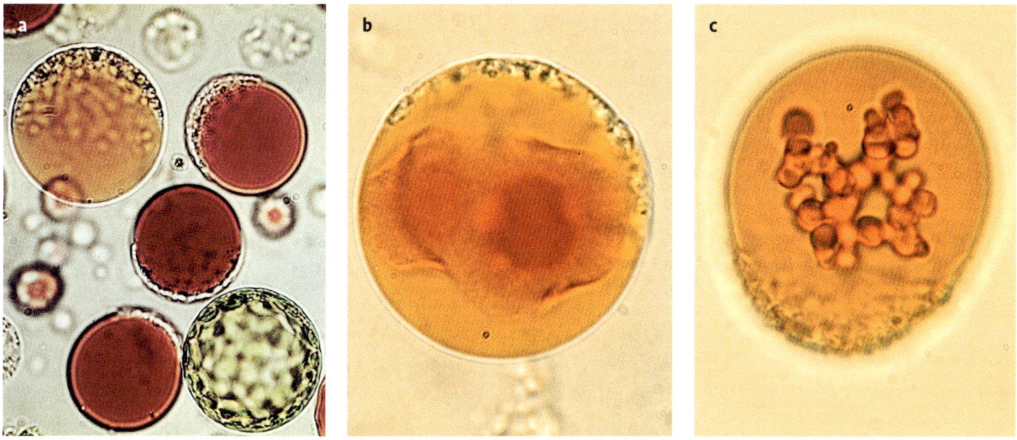

26.1.3 Weitere Möglichkeiten des PCD bei Pflanzen

Mit den beiden genannten Typen sind die Möglichkeiten des PCD bei Pflanzen nicht erschöpft. Ein Beispiel: Keine Autophagie findet sich beim **Stärkeendosperm** der Getreide. Die Zellen bleiben mitsamt Zellkern und Organellen als solche erhalten, sie werden **mumifiziert.** Erst wenn bei der Keimung vom Aleuron her die generelle Mobilisierung (Seite 237) beginnt, werden auch die Zellbestandteile aufgelöst.
In Tab. 26.1 finden sich einige Beispiele für PCD in der normalen Entwicklung höherer Pflanzen. Mit am interessantesten ist die

▶ **Bildung tracheidaler Elemente** (TEs), also von Tracheen und Tracheiden. In vivo leiten sich TEs von Zellen des Prokambiums ab, die als Stammzellen für die Elemente des Xylems ebenso wie für diejenigen des Phloems fungieren. Bleiben wir bei der Bildung von TEs, also beim Xylem. Die Wände der zukünftigen TEs werden lokal sekundär verdickt. Bei Gefäßen wachsender Pflanzenteile finden sich ring- oder schraubenförmige Verdickungen, bei Gefäßen nicht-mehr-wachsender Pflanzenteile können diese Verdickungen netz- oder tüpfelartig ausgebildet sein. Anschließend kommt es zum PCD (→ oben: Kollaps des Tonoplasten). Was danach von einer Zelle erhalten bleibt, sind die Zellwände mit ihren sekundären Verdickungen. Diese Reste werden in den Dienst der Wasserleitung gestellt. Hier handelt es sich also nicht nur um eine Beseitigung von Zellen, die nicht mehr benötigt werden, sondern um eine **Umdifferenzierung,** bei der die toten Reste der abgestorbenen Zellen eine neue Funktion übernehmen. Ein ideales Studienobjekt dafür sind isolierte Mesophyll-Zellen der Zinnie (→ Box 26.1).

26.2 Seneszenz bei Blattorganen

Alterungsprozesse setzen bei Pflanzen schon ein, wenn die mitotische Aktivät der Zellen im SAM (Seite 263) erlischt. Man spricht hier von mitotischer Seneszenz, danach von postmitotischer Seneszenz. Sie findet sich bei den Organen der Pflanze und schließlich bei der gesamten Pflanze.

BOX 26.1

In vitro – Umdifferenzierung von Mesophyllzellen von Zinnia zu TEs

Seit 1980 (2) befasst sich Fukuda mit seiner Arbeitsgruppe mit der in vitro-Umdifferenzierung von Mesophyllzellen der Zinnie (*Zinnia elegans*) zu TEs (Abb. 26.2). Die Mesophyllzellen werden aus sich entfaltenden Laubblättern mechanisch isoliert. Sind im Kulturmedium Auxine und Cytokinine vorhanden, differenzieren sich die einzelnen Zellen innerhalb von 72 Stunden **synchron** zu TEs und wenigen Xylemparenchym-Zellen um (3). Damit ergibt sich die Möglichkeit, die Umdifferenzierung und damit die Bildung von TEs an vielen, aber doch getrennten Zellen im Detail zu untersuchen (1).

Dabei lassen sich **drei Stadien** unterscheiden. In Stadium 1 kommt es zur **Dedifferenzierung**. Die photosynthetische Aktivität der Mesophyllzellen erlischt. Allerdings können einige Chloroplasten noch länger erhalten bleiben. In Stadium 2 findet sich eine **Determinierung** der dedifferenzierten Zellen zu Procambium-Zellen und dann zu Vorstufen von Xylem-Zellen. Stadium 3 bringt die **Differenzierung** zu TEs und den wenigen Xylemparenchym-Zellen.

Was die **hormonelle Steuerung** angeht, fördern **Cytokinine**, offensichtlich zusammen mit etwas Auxinen, die Bildung von Procambium-Zellen und die Beibehaltung des Procambium-Status (3). Im Stadium 2 steigt die Biosynthese von **Brassinosteroiden** (BRs) stark an (4). Sie sind **ausschlaggebend für die folgende Differenzierung von TEs** (5, 6) und hemmen gleichzeitig die Ausbildung von Phloemelementen.

Über Microarrays konnte während der Stadien 1–3 die **Expression von mehr als 8000 *Zinnia*-Genen** nachgewiesen werden. Ihre Aktivitäten verteilen sich fast erwartungsgemäß auf die drei Stadien. Im dritten Stadium etwa fand sich eine transiente Expression von Genen für Zellwand-Synthese und -Abbau, und von Genen für den PCD (7). Von besonderem Interesse sind dabei die Gene, über die BRs die Bildung von TEs steuern. Gute Kandidaten dafür stellt die ***HD-ZIP-III*-Gen-Familie**. Sie codiert für eine bestimmte Gruppe von Leucin-Zipper-Proteinen (Seite 27), die wie üblich als Transkriptionsfaktoren dienen. BRs aktivieren im Stadium 2 sehr rasch einige dieser Zipper, die dann offensichtlich den Übergang von Prokambium- zu Xylemzellen einleiten (8–10).

Im Stadium 3 (Abb. 26.3) kommt es nach der Ausbildung der Sekundär-Wände mit ihren Verdickungen zum **programmmierten Zelltod.** BRs steuern die Expression der entsprechenden Gene. Noch während sich die Sekundärwände ausbilden, kommt es zur Synthese von PCD-spezifischen Enzymen, die sich in der Vakuole anreichern (ZCP4, eine Cystein-Protease, vgl.Caspasen; ZEN1, eine Nuclease; ZRNase1, eine RNase; sowie Phosphatasen und Lipasen). Die betreffenden Enzyme werden in der Vakuole aktiviert. Die Vakuole mit ihrem aggressiven Inhalt gleicht dann den Lysosomen der Tiere. Danach kollabiert die Vakuole. Die freigesetzten Hydrolasen degradieren das Cytoplasma und die Zellorganellen, die Nuclease ZEN1 zum Beispiel die Kern-DNA (11). Durch Perforationen in der Zellwand kommt es zum Austritt der Abbauprodukte; doch werden die Löcher durch sekundäre Wandbildungen rasch geschlossen.

Alle Stadien (Dedifferenzierung, Determinierung und Umdifferenzierung) verlaufen von Variationen abgesehen bei den bisher untersuchten anderen Pflanzen, etwa bei *Arabidopsis*, ebenso wie bei den Zellkulturen von *Zinnia*.

[1] Fukuda 2004 (review); [2] Fukuda and Komamime 1980. [3] Fukuda 1997; [4] Yamamoto et al. 2001; [5] Iwasaki and Shibaoka 1991; [6] Yamamoto et al. 1997; [7] *Demura* et al. 2002; [8] Ohashilto and Fukuda 2003; [9] Ohashilto et al. 2002; [10] Ohashilto et al. 2005; [11] Ito and Fukuda 2002.

Entwicklung des Makrogametophyten (Seite 372)
Suspensor in der Embryonalentwicklung (Seite 286)
Scutellum und Endosperm bei der Embryonalentwicklung oder bei der Keimung (Seite 385)
Koleoptile
Blätter mit Lücken (*Monstera*) oder Einschnitten (Palmen)
Lysigene Ölbehälter
Sekretgänge nach PCD von Gummi-, Harz-, Latex- oder Schleimzellen
Aerenchym
Xylem, vor allem Tracheen und Tracheiden (Seite 385)
Hohle Sprosse durch PCD von Markzellen
Zellen der Wurzelhaube (teilweise)
Männliche bzw. weibliche Blüten bei eingeschlechtlichen Blüten
Pollen bei der Selbstinkompatibilität (Seite 378)
Organe der Blüte

Tab. 26.1
Einige Beispiele für Programmierten Zelltod (PCD) in der Entwicklung höherer Pflanzen

Seneszenz von Organen ist gut bekannt von Blüten, Früchten und Laubblättern. Hier soll die **Seneszenz von Laubblättern** besprochen werden, für die besonders viele Daten vorliegen.

26.2.1 Blattfärbungen im Herbst

Alle Laubblätter und Nadeln müssen nach einer aktiven Phase früher oder später ergänzt werden, weil sie Verschleißerscheinungen zeigen. Besonders auffällig wird das bei den laubwerfenden Bäumen und Sträuchern der höheren Breiten, bei denen sich Seneszenz und Laubfall auf den Herbst konzentrieren (**synchrone Blatt-Seneszenz**). Auslösend sind vor allem die kürzer werdenden Tage, also die Änderung der Photoperiode. Immer wiederkehrend oder permanent niedrigere Temperaturen kommen als zweiter auslösender Faktor hinzu (**kurzfristigen** Frost kann es schon in unseren Mittelgebirgen auch im Juli oder August geben, ohne dass deswegen die Blätter abgeworfen werden).

Abb. 26.2
Links frisch isolierte Mesophyllzellen von *Zinnia*. Rechts aus ihnen über Transdifferenzierung entstandene TEs, in denen noch rot fluorezierende Chloroplasten zu sehen sind (FUKUDA 2004; mit freundlicher Genehmigung von Macmillan Publishers).

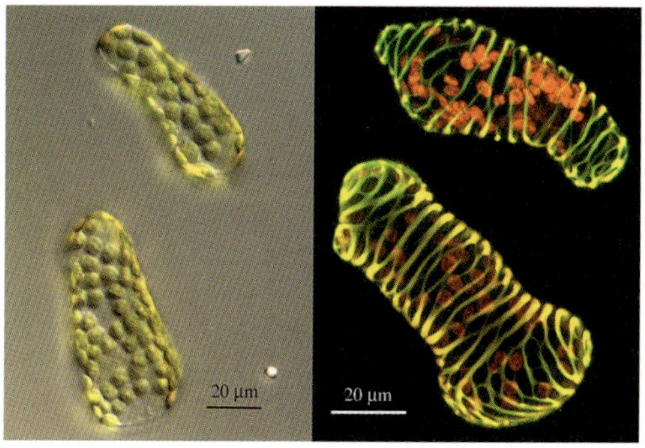

Nur bei wenigen Blättern, etwa bei der Esche, bleiben das Chlorophyll oder seine ersten Abbauprodukte länger erhalten und bedingen die hier graugrüne Blattfarbe. In der Regel wird das Chlorophyll völlig abgebaut. Die Degradationsprodukte werden in die ausdauernden Teile zurücktransportiert. Dadurch wird sichtbar, was das Chlorophyll bisher überdeckte: Carotinoide, wichtige Bestandteile der Chloroplasten, verleihen den Blättern ein gelbe Farbe. Die bekannte Schwarzfärbung von Birnenblättern (*Pyrus communis*) wird durch die Oxidation von Hydrochinon (Seite 175) zu Chinon verursacht. Im Endstadium nehmen die inzwischen abgestorbenen Blätter of braune Färbungen an, die auf die Oxidation von Phenolderivaten zurückgehen. Besonders auffällig ist, dass es auch zu Neusynthesen kommt. So zeigen viele Laubhölzer unter anderem des östlichen Nordamerika prächtige Rotfär-

Abb. 26.3
PCD über Autophagie bei der Umdifferenzierung von isolierten Mesophyllzllen der Zinnie zu TEs. Im ersten Bild links sind die sekundären Wandverdickungen bereits gebildet. Für den weiteren Ablauf → Text (verändert nach FUKUDA 2004; mit freundlicher Genehmigung von Macmillan Publishers).

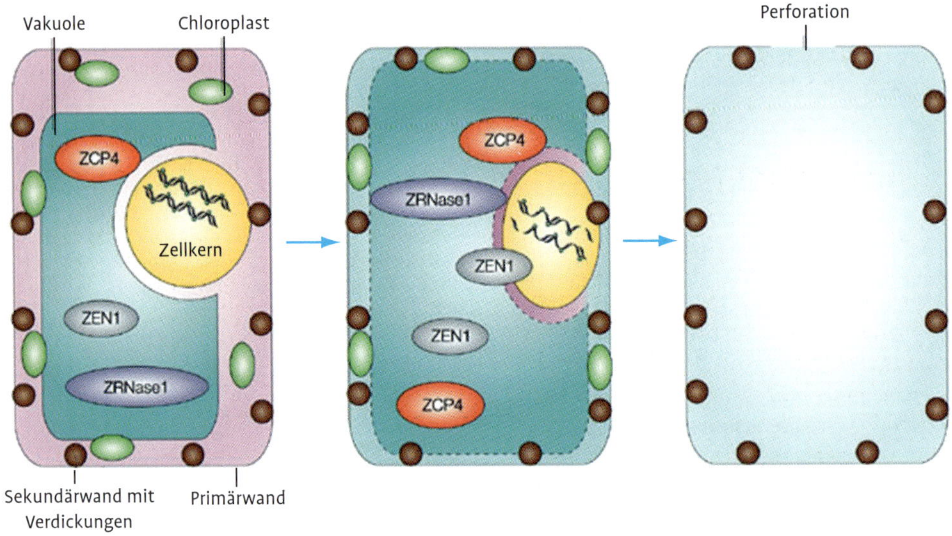

bungen durch neugebildete Anthocyane (*Acer saccharum*; Abb. 26.4).

Schon die Herbstfärbungen lassen einige Schlüsse auf die Blatt-Seneszenz zu. Mit stickstoffhaltigen Verbindungen wie den Chlorophyllen und ihren Abbauprodukten geht die Pflanze sparsam um und zieht sie zurück. Das gilt auch für die Proteine, bzw. deren Abbauprodukte, die Aminosäuren. Substanzen ohne N, die die Pflanze zuvor im Überfluss aus der Photosynthese ableiten konnte, verbleiben wie die Phenolderivate vielfach in den Blättern. Derart luxurierend geht die Pflanze mit N-freien Stoffen um, dass sie sogar wie die Anthocyane neu gebildet werden können.

Damit ist schon ein wichtiges Charakteristikum der Seneszenz angesprochen: **Bestimmte Stoffe werden abgebaut und in die perennierenden Pflanzenteile zurücktransportiert.** Dafür braucht die Pflanze Zeit. **Die Seneszenz verläuft deshalb langsam**, einer der Unterschiede zur HR, die sehr schnell einsetzen muss, wenn es zu einer Pathogenabwehr kommen soll. Der PCD bei der HR lässt sonst Gemeinsamkeiten mit dem PCD am Ende der Seneszenz erkennen.

Abb. 26.4
Herbsfärbung Zuckerahorn (*Acer saccharum*) (KÖHLEIN et al. 2007).

Mit Abbauprozessen verbindet man allzu leicht (und zu Unrecht!) ein chaotisches Zusammenbrechen aller Funktionen. Doch Synthesen scheinen für geordnete Abläufe zu sprechen. Die Neusynthese von Anthocyan ist somit ein Indiz dafür, dass es sich bei der Senesenz um ein geordenetes Geschehen handelt. In der Tat **ist die Seneszenz eine Sequenz genetisch programmierter Prozesse.**

26.2.2 Ablauf der Blatt-Seneszenz

Die ersten Anzeichen der Seneszenz sind oft gelbliche Verfärbungen, die an den Blatträndern beginnen können. Sie reflektieren den **Abbau der Chlorophylle**. Der erste Schritt ist in Umkehrung der Biosynthese (Seite 200) die Abspaltung des Phytols, wodurch grüne Chlorophyllide entstehen. Doch der weitere Abbau ist keine Umkehrung der Synthese mehr. Im nächsten Schritt bilden sich über Entfernung des Magnesiums Phäophorbide (Abb. 26.8), die noch zyklische Tetrapyrrole mit schwächer grüner Farbe sind. Dann wird der Ring aus vier Pyrrolen zum andersfarbigen Abbauprodukten aufgespalten und dann in kleinere farblose Bruchstücke zerlegt, die zurücktransportiert werden. Die **Carotinoide** der alternden Chloroplasten können reduziert, manchmal aber auch akkumuliert werden. **Phenole** werden aufoxidiert, **Anthocyane** neu gebildet. Nicht nur dafür, sondern auch für die Abbauprozesse sind Neusynthesen von Enzymen notwendig.

Die **Organellen** geraten ebenfalls in den Strudel des Abbaus. Dabei beginnt der Abbau zwar bei

Abb. 26.5
Verzögerung der Blatt-Seneszenz durch Cytokinine. Ein Blatt des Bauerntabaks (*Nicotiana rustica*) wurde von der Pflanze isoliert und im oberen rechten Quadranten einmal mit Kinetinlösung (30 mg/L) besprüht. Dieser Quadrant ist 10 Tage später noch grün, während die übrigen Spreitenteile vergilben (verändert nach MOTHES 1960).

Abb. 26.6
Induktion der Proteinsynthese durch Cytokinine. Versuchsobjekte waren Fiederpaare der Saubohne (*Vicia faba*). In den beiden Blättchen eines solchen Paares finden sich fast gleiche physiologische Bedingungen. Im Experiment gefundene Unterschiede können also nicht auf von Fieder zu Fieder gegebene Differenzen zurückgehen. Von verschiedenen Teilversuchen an solchen Fiederpaaren, die das Ergebnis absicherten, wurde nur der wichtigste herausgegriffen: auf die linke Fieder wurde ^{14}C-Glycin aufgegeben, die rechte wurde mit Kinetin besprüht. Wie die Radioaktivitätsverteilung (schwarz) zeigt, wandert Glycin zum Ort der Kinetin-behandlung (Attraktion) und bleibt dort über Einbau in Proteine (Retention). Schon die Cytokinin-induzierte Proteinsynthese könnte der sink sein, der zur Attraktion führt. Auch nach einer anderen Interpretation bleibt es bei einer Förderung der Proteinsynthese (MOTHES 1960).

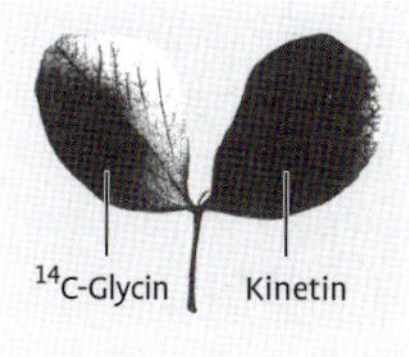

den Chloroplasten, doch werden sie langsamer degradiert als die Chlorophylle. Sie gehen allmählich in Gerontoplasten (Seite 91) über.

Hydrolytische Enzyme werden gebildet, die Proteine, Lipide und zuletzt auch DNA zerlegen und damit für eine Rückführung über das Phloem mobilisieren. Die aus den **Lipiden** stammenden Fettsäuren werden in den Glyoxylat-Zyklus eingeschleust und über Gluconeogenese in Kohlenhydrate überführt (Seite 150). Für einen zügigen Ablauf wandeln sich die Peroxisomen in die nahe verwandten Glyoxysomen um. Erforderliche Enzyme werden neu gebildet, darunter die Schlüsselenzyme des Glyoxylat-Zyklus, Iocitrat-Lyase und Malat-Synthase (Seite 150).

Der N der aus dem **Protein**-Abbau anfallenden Aminosäuren wird in Asparagin und vor allem Glutamin als Transportformen überführt. Da beide Amide pro Molekül zwei Aminogruppen tragen und nicht nur eine wie die Aminosäuren, wird zumindest rechnerisch bei der Bildung eines Moleküls Amid ein Kohlenstoff-Skelett frei. Möglicherweise wird es zum Energiegewinn oxidativ abgebaut.

Am längsten bleiben die Mitochondrien und der

Zellkern funktionsfähig. Für die Absolvierung eines genetisch gesteuerten Abbauprogramms, das auf Energiezufuhr angewiesen ist, wird das verständlich. Doch schließlich werden auch die Mitochondrien und der Zellkern vom PCD erfaßt, der die Seneszenz abschließt. Der PCD verläuft hier ähnlich wie schon geschildert (Seite 384).

26.2.3 Seneszenz-assozierte Gene (SAGs)

Die Frage nach den Genen, die das einmal ausgelöste Seneszenzprogramm steuern, drängt sich geradezu auf. Da nicht nur innere, sondern auch äußere Faktoren die Seneszenz auslösen oder beeinflussen, war es kein Wunder, dass man zahlreiche Gene fassen konnte, die während der Seneszenz **aufreguliert** werden. Man nennt sie summarisch SAGs (**S**enescence **A**ssociated **G**enes). Darunter sind wie zu erwarten zahlreiche Gene, die für hydrolytische Enzyme codieren. Aber auch Gene für Transkriptionsfaktoren und Signaltransduktionsketten wie MAPK-Kaskaden sind unter ihnen. Doch übergeordnete Steuerungsgene wurden bislang nicht gefunden. Eine gehobenere Position kommt zum Beispiel *SAG12* aus *Arabidposis* zu, das eine Cystein-Protease codiert, aber auch sonst ausgesprochen seneszenzspezifisch ist.

26.2.4 Phytohormone und Seneszenz

In der Suche nach übergeordeneten Regulatorgenen könnte man auch vorankommen, wenn man nach den Genrezeptoren für Hormone sucht, die die Seneszenz beeinflussen.

▶ **Verzögerung der Seneszenz durch Cytokinine.** Hier müssen die klassischen Arbeiten des Teams um Mothes (1960) genannt werden. Denn sie zeigten besonders überzeugend, dass außer der Förderung der Zellteilung die Verzögerung der Seneszenz von Blättern eine besonders auffällige physiologische Wirkung der Cytokinine ist. GA_3 und IAA wirken gleichsinnig, aber sehr viel schwächer. Wie eben erwähnt, ist das Vergilben durch Chlorophyllabbau ein frühes Anzeichen für Seneszenz. Ein isoliertes Tabakblatt zum Beispiel ist vom Cytokinin-Einstrom von den Wurzeln her abgeschnitten, verarmt an Cytokininen und reagiert dann besonders leicht auf ihre experimentelle Zufuhr. Behandelt man einen Teil der großen Blätter mit Cytokinin und lässt die anderen Teile als Kontrolle unbehandelt, bleibt das Grün in dem behandelten Spreitenteil sehr viel länger erhalten (Abb. 26.5).

Abb. 26.7
Verzögerung der Blatt-Seneszenz durch seneszenz-spezifische Induktion der Cytokinin-Synthese bei *Nicotiana tabacum*. **A** Bei Seneszenz wird der seneszenz-spezifische Promotor *SAG12* (aus *Arabidopsis)* aktiviert. Er wurde vor die codierende Sequenz für Isopentenyl-transferase gesetzt. Dabei handelt es sich um ein zentrales Enzym der Cytokinin (IPA)-Synthese. Das Konstrukt wurde in Tabak übertragen. In transgenem Tabak wird *SAG12* bei Seneszenz aktiviert und löst die Expression der Gensequenz Isopentenyl-transferase aus. Das dann gebildete Cytokinin verzögert die Seneszenz. **B** Links Kontroll-Tabak; rechts transgener Tabak mit verzögerter Blatt-Seneszenz (GAN and AMASINO 1997; mit freundlicher Genehmigung der Amer. Soc. of Plant Biologists).

a
b

Versuche mit radioaktiv markierten Aminosäuren zeigten, dass die Radioaktivität zum Ort der Cytokinin-Behandlung wandert (**Attraktion** nach Mothes), dort in Proteine eingebaut wird und so lokalisiert bleibt (**Retention** nach Mothes; Abb. 26.6).

▶ **Verzögerung der Seneszenz durch Seneszenz-spezifische Cytokinin-Synthese in trans-**

Abb. 26.8
Stay-green-Mutanten bei *Arabidopsis* und *Pisum*. **A** Blockierung des Chlorophyllabbaus: in den betreffenden stay-green-Mutanten und in den über RNAi stillgelegten Wild-Genotypen zwischen dem grünen Phäophorbid (oben) und dem nachfolgenden roten Abbauprodukt. **B** *Arabidopsis*: RNAi-Hemmung des betreffenden *Arabidopsis*-Wildtypgens (*AT4g22920*) verzögert den Chlorophyllabbau. Degradation der Chlorophylle: schwarz in Wildtyp-Kontrolle, grau und weiß in zwei unabhängig voneinander über RNAi stillgelegten Wildtyp-Pflanzen. Die Analyse erfolgte an isolierten und in Dunkelheit gehaltenen Blättern (Dunkelheit fördert die Seneszenz). Ganz rechts oben Wild-Typ und unten RNAi-stay-green-Phänotpyen isolierter und in Dunkelheit gehaltener Blätter. **C** *Pisum*: Links Northern-Blotting mit RNA aus Seneszenz-Blättern des Wildtyps (1 und 3) und aus Blättern der betreffenden stay-green-Mutante (2 und 4). In der stay-green-Mutante ist die Expression des entsprechenden Wildtyp-Gens stark reduziert. Ganz rechts oben Kotyledonen des Wildtyps, unten der stay-green-Mutante (verändert nach ARMSTEAD et al. 2007, mit freundlicher Genehmigung der AAAS).

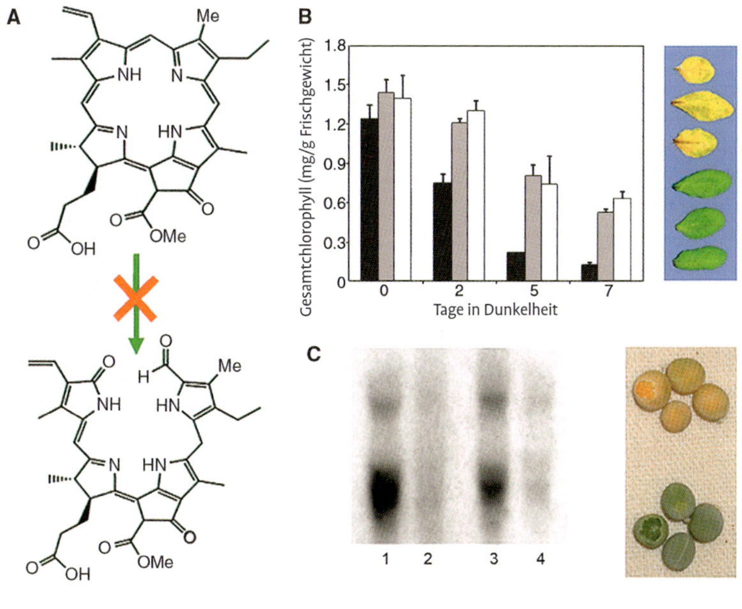

genen Pflanzen. Eine moderne Ergänzung brachten Versuche, in denen die Cytokinin-Synthese in transgenen Pflanzen **seneszenzspezifisch** ausgelöst wurde. Da Cytokinine sehr viele Prozesse beinflussen, brachten für die Cytokin-Synthese generell transgene Pflanzen keine schlüssigen Ergebnisse.

Deshalb wurde der seneszenz-spezifische Promotor des eben erwähnten *SAG12*-Gens mit der codierenden Region *IPT* fusioniert (Abb. 26.7). Die Isopentenyl-Transferase (IPT) setzt den Isopentyl-Rest an die Adeninkomponente des Cytokinins IPA (Seite 33) und ist damit ein zentrales Enzym der IPA-Synthese. Das Konstrukt wurde in Tabak und in *Arabidopsis* übertragen. **Erst mit Einsetzen der Seneszenz** erlaubt der Promotor die Expression von *IPT*. Mehr Cytokinine werden gebildet, die Seneszenz der Tabakblätter wird entsprechend verzögert (Abb. 26.7). Bei *Arabidopsis* und in späteren Versuchen bei zahlreichen weiteren Pflanzenarten kam es ebenfall zu einer Verzögerung der Seneszenz.

▶ **Förderung der Seneszenz.** Besonders Ethylen und Brassinosteroide fördern die Seneszenz.

▶ **Molekularer Mechanismus.** Die Wirkung von Seneszenz-hemmenden (Cytokinine, Auxine, GAs) ebenso wie von Seneszenz-fördernden Hormonen (unter anderem Ethylen, Brassinosteroide) auf *SAGs* wurde untersucht. Dabei zeigte es sich, dass fördernde Hormone die Expression von *SAGs* fördern, hemmende Hormone sie unterbinden konnten. Doch war das nicht bei allen untersuchten *SAGs* der Fall. Auf diesen Daten basierende Regulations-Modelle sind noch sehr allgemein gehalten.

26.2.5 Stay-green-Mutanten

Es ist zu erwarten, dass ein komplexes Regelwerk wie die Blatt-Seneszenz störanfällig ist. In der Tat hat man bei vielen Pflanzenarten **Stay-green-Mutanten** gefunden, in denen der Abbau der Chlorophylle stark verzögert wird. Die Details der genetischen Störung können verschieden sein. Dementsprechend gibt es verschiedene Stay-green-Mutanten. Bei einer Reihe von ihnen ist die Produktivität gegenüber der Normalform mit Seneszenz erhöht, sodass sie landwirtschaftlich interessant werden. Unter anderem bei Weidegräsern hat man auch schon versucht, die Stay-green-Gene zu übertragen.

Schon Mendel hatte sich bei seinem Hauptobjekt Erbse (*Pisum sativum*) mit einer Stay-green-Mutante *i* befasst, bei der die Kotyledonen länger grün bleiben konnten (Mendel 1866; Abb. 26.8). Ebenfalls in *Pisum sativum*, aber auch in *Arabidopsis* und dem Wiesen-Schwingel *Festuca pratensis* wurde ein Schlüsselgen gefasst, das den Chlorophyllabbau steuert. In seiner Stay-green-Mutante wird der Chlorophyllabbau in Kotyledonen und Laubblättern verzögert. Bei *Arabidopsis* erhielt man den gleichen Stay-green-Phänotyp, wenn das betreffende Schlüsselgen über RNAi (Seite 78) stillgelegt wurde. Detaillierte Untersuchungen der Gruppe um Armstead (2007) führten zu der Schlussfolgerung, das Mendels Genlocus *I/i* mit dem betreffenden Schlüsselgen identisch sein dürfte.

Sicher ist es befriedigend, wenn man klassische Experimente mit modernen Einsichten und Methoden auf eine molekulare Basis zurückführen kann. Doch sollte man nicht vergessen, dass zentrale Fragen der Blatt-Seneszenz noch nicht beantwortet sind. Vor allem aber sollte man sich vergegenwärtigen, dass die Seneszenz, die den gesamten Organismus Pflanze erfasst, von wenigen Ansätzen abgesehen noch ungeklärt ist. Entsprechendes gilt auch für andere Themen dieses Buchs. Fähige und gut ausgebildete Nachwuchswissenschaftler haben noch viele Fragen zu lösen. Und das ist wirklich befriedigend!

FRAGEN
(Seitenverweise zur Beantwortung)

- Definieren Sie den programmierten Zelltod (PCD) bei Pflanzen! (Seite 384)
- Welches sind die beiden wichtigsten Typen des PCD bei Tieren? Welcher davon ist (in vielen Varianten) auch bei Pflanzen häufig realisiert? (Seite 384)
- Geben Sie Beispiele für PCD während der Entwicklung der Pflanzen! (Seite 387)
- Welche Phytohormongruppe ist für die Ausdifferenzierng von Tracheen und Tracheiden in isolierten Mesophyllzellen der Zinnie ausschlaggebend? (Seite 386)
- Geben Sie Beispiele für die herbstliche Verfärbung von Laubblättern und erklären Sie, worauf der jeweilige Farbwechsel zurückgeht! (Seite 387)
- Was ist das erste sichtbare Zeichen der Seneszenz von Laubblättern? (Seite 389)
- Nennen Sie Phytohormone, die die Seneszenz von Laubblättern fördern, hemmen! (Seiten 390, 391)
- Was verstehen Sie unter einer Stay-green-Mutante? (Seite 392)

Literatur

Buchveröffentlichungen und Übersichtseferate bis 2000 werden zu Beginn genannt (**1**). Zu ihnen gehören außer Bildquellen auch lesenswerte „Klassiker“. Sie wurden vorweg aufgeführt, um dem Anfänger den Einstieg in die für ihn umittelbar relevante Literatur nicht zu erschweren. Für diesen Einsteiger wurden unter **2** ab 2001 erschienene grundlegende Veröffentlichungen aufgeführt. In **3** bis **6** wird nach Themenbereichen gegliedert, wobei jeweils unter **a** Buchveröffentlichungen und Übersichtsreferate ab 2001, unter **b** weitere Publikationen zur jeweiligen Thematik ohne zeitliches Limit zu finden sind. Das Internet erleichtert heute den Literaturzugriff, z.B. über www.scopus.com in Verbindung mit den Netzwerken der Universitäten. Deshalb wurde ausführlicher zitiert als in den bisherigen Auflagen. Dabei wurden Hinweise auf Originalarbeiten gebracht, die als Meilensteine gelten. Sie sollten auch dem interessierten Anfänger zugänglich sein. Außerdem werden vor allem in Boxen auch neuere oder weniger bekannte Veröffentlichungen zitiert. Sie sind für den Fortgeschrittenen gedacht, der sich mit einzelnen Aspekten genauer befassen möchte. Was man davon abgesehen in Lehrbüchern als „Allgemeingut“ bezeichnen könnte, wurde wie üblich nicht eigens durch Quellenzitate belegt. Das gilt auch für Daten aus der Gentechnik.

* Umfassende deutschsprachige Publikationen ab 2001. Methodenbücher wurden nur ausnahmsweise gebracht.

1. Buchveröffentlichungen und Übersichtsreferate bis 2000

Albersheim, P.: Sci. Amer. 232, 80 (1975).

Albersheim, P., und A. Darvill: Spektrum Wiss. Nov. 1985, S. 86.

Alberts, B., D. Bray, J. Lewis, M. Raff, K. Roberts und J. Watson: Molekularbiologie der Zelle. VCH, Heidelberg 1986.

Balick,M. und O. Cox: Drogen, Kräuter und Kulturen. Pflanzen und die Geschichte des Menschen. Spektrum, Heidelberg 1997.

Baron, W.: Organization in Plants. Arnold, 2. Aufl. London 1967.

Bayer, E., Egeter, H., Fink, A., Nether, K., und K. Wegmann: Angew. Chemie 78, 834 (1966).

Becker, H.: Pflanzenzüchtung. Ulmer, Stuttgart 1993.

Bell, A.: Illustrierte Morphologie der Blütenpflanzen. Ulmer, Stuttgart 1996.

Benhamou, N.: Elicitor-induced plant defense pathways. Trends Plant Sci. 1, 233 (1996).

Bennett, Th.: Elements of Protein Synthesis. An Instructional Model. Freeman, San Francisco 1969.

Bewley, J. and M. Black: Seeds. Physiology of Development and Germination. Plenum, New York 1985.

Biedinger, N., und W.Barthlott: Untersuchungen zur Ultraviolettreflexion von Angiospermenblüten I. Monocotyledoneae. Steiner, Stuttgart 1993.

Böhm, J.: Capillarität und Saftsteigen. Ber. Dt. Bot. Ges. 11, 203 (1893).

Bonner, J. and J. Varner: Plant Biochemistry. Academic Press, New York 1965.

Bothe, H., de Bruijn, F., and E.Newton (eds.): Nitrogen Fixation: Hundred Years after (Proc.7th, Internat. Congress N-Fixation). G. Fischer, Stuttgart 1988.

Boulter, D. and B. Parthier (eds.): Nucleic Acids, and Proteins in Plants I. Enc. Plant Physiol. New

Bowes, B.: A Colour Atlas of Plant Structure. Manson, London 1996. Series 14 A. Springer, Berlin 1982.

Bowman, J., and Y. Eshed: Formation and maintenance of the shoot apical meristem. Trends Plant Sci. 5, 110 (2000).

Bresch, C., und R.Hausmann: Klassische und Molekulare Genetik. Springer, Berlin 1972.

Brücher, H.: Tropische Nutzpflanzen. Berlin, Springer 1977.

Bünning, E.: Entwicklungs- und Bewegungsphysiologie der Pflanze. Springer, 3.Aufl. Berlin 1953.

Bünning, E.: Biological Clocks. Opening Address in Chovnick (ed.), Biological Clocks, Cold Spring Harbor Symp.Quant. Biol. 15, 1 (1960).

Bünning, E.: The Physiological Clock. Springer, 2. Aufl. New York 1967.

Burr, B., und W. Barthlott: Untersuchungen zur Ultraviolettreflexion von Angiospermenblüten II. Magnoliidae, Ranunculidae, Hamamelididae, Caryophyllidae, Rosidae. Steiner, Stuttgart 1993.

Burr, B., Rosen, D., und W. Barthlott: Untersuchungen zur Ultraviolettreflexion von Angiospermenblüten III. Dilleniidae und Asteridae. Steiner, Stuttgart 1995.

Butcher, D. and S. Ingram: Plant Tissue Culture. Arnold, London 1976.

Collins, G. and R. Shepherd (eds.): Engineering Plants for Commercial Products and Applications. New York Acad. Sci., New York 1996.

Darnell, D., Lodish, H., and D.Baltimore: Molecular Cell Biology. Sci.Amer.Books, New York 1986.

Darwin, C.: The power of movements in plants. John Murray, London 1880.

Das Leben. Wissen im Überblick. Herder, Freiburg i.Br. 1971.

Davies, P. (ed.): Plant Hormones. Physiology, Biochemistry and Molecular Biology. Kluwer, 2. Aufl., Dordrecht 1995.

De Bary, H.A.: Einführung des Begiffs „Symbiose" auf der 51. Vers. Dt. Naturforsch. und Ärzte in Kassel 1878; Die Erscheinungen der Symbiose. Privatdruck, Strassburg 1879.

Dennis, D. and D. Turpin (eds.): Plant Physiology, Biochemistry, and Molecular Biology. Longman, 2. Aufl., London 1992.

Dey, P., and J. Harborne (eds.): Plant Biochemistry. Academic Press, London 1997.

Dixon, R. (ed.): Plant Cell Culture. IRL Pess, Oxford 1987

Döbereiner, J., and J. Day: Associative symbioses in tropical grasses: Characterization of micoorganisms and dinitrogen fixation site. In W. Newton and C. Nyman (eds.), Proc. 1th Int. Symp. Nitrogen Fixation, Vol.2, pp. 518–538. Washington State Univ. Press, Pullman, USA (1976).

Donk, M. van der, und T. van Gerwen: Das Kosmosbuch der Insekten. Franckh, Stuttgart 1981.

Fellenberg, G.: Chromosomale Proteine. Ulmer, Stuttgart 1974.

Frankel, R., and E.Galun: Pollination Mechanisms, Reproduction and Plant Breeding. Springer, Berlin 1977.

Franklin-Tong, V.: Signaling and the modulation of pollen tube growth. Plant Cell 11, 727 (1999).

Freudenberg, K. and A. Neish: Constitution and Biosynthesis of Lignin. Springer, Berlin 1968.

Frohne, d., und U.Jensen: Systematik des Pflanzenreichs unter besonderer Berücksichtigung chemischer Merkmale und Drogen. Wiss. Verlagsges., 5. Aufl. Stuttgart 1998.

Fukuda, H.: Tracheary Element Differentiation. Plant Cell 9, 1147 (1997).

Galston, A.: Physiologie der grünen Pflanze. Franckh, Stuttgart 1964.

Galston, A.: Life Processes of Plants. Sci. Amer. Library, New York 1994.

Galun, E. and A. Breiman: Transgenic Plants. Imperial College Press, Singapore 1997.

Gan, S., and R. Amasino: Making Sense of Senescence. Plant Physiol. 113, 313 (1997).

Garrod, A.: Inborne Errors of of metabolism. London, 1.ed. Oxford Univ.Press 1909.

Goldsby, R.: Cells and Energy. Macmillan, 2. Aufl. New York 1968.

Goodwin, T., and E.Mercer: Introduction to Plant Bochemistry. Pergamon Press, 2. ed. Oxford 1986.

Graham, C., and P.Wareing: The Developmental

Biology of Plants and Animals. Blackwell, Oxford 1976.

Grierson, D. (ed.): Biosynthesis and Manipulation of Plant Products. Blackie, Glasgow 1993.

Grillo, S. and A. Leone (eds.): Physical Stresses in Plants. Genes and Their Products for Tolerance. Springer, Berlin 1996.

Gunning, B., und M. Steer: Bildatlas zur Biologie der Pflanzenzelle. G. Fischer, 4. Aufl. Stuttgart 1996.

Haberlandt, G.: Physiologische Pflanzenanatomie. Engelmann, 6. Aufl. Leipzig 1924.

Hackbarth, J., und H.-J.Troll: Lupinen als Körnerleguminosen und Futterpflanzen. In: Handbuch der Pflanzenzüchtung, Bd. 4, 1 Parey, 2. Aufl. Berlin 1959.

Häder, D.-P. (Hrsg.): Photosynthese. Thieme, Stuttgart 1999.

Haeupler, H., und T. Muer: Bildatlas der Farn- und Blütemnpflanzen Deutschlands. Ulmer, Stuttgart 2000.

Hager,A.: Untersuchungen über einen durch H^+-Ionen induzierbaren Zellstreckungsmechanismus (Analysis of a cell elongation mechanisme induced by H^+ ions). Hablitationsschrift Faculty of Natural Sciences, University of Munich (1962).

Hall, D. and K. Rao: Photosynthesis. (Cambridge Univ. Pres, 5. ed. Cambridge 1994.

Harborne, J.: Ökologische Biochemie. Spektrum, Heidelberg 1993.

Hedden, P., and A.Phillips: Gibberellin metabolism: new insights revealed by the genes. Trends Plant Sci. 5, 523 (2000).

Hemleben, V.: Molekularbiologie der Pflanzen. G. Fischer, Stuttgart 1990.

Hess, D.: Biochemische Genetik. Springer, Berlin 1968.

Hess, D.: Naturwiss. 59, 348 (1970a).

Hess, D. : Ber. dtsch. Bot. Ges. 83, 279 (1970b).

Hess, D,: Naturwiss. Rdsch. 26, 284 (1973).

Hess, D., et al. : Transformation Experiments in Higher Plants: Prerequisites for the Use of Isolated Protoplasts. Colloques Int. CNRS No.12, 343 (1973).

Hess, D.: Uptake of DNA and Bacteriophage into Pollen and Genetic Manipulation. In L. Ledoux (ed.) Genetic Manipulations with Plant Material, pp. 519–537. Plenum Press, New York 1975 (Lecture presented at the 1974 Nato Advanced Study Institute, held in Liége, Belgium).

Hess, D.: Entwicklungsphysiologie der Pflanzen. Herder, 4. Aufl. Freiburg i.B. 1981.

Hess, D.: Int.Rev.Cytol.107, 367 (1987).

Hess, D.: Die Blüte. Ulmer, 2. Aufl., Stuttgart 1990.

Hess, D.: Biotechnologie der Pflanzen. Ulmer, Stuttgart 1992.

Hess, D: Weniger Chemie auf den Acker! Gentransfer bei Pflanzen -eine ethisch-moralische Verpflichtung. In W. Klingmüller (Hrsg.), Gentechnik im Widerstreit, Seite 61–82, Wiss. Verlagsges., 3. Aufl. Stuttgart 1994.

Hess, D.: Hock, B., und E.Elstner (Hrsg.): Pflanzentoxikologie. B.I.-Wissenschaftsverlag, Mannheim 1984

Hock, B. und E. Elstner (Hrsg.): Schadwirkungen auf Pflanzen. Lehrbuch der Pflanzentoxikologie. Spektrum, 3. Aufl., Heidelberg 1995.

Hock, B., C. Fedtke und R. Schmidt: Herbizide. Thieme, Stuttgart 1995.

Huber, B.: Pflanzenphysiologie: ihre Grundlagen und Anwendungen. Quelle & Meyer, Leipzig 1941.

Hulse, J. and D. Spurgeon: Sci.Amer. 231, 72 (1974).

Ibelgaufts, H.: Gentechnologie von A bis Z. VCH, Weinheim 1990.

Janick, J., Schery, R., Woods, F., and V.Ruthan: Plant Science. Freeman, San Francisco 1969

Kaudewitz, F. in 9.Koll.Ges.Biol. Chemie in Mosbach, 104 (1958).

Kimball, J.: Cell Biology. Addison Wesley, Reading 1970.

Kindl, H.: Biochemie der Pflanzen. Springer, 4. Aufl., Berlin 1994.

Kleinig, H. und P. Sitte: Zellbiologie. G. Fischer, 3. Aufl., Stuttgart 1992.

Kleinig, H., und U. Maier: Zellbiologie. Spektrum, Heidelberg 1999.

Knippers, R.: Molekulare Genetik. Thieme, 6. Aufl., Stuttgart 1995.

Kranz, E., and T.Dresselhaus: In vitro fertilizaion with isolated higher plant gametes. Trends Plant Sci. 1, 82(1996).

Kühn, A.: Entwicklungsphysiologie. Springer, 2. Aufl. Berlin 1965.

Kull, U.: Grundriß der Allgemeinen Botanik. Spektrum, 2.Aufl. Heidelberg 2000.

Kursanov, A.: Adv Bot. Res. 1, 209 (1963).

Laetsch, W.: Ann. Rev. Plant Physiol. 25, 27 (1974).

Lam, E., Fukuda, H., and J.Greenberg (eds.): Programmed Cell Death in Higher Plants. Kluwer (Springer), Dordrecht 2000.

Lawlor, D.: Photosynthesis. Longman, 2. Aufl., London 1993.

Lehninger, A.: Bioenergetik. Thieme, Stuttgart 1969.

Lehninger, A., D. Nelson und M. Cox: Prinzipien der Biochemie. Spektrum, 2. Aufl., Heidelberg 1994

Lichtenthaler, H.: The 1-deoxy-d-xylulose-5-phosphate pathway of isoprenoid biosynthesis in plants. Ann. Rev. Plant Physiol. Plant Mol. Biol. 50, 47 (1999).

Luckner, M.: Secondary Metabolism in Microorganisms, Plants and Animals. Springer, 3. Aufl.. Berlin 1990.

Lüttge, U.: Stofftransport der Pflanzen. Springer, Berlin 1974.

Lynen, F.: Jahrbuch Max-Planck-Ges. 1969, 1.

Luckner, M.: Secondary Metabolism in Microorganisms, Plants, and Animals. Springer, 3. Aufl., Berlin 1990.

Mägdefrau, K.: Geschichte der Botanik. Fischer, Stuttgart 1973.

Marschner, H.: Mineral Nutrition of Higher Plants. Academic Press, 2. Aufl. London 1995.

Mendel, G.: Versuche über Pflanzenhybriden. Verhandl. Naturforsch. Ver. Brünn 4, 3 (1866).

Meyerowitz, E.: Spektrum Wiss. Jan. 1995, S. 42.

Mohapatra, S., and R. Knox: Pollen. Biotechnology, Gene Expression, and Allergen Characterization. Chapman & Hall, New York 1996.

Mohr, H., and P.Schopfer: Pflanzenphysiologie. Springer, 3.Aufl. 1978 Heidelberg.

Mol, J., Grotewold, E., and R.Koes: How genes paint flowers and seeds. Trends Plant Sci. 3, 212 (1998).

Molisch, H.: Der Einfluß einer Pflanze auf die andere – Allelopathie. G. Fischer, Jena 1937.

Moore, Th.: Biochemistry and Physiology of Plant Hormones. Springer, New York 1979.

Moore, R., Clark, .W., and D. Vodopich: Botany. WCB / Mac Graw-Hill, 2.ed. Boston 1998.

Mothes, K.: Über das Altern der Blätter und die Möglichkeit ihrer Wiederverjüngung. Naturwiss. 47, 337 (1960).

Mullis, K., Ferre, F. and R. Gibbs (eds.): The Polymerase Chain Reaction. Birkhäuser, Basel 1995.

Münch, E.: Die Stoffbewegungen in der Pflanze. G.Fischer, Jena 1930.

Odenbach, W. (Hrsg.): Biologische Grundlagen der Pflanzenzüchtung. Parey, Berlin 1997.

Oehlkers, F.: Das Leben der Gewächse. Ein Lehrbuch der Botanik. Band I. Springer, Berlin 1956.

Overbeck, J. van: Sci. Amer. 219, 75 (1968).

Owen, M. and J. Pen (eds.): Transgenic Plants: A Production System for Industrial and Pharmaceutical Proteins. Wiley, Chichester 1996.

Palmgren, M.: Adv. Bot. Res. 28, 1 (1998).

Panda, N. and G. Khush: Host Plant Resistance to Insects. CAB International, Wallingford 1995.

Phillipps, R. and I. Vasil (eds.): DNA-Based Markers in Plants. Kluwer, Dordrecht 1994.

Phillipps, R. and I. Vasil (eds.): DNA-Based Markers in Plants. Kluwer, Dordrecht 1994.

Postgate, J.: Nitrogen Fixation. Arnold, Londin 1978.

Prell, H.: Interaktionen von Pflanzen und phytopathogenen Pilzen. Fischer, Jena 1996.

Purves, W., and H.Orians: Life. The Science of Biology. Sinauer, Boston 1983.

Purvis, O. and F. Gregory: Ann. Bot. 1, 569 (1937).

Rice, E.: Allelopathy. Academic Press, 2. Aufl. Orlando 1984.

Richter, G.: Biochemie der Pflanzen. Thieme, 6.Aufl. Stuttgart 1996.

Richter, G.: Stoffwechselphysiologie der Pflanzen. Thieme, 6.Aufl. Stuttgart 1998.

Ruge, U.: Angewandte Pflanzenphysiologie. Ulmer, Stuttgart 1966.

Ruhland,W.: Handbuch der Pflanzenphysiologie XiV, 1162 (1961).

Salisbury, F.: The Flowering Process. Pergamon, Oxford 1963.

Schenk, H., Herrmann, R., Jeon, K., Mülle, N., and W. Schwemmler (eds.): Eukaryotism and Symbiosis. Springer, Heidelberg 1997.

Schlee, D.: Ökologische Biochemie. Spektrum, 2. Aufl. Heidelberg 1992.

Schmeil-Seybold, A.: Lehrbuch der Botanik, Bd. 1: Das Pflanzenreich in sytematischer Anordnung. Quelle & Meyer, Heidelberg 1958.

Schultes, R. and S. von Reis (eds.): Ethnobotany. Evolution of a Discipline. Chapman & Hall, London 1995.

Schwarz-Sommer, Z., Huisjer, P., Nacken, W., Saedler, H., and H.Sommer: Science 250, 931 (1990).

Schwechheimer, C., and M.Bevan: The regulation of transcription factor activity in plants. Trends Plant Sci. 3, 378 (1998).

Schwendener, D.: Die Algentypen der Flechtengonidien. Schultze, Basel 1869.

Scott, R. and A. Stead: Molecular and cellular aspects of plant reproduction. Univ. Press, Cambridge 1994.

Scott, R. and A. Stead: Molecular and cellular aspects of plant reproduction. Univ. Press, Cambridge 1994.

Scott, T. (ed.): Hormonal Regulation of Development II. Enc. Plant Physiol. New Series 10, Springer, Berlin 1984.

Sengbusch, R. von: Landw. Jb. 91, 719 (1942).

Sengbusch, R. von: Züchter 23, 353 (1953).

Seybold, A.: Untersuchungen über den Farbwechsel von Blumenblättern, Früchten und Samenschalen. Springer, Heidelberg 1954

Stanley, R., and H.Linskens: Pollen. Springer, Berlin 974.

Steinbiss, H.-H.: Transgene Pflanzen. Spektrum, Heidelberg 1995.

Stern, K.: Introductory Plant Biology. WCB, 7.ed. Dubuque 1997.

Steward, F.: Plant Physiology, vol. IVB, 1966

Strasburgerís Lehrbuch der Botanik für Hochschulen. G.Fischer, 29. Aufl. Stuttgart 1967.

Sutcliff, J.: Plants and Water. Arnold, London 1968.

Sutherland, E.: Science 177, 401 (1972).

Thomas, B. and D. Vince-Prue: Photoperiodism in Plants. Academic Press, 2. Aufl., San Diego 1997.

Tisserat, B.: Embryogenesis, Organogensis, and Plant Regeneration, in Dixon 1987

Torres, K.: Tissue Culture Techniques for Horticultural Crops. Reinold, New York 1988.

Torrey, J.: Development in Flowering Plants. Macmillan, 3. ed. New York 1968.

Trebst, A. and M. Avron (eds.): Photosynthesis I. Enc. Plant Physiol. New Series 5, Springer, Berlin 1977.

Troll, W.: Allgemeine Botanik. Enke, 4. Aufl. Stuttgart 1973.

Turgeon, R.: Phloem loading and plasmodesmata. Trends Plant Sci. 1, 418 (1996).

Vanlerberghe, G., and I.McIntosh: Alternative oxidase: from gene to function. Ann. Rev. Pant Physiol. Plant Mol. Biol 48, 703 (1997).

Vasil, I. (ed.): Pant regeneration and genetic variability. CC vol 3, 1986.

Vasil, I. and T. Thorpe (eds.): Plant Cell and Tissue Culture. Kluwer, Dordrecht 1994.

Verma, D. (ed.): Signal Transduction in Plant Growth and Development. Springer, Wien 1996.

Vöchting, H.: Über Organbildung im Pflanzenreich. Cohen und Sohn, Bonn 1878–1884.

Wagner, H.: Rauschgift-Drogen. Springer, Berlin 1969.

Walter, H.: Grundlagen des Pflanzenlebens. Ulmer, 3. Aufl. Stuttgart 1950.

Walter, H.: Grundlagen des Pflanzensystems. Ulmer, 2. Aufl. Stuttgart 1952.

Wareing, P., and I.Philips: The control of growth and differentiation in Plants. Pergamon Press, Oxford 1970.

Watson, J., Gilmann, M., Witkwoski, J., und M. Zoller: Rekombinierte DNA. Spektrum, 2. Aufl., Heidelberg 1993.

Weberling, F. und H. Schwantes: Pflanzensystematik. Ulmer, 7. Aufl., Stuttgart 2000.

Went, F., and K.Thimann: Phytohormones. Macmillan, New York 1937

Werner, D.: Pflanzliche und mikrobielle Symbiosen. Thieme, Stuttgart 1987.

Westhoff, P., Jeske, H., Jürgens,G., Klopstech, K., und G. Link: Molekulare Entwicklungsbiologie. Thieme, Stuttgart 1996.

Wilkins, M.: Physiology of Plant Growth and Development. McGraw Hill, London 1969.

Williams, C.: Sci. Amer. 217, 13 (1967).

Williams, L., et al.: Sugar transporters in higher plants – a diversity of roles and complex regulation. Trends Plant Sci. 5, (2000).

Winter, K. and J. Smith (eds.): Crassulacean Acid Metabolism.Biochemistry, Ecophysiology and Evolution. Springer, Berlin 1996.

Yang, Z.: In: Verma 1996

Yanofsky, M, and R.Schmidt: MADS-Box-Genes and Plant Development. Poster Trends Plant Sci. vol 4 (1999).

Ziegler, H.: Naturwiss. 50, 177 (1963).

Zimmermann, M. and J. Milburn (eds.): Transport in Plants I. Enc. Plant Physiol. New Series 1. Springer, Berlin 1975.

2 Allgemeine Grundlagen (Botanik, Pflanzenphysiologie, Biochemie, Molekulare Genetik, Molekularbiologie, Zellbiologie) ab 2001

*Alberts, B., Bray, D., Hopkin, K., Johson, A., Lewis, J., Raff, M., Roberts, k., and P.Walter: Lehrbuch der Molekularen Zellbiologie. Wiley-VCH, 3. Aufl. Weinheim 2001, 5.Aufl. Weinheim 2005.

*Berg, J, Tymoczko, J., und L. Stryer: Biochemie. Spektrum, 6. Aufl. München 2007.

*Campbell, N., Reece, J., und J. Markl: Biologie. Spektrum, 6. Aufl., überarbeitet 2006.

*Heldt, H.: Pflanzenbiochemie. Spektrum, 3. Aufl. Heidelberg 2003.

*Hess, D.: Allgemeine Botanik. Ulmer, Stuttgart 2004.

Hopkins. W., and N.Hüner: Introduction to Plant Physiology. Wiley, 3. ed. Hoboken 2004

*Knippers, E.: Molekulare Genetik. Thieme, 8. Aufl. Stuttgart 2001.

*Kutschera, U.: Prinzipien der Pflanzenphysiologie, Spektrum, 2. Aufl. Heidelberg 2002.

Lack, A., and D.Evans: Plant Biology. Taylor and Francis, 2. ed. New York 2005.

*Lodish, H., Baltimore, D., Berk, A., Zipurski, S., Matsudaiara, P., und J. Darnell: Molekulare Zellbiologie. De Gruyter, 3. Aufl., Berlin 2001..

*Lüttge, U., Kluge,M., und G. Bauer: Botanik. Wiley-VCH, 5. Aufl. Weinheim 2005.

*Nelson,D., und M.Cox: Lehninger Biochemie. Springer, Berlin 2001.

Öpik. H., and S. Rolfe: The Physiology of Flowering Plants. Cambridge Univ.Press, 4. ed. Cambridge 2005.

*Purves, W., Sadava, D., Orians, G., und H. Heller (Hrsg. J. Markl): Biologie. Spektrum, 7. Aufl. 2006.

*Raven, P., Evert, R., und S. Eichhorn: Biologie der Pflanzen. De Gruyter, 4. Aufl., Berlin 2006.

*Schopfer, P., Brennicke, A., und H. Mohr: Pflanzenphysiologie. Spektrum, 6. Aufl. Heidelberg 2005

*Strasburger – Lehrbuch der Botanik. Spektrum, 35. Aufl. Heidelberg 2002.

Taiz, L., and E. Zeiger: Plant Physiology. Sinauer, 4. ed. Sunderland 2006. Das Kapitel „Gene Expression and Signal Transduction“ ist nur online verfügbar.

3 Nucleinsäuren (Struktur und Expression), Stoffwechsel und Transport

a Buchveröffentlichungen und Übersichtsreferate ab 2001 (→ auch 2)

Avison, M.: Measuring Gene Expression. Taylor and Francis, New York 2007.

Becker, T., Qbadou, S., Jelic, M., and E. Schleiff: Let's Talk about Chloroplast Import. Plant Biol. 7, 1–14 (2005).

*Béliveau, R., und D.Gingras: Krebszellen mögen keine Himbeeeren. Nahrungsmittel gegen Krebs. Kösel, 4. Aufl. München 2007.

*Bickel-Sandkötter. S.: Nutzpflanzen und ihre Inhaltsstoffe. Quelle & Meyer, 2.Aufl. Wiebelsheim 2003.

*Loesch, R.: Wasserhaushalt der Pflanze. Quelle & Meyer, 2.Aufl. Wiebelsheim 2003.

Mengel, K., Kirkby, E., Kosegarten,H., and T.Appel: Principles of Plant Nutrition. Kluwer Academic, 5.ed. Dordrecht 2001.

*Mühlhardt, C.: Der Experimentator: Molekularbiologie / Genomics. Spektrum, 5.Aufl. München 2006).

*Reinhard, E., Dingermann, T., Kreis, W., und

H.Rimpler: Pharmazeutische Biologie. Wiss. Verlagsges., 6. Aufl. Stuttgart 2001.
*Sardi, B.: Anti-Aging-Durchbruch. Here and Now Books, San Dimas, Cal., USA, 2005
*Schieber, A., und R.Carle: Die Süßlupine – eine Alternative zur Sojabohne. Ernährung im Focus 6. 273–276 (2006).
Soll, J., and E.Schleiff: Protein Import into Chloroplasts. Nature Rev. Mol. Cell Biol. 5, 198–208 (2004).
Tanaka, Y.: Flower colour and cytochromes P450. Phytochem. Rev. 5, 283–291 (2006).
Tanaka, Y., and F. Brugliera: Flower colour. In C. Ainsworth (ed.), Flowering and its Manipulation, pp. 201–239. Blackwell, London 2006.
*Van Wyk, B.-E., Wink, C., und M.Wink: Handbuch der Arzneipflanzen. Wiss.Verlagsges., Stuttgart 2004.
*Wild, A.: Pflanzenphysiologie in Fragen und Antworten. Quelle & Meyer, Wiebelsheim 2003.
Winkel-Shirley, B.: Flavonoid Biosynthesis. A Colorful Model for Genetics, Biochemistry, Cell Biology, and Biotechnology. Plant Physiol. 126, 485–493 (2001).
Yu, O., Matsuno, M., and S. Subramanian: Flavonoid Compounds in Flowers: Genetics and Biochemistry. Floriculture. Ornamental and Plant Biotechnology Vol. 1, 282–292. Global Science Books (registered in UK), Ikenobe / Japan (2006).

b Weitere Referenzen (→ auch 4b, 5b)

Avery, O., *et al.* : J. exp. Med. 79,137 (1944).
Bassham, J., Benson, A., and M.Calvin: J. Biol. Chem. 185, 781 (1950).
Baur, J., *et al.*: Nature 444, 337 (2006).
Beerhues, L., and R.Wiermann: Z.Naturforsch. 40c, 160 (1985).
Fujita, Y.: J.Synth. Org. Chem. 43, 1003 (1985).
Hatch, M., and C.Slack: Biochem. J. 101, 103 (1966).
Komp, M., and D.Hess: Phytochem. 20, 972 (1981).
Kebeish, R., *et al.:* Nature Biotechnol. 25, 593 (2007).
Krebs, H., and W.Johnson: Enzymologia 4, 148 (1937).
Kreuzaler, F., and K. Hahlbrock: FEBS Letters 28, 69 (1972).
Linn, S., and W.Arber: Proc.Natl.Acad.Sci. USA 59, 1300 (1968).
Mitchell, P.: Nature 191, 144 (1961).
Nirenberg, M., and J.Matthaei: Proc. Natl. Acad. Sci. USA 47, 1588 (1961).
Saiki, R. *et al.*: Science 230, 1350 (1985).
Sanger, F., Nicklen, S., and A. Coulson: Proc.Natl. Acad. Sci. USA 74, 560 (1977).
Sauter, J., und H. Marquardt: Naturwiss. 54, 546 (1967).
Southern, E.: J. Mol.Biol. 98, 503 (1975).
Sütfeld, V., Kehrel, B., and R. Wiermann: Z.Naturforsch. 33c, 841 (1978)
Tanner, W., Lehle, L., and O.Kandler: Biochem. Biopyhs. Res.Commun. 29, 166 (1967) und weitere Arbeiten.
Taylor, J., Woods, P., and W. Hughes: Proc. Natl. Acad. Sci. USA 43, 122 (1957).
Valenzano, D.,*et al.*: Current Biol. 16, 296 (2006).
Wani, M., *et al.*: J. Am Chem. Soc. 93, 2375 (1971).
Watson, J., and F.Crick: Nature 171, 737 (1953).
Wheldale, M.: Proc. Roy. Soc. Series B 79, 288 (1907).
Wood, J., *et al.:* Nature 430, 686 (2004).

4 Biotechnik

a Buchveröffentlichungen und Übersichtsreferate ab 2001

ADIVK Arbeitskreis Deutsche *In vitro* Kulturen. Gibt regelmäßig Übersichten über die Pflanzenpro-duktion *in vitro* in den angeschlossenen Betrieben heraus. Die genannten Daten verdankt der Autor Frau S.Merkle, Stuttgart.
Al-Balbili, S., and P.Beyer: Golden Rice -five years on the road – five years to go? Trends Plant Sci. 10, 565–573 (2005).
Engelke, D. (ed.): RNA Interference (RNAi). DNA Press, Eagle Ville (USA) 2003
Hess, D.: On the Path to Plant Gene Technology.

Scientific Report of a Botanist. Cuvillier, **nur** korr. Nachdruck Dezember 2006, Göttingen 2006.

*Kempken, F., und R. Kempken: Gentechnik bei Pflanzen. Springer, 3. Aufl. Heidelberg 2006.

* Kreis, W., Baron,D., und G. Stoll: Biotechnologie der Arzneistoffe. Deutscher Apotheker Verlag, Stuttgart 2001.

Mullis, K. (ed.): The polymerase chain reaction. Birkhäuser, Boston 1994.

Muthukumarasamy, R., et al.: (syn. *Acetobacter diazotrophicus*), a promising diazotropjhic endophyte in tropics. Current Sci. 83, 137–146 (2002).

Pena, L. (ed.): Transgenic Plants. Humana Press, Totowa, N.J., USA, 2005.

Perata, P., and L.Voesenek: Submergence tolerance in rice requies *SUB1A,* an ethylene-response-factor-like gene.Trends Plant Sci. 12, 44–46 (2007).

*Renneberg, R.: Biotechnologie für Einsteiger. Spektrum, 2.Aufl. München 2007.

Zhu, C. et al.: Transgenic strategies for the nutritional enhancement of plants. Trends Plant Sci. 12, 548 – 555 (2007).

b Weitere Referenzen (→ auch 3b, 5b).

Bayer, M.: Entwicklung eines Systems der reversiblen männlichen Sterilität an transgenen Tabak- und Weizenpflanzen. Dissertation Universität Hohenheim. Der andere Verlag, Osnabrück 2004.

Bayer, M., and D.Hess: Mol. Breeding 15, 193 (2005).

Brugliera, F., *et al*.: 6. Int.Congr. Plant Mol. Biol. pp. S6. University of Laval, Quebec 2000.

Cavalcante, v., and J.Döbereiner: J.Plant Sci. 108, 23 (1988).

Chung, M-H., *et al.:* Transgen. Res. 9, 471 (2000).

Clough, S., and A.Bent: Plant J. 16, 735 (1998).

DeBlock, M., deBrouwer, D., and T.Moens: Theor. Apppl.Genet. 95, 694 (1997).

Degenhartd, H., Horstmann, F., und N. Mülleder: Mais 2, 3 (2003).

Diretto, G., et al.: PloS ONE 2/4 : e305, doi: 10.1371/journal.pone. 0000350 (www.plosone.org) (2007).

Donn, G., Hess, D., and I. Potrykus: Z. Pflanzenphysiol. 69, 423 (1973).

Fettig, S., and D.Hess: Transgen. Res. 8, 179 (1999).

Fischer, R., Budde, I., and R.Hain: Plant J. 11, 489 (1997).

Fischer, N.: Transformation der Sonnenblume (*Helianthus annuus* L.) mit den Pilzresistenzgenen für Chitinase und Glucanase. Thesis Fakultät Biologie der Universität Hohenheim. Der andere Verlag, Osnabrück (2004).

Fridman, E., et al.: Science 305, 1786 (2004).

Fujita, Y.: J. Synth. Org. Chem. 43, 1003 (1985).

Garg, A., *et al.:* Proc.Natl. Acad. Sci. USA 99, 15898 (2002).

Grambow, F., et al.: Planta 103, 348 (1972).

Hain, R., et al.: Mol. Gen. Genet. 199, 161 (1985).

Hanisch, C., Seite 227 in Saedler 1992.

Hain, R., *et al.* : Nature 361, 153 (1993)

Hellwege, E., *et al*.: Plant J. 12, 1057 (1997).

Hess, D., Bayer, M., and M.Huber: Bioforum Europe 5, 264 (2003).

Hess, D.: Planta 60, 568 (1964).

Hess, D. : Ber. dtsch. Bot. Ges. 83, 279 (1970).

Hess, D.: Z. Pflanzenphysiol. 63, 461 (1970).

Hess, D.: Z. Pflanzenphysiol. 68, 432 (1973).

Hess, D.: Z. Pflanzenphysiol. 98, 321 (1980).

Hess, D., Dressler, K., and R.Nimmrichter: Plant Sci. 72, 233 (1990).

Hess, D., Bayer, M., and M.Huber: Bioforum Europe 5, 264 (2003).

Hirt et al. in Scott and Stead 1994.

Hoekema, A., *et al*.: Nature 303, 179 (1983).

Holmström, K., *et al.:* Nature 379, 683 (1996).

Horsch. r., et al.: Science 227, 1229 (1985).

Kameya, T., and H. Uchimiya: Planta 103, 356 (1972).

Klein, T., et al.: Nature 327, 70 (1987).

LArkin, P., and W.Scowcroft: Theor. Appl.Genet. 60, 197 (1981).

Leckband, G., and H.Lörz: Theor. Appl. Genet. 96, 1004 (1998).

Lustig, B., Plischke, W., and D.Hess: Experientia 336, 1386 (1980).

MacCabe, D., et al.: Bio/Technol. 6, 923 (1988).

Mariani, C., *et al.*: Nature 34, 737 (1990).
Mariani, C., *et al.*: Nature 357, 384 (1992).
Merril, C., Geier, M., and J.Petricciani. : Nature 233, 398 (1971).
Mertens, T., and D.Hess: Plant Soil 82, 87 (1984).
Meyer, P., *et al.*: Nature 330, 667 (1987).
Meyer, P., Heidman, I., and I.Niedenhof.: Mol. Gen.. 231,345 (1992).
Meyer, P., et al.: Plant J. 4, 89 (1993).
Pain, J., *et al.* : Nature Biotechnol. 23, 482 (2005).
Paszkowski, J., et al.: EMBO J. 3, 2717 (1984)
Patentstorm: US Patent 7157281 (2007). www.patentstorm.us/high lysin maize.
Sahawel, W., and A.Hassan: Biotechnol. Letters 24, 721 (2002).
Stachel, S., *et al.*: Nature 318, 624 (1985).
Süssmuth, J., Dressler, K., and D.Hesss: Bot. Acta 104, 72 (1991).
Takebe, I., Labib, G., and G. Melchers: Naturwiss. 58, 318 (1971)
Vasil, V., et al.: Bio/Technol. 10, 667 (1992).
Vose, P., and A. Ruschel: Discussion on Terminology. In Associative N_2-Fixation, vol.1, p.241. CRS Press, Boca Raton, Florida, USA (1982).
Wenzel, G., *et al.*: BioEngineering 2, Suppl. 1, 87 (1989).
Wheldale, M.: Proc. Roy. Soc. B 89, 288 (1907).
Xu, K., et al.: Nature 442, 705 (2006).
Ye, X., et al.: Science 287, 303 (2000).
Zambryski, P., *et al.*: EMBO J. 2, 2143 (1983).
Zilberstein *et* al. (1988), in H.Bothe *et al* 1988.
Zerback, R., *et al.*: Phytochem. 28, 897 (1989a).
Zerback, R., Dressler, K., and D. Hess: Plant Sci. 62,83 (1989 b).

5 Entwicklung

a Buchveröffentlichungen und Übersichtsreferate ab 2001

* Barthlott,W., und Z.Cerman: Biologische Oberflächen und ihr technisches Potential. In K. Blüchel and F.Malik (Hrsg.): Faszination Biologie. Die Intelligenz der Schöpfung. Bionik Media GmbH, S. 380–391. München 2006).
Beckers, G., and S. Spoel: Fine-Tuning Plant Defense Signaling: Salicylate versus Jasmonate. Plant Biol. 8, 1–10 (2006).
Briggs, W., and J.Christie: Phototropins 1 and 2: versatile plant blue-light receptors. Trends Plant Sci.7, 204–210 (2002).
Carles, C., and J.Fletcher: Shoot apical meristem maintenance: the art of a dynamic balance. Trends Plant Sci.8, 394–401 (2003).
Cullimore, J., Ranieva, R., and J.-J.Bono: Perception of lipo-chitooligosaccharidic Nod factors in legumes. Trends Plant Sci. 6, 24–30 (2001).
Davies, P. (ed.): Plant Hormones. Kluwer, 2th. ed. Dordrecht 2004.
Dickenson, M.: Molecular Plant Pathology. BIOS Scientific Publishers, London 2003
Franklin-Tong, V., and F. Franklin: The different mechanisms of gametophytic self-incompatibility. Phil.Trans.R.Soc. London B 358, 1025–1032 (2003 a).
Franklin-Tong, N. (= V.), and F.Franklin: Gametophytic self-incompatibility inhibits pollen tube growth using different mechanisms. Trends Plant Sci. 8, 598–605. (2003 b).
Fukuda, H.: Signals that Control Plant Vascular Cell Differentiation. Nat. Rev. Mol. Cell Biol. 5, 379–391 (2004).
Gan, S.: in Davies 2004.
Gan, S. (ed.): Senescence Processes in Plants. Ann. Plant Reviews 26. Blackwell, Oxford (2007).
Hager, A.: Role of the plasma membrane H^+-ATPase in auxin-induced elongation growth: historical and new aspects. J. Plant Res. 116, 483–505 (2003).
Hayama, R., and G.Coupland: The Molecular Basis of Diversity in the Photoperiodic Flowering Responses of Arabidopsis and Rice. Plant Physiol. 135, 677–684 (2004).
Hird, D., *et al.* in Scott and Stead 1994.
Hiscock, S., and S. McInnis: The diversity of self-incompatibiliy systems in flowering plants. Plant Biol. 5, 23–32 (2003 a).
Hiscock, S., and S.McInnis: Pollen recognition and rejection during the sporophytic self-incompatibility response: *Brassica* and beyond. Trends Plant Sci. 8, 606–613 (2003 b).

Koskull-Döring, P., Scharf, K.-D., and L.Nover: The diversity of plant heat stress transcription factors. Trends Plant Sci. 12, 452–457 (2007).

Kuhlemeier, C.: Phyllotaxis. Trends Plant Sci. 12, 143–150 (2007).

Kuhn, E., and A. Schaller: DNA Microarrays: Methodology, Data Evaluation and Application in the Analysis of Plant Defense Signaling. Genet. Engin. 26, 49–84 (2004).

Lack, A., and D.Evans: Plant Biology. Taylor and Francis, 2. ed. New York 2005):

*Larcher, W.: Ökophysiologie der Pflanzen. Ulmer, 6. Aufl. Stuttgart 2001.

Leach, C., and O.Mayo: Outbreeding Mechanisms in Flowering Plants. Cramer (Borntraeger), Berlin 2005.

*Leins, P., und C. Erbar: Blüte und Frucht. Schweizerbart, 2. Aufl. Stuttgart 2008.

Li, J., and H.Jin: Regulation of brassinosteroid signaling. Trends Plant Sci. 12, 37–41 (2007).

*Palme, k., Ottenshläger, i., and P.wolff: Die Rolle des polaren Auxintransports bei der Regulation des Wurzelgravitropismus. Bioforum 25, 666–668 (2002).

Perata, P., and L.Voesenek: Submergence tolerance in rice requires *SUB1A,* an ethylene-response-factor-like gene.Trends Plant Sci. 12, 43–46 (2007).

Reski, R. (ed.): Molecular Biology of Phytohormones. Plant Biol. 8 (Special Issue), 277–406 (2006).

Ryan, C., and G.Pearce 2004: in Davies 2004.

Schaller, A. (ed.): Induced Plant Resistance to Herbivory. Springer, Dordrecht 2008.

Wang, W., Vinocur, B., Shoseyove,O., and A. Altman: Role of plant heat-shock proteins and moelcular chaperones in the abiotic stress response. Trends Plant Sci. 9, 244–252 (2004).

*Wolff, P., Ottenschläger, I., und K. Palme: Auxin-Signaltransduktion bei Pflanzen. BIOspektrum 9, 577–580 (2003).

Yang, Z.: In: Verma 1996

b Weitere Referenzen (→ auch 4b).

Arioli, T.: BayerCropScience, Science Forum 2004: The Cotton Forum (www.bayercropscience. com / Newsroom, updated 19.August 2006.

Armstead, I., *et al.*: Science 315, 73 (2007).

Barthlott, W., and C.Neinhuis: Planta 202, 1 (1997).

Bhattarai, T., and D. Hess: Plant Soil 151, 67 (1993).

Blaich, R., and O. Bachmann: *Vitis* 19, 230 (1980).

Bünning, E.: Ber. dtsch. Bot. Ges. 54, 509 (1936).

Chandra, G., and J.Varner: Biochim. biophys. Acta (Amst.) 108, 583 (1965)

Chroboczek , H., and J. Cherry: Biochem. biophys. Res. Commun. 20, 774 (1965).

Corbesier, L, *et al.*: Science 316, 1030 (2007).

Demura, T., *et al.*: Proc.Natl.Acad.Sci.USA 99, 15794 (2002).

Donn, G., Hess, D., and I. Potrykus: Z. Pflanzenphysiol. 69, 423 (1973).

Emerson, S.: Genetics 24, 524 (1938).

Emerson, S.: Gentics 24, 469 (1939).

Filner, P.: Exp. Cell Res. 39, 33 (1965).

Filner, P., and J. Varner: Proc. Nat.Acad.Sci. USA 58, 1520 (1967).

Fitting, H.: Z. Bot.1, 1 (1909).

Frick, U., and A. Schaller: Planta 216, 83 (2002).

Friml, J., *et al.*: Nature 415, 806 (2002)

Fukao, *et al.:* Plant Cell 18, 2021 (2006).

Fukuda, H., and A. Komamime: Plant Physiol. 65, 57 (1980).

Garner, W., and H.Allard: J. agr.Res. 18, 553 (1920).

Götz, E.-M.: Z. Pflanzenphysiol. 98, 465 (1980).

Hager, A., Menze, H., and A. Krauss: Planta 100, 47 (1971).

Hamilton, T., *et al.*: Nature 208, 1180 (1965).

Haussmann, B., *et al.:* Crop Sci. 41, 1507 (2001).

Hayama, R., and G.Coupland: Plant Physiol. 135, 677 (2004).

Hess, D.: Z. Pflanzenphysiol. 57,29 (1961).

Hess, D.: Z. Pflanzenphysiol. 56, 295 (1967.

Hess, D.: Z. Pflanzenphysiol. 68, 432 (1973).
Hess, D., and E.-M.Götz: Z. Pflanzenphysiol. 5, 185 (1977).
Hess, D.: Z. Pflanzenphysiol. 98, 321 (1980).
Hess, D., and S.Kiefer: Z. Pflanzenphiol. 101, 15 (1981).
Hess, D., Schätzle, H., and W.Plischke: Experientia 37, 961 (1981).
Hess, D., Götz, E.-M., and M.Harfold: Z.Pflanzenphysiol. 107, 81 (1982).
Hess, D., Jekel,S., and J.Kemmner: Z.Pflanzenphysiol. 111, 369 (1983).
Hess, D., and K.Dressler: J. Plant Physiol. 116, 261 (1984).
Higgins, T., Zwar, J. and J.Jacobson: Nature 260, 166 (1976).
Ito, J., and H.Fukuda: Plant Cell 14, 3201 (2002).
Iwasaki, T., and H.Shibaoka: Plant Cell Physiol. 32, 1007 (1991).
Jaeger, K., and P.Wigge: Curr. Biol. 17, 1050 (2007).
Kachroo, A., *et al.*: Science 293, 1824 (2001).
Kranz, E., and H.Lörz: Plant Cell 5,739 (1993).
Lai, Z., *et al.*: Plant Mol. Biol. 50, 29 (2002).
Lakon, G.: Ber. dtsch. Bot. Ges. 60, 434 (1942).
Laux, T., and G. Jürgens: Plant Cell 9, 989 (1997).
Li, Y., G. Hagen and T. Guilfoyle: The Plant Cell 3, 1167 (1991).
Linn, S., and W..Arber: Proc.Nat.Acad.Sci. USA 59, 1300 (1968).
Mathieu, J., *et al.*: Curr. Biol. 17, 1055 (2007).
Martini, M.: Untersuchungen zur Ertragslage von *Triticum aestivum* L. und *Vigna unguiculata* (L.)Walp nach Inokulation mit *Bradyrhizobium* sp. (*Vigna*) 32H1. Thesis Fakultät Biologie der Universität Hohenheim. Grauer, Stuttgart (1990).
Mayer, U. , *et al.*: Nature 353, 402 (1991).
Mertens, Th. and D. Hess: Plant Soil 82, 87 (1984).
Meselson, M., and F. Stahl: Proc. Nat.Acad. Sci. (Wash.) 47, 857 (1961).
Nasrallah, M., Liu, P., and J.Nasrallah: Science 297, 247 (2002).
Oehlkers, F.: Z.Naturforsch. 10 b, 158 (1955).
Oehlkers, F.: Z.Naturforsch. 11b, 471 (1956).
Ohashi-Ito, K., Demura, T., and H.Fukuda: Plant Cell Physiol. 43, 1146 (2002).
Ohashi-Ito, K., and H.Fukuda: Plant Cell Physiol.44, 1350 (2003).
Ohashi-Ito, K., et al.: Plant Cell Physiol. 46, 1646 (2005).
Ottenschläger, i., et al.: Proc. Natl. Acad. Sci. 100, 2987 (2003).
Palme, K., Ottenschläger, I., and P.Wolff: Bioforum 25, 666 (2002).
Paredez, A., Somerville, C., and D. Ehrhardt: Science 312, 1491 (2006).
Poster MADS-Box-Genes in Developement, Trends Plant Sci. 4, 1999.
Raskin, I., Turner, I., and W.Melander: Proc. Natl. Acd. Sci. USA 86, 2214 (1989).
Research (Das Bayer Forschungsmagazin) 17, 61 (2005).
Schena, M., *et al.*: Science 270, 467 (1995).
Schopfer, C., Nasrallah, M., and J.Nasrallah: Science 266, 1697 (1999).
Schwechheimer, C., and M.Bevan: Trends Plant Sci. 3, 378 (1998).
Skoog, F. and C. Miller: Symp. Soc. Exp. Biol. 11, 118 (1957).
Stein, J., *et al.*: Proc. Natl. Acad. Sci. USA 88, 8816 (1991).
Stein, J., *et al.*: Plant Cell 8, 429 (1996).
Stone, S., *et al.*: Plant Cell 15, 885 (2003).
Sutherland, E., and T.Rall: J. Biol.Chem. 232, 1077 (1958).
Takasaki, T., *et al.*: Nature 40, 913 (2000).
Takayama, S., *et al.*: Nature 413, 534 (2001).
Tamaki, S., *et al.*: Science 316, 1033 (2007).
Taylor, J., Woods, P., and W. Hughes: Proc. Nat. Acad. Sci. (USA) 43, 122 (1957).
Wigge,A., *et al.*: Science 309, 1056 (2005).
Worrall, D., *et al.*: Plant Cell 4, 795 (1992).
Xu, K., *et al.*: Nature 442, 705 (2006).
Yamamoto, R. Demura, T., and H.Fukuda: Plant Cell Physiol. 38, 980 (1997).
Yamamoto, R., *et al..*: Plant Physiol. 125, 556 (2001).
Zeevaart, J.: Science 137, 723 (1962).
Zerback, R., *et al.*: Phytochem. 28, 897 (1989a).
Zerback, R., Dressler, K., and D. Hess: Plant Sci. 62,83 (1989 b).

6 Systematik. Buchveröffentlichungen ab 2001

*Bärtels, A.:Tropenpflanzen. Ulmer Naturführer. Ulmer, 5.Aufl. Stuttgart 2003.

*Hess, D.: Systematische Botanik. Ulmer, Stuttgart 2005.

*Köhlein, F., Menzel, P., und A. Bärtels: Das große Ulmer-Buch der Gartenpflanzen, Ulmer, Stuttgart 2007.

*Stützel, T.: Botanische Bestimmungübungen. Ulmer, 2. Aufl Stuttgart 2006.

Bildquellen

Die Bildquellen finden sich in den Literaturhinweisen. Der Autor möchte Freunden und Kollegen in aller Welt herzlich danken, die freundlicherweise Farbfotos zur Verfügung stellten, und gegebenenfalls den betreffenden Verlagen für die Erteilung der Druckerlaubnis. Die Autoren der Farbfotos sind jeweils in den Bildlegenden genannt, gefolgt von der Publikation, aus der die Fotos stammen und/oder einer anderen einschlägigen Veröffentlichung der Bildautoren. Im letzten Fall findet sich vor der Quellenangabe „Lit.“.

Sachregister

Fett gedruckte Ziffern beziehen sich auf Schwerpunkte, Seitenzahlen mit* verweisen auf Abbildungen

A

D

E

H

I

N

O

P